世界の狩猟と自由狩猟の終わり

CHI CACCIA E CHI È CACCIATO...

CACCIATORE E PREDA NELLA STORIA DEL DIRITTO

A.D.マンフレディーニ

バード法律事務所【編訳】

編集者序

本書は、イタリアの著名なローマ法学者アリーゴ・D・マンフレディーニ教授著『CHI CACCIA E CHI È CACCIATO（狩猟をする者とされる者）』を、編集者が運営するバード法律事務所において編訳したものである。原著には、「CACCIATORE E PREDA NELLA STORIA DEL DIRITTO（法の歴史における狩猟者と獲物）」という副題があり、遙か古代のローマ法に基づく自由狩猟制から現代各国の狩猟権制に至る狩猟の変遷と実相を詳密に説き尽くし、自由狩猟制が終焉の時にあると厳粛に告げるローマ法の学術書である。著者の意図するところを汲み、邦訳書名を『世界の狩猟と自由狩猟の終わり』とした。

顧みると、私たち日本人は、古く奈良時代から「殺生」を抑制する狩猟の法制を定め、野生鳥獣を手厚く保護してきた。これは、現代の「生物多様性」の概念と重ね合わせることができる優れた法制度であった。ところが明治三四年の法律改正により、為政者は、世界に誇るわが国の狩猟法制を放棄し、狩猟を狩猟者の自由勝手に委ねる自由狩猟制に変容させてしまった。そもそも野生鳥獣は、乱獲すれば減少して絶滅し、逆に野放図に増殖すれば人間に危害を加えることがあるため、適切な保護と的確な防除が必要な自然生物である。わが国の自由狩猟制の採用を危惧した識者が、狩猟という法律制度自体が鳥獣保護と加害鳥獣の防除の仕組みを兼備しているフランス・ドイツの狩猟権制の採用を強く主張したが、これが拒否されたという経緯があった。

乱獲により、鳥獣の激減が誰の眼にも明らかになってきた。乱獲による鳥獣激減に対する国家の対応策としては、西欧諸国では、狩猟者を減少させるとともに狩猟への規制を強化して鳥獣保護を図った。これに対しわが国では、むしろ狩猟者の増加を推進し、減少する鳥獣対策として国・公共団体が狩猟の獲物を増殖し、これを狩猟者に提供する政策により打開することにした。大正七年にはこの政策を「獲物を育てて獲る狩猟」と呼称し、自由狩猟制を存続させるために法律を改正したのであった。獲物の増殖は、全国各地に「猟区」と名付けた鳥獣繁殖場を多数設置して実施した。猟区の用地は、基本的に全国の民有地を充当する計画であった。世界の自由狩猟制において、過去から現在まで、狩猟の獲物を国が増殖し、これを国民のごく一部に過ぎない狩猟者に、単にその者の娯楽のために狩猟させる国家は、わが国以外には存在しない。それは、近代法の根本原則である私所有権制に背反するからである。

その後も鳥獣保護が叫ばれていたが、遂に最近は、増え過ぎた野生鳥獣からの被害が問題になっている。現在は、国をあげて「十年計画」で鹿や猪を生育数の半分にまで減少させる被害対策が進行中である。そんな緊急事態を招いている害獣とは、実は、育てて獲る狩猟に向けて増殖された鹿や猪が街まで出歩いているだけであるのに、その根本の原因である猟区の存廃を検討することなく、目の前の鹿や猪を害獣として捕殺することに熱心になっている。

この問題の根源には、日本人が狩猟を学問の対象として考察することを怠っていた現実がある。つまり、狩猟への無知と無学の態度の産物といえるようである。せめて鳥獣の被害が大問題になる以前に、日本人が狩猟を学問として本格的に学ぶべき必要に気付いていたらと思われてならない。いまこそ本書に学んで、明治以来の失政による自由狩猟制から抜け出る以外には、日本人の歩むべき道は残されていないのである。

本書の編訳を思い立ったのは、十年くらい前に新刊の原著を手にして感得したそんな思いがあり、日本人が類書

である。の乏しい狩猟の本格的な学術書を読み、深く考え、そして法律の改正を目指して行動する必要があると考えたから

著者
アリーゴ・D・マンフレディーニ
　フェラーラ大学教授

編訳
　バード法律事務所
編集　小柳泰治（おやなぎ　たいじ）
昭和一一年新潟県生、検事、衆議院法務委員会調査室長、公証人、弁護士（バード法律事務所・神奈川県弁護士会）
翻訳　梶山伸久（かじやま　のぶひさ）
昭和四三年広島県生、慶應義塾大学大学院法学研究科政治学専攻博士課程単位取得退学、ボローニャ大学法学部留学（イタリア政府奨学生）、在イタリア日本大使館専門調査員、翻訳業日伊サービス代表責任者
装幀　原　美穂（はら　みほ）
千葉県生、和光大学人文学部卒、広告デザイン、パッケージデザイン制作会社を経て独立

世界の狩猟と自由狩猟の終わり

目次

世界の狩猟と自由狩猟の終わり

緒　言

一　野獣と法律

野獣は、いくつかの対照的な「顔」を見せている。立法者や法学者は、古代から現代まで相反したレッテルを野獣に貼り、野獣の掟を定めた。

野獣は人間の敵であり、農業に有害で、身体的意味だけでなく道徳的な意味でも人間にとって危険な存在である。なぜなら流民のような暮らしをすることで、人間を誘惑し、「機械的な」労働に従事する気をそいでしまうからだ[1]。

野獣は人間の友であり、栄養摂取、商売、それに農業において有益である。野獣はこの世界の「装飾品」であり、それ自体が絶滅してはならない財産である。

野獣を対象とする狩猟という娯楽がある。ローマ人の狩猟へのむさぼるような情熱は、しばらく置いておこう。クセノフォンが『狩猟術』を著したころから、疑いもなく狩猟は男子教育の手段であり、それゆえ重要視されていた。戦闘のシミュレーションとしての狩猟は、戦闘能力だけでなく、様々な能力を鍛える手段であった。時代が下るに従い騎士の教典となり、その後貴族の作法及び気晴らしとなり、君主や領主らの統治者にふさわしい活動と考えられるようになる。これに対し、庶民による狩猟は禁止された。時が過ぎ封建領主の特権が消滅すると、すべての人が「健全な」娯楽を求めるようになる一九世紀から二〇世紀において、狩猟者と土地所有者との間に、厳しく激しい対立が引き起こされる。国が立法をためらっているうちに、かわいそうな野獣は、特別法を待ちながら弱っていくのである。

本書は、そんな揺れ動く野獣と法律の世界を背景にして、考察を進めることにする。

野獣には基本法がある。無主物か。あるいは所有物、つまり土地所有者の物か。君主・国家の物か。自由利用できない国家財産に含まれる国庫の物か。これは野獣の基本的な存在に関する事項である。

狩猟権という権利がある。狩猟の自由のことか。君主の排他的権利が少数者に拡大された権利か。土地所有者の権利か。これは、人間の野獣に対する狩猟の権利に関する事項である。

狩猟者による野獣取得という権利獲得の問題がある。いつ野獣は我々の物になるのか。古代のように「手を上に置く」[2]と野獣を取得するのか。野獣を傷つけた時点で自分の物なのか。その傷は致命傷でなくてはならないのか、軽傷でもよいか。巣から追い出し、追跡している時点では自分の物にならないのか。野獣が罠に落ちたとき、我々がそこに居ない、寝ている場合はどうか。罠を設置した場所はどうか。別の狩猟者が我々の追跡している野獣を捕らえたときは、我々から盗みを働いたことになるのか。立入りを「禁止された」場所での狩猟でも、野獣は狩猟者の物になるのか。野獣が犬に捕獲されたときは、どうなるか。これは、狩猟において、野獣がいつ狩猟者の物になるのかという野獣取得に関する事項である。

本書の考察において、これら三つの主題は、複数の同心円の中に配置される。中心にあるのは――熱い視線を注ぐ対象――狩猟者であり、いつの時代も研究者たちに旺盛な関心を引き起こさせている野獣に対する狩猟者の権利である。対照的に、気がきかない立法者がその主題に近づくのはまれであった。また周辺的テーマとしてほかにも野獣の法的地位や、めまぐるしい変遷を遂げた狩猟権の問題も扱うが、あまりにも範囲が広いので、必要部分の「踏査」にとどめる。

したがって、ここでの議論は中心問題と二次的問題に分かれる。それらを、時代ごとに、また文化や地理によっても分けられる歴史の流れに沿って、ときにかき混ぜながら述べていく。絞るのは難しいが避けられない。ローマ、ゲルマン、法学者、人文主義者、自然法主義者、革命前後のフランス、統一後のイタリア、そして現代ヨーロッパを選んだ。それらに関わる狩猟の諸問題を考察する。

二　狩猟の三つの記憶

まず、狩猟の単純化を試みておこう。狩猟に関して記憶されるべき価値を持つ事実は、ローマの法と学説、フリードリッヒ一世の平和令及び一七八九年八月四日運命の夜の狩猟に関する封建的特権の廃止である。

ローマは、簡潔で強力な効果を持ち、かつ長続きする諸概念を精緻化し、後世に残した。狩猟の鍵となる三つの法概念、すなわち無主物（res nullius）、先占（occupatio）、禁止権（ius prohibendi）である。野生動物は、無主物であり、獲得した場所が自分の土地でも他人の土地でも、地主が許していても禁止していても、最初に占有した者の所有物になる。占有者が野生動物を自分の物にするには、自己の支配の下にありかつ継続する必要がある。自然権により狩猟は自由であるが、時代とともに、所有者に土地への立入りを禁止する権限が認められるようになった。難問が発生した。

フリードリッヒ一世（皇帝バルバロッサ）は、帝国内で狩猟を行うことを禁じた。一つの歴史的な禁止令である。それは、同様の法律がこれまで存在していなかったからではない（ゲルマン王国の中では王の森や土地に限られていたが、存在したことがある）。伝統により神聖化されていた狩猟の自由との決別の瞬間として、歴史の記憶に深く刻まれている[3]。エノバルブスは、「アウグストゥスの例」を明示し、それは新しい禁止を実施するためにその後数世紀の間、止めどなく引用された。この法律から、狩猟権は王権、主権、特権の中で安定して認められる封建的なものに近づいた。そして、野獣もその性質を変える。熱心な法学者の学説では、野獣は無主物から君主に付属する物へと衣替えした。君主は好きに処分することができ、禁止することもできる。別種の禁止権といえるが、狩猟の自由の源である自然権と対峙するものである。現状の正当化を競う学説の模範集である[4]。カノン法学者、実務法律家、法学者、哲学者は多いが、「背中のまっすぐな」人々は少なく、多くは曲がった「法の商人」[5]だった。学者の「自由」、学説と権力との関係という永遠のテーマを考えるのに、よい素材でもある[6]。

フランスやその他の欧州諸国において、狩猟の饗宴から閉め出された者は、皆封建的特権の撤廃を賞賛して歓迎した。古代に戻るのか。狩猟の自由に戻るのか。誰であろうとどこであろうと、他人の土地においても野獣を自分の物にできる無主物に戻るのか。「完全かつ排他的な権利」である土地所有権との兼ね合いをどうするのか。一つの新しいモデルが設けられる。それは、ある程度までは野獣を無主物と考えることが許されるが、狩猟権は土地の所有者だけに属し、土地所有者の許しがなければ何人も他人の土地で狩猟を行うことができない。この法理には革命並みの衝撃があった。これは、フランスがヨーロッパ諸国に輸出した標準であり、ローマ法揺籃の地イタリアからではない。

三　獲物と狩猟者の権利

獲物に対する狩猟者の権利が問題である。非常に学問的な論題だ。伝統に従えば野獣は無主物であるので、占有を完成した場合に獲物の所有権は狩猟者の物となる。取得の権原は占有である。それは、市民法よりも古くかつ不可侵の栄光ある自然法に根源をもっている。誰も「占有する」という言葉の意味を自問することはない。なぜなら、占有するという言葉の意味は誰でもが想像できるからである。つまり、財物を物理的な支配下に置いている。そしてこの単純な基準が、狩猟において発生しうる対立を防ぐのに非常に適している。複数の者が獲物の所有権を主張したとき、獲物は「最初に獲物の上に手を置いた者」の物になり、議論無しである。

歴史のある段階において、ローマの法学者は、最大限の知力をもって反論した。「学説の対立は、法の運動を促すためにある」[7]のである。この思想は、共和制後期のローマ法学者の誰もが持っていたようだ。そして多くの無用のことを考える種類の学派において、負傷した野獣の取得時期を早めてはどうか、という考えを持つ者が現れた。トレバティウスは条件付きで肯定した。もちろん反対論もあった。むしろ、反対派が多数であった。ユスティニアヌス皇帝が賛成することで、これは普通法においてもそう呼ばれたように、「上位規範」[8]となる。しかし、その議論は、註釈学派とそれに連なる学派の熱意によって再度取り上げられ、中世の民法学においてずっと議論され、現代においてさえ決着はついておらず、それを終結させようとする立法の試みも成就しないままである。直感的にわかるように、獲物の取得についての議論は、占有（原始的でちょっと田舎くさい[9]、あまり使われなくなってきた[10]制度だ）の肉体と精神の配分についての異なる二つの考え方に基づく。野獣の肉体の占拠という上位規範は、粗野なために時の経過とともに反対を受けるようになる。しかし議論は、非常に型にはまったものだった。法学者の名前は変わっても（トレバティウスはプーフェンドルフへ、ガイウスとユスティニアヌスはヴィンニウスへ）、考え方は同じだった。思想は終わらない円運動を繰り返していた。

学説上の問題として認識されていたため、法律は占有の方法には触れず、ローマ人の実践的な概念は、「一般原則」を通じて生き残り、実践され続けた。他方ゲルマン世界においては異なり、獲物の取得をめぐって観念的な基準を定める多くの法律が制定された。

立法者が立法を避けるので、おそらく狩猟者の間には、「お手製の」別の共通認識があった。カルボニエールが「非法的」[11]と呼んだ事例の一つだろうか。より簡略に言うと、法的現実の「諸層」の上で、普及した組織の「法」の下で生きていくための理想的な場所だ。この「私人たちの法」[12]というテーマは、我が国（つまりイタリア）において、あらゆる社会集団は固有の法を産み出す傾向があるという確信を共有しつつ、大きな関心を集めた（E・エールリッヒの名前と彼の生きた法の学説が紹介されてから、もはや多くの時が過ぎた）[13]。存在する法体系の下には、常に活動する法的な潜在意識があり、それが先例や慣習として現れる[14]。狩猟慣習法は、すなわち皆が知る衡平のゆりかごであり、法律はそこから直感を得る。法学者は、法律は例えば獲物を物理的に手にしていない狩猟行為により獲物の取得を認めるという慣習法から直感を得ていると注意を促して、この言い回しを使う。

狩猟者は騎士なのか。国家法及び狩猟慣習法による狩猟犯罪とはどのようなものか。狩猟の失敗を取り返すための決闘とは何か。それとも狩猟者はみんな「どうぞお先に」といえる「品のよい」人たちなのか。残念ながら、少なくとも第一七版まで出ている騎士が手にする『イタリア騎士法典』と同様な規則集は、狩猟者にはない[15]。そして、具体的にこの崇拝に値する狩猟慣習法の引用を話題にすると、その擁護者は口ごもりはじめる。

四　本書のおすすめ

さて、本書には、一般読者にお勧めできる箇所はほとんどない。あっても一箇所ぐらいだろうか（一般かマニアかにかかわらず）。本書は、よくある狩猟本（ボルテールは狩猟本が多すぎるし無益であると言っている[16]）の一つとしてではなく、ローマ法関連の図書であり、歴史的な諸概念への強い関心から書かれたものである。始原にさかのぼるだけでなく、ユスティニアヌス皇帝が整備したローマ法が、全ヨーロッパの法学者によって学ばれたあと、「どう終わったか」にも関心を払う。参照、禁止、許可、合法化そして非合法化を論じる。古代の概念の祭壇と遺灰のようなものだ。

最後にパオロ・サルピの言葉を引用したい。「我々は動物を理解していく中で、動物が我々ほど失敗をしないこと、誤った意見を持たないこと、恐れるべきでないことを恐れないこと、無意味なことや害のあることは求めないこと、そして、自分のためにならないことはやらないことがわかるだろう」[17]。動物たちに謝ろう。

この本をトンマーゾに捧げる。

フェラーラにて、二〇〇六年七月

第一章　ローマにおける狩猟

一　動物の先占、獲取の意味するもの

不運な者は沈黙を知らなかった。すべて「彼」から始まる。獲物を自己の物にするには、その「手を上に置く」ことが本当に必要なのかという落とし穴のような、おそらく無用で欺瞞的な一つの質問から始まる。それならば、獲物の取得を、傷を負わせる行為の時点に前倒しすればどうであろうか。

「彼（すぐにわかったと思うがトレバティウスのこと）」[1]が、もし数世紀にわたり論じられた、数多くの意見や言葉の洪水を想像できたとしたら、その問いの答えは同じだっただろうか。答えはおそらく「イエス」だ。なぜなら、彼は際だったユーモアのセンスの持ち主だったはずだからである。おそらく、――自由な言葉づかいによる風刺文学の世界で、ホラティウスと並ぶ大物であった[2]――彼は、遊び半分に堅苦しい面をして、ちょっと「型」にはまった権威ある法律家として現れることを受け入れるが、最後には無礼で相手を困惑させるような言葉を使い、大笑いして一撃でその型を打ち壊すようなタイプの人物ではなかっただろうか[3]。

ある若いローマ市民について話すため、少しの間、トレバティウスは脇に置こう。彼は、風刺画に出てくるような典型的な狩猟者であり、鹿や猪を追いかけているときは、狩猟への情熱のためにしばしば厳格なルールについて無関心になってしまうだけでなく、やさしい妻のことまで忘れてしまう[4]。

この時代（それはまさに、トレバティウスが生きた時代、キケロ、ホラティウス、カエサル、アウグストゥス、そして前に出てきたちょっと愚かな狩人が活躍した時代）の狩猟ルールはいかなるものだったのだろうか。

狩猟活動は、遠い過去から存在したと考えられる、いくつかの原則から成る慣習的基礎に基づき統制されていたに違いない[5]。それらの原則は、後の時代の理論的考察において、自然法や万民法に帰されるものである[6]。近代及び現代においては、それらの原則に基づき、土地所有権から独立したどこでも行使可能な各個人に帰せられる自然権であり市民権、つまり人権としての狩猟権が構築される[7]。

我々への情報提供者はガイウスである。『法学提要』の欠落の多い法文[8]、そして特に『学説彙纂』[9]に引用された議論の多い『日常法書』の逸文[10]がそうである。ユスティニアヌス帝の『法学提要』には、あまり新しいものがない[11]。これらの原則は、共通の解釈[12]において、少しの教義・主義も持たない。

野生動物、鳥、魚[13]は、誰の物でもなく、最初の獲取者に属する物である[14]。無主物に関しては、自己の土地においても他人の土地においても、どこに居ようが、それを占有することができる[15]。土地所有者は、長い間狩猟者の土地への立入りを阻止し、狩猟の実行を妨害することができなかった。ただし、一世紀以降[16]は、土地所有者に、狩猟ではなく[17]、立入りを禁止する権利・禁止権[18]が認められた。しかし、野生動物の本質は何も変わらなかった。そのため禁止された狩猟者は、なおも獲物を有効に取得することができた[19]。動物の先占は、獲取をもって実現する[20]。我々の実力下にあれば、それゆえに我々に属する。もし逃げれば（視界から消えたとき、あるいは視認はできてももはや追いつくことができないとき）、再度誰のものでもなくなる[21]、つまり動物は本来の自由を再取得し[22]、同じことの繰り返しで、最初の占有者の物となる[23]。

さて、先占[24]とは、野生動物の取得を許可する権原である。周知のごとく野生動物のみならず、捨てられた物から海岸で見つけた物まで、海に誕生した島から共有財の一部まで、様々な財産の先占ができた。

しかし、先占行為とは何を指していたのだろうか。すべてのケースで、それは同じだったのだろうか。占有については、学者は一斉に答えている[25]。しかしながら、占有にしても、獲取の物性に与えられた大小のアクセントにより変化しうるものだった[26]。おそらく瓦礫や宝石なら、それを見付けるだけで所有できたであろう[27]。

狩猟される動物及び先占行為に戻ろう。文献は、執拗に二つのローマ法ラテン語用語「capere[28]」と「adprehendere[29]」を我々に示している。法律辞典に「capere・捕まえること」と「adprehendere・取得すること」を収録してあり、二つを並べてみると、「動物を捕まえて・我が物にする」という古代からの用語だと分かる。動物を捕まえて、動物を自分の物に先占した、すなわち自分の物にしたというためには、獲取しなくてはならなかった。では、「獲取」とは何という意味か。「獲取」は、「獲得」・「取得」[30]を意味し、「捕獲」[31]を意味する。「物理的に捕らえること」[32]を意味しており、またこれは、文学においてもたいへん長い間使用された表現である[33]。いうまでもなく、殺された、または捕獲された動物の身体の獲取という概念は、非常に力強い意味があり、おそらく最初はまさに動物を支配する意味であったろう。少なくとも狩猟者から離れた獲物が倒れた状況にあっては、殺害だけでそのあとの獲取がなければ十分ではなかったであろう。この場合、殺すことさえ獲取にあたらなかったのだろうか（実際、動物が本当に殺されたかどうかを誰が判断できただろうか）[34]。

占有の物質性を考えると、ローマ人が持っていたそれについての非常に柔軟な概念からは、狩猟された動物の

「物理的に捕らえることの厳格さは、ほとんど一種の異常性を帯びている」[35]。そのことから、プロクルスの学説（後に見るように、罠を使って捕らえた離れた獲物の取得を、ある条件において認めた）の受入れは、全く例外的のように思われる[36]。

つまり、修辞学者や法学者、それに狩猟の実践者にとっては、狩猟者が動物を獲取していないうちは、それを自分に属する物と言うことはできなかった。視認、巣からの追い出し、単純な追跡は、先占を構成しなかった。外形の程度にかかわらず、傷を負わせるだけでは十分でない。我々が追い出し、追跡し、または傷を負わせた動物を、狩猟行為に割り込んできた別の者が獲取したときは、窃盗になるのか。それとも、その獲物の所有権を取得するのか。もちろん、杯の中の酒は甘くはなかった。動物が重度に傷つけられていたときは、特にそうだ。いや、動物が重度に傷つけられていたとの印象が得られたとき、と言う方がよいだろう。では殺したときはどうか。同じことである[37]。獲物を他人に取られ、それが返されなかったなら、さぞがっかりしたことだろう（我々には非紳士的に思えるし、狩人にすれば、自分が最初に傷を負わせたという「確信」があるだけに）。言い換えると、法の論理と、彼の（争いを避けたいという）実践的な判断が、その流れに続いていた。情実的判断と法の横暴との間の修辞学的対立として、典型的な事案だ。もしこの種のケースについて言うことができるとしたら、至高の正義と至高の不正義の両面についてであろう。

二　傷を負った動物の問題

トレバティウスに戻ろう[38]。すべては彼から始まる。敬意を払うべき経歴の持ち主であるこの法学者は、自己の専門分野においてもっとも著名であり[39]、キケロの友人にして、彼からカエサルへ強く推挙された人物である[40]。皮肉のきいた対話者としてホラティウスと言葉の自由を論じ[41]、最高権力者となったアウグストゥスの相談相手にもなった[42]。

さて、この問題から始まるというべきであろう。つまり、「獲取が可能なほどに傷を負った野生動物は、即時に我々のものになると解釈することができるのか」[43]という問題である。この問題がいつ提起されたか、我々は知らない。我々が知っているのは、トレバティウスがこの問題に答えていることのみであり、彼が最初だったかは、わからない。もし、トレバティウスがラベオを「指導した」ことや[44]、キケロが証言するように、修辞学者の元に通ったことが本当なら[45]、おそらくは法学または修辞学を教える中で生み出されたこの問題に、トレバティウスがまったく関与していなかったということはなかったはずである[46]。

三　批評家とその答え、トレバティウスと多数派

さて、『日常法書』の中に書かれたことによれば、トレバティウスの時代（共和制の終わり、元首制の始まり）には、この「傷を負わせることで、獲物の取得は成立するか」の論題はすでに出回っていたようだ。野生動物が気絶したが、気がついて飛ぶなり走るなりして逃げ得る程度の軽傷ではなく、狩猟者が獲物を確実に捕獲できると思われるだけの傷である。すぐに自分の物になると解釈されたのだろうか。「獲取が可能なほどに傷つけられた野生動物は、即時に自分の物となると解釈することができるのか」[47]として、その問題が提示された。慎重を要するが、割と小さい問題のようにも見える。

『日常法書』[48]の一節は、トレバティウスの答え、多数派の答え、そして多数派に賛成する執筆者の答えという、三つの答えを示している。その執筆者はガイウスとしておこう[49]。同書の成立と著者について多くの議論があるが、それを承知の上で[50]、ガイウスとしておく。「トレバティウスは、獲物はすぐに自己の物となり、それを追跡している間は、自己の物であり続けるという説を好んだ。追跡することを止めたなら、自己の物ではなくなり、再び最初の先占者の物となる。それゆえ、我々が獲物を追跡しているときに、他者が金儲けを目当てにしてそれを獲取したならば、我々に対し窃盗罪を犯したと考えるべきである。多数派は、野獣を獲取していないならば自己の物とはならないと考えた。なぜなら、それを捕獲していない以上、多くのことが起こりうるからだ。たしかにそれは正しい」[51]。この断片的文章から見事に追跡できるように、過去においては、トレバティウスと多数派が活躍した。そして、（前に述べたことが正しければ）紀元二世紀中葉と考えられる当時から、『学説彙纂』を通じた影響に

よりユスティニアヌス期にかけてはガイウスがいた。

とりあえずユスティニアヌス期は脇に置き、できる限り遡ってトレバティウスと多数派の論争の理由を見ていこう。既に触れたように、トレバティウスは、カエサルとアウグストゥスの時代に活動した法学者である。野生動物の取得について、トレバティウスは、ただ捕獲によってのみ、すなわち捕獲の時点において認められるという既存の原則を熟考し、この問題により投げかけられた挑発的主張を受け入れ、追跡という条件付きで傷を負わせた時点へとその取得を前倒しすることを認めた。取得の保存に関し、追跡は本質的なものである。追跡が続くかぎり取得は維持され、もし止めたなら（あるいはもともと追わなかったら）失う。さらに（暗に示すのみであるが確実に）野獣の獲取のみで、取得は確定する。したがってトレバティウスの考えに、なんら破綻はない。つまり、言ってみれば獲取とは最後の言葉であり、窃盗に関するすべての議論は、この原理からの一つの明白な帰結に他ならない[52]ということになる。

多数派については、この問題に否と答えたこと以外、わからない。彼らは、傷つけられた野生動物が傷つけられたことで、前倒しされて取得されるという考えを拒否した。なぜなら、その後の捕獲を妨げるような多くのことが起こりうるからだ。ガイウスは、間髪をいれず、トレバティウスの意見よりも正しいと述べて、多数派の意見に同調した。

ところで、この多数派とは何者なのだろうか[53]。ガイウスと同時代でないことは確実で[54]、おそらくはトレバティウスと同時期の人々であろう。後に見るように、ユスティニアヌス『法学提要』においてトレバティウスは引用されておらず、彼の意見は他の誰かに帰せられている。論争は一人と多数派との間ではなく、二つのグループの中で行われたと考えられた。宿命的にプロクルス派とサビヌス派が現れる。トレバティウスは、ラベオの師であっただけに、プロクルス派の弟子と同調しないはずがない。一方で、サビヌス派は、生粋のサビヌス派であるガイウスにより強力に支持されていた[55]。

四　論争の理由

それでは、サビヌス派とプロクルス派との間の論争であったのかについて、考えておきたい。両者の間には、占有の解釈方法の違いがあったのだろうか。トレバティウスは、まさに、魂の法学者であったのか[56]。もしかして、トレバティウスと「彼の身内」であるラベオ[57]やプロクルス[58]は、他の者よりも、占有のあまりに唯物論的な概念から距離を置く傾向があったのではなかろうか。あるいは反対に、対立は「内部的」なもので、プロクルスとネラティウスにより代表されるものであったのではないか[59]。おそらく、ユスティニアヌス的伝統では、所有権に関する議論である。

我々には、占有の問題であるようにはあまり思われない[60]。トレバティウスの判決—彼によると動物の所有権は傷を負わせることで即時に取得される—は、身体の占有ルールに基づき、かつそのルールを事案による柔軟性をもって解釈すれば、だれにとっても驚くようなものではなかった[61]。こうして、ボンファンテは、「この意見は、それ自体では論理的かつ正しい。動物を我が物にしたいという明確な意思を示した上に、獲取が可能になる程度に動物に傷を負わせたことは否定し得ないことから、占有取得の要件は満たしており、また直後に他者がそれを獲取したなら、傷を負わせた我々は気分を害されるのであり、この原始的な性格をもつ行為において激しい衝突が生じることはやむを得ない。そしてもし本当に他者の狩猟が迷惑なら、不法行為に対し訴えることも正当である。しかしながらローマ法において優勢だった意見は、この事案においては、傷を負った野獣の物理的な確保が必要というものだった」[62]と、いうのである。

論争の理由が、厳格な占有の唯物主義的概念―存在していなかったので不可能だが―ではなかったように、傷ついた動物に関する自由の本性について、一方トレバティウスとその仲間がそれを否定し、他方が認めるという相違点があったわけでもない[63]。トレバティウスとプロクルス派との間に危険にも窃盗の要件に開きがあるとし、窃盗に関わる論争に言及するという同じく実行された試み[64]は、何ももたらしていない。

これらの推論を捨てて、文献に戻ることにする。文献は、最初の参加者は、問題の設定者、トレバティウス、そして多数派の三者である。トレバティウスを問題の設定者と決定するのは、独断的ではある。

思い出していただきたい。質問は、獲取することができるほどに傷を負わされた一体の野生動物について、それに傷を負わせた時点でそのことをもって、つまり身体の獲取の前に自己の物と考え得るのかというものだった。トレバティウスは、動物の追跡と事後的に獲取されることを前提に、反証を許さない「みなす」と答えた。多数派は、これに否定的な答えを出した。動物は、傷を負わせるだけでは足らず、獲取をもって取得される。なぜなら、野生動物を獲取していないため、多くのことが起こりうるからだ、というわけである。

多数派の言葉は、トレバティウスへの答えではなく、問題の設定そのものに対するものである。問題の前提となる、獲取が確実に可能なほどの負傷が存在するという前提は、ありそうであり得ない前提であると拒否しようとする。問題は、「獲取が可能なほどに傷つけられた野生動物は、即時に自分の物となると解釈することができるのか」と言い換えられる。そして、多数派の答えは「できない」―野生動物はすぐには自己の物とはみなされない、捕まえないうちは多くのことが起こりうるから—である。なぜなら問題には、真と示されたが真ではない前提が含まれているからである。狩猟者による野獣の獲取を、いかなる場合でも保証してくれるような負傷が存在するという命題は真ではない。問題の論理的な基礎が批判されたことで、多数派は、ほとんど三段論法的に、否定的回答へ帰着した。もし大前提が真でなければ、残りも真とはなり得ない。

こうした思考方法は、おそらく修辞学者や法学者にはなじみがあったのだろうが、議論のツールとしての「多くのことが起こりうる」という表現に含まれている、諺的な庶民の知恵に訴えたことが興味を引く。「口（bocca）と一口（boccone）の間には多くのことが起こりうる」、あるいは、ギリシャの詩文にあるように「口の杯とその花との間は大きな違いがある」といった諺を連想させる言葉なのだ。これを語ったのはゲリウスである[65]。この論争の流れから、この論争が、修辞学の諸学派において生まれ、その後、法学の中に浸透していったのではないかと十分に思えるかもしれない。しかしながら、その法学的な内容は、最初から存在したはずである[66]。我々によれば、少なくとも論争を正当化するある重要な原理と交差する。ケルススは言う[67、68]。「一つの法律は、例外的にしか発生しないことではなく、よく発生することに基づいて作られるものである」。傷ついた動物の獲取成功がまれにしか起こらない事実に基づいたものであるなら、「動物に傷を負わせる者は、それを獲取する前にすぐに所有者となる」という法律は作り出されない。『学説彙纂』が強調した重要な法原理の一つである。ポンポニウスは有名なアリストテレスの弟子であり、法学についての本を書いたテプラストス[69]まで遡っている[70]。トレバティウスが過小評価した原理であり、多数派はその価値を守ろうとした。

しかし、強調されるべき非常に法律学的なもう一つの側面がある。多数派は、トレバティウスと異なり、否定的な答えにより、事実の具体的かつ実践的な解釈を示している。トレバティウスの答えに同調し、狩猟者は野獣に傷を負わせた時点から自己の物と主張できると認めることには、どのような意味があったのだろうか。気づかずにか、それとも知っての上であったのか。すでに進行中の狩猟に割り込んできて、傷を負わせたとか、動物を獲取するために最初に到着したなどと主張する他の狩猟者たちは、紛争に火を付ける。狩猟者たちは容易に度を超える可能性がある、優先性という問題がある。狩猟者は獲取のみで獲物を取得できると主張することは、その取得のため、獲物に最初に傷を負わせたと主張する者、致命傷を負わせたと主張する者、そしてそれを否定する者の間で紛争が生じる場合において、一つの不動点を提供する決まりを主張することを意味する。いかなる議論も阻止するのがよい。不満な者をそのままにしてしまうかもしれないが、喧嘩を防ぐことができる。狩猟者たちが同意すれば、獲物の帰属に関し、他の慣習的制度をもってより優雅な別のルールを採用することを妨げない。トレバティウスは、性善説に立ちたかったのか、傷を負わせた者が獲物の上に手を置くより前に多くのことが起こりうることを考慮していなかった。

五　ユスティニアヌス皇帝は削除と追加を行ったが、傷ついた獲物に関しては何も変えなかった

『法学提要』は、次のように論争に触れている。「一体の野生鳥獣が捕獲可能となるほどの傷を負わされたときは、その鳥獣はすぐに自分の物となると考えてよいのか、と問題にされた。ある者たちは、すぐに自分の物になり、またそれを追跡している場合、追跡を止めたときに自分の物であることも止み、改めて先占者の物となる。他の者たちは、その鳥獣を捕獲して初めて自分の物となると考えた。我々は後者の意見を採用する。鳥獣を捕獲しな

いうちは、多くのことが起こるのが普通だからだ」[71]。

『日常法書』ではここで見たように、争訟の原告は、トレバティウス、多数派、そしてガイウスだった。『法学提要』では、トレバティウスは「ある人」に置き換わり、「多数派」は「他の者たち」となり、そしてガイウスは帝国当局にその座を譲る。役割はそのままだ。多数派意見を述べる者、少数派意見を述べる人、そして審判である皇帝である審判は、この後者の立場をとり、野生動物は捕獲によりその所有者となることができるのであり、攻撃に先立つ何ものにもよらないという原則を公式に認めた。その理由も同じである。つまり、「鳥獣を捕獲しないうちは、多くのことが起こるのが普通だからだ」。発生から数世紀が経って、ようやくその論争は、同じ始まりの無味乾燥で反復が多くほとんど破綻した言葉で、最高権威の御墨付きをもらって解決したかのようだった。しかし、それほど間もないうちに、新たな要素を伴った論争が再発する。

六　先駆者テオフィリウス、三つの意見と傷に関する新見解

一般に、テオフィリウスは、ユスティニアヌス帝『法学提要』の編纂に協力し[72]、ギリシャ語による同書の註釈書を著したビザンチンの学者として知られる。実際は、全体が伝わっているその註釈書が、テオフィリウス自身の手によるものなのかどうか定かではないし[73]、『法学提要』の註釈書なのか、それとも、ガイウスか誰かのもっと古い『法学提要』の註釈書なのかもはっきりしていない[74]。

しかし、これらの問題は、我々の議論に関し示唆するものがあるにしても脇に置き、ユ帝『法学提要』の註釈者

としてのテオフィリウスについて論じることにする。さっそく、『法学提要』の第二巻第一章第一三法文に対応する箇所でどう述べているか見ておこう[75]。「それらの問題の中に次の問題も置かれた。鹿または猪が、ある者によりその獲取が容易となるほどの傷を負わされた[76]。ある者たちは、この動物がすぐに自己の物となるという。また別の者たちは、致命的な傷を負った動物を執拗に追跡するなら、自己の物になるという。もし追跡を止めたなら、自己の所有物ではなくなり、先占者の物となる。第三の見解では、野生動物に傷を負わせた者は、それを獲取したときでなければ、その所有者にはならないとする。わが皇帝の認めたごとく」[77]。

テオフィリウスは、かなり新しい情報を我々に教えてくれる。彼の個人的な勤勉さ（あるいは無知[78]）の産物なのか、それとも可能性の高い説として[79]ユ帝『法学提要』ともギリシャ語訳のガイウス『法学提要』[80]とも分からぬ文書からひらめいたのか、確かなことはいえない。事実なのは、今や議論の場には、ある者たちの、別の者たちの、そして皇帝の決定的な言葉に支持される第三の意見という、二つではなく三つの意見があることだ。二つ目と三つ目の意見については、我々はよく知っている。一方がトレバティウス、他方が多数派に帰せられる古典期の法律学上の見解であり、後者はガイウスとユスティニアヌス帝の賛意を得た。テオフィリウスが言及した三つの意見のうち、一つ目の意見は完全に新しい情報である。新しいとはいえ、この意見も古典期の法学者たちによって精緻化されていたが、『日常法書』や『法学提要』において触れられなかったため、日陰にとどまっていたという可能性を排除できない。動物は、傷を負わせることにより無条件に取得できる[81]。

動物の所有権取得の要件及び時期についての議論―この後の数世紀の間休むことなく取り上げられる―において、テオフィリウスの第三の意見が、重要性を発揮することになる。しかし、テオフィリウスの記述したその他の事柄または不一致[82]が、全く顧みられなかったわけではない。たとえば、傷の質の問題がある。テオフィリウスは、傷の質、正確には致命的な傷の概念について議論している。実際テオフィリウス（または彼の情報源）は、ビザンチン周辺に比べかなり危険な野山の姿を描きつつも、野獣に傷を負わせた者がそれを捕獲しない場合があり得ることについて記述している。「おそらく、近づくことができないほど野獣がどう猛であったか、傷つけた動物を奪われたり、前に進めないような場所のため追跡しても動物を捕獲できなかったりしたのだろう」[83]。

七　プロクルスの猪、括り罠で獲取すれば十分か

これも、スコラ学派的議論のために作り出されただけの[84]、実践的な意義に乏しい空虚な一つの問題（もとい、三つの問題）[85]として、片付けたいという欲求を引き起こすかもしれない。ところが慎重に証拠を吟味したところ、この問題は時が経つとともに、我々が関心をもっている学説において一つの革新的な役割を持つようになったと確信した。そしてその役割は、ユスティニアヌス期の編纂書において発揮された。残念なのは、文章がとても明確とは言えないことである。

私は、ある事実を発表し、あなたにこの事実について質問するので答えなさい。私は、想像上の人物である。私の口を通じてあなたに、あなたの最も優秀な生徒が話す[86]としよう。あなたは、元首政初期の高名な法学者プロクルス派の創立者プロクルスだ[87]。事実は、次のとおりである。「一匹の猪が、あなたが狩りのために仕掛けた括り罠にかかった。私は、捕らわれている猪を見て縄をほどき、猪を持ち去った」。これに、次の三つの質問がある。「私は、あなたの所有する猪を持ち去ったとされるのか、次に、あなたは自己の所有物だというが、それでは私が

猪を罠から外して森に放ったならば、あなたの物ではなくなるのか。それとも、あなたの物であり続けるのか。最後に、あなたの物でなくなったとしたら、あなたは私に対しいかなる行為をするのか、事実訴訟でもするのか[88]。質問は三つだが、一つ目が特に難問だ。要件も留保もなしに答えてほしい。私はあなたの動物を逃がした、だから私は泥棒だ。言い換えれば、あなたは、括り罠を使用して動物の身体を獲取することなく、もしかしたら家で睡眠中に動物の所有者になったと言っているに等しい。「身体の獲取なしに」とは、一つの革命である。残りは、この質問の答えに従属している。

しかし、プロクルスの答えは、要件も留保もなしではない。実際プロクルスは、答える前に回答に関し、一連の条件または前提となる環境を評価する必要はないかと自問自答している。「括り罠が仕掛けられた場所は公有地か私有地か、また狩猟者の土地かそれとも第三者の土地なのか。第三者の土地であるならば、その第三者は、括り罠を自分の土地に仕掛ける許可を与えたのか、与えていないのか、さらに罠にかかった動物は、罠から逃れることはできなかったのか、それとももがき苦しみながらも罠から逃れることができたのか」[89]。プロクルスは、どのような意味でその表現を用いているのだろうか。いま列記した条件、状況のうち、括り罠にかかった猪の帰属を決める上で影響するものはどれだろうか[90]。

八　否定派

数世紀の間、プロクルスが述べた条件や状況に関して、多くの解釈者から博識を誇りつつ論じられたが、答えに影響を及ぼすほどのものはなかった[91]。答えはおそらく次の文に含まれているだろう。「しかしながら、私はおおよそ、猪が自己の支配下に入ったなら、それで自己の物になると考える」[92]。その言葉で、プロクルスは、猪は、括り罠にかかっただけでは取得されず、狩猟者の手が獲物に伸びたとき、あるいは今まさに伸びようと近くにある時点で取得される、と言いたかったのかもしれない。

これは、註釈学派においておなじみの意見であり[93]、普遍法学者の中にも少なからず信奉者がおり[94]、もっとも著名な支持者であるサビニー[95]の占有の概念は、広く知られている。要するに、プロクルスの一節は、この意味つまり、動物は罠に捕らえられたときに狩猟者の物になるのではなく、その後の身体の確保により取得は完成されるという意味に違いないと彼らは主張していた。

九　肯定派

資料改変の疑いやら[96]、保守的な解釈[97]、断片化した判断[98]、鑑定の表現[99]などから、肯定的意見は広く共有されており完全に多数派である。プロクルスは、単に罠に捕らえられたことで、猪の所有権が取得されうると認めている。こうして彼は、身体の獲取を伴わない他の狩猟物のあらゆる取得方法に対抗して、そそり立つ堅固な壁に一つの割れ目を作る。トレバティウスが成功しなかったことに、プロクルスは成功したかのようだ。

では、資料に見られる条件または状況とは何か。それらの意味、組合せの混乱、さらにはその整理や排除もあり、数世紀にわたりめまいがするほどの解釈の混乱を引き起こした[100]。肯定派にも、それらの状況にはなんら意味がないと考える者がいた[101]。ユスティニアヌス法典学者により受け入れられたプロクルスの見解は、肯定派によれば、まさに次のようなことを言いたかったのだろう。すべての細かな区分（仕掛け場所が他人の土地か、公有地か、自分の土地かなど）を打ち破る基礎ルールは、罠により保障された「捕獲力」が罠の設置された場所にかかわりなく、他人の土地であろうが、許可がなかろうが、野生動物の所有権を帰属させていたのである[102]。許可は、立入りには影響するが、獲取には影響しない。それは全く合法的なものだった。なぜなら、野獣は無主物であるからである[103]。

一〇　括り罠による捕獲は、何をもって十分とするか

慎重に考慮したところ、次のようにいうことができる。プロクルスが主質問に否と答えた可能性はない。資料に関して、ある議論がある。プロクルスは最初の猪の解放の場面で、こう言っている。「もし、あなたが、私の野生の猪がその本来の自由に向かうのを放っておき、その事実のため、それが私の物でなくなったなら、と答えられた」。プロクルスは、その行動の時点に言及するとき、最初の文で二度ほど猪を彼の物と述べている。これらの言

葉は、主質問の修辞学的性格を感じさせるものであり、完全に肯定的な答えが見込まれている。つまり、その問いには、上記の条件や状況が関係しようが、そうでなかろうが、必然的に肯定的な答えが返される。条件や状況は、関係しているのだが、大枠での話に過ぎない。なぜなら、プロクルスの思考においては、いくつかの条件が発生しなくてはならないからだ[104]。

プロクルスは、ただ次の場合においてのみ、括り罠による所有権の取得を認めているといえる。まず「罠を仕掛けた者」が、罠を自分の土地、または所有者と合意して他人の土地に仕掛けたときである。罠を公有地、または私有地に仕掛けた場合は、一般の狩猟者と同じく、彼も所有権を取得したいならば、それを獲取しなくてはならなかった[105]。この制限には、公共の秩序及び「狩猟の平和」という明白な理由を見いだすことができる[106]。

そして、最終的な条件の重みに移る。「もし、猪が自力で罠から逃れることができないほどに罠に捕らわれているならば、あるいはもし長い間もがいても罠から逃れることができなかったときは」[107]、所有権の取得のためには、猪がもがいても罠から逃れることができない程度に罠に捕らえられているという事実が重要である。そうでなければ、狩猟者は、獲取によらない限り所有権を取得することはなかった。この仮定は、すぐに戸惑いを残す。しかし既に述べたように[108]、この仮定は、傷を負わせた動物に直接に結びつく。類推は強い[109]。傷を負わせるだけで野獣が取得できることを否定する理由は、傷を負わせた後にも、捕獲を妨げるような多くのことが起こりうるという答え（多数派、ガイウス及びユスティニアヌス帝）だったことを思い出そう。トレバティウスの意見が拒否されたのは、この論題だった。プロクルスは、野獣の物理的な先占の克服に関しては、トレバティウスに近づくものの、同時に推論においては、彼の反対者たちに近づく。傷を負わせた動物と同様に、罠にしっかりと捕らわれていない猪に関しても、すんなりと獲取できない可能性は多く残されている。不確実性という重大な理由により、このケース（縄をほどくことが可能な罠）においても、傷を負わせた動物に関する典型例に基づいて、より慎重に所有権取得を物理的な捕獲の瞬間と定めざるをえない。

まとめの考察をすると、プロクルスに向けられた（あるいは、彼自身から彼に向けられた）基本的問題――彼が仕掛けた括り罠に捕らわれて彼の物になった猪が、別の者により持ち去られたこと――は、この時代（前期古典時代）までは、罠という道具だけで野獣を獲得することは未だ議論の素材であって、実際の罠のケースにおいても物理的な獲取についての新ルールは価値があった。プロクルスの答えは、スコラ派の環境において熟成したとしても、新しい学説の構成的な意見の価値を適切にも取得したはずである。そしてそのようなものとしてユスティニアヌス派により、受け入れられた。そうでなければ、その章にその文言を入れることに何の意味があったろうか。もし新しいことを何も言わなかったなら、また右で見た『日常法書』の断片から明確に演繹される野獣の取得に関する一般ルールを確認するに過ぎないならば、何の意味があったろうか。もう一点明確にしておく。猪と括り罠のケースは、おそらく既にプロクルスの中で、あらゆる「罠」を通じた狩猟を象徴的に示している。ところで、犬追い狩りをした数少ないローマの詩人の一人グラッティウスの詩に戻ろう[110]。詩の中には、狩りのすべての道具が存在している[111]。

一一　土地の所有者と立入りを禁じられた狩猟者による野獣の獲取

一九世紀終わり頃のドイツにおいて、それは土地所有者の狩猟権（Jagdrecht）と呼ばれた[112]。狩猟者と土地所有者との間の紛争が――絶対主義とそれに関連する特権が終焉したことにより狩猟権が再導入され――、政治社会問題として勃発（再勃発がより正しいが）したとき、学問的議論を広く集めたテーマである。前者は私有地においても狩猟の自由を主張し、後者は狩猟者の襲撃から土地の主権を守ろうとした。この瞬間からそして長い期間、狩猟の分野における歴史的・法的な研究は、既存の概念及び反対理由から身を守るための棍棒として振り回されたローマ法に強く影響された。あらゆる客観的な文献上の困難は、文字通り粉々となった文献註釈の公平性をもって、癒やしがたいイデオロギー対立の材料となった。そして、こうした空気の中でその意見は熟成する[113]。この意見によれば、ローマ人の間においても禁止権により[114]、野生動物を誰の物でもないとする自然法（または万民法）にもかかわらず、土地所有者の物と考える傾向が高まったのである[115]。合意しない土地所有者[116]は、禁止を意に介さない狩猟者の攻撃からの防御を要求できただけでなく[117]、野生動物の返却、または金銭的補償を求める権利を有していた[118]。

この命題への同意が得られるだけの論拠（出典とは言わないでおく）が非常に少なかったため[119]、短期間でこの命題の主唱者にされ、土地所有者とその能動主義的イデオロギーの象徴にもされた法学者キュジャスは、その議論の信用が揺らぎ始めた。典型的な歴史記述のひったくり行為である。実際キュジャスのこの点に関する立場は、複雑なものだ。人文主義者キュジャスは、ローマ法において土地所有者は、その土地にいる野生動物について一般的狩猟者を上回る権利を有していると述べたことはない。また、所有者の意思に反して狩猟されていた野生動物が土地所有者に帰属すると主張したこともない。彼の膨大な著作の中で一度だけ、土地所有者の禁止する狩猟の獲物は、誰の物か取り決めない限り狩猟者に属さないと認めたに過ぎない。別の場所で、彼は、野獣がいうまでもなく狩猟者の物であると断言している。

キュジャスのこうした揺れた態度は、古代の文献が沈黙しているため、註釈学派においても未解決であり[120]、キュジャスのあとも議論を発生させた[121]。所有者の禁止は、野獣の本質を変えるものではないが、禁止された狩猟者への帰属を認めることは、自己の不法行為から利益を得ることはできないという原則に違反するのではないか。そうであれば、その禁止された狩猟者に対し、獲物の所有権を否定することが正しくはないのか。

その著作『省察』第四巻[122]（一五五六年のテキスト[123]）には、万民法の原理に基づいた狩猟についての記述があり、そこには野生動物の所有権は、囲い込まれたもの及び飼い慣らされたものに限るとある。読んでみよう。「自己の森林で鹿または猪を、あるいは自己に帰属する沼で魚を獲取した者は、先占を通じ所有権を即時に取得する。同様に他者の森林で猪を、または他者の沼で魚を獲取する者は、他者の猪または魚を獲取しているのではないのであり、動物は最初は無主物であるという万民法に則り彼の所有物となる。このように、法学者は万民法にかなり緊密に合わせていた。しかしながら、この権利はあちらこちらで慣習法により否定され、公の河川で魚を釣ること、または他者の所有地で自由に狩りをしたり魚を釣ったりすることは、合法ではなくなっていった[124]。実際これらのひとつを許可なく他人の土地で行った者は、それにより何も取得しないのである。そのことは『学説彙纂』の第四一巻第一章第五五法文が証明していると考えられる。その一節は、いまだ物理的に捕獲されていない猪は、自己の土地に仕掛け、または他人の土地に所有者の許可を得て仕掛けた括り罠にかかった場合、自力で逃れることができないほどに捕らわれているという条件で自己の物となることを示している」[125]、というのである。

トゥールーズ出身のキュジャスが残したこの文章に表現された思想は、明確である。「他人の土地で許可なくこれらのことの一つ（野生動物の狩猟または釣魚）をした者は、そのことで何も取得しない」。さらに明確に彼は、土地への立入りの禁止を認めることで、万民法[126]を「蹴落とした」ある種の慣習法が優越する方へ導いている。土地所有者の許可なく他人の土地で捕獲した獲物の所有権取得が成就しなかった一例は、我々も同意するある方法で解釈したプロクルスの文章の中に見つけることが可能である[127]。すべては明確すぎるほど明確だ。しかし古典テキストのもつ諸問題を看過できないキュジャスは、論争に双方から等しい距離を置いて参加することを示すことで、反対側の回答も―より説得的に―議論した[128]。

もう一つ別のテキストを読んでみよう[129]。おそらく、ほんの少し前のものだ[130]。ユ帝『法学提要』にとって一つの難題であり、この議論では意図的に無視されたものだ[131]。『法学提要』の第二巻第一章第一二法文の註釈で、キュジャスは、このように述べる。「誰かが、土地所有者が禁じる前に入り、何も結果がなかったら。もし逆に、それを行う権利を有する者による禁止の後に入ったなら、万民法により捕獲した野獣は彼の物となる。しかしながら、彼にとって他人の土地で狩りを行うことは合法ではないので、土地所有者は、否認訴訟または損害回復訴訟を行うことができる」[132]。立入りの不法性を罰する裁判は、捕獲の効果に干渉しなかったのである。

キュジャスの反対学説を演繹するための、より明確な言葉は存在しない。所有者の禁止に反してでも他人の土地で狩りを行った者は、獲物を自分の物にしていた。ただし、罠による狩猟の場合は、狩猟者が物理的に獲取していない限り、土地所有者が獲物を自分の物にできた。また土地所有者は、禁止を遵守しなかった狩猟者に対し、法学者の裁定、否認訴訟、または損害回復訴訟などの救済手段を行使できた。

この論題についてのキュジャスの思想に対する歴史的アプローチにおいて、彼は、自身の二律背反についての評価を避けて通るべきではなかった。彼は、前の学説の溝に落ちたこの二律背反について説明し、おそらく和解を試みた。ところが、キュジャスは、ある箇所で、狩猟者は所有者に反して獲物を捕獲した場合でもそれを自己の物にすると言い、またあるところでは自己の物にできないと言う。しかし所有者が、自己の土地にいる野生動物についてそれを獲取する前から何らかの権利を有することは、誰にも認められていない[133]。

結論を述べると、土地所有者の禁止権から派生する野獣についての特別な権利に賛成するテキストは存在しない。それを議論することは禁止されてはいない。しかし、多かれ少なかれ意識的に能動主義的要求に影響されたドグマティックなアプローチであることは明確にすべきだろう。このケースのようにローマの狩猟の一般原理が、明白に逆方向に進むとき、それは誠実でない一つのアプローチといえる。

一二　野生動物が土地所有者に帰属するのは、土地の果実だからか

「ペテン」というのだろうか。「野生動物は土地の果実」という表現があり、これは狩猟に関する一七世紀から一八世紀までの間の激しい論争における土地所有者側に立つローマ法学者の一派に、たいへん気に入られていた表現である。土地の何か別の産物として、野生動物は第一に土地所有者に属するという意味で理解される。

その表現は、次の複数のテキストに見られる。まず、「適切にも用益権者は、土地の牧草地及び山で狩猟を行うことができるのであり、獲取した猪または鹿は、土地所有者の所有物としてそれを獲取するのではなく、用益権

または万民法を通じて自己の物とする」[134]。「サビヌスは、土地の果実が野獣によって構成されているのでない限り、野獣は土地の果実であるということを否定した」[135]。また、「カッシウスは、用益権について書いた『民法』第八巻において、土地の鳥及び動物の狩猟の収益は、用益権者に属するという。したがって釣った魚にも当てはまる」[136]。「洪水による取得は、用益権に供された土地に属さない。なぜなら土地の果実ではないからだ。狩猟の収益は、用益権に供された土地には属さない」[137]。「もし土地からの収益のほとんどが猟によるものであるなら、結びついた土地に、猪猟のための網及び狩猟のために使うすべての道具が属する」[138]。さらに、もう一つあるともいう[139]。

土地所有者のみが狩猟権を有し、野生動物は彼に属するのであれば、狩猟の別の概念の出現をこれらのテキストの間から逃げ道なく見いださなくてはならない。しかし、おそらくビザンツ期の一概念であり、「未熟で消化不良の矛盾した概念[140]、あるいはよくある加筆により忍び込んできたポスト古典期以降のものである」[141]。ドイツだけではなく我が国でも、「野生動物は土地の果実である、なぜならば土地上で成長するから」[142]と主張されたが、既に『註釈』のなかに見られる最初の指摘以来、これを克服するためにテキストの解釈がなされた。

これには土地一般ではなく、特別な土地に関係づけるという共通の要求を示すための、二つの解釈がある。最初の解釈を見よう。ある者は、「狩猟に向けられた土地」、「狩猟保留地」と呼ぶことを好む[143]。狩猟活動に排他的に利用される土地といえようか[144]。道具と呼ばれる特別な設備（奴隷狩人、網など）を備えており、野生動物の無主性が失われていないという意味で、養殖地とは異なる（またこの視点から、有名な法文が言及する設備により類似している[145]）。この土地においては、土地所有権者は排他的な狩猟権を有しており、狩猟者により行われた狩猟は不法な狩猟による横領とされた[146]。これらの土地については、狩猟のことを土地の果実または収益として語ることは、普通のことと思われていたはずだ。

二つ目の解釈を見よう[147]。大きな養殖地でない限り、特別ではない土地のことである[148]。「野生動物は、無主物の性質ゆえに、土地所有権の方向に従い土地の果実（の生産の源泉）を構成している、したがって、明らかに土地の上で狩猟活動を行うことができることが排除される」ということを示すため、これらの土地の存在は、議論の的である法文の再解釈を求める[149]。もちろん外部者により動物は土地の果実と考えられており、それについて何らかの財産権が主張されていた。

その法文がこれらの土地に言及し、果実や収益としての狩猟について語っていても、何ら驚きはない。所有者と用益権者そして奴隷狩人の所有者との間に、ほとんどすべてが帰せられるという事実を考えるときには。いくらか不確実性があるとはいえ、文献の歴史的・解釈的な検討により導き出すことが可能なこれらの結論は、それほど昔ではない時代に、猟場において狩猟者の自由、あるいは狩猟者を自己の土地から追い出す所有者の権利のどちらかを必死に守ってやる教義学であった。

一三　狩猟者である野獣

主題そのものではないが、遠いことでもない。ここでは「役者」は、その役柄を取り替える。野獣は狩猟者となり、客体として取得の道具となる。野獣たちは何を「狩猟する」のか、つまり彼らを通じて何を取得することができるのかが明確ではない[150]。猛獣たちは、牙で咬んだり捕まえたりすることで、確かに他の動物を狩猟できる。

そして、牧人から豚を奪う狼と、大型の犬を使って狼の咥えた豚を奪い取る土地の小作人との例は有名である。ここで、質問がある。「豚は私の物のままか、それとも小作人の物になるのか」。このケースには、広範にポンポニウスが取り組んでおり、ウルピアヌスは、次のように言うのである[151]。

「ポンポニウスは、このケースを扱う。狼が豚を私の牧人から奪って去った。そこで近くに居た小作人は、山羊の群れを守るために飼っていた強力な犬をもって、これらの狼を追跡した。そして彼自身または彼の犬たちが、狼から豚を奪い返した。私の牧人が豚の背後から攻めたのだが、豚は小作人の物になったのか、それとも我々の物のままなのか、という問題が設けられた。実際に犬と小作人は、一種の狩りによりそれを獲得した。つまり、地上または海において獲取された動物は、本来の自由に戻ることで、それを捕まえた者の物であることをやめるように、海や地上の動物により我々の財産から奪い去られた物は、野獣が我々の追っ手から逃れたとき、我々の物ではなくなる、とポンポニウスは考えた。実際に私の庭や土地から、鳥が飛んで持ち去った物の所有権を私が保持していると、誰が言えるだろうか。したがって奪われて我々の物ではなくなった物は、野獣の口から解放されたときに先占者の物となる。同様に魚、猪、鳥も、我々の支配から逃れるとき、もし他者がそれを獲取したら、その者の物となる。しかしどちらかといえば、ポンポニウスは、魚、鳥及び野獣に関して書いていることは正しいが、我々がそれを回復できる状況にある限りは、我々の物であり続けると考えている。彼自身、もし難破により何かが失われても、すぐに我々の物でなくなるわけではないと言う。実際それを持ち去った者には、四倍返しの法的義務があった。もちろん狼により持ち去られた物は、それを取り返すことが可能であるうちは我々の物であり続けると言うのがよりよいだろう。したがってもし我々の物であり続けるなら、私は窃盗であると判断する。なぜなら狼を追跡するとき、小作人に豚を盗む意思がなかったとしても（あったかもしれないが、なかったことにしておく）、我々がその権利回復を主張しても返還を拒否するならば、彼は豚を殺すか、または隠そうとしたと理解せざるを得ないからである。したがって私は、それは窃盗に該当し、一度提示された豚について、訴訟により彼が権利回復を請求することが可能であると考える」というものである。

最初の結論は、ガイウスが到達し、ウルピアヌスが同意したものであり、一般にある野獣が何かを持ち去るとき、我々は持ち去られた物についての所有権を失うとするものである。物は無主物になり、その後最初の占有者に帰属しうるだろう。

ポンポニウスの論述における、狩猟とその一般原理との継続的な対比は印象的である。特に小作人の行動は「一種の狩猟」である。そして、地上または海の野獣により奪われた物は、狩猟者である野獣が我々の追跡を逃れた時点で、その帰属をやめる。同様に地上及び海中で獲取された動物は、本来の自由を取り戻した時点で、もはや我々の物でなくなる。最後にもし野獣により奪われた物が何者かにより野獣の口から奪い取られたとき、奪い取った者は先占によりそれを取得する。同様に魚、猪、鳥も我々の支配から逃れ他者がそれを獲取するとき、彼らの物になる。

したがって、これは最初の結論であり、もし奪われた物が家畜または生物でないなら、占有の喪失をもって所有権をも失うという事実に驚きを禁じ得ない。ポンポニウスが突然の思いがけない方向転換を行った結論（ウルピアヌスもこれがベターという）である「野獣が我々から奪い去った物は、すぐに我々の物でなくなるのではなく、それを回復可能である間はずっと我々はそれを維持し続ける」[152]は、実際にはどのような意味があるのか。長い時間が過ぎた後に、我々の奪われた物がその性質により、まだ存在して偶然に巡り会ったとき、我々はそれの権利回復を要求できるのだろうか。これは難しい。その法文にこれまで述べられたこととの矛盾があまりにも大きいのだろう。狼と豚のケースは、パラダイム的だ。我々はいつそれを失うのか。法律家は、保護の基準を適用する。狩猟との対比により、我々の追跡から逃れたとき（または野獣の防御のため、奪われた物をもはや見ることができない、あるいは見えたとしても追跡が困難なとき）、豚の喪失が固定されうることを考慮すれば、ポンポニウスが導く「方向転換、断絶」は、これらの基準の内側に求められるべきである。私が、奪われた（私の視線から外れた、あるいはそれを見続けていても追跡が難しい）物の所有権を例外的に保持するのは、ただ見続けることで思いがけなく取り戻す可能性がある間だけである。あるいは野獣がそれを捨ててしまう、あるいは我々の法文の小作人のような何者かが奪われた物を奪う行為を行ったときなど[153]である。これについては、ここまでにしたい。

一四　君主とライオン

ライオンを殺すのは合法であるが、それを捕獲するのは禁止される。矛盾しているようだが、実際、そうである。「すべての者にライオンを殺す許可を与え、どのような非難も恐れる必要はないことを保証する。辺境のすべての公爵から送られてくる野獣は、七日を超えて市中に留め置くことができない。この規定に違反する者は、それぞれ金五リッブラを国庫に支払う義務を負う」[154]と定められている。

本当のことを言うと、ホノリウス及びテオドシウスに帰せられている四一七年五月二〇日付けのこのユ帝『勅法彙纂』に含まれる法律は、多くのことが不確かな点を残している。想像力をかき立てる不確実性の柔らかいヴェールに包まれているようである。野獣は、おそらく現在の動物園のように町中を徘徊したはずだが、それが一か所に七日を超えて居られないとは、どういうことだろうか。殺害が認められたライオンとは、もしや檻から逃げた物のことだろうか。それにどうしてライオンだけなのか。ライオンとは、すべての猛獣を示しているのだろうか[155]。猛獣令により、按察官たちは、犬、猪、豹及びライオンが引き起こした損害の補償を認めていたことから、一考の余地があるだろう[156]。法解釈はさておき、この法令は、中世初期と近代に時間を超えて一つの例外をヨーロッパに移転した。この時代どこでも農民たちには狩猟が厳格に禁じられるのだが、ただ有害動物に関しては例外とされた[157]。我々の法令は、後に法学者の著作で触れるフリードリッヒ平和令とともに、権威ある前例に到達した[158]。

さらに知るためには、テオドシウス法典の同名タイトルを読むしかない[159]。そこには、皇帝の二つの法文が現れる。一つは四一四年五月二〇日、もう一つは四一七年九月二七日の勅令である[160]。その概要は、法典編纂者が齟齬しないための手段として日付を含めて両法文を混和し、唯一の法文を導き出していた。二つの法文から、不実なところなく、いわゆる先例を導き出したのである[161]。

正確な時期はわからないが、数世紀前より、アフリカやアジアの地域から、多数のライオン等の野獣が首都に送られてきた。その行き先は競技場であり、猛獣と戦士との決闘や処刑の見世物だった[162]。アウグストゥスは、彼が提供した見世物のうち三千五百のものが猛獣を使ったと誇った[163]。トラヤヌスのダキア戦争勝利を讃えて犠牲にされた一万六千頭に比較すると少数ではあるにしても[164]、紀元前一〇四年以降（正確にはクイントゥス・ムキウスによる建築以来）ライオンの数だけでも娯楽の範囲を超える[165]。異国のどう猛で飼い慣らされていない動物による催しは競技と呼ばれた[166]。都市の大衆はこうして元首の娯楽に満足した[167]。公式には元首の娯楽は施政に資する遠出の目的がある（中世及び近代においては、狩猟権をレガリア・特権として正当化する）。元首の娯楽に使用される野獣の数から判断し、できるだけ早期に私人に対する捕獲及び取引禁止を定めなければならなかった。

その禁止はのちの皇帝により成されたが、私人のライオン殺害の許可（その時点まで禁止されていたものが合法になる）のみに対置するのではなく、ライオンの捕獲・取引・殺害禁止を前記のテオドシウス法典の二つの法文をさらに遡及した法律中に明示した立法として成された[168]。おそらく、この皇帝により導入されたものではなく、もっと以前からの法文であろう[169]。これは、ライオンが君主に排他的に帰属するとの名目でなされた最初の狩猟の公的禁止である。後にヨーロッパ中で立法がみられるが、君主の娯楽に関わる一つの例である[170]。

有害動物について触れておこう。同じテオドシウス法典において、法律は明確にライオンの殺害禁止強化の理由を述べている。個人の安全は君主の娯楽に優先されるべきであるとし、田舎者も目前でどう猛な歯を見せる猛獣を安全のため殺すのはよい[171]。しかし、それを取引するために捕獲するのは許されない。残りは、一つの歴史的、解釈学的問題だけである。法典編纂者の手により、二つのテキストから引き出された原理においては、狩猟禁止への明示の言及も殺害を正当化する有害性への言及も消えている。ユスティニアヌス時代において、私人に対する猛獣の狩猟及び取引の禁止が命じられたことを主張するのに、これで十分だろうか[172]。我々の考えでは、法律が辺境の公爵の負担で野獣を輸送する組織を従前のまま維持している事実及びビザンチン期においても猛獣の見せ物が生き延びていることが証明されているという事実とにより、それを排除するに十分である[173]。ライオンを殺す許可の理由については、たとえユスティニアヌス期のテキストが何も言わなくとも、言うまでもなく立法の理由つまり野獣の危険からの防衛という理由が残る。少なくても、その後の数世紀の法学者たちの註釈には、そのような記述がある。

第二章　ゲルマンにおける狩猟

一　中世はゲルマン的か

中世はゲルマン的といえるだろうか[1]。中世前期までの数世紀はラテン文化をそのまま受け入れず、ゲルマン的な特徴が存在している。狩猟に関しては、そういえる。古典ローマ世界と結びつけることができず、またその支流とみることもできない非日常的なゲルマンの狩猟事象は、はじめの数世紀から近代の曙のころまで辿ることが可能である。その典型例として「犬狩り」を取り上げてみると、ゲルマン人及び封建社会の「三つの階級」[2]、すなわち領主権力の秘伝の技である鷹狩り[3]、養兎場の権利[4]、森林に関する王権[5]、そこから生じる貴族の特権[6]、狩狼隊[7]等の犬狩り狩猟を巡るその全体像は、専門家にも困難が伴うが、いろいろな矛盾を克服しながら辿ってみることができよう。

そこでまず、中世前期の特徴的な狩猟を吟味するため[8]、ゲルマン部族法[9]について僅かに触れておく。ローマ法とゲルマン部族法とは、法律の表面的な観察では、異なる別種の世界である[10]と感じさせる。ローマ法が少量の明確な論述により法律[11]を定めているのに対し、ゲルマン部族法は、多量な難解で雑多な規定があり、しかも根本的な疑義に対しては確実な答えを示さないということがあったりする。

五世紀から七世紀の間、このゲルマン部族法の社会において、誰が狩猟をすることができたのだろうか。「狩猟の自由」の問題である。ローマ法でも野生動物の無主物概念に変遷[12]があるが、ゲルマン部族法において、狩猟の自由の起源に関して、二つの異なる説が対立していた。その一つは、狩猟の自由[13]の存在を認め、ゲルマン地域村落の概念（その理論[14]）に基づく、「万人はどこでも狩猟ができる」という説である。もう一つは、狩猟と漁撈は原則として土地所有者に属すると主張する狩猟の自由を否定する傾向が強い説[15]である。これについては、現代の論者もその答えを躊躇している状況にある[16]。

ゲルマン部族法には、狩猟に関する繁多な規定が目立つとされる[17]。贖罪金[18]による処罰の規定がそうだし、動物の窃盗[19]、隠匿、殺害等を罰する規定が目を引く。狩猟に利用する動物では、我々なら一括りにする犬[20]が細かく定められている[21]。ブルグンド人は、盗みの贖罪金の代わりに辱めとして犬[22]の尻に接吻することを科する規定もあり、猛禽類[23]、[24]、鹿[25]については極めて豊富な規定が目に付く。

狩猟の場所についての規定に目を移すと、狩猟のできる場所とできない場所の区分は、必ずしも截然と整理されていないようである。その概略を述べることにする[26]。サリカ法典[27]、及びリブアリア法典[28]の狩猟の章には、意味深いものが多数ある。やや疑義があるが[29]、窃盗または隠匿したとして贖罪金を科される狩猟物や漁撈物は、自由に狩猟・漁撈を行うことができない私有の場所に居る動物のことである[30]。私有の土地・森とは、各人にその耕作土地に按分して分与される形で存在する。ブルグンド法[31]についてみると、共有の森[32]も規定されている。西ゴート法[33]も同様である。狩猟行為自体はおおむね自由であり、獲物はそれを最初に獲取した者に属するということだった。それが、私有地であれば野生動物は土地所有者に帰属し、許可を得ていない狩猟行為は不法な立入りとされた[34]。

バイエルン部族法典では、私有地において貴族のために鳥が飼い慣らされていたが、それが持ち去られたときは窃盗を犯したものとされた[35]。果樹園及び私有の森として保護された場所[36]では、自己の蜜蜂を取り戻すために立ち入るのにも、所有者の事前の許可を得ることとしていたし[37]、「鳥撃ち」は、その先方に動物が見えていても禁止され、仮に獲取できても鳥返還の義務があった[38]。つまり誰でも立入りが可能であるにしても、「狩猟が自由でない土地」が設けられているようであり[39]、私有地に居る野生動物は土地所有者に帰属するのはほぼ確かなことであった。しかし、私有ではない土地であっても、狩猟に適するとされる場所があり、そこへの立入りは自由であったに違いない。また狩猟中の狩猟者は、別の狩猟者の狩猟に介入することができた。非耕作地及び荒れ地における狩猟が想定されるが、それはどうであったろうか。ブルグント法の規定がある[40]。ブルグント法では、狩猟者は、非耕作地・荒れ地に自由に罠を仕掛けることができるが、人や動物の被害に関する賠償責任は免れなかった。

西ゴート法における罠やその損害に関する規定も見ておこう。自己の土地に設置した待ち伏せの罠があり、この罠に他人の土地に立ち入り落ちて受傷した人（狩猟者）があっても、当該所有者には賠償の責任が生じなかった[41]。ところが自己の土地であるが、通常の通路がなくて秘密の場所に設置した罠に他人の四本足の動物が落ちて死んだときはその賠償責任が生じた。これと同じく、荒れ野にあって穴を掘り括り罠や弓を仕掛けてある場合において、他人の四本足の動物が落ちて死んだときは、その他人への賠償責任があった。ところで、人への賠償責任を避けるには、近隣の者に危険の存在を知らせるだけでよかった。仮にこれを知らなかった住人が罠に落ちた[42]

場合は、法文には直接の規定を欠いている。賠償責任があるとする意見もある[43]。

最後に、ロタリ王法典に移る。ランゴバルト部族諸法中の最古の部分であるロタリ王法典は、狩猟に関して他のゲルマン部族法よりも関心を集めている[44]。この法典においては、排他的な狩猟と自由な狩猟が併存していることに特色がある。他人の森の中での蜜蜂群及び鷹の取得・捕獲等の規定があるが[45]、狩猟が他人により目印が付けられた樹木や樹木の巣で行われた場合に、賠償すべきだとする規定がある。そうでない場合は自然法により[46]、取得・捕獲した物はそれをした者の物となる。しかしその間に土地所有者が現れた場合には、返却しなくてはならないという規定があり、しかも「蜜蜂」の場合は「蜂蜜」を返却するのである。これらの規定（王有の森には触れない）[47]を考えると、他人の森では少なくとも捕鳥は自由には認められておらず、また森林権は土地所有者に属するものであったとみられる[48]。公有地においては、ランゴバルド人にとって狩猟は、漁撈と並び原則的にはどこで行うのも自由であったと認められるし、同趣旨のほかの規定もある。

二　ランゴバルド族と傷ついた、追跡された、罠にはまった野獣

ランゴバルド法には非常に興味深い規定が多数あり、とりわけ三〇九章ないし三一四章の野獣に関する規定がそうである。追跡された野獣により引き起こされた損害に関する規定を検討する。傷を負わされ狂った野獣が誰かを殺すとか損害を与えたなら、狩猟者は、彼または彼の犬が追跡した時点から責任を負う。同様に罠を仕掛けた者は、野獣が引き起こした人や物への損害の責任を負う。法文には一部省略があるが、次のとおり確認しておくこと

にする。

「(三〇九章) もしどこかで野獣が人により傷つけられ、そのため狂暴となりて人を殺害しまた何であれ損害を加えたるときは、それを傷つけし者自身が殺害または損害自体を賠償すべきも、それは当然にも彼または彼の犬共がそれを追う限りにおいてのみその猟人の責が認められるなる考量の下になさるべし。されどもし彼がその野獣を後にのこして後戻りし、その後に野獣自体が損害を加えしときは、その損害の賠償はその野獣を傷つけまたは駆り立てし者から求められざるべし」[49]。

「(三一〇章) もし野獣が足枷または罠につながれ、しかして人にまたは家畜に損害を加えたるときは、足枷をはめたる者自身が賠償すべし」[50]。

これに対し、「(三一一章) もし誰かが、他人により傷つけられまたは罠にかけられあるいは犬共により取り巻かれたる野獣の所に、彼の歩を止め、それを得むと欲して、それの所にたたずみ、そのためそれにより傷つけられまたは殺害されしときは、傷つけまたは駆り立てたる者から償わるべきにあらずして、自らに得む意思を以てそれの所に近づきたる彼自らの責及び無謀に帰すべし」[51]と、規定されている。

これらの規定には、ローマ法とは異なるゲルマン法の特徴的な法概念を見出すことができる。ローマ法と同じく野獣の所有権を取得するという真の捕獲だけではなく、傷を負わせる・追跡するというそれ以外の狩猟行為においても、野獣を追跡している限り、野獣が引き起こす損害を賠償しなくてはならない。罠に落ちた野獣は、同じように、我々の物である[52]。この解釈は、実際には我々があとで論じる矢傷を負った野獣の場合とは異なり、狩猟者が所有者であること、及びいくら賠償金を支払う必要があるのかについては明示的な規定がないが、受け入れることができるものである[53]。おそらく、それは法文中に含まれている事項であろう。むしろ、追跡をやめた後の二四時間も所有権の継続を認める規定に一般的価値を認めるならば、損害賠償義務が、所有権が消失前にいかにして消滅しうるかということに触れてあるのが興味深いだろう[54]。

別の狩猟者が、我々が攻撃しまたは追跡した獲物を、自己の物にするときは損害賠償を受ける。「(三一三章) もし誰かが他人によりて傷つけられたるまたは偶々死亡せる野獣を見つけ、その屍体を隠したるときは、彼はそれを傷つけたる者に六ソリドゥスを賠償すべし」[55]と定めてあるが、「なんらかの手段で傷を負わせる」という意味の言葉や「奪う」と言う意味の言葉で条文が作成されているとしたら[56]、ロタリ王法典のこの規定は、攻撃した獲物に近づこうとする狩猟者を、その動物を我が物にしようと介入してくる他の狩猟者から保護する一般規定になっているといえる。ここでも、(守られる側の) 狩猟者は土地所有者であるとは言わないが、そう想定してあるように思われる。

しかしながら、「(三一二章によれば) ある者が善意で介入し、獲物の逃亡または犬がむさぼり食うことを避けるため、獲物を殺すか犬の口から奪い取った場合、右肩肋骨七本分を差し引くことが許された」[57]との規定がある。

三　ランゴバルド族の矢傷を負った野獣の取扱い

獲物の取得について、よく知られた規定がある。「(三一四章) もし鹿または何であれ野獣が他の人により射られたるときは、それを後にのこして後戻りして以後その日または夜の翌る同時刻迄すなわち二四時間迄に限りてそれは射たる人の物なりと解せらるべし。されど上述の時間経過後にそれを見付けたる者は、(公示せずとも) 責なかるべく、その野獣自体を自らに取得すべし」[58]。これは、傷を負わせることの効果としての獲物取得を定める法文であるが、ランゴバルド族において、傷を負わせることにより野獣の所有権を取得できることは、種族の慣習法がこの条文に成文法化されて明確になったとされる。しかし、傷を負った野獣の追跡に所有権が左右され、追跡をやめると所有権も終了するとしたトレバティウスの意見（法学者の大半とユスティニアヌス帝により拒否されたことが思い出される）と異なり、ランゴバルド人にとって、所有権は狩猟者が踵を返した後も二四時間はまだ存続したようである[59]。傷を負った、またはその後すぐ死んだ野獣を発見した者は、それを持ち去る前に二四時間待たなくてはならなかった[60]。そうすることが、その後の面倒なことへの対策になる。実際においてこのことに何の意味があったのかは、よくわからない。文献の典拠が乏しいが、その二四時間は再発見者を待つ時間であったのではないかとする指摘もある。いくつかの手稿には「いつから獲物は狩猟者の物と考えられるか」というタイトルで書かれた文案があるものの、疑問は晴れない。

そこで次に、我々は、矢のほうに関心を移すことにしよう。ランゴバルドの立法者は、前記のとおり傷を負わされた野獣[61、62]について立法したが、ここでは、矢傷を負わされた野獣について対策している。その理由は、当時野獣の受傷ということが熟知されていたため、矢傷を負わされた野獣を立法の対象とするには、仮に致命傷を負ったとしても狩猟者から逃れた野獣に限るものであったからであろう。それであれば、トラバサミの刃により傷つきながらも逃げない野獣のケースは排除できる。また撃たれた矢を付けたままの野獣であれば、その矢は有効な目印になる。「先占」または「保護された領地」の特定可能な目印については、ゲルマン部族法において多くの「目印」の例がある[63]。

このことは、この法典の立法目的を再考するように促したに違いない。あるいは、トレバティウスの意見との別の相違点であるかもしれない。しかし、この相違点は、トレバティウスの意見の派生意見とは考えられない[64]。それはさておき、野獣の種々のケースにおいて、獲物がそれの獲取される以前に狩猟者に帰属することは、ゲルマン部族法的概念の独自の産物のように思われる。

四　フランク族と犬に追われて疲れさせられた鹿、猪

フランク部族の一支族サリー人の部族法典であるサリカ法典には、ある写本によると、他人の犬に追いかけられて疲れた鹿や猪に関する盗猟規定があり、「ある者が他人の犬に追われまたは疲れさせられた一頭の鹿を殺し隠したときは、一五ソリドゥスに相当する六〇〇デナーロの責あるものと判決すべし」[65]、「ある者が他人の犬に追われた疲れた一頭の猪を殺し盗むときは、一五ソリドゥスに相当する六〇〇デナーロの責あるものと判決すべし」[66]との条文があるとされる。

ここでは、狩猟者の代わりに犬がいる。犬が主導する狩りを考えることには格別の妨げはないが、犬の主人として狩猟者がいるのが普通であり、いうまでもなくサリカ法典の立法者は、狩猟者のことも考えていた[67]。この場合野獣が自己の物となる行為は、傷でも追跡でもなく、犬により追いかけられて疲れさせられたという事実である。ランゴバルド人の矢傷を負った野獣と異なり、この規定は狩猟者への所有権の「帰属」について語っていない。矢傷を負った野獣のように、持ち去ることはできないと明示的には述べられていないが、一般に、学者はそう推認されるとしている[68]。

五　シュピーゲルにおける追跡の権利

これまで見てきた事例では、狩猟に特有な追跡に関わるケースが多いことが注目される。これは、伝統的にして先鋭な観点からこの権利が求められたからであり、とりわけフランク王国の狩猟ではどの時代でも特別な関心が払われた。個別的にみると、野獣が狩り出された時点からの犬によるものまでを含め、追跡の間に所有権の帰属が認定され、また禁猟地や私有地で獲物を自己の物として追跡する権利[69]でもあり、追跡についてのイデオロギー的争い[70]はさておき、時代が下っても実際に各時代の法に追跡の権利が認められた。その歴史的事実を直視し、ザクセンシュピーゲル及びシュワーベンシュピーゲルの法文に検討を加えることは、意味深いことといえよう。ザクセンシュピーゲルはザクセンの参審自由人が慣習法を採録した、元来は私人の法書であり、シュワーベンシュピーゲルも修道士がザクセンシュピーゲルを改作した法書であり、各地でさらに改作が推進されて多数の類書が編纂された。いずれも中世ドイツの慣習法を集めてローマ法の進出を妨げた法書として知られている[71]。

そこで、ザクセンシュピーゲルから我々が関心のある規定に限って検討する。ザクセンシュピーゲル[72]の第二巻第六一条第一ないし三項は「神は人間を創造し、人間に動物に対する支配権を与えた。神は人間に対しそれを獲取するのに生命または健康を危険にさらさないよう命じた」[73]と厳粛な宣言の後、「王の禁令による禁猟林があり、そこでは熊・狼・狐以外の動物に平和が付与されており、動物を狩った者は罰金を支払うべきである」と規定する[74]。そこに立ち入る者は、弓及び石弓を手放し、矢筒を空にし、犬は掴まえて繋ぎ合わすものとされ[75]、あらゆる狩猟能力を取り払わなくてはならないと命じられた。

そして中心的な論点である追跡に関しては、追跡権（追撃権ともいわれる）の有名な規定がある。同条第四項には、「或る人が野獣を林の外で狩り、そして犬がそれを追って林の内へ入り込む場合、その人は、ラッパを吹いたり犬をけしかけたりしないようにして、跡を追うことができる。そして、彼がただちにその野獣を捕らえるならば、彼はそれによってなにも不法を犯したことにはならない。彼の犬を彼は呼び戻すことができる」[76]との規定がある。

シュワーベンシュピーゲル[77]に移ると、こちらも狩猟に関する規定は多いが[78]、追跡の権利については、その改正規定が見受けられる[79]。以下に逐語的に訳出するのではなく、要約することにする。この法書も、神が人間に、魚、鳥及び野生動物の支配権を与えたところから始める。領主[80]が、彼らの森について禁令を発出したため、有害の狼と熊以外の動物は安らぎを得ることができた。

まず、「森が属する領主の許可なしに狩猟を行う者は、六〇シリングを支払わなくてはならない」[81]、「他人の森を馬で通行する者は、弦を張った弓、石弓及び繋いでいない犬を伴うことができない」[82]とある。

次に、「もし一人の人が領主の許可を得て、一匹の野獣の狩猟を行い、これが別の領主の禁猟地である別の森に逃げたなら、狩猟をする者は、自己の犬を呼び戻すか、それを追い、それを止め、犬笛を吹かず、とにかく狩猟に駆り立てないようにしなくてはならない。そのように振る舞うなら、彼は、この時点から野獣により引き起こされることについて罪を負わない。もし反対に狩猟行為を継続するなら、野獣を獲取したか否かにかかわらず、罰金を支払わなくてはならない」[83]と野獣の追跡について定める。

また、「自己の森で狩猟を行い、野生動物に傷を負わせ、それが別の領主の森に逃げる場合は異なる。もし狩猟者が到着する前に死んでいたのなら、彼に属する。もしまだ生きているなら、動物が逃げた森の所有者に属する」[84]との追跡する野獣の所有権の規定がある。「どの野生動物も許可を有する者に属するのであり、逃げるときは、それを森の外で獲取した者に属する」[85]との規定が続いている。

そして、「ある者が一匹の野生動物の狩猟を行い、それを疲れさせたもののそれを失い、そして、別の者が現れてそれを獲取するときは、後者は法によりそれをすることができる[86]。同様に動物をあきらめるか、探すことをやめ、そして別の者がそれを発見するなら、後者の物である。なぜならそれを狩り出したからであり、それを獲取する者は、生きていようが死んでいようがそれを返却しなくてはならない。野生動物が仕掛けに掛かって森から出てきたなら、それは、それを捕獲した者の物であり森の所有者はもはや何の権利も要求できない」[87]との規定が締めくくっている[88、89]。

このように、ザクセンシュピーゲルとシュワーベンシュピーゲルを対照して検討してみると、その間に相違のあることが判る。ザクセンシュピーゲルにおいては、犬だけによる追跡は、境界を越えた野獣に対してラッパを吹いたり犬をけしかけたりしないようにして跡を追う狩猟禁止的な態度とともに、許されており、むしろ義務づけられているようでもある。その野獣が不明になれば、何が起こるかわからないからであろう。傷ついた野獣を追跡するのが所有者なら、追跡は許される。そして野獣が死んだ状態で発見されるなら、持ち去ることが許される。仮に生きているなら、越境によりすでに別の所有者の物となるのである。シュワーベンシュピーゲルにおいては、実際に近い狩猟の場面が想定される同一の場所での対等な権利を有する複数の狩猟者のケースである。おそらく、同じ領主から許可を与えられた複数の狩猟者、もしくはその場所が領主の森ではなく、狩猟権を行使できる共有地または私有地であろう。ここでは、追い出し・傷を負わせる・追跡するという野獣取得の場面があっても、肝心の追跡権は否定されている。獲物の取得についての概念は、ガイウスやユスティニアヌスのプラグマティズムからそれほど遠くないものの、トレバティウスやプロクルスをかなり超えている。

六　皇帝フリードリッヒの功績とブレーシャの平和令

ラデヴィーゴは、フリシンガ司教区の「助祭」であり司教オットーネの死後、皇帝フリードリッヒの功績を語り始めたが[90]、神聖ローマ帝国皇帝フリードリッヒ一世がミラノ人に対する遠征を準備中だと書いている[91]。イタリアに南下した皇帝の動静を伝えるのである[92]。ゲルマン諸民族の様々な君主からの補助軍団は無力である。アルプス山脈から命令が出される[93]。狭苦しい山を越え最初の都市が落ち[94]、赤髭王バルバロッサと呼ばれたフリードリッヒには、和平を考える時が来た。そして、勅令[95]を定めた。

一一五八年七月のブレーシャ集会であり、いわゆる平和令である[96]。厳格な命令であった。行為規則も定められた。何をすべきか・何をしてはならないかなどを定めた。そして、ここに興味のある条文がある。「ある者が猟犬を使い巣から追い出した野獣、及び犬が追跡した野獣を狩猟したときは、その野獣は何人の干渉も受けることなく同人の物となる」、「ある者が兎狩り用の犬で野獣を逃走させたときは、それは必ずしも同人の物とはならず、それを最初に占有した者の物となる」、「ある者が槍または剣で野獣を撃ち、その上に手を乗せる前に他の誰かが占有しても、占有者の物とはならず、議論の余地なく、それを殺した者の物となる」、「ある者が狩猟において[97]、石弓または弓で野獣を殺したときは、彼の物となる[98]」との規定である。

兵士や配下の狩猟に関するこれらの規則において、ゲルマン色が濃い。追跡による狩猟において、追跡される動物は狩猟者に属するとされた。これは、サリカ法典に先例を持つ取得のケースである。この概念は、グレイハウンド犬で巣から追い出し、逃走させる狩りにまでは及ばない。獲物の負傷については、何も触れていない。なぜなら、残りの規定が狩猟者から離れた場所で倒れて死んだ動物について触れているからである。ここでも殺害は、他者の獲物へのあらゆる干渉の禁止を伴う獲物の物理的な占有と同じである。

七　フリードリッヒ平和令と有害動物だけの狩猟の自由

エノバルブスの狩猟法立法者としての名声は、狩猟史において引き合いに出される先例の規定と結びついている。有名なラント平和令[99]の武器所持の規則の中[100]に含まれる狩猟禁止規定がそれである。この平和令は[101]、よく知られていたが、のちにその発令者に疑義が出され（しかし、クヤキオ[102]とＤ・ゴトフレード[103]のころからフェデリコ二世よりもフリードリッヒ一世の功績を重視している）、ほぼ確定したが、その成立時期等は不明のままである[104]。

その部分の条文は、次のとおりである。「農民が武器または剣、槍を所持しているとき、裁判官は、その裁判権に基づいて、武器を没収するか、二〇ソリドゥスを支払わせる。商売の目的で移動する商人は、剣を鞍に結わえるか車に積み、無実の者を襲うためではなく略奪から守るために使うこと。熊、猪及び狼を除く野生動物を捕らえるために天幕、網、括り罠その他類似の道具を用いてはならない。伯爵自身の求めがない限り、いかなる兵士も伯爵宮殿に武器を持ち込んではならない」[105]。

一般大衆に武器を持つなという禁令についての、どの註釈も表面的だ。その禁令は、平和令全体の思想、つまり社会的平和への思いに基づくものである[106]。旅行中の商人への禁令も個人の安全のための手段として理解できる。兵士の[107]宮殿への武器の持込み禁止も、同様の強い理由による。この枠組みの中で驚いたことに、狩猟も禁止されている。もし到達すべき目標が武器の不拡散であれば、武器による狩猟を禁止すればよかったはずだ。しかし、それの禁止の上に、網や罠による狩猟まで禁止を拡張している[108]。そうすると、犬も「その他のいかなる道具」に含まれたのだろうか。ある見解[109]は、明文がないことから一般的禁止を定めているのではなく、狩猟が認められていない場所における密猟を対象としているとする。さて、それはどうであろうか。罠と犬による狩猟まで禁止する理由はなんだろうか。当時使用されていた種類の武器を用いて実施する「戦争の学校」「戦闘の演習」として狩猟を考えていた当時の基準で、罠と犬がどうして社会平和に反するものとされたのであろうか[110]。

あるいは、ソールズベリーのジョンが勇敢にも立ち向かったモデルに基づいて、すべての悪癖の吹きだまりとしての狩猟社会への後退を恐れていたのだろうか。同時代のある者は、シャトル司教が考えていたことを知っていた。つまり、「狩人たちはケンタウルスの社会の臭いがする。まれに控えめでまじめな者もいるが、自制的な者はまれで、おそらく素面（しらふ）の者はいない」[111]のであり、狩人たちは仕事がないのに、旧約聖書の中で主に挑戦する狩りの名人ニムロデの尊大さだけは持ち合わせている[112]、というのである。あるいは、中世の文書に散見される「動物の平和」という破壊的で革新的なイデオロギーが理由であろうか。

さらに、法文の「何人も」という文辞が、誰を指称しているのかも疑問になる。すべての人々に対する一般的禁止であるのか、それとも一部の特定人に宛てたものなのか。おそらく、その文辞は「農民の何人も」という意味[113]だと思われる。当時、緊張の原因となっていた貴族と農民との間の狩猟に関する対立を防ぐことを意図していたのであろう。もう一つの疑問がある。農民に対して、どこでも狩猟が禁止されていたのか、という疑問である。ディオニシオ・ゴトフレードは、「他人の土地では狩猟及び他の猟具を設置することは、（熊、猪及び狼に対するものでない限り）合法ではないが、自分の土地では犬や網などを使って狩りや鳥撃ちをしても合法だ」と註釈を付けている[114]。しかしこの註釈には、所有者を例外とする現代風の法律解釈ではないのかという疑問が残る。

ライオンに関する後期ローマ時代の法律と同じく、この平和令は実際には短命だったと考えられる。絶え間なく解釈者たちによって再生産され、しかも廃止されることがもはやなくなった狩猟のいくつかのカテゴリーを打ち立てた。ある者には狩猟を禁じ、ある者に許すのは、まぎれもなく君主である。特権としての個人的・領域的狩猟権、土地の所有権と獲物の帰属、有害動物の自由な狩猟、狩猟法のよき平和がゲルマンの狩猟を彩っている。

八　ピエトロの例外

ゲルマン法とローマ法の混合を表している重要な、ある文章「ピエトロの例外」を、どうしてそう呼ぶのか[115]について、誰も説明したことがない[116]。サヴニーの著作『ローマ法』の第三巻[117]では、アクイリア法の影響をはっきりと受けた家畜への損害に関する章のあとに、我々の関心を呼ぶ森の動物に関する章が続く。「ある者が兎[118]、野兎または狐その他の野獣を動かし追跡したとき、別のある者が横からその動物を殺害または生きたまま（自分自身、手下、または自己の犬、他者の犬が）捕獲したときは、動物は占有者の物となるだろう。しかし、動物を動かした前者がまだ追跡をやめていなかったときは、占有者は、前者の行為の貢献度に応じて、野獣の全部あるいは一部を引き渡す、またはその部分の価値に相当する金員を与えなくてはならない。そして、これは有効な身振りを伴う取引行為により行われる。賢明な者であれば、魚及び鳥の場合も、野獣と同様に遅滞なく判断できることを疑うことはないだろう」[119]というものである。

この文章に注目すべきである。というのは、ローマ法に、既に触れたロタリ王法典において正確に法文化されたゲルマン慣習法が接ぎ木されているからである[120]。ローマ法の占有理論は、完全に尊重されているように見える。巣出しから追跡へと続くシンプルなケースは、ローマ法ではこの狩猟行為はいかなる形でも占有を成しておらず、追跡が中断されたかどうかに関わらず、野獣は最初の占有者に帰せられる。そして、法律家ピエトロはローマ法を熟知していながらも、このことを問題にしなかった。むしろ、ピエトロは論を進めた。第二の狩猟者が占有を行ったとき、第一の狩猟者の追跡がまだ続いていた場合に、第二の狩猟者の占有は有効でないわけではないが（これはローマ法）、同人は前者に野獣の一部、または相当の金員を与えなくてはならない。なぜなら一定の便益を受けたからで、取引の相手方から便益を受け取るときと同様にその埋め合わせをしなくてはならない。たとえこれがゲルマンの実情に合わせて、「角を丸める」必要に迫られたものであっても、法律家ピエトロは何も問題としない。少なくとも、何者かが獲物を我々のために殺してくれた場合は、彼に肋骨七本が付いた右肩肉を与えることにより、その報酬とする必要があるのである[121]。

第三章　ローマ法再発見後における狩猟

一　ローマ法の再発見と註釈学派法学者の猪についての議論

我々は、「狩猟学者」に名を連ねている。そして本書は、この分野の文献が特徴とする「芸術家」風のスタイルで様々なことを書きすすめ、狩猟を訪ねて廻るのである。

一一世紀の終わりにボローニャで始まり、たちまちヨーロッパに浸透したことを思うと、「ローマ法の再発見」[1]とか「法学のルネッサンス」[2]といった表現は、むしろ控え目な表現といえるかもしれない[3]。増加する法学者の数—ローマの経験を超える[4]—は、ヨーロッパ中に広大な法学を発展させる。大学及び裁判所の陰に、目が回りそうになる書物・文献の山が築かれる。まずは、註釈学派法学者[5]を訪ねる。我々がよく知る野獣の取得に関するガイウス、プロクルス及びユスティニアヌスの文献を、最初に扱い始めたのは彼らである。

トレバティウスと彼の傷を負った野獣の理論は、註釈派学者の間で大きな関心を呼ぶことはなかったようだ。前に述べたが、アウグストゥス期の法学者（つまりトレバティウス）は、野獣を追跡している限り野獣はすぐに狩猟者に属すると主張した。一方ガイウス、のちにユスティニアヌス帝は、野獣は実際の捕獲の時点で狩猟者に属すると主張した[6]（これで誰もが窃盗の罪を心配することなく占有できることになる）。ところが註釈派学者は、プロクルス[7]の言う狩猟者の仕掛けた罠に落ちた猪には、強い関心を持った。様々な質問の中に、罠に落ちることは、狩猟者を所有者にするのに十分か、それともこの場合も獲取が求められるのかという重要な問いが出てくる。猪への関心から、所有者の不同意まで問題にする。周知のように不同意という名詞は、論争中の「古典的」テーマ[8]に関する文学の一ジャンルをいうのであり[9]、支配者の意見に対置されていた（註釈学派の学者は、いわゆる支配者だった）。不同意は、より広範に実践され、資料により裏付けられているもう一つのジャンル[10]と混同されるべきではない。こちらは、学派の関心を引いて註釈が付けられ、その後収集された特別なケースをいう。

ここで、「野生動物の先占について」という題目の論争に移ろう[11]。それは、「ブルガルスは言う。括り罠に落ちた猪は、あなたがそれを獲取するまでは、またはあなたがそれを獲取する権限を有する、つまりそれを目の前に保持しており、かつそれを所有するという意思を有するまでは、あなたの物とはみなされない。ロジェリオもそう言っている。しかし、ウゴーは、『学説彙纂』の第四一巻第一章所有権取得にあるように、長い間もがいても逃れることができないときは、すぐにあなたの物になるという」と、いうのである。

もう一つの手稿の伝統から[12]、第二の意見は、ウゴーのほかにイルネリウスによっても表明されている。さらに第三の意見があったかもしれない。「アルベリコは反対に、視野から逃れた時点から、遠のいたか、遠のいていないかに拘わらず狩猟者は占有を失うという。ジョバンニ・バッシアーノは、アルベリコと同意見だ」[13]と、いうのである。特にブルガルスとウゴーは、一二世紀中葉にボローニャで活躍した四博士[14]で有名な四人[15]のうちの二人であり（あとはマルティヌスとヤコブス）、四人は、レガリエに関して権威ある仲介者を必要としていたバルバロッサ皇帝の招聘で、ロンカリア帝国議会に参加している[16]学者である。

二　ブルガルス

ブルガルス[17]は、「独特な」人物であった。驚嘆すべき雄弁家であり、金の口[18]という呼び名には頷くほかない大人物であったらしい。彼に関する逸話は豊富にあるが、彼の二回目の結婚の翌日にうかうかと開始した、著名な一節で始まるユスティニアヌス帝『勅法彙纂』[19]の講義は、素晴らしい大学の雰囲気[20]を伝えている。

我々に伝わっている学問的な伝統において、ブルガルスの思想を十分に理解するには多くのことが欠けている。周知のように、プロクルスの法文はユスティニアヌス法典において完全に明確というわけではない。プロクルス（そしてユスティニアヌス派）は、かなりな条件付きで、野生動物をただ罠だけで（つまり狩猟者による物理的な獲取とは無関係に離れた位置から）取得することができることを認めたという解釈については、我々も慎重に受け入れたところである。罠は、自己の土地、または所有者の同意を得て他人の土地に設置されたものであって、かつ動物が独力で逃れることができないほどに捕らえられているものでなければならなかった。

ブルガルスは、先占行為のかなり唯物論的な概念に執着していたようだ。狩猟者がその場にいなくてはならず、獲取によること、少なくとも占有の意思と結びついた外観を伴っていることにより動物を取得する、としている。ブルガルスから、罠が設置されている場所（自己の土地か他人の土地か、それとも公有地か）であるとか、自己の土地[21]ならば当然に自己の物となる理由、あるいは所有者の土地立入りの禁止を除いてどこでも先占可能な野獣の無主物としての性質について、これを最大限に評価している理由については、言及がないのである。

この、明白に負傷した動物のケースにも間違いなく拡大適用することが可能な唯物論的で感覚的な概念は、オドフレードにより詳細に述べられた、次の有名なエピソードにより確認できる[22]。「ある日、ブルガルスが、一人の彼の弟子とともに、ガレリウスのもとに馬で向かっていると[23]、多くの豚がいる場所を通りかかり、そこで罠に掛かっている一匹の子豚を見つけた。馬から降りて、それを獲取し、豪華な夕食を用意しようとしたその弟子に対し、ブルガルスはそうするなと言った。しかし弟子は、罠に落ちた猪の所有権取得に関する法文について、以前師はそうできると説明したと答えた。ブルガルスは言った。意見は変えない。しかし、君が猪を獲取することを私は望まない。裁判になることではなく、醜聞と噂を恐れているのだ。農民たちが、騒動を起こすかもしれない。武装して我々の後をつけ、もしかしたら我々をこっぴどく殴るかもしれない」という内容である。

オドフレードの生き生きとした語り口には、ひとつの観察以上の価値があるのではなかろうか[24]。狩猟の取得に関して、ブルガルスの立場が明確に現れている。物理的な獲取、または少なくとも狩猟者がその場にいることが求められる。狩猟者が不在の場所で罠に掛かった「動物」は、誰の物でもないままであり、誰でも窃盗を犯すことなく先占することが可能である。罠が彼の土地にある場合もそうだ[25]（このケースでは、農民がまさに近い場所におり、自分の庭を荒らされたことで怒り狂って駆けつけて来るかもしれないとの話し振りから、そう推論することが可能と思われる）。これが法というものである。しかも狩猟においては、法を超越する狩猟者の不測の行動及び情熱がある。それを予測し、尊重することからの便益は大きい。「永遠の」実際狩猟的な考え方の描写といえる。

弟子のロジェリオ[26]も、ブルガルスの側に立ったのだろうか。一つの註釈[27]から、我々がよく知っているプロクルスの法文まで、ブルガルスの問題分析の議論、及び問題に存在する衝突についての議論（例えば猪が我々の権限に属しているなら、傷ついた野獣及び盗んだ物[28]に衝突する）等の後、ロジェリオは結論を述べる。「猪は、もし私がその場におり、猪を手に入れることができ、それを身体的に獲取する能力を有しているならば、私の権限に属していると言える」[29]。唯物論的要素に基づいた、野獣の取得の概念に疑義を残さない言葉である。この意見は、その後、賛同者を欠かすことがない[30]。

三　ウゴー、狩猟者不在の場合

ウゴー[31]は、括り罠に捕らえられている猪について、ブルガルスの意見に反対する意見を述べている。本章の一に記載したその反対意見を再掲すると、「しかし、ウゴーは、『学説彙纂』の第四一巻第一章所有権取得にあるように、長い間もがいても逃れることができないときは、すぐにあなたの物になるという」のである[32]。彼が、物理的な獲取なしでも、獲物の取得を認めていることは明らかである。動物が、自力で逃げることができない限り、そう解釈することになる。動物には破って逃走することが不可能なほどの括り罠の強度は、括り罠の設置者が所有者となる要素であり、第三者による介入は窃盗とされまたは損害賠償を求められる可能性がある。我々によれば、プロクルスも同様に考えていたが、おそらく狩猟者が罠を自己の土地、または領主の許可を取得して他人の土地に設置した場合には、この方法でなら動物を取得できるものとしたのであろう。そのほかの場合には、猪は狩猟者が最初に到着して動物の上に手を置いた場合に限り、その者に取得される。これに対し、註釈学派法学者には、猪の罠による取得に関し、一つは狩猟者が物理的に獲取するか、目にするときに限り取得可能とし、もう一つは狩猟者がその場に不在でも、動物が罠に落ちたと知らなくても取得可能にするという二方向のドグマティック に背反する概念の橋渡しとなるように、プロクルスの法文を絶対視する解釈へ向かう傾向があるといえる。ウゴーの意見は、イルネリウスに既にあるようであり、またマルティヌス、それからアーゾとも共有されている[33]。

四　マルティヌスと失敗を繰り返す猪の上に置く長い手

四人組の間に存在する狩猟についての考え方に関連して、ひとつの愉快で意味深い例題があるので、読んでみよう。次のとおりである。「ティツィオ（甲）が、自己の土地に猪を捕獲するための穴を掘った。一頭の猪が穴に落ちた後、甲は、それを縛ってセンプロニオ（乙）に、家まで引いてくるよう命じた。乙が猪を引いているうちに、猪は、逃げだして本来の自由を得た。そして、偶然にも乙が猪を捕獲するために掘っていた別の穴に落ちた。今穴の中にいる猪は甲の物なのか、乙の物なのかが問題である。マルティヌスは、猪は甲に属すると答える。実際に乙は、逃げた猪を追跡する際は、乙本人としてではなく甲の代理人として追跡していた。そして、たとえ乙の穴に落ちたとしても、甲は自己の代理人を通じて、猪に長い手を伸ばしていたことは明らかなので、猪は甲の物に違いはない」[34]。

複数の推論が可能になる。とりわけ、マルティヌスが委託代理人を直接の代表者に構成している点で、ローマ法からかなり離れたところにいるように我々には思われる。しかしこれはさておき、一貫性のある立場により観察することに止めておく。甲は、なんら物質的な要件なしに、法的な抽象論により、猪の所有権の再取得を達成する

（逃亡後にもとからの自然へ復帰）。長い手という、見せかけの物質性に頼りながらである。要するに、我々は、異論を検討することにより、マルティヌスの立場がわかったということである。

五　法と慣習との間の註釈学派

罠は脇に置いて、トレバティウスの見解[35]に言及したガイウスの法文についてのアックルシウスの註釈は、物理的な獲取だけによる野生動物の所有権取得に賛成を表していると理解してよさそうである[36]。同時に、ガイウスの意見と傷に関する意見に対するいくらかの親近感が、ランゴバルド法の引用により示されている。その法によると、傷を負わせた者は二四時間待つことができ、その後野獣は先占者の物となる。我々には、議論の余地なく、トレバティウスのルールを慣習として適用することへの言及と思われる。

この点で、アーゾの文章の一節も忘れてはならない[37]。そこでは、実効的な獲取のみで取得される傷を負った動物及び罠に掛かった猪について、アーゾは、賛成を表している。つまり、その当時一般的な慣習は、物理的な獲取のない取得という形式を認めることにより、法を拒否していたのかもしれない。訴訟の両当事者が合意しないとき、慣習がどの程度拡張され（テキストの多くがボローニャ学派のものであることに注意）、どのような強制力[38]があったのかについては、わかっていない。もう一つの論争の題目[39]については、傷を負った野獣は、それを追跡する傷を負わせた者の物にはならない。ただしそれを獲取する者は、傷を負わせた者に対し義務を負う。

この時期から、発出された法と適用される法との間に、狩猟された動物の取得に関して二元論があることが資料的に裏付けられることは明白である。ローマの教えと実践理性への議論の余地のない一致に基づく適用する法には、より人間的・感覚的な、また他者を尊重する狩猟の慣習を対置することが切望される。まだ始まりに過ぎない。今のところ、法学者はそれほど混乱していない。傷を負わせることに関し、全員が衡平よりも法律に肩入れしているようだ[40]。傷を負った獲物[41]に関する『法学提要』の法文に対応する註釈は五つあるが、その法文の基本概念、つまり獲物の取得は実効的な獲取を前提とするという概念に対し、公然にしろ、あるいは慎重にでも不同意を示しているものは皆無である。

六　バルトルスと鈴を付けた鷹

この法と慣習の関係という主題は、もっと後の一四世紀前半になって我々に投げかけられる。様々な劇場の舞台（発言、文書、裁判所ボローニャ・パドヴァ・ペルージャ）における法学芝居は、バルトルスと古代の文献を読む新しい流行に支配されていた[42]。獲物の先占について、バルトルスは何と考えていたであろうか[43]。ガイウスの『日常法書』により抽出された法文への註釈は、非常に教育的だといえる。バルトルス[44]は、トレバティウス（狩猟者が追跡し、捕獲するという条件で、野獣に傷を負わせるだけでの即時取得を認めることに賛成）の見解を記録し、かつ拒絶したパラグラフにおいて、この見解はランゴバルド法の意見でもあるが、たとえトレバティウスの意見が慣習として認められているとしても、それとこれとは別の話だと註を入れている。「註釈はそういうが、慣習はその反対を尊重する。そこで私は法律の立場を取る」[45]。そして、そのテーマを論じた自分の註釈を思い出すよう勧めている。それによると、獲物は我々が不完全に建築を始めるときは取得できない。建築が完全なときのみ、言い換えると、獲物を手中にしているときのみ取得できるのであり、傷を負わせ始めたときではない[46]。バルトルスがこの問題で主張したいのは法である。そして、法は、物理的な獲取とは異なる方法で、獲物の取得を認めない。そしてこれは、罠に落ちた猪にも有効である。私の罠に落ちたとしても、もし手により捕獲されないなら、私の物ではない[47]。

狩猟に関してローマの伝統的な原理に同意すると、愉快な「鷹の論文」からは外れることになる[48]。一枚の紙に書かれた短い作品であるから、当時の一般的理解では、論文とは大げさなので[49]、おそらく助言であろう[50]。厳格にスコラ学派的かつ弁証法的メソッドで取り組まれた一事例だ。この事例には賛成と反対がある。グイード・デ・ブランカルド伯爵は、狩りに出たが鷹を失った。一人の農夫が、鈴を使ってその鷹を捕獲した[51]。テーブルに載せてパン・チーズ・青かぶなどを与えていた。その後食べ物が悪かったのが原因か、鷹が死んだ。伯爵側から農夫に対し、鷹の死の原因を作ったことを理由にして、訴訟が起こされた（これはバルトルスの助言であったに違いない）。さて法学者は、レトリック的に、何の法かと自問する。まず、ローマ法への訴答による可能性が高い、「悪い」についての解釈は、次のとおりである。

「農民には、野獣の死という事実、及びそれに関わる価値について責任を負わせるべきであり、ちょうど夫に苦杯を差し出した妻や未熟な医者・助産婦にたとえられる。同時に、その農夫には泥棒、略奪者との誹りも向けられるべきである。なぜなら、鈴の存在やその他の識別できる痕跡から、野獣である鷹が放り出され、捨てられたのではないことが判った（あるいは判ることができた）からだ。鷹が鈴を隠していないと知った時点から、不知だとして自己正当化することは彼にはできない。このことは、売春婦の服装をした処女を暴行した者は自己正当化が可能であるし、歩行中剃髪をしていない聖職者にぶつかった者は、侮辱罪で召喚されることがなく、聖職者ではなくて単に俗人に突き当たったとされる。いかなる言い訳もできない。なぜなら鈴の存在により、農夫は、逃げた鷹であることに気付いたはずであり、適切なすべての義務を負っていた。逃げた奴隷に出くわしたとき、あるいは他人の物を見付けたときは、役所に奴隷を連れて行くなり他人の物を持って行くなりしなくてはならないのと同様である。他人の家畜を囲い込んだり、それを空腹で死なせたりしたときは、賠償しなくてはならない。さらに、その農夫は、大地の産物しか手に入れることができないのであり、狩猟に使う鷹を持ち去り、占有するべきではなかった。さらにアクイリア法では、非常に軽微な罪を問題にしないが、その農夫は、軽微どころか、大きい罪をも犯している。動物に腐った肉を与えるのは、自己の手でそれを殺したようなものである。なぜなら、罪は、我々に属さない物に干渉することであるからだ」。「反対意見によれば、その農夫は、鷹が死んだこととは無関係であり、完全に無罪とされるべきであって、鷹に費やした費用の返還要求が可能である。火が燃え広がったため火事を避けるため家屋を倒壊させた者、あるいは介抱したのち死んだ奴隷を介抱した者と同じである。さらに、単純さと無知であったことから、その農夫は許される。数多くの法律によって証明されているように、単純さと無知により罪が許されている。その農夫は、鷹が誰にも追跡されていないゆえに本来の自由を再獲得したと考えた。そして、ガイウスとユスティニアヌス帝により教えられた原理に基づいて、それを先占したと信じた[52]。その農夫は、自分の物に対して用いるのと同等の勤勉さを、その鷹にも用いて自分自身の食事と同じように鷹に食料を与えた。鷹の所有権を取得したと考えていたゆえに、費用を補償する義務はない」というものである。

この、優雅で「都会的」な論争において、ウーベル・デ・ボナクーロは、公立の武器工場の強制労働者に押す烙印に関する法律の文言から推論することにより、上記の農夫は鷹の評価額相当を償わなければならない、と決定した。この強制労働者は、彼らの腕または顔に逃亡した場合に連れ戻すことができるために、烙印が押されていた。彼らの逃亡を生じさせた者による「返還」の義務が定められてもいた[53]。そして、それはチェルソが言うように[54]、「死の原因を生じさせただけの者に対しては、訴訟は事実に基づかなければならず、アクイリア法によらなかったのである。伯爵殿が当事者として起こした訴訟を、よく見てほしい。ガイウスとユスティニアヌス帝によれば、農夫は、鷹が飼い慣らされた動物であり、帰還能力を失い、かつ主人の保護から逃れたことにより本来の自由を再獲得しているのであるから、誰の物でもなく、最初の占有者に属する」[55]。しかし、おそらく、鷹狩りのマーク及びエンブレムという、バルトルスが敏感に反応した新しい現実が、その法学者にローマ法から離れることと、加えてゲルマン法ではよく見られるものの、ローマ法にはほとんど知られていない、特定できる目印を通じた[56]、様々な形式の財の取得及び保存に賛同することを、強いたのであろう[57]。

七　フェデリコ二世と鈴のついた鷹

ひとつの驚くべき立法がある。ほぼバルトルスと同時期における、アラゴン家シチリア王フェデリコ三世の制定した諸侯法である。つぶさに見ると、示唆に富んでいることがわかる。その条文は、「主に狩猟を楽しむ貴族の間で、一つの小さな反目が大きな憎しみを生んでいる。また非理性的で争いを煽っているような一つの慣習により、犬及び大鷹や鷹のような猛禽類の窃盗、不法な保持が犯されている。我々は、この犯罪に法による救済を設けることを希望するがゆえに、平民または貴族のだれも他人の猟犬・兎狩り犬、もしくは大鷹・鷹の猛禽類を、持ち去ったり保持したりしてはならないことを、貴族は二オンス、一般市民及び小姓は一オンスの罰金をもって定める。もし鳥が逃げ、その鳥が本来の自由に戻る前に縄や鈴を付けたまま木に止まっているのを、ある者が餌を使い、または餌を使わないでそれを呼び、その動物がまだ主人のもとに戻る心を持っているのに近づいたなら、彼は上記の罰を受ける。一方、もし長時間飛んで原始の自由を再獲得し、それから網または鳥もちに掛かることにより捕獲されたなら、この場合は普通法の例外となるのだが、我々は、持ち主に返却されることを望む。しかし、購入または捕獲した保有者は、権限ある裁判官の前で彼らに対し動物の紛失が宣告かつ証明され、かつ返還義務に従わないのでない限り、なんら罰を受けない」[58]というものである。

一四世紀初めの高貴な狩猟の世界にも、小さな犯罪のエピソードがある。例えば、ゲルマン法の世界で既に目にした犬や猛禽類の窃盗である[59]。そこには、狩猟競争における競争と嫉妬、金銭的報酬を目的とした下級の者による介入がある。強調しておくべきことと思われるのは、失われた猛禽類のケースに関する私法学の推論である。餌を使って、または使わないでその種の動物を手元に招く者は、それが招きに応じるとき、窃盗を犯す。なぜなら、招きに応じたのは動物の主人のもとに戻りたい気持ちの現れであり、したがって飼われている状態、つまり「誰かに」属している状態が続いているからである。鈴や括り罠の存在または不存在は、その状態を無効にする要素にまで達しているようには思われない。他方、網または鳥もちに掛かった動物を捕獲する者は、窃盗を犯すものではない。このタイプの捕獲は、動物が長時間飛んだことを証明しているのだろうから、そうであれば、本来の自由を再獲得したことで、普通法の原理により先占者の物になる。ただし現実には、この原理の例外として、この動物はどちらにしても返却されなくてはならない。要するに、ここまで検討したテキストにおいては、鷹を有主物にするのは、鈴と括り罠ではない。

八　より後期、自己の権利の特徴主義

協同組合・自治体・都市・封建領主・王・皇帝の立法権者による多くの法源は、ヨーロッパで賑わっていた[60]。しかも周知のように、二つの大全―市民法大全（ユスティニアヌス帝が編纂したローマ法）及び教会法大全―と、そこから芽を出した法律学文献の華々しい開花は、もう曲想が第二旋律を奏でており、普通法を形成することを始めている[61]。中世後期のイタリア制定法における、狩猟に関するわりと新しい成果[62]を取り上げてみよう。獲物の取得という我々の主題について、自由都市という小宇宙において、ローマ法のルールとゲルマン的・封建的起源のルールとが、どのように絡み合っているのかを考究することは、我々にとって興味深いように思われる。

この制定法の立法の地域ごとの多様性及び特殊性の中に、共通の傾向を有するいくつかの線が見える。まず狩猟は、あまり取り扱われてはいない。おそらくそれは、農業と牧畜がいまや生活手段として、狩猟活動に取って代わっていたからであろう[63]。過去と同様に、熊や狼のような有害動物の駆除を促す規定があり[64]、殺害許可が今や農業に害を及ぼす動物にも拡大されているという特徴がある。狩猟規制の規定は、動物資産の救済に関する意識的な懸念を表明するのではなく、野生動物よりも狩猟者によって引き起こされる害から農業を救済することにより向けられているように思われる[65]。しかし、農業、特に穀物生産に関して有害動物を駆除してくれる農業の「守護者」としての狩猟者と、農地を無礼にさまよい収穫物を荒らす狩猟者との間に、我々はひとつの矛盾の出現を見る。

犬を連れ、または犬を連れない農地への立入りに関するルール制定は、「無主物」としての野獣[66]、他人の土地

における狩猟の自由、及び禁止権というローマ法学的制度の基礎の上で展開している。自由都市チェッレ・リグーレにおいては、罠に落ちた野生動物は、外部者が設置した罠においても、土地所有者に属するとされる。他人の土地で狩猟を行う許可を得る必要性は、狩猟権を第三者に譲渡する傾向があったことから、大きく広がったようだ[67]。そして、都市の内部では、狩猟権は身分と関わりなく万人（おそらく外国人を除く）に認められた[68]。しかし、自由狩猟権は、狩猟権を排他的に行使することを要求する封建領主により脅かされた[69]。

最後に、都市における狩猟を取り上げる。獲物の取得については、サンブカ・ビストイエーゼ及びロッシニョーネの法規集では、手でそれを保持することができた者、自然動物に最初に傷を負わせることができた者、または止めを刺すために地面から持ち上げた者に、獲物が帰属した。ヴィッラファァッレットの法規集[70]では、土地の領主に宛てられていた象徴的な部分が帰属する[71]。物理的な先占が象徴的な先占ということである。

九　フリードリッヒ平和令とバルトロメオ・チポッラの回答

都市法の多様性―及び自由―を見込み、制限的な帝国法の狩猟法は、どのような終わり方をしたのであろうか。なぜなら、我々が知っているように、本書ですでに触れた有名なフリードリッヒ平和令の中に、一つの帝国法が存在するので[72]、その法文全体を再読してみよう。「農民が武器または剣、槍を所持しているとき、裁判官は、その裁判権に基づいて、武器を没収するか、二〇ソリドゥスを支払わせる。商売の目的で移動する商人は、剣を鞍に結わえるか車に積み、無実の者を襲うためではなく略奪から守るために使うこと。熊、猪及び狼を除く野生動物を捕らえるために天幕、網、括り罠その他類似の道具を用いてはならない。伯爵自身の求めがない限り、いかなる兵士も伯爵宮殿に武器を持ち込んではならない」[73]である。

明示的に狩猟と関係のある唯一の条項は、熊、猪及び狼を狩猟する場合以外、一般に括り罠、網その他類似のものを仕掛けることを禁じる規定である。しかし、おそらくは、武器の使用禁止は、社会的平和のより一般的な計画の中に着想されたとしても[74]、我々が示したように、犬についてはなんらの言及もなされていないとはいえ、狩猟に口出しをしている。これらの規定の帰結は何であろうか。剣と槍を完全に禁止された農民は、それらの武器を狩猟のためにも使うことができなかったのか。そして彼らは、武器を使うことができたのか。武器の使用に関して、全員に対する少なくとも一つの例外である。危険な動物（熊、猪、狼）の狩猟に関しては、明示的に、網及び罠の使用のみが―法文の中に読める―認められている。

一五世紀のヴェネト地方の現実に精通したある法律家の視点を、選んでみる。実務家でありながらパドヴァ大学とフェラーラ大学で教鞭をとり、人文主義とも無縁ではなかった実践的法曹であり、彼の著作は外国において非常に有名であった。彼の出身地であるヴェローナに限らず、これから見るようにフェラーラの固有法の現実を、内部から知っていた法律家バルトロメオ・チポッラ[75]がその人である。論文[76]において、チポッラは、いくつかの狩猟に関する問題（ローマ法起源のいつものもの）に取り組む。現実の色を着けて提示されており、簡潔な回答形式により、ある意味で解決されている[77]。これらの回答が、共有されていた概念を表しているのかどうか、我々には分からない。

これらは、野生動物を捕獲するために、網、罠、その他の道具を設置することは合法なのか、という質問に対する答えである。「いいえ、熊、猪及び狼を獲取するためでないのなら、不法です」。これが、質問に関連するフリードリヒ令のテキストを繰り返すだけに止めた、彼の簡潔な回答だ。しかし、その法学者は、すぐに次のように数字の2から始まり5までのほかの四つの解釈を加える。（2）ある者によると、皇帝の所有地に限り、網、括り罠などを設置することは合法ではない（この解釈によると、皇帝の所有地の外なら、誰もが好きに網や罠を仕掛けることができる）。（3）他の者によると、帝国法は、軍人及び貴族に、損害賠償があれば、犬及び鷹を使って狩りをすることを許しているが、田舎の下級民は、有害動物以外狩猟できない（公然と特権階級に賛成しているこの解釈によれば、法律は狩猟の自由を禁止し、それを領主及び家来に限る）。（4）規定によれば、皇帝は、領主の意思に反した他人の土地での狩猟を禁止しており、有害動物の場合を除き禁令に従わなかった狩猟者は平和の妨害者として罰せられる（貴族の特権を無視する解釈であるが、所有者の立場を強める傾向がある）[78]。（5）括り罠及び網について、その一般的意味は猪、熊及び狼の狩猟における武器使用が合法である場合を除き、武装した狩猟は禁止されるというものである[79]。

チポッラが言及したこれらの多様な解釈は、おそらく何ら学問的なものを有していなかったが、地域の様々な実際におけるフリードリヒ勅令と同様に多様な方法で適用された。チポッラは、実際に二番目の解釈への言及により、フェラーラの法規集で適用されているという[80]。もしそうであるなら、帝国法の大きな解釈の自由と法学者の役割に関し、これはとても意味のある資料といえる。さらに、既に文献[81]において指摘されている、北部イタリアの諸法規集における規定の多大な多様性、加えて一般的にこの時代の狩猟特権の曖昧な輪郭を説明し得るかもしれない。結局、金言でも語られるほどの思想は、バルトルスには帰せられなかったのだろう[82]。

いくらかの編年上のねじれがあるけれども、フェデリコ二世の別の論文[83]に見られる彼のやや特殊な視点を優雅に眼に納めつつ、中世を後にしようと思う。中世において、狩猟（犬を連れて馬にまたがる大狩猟や猛禽類を使った狩猟）は、その大部分が高貴な儀式とされた。その象徴的な約束事には、未だにわからないところが多い[84]。我々の主題は、今や、普通法の膨大な法学文献の大道に沿って、我々を純粋に稔りのある地点に向かわせようとしている。

第四章　一六世紀における狩猟

第一節　フランス・ブールジュにおける狩猟

フランス・ブールジュでの、近世ヨーロッパのローマ法継受における狩猟が主題になる。

一　人文主義法学

「スルピーチョ、シェヴォラ、パオロ、ウルピアーノなどの白鳥たちは、あなたの帝国の鷹により残酷にも切り刻まれ、彼らにかわって」、「我々にはバルトルス、バルド、アックルシウス、ディーノという鵞鳥がいる。彼らは、ローマの言語を話さず、蛮族の言葉を話す。また、都会的かつ市民的な習慣をいくらか欠いており、田舎の御しがたい未開性を見せる」[1]。文中に白鳥、鷹、鵞鳥とあるが、その帝国の鷹とは、『勅法彙纂』の中で白鳥の惨めな死体を集めたユスティニアヌス帝かもしれない。註釈学派と後期註釈学派に対する、砲兵隊による最初の攻撃は、人文主義法学のイタリアの配備から始まる[2]。そして、右に引用した短文を書いたヴァッラ[3]には、エラスムス、ビュデ、ヴィヴェス、ティラコー[4]たちが同意している。知識人たちの狭い集まりから、ラブレーとその有名な「卑俗さ」[5]を通じて大人数が加わった。人間性と歴史について何も知らないのに、アックルシウス、バルトルスとその仲間は、どうやって古代の文献を正しく理解することができたのだろうか[6]。

それは、後でわかることである。宗教戦争を背景にして、アルチャートとともにブールジュから、ゲルマン法学[7]が離陸する。同じ大学において、今の学者よりもよくケンカしたドゥアレーノ、キュジャス、ドネッルス、バルドゥィーノそしてオトマンノが、彼に続くことになる。ローマ法は、ユスティニアヌス帝の編纂において、既に恐ろしいほどに平準化されていたが、現行法のような解釈を続けることはできない[8]。なぜ法典化ではないのか[9]。哲学と歴史のツールを使って、本来の意味へ戻すための、文献批判及び解釈研究への自由な道が連なるのである。

法律を学習し教授する、一つの新しい方法[10]であり、第二の法学ルネッサンスである。

野生動物の取得の理論に対して、人文主義法学者はどんな貢献をしたのか。より文学的に言い換えると、彼らの解釈手法の理論的公準によれば、古典的概念の正しい解釈の上に、どのような新光線を投射したのかということである。ブールジュ学派の「他の者」にもいくらか触れつつ、キュジャスとドネッルスに話を絞る。彼らは、解釈手法における「揺籃期本（インキュナブラ）」であるだけでなく、野生動物の取得に関する議論における代表であり、信用できる必須の基準であるからだ。彼らには、ユスティニアヌスの平準化及びその後の註釈学派・注解学派の上書きの結果として、狩猟及び獲物取得の法の一種の解体が期待できるかもしれない。例えば、土地所有者と狩猟権者との対立、貴族階級からの排他的な狩猟権行使の要求という問題である。

二　キュジャス、立入りを禁じられた狩猟者と獲物

トゥールーズ出身の偉大な法学者から始めよう[11]。キュジャスは、バルトルス派に敵対的であったが、これから見るように註釈学派法学者に敵対的だったわけではなかった[12]。既にローマ法の狩猟取得について述べた際、狩猟者の立入りを禁止する土地所有者の権限[13]に関して、近代の学説に触れた。それによると、禁止権の効力により、ローマ人は領主が禁止している他人の土地で狩猟する者に対し、獲物を取得する能力を否定するに至った。つまり間接的に、所有者に対しその土地上の野生動物の帰属を認めるに至った[14]。この解釈者によれば、キュジャスもその考えを持っていたという。それでは、所有者寄りの論者が、狩猟者との対立が再び鋭くなっていったとき、頼りとした最も権威ある人物は誰であったのだろうか[15]。

実際にキュジャスが、新しい観点を示した著作『省察』の中でこの問題を取り扱っているので、既に引用したものと重複しないように、要点のみを引用する。「もしある者が、自己の森で猪や鹿を、自己の池で魚を獲取するなら、自己の動物を獲取するのではなく、最初の占有者として所有権を取得する。万民法により誰の物でもない動物は、それを獲取する者の所有となる[16]。法学者は万民法に従っているからとしている。しかし、慣習は、しばしば万民法を覆い隠した。それによると、公的な河川で魚を釣り、野原で猪を狩り、鳥を撃ったりすることは合法ではない。実際、他人の土地で所有者の許可なく、こうしたことをする者は何ら取得しないと、私は考える」[17]とい

うものである。人文主義法学者による実に強力な肯定である。ユ帝『法学提要』で確認された[18]ガイウスのテキスト[19]の重みを認識せざるをえない。それによると、野生動物が獲取された場所が、自己の土地か、他人の土地かは重要ではなかった。つまりテキストは、立入禁止権[20]を、狩猟を目的として自己の土地へ立ち入ることを禁止する所有者の権利としているが、所有者の禁止に反して実行された野生動物の取得を妨げる権利とはしなかった。

我々が既に理解したように、ある学者は、キュジャスのことを現実主義的な観点で考えた。キュジャスが獲物は狩猟者に帰属しないと断言するのは、彼が時代を語っているからである、というのである。彼の眼前には、狩猟権を封建領主にのみに認める一五一五年三月のフランシス一世による非常に厳格な禁止令があった。自然法から離れた慣習への言及も、同様に説明されるのかもしれない[21]。キュジャスが、そのケースについて、歴史的な観点で取り扱うことにより時宜にかない、註釈学派学説の重みと不安定性をも示したと考える傾向は、我々のほうがより強いかもしれない（新しい慣習への言及は非常によくわかる）[22]。既に見たように[23]、一般的な註釈学派において二つの意見が対立していた。一方の意見では、禁止があるとき、獲取された物はその者の物ではなく、返却されなくてはならない。他方の意見では、狩猟者は禁止に違反したことにより罰せられ得るが、野生動物を獲取したためではない[24]。

議論において、キュジャスは、前者の意見に同意し、プロクルスの括り罠に掛かった猪についての有名な一節を通じて、古典的な父権を守ることができると信じた。それは、「物理的に獲取される前に、長い間もがいても逃れることができない程度に捕らわれている猪は、もし私が罠を私の土地、または所有者の許可をもって他人の土地に設置したなら、私の物になる。もし、私が所有者の許可なく他人の土地に括り罠を仕掛けたなら、私の物にならない」である。これはローマ人にとって、所有者の禁止は狩猟による財産の取得を妨げるという結論を引き出す一つのケースかもしれない。今は、プロクルスの一節の曖昧なこと及び狩猟の状況・条件の問題に戻るつもりはない。キュジャスにより与えられた解釈を共有することにするが、しかし扱われたケースの特殊な性格から考えると、狩猟が主人の禁止にあったときには、狩猟者は獲物を自分の物にできないという結論が導かれると主張することは、危険なことのように我々には思われる。

我々が既に見たように[25]、キュジャスの解釈上のやっかいな症状は、その偉大な人文主義者が反対意見を主張する場所である。『法学提要』の第二巻第一章第一二法文[26]への記述の冒頭を記載する。「ある者が、所有者が禁止する前に立ち入り何らの成果なくそれを行ったなら、あるいは禁止する権限を有する者が禁止を実行したあとに立ち入ったなら、捕獲した野獣は、万民法により彼の物となる。ただし、狩猟を行うため他人の土地に立ち入ることは合法ではないため、土地所有者は、否認訴訟または損害賠償訴訟を起こすことができる」というものである。我々がすでに観察したように、反対意見は、より明確な言葉で表現することができなかった。所有者の禁止に反しても、他人の土地で狩猟する者は、ともかく、獲物を自己の物にしていた[27]。

別の論点は、禁止を尊重しない狩猟者に対する権利回復についてのものである。そして、この問題に関しては、註釈学派のさらなる影響を強調しないわけにはいかない。古代の文献には、狩猟者が土地所有権者の禁止に注意を払わなかった場合に、所有者に認められる権利回復について知る手がかりは何もない[28]。特に、人格侵害訴訟の確認された行使は、文献上の支えを全く欠いているようだ。可能性がある意見としては、ローマ人が狩猟の自由と所有者の禁止権との間の難しい弁証的問題については、法律ではなくむしろ習慣、またはもし適切なら力と自己防衛の関係で説明する方がふさわしいと考えたため、わざとこのケースについてルール作りをしなかったという意見がある。禁止の違反を、刑事上の不法行為としてドグマティックに構成することを始めたのは、すぐに訴訟に頼った註釈学派だった[29]。彼らは、しばしば人格侵害訴訟に向かう。そして、この防衛を確実なものにするのは、キュジャスではない、あるドグマティックな法学者であった。

三　ドネッルスと系統学者

ドネッルスの著作『ローマ法注解』第Ⅳ巻の第Ⅷ章「市民法について」[30]は、系統学者の模範的な一例である[31]。無主物の取得が扱われる。無主物の定義において、一連の分類[32]がなされており、「生きた」無主物と「生きていない」無主物との分類がその中心である[33]。前者は野生動物のことである。野生動物には、鳥、魚、野獣の三つの種類がある[34]。蜂、鳩、孔雀の本質には議論がある[35]。次の段落は魚に捧げられる。我々は、人工池や養魚池[36]に居る魚や野獣の所有者であるように、池沼に居るそれらも我々の物である。仮に書かれているように[37]、占有を欠いているとしても、これらの野生動物は、我々が欲したときにそれらを獲取できることから、我々の物なのである。これは、プロクルスの括り罠に掛かった猪の一節が教えるように、支配権を有する、つまり所有していることを意味する。それが真実だ[38]。野生動物の帰属において、歴史的にはほとんど納得できないものの、著しいドグマティックな大胆さをもって所有と占有を分離する無鉄砲な解釈である[39]。

魚は脇に置き、より一般的に野生動物は、上位のルールにより、先占者の物である。先占するとは、獲取しかつ自己の支配権下に置くことである。そこから、手で獲取できる無主物に関しては、その方法で獲取して管理下に置くのでなければ、我々の物にはならない、ということが導き出される[40]。したがって、野生動物は巣から追い出した者の物ではない。巣から追い出し、それを獲取する大きな可能性をもって追跡する者の物でもない。そのため、疲れた野生動物が他の者に獲取されたなら、彼の物であり、追跡した者の物ではない。野生動物を、それを獲取できるほどに傷を負わせた者の物でもない。トレバティウスの反対の見解は、獲取する、と先占するという言葉の本来の意味により拒絶された。そして、ドネッルスにより、傷を負わせた者が動物を獲取するのを妨げるような多くのことが起こりうるという根拠により、正しいとされた[41]。

次の段落では、プロクルスの一節及び我々の権力下に入ることで我々の物となる罠に捕らわれた猪の取得を扱っている。ドネッルスは、手と罠のようなそれ以外の獲取手段の同等性を認めている。しかし彼はまた、取得の条件は、いかなる形でも動物をとり逃がすことがないように獲取していることであり、傷を負った動物のケースでは反対に傷を負わせた者から奪い取ることができる以上、彼の物ではない、との結論を出す際に、手とそれ以外の区別の曖昧な意味について自問する[42]。

括り罠が仕掛けられた場所に関し、ドネッルスは、括り罠が私の土地、または所有者の許可を得て他人の土地に仕掛けられた場合に限り、その野生動物を支配下に置くことにより所有権を得る、そしてさらに土地が閉じられていることが本質的であり、そうでない場合は誰もが立ち入って、罠に掛かった野生動物を獲取することができる、なぜなら、野生動物は自己の支配下にないため取得の必要条件を満たしていないからである、と考えている[43]。取得のための追加要素は、ドネッルスによれば、罠を仕掛けた者に動物が罠から逃れることができないほどに捕らわれているという知識があることである。つまり、無知な者は取得しない[44]。我々が知っていることによると、土地の「囲い込み」は、狩猟法解釈における全く新しい一要素である。それは、禁止権の明確な表れとして、今後の解釈者たちにより強力に評価されることになる。

それに関し、ドネッルスは、最後に、所有者の禁止に反して他人の土地に立ち入った者により獲取された野生動物は誰の物なのかを自問自答している。そして、この高名な法学者は、所有者が禁止している他人の土地において野生動物を獲取することでは、いかなる不法行為も犯さない、なぜなら無主物であるからだ、もし立入りが禁止されていたなら、法に違反する罰すべき行為はこれ（立入り）であり、野生動物を捕獲したという事実ではないと断言することにより、古典期文献への強力な同意を示す。ヴィンニウスのもう一つのものと一緒に有名になった文章だ。我々は、これについて[45]、「驚いたことに私有地においても野生動物は無主物であり、またそれゆえに先占者の物となる、所有者はただの一個人として先占を争う権利以外は何の権利も有していないという意見が、ここに提起されたのだ（狩猟者と所有者との間のもっと後の論争において、キュジャスの意見に対置されることになる）」[46]と言うことになろう。しかしドネッルスにとっても、所有者の意思に反して立ち入ることを強く求める者に対し、その力に対抗する権限はもちろん、人格侵害訴訟に訴えることのできることは当然のことであった[47]。

四　アルチャート、ドゥアレーノ、バルドゥイーノ

アルチャートは、一つではない理由により言及することが正当化される法学者である[48]。アルチャートは、キュジャスやドネッルスのようにブールジュで教鞭を執った人文主義法学者であり、彼の論考は、野生動物の取得に関する後世の論争において多く引用されている。そして博識な註釈を付与することを放棄したことはなく、数世

紀が過ぎ、現実主義的な観点と無縁でなかったことがわかるのである。

まず、所有権は占有を源とし、そのことの痕跡は大地、海、天から収穫される物に残るというパウルスの観察[49]があるが、野生動物は、確かに最初に占有した者が取得する。アルチャートが言うには、狩猟者により傷を負わされてなお追跡された野生動物を、私が獲取するなら私の物であるというのは論理的な帰結である。これは、トレバティウスの見解に反して傷を負わせた者が獲物を獲取するのを妨げられる多くのことが起こりうるという理由により、受け入れられたものだ[50]。しかしながら―ここでアルチャートの余談が始まる―、アックルシウスは、トレバティウスの意見が慣習により採用されたと書くのである[51]。そしてアルチャートは、「フリードリッヒ赤髭王の平和令（犬に追われる野生動物が先占者に帰することの規定）[52]は、槍及び剣で傷を負わされた野生動物をその傷を負わせた者に帰属させた」と加えるのである。こうして獲物を追った後に、運の悪いポリーテに偶然出会うピッロの恐るべきシーンが引き起こされる[53]。そして、アヘノバルブスの非ラテン言語の影響が濃い第三の法令も、野獣を殺害することは、先占者にではなく殺害者への所有権の帰属を決定することを直感させる。すなわち獲取を妨げるような出来事は、傷を負った場合には起こり得るが、死後は何も起こり得ないからである[54]。

この点でこの人文主義法学者は、やはり二つの狩猟行為の間にあり得る一種の干渉という脈絡の上で、時間を超越して、いくつかのケースを設けた。その一つは、ある漁師がある池で、夕方と朝に網を仕掛けている。ある日掛かった魚を獲取しようと戻ったとき、別の者がそれを獲取しているのに気付いた。先占の原則に従えば、所有権は後者の物となる。網を張ることは先占行為ではない。最初の漁師は、後者の漁師に対し人格侵害訴訟を起こすほかない[55]。それとは違って、もし網が私有の川に仕掛けられていたなら、前者の漁師に対し、網を仕掛けるという事実により取得された魚の所有権を否定することはできないだろう。その二つ目は、ラテン戦役初期のエウェルギリウスが語ったエピソード[56]を思い出させるケースである。日中は森をさまよい夕方には家に帰って来る見事な角の鹿のエピソードである。鹿が、「餌をくれる人、柔らかく角を飾ってくれる人、毛を櫛で梳いてくれる人、そして泉の水で洗ってくれる人」を見付けたが故に、アスカニオの矢で脇と腹を射られると、死ぬための小屋の準備をしてもらうためにうめきながら走る。何人かの水夫が、森で見付けた鹿を獲取するために船から下りてきて殺すというケースである。もし鹿が飼われたもので、かつ水夫らがそれを知らなかったのなら、誰の物になるのだろうか。「私は、鹿が家に帰るという習慣を保っているなら、その所有者の物と考える。しかしながら、水夫は野生動物ではないか、したがって万民法により先占者の物になるのではないかと勘違いを、簡単にしてしまう可能性がある。それで、所有者には賠償請求裁判を起こす資格がない」とアルチャートは答える[57]。彼は、古代の法源においては想定されていないケースについて、人格侵害訴訟により処理することには、強い気軽さがあると認める。どちらにしても、アルチャートにはドネッルスと同様に、傷を負わされた動物の仮説に関して、トレバティウスと反対の回答を一貫して肯定する傾向が認められる。

ドゥアレーノ[58]に言及する。ドゥアレーノは、文化的地平に関して先輩法学者の仲間であり、大学教授である。彼も同じ意見である。つまり、「これらの野生動物が先占者の物であると言うためには、野生動物が確実に我々の支配下に入る形で、獲取されなくてはならない[59]。したがって、ある者が重い傷を負わせた野生動物を追跡していても、獲取するまでは彼の物とはならないという意見や、そうしている間に他の誰かにより捕獲されうるという意見が、優勢である。実際に、かつては追跡の結果が不確実であり、また野生動物がそれに傷を負わせた者によって獲取されないうちに多くのことが起こりうるという理由で反対の法があった。そして、皆がよく知る法源は、この理由に対応しているのである」などの意見である。

最後にバルドゥイーノに言及する。一五五〇年から一五五五年までブールジュで教鞭を執った[60]、優れた人文主義者であり同時に法学者、神学者、哲学者、そして歴史家であった。彼には、古代の法源を尊重しかつその助けを得ながら完成した、トレバティウスの意見に対する心理学的発言がある。獲物の負傷に関する概念のその後の発展に、少なからず影響を与えたのである。

獲取可能なほどに傷を負わせた動物は、すぐに我々の物とみなしてよいかという問題がローマの法学者の間で議論されていたということを思い出していただきたい。ユ帝『法学提要』の第二巻第一章第一三法文では、よく知られているように、ある者たちはイエスと答えることを好む。傷を負わされた動物はすぐに我々の物であり、それは追跡の間ずっとそのままである。他の者たちはノーと言った。なぜなら負傷の後に追跡の間、我々の取得を妨げる多くのことが起こりうるからである。

さて、バルドゥイーノは、野獣の傷とそれを取り戻す希望について、いくらか脱線した後、ポンポニウスとウルピアヌスの見解を導くユスティニアヌス帝の法文について論評する。それは、「(1) ある者、つまりトレバティウスの見解は、今日では、狩猟者たちにより広く受け入れられている。これは、トレバティウスの意見だった。テキストから推論できるように、実際我々は、他人の物だけでなく他人の物になろうとしている物をもあきらめ、かつ多くの苦労というコストで既に手に入れた他人の希望の邪魔をしないようにしなくてはならない[61]。(2) 事実傷を負った野生動物は、もしまだ逃亡しているのにそれを追跡しないのなら、すぐに私の物になりうるのだろうか。テオフィリウスにより信用を付与された反対意見は、一人の非法学者の意見である[62]。(3) もちろん狩猟及び鳥撃ちにおいて、すべては不確実であるが、苦労して既に追いついた獲物は確実である。少なくとも偽りの神スペランツァ(希望)はいる。実際多くのことは、杯と唇との間に起こる[63]」というものである。

バルドゥイーノによれば、トレバティウスも、本質的には物理的な獲取をもってのみ最終的に取得されるという意見であった。傷を負わせること及び追跡を通じて取得はあるかもしれないし、ないかもしれないが、傷を負わせた者がもつ希望の保護は認められる。多くの苦労の産物である他の狩猟者の期待を妨害することは、合法ではない。狩りに割り込んで他人が傷を負わせ追跡している野獣を先占する者は、盗訴訟を免れないだろう。他人の物の泥棒であるというより、むしろ「希望泥棒」と言うべきだろうか。

倫理面から、不作法であると非難される犬追い猟のような行為については、あまり議論されない。たとえばグロチウスは結論を出すので、あとで見ることにする。

第二節　その他の地域における狩猟

フランス・ブールジュとは別の地域・場所においても、近世ヨーロッパのローマ法継受における狩猟が主題になる。

一　特権の立法化と自由主義ショックの間の狩猟法論議

フランス・ブールジュのほかに、もう一つの一六世紀の狩猟がある。その狩猟の現実に埋もれる法学者の一六世紀も探ることにする。その頭上には、狩猟を禁止しまたは許可する君主のヨーロッパ全体へと浸透する光と陰が投射している。

さて、次の世紀に滑り込む一六世紀後半において、犬追い猟の情熱と流行、訴訟に関する金銭的関心に押し流された人々―法学者、法曹実務家―が文献の山を築いた。誰もが、狩猟についての論文や評論を書こうとする。これらの作品は、飾り付けはとても似ている。それらを分けるものは、著者の権力への「依存」が多いか少ないかだけで、「自然法としての狩猟権はどんな終わり方をしたのか」という主要問題に関してではない。有力君主はさておき、貴族は、狩猟を禁止する権利を持っているのか、それとも持っていないのか。禁止に反して狩猟を行う農民は、それでも獲物を自分の物にするのか、あるいは絞首刑を使ってでも罰するべきやっかいな泥棒だったのだろうか。

狩猟の解説的仕組みは、繰り返される。教会法の伝統裁判所のほとんどで同じ分類と同じ質疑があり、あまたの装飾的な古典の引用が用いられ、枯渇しない貯水槽のようにローマ法が溢れるほどに利用され、ようやく狩猟全般の問題について時代に即した回答が示される。文献が、系譜学的に、歴史的に正しく解釈されているかどうかは、ほとんど重要でない。もし間違っていなければと留保するが、狩猟法論文とりわけ評論の網羅的な文献リストは、存在しない。多くが入手不可能な著作が並ぶ古いリスト[64]が利用可能であるに過ぎない。

異なる地理的、文化的背景をもつ三人の作者に視線を向けよう。一方は、S・メディチとG・モル・デ・ニグロモンテで両者とも法学博士、そして他方は、S・ジェンティーリ[65]であり、彼は次の世紀でも数年生きて活躍する。

ここに、最初に行うべき狩猟法論議がある。それは、他のどの法学文献の種類にもないほど、「学説」への参照が持続的かつ執拗であることである。実のところ、自己の主張を強化するのに有益な学説だけではないということがある。禁止及び自然法の変更の可能性―おそらく本人の意思に関わりなく―は、肯定的であり、信頼すべき偉大な学者と支援者の中に、我々はまず聖トマス・アクィナスを発見する[66]。しかし、反対という者も多い。そして、一五世紀後半から一六世紀までの間に、反対者たちの有力集団が形成されるのである。

二　反対者たち、デーチョ・ティラクエッロその他

ローマ法の継受と法律学の復活の地平に、不同意の思想やら体制側の「反対者たち」が頭をもたげる。狩猟の禁止、これは特に下位の君主と従者の害に対しては都合がよい。農夫は禁止に反して猟をしても泥棒ではない、なぜなら野生動物は無主物であるからという考えに賛同が拡大する。

これらの意見のいくつかは遠方から届く。例えばオスティエンセから[67]。他の意見はそれよりもかなり新しいが、カイエタヌス[68]、コヴァッルヴィアス[69]から届く。

教会法学者と第二スコラ学派[70]も乗り出す。教会も、この論議の中にあり、農夫側に共感する。時代の流れに

反する、勇気のある大声の強い反対意見であるとは、もちろんいえない。むしろ埋もれた意見であるが、だからといって無意味ともいえない。

我々の研究は、註においていくらか参照する以外、これに取り組むことを予定していない。この世紀のよく思い出される「世俗」の名前は、マッテオ・デイ・アッフリッティ[71]、グデリーノ[72]、そして特にデーチョ[73]及びティラクエッロ[74]である。これらの著者は、おそらく不用意に書いた言葉のせいで反主流派に入れられ、狩猟思想のその後の伝統において、禁止と特権という重大な論題に関する論議に少しでも注意を向けさせておくのに貢献した。

三　セバスティアーノ・メディチとイタリア風の禁止

フィレンツェとローマで特に活動した聖職者であり、ローマ法・カノン法両方の法で問題を扱うためにとりわけ適切な教義主義を備えた、セバスティアーノ・メディチ[75]は、彼の「狩猟、魚捕り及び鳥の猟についての論文」を、出版界における記念碑的事業に寄稿した[76]。

序文[77]において、彼の作品がよい始まり、すばらしい内容、そして最高の結末になるよう三位一体の神の加護を祈願したのち（その種の作品すべてにみられる形式）、七一問を数える問題が続く。そこには、倫理的及び文化的な特徴とともに、洗練された技術的・法的な味わいのある、かなり異なった狩猟の論題が含まれる。扱われた問題で興味を引くものは多い。抑圧的狩猟、お追従的狩猟、鍛錬としての狩猟が俗人と聖職者のどちらに対しても禁止されるのに対し、騒々しいまたは気まぐれの狩猟[78]は、聖職者だけに例外付きで禁止されたという各狩猟の定義と区別がある。魚捕りではなく、狩猟が聖職者に禁止される理由は、野獣の肉は贅沢を助長するという理由だけではないこと[79]も示される。いずれにしても、楽しみで行う狩猟か、必要なこととして行う狩猟かは区別されなくてはならないとされる[80]。禁止された狩猟の種別により異なる罰があり、聖職者には聖職者の位により異なる罰（もちろん教会罰）がある[81]。野獣用の狩猟道具[82]を準備する狩猟から魚捕りの禁止までの興味溢れる論題に満ちている。動物は、一つの装飾品ではなく一つの必要性であるから、その禁止は正当化される。そして、絶滅種がある。普通法にフリードリッヒ・バルバロッサのラント平和令[83]とも全体が調和している法律への賛辞である。狩猟と時節については、飢えから収穫物や葡萄畑を荒らしに来た猪、熊、狼を駆除するために必要な場合を除き、雪・断食・祭りの時期には狩猟が禁止される。これらの場合においては、聖職者や修道士にとっても狩猟は合法である[84]。狩猟は、フリードリッヒ平和令[85]に従い、武器なしでただ犬と鳥だけで行わなくてはならない。

そして当然のこととして、赤髭王は、彼の禁止において動物を使った狩猟を認めていた。指摘されたように歴史的・批評的平面上で、これはこれまで真剣に向き合ったことのない一つの重要な問題である。ここの註には、ぜひ目を通してほしい[86]。

しかし、我々は、特徴的な側面に注目してみよう。手始めは予備的問題からである。君主は、「土地所有者である君主」の狩猟を禁止することができるだろうか。博士の多数はイエスと回答する。フリードリッヒ皇帝は、ラント平和令で有害動物の狩猟を除き、できるとした。上位者を持たない君主は、三つの理由によりそれができる。その理由の第一に、狩猟の場所が都市の領域または囲った土地であるなら、君主・領主は、政府を通じ狩猟を禁止できる。なぜなら、野生動物は、装飾物だけではなく必要のものであり、絶滅の危機があるから規制のないまま、庶民の無謀な行動に任せるわけにはいかないからである。第二に、君主は、国の一定の公的場所を、自己の用途に充てることができるからである。人民の同意は必要とされない。また、君主の威厳のため及び気晴らしの目的で武装した狩猟を行うことは、猪や鹿その他野獣の狩猟が庶民には適さない故に、狩猟の中に戦闘の幻影を見る純粋な人々にのみ認めることであり、これは確かに正しい。第三に、君主は、土地の所有者が狩猟目的での土地への立入りを禁止できるなら、なおさら君主としては君主に帰属している土地における禁止をすることができるのである[87]。

三つの理由説明が出揃ったが、君主が狩猟を禁止できる理由は、「下位の君主」[88]、あるいは他人には狩猟を禁止しながら、自ら狩猟を維持することに執着する豪族には有効ではないようである。しかしながら、君主がその領地において狩猟を完全に禁止せずに、場所と時節に応じて禁止するのはよいことであろう。なぜなら、人民にとって精神を再び強化すること、及び食料を探求する自由を廃止することとしても、野生動物が万民法によりなおも共有であることを考慮すると、それほど重大ではないといえるからである[89]。最後に、狩猟禁止において、過酷な刑罰を科すこと、あるいは家のため、金のために狩猟した者の行為を窃盗とみなすことは避けなくてはならない。罠及び狩猟用具の押収だけで十分である。常習犯には流罪が科されうるが、身体刑は狩猟の罪の刑罰ではなく、狩猟者の無礼に対する戒めとして行われなくてはならない[90]。

狩猟禁止が行われているときは、狩猟を禁止することにより引き起こされた損害（農作物を荒らす有害動物などによる）については、君主が被害者に賠償する。狩猟禁止は、君主が公的なものにもつ管理権により実行可能になるのである[91]。

自然法によれば動物は共有であるという事実は、君主の狩猟を禁止する権力を妨げない。野生動物は、他の共有物と同様に「否定形」で全員に帰属しているが、現実にもだれの物でもない。誰も、「肯定形」で所有権・共同所有権を主張できない[92]。野生動物については、君主の管理権（この学説は、慎重にも所有権ではなく管理権という。なお君主のこの権限がどこから現れるのかについては沈黙している）が認められなくてはならない。この管理権により、君主は野生動物を管理するのである[93]。

君主は、野獣を私有化できる、そして、それの先占を禁じることができる。自然法による先占が万人に認められることは事実である。しかし、許可的であり禁止的でない法であるため、自然法は、人間法により例外とされうる[94]。別の言葉で言うと、君主は、何かしらの正しい原因により個人に先占を禁止することができる。つまり、狩猟を禁止することができる。下位の君主は、君主から統治権を受領したことから彼も禁止することが可能であるが、非常に正しい理由により法律ではなく命令によって行う。上位者をもつ君主は、狩猟権を取得しない限り恒久的にそれを行うことはできない[95]。

この時代のフランスにおいては、狩猟禁止や貴族の特権に関する問題は、フランシス一世の非常に厳格な王令による峻厳な痕跡を残したのに対し、トスカーナ公国や教皇国から半島背全体まで広がっていた法学者S・メディチの活躍する地理的範囲においては、物事が穏やかに進行していた[96]。それはおそらく、著者が継続的に示したカトリック的博愛主義の効果でなければ、狩猟で生きていた庶民も存在しており、体罰を醜悪な行為と思っていたわけでもない。しかし、多様化していて温和なものとイタリアの現実を我々に感じさせるのは、同じく復元用の装置―君主・領主の狩猟禁止権行使は正当事由に基づかなければならず、時間、内容及び資格者に制限があった―の存在によるのであろう。

その法学者メディチが、狩猟権を欠く狩猟者への窃盗罪適用の不可を主張するための努力（広い意味で、すべての博士が共有した努力）は、いくつかの理論的前提について彼を無頓着にさせるものであり（以前は無主物であった野生動物の所有権を、狩猟権に移す君主）、また我々によれば、彼を自己矛盾の立場に置くのである。それでも、悪くはない。

もし、禁止された狩猟において、獲取された何かを返却しなくてはならないなら、その『問題Ⅶ』を要約することが、我々にとって興味深いと思われる。まず、ローマ法の一般原則からみていこう。土地所有者は、野生動物の所有権を有していない。もし狩猟が、共有地で禁止されているなら、法は、獲物の返却ではなく、ただ罰（それが、あるとき）のみを義務づけると推定されるゆえに返却は求められない、と著者メディチは考える[97]。私有地において禁止される場合、所有者は、他者の土地立入りを妨げる権限を有しているが、野生動物が土地の果実とみなされないので野生動物の所有権を有していない。その結果、狩猟者は窃盗を犯すことはなく、また立入り禁止に関してのみ尊重義務を負う[98]。結論としては、禁止された狩猟（時節、あるいは他の公的・私的な原因により権利を有しないゆえに）では、禁止に違反して捕獲した動物を返却する義務がない。不法性については、野生動物の取得ではなく、狩猟の実行にあるのであって、獲物を返却しなくてもよい。これは、神の法及び自然法により禁止されてもいる売春による取得物を返却しなくてよいのと同じである。交換的正義の平面において、もしやありうる如き獲物返却の義務は、野生動物が無主物であるという事実により、効力を有しない。したがって、所有者は当該捕獲により、何らの損害も被らない[99]。

しかし、返却の義務がないという原理は、絶対というものではない。飼われている動物の場合は別にして[100]、その原理には、三つの制限があろう。返却が法律により規定された場合、狩猟で君主から狩猟権を取得した者に損害を与えた場合、狩猟の獲物が土地の果実・収益である、つまり壁で囲まれた土地の動物を我が物にする場合[101]が考えられる。

そして、そういう制限の強化があるが、三つ目の場合が中でも抜きん出ている[102]。禁止者が法律により排他的権利を取得した場所で狩猟を行う者、狩猟権者が君主特権により獲得された場所で狩猟する者、下位の君主が、時効または特権により禁止権を取得した場所で狩猟する者等のそれぞれの場合では、道徳的には返却の義務はないかもしれないが、外面的にはそれを返却すべきである[103]。これは著者がそれを言わなくても、法的には、特権を有している者が君主から野生動物に対する支配権（暗喩の）を受領したという事実により説明される。しかし、野生動物の返却義務は、メディチにとり法律によってのみ存在し、意識には存在しないということに注意してほしい。実定法に比較すると控え目な効力だとしても、人間的な共感からの密猟の免罪である。

最後に、傷を負わされた野生動物の理論に関する指摘に移る。メディチは、飼われた鹿を野生と信じて殺害した場合、及び犬に追われて逃げる野生動物を獲取した者に帰属する場合に関するアルチャートの意見に同意した後、傷を負わされた動物の場合を考える。メディチによると、古典期法学者及びユスティニアヌス期法学者の異論の余地がなかった立場は、慣習によりひっくり返された（アルチャートやチポッラが示唆したことだが、みなバルトルスから着想を得ている）のである。「私は、野生動物に傷を負わせた時点で、傷を負わせた者がそれを獲取するのを妨げる事象がなにも起こりえないほどに致命的な傷である場合を除き、半分は傷を負わせた者の、そして半分はそれを獲取した者の物とするという慣習を維持するべきものと考える[104]」としている。非常に理の通った意見である。しかしそれが、存在している慣習に言及しているのか、それとも著者の願望に適合する「慣習」なのか判らない。皆は気に留めないところだが、証明義務がある。彼の考察における実践的な問題の真の難点は、その証明の難しさである。

四　G・モル・デ・ニグロモンテと神聖ローマ帝国の中心部における狩猟紛争

論文には、なんと献辞の宛先が神聖ローマ皇帝ルドルフ二世（在位一五七六年から一六一二年）であった[105]、その著者であるG・モル・デ・ニグロモンテは、著作の目的を宣言する。現実的には、狩猟権は浮薄なテーマだった。しかし、儲かる。この時代において、君主・伯爵・男爵・貴族の間でこれほど意見が対立した権利はない。狩猟特権を保持するため、彼らは、武装してないときは口論し殴り合い、差押えさえした。公衆の安全に対する痛苦を伴った[106]。

その論文前編の第一章[107]は、S・メディチに非常に近いテーマを継承しており、メディチの論文が多く引用されている。その構成は、問題の所在、祈りの言葉、狩猟の種類[108]、狩猟の道具、動物を殺すのは合法かどうか、聖職者に禁じられる恥ずべき行為か、慣習及び程度等であり、この構成から著者の狩猟において許可する方向と立場が見て取れる。彼は、ドイツには長年の判例を伴う教会原理と高位聖職者があり、したがって狩猟権を有していると観察する。しかしながら、無用な技術としての狩猟の教父神学的概念[109]は、競技場内での狩猟にのみ論及されるべきであろう。聖職者、神学生及び信者にとって、狩猟は、静かで瞑想的であるべきであり、騒がしいものであってはならない。どちらにしても、魚捕りぐらいが適切だという世相であった[110]。

次の第二章では、ちょうど騒がしい時代の問題としての狩猟特権という有名な問題を扱うことを決意する。背景には、領地の森で狩猟するのに飽き足らず、収穫物があっても無視して領民の農地を駆け回り、領民の土地でも排他的権利を行使することを要求し、領民が犬を飼うことを絞首刑と定めて禁止した君主や領主の存在があった。野生動物の狩猟が君主及び貴族らに排他的に認められるものかという問題の回答は、君主―皇帝や王のように、彼の上位に別の権威が認められていない最高の権威者―について、臣下及び一般人に狩猟を禁止することができるかという予備的質問の回答がなされた後において、得られるものである[111]。

回答は否定的であり[112]、禁止できない[113]。動物は、自然権により人間に従属している。もし自然権により人間に従属しており、かつ取得は先占により完成するなら、君主は、狩猟を禁止することができないはずである。自然法により属するものは、君主により奪われることはない。第一の自然法と第二の自然法、つまりローマ人が狩猟に適用した万民法は対置される。他人の土地の上で狩猟及び鳥猟は合法である。しかし、所有者は土地への立入りを妨げることができ、禁止に反して立ち入った狩猟者に対し、人格侵害訴権を行使することができる。もし、狩猟者が領主の禁止していない土地に立ち入ったなら、追い出すことはできない。どちらにしても、獲物は狩猟者の物であり、返却のために引き留められることはない。これにより、下位の君主、伯爵・男爵・貴族は、狩猟権を、領主特権に含まれるものであると主張できないし、純粋及び混合の命令権、そして裁判権の中に含まれているものと理解すべきではない。狩猟権は、明示的に認められているときにあるのであり、いかなる場合も暗に含まれることはない[114]。

我々の著者ニグロモンテは、否定的意見―自然法である狩猟権の禁止不可能性を肯定する―であり、もっと後になると、法が侵してはならない禁止的自然権と例外が認められうる許可的自然権とを対置している。そして、彼の論理的帰結では、君主は、望ましくはない共通事項について管理権を有する。この管理権は、物理的獲取なしで、それらを所有物にすることを許す。つまり狩猟を通じての先占を禁じることができる。この概念は再度見ることになるだろう[115]。今や、狩猟問題において、近代ユスティニアヌス派法学者の間でも非常に有名である。

肯定的な意見は不可避[116]であり、そして、法学者や神学者により指示されているとニグロモンテは言う。君主（最高君主、つまり皇帝[117]）は、メディチの項で見た三つの理由により、正しくも禁止することができる。ここではD・ソートの示したとされる次の三点を参照しよう。（1）役所により、君主または領主は、共有地または囲まれた土地においても、狩猟禁止を命じることができる。なぜなら、野生動物は、ただの公的な装飾や名誉ではなく、一つの必要性でもある。（2）君主は、自身の気晴らしや戦闘訓練の場を──「庶民」ではなく「自由民（戦士）」に──提供するために、猪や鹿の狩猟を制限して、共有地を排他的狩猟に使用することができる。（3）もし、個人地主、つまりある土地の単純な所有者が、一般人に彼の土地への立入りを禁止することができるなら、いうまでもなく大文字の「D」のつく領主は、それができるはずである[118]。

次は、狩猟禁止の正当化に付け加えるものである。例えば、M・ヴェセムベキウスにより示された次の四点がある。（1）動物の種の保存、（2）狩猟を期待して農作業をやめない農民、（3）武器の日常的使用が禁止されているため、野生動物、特に大型の動物の狩猟は、有害な野獣を除いて可能ではない、（4）もし狩猟が一般的なら、社会の平和と平穏が脅かされるであろう。なぜなら、すべての一般的な物事に言えるように、口論、衝突、死という結果になりうるからだ[119]。では、なぜ皇帝フリードリッヒは、市民法により狩猟が一般のものだったときに、それを領民、特に農民から取り上げなかったのか。おそらくは、これらの理由からであろう[120]。しかし、それらの理由に、領民の意思も加えられるべきである[121]。

さて、ここで我々が示す学説、深い階層からの思想のある系統の表現は、権力とその正当化にもっとも惨めに屈従した面を示している。領民は、その自発的意思により、君主及び領主に狩猟権を譲渡した。ニグロモンテが認めるように、多くのケースで、領民は、恐怖に打ち負かされていた。しかし、彼らの忍耐と寛容が原因で、当時彼らの権利が消滅し、命令により、領主のそれが形成されようとしていた[122]。それゆえ、何人かの博士により受け継がれたもの――狩猟の禁止により、領民が侮辱された――は、万民法及び古い市民法（つまりローマ法）に関してのみ価値があり、新しい法と慣習には確実に価値がなかった[123]。

この点で、ニグロモンテは、喜びの大地に触れたあと、威厳に目覚め頑なになる。皇帝及び国王のほかに、下位の君主（公爵、侯爵、伯爵及び男爵）は、狩猟を禁止できるという立場をとり、前提条件が揃うときに限り、それを行うことができると急いで断言する。その条件には、貴族の狩猟により発生した損害を賠償する、狩猟の場所からの他者の排除を過剰に行わないなどがある。野生動物は万民法により共有であることを考慮し、服従する者たちの憎しみを煽るのを避けるためである。しかしニグロモンテは、苦々しさをもって、悲惨な時代だと述べる[124]。

さて、君主は、公的な場所[125]、その個人的な所有地[126]、さらに特権があると言い張るなら、全くの私有地における狩猟も禁止することができる。流布している意見では、君主は、正しい理由の表示（譲渡、時効・長期の忍耐など）に基づいて、それらの土地上での排他的狩猟権を取得した。そして最初は、一般人に反対する可能性を認めなくてはならない一連の手続によってのみ、要求することができる[127]。一般人が彼の権利を維持するときでも、種の保存という理由により、権利が制限される場合がある（気候、狩猟手段の状況などによる）[128]。ドイツの犬追い猟特権の複雑な輪郭には触れないでおく。

ローマ帝国皇帝は、大公、公爵、侯爵、伯爵、男爵その他の貴族に、封土における狩猟権（または森林権）を、レガリアとしてではなく、領主権の付属的権利として与える[129]。しかし、「森または他人の牧草地で狩猟を行う者、あるいは領主の禁止に違反して狩猟する領民は、窃盗を犯しているのか。また猟の獲物は、返却する義務があるのか」という「エレガントな」問題に触れてみよう[130]。ニグロモンテは、第二スコラ学派、特にコヴァッルヴィアスとM・アズピルクエタ・ナヴァッロを通じてフィルターがかけられたローマ法を、推論のために利用しつつ、否定的に答える[131]。我々には、おなじみの論点である。というのは、S・メディチが設定したものと似ているからだ。誰の物でもない物について窃盗は犯されない。狩猟を禁止する法律は、野生動物の取得は禁止しないが、狩猟的現実についてのいくつかのケースに関する、慣習だけを禁止する。野生動物は、領主権により、土地所有者に帰せられることはない。狩猟権の窃盗について話すこともできない。なぜなら、無形物の窃盗は認められないからである。結果的に、他人の森で野生動物を捕獲する者は泥棒ではないため、返却の義務もない。少なくとも裁判所においてはそうである[132]。法律が、罰として、土地所有者に野生動物返却を規定しているときは（領主が時効または君主特権により獲得した排他的狩猟権を有している場所で、野生動物を時効[133]、または捕獲するケース[134]）、これは、最初の取得において野生動物が禁止された狩猟者[135]の物であることを妨げるものではなく、また裁判の結果でも返却の義務がない[136]。

土地への立入りを禁じた領主に対して犯された侮辱だけが残る。侮辱に対する罰は、自由に定められることから、禁じられた場所で狩猟をした者は、死刑まで拡大される罰を受ける可能性がある[137]。「私は、ドイツのいくらかの地域の君主、伯爵らの森で、火縄銃または臼砲を使って鹿猟をした何人かの狩猟者が、手の切断や目をくりぬかれたのちに斬首刑に処せられたと聞いた。これは残酷で、人間性から全くかけ離れたことだ。神は人間を創造し、すべての動物に対し支配権を与えた。我々は神の証言を持っている。動物が原因になり、斬首刑や身体刑にふさわしい者はいない」[138]。

狩猟者は、禁じられた土地での魂の判断において、何の罰も受ける義務はないが、損害賠償の義務を負う。損害とは、禁じられた狩猟行為がなかったら、土地所有者が捕獲できたであろう動物の価値と理解される。流罪、追放、市民権剥奪という刑罰に処せられるのは、狩猟者の傲慢や侮蔑のためであり、違反という事実のためではない。狩猟者にこうした攻撃性がなければ、狩猟用具の押収、及び二倍または三倍の金銭罰で十分だろう。君主や土地の領主には、窃盗罪に用いるような残酷な刑罰に処さないことが奨励されるべきである。三度目の再犯に対してのみ身体刑を考えるべきである。また刑罰は、狩猟者の不法な性質に応じて量刑されるべきである。貧しさや飢えに迫られた場合や、少数の鳥[139]捕獲の場合には、考慮されるべきである。

長く熱烈な抗弁である[140]。背後には、教会法学の博士の間で流布していた意見の支えがあるようだ。しかし、説教の域を出ない。すべての領域へ宗教が巻き込まれていったにもかかわらず、この「学説」は、書かれた法には影響を与えなかった、という象徴的なケースである。慣習が法律に勝ち、廃止するか[141]、それが死にかけた野生動物とその権利帰属を巡る永遠の質問である。ニグロモンテは、それについては最終的な回答を出せると信じている。その権利帰属は、傷を負わせた者に属し、獲取した者には属さない。

ローマの法学者の多数意見であり、ユスティニアヌス帝に確認された意見では、傷を負わされた野生動物は、それを獲取する者に属する。テオフィリウスが言うように、たとえ傷が致命傷であっても、である[142]。この見解は現在の書かれた法である、とニグロモンテは観察する。書かれた法はしかしながら、慣習によって廃止されたといえる。傷を負わせた者に有利な慣習の存在については、註釈学派とバルトルスがすでに言及している[143]。そして法学の博士の全体的な許容により、註釈学派においてあるいは複数の法学者において、一つの慣習が存在すると宣言するとき、たとえどこにも書かれていないとしても、慣習が存在していると推定するべきである[144]。

さらに、トレバティウスの見解には、以下の理由により優先権がある。まず、その見解を留保する古典時代に有効だった決定理由（傷を負った野生動物は、それを獲取することを妨げる多くの事象が起こりうるため、傷を負わせた者の物ではない）は、何も野生動物を獲取することを妨げないし、より正確には、野生動物がほとんど死にかけているときには、その見解を受け入れるための反論になる。ニグロモンテによれば、同じく古典期法思想において、不確実な負傷と間違いなく死に至る傷という概念が存在しており、傷を負わせた者は殺す義務を負っていた[145]。さらに万民法により、ある物についてはすぐに所有権を失うように、同じ物について獲取の前に完全にかつ確実に我々の物と思われるときに、すぐに所有権を取得しなくてはならない[146]。

そしてこれが最終だが、いくつかの有名なケースが、トレバティウスの見解に有利な証言をする。まず、プロクルスの謎めいた法文による罠に掛かった猪のケースである。ニグロモンテによると、註釈学派において、二つの主要な解釈が成功した。我々が罠に掛かった動物を物理的に獲取できる状態にあるとき、あるいは動物がどんな方法でも逃れることができないほどに捕らわれたままのとき、我々は所有者になる。どちらの意見においても、獲取の前に所有者になることができる。そして同じ理由で、致命傷を負わされた野生動物は、それを獲取する者ではなく、傷を負わせた者に帰属する[147]。したがって、トレバティウスの見解は、現在では、彼のライバル、ガイウスの見解よりも優勢である。ガイウスの見解は、すべての法に含意されている条件、すなわち法が有効であるためには利用者の慣習において尊重され、かつ受け入れられなくてはならないという条件の力により、廃止された法と考えるべきである[148]。

結論として、致命傷を負わされた野生動物は、傷を負わせた者の物である。またドイツで普及している慣習によると、最大二四時間まで、他人の土地で追跡されることもありうる[149]。致命傷について触れよう。これについて、ニグロモンテは、一時的ではなく、捕獲が非常に確実である致命傷でなくてはならないという原則に基づく傷を負わせた者のための彼の熱狂的な弁護が、惨めに失敗していることに気付いていない。先例でも、野獣による強奪[150]、足に鈴を付けた鷹[151]、妊娠した有害動物の殺害に対する賞金、そしてライオンの殺害に関する刑罰免除という事例が現れる[152]。

最後に、ニグロモンテが彼の論文の最後に、書いたいくつかの言葉を記しておく。彼は、この言葉で純真なる読者の厚情を願っている。「ひとつあなたたちに信じて欲しいことは、私は、この論文において、誰かのために、または誰かを憎んで書いたことはひとつもないということだ。誰かにへつらったことはなく、誰かが厳しくそれを強いたこともないということだ」[153]。しかし、厳しくはないかもしれないが、我々は純真な読者ではない。

五　S・ジェンティーリ

別の異なる声に耳を傾けよう。その法学者S・ジェンティーリは、まとまった論文ではなく、四八題の短い命題から成る素朴な文章を残しているだけである[154]。しかし、世間によく通じており、その人間像は多くの博士らとは異なり、冷静に率直に意見を伝えたようだ[155]。狩猟法の基礎は、ある種の独善の下に並べられたローマの基本概念及び原理によって構成される。当時そうした古典の細かい区分を見失う傾向があったが、彼はそうではなかった。その概略を述べよう。

まず動物については、その種類では、本来の自由な状態の野生動物と囲まれた森・池に閉じ込められている野生動物を混同すべきではないと考えており、閉じられた空間にいる動物すべての帰属を土地所有者に認める者から距離を置いている。野生動物の取得については、先占は本来の獲取により実現する、つまり、たとえある者が死に至るほどに動物を傷つけても、他の者がそれを獲取するならば、他者の物となる[156]。

次に狩猟権については、すべての人間に、すべての場所において、狩猟権が属しているとする。土地所有者は、立入りを禁じることができるが、このことは狩猟者が窃盗を犯すことなく、また返還の義務なく野生動物を自己の物にすることを妨げない[157]。所有者は、武器を手にして狩猟者の立入りに反対することはできないが、人格侵害訴訟を起こすことはできる。また公的な場所での狩猟、魚捕り、または鳥撃ちを禁止する者には同じく訴訟への義務がある。他人の土地で狩猟する権利は、地役権、時効、またはなんらかの法律により取得することができる。狩猟地役権の性格については、誰もが──万民法により善意または悪意で、用益権者でも外部者でも──獲物を自分の物にできるとする[158]。

しかし、この点において、ジェンティーリの説明では、狩猟法はその弁解がましい性格ゆえに、今まで言ってきたことすべてを空中に投げ捨ててしまうように、他の禁止と交錯し衝突する。ジェンティーリにおいては、先輩の著者と同様に、この狩猟の基本法は、領主の禁止権及び特権という現実とどのような関係にあるのか判からない。ジェンティーリは、我々が理解できる限りは、禁止についての特殊な論法を用いて批判的評価から称賛的評価に移るということがある。彼は、公的な場所、または狩猟権・漁撈権を主張できる場所において、狩猟または魚捕りを禁じる権利は時効ではなく法律、慣習、君主の許可によってのみ、公的な場所のいくらかの範囲に限って取得できる、と断言するところから始める[159]。そして、君主及びその臣下または領主は、ほとんどこの万民法の権利（つまり狩猟権）を自分のために要求し、また大きな罰で、森や公的な場所で狩猟をした者を罰する。そしてしばしば、自分の土地で狩猟した者まで罰する[160]。さて、何と言おうか。この問題に関するウルピアヌスの言葉では、「これが通用している、たとえ非合法でも」と言うのであろうか。この彼らの権利が領民に疎んじられるようになるのに、刑罰の厳しさや、他の度を超した行いが足りないとでもいうのだろうか[161]。時効の中に狩猟禁止の根拠を見いだすと信じる者は、正しくない。最高支配権または一般統治権に関連づける者は、より正しい。政治的理由を申し立てる者は、さらに正しい[162]。我々は、主に次の三つであると考える。（1）武器の使用は、農民の間においても、広めるべきではない。国家の安全にとって、大きな害を生み出しかねない[163]。（2）人間は農業を放棄してはならない、また、山賊行為に近いような、野性的な生活に慣れてはならない[164]。（3）野生動物は無分別な破壊にゆだねられてはならない[165]。つまり、フリードリッヒ赤髭王の勅令への称賛である。ただし、公的な場所に限定していると理解されるのである[166]。

ややぞんざいな調子で述べてあまり重要でないと思われたかもしれないが、ジェンティーリの推論には誤謬が少なく、理路整然としているように思われる。もし我々がよく理解したならば、狩猟の禁止が主張されているのは、公的な場所のみであり、それを正当化する政治的理由を共有できるかについては、不明である。しかし、この正当化理由は、ヨーロッパの一部から他の地域にも波及しており、制度の適切な批判を伴わないときは、宣伝的な決まり文句として響く。公的な場所での狩猟の禁止は結構なことである。ただし、君主や領主がそこで狩猟を行うためという理由でなければ、と考える。それに彼らは、私有地での狩猟も嫌いではないようだから、この理由でなければ、と考える。これはジェンティーリにも欠けている一片である。それを求めるのは、おそらくやりすぎだろう。

第五章　一七世紀における狩猟

一　概説

一六二五年アムステルダムで、グロチウス[1]の『戦争と平和の法』が出版された。一六七二年ルンドで、プーフェンドルフ[2]は、主著『自然法と万民法』を発表し、世俗的自然法を展開[3]するとともに義務中心の倫理を説いた。「人類全体が遵守する義務を負うゆえに、普遍法とも呼ぶことができる。また、実定法のように変化に従うことがないという事実から、永久法とも呼べる」[4]とし、その法の原理は、ローマ法もフェーデ（私戦）も源にせず、理性により発見され、理性から直接に感じ取られるものである[5]としている。そして、「自然状態」・「社会性」（その反対が野蛮）・「社会契約」・「共有財」のある「狼人間」の偉大な季節[6]を謳った。

この法の書き直しという大きな流れの中に、野生動物の取得という狩猟の流れも渦巻いている。グロチウスとプーフェンドルフの著作をフランス語訳にし、プーフェンドルフとも議論を交わしたバルベイラック[7]が、それを論じる。また全く正しいことだが、トマジウス[8]、グンドリング[9]、ヴォルフ[10]なども思い出すことができる。

この狩猟の主題に光をあてた非哲学者の偉大な法学者がおり、一人はヴィンニウス[11]で、グロチウスと生年が近くライデンで教えた。もう一人はフーバー[12]で、レーンバルデンにいた同時代の教授である。

我々の中心課題――野生動物は誰に帰属するか・狩猟者はどのようにして野生動物を自己の物とするか――には、いま名前を挙げた法学者がすべて発言している。傷、巣出し、追跡、野生動物の疲労困憊について、その世紀の法学者が議論を続けた。

法実証主義の博士らは、ニュアンスは違っても、古典的論争とその線引き（物理的な獲取によるのか、追跡を伴う場合は傷を負わせることによるのか。わかりやすくいうとガイウス・ユスティニアヌス対トレバティウス）から離れようとする傾向を見せなかった。我々は、動物の先占に精神的な意味を与えることよりも無鉄砲な提案を知らない。他方、グロチウス、バルベイラック、プーフェンドルフ、トマジウスやグンドリングらの法自然主義者は、野生動物の身体獲取という要件から徐々に距離を置いていくのである[13]。

しかし、もはや新しいとはいえない、「ある現実」がある。犬追い猟やその他すべてのテーマより興味深く、またすべてに影響をもつ、ある現実である。いまや、ほとんどどこでも君主は、狩猟権を手中にしている。なぜ、そうしたのか。狩猟権のほとんど排他的な名義人として市民法が認めた君主と、狩猟権は有しないものの自然法により許されて先占により無主物を取得する庶民との間に、どのように関係を構築するのか。野生動物がまだ彼らの本来の平穏の中にあるとき、野生動物についての君主の所有権は、理論的に耐え得るものなのか。そして、禁止に反して野生動物を狩猟した者は、泥棒と考えることが正しいのか。狩猟権がなくても狩猟者は、野生動物を、最初の占有者として自己の物にするのか。

それでは、法自然主義者らから始めよう。

二　グロチウス、傷は野生動物を取得させない、野蛮な狩猟者には罰金を

グロチウスは、野生動物の獲取の要件について、狭い権利の平面の上で語っているが、正しさという平面上ではない。『戦争と平和の法』において、法についてのみ語っている。「野生動物の所有権を取得するためには、何らかの身体の占有が求められる。したがって、それを傷つけただけでは十分ではない。そのため正しくも、トレバティウスの意見は拒否される。そして、ひとつの諺[14]も出してくる。他方、占有は、手によるだけでなく二つの要件を満たせば、落とし穴、網、括り罠のような狩猟道具を通じても取得され得る。その二つの要件とは、道具が我々に属していること、野生動物が逃げられないように捕らわれていることである」[15]というのである。

しかしながら、別の著作[16]において、グロチウスは、他の者が狩り出した野生動物を捕獲した者は、正当な所有者となるが、無礼な狩猟者として罰金を科されうると註記している[17]。これは、法曹界で一般的に共有される現行オランダ法の視野にあるのかもしれない。行政罰ということであろうか。先占者により侮辱された追跡者のためなのであろうか。

三　プーフェンドルフとバルベイラック、致命傷、著しい衰弱、追跡も

プーフェンドルフは、冗長さと矛盾がないとはいえないある論考[18]で、議論を前進してみせた[19]。矛盾とは、「動産を最初に占めた者」[20]について、獲取の身体性に注目して[21]定義したことである。その主張するものは[22]、「居た場所で捕獲され、留置すべき場所に運ばれているという意味での身体的占有の達成が必要である」と皆が同意しているとし、巣の中の小鳥に触れるだけでは十分ではなく、持ち去るか鳥籠に一時的に入れるかする必要があり、これで普通は手により動産を自己の物にする、というのである[23]。しかし、括り罠、落とし穴、網などの道具が狩猟者の物であり、狩猟権を有している場所に設置してあり、野獣がずっと逃げられないように捕らわれている場合なら、所有権取得に十分である可能性があるとする[24]。

続いて、プーフェンドルフは、傷の議論に移る。傷を負わせることは、先占行為を完成するのに十分なのか。まず、トレバティウスの有名な意見[25]、ラデヴィーコにより記録されたフリードリッヒの法[26]、そしてランゴバルド人の法[27]にも言及する。これらのすべてのテキストは、既に見たように[28]、獲取なしでの獲物の取得を認めるのである。プーフェンドルフは、「私には」、「一般的ルールとして、一匹の野獣が死ぬほどの傷を負うか、または著しく衰弱したなら、狩猟権を有する場所においてそれが追跡されている限りは、誰もそれを獲取する権利を持たない。しかし、もし致命傷でなく、野獣がうまく逃げるなら、この野獣は先占者の物となる」[29]と説明する。そして、アタランテーがメレアグロスが退治したカリュドンの猪に最初に傷を負わせたにもかかわらず[30]、何ら権利を有していなかったが、そのように、最初に死ぬほどではない傷を負わせた者は、その動物に何ら権利を有しな

い。そこで、「しかしもし、私の犬が後で私が扇動しないで一匹の野生動物を殺したなら、私が獲取したときに限り私の物である」[31]と説明を締めくくるのである。

かくて、プーフェンドルフは、三つの場合に細分して、獲取なく野生動物の先占を認める。狩猟者が追跡を続けている条件下で、致命的な傷を負った野生動物、追跡により衰弱した野生動物、及び―これは黙示的に引き出せることだが―狩猟者が犬を煽ったときに限り、犬に殺された野生動物を獲取するとするのである。今見た場合では所有権の取得は、狩猟者の手が動物の上に置かれる時点に先行する。

この学説について、もちろん一貫性があると褒めることはできない。プーフェンドルフは、―先に見たように、動産の先占を身体獲取行為として構成することを嫌ってはいない―それから遠慮もなしに、死ぬほどに傷を負わされて衰弱し、けしかけた犬による殺害によっても、野生動物の取得は可能と主張する。結論的考察として、著しく衰弱した野生動物はどのような最後を遂げるのであろうか。

二つのことを指摘しておくことにする。まず、狩猟者が狩猟権を有している場所で狩猟行為を行った場合に限り、取得が実現するということを執拗に強調している。他人の土地でも、所有者の禁止に反しても狩猟者は獲物を取得するというローマの概念は、少なくとも、これらの学説の残照が生きかつ影響を及ぼしている場所においては、青白い記憶などではない。次は、致命傷を負ったプーフェンドルフの学説が、その後の論争において得た幸運と関連する。身体性の克服の支持者たちは、のちにプーフェンドルフに対し、トレバティウス・ランゴバルド人・フリードリッヒ赤髭王らとともに、啓蒙者のオリンポスに一席を与える。これらの身体を伴わない先占の優れた先例は、ガイウスとユスティニアヌスのけち臭い言動に対置されるべきものである。功績にそぐわない運命といえる。なぜなら、プーフェンドルフは、「死ぬほどの傷を負った野獣」という表現を、狩猟者から遠く離れて死んだ動物と理解しているのか、それとも重い傷を負っているが、逃げ続けている動物と理解しているのかさえ分からないからである。

グロチウスとプーフェンドルフの著書がフランス語に訳されると、バルベイラック[32]がプーフェンドルフの致命傷に関する学説への批判を開始する。先占の概念に関する一貫性を伴う野生動物の所有権の取得を構成する要求を表明しないのなら、この批判は、特別な注意に値するかもしれない。実際、プーフェンドルフは、財を物理的に獲取する者としての先占者の概念を拒否し、先占者の権利を構成するのは、ある物を自己の所有とする意思を、何らかの意味のある行為により他者よりも先に示したことである、という考えに賛成していた[33]。そして、追跡もこれに該当する（あらゆる種の傷だけではなく、とバルベイラックは言っているように思われる）とする。したがって、野生動物がもはや追跡されないと先占者に譲られるので、可能であればそれは我々の物になる[34]のである。

四　トマジウス、ヴォルフ、グンドリングの狩猟概念

本章の一の概説において予告していた、トマジウス、ヴォルフ及びグンドリングに言及する。

クリスティアン・トマジウスの『神法学提要』には、ある興味深い一連の命題がある。それは、答えのない質問であり、知的ゲームのようでもある。要約した形で見てみよう。「財産の原始取得の唯一の方法は、先占つまり自己の所有とする意思を伴った無主物の獲取である[35]。動産の獲取は、手を用いて実現され、物を我々の管理下に

ある場所に運ぶ必要を伴う[36]。しかし自ら動く動産は、道具、銛、網、縄によっても、先占が可能である[37]。もし動産が不動産へ入ると、不動産の取得は、従物を取得させる。そして、野獣のように自ら動く物、空気のように地上にある物、宝物のように地下にある物も含め、不動産内に含まれるすべての無主物が従物とされる。野生動物は、私がどこでそれを獲取できるかを知っているかいないかに関わらず含まれる[38]。自ら動く物の取得は、それが所有地の上にいる全期間続く。そこから離れれば、取得は失われる。しかし、人間が遠ざかることを強いたのなら失われない。遠ざけた者は、それの支配権を取得しない。なぜなら、無主物にはなっていないからである[39]。自ら動く物の先占による取得は、不動産の取得と分離してでも可能である。その場合、その所有権は、場所が変わっても保持される。彼らの放棄はそれを無主物にする」[40]。質問が続いて出てくる。「これらのことから、野生動物の取得と喪失に関して、法律家のやっかいな質問への簡単な答えを見つけることができるだろうか。海岸で見つけた宝石の取得は、どうか。もし一種の支配権と考えるべきなら、野生動物についての君主権は、どうか。そして、君主の禁止に反して狩猟を行う領民は窃盗を犯しているのか」[41]というものである。

この問答において最も印象的なことは、野生動物は土地の従物であり、土地とともに所有者により取得されるという点にある。我々の理解が正しければ、トマジウスは、彼のその考えを、先占により取得した土地の場合に限定しているのだが、その考えの流布や移植のためには、重要なことではない。この観点から、ドイツにおいて、数十年後には、法実証主義者の間で、狩猟権の名義人としてだけの所有権者理論が語られたのは、驚くべきことではない[42]のである。

習慣によるものとして解釈すべき別の一面に、触れておく。トマジウスは、これらのものは自分の物であると主張する君主の前で、苦労して考えた先占と無主物に関する意味についての重大な質問を、未回答のままにしている。君主は、無主物の所有者なのだろうか。多くの場合、如才なさは臆病に発することがある。

次に、ヴォルフに移る。ヴォルフは、もっとも基本的な法実証主義的教義から自由に解き放たれた思想に立って、強烈な狩猟概念を精緻化する。彼についても、要約した形で見てみよう。まず、無体物、つまり無主物を先占する権利を含む諸権利、言い換えると狩猟権も、先占の客体であると断言する[43]。「先占された先占権が、先占者の領地にあるなら、結果として誰も領主の意思に反しそれを使用することができない。そしてある者が、先占権が先占されている場所で、無主物を先占するときまた同様に、誰かが漁撈権を所有する川で魚を捕るとき、彼は自分自身によるのではなく、先占権を持つ者を通じてそれを取得する。そして、これにもかかわらず、侮辱を犯す」[44]というのである。

一つの重要な結果をもたらす推論であり、後で見るように、法実証理論によっても受け入れられる。所有者の合意なく他人の土地で狩猟する者は、獲物を自己の物にするのではなく、後者を通じて取得している（土地所有者は野生動物の所有者である、と認めているということ）。したがって、禁止違反による侮辱罪のほか、獲物を返却しない限り、民事的かつ刑事的な責任をも負う。

しかし、野生動物についての権利の完全な取得及び保存に関するヴォルフの知的冒険は、止まらない。そして、殺害、負傷及び衰弱のような、それにより野生動物が逃げ出せなくなるいかなる行為も先占である。保存に関して、その古典的ルールには触れた。動物の所有権は、それを占有している限り維持している。そして、動物が我々の管理下から逃れた、言い換えると、それをもはや見えないまたはそれが見えても、もはや追いつくことができないとき、すべて、つまり所有権と占有をともに失う。ヴォルフは、このルールを強化し、もし例えば、特定のための目印を付けていることで、野生動物がどちらにしても我々の物であるという結果が得られるなら、我々はその所有権を保存することができるという考えを示した。ひとつの森の所有者はその中にいる野生動物の所有者であるという――今ではほとんどすべての博士が認める――事実について沈黙するため、論を進める。「もし、あなたがその物を、あなたがそれを獲取できる状態にまで弱らせたなら――つまり、あなたが占有権を有している場所に設置した網に掛かり逃れられない野生動物、その他の道具により捕まり逃れられない野生動物、あなたによって先占可能な傷を負った、あなたの手から逃れることができないほどに衰弱した野生動物を殺したとき――これらの野生動物は、垣根で囲まれた森に含まれる野生動物がそうであるように、あなたの物である。占有を失って、心に所有権だけを保持しているなら、あなたの管理下から離れた自ら動く物は、あなたの物のままである。同様に野生動物も、識別が可能な間はずっとそうだ。逃亡後に、もはや自己の物かどうか判別できなくなったなら、無主物になる」[45]とするのである。

最後に、グンドリングである。三人の中で、グンドリングは間違いなくもっとも枠にはまっている。テーマはいつもと同様である。追跡を伴う負傷は、トレバティウスが主張したように、占有と判断できるか、または身体の獲取は、取得によって本質的かどうか。グンドリングは、後の時代の法学者の間で評判の悪いトレバティウス側につく。しかし、独自の根拠を展開する。「まず、捕獲が始まる必要がある。そして、一匹の野生動物を捕獲するとき、たいていは傷を負わせることから始まる。これに追跡が加わる。この問合理性及び法的根拠から、誰も私を妨害できない。これは、著作の中に挿入された、私がドイツ語で書いた論説で説明したとおりだ。法学者のガイウスは、後に続く苦労のことを考え、私がそれを獲取できないようにさせる事象が後から起こりうると推論した。しかし、私がそれを追跡し、開始した先占を中止しないということで十分であり、開始された先占は何事でもないと言うことに価値はない。したがって、私が野生動物を本当に獲取するための魂と身体とをもって続けているならば、あなたは私の獲取の妨害をすることはできない。一言で言うと、自然法の領域において、民法が行っているように先占方法を決定することは、ばかげたことである。民法は、対立や争いを避けるため、身体の獲取及び管理を通じた明確な目印を求めている。それが正しいどうかは、まだ議論していない」[46]というものである。

さて、グンドリングによると、民法の要求は捕獲を通じて獲物の取得を正当化する。捕獲は傷を負わせることで開始する。先占はここから始まる。しかし、開始した先占は、獲取をもって完成されなくてはならない。割り込む者は、獲取を妨害することで、合法性、つまりもっとも深い倫理的領域、または宗教を犯す。

彼は、その著作の別の場所[47]でも、トレバティウスの賛美を続ける。「そして、もし今日、トレバティウスの意見が狩猟者たちの間で他よりも受け入れられているとしたら、理由がないということはないだろう。実際野生動物がまだ私の物ではないとしても、それを他者が獲取すること、または狡猾さをもって追跡者に先んじることは、合法とは言えない。そして多くの苦労により獲得した達成間近な希望を妨害しない、つまり他人に属している物だけでなく、他者に属しかけている物や他者の物になる寸前の物については遠慮するのが、気高い精神というものだ。実際希望は、我々が野生動物に重い傷を負わせたときに達成間近であり、その希望は逃亡によって失われることはなく、野生動物を追跡することで、我々はそれを先占する意思を有していること、そして開始された占有を中止していないことを明確に示している。F・ボードゥアンもこれに近い。ガイウスの理由は、トレバティウスに触れないし、傷つけない。確かに、現実になるという希望を心に抱いている。実際追跡をあきらめたら、すべての希望は放棄されたようだ。反対の意見のそれらは、「獲取する」及び「先占する」という言葉に付着されている。私が追跡している間は、そして私が獲取していない間は、私は先占していない、そして私が先占していないものは、私の物ではない。トレバティウスのために何が言えるだろうか。彼はガイウスに反対はしていなかったと私は考える。

彼は、傷を負ったものの、まだ獲取はされていない野生動物が私の物であるとは言っていない。それを追跡している間、私の物とみなされると言っている。そして、追跡の結果を不明と判断し、近くの獲物を私から奪うのは、非人間的な振る舞いといえるかもしれない。そして、市民にこの卑劣な行為、非情な習癖を禁止することは、公益の問題である。このように、フェデリコ・エノバルボは言う」[48]と主張する。

それから、グンドリングは、同時代のブードゥインとグロチウスに言及する[49]。

五　ヴィンニウスとフーバー、傷だけでは十分ではない、その他の問題

ヴィンニウスとフーバーは、狩猟法のローマ・ユスティニアヌス的な一貫性のある整然とした体系に対し賛成したが、同時に現在の諸事象についても注意深く目を向けた。そして、いくつかの古典的な概念の端に、鋭い個人的な註釈を付けることを怠らなかった。

まず、ヴィンニウスは、獲物の取得に関して、次のように説く[50]。「法により（先占が身体の占有により実現するという事実を指していると受け取れる）、それ（獲物の取得）は、物理的な獲取行為によってのみ完成される。それでも、よいだろう。もし獲物取得のために獲取が必要なら、傷を負わせただけの者や獲取の希望のみを有する者は、それぞれ獲取しない」。しかしこう言った後、ヴィンニウスは、グロチウスの意見にも言及する。礼儀の面から、他人が追跡している獲物を自己の物することは避けるべきであるという考えを、彼と共有したいかのようである。

次に、フーバー[51]は、さらに明確だ。フーバーは「先占は物理的な獲取によってのみ完成するゆえに、野生動物は追跡している者、傷を負わせた者、または達成間近な獲取の希望をもつ者の物ではなく、獲取する者の物である。しかしながら、トレバティウスの見解のほうが現実の概念に近いとブードゥインは言う」とする。その上でどちらとしても、「別の者がほとんど獲取していた野生動物を獲取する者は不誠実であり、裁判官には、意地悪に対して寛大にならないという課題があるということは否定できない」[52]とするのである。そして、これらの意見により、グロチウスの命題に完全に賛同している。一つの行為（他人が取ろうとしている動物の捕獲）は、所有権という合法的効果と、罰を受ける不法な効果を生み出し得るという考えを共有しているからである[53]。

しかし、ヴィンニウス[54]、特にフーバー[55]は、グロチウス[56]のもう一つの意見、つまり野生動物は占有の喪失が所有権の喪失を暗に意味するという一般ルールの例外とはならない、したがって、管理下から逃れても権利を主張できるという考えには強い抵抗を示すが、その回答としては「否、彼らの本性により占有の喪失は、ほとんど即時の所有権の喪失をもたらす」という程度の素っ気ないものである。

古典的概念への手厳しい註釈はさておき、ヴィンニウスとフーバーは、その世紀に、多くの狩猟に関する問題について、異なる主張が優勢であると強調することを怠らない。例えば二人は、魚及び野生動物が、私有の池や閉じた私有の森にいる場合も含め、本来の自由な状態にあるなら、誰でもそれを獲取できるというローマの概念を共有している[57]。しかし彼らの世紀においては、これらの動物は所有されている、すなわち、森や池の所有者の財産であると考えられていることは認めている[58]。以前から提示されている意見ではあるが、今や、それは、グロチウス[59]という不敗の擁護者を有しているようだ。そして、今や――他人の土地で所有者の禁止に反して狩猟を行う狩猟者に対して――、まるで自由の状態にある野生動物に所有者があるかのように、権利回復のために法的手続を取ることが異常な方法で認められているのである[60]。

六　狩猟権は君主のもの

「我々の法において、もちろん野生動物は先占者の物にもなる。しかしすべての者に、ごった混ぜにして、狩猟することが許されているわけではない」[61]。このヴィンニウスの文章にある「先占者の物にもなる」の「にも」という文言が明らかにする狩猟の伝統的課題、つまり「先占者、先占はいかにして実現するか、所有者と狩猟者の関係」についての論究は、特に学問的価値を有するものであることが理解される。実際に彼は、君主が狩猟及び漁撈を「狩猟はもはや自由ではない」という一つの共通原理の下に、法律として規制する新しい現実を経験していた。

ヴィンニウスが残した新しい現実についての控えめな描写を、プーフェンドルフ、フーバーらの証言から得られた情報で補いつつ見ていこう。

まず狩猟の変化については、君主は、しばしばある種の動物だけ、またはある形式の捕獲についてのみ自らの狩猟権を主張した。野兎のようなマイナーな野生動物は、一年のうちの決められた時期で、かつ君主に留保された空間の外であれば、貴族も獲取することができた。その権利は、限時法によりあるいは思いやりにより、その他の者にも許される。捕鳥及び漁撈の自由については、やや大きい変化がある[62]。

次に狩猟の方法と対象者については、すべての王国、共和国において法定された。対象者も既に皇帝フリードリッヒの時代から勅令により、農民に対し特定の猟具使用が有害な野獣への使用を除き禁止された。教会法は、聖職者に対し、狩猟にうつつを抜かし、信仰を疎かにしてしまうのを防ぐため狩猟を禁止した[63]。

フーバーは、これらについて、「こんにちの慣習によると、野生動物を狩猟する権利は、ほとんどどこでも君主またはその他の有力者たちに認められている。ウベルト・レオディオが、『フリデリチ・パラティーニの生涯』第六巻にスペインでは狩猟は混合権であると書いており、その第一〇巻にカルロス五世がドイツでは捕鳥が禁止されていると断言した者を信じなかったことにも言及し、神聖ローマ皇帝カルロスが、ドイツで非常に広まっている制度を知らなかったというのは驚くべきことだとした。例外としてベルギーでは、これほどまでに厳しい狩猟の禁止は実施されていない。ブラバントでは、カルロス五世とその息子の喜ばしい入国に関連して、狩猟の自由が許可されたようである。フリジア人の地域は、ローマ法からそれほど遠くない地域であるが、漁撈と捕鳥は一般的に行われており、大狩猟は土地の所有者だけに限られる。しかし、所有者ではない者が偶然狩猟を行っても規制が何もなかった例もある」[64]と記述している。

狩猟の現況について、ヴィンニウスは、「なぜ、このように大きな普通法の変化が生じたのか。一部は、政府の苦労への償いとして狩猟権を君主にゆだねるという人民の合意から[65]であり、一部は、大量の狩猟者が特定の動物を絶滅させたり、農民や庶民が農作物や作業場を荒らされることがないようにするため、共有権に制限をかける必要があると考えた君主の統治権限による。それ以外の理由もあろう」、「他の人の著作を読めば見つかるだろう」[66]と説明を加える。

プーフェンドルフは、「有害な野獣を狩猟するという万人に認められた行為能力を除けば、狩猟権が君主に留保されているいくつかの国があり、君主はそれをしばしば重要な臣下に分け与える。様々な理由が、狩猟のこの状況を作った。農民や労務者が森をほっつき歩くのを放っておくと、仕事を放棄し、さらには山賊に近づくかもしれないので、自由にはできない。武器携行の許可は、反乱または混乱の防止のためである。戦争の一種である狩猟は、国家を防衛する義務を負う君主及び貴族にとって有用であり、戦士として鍛練を積む機会を得るものだ。最後に、この高貴な娯楽を君主の自由に任せることにより、公衆の安らぎを見守るという君主らの苦労を和らげるのは正しいことだ」[67]としている。

ヴィンニウスは、狩猟の現況についての法学界の実情を述べ、「ある者は、野獣の獲取、獲取後にそれを自己の物とすることを民法により妨げることができると考える。これは不変の自然法により、万人にとって合法である」[68]とした上で、人権としての狩猟権の立場から、テラクエッロやモノキオの著作などを引用する。しかしヴィンニウスは、新スコラ派とグロチウスの大音響には耐えきれないのか[69]、「もはや自分は、ローマ法学者の中に入らない」と宣言して、「ある者が野生動物を獲取するのを、民法により妨げることができることは全く正しい。この狩猟の自然権は、許可的な自然法から得られるのであり、常に有効である命令的な自然法ではない。民法は、自然法が禁止することを許してみたり、自然法が許すことを禁止することはできないが、自然の自由の限界を定め本来は合法であることを禁止し、本来は取得されるべき支配権そのものをその力をもって阻止することができる。グロチウスやコヴァッルビアスも同様だ。野獣、鳥及びその他の動物は、自然法により皆の物であるという肯定的な意味ではなく、誰の物でもないという否定的な意味で共有物である、つまり、自然法により誰にも属さないと言えるとき、法はある者へ野生動物の所有を認める。そして、我々の図書においてしばしば見つかること、つまり自然法によりそれらの動物の狩猟は自由であるということは、妨げとならない。これは、民法が存在しない限りは正しい。逆に民法があれば、自然法自身が法律を尊重することを求める」[70]とするのである。

ヴィンニウスのこの驚くべき「国家理性への傾斜」に、プーフェンドルフのさらに驚くべき「国家理性への傾斜」がこだまする[71]。

プーフェンドルフは、論争に参加し、まず、主権者に対し―野獣がまだ完全に本来の自由な状態にあるときには、本当の意味の所有権を有しないとするなら―排他的な獲取権を認めることに躊躇しない。なぜなら彼は、野獣がさまよう土地の領主であるからである。しかし特に土地及び湖水への彼の支配権により、君主は、すべての者にごった混ぜに、またはある階級に属する者だけに獲取権を認めるか、もしくは自分だけにそれを保持しておくことが許される[72]とする。そして、「これらのことから、狩猟、捕鳥、漁撈などのまだ先占されていない動産の採集物が個人に帰属するという事実は、何らかの不可欠な自然法ではなく、君主の自由裁量に依存しているように思われる」[73]、「これら及びこれらに類似した原因により、もし公的なことに有益であるなら、君主は、侮辱なしで人民から狩猟許可を取り上げることができた。既に彼らの所有である物を取り上げるのではなく、純粋自然権が民法から独立して帰属させていた取得方法の使用を禁止するだけである。何人かの善良な学者は、狩猟の禁止は非合法と考えた。なぜなら、神は野獣への支配権を人間に与えたが、農夫も同じ人間であるから、あるいはローマの法学者によれば、狩猟は自然法及び万民法により自由と言われているからである。しかしこれに対し、幾人かの有識者は、許可的な自然法と命令的な自然法という区分を通じて反論した」[74]と主張するのである。

野生動物は誰の物か。窃盗になるのかならないのか。野生動物は君主の物か。平民または権利を持たざる者が野生動物を獲取するとどうなるか。以上の問題に対しては、「窃盗を犯す―脅迫的でかつ権力に協力的なグロチウスは大声を上げる[75]―、なぜなら似たようなことが、君主や国王には認められているからである。そして、彼らに属する。君主や王の威厳を支えるため、彼らに財産を帰さなくてはならないことから、賢明にも人民は、誰にも害を及ぼすことなく人の所有となりうる物から始めることを重んじている。すべての無主物とされる物がそうである。結局、支配権を構成するのに法律だけで十分であるので、法律は、先占される前にこれらの物の支配権を君主に移転することができた」[76]とするのである。しかし、はっきりと違う調子で異議を唱える者もいる。

プーフェンドルフは、賛成しているのかどうか判らない思想のねじれ状態の中で、その冗長な雄弁さを庶民のために用いた者の一人である。その例として、君主は野生動物の支配権ではなく、排他的な先占権を有していると断言する。しかし、これは一般人が一匹の野生動物を捕獲し、要求されてもそれを返却する義務を負わないという意味ではない[77]。何人かが主張しているグロチウスの反対方向―先占される前における、この物の支配権の帰属は法律による―は、納得できるものではない[78]。民法は、既に成立している支配権のある主体から別の主体への移転を規定することはできるが、その時点でまだ人間の管理下にない動物の支配権を決定することはできない。この場合は、自ら動く物であるから身体の獲取を伴う行為が必要である[79]からである。

ここまで、その議論の真意がどこにあるのか明確でない。しかし、プーフェンドルフが野生動物についての君主の支配権の理論を拒否するこの強い主張は、密猟者に希望を抱かせるものであった。

実際、一つの好転がみられる。プーフェンドルフは、「狩猟を禁止する民法により一般人から取り上げられるのは、狩猟権のみであり、いったん獲取された動物ではない。万民法によりなされた二つの認可―狩猟の自由及び先占による野生動物の取得―のうち、前者のみが撤廃されたと理解されるべきである。したがって、もし禁止に反して捕獲した野生動物が取り上げられるのなら、それは彼がそれを自分の物にしなかったからではなく、不服従について罰せられねばならないからである。同じ理由でしばしば、網・布地・投げ槍・ライフル銃が押収される。このことから、善意の第三者がその野生動物を購入するところでは、受け入れられないという帰結となる。しかし、物が盗まれたなら、これは発生しないだろう。要約すると、君主は、獲取する前に野をさまよい歩く野獣の所有者とは考えられない。禁止に反して狩猟を行う者は、他人の物を獲取するのではなく、ただ単に他人、つまり君主の取得のために除けておいた物を獲取するに過ぎない。彼らが罰を与えられるのは正しいが、本当の泥棒ではない」[80]というのである。

プーフェンドルフは、A・ヴィンニウスとG・グデリヌスの同様の意見に言及した後、省略せずにジーグレルスのグロチウスへの批判を引用する。「法律により野生動物を捕獲することを妨げることはできる。しかし、法律により、捕獲による取得を妨げることはできない」[81]との批判である。ところで、ここで冷や水であるが、「しかし、先占者が獲取する物の所有者になるのは、自然の必然ではなく、慣習の力による。したがって、もし君主がある物の取得を禁止したなら、それを最初に獲取することで所有者とはならない。獲取は、取得と同じことではない。前者が純粋な物理的な行為であるのに対し、後者は、ある道徳的効果を含意している」[82]と述べたことについてである。狩猟権が君主に留保されていることと、一般人が野生動物を捕獲したらその支配権を取得するということとの間には、一つの明らかな矛盾がある。

最後に、控え目な賛成の見解（そのように我々には思われる）である。プーフェンドルフは、「もし誰かが、法律に反して獲取された野生動物の支配権は誰の物かと聞いたなら、なんと答えようか。実際、獲取する者の物であることを否定しているが、それを獲取していない君主の物でもない。この場合、狩猟者は、あまり喜ばれないにしても自発的に君主に対し彼の仕事を行ったのであり、彼は、君主の形式的な命令により許可されたのと同じように、君主の代理として野獣を獲取しその所有者となった、と答えるべきだと思われる」[83]とする。つまり野生動物は、間に置いた人間を介して君主がそれを取得したのであり、狩猟者の物ではないと言いたいように思われる。狩猟者は野生動物を返却しなくてはならないが、この細かな観念的議論のおかげで、捕獲により窃盗罪を犯したと言われることはないだろう。しかし、それらの学説にあまり重みがないことを認識しているプーフェンドルフは、すべての者が共有すべきであるメッセージを急いで発する。「しかし、厳正な判断により、狩猟者に盗みを働く邪な心が認められないなら、これらの法律は穏健に適用されるべきであると、それらの論文は適切にも警告している」[84]というのである。

ヴィンニウスのより明確で力強い意見は、以下のとおりである。「狩猟を禁止する民法は、個人による獲取した物の取得を妨げない。そして、獲物の没収は、狩猟禁止を無視したことへの罰としてのみ形成されるのであり、他人の物を奪ったためではない。善意の第三者は、取得した野生動物を邪魔されないで保持することができるのは、全く正しい」、「したがって、もし一人の平民または狩猟権を持たないある者が、一匹の野生動物の猟を行い、獲取したなら法によって定められた罰を受けることになるが、その野生動物は彼の物である。そして、たとえ彼からそれが取り上げられることが決定されるとしても、それは彼の物にならなかったからではなく、不適切な行為及び罰を理由とする。同じ理由で、これらの者から、縄、投げ槍その他の狩猟用具が押収される。捕獲され、善意の第三者に与えられた野生動物を、正当事由により、彼から取り上げることはできない。実際、盗まれた物または他人の物を所有しているのではない。もしそうなら、返還要求が可能となるはずである。したがって、罪を犯しておらず法に反することを何もしていない者が、罰に値するということはいえない」[85]。変化すべきことが変化し、古典期またはその後のローマ法において、所有者が禁止している他人の土地で狩猟した狩猟者の場合であったことが再提起される。他人の土地で捕獲された野生動物のケースに似てなくはない。他人の土地での狩猟は、所有者が合意しないとき合法ではないが、野生動物は捕獲者の物となる」[86]。

フーバーは、グロチウスが、カルロス五世（野生動物は君主の物であり、それを狩猟する者は窃盗を犯す）の重みと、もう一方の、ヴィンニウス及びローマのルールに非常に近い、彼の国の穏やかな狩猟の習慣との間に挟まれ、どちらに組するべきかの判断ができない。そのフーバーは、「さて狩猟の制限は、人民が神から得たすべての無主物についての権利に基礎を置いている。その効力により、人民にはそれらの物が先占者に帰属するという通常の方式を変更し、彼らが望む者例えば君主にそれを帰属させるということが許されている。君主は、この人民により行われた譲渡の効力により、先占に関わりなく野生動物の所有権を取得する。グロチウスが書いていることである。そして、この理由により、カルロス五世の勅令一六九号は、他人の土地にいるが管理下にない野獣や魚を獲取した者を、泥棒として裁くことを定めている。しかし、野生動物は今も以前と同様に共有であると考えるヴィンニウスとグンドリングは、一匹の兎を獲取する一般人は窃盗を犯すこと、そして道義的に誤っていることを認めようとしない。フランドル人たちは、この視点からすると、他よりローマ法から離れていない。実際、捕魚権及び貴重な鳥を除く捕鳥権は、我々にとっては一種の共有権である。より大きな野生動物の狩猟は、土地の所有者のみに帰属する。同様にその野生動物が衰弱していなくても、土地所有者ではない我々がそれを偶然に捕獲したなら、それを保持することができる、ということを何も妨げない」[87]。と記述するだけである。

いわゆる「気まぐれな法律」―場所ごとに違いがある―で固められていくことで、ローマ的な自由狩猟の概念を完全に覆すことは、不可能となってきた。

古代人が自然法によりすべての者に認めた権利の廃止を、自然法の平面の上で正当化することに、これほど従順な知識人たちを見つけることに驚く。受け取った概念を繰り返すとき、例えば、一つの特別権、ひとつの大きな階級的特権を設けるために、別の人権の廃止をいかにして認めるかを説明するという試みから逃れて、今や数世紀にわたり広まっている狩猟の禁止の正当化を再提案するとき、まるで型通りに示し合わせているようである。

必要ならもう少し述べておこう。法学は、権力の合法化という機能に背を向けることはまれであり、またいつも必要に応じてくだらない区別を見つけることができる。この場合は、許可的な自然法と命令的な自然法という区別だ。もちろん、哲学的法学者と実証的法学者とを対比すると、後者はより危険を冒す用意がある。しかし彼にできたのは、(君主の威厳を祝福するために権利を譲り渡したという滑稽な虚構を用いて) 無主物の「君主兼所有者」というラッパに息を吹き込むのを拒むことではなく、一匹の兎を捕獲した平民を窃盗犯として死刑に処する者から遠ざけておくため、窃盗という問題において抵抗することだった。

ひとつ、確かなことで締めくくろう。この世紀に「飛躍した」狩猟の概念は、もはやローマ法ではなく、グロチウスに由来するものであった。

七　貴族の黒い精神、けんか、狩猟罪、狩猟の地方慣習

一七世紀において、狩猟権に関する論考や議論は様々に行われた[88]。その様々な文献目録に目を通しているうちに、我々は、一つの本当に面白いものを見つけ出した。ジョー・ヘンリクス・レベルスの博識な論考である[89]。彼の著書は、法律学的にはさほどの内容と思われないが、その代わりに豊かに教授する歴史的な情報を含んでいる。クプレ、エピグラム、そして諺で装飾された一七世紀後期ドイツという環境において成立したオペレッタ小品というべきである。全部で一〇の論考で狩猟が扱われており、語源、同形異義、同義語で始まったあと、定義と分類について説明され、それから原因、事情、類似及び反対と続いている[90]。

著者レベルスは、急いで、狩猟自体は非貴族的なのか、それとも貴族的なものかという問題を片付ける（ジョバンニ・ディ・ソールズベリー、ポンターノ、T・モーロに触れなくても、既に狩猟に反対する重い判断が、サッルスティオ、S・アゴスティーノによりなされていた）[91]。そして、狩猟は、アディアフォラ的なものであり、問題は慣習の中にはなく利用者のリビドーの中にあるという主張を受け入れる。それから、既に我々が知っているすべての種類の狩猟を点検する。過酷な（つまり戦争）・砂の・庶民の・奪う・占める・迫害の・森の・大声を使う・騒々しい狩猟である[92]。

興味深いのは、貴族の狩猟権及び人類学に関する合意に関してである。そこで、著者は、同じ場所における狩猟の貴族と土地所有者の紛議、伯爵・封臣と争訟名義人との継続的紛争について述べる。彼が言うには、言い争いばかりしていた。ここで、法律よりも「仲良くしましょう」という精神に拠っている一連の助言が始まる。例えば、地域の慣習尊重の必要性を唱える。狩猟の―というより合意の―慣習は、ドイツでは、地域によってひとつの法である[93]。例えば、以下のように自問自答する。「もし、二匹かそれ以上の数の犬が同時に狩りを行うなら、獲物はどのように分けるか」が問いで、答えは一緒に狩りをしているかに依存する。一緒なら平等な部分に分けられる。別々に狩りをしていたのなら各々の捕獲への貢献度に応じて分割する[94]。言うのと行うのとでは違うが、次の助言に移る。「合意は、言い争いを引き起こす。共同放牧権の例に基づいて、狩猟の慣習を共有する有用性を認識するべきである。分割は区画に分けて行うことができる。例えば、ある区画ではティツィオが、その他の区画ではメヴィオが狩猟を行う。また、時間や日を決めて交代で狩猟を行う。あるいは、野生動物の種類は頭数を決めて、一方は大型、他方は小型の動物を狩猟するなどである」[95]。

著者は、狩猟事由を論じつつ、もとの地点に戻る[96]。「狩猟権に関わる係争は非常に頻繁でかつ激しい。なぜなら、ほとんどすべての君主と貴族は、狩猟により大きな悪事をはたらき、狩猟に熱中しているため、一匹の野兎や鹿または森や野原のほんの一部分で捕獲したことが原因で、大きな争いが発生する。友好的な和解が望ましい。ひとつの物の確実な所有者が二人いるはずがない、と観察することは無意味である。なぜなら、狩猟法は非実体的なことであるので、合意はありうる」[97]、「狩猟に関して、地域の慣習と風習は配慮されなくてはならない。それは、あることを合法にも非合法にもすることができる」[98]等がある。

君主または領主は、狩猟特権を有している。同時に、森林権に含まれるその他の特権の名義人でもある[99]。次に示す特別な森林権がある[100]。それは、「(1)森の中で網やその他の罠を仕掛けることができる、(2)違反者を窃盗罪で罰し、罰金を徴収する権利をもたらす。臼砲を携行しての歩行を禁止する権能も含む、(3)狩猟の森の果実をとることも含む。野生動物が食べ残したもので人間が食べられるもの。例えば、栗、ナッツ、サクランボ。これらが森の領主の物であることは正しい、(4)年数の経った木を伐る権利、(5)狩猟奴隷の権利。すなわち、それなしでは狩猟を行うことができないものすべて」である。これらの役務は、狩猟区内に生活する領民により、規則的に行われる。それを拒否する者は、特別の免除がある場合を除き、領主により罰せられ、財産を剥奪、押収される、つまり、強制される可能性がある。しかしながら、以下のことは忠告されるべきである。「森林権を有する領土の君主は、公的な物事が、被害を受けないように、種まきの時期にそうした義務を領民に義務づけないように配慮しながら、領民に温情ある穏やかさをもって狩猟役務を利用すべきである[101]。特に、祝祭期間中は、領民から神へのお供え物を奪わないよう、狩猟を行うべきでない」[102]というものである。

続きの論考は、特に興味を引くものがないので[103]、最後の論考まで進む。狩猟に類似の事柄に記述を進める。例えば戦争[104]がある。

そして狩猟に不利なことがある。狩猟者の罪[105]については、次のとおりである。（1）野生動物を獲取するため、魔法術に頼る狩猟者は罪を犯す。（2）信仰に捧げられるべき日曜日に、狩猟を行う狩猟者は罪を犯す。（3）狩猟に関する法令に定められた期間以外に、狩猟を行う狩猟者は罪を犯す。（4）農民へ被害を出してまで野生動物の増加を促した狩猟者は罪を犯す。（5）狩猟行為において領民の作業を乱用する狩猟者は罪を犯す。（6）狩猟への協力において人々を過酷に扱う狩猟者は罪を犯す。（7）狩猟の最中に葡萄園や畑の作物を荒らす狩猟者は罪を犯す。（8）野生動物を増やすことで領民に発生した損害を賠償しない狩猟者は罪を犯す。（9）野生動物を恐れることを領民に禁じる狩猟者は罪を犯す。（10）所有権者の家に必要な木材を使用すること、または野原で放牧することを禁じる狩猟者は罪を犯す。（11）狩猟行為において人々を命の危険に追いやる狩猟者は罪を犯す。（12）近隣の土地で狩猟を非合法的に行う狩猟者は罪を犯す。（13）習慣的な制限を超えて傷を負わせた野生動物を追跡する狩猟者は罪を犯す。（14）限度を超えて狩猟権を拡大しようとする狩猟者は罪を犯す。（15）自分の土地で狩猟をされて驚いた男を捕らえられないために殺す狩猟者は罪を犯す。（16）鹿を捕獲したため男を斬首刑で罰する狩猟者は罪を犯す。（17）狩猟を言い訳にして動物の略奪を行う狩猟者は罪を犯す。（18）冒涜的な言葉や呪いの言葉を口にしながら狩猟を行う者は罪を犯す。（19）捕獲した野生動物を非合法的に販売する者またはそれから排他的な利益を得ようとする者は罪を犯す。

やや純朴なのか、それとも、非常に巧妙なのか、この仕掛けは機能している。貴族の狩猟の欠点を非難するため、「禁止行為の掟書」形式が、すでに他の人たちにより実践されたことがあることを我々は知っている。ひとつの論点かもしれないが、ここでは触れない。我々を驚かしたのは、彼が示した並外れた勇気である。

実際、論点は、非常に現実主義的平面の上に導かれており、また、非難の調子は、ビブラートを出している。ここでも、保護を提供するのは宗教である。これらの領主は、通常、人間の狩猟法に関し、免除特権により保護されているのだが、神の法に基づく彼らの責任を声高に宣告されている。あるところで、著者は、七番目の罪、つまり葡萄や収穫物を荒らす狩猟者の罪に関し、こう言う。「狩猟行為において狩猟者は、よく発生しているような、兎を捕るために農民が損害を被る事態を避けるため、種まきしてある畑及び葡萄園に手を出さないようにすべきである」。しかし、狩猟者には、ほとんど配慮がない。しかし、これらの狩猟者は―追跡している野生動物に対してはそれほど人間的ではない―、神がこの種の狩猟により害を及ぼす者どもを非常に厳格に扱うこと、そして神の審判においてそうした言い訳はちっとも考慮されないことを知っている[106]。まるでサヴォナローラだ。

そして、貴族の狩猟欲にどれほどの私利私欲があるのだろうか。貴族が、戒律に対して、迷信深い、破廉恥、無礼（狩猟時間、傷ついた野生動物の捜索、逸脱その他）であることは脇に置いても、領民が提供する狩猟作業の最中における乱用が次のように起きている。（1）いったん狩猟の実施が決まると、必要な数よりも多い人数で行われる。（2）人々は、必要以上に長く、無意味に拘束され、農業から引き離される。（3）農民は、収穫の時期など好ましくないときに狩猟に狩り出される。（4）狩猟者のボスたちが、領民の金銭を厳格にせしめる。（5）その哀れな領民は、寒さ飢えで死ぬか、野獣により殺されるか、引き裂かれることを黙認する[107]。

一七世紀後半の黒い森における、優雅で貴族的な鹿や猪の狩猟ではなく、まるで、古典時代の悪名高き狩猟について話しているようである。まだ終わらない。それは、「しばしば、狩猟者たちは、狩猟を手伝う気の毒な農民に対し、暴君のように残虐な行いをする。そして、犬や野獣と同じように扱うことに快楽を感じている」[108]というものである。

フランスの状況も、似たようなものであったに違いない。

第六章　一八世紀から一九世紀のフランスにおける狩猟

一　概説

現代における狩猟法の歴史に最も大きい影響を与えたものが、一八世紀から一九世紀のフランスを通り過ぎる。イタリアだけでなく、ヨーロッパの広大な地域までに拡大した影響である。それは、革命立法により実現した狩猟特権の廃止から始まる。次にナポレオン法典、そして野生動物の国家主義的概念とは反対の位置にある財産権の個人主義的概念へと続く。前者は、狩猟権の行使に対しかなり重くのしかかる運命があり、一方後者は、おかしな概念の歴史の使い尽くされない蓄積を豊かにする運命にある。さらに同時代とその後の数十年の間、イタリア民法理論が従ったフランス註釈学派へ、最後には愛国的な狩猟者という決定的に狩猟者側に立つ狩猟権の「狩猟者のための文献」配布者としての視線である。

そういうわけで、我々の狩猟法の旅のひとつの目的地である一九世紀から二〇世紀のイタリアに辿り着く前に、「山の向こう側」を訪問するのは義務と言える。

二　ポティエ、アンシャン・レジーム衰退期の狩猟特権とドグマ

封建主義に基づく古い立法に依れば、狩猟権を有するためには、自己の土地についても封土を所有する必要があった。更に知るために、ポティエの著作を参照することが必要になる。

一七七二年三月アッシジの修行僧[1]のような厳格で質素な生活と価値の高い多くの著作[2]に別れを告げて死去した後、ポティエは多くの誇張された賛辞を受けた。その中の「民法の父」は、現在まで熱烈に支持されている[3]。

我々の出発点として、そしてアンシャン・レジームの狩猟概念の忠実な鏡[4]として、そのオルレアンの法学者が、自己の存在をかけて執筆出版した『所有権論』の中で、狩猟について語るところは我々の興味を引く[5]。あるテキストにおいて、現行法と一緒に、興味深い歴史的断面図も紹介している。もちろん、ローマ法から始まる。一八世紀におけるこのテーマの議論で信用できる資料である。

まず、狩猟を取り巻く基礎的な「諸特権」から見ていこう。背景には、一方は領主で、他方は封臣、免税地主及び「シャンパルティエ」との間で、土地の分割された支配がある。地役権及び残りすべての名義人である用益権者については、触れないことにする。「今日、動産に関してただ一種類の支配権、つまり所有権がある。自由地についても同じである。しかし、封土または免税地として保持されている土地に関しては、二つの支配権が及ぶ。つまり、直接支配権と利用支配権である。封土または免税地がある土地について、その領主が持っている直接支配権は、古い昔の原始的な土地支配権であり、土地の利用支配権の譲渡が行われたことで、土地支配権から利用支配権

が分離された。直接支配権は、上位の支配権以外のものではなく、領主が、彼が保持する土地の所有者・占有者であることを認めさせ、かつ領内で何らかの義務を課したり、料金の支払を求めたりする権利に違いない。この種の支配権は、土地所有権ではない。むしろ、上位支配権と呼ぶべきである。土地に関する利用支配権は、所有権（財産支配権）と呼ばれる。その名義人は、利用領主または所有者であり、一方直接支配権を有する者をただ単に領主と呼ぶ」[6]。ポティエが所有者と定義した利用者は、封臣、免税地主、「シャンパルティエ」などである[7]。

狩猟へ移る[8]。狩猟権の名義人は、主権者である[9]。ル・ブレにより、狩猟権は主権の権利の一つであると既に言われていた[10]。貴族が有しているのは、まさしく王の許可である[11]。原始的または派生の権原である。その王権を正当化するため、以前から数多くの道がつけられている。封建派は、「恥ずかしい、卑屈な追従により」、領民の財産は主権の効力として、主権者の財産となり、そして一般人は、それについて単に一時的な占有権及び用益権を有しているに過ぎない[12]し、野生動物は例外とならないと主張する。また少なくとも、海、森、山及び野生動物のように人間の相互間で分割できない物は、主権者に属する[13]。「王国法」により、人民が有する自己の至上権及び管理権を国王に譲渡したことを起源とする君主の絶対主義についての、ウルピアヌスの法文[14]を援用する者がある。特に、狩猟権に関連して、ダニエルによるナブコドノゾルの神は彼の手を地上と空の動物の上に置かれたとの聖書の一節[15]や、うるさい反対者を黙らせるには都合のよい、動物が神により人間に与えられたという創世記の一節を引用する者[16]もある。ポティエは、「フランスでは他のヨーロッパ諸国と同様に、民法は、純粋な自然法が各個人に与えていた動物を我が物にする自由を制限した。動物は、本来の平穏の中にあり、否定的コミュニティの古い状態にあれば誰かに属することはない。主権者は、自らとそれを拡張することを考えた者のために、あらゆる種類の野生動物の狩猟権を留保した。そして、すべての他者に対し狩猟を禁じた」[17]と考えた。ポティエにとっても、これらのしばらく前からヨーロッパのほとんどどこでも行われている[18]、狩猟を禁止する民法は、正しい法である[19]。そして、自然法にも反しない[20]のである。

おそらくフランスでは、自然権としての狩猟の自由に言及したブティエ[21]（一四世紀の法律家）のこだまは、時間的に離れていたため既に消えていた。より近いショパン[22]のこだまも、ほとんど聞かれなかった。彼は、一六三五年においてもまだ、「貴族の非貴族に対する狩猟権で、貴族は、彼らの下の者に対し無差別に狩猟を禁止することはできないのであり、むしろ穏やかに、他人の土地に被害を出さないように狩猟を行うよう話し合う。狩猟は万民法によることを考慮すれば、非貴族の土地所有者は、自己の土地で狩猟することを、不法に妨げられている」と書く勇気があった。

これは、様々な論拠を示しながら現在の禁止を正当化しようとする、何人かの体制側の法律家に圧倒されてしまった意見だ。ル・ブレは、主権の原理[23]、欧州全体に関係する事実の状況、狩猟が王及び君主に好都合であるという状況[24]、そして古代史の素朴でかつ明らかに歪んだ慣習とその事例に言及する[25]。ローネー[26]は、我々が既に見た、自然法学者により言明された理論的枠組みを再提起する。彼は、それに基づき―すべての分割不可能な物は共有であり、森と同様に、共有物は公権力に属することから―野生動物も公権力に属し、そこには、狩猟を禁止する最高権能も含まれることを示そうとする。一つの正当事由を前に、考慮すべき万民法はない。むしろ、主権者は、万民法から野生動物を守る義務を負う[27]。ルイ一四世の支配階級に喜ばれた[28]このパリの教授[29]は、領民たちに狩猟を禁止する領主たちの弁護も欠かさない。領民の黙認の論証は、歓迎されたことであろう。こうして、封建法制の大原則は、攻撃不可能となる[30]。

ポティエに戻る。ポティエの時代の狩猟を規制する法律は、一六六九年の勅令であった[31]。密猟に関し、死刑を廃止したことで特に有名である[32]。

狩猟は、誰に許され、誰が禁止するのか。「すべての領主及び貴族に、犬と鳥を用い彼らの森、林、養兎場及び野原で、我々の「よろこび」から少なくとも一リーグ（四～五キロメートル）離れている、鹿と猛獣の場合は三リーグ離れているという条件で狩猟を行うことを認める」[33]。狩猟を禁止される社会階層と違反の罰とは、「封土、領地その他の法的許可を有していない、商人、手工芸職人並びに都市、郊外集落、教区、農村及び小部落の住人、あらゆる階層・地位の農民及び平民が、毛皮または羽の野生動物をいかなる場所でも、いかなる方法でも狩猟することを禁止する。最初の違反には一〇〇リッブラを、二度目はその倍を、三度目はその住む場所の市場の日に三時間晒し台で晒す」[34]というものである。さて、狩猟権の名義人は、主権者である。貴族は、王の許可を得ており、その狩猟権は、歴史的に思いのまま拡大されたり、縮小されたりした。それは、「貴族層」の機嫌をとる必要があったほか、危機に起因することがあった（狩猟と武器、狩猟者と武器職人との関係は常に不安を誘う）。貴族は、自分の土地でしか狩猟ができない。貴族でも他人の土地での狩猟は、当該土地の狩猟権を持つ者との合意があるときに限られる。このことは、「閣下の愉しみ、いわゆる王国狩猟区」として留保された場所に限られ、これは強力な効力を有する[35]。そこでは貴族といえども、許可状なく狩猟を行うことが禁じられる。

「封土とされている土地」については、私有地に関して既に見たように、様々な名義人（権利者）が権利を主張することができる。ポティエは、まず封土とされている土地について考察する。狩猟権は、土地を封土としている所有権者に属し、土地を封土としている者の領主には属さない。封土としての所有地は貴族の所有地であり、封土を与えた領主は、利用権のみではなく、名誉権も与えた。狩猟はそこに含まれる。裁判の実例で、領主が貴族に対し、土地に持っている上位支配権を認識させるという目的のために、ときどき狩猟を行うことを認めたものがある。封土として所有されている土地において――封土の所有権は法的には貴族と非貴族（平民）にも認められる[36]ことから――、平民が狩猟権を有するということも起こり得る[37]。

免税地として所有される土地に移る。免税地として所有されている土地につき、この資格でそれを保持する所有者は、利用権のみを持ち、名誉権を持たないので狩猟を行うことはできない。他方、領主は狩猟を行うことができる。なぜなら、領主が免税地主に許したのは利用権のみであり、領主の直接支配権から生じる名誉権は、自己のもとに残しているからである[38]。

自由地については、自由地の枠組みは、やや複雑だ。自由地とは、司法に依らない限り、領主に属していない土地である。自由地主が貴族か平民かで区別される。まず、このケース[39]では、この種の自由地の所有者は、貴族・平民ともに、これらの土地及び臣下や免税地主に与えた土地において、狩猟権を有する。その臣下または免税地主のおかげにより、この土地は領地であり、つまり所有者は領主となる。そして、領主という資格により「平民」も狩猟権を持つ[40]。一方、いわゆる「平民」自由地は、貴族の土地ではない。もしこれらの土地の所有者が貴族であれば、狩猟権を持つ。しかしながら、平民であれば、持っているかどうかが議論になる[41]。平民自由地は、封土でも領土でもないので、これらの素質を何も有していない[42]。

領主裁判官については、領主裁判官は、その裁判権が及ぶ地域において、狩猟権を有する。一六六九年勅令第二六条であるが、その狩猟権は個人専権であって、子息にも譲与できない[43]。狩猟権の競合については、封土の所有者である領主の狩猟権、所有者が封土を有している場所の領主の狩猟権、そして領主裁判官の狩猟権[44]があり、最弱の権利は最後のものである[45]。

狩猟権は、名誉権であった。狩猟権は、用益権ではないため、何らかの利益を得るのではなく、楽しみとして行われなければならない。このことからこの権利は、賃貸借することができない。当たり前だが、兎が増えた養兎場や鳩舎の場合は異なる。その場合は、利益を得ても構わない[46]。すべての貴族に対し、あらゆる種類の野生動物に関し、火縄銃による狩猟を許可した一六〇四年五月三日の宣言で[47]、権利者の代理として下僕及び門番による狩猟の禁止が導入された。ただし、後者については、六〇歳以上、病人、未亡人及び教会関係者が除かれた。ポティエが述べるに、その規定は自然消滅し、今では誰もが従者に狩猟をさせている[48]。参加が許された息子や友達も[49]同じである。

封土の所有者は、多くのことも観察しなくてはならない。上記の禁止のほかに、一六六九年の勅令により次の制限が設けられた。（1）森の中で、夜間の狩猟及び火器を携行しての狩猟の禁止。既に芽吹いた小麦畑及び五月一日以降の葡萄園での狩猟の禁止。（2）「猟犬での」狩猟が禁じられているように、特定の用具を狩猟に利用することの禁止。この規定は、自然消滅したとされていたものである[50]。

これまでの考察から、狩猟に関する「教義」を取り纏めることも必要であろう。ポティエは、狩猟に関する議論の伝統的な「場所」についても、彼の意見を展開する。また、彼の力量及び思想の信用度から、彼の時代において広く共有されていた意見を反映していると断言できる。裁判所の動向についても、いくらか参照することがあったことを付け加えておく。

野生動物、すなわち誰の物でもない共有物は、手中にすることで取得する。まず手始めに、ポティエには、野生動物、魚及び鳥が主権者に属しているという概念の痕跡はない（既に見たように、まったく反対の考えである）。神、世界とそれに含まれるすべてのものの創造主は、それを人間に与えた[51]。人間は、最初それを他のすべてと同様に、「否定的共有」の形で保持した。そして次の段階において、私有財産権が導入されたときも同じ状況が続いた。ローマの法学者が共有物と呼んだ物、誰もがそれを手中に収める権利を持っていることを示すため、こう呼ばれ続ける。それが自由な状態である限り、誰もその所有権を有していないことを示すため、無主物と呼ばれる。そして、所有権は、それを手中に収めることにより取得される[52]。

野生動物はいかにして手中に収められるか。ポティエの意見に、耳を傾けよう。「よく注意して欲しい。ひとりの狩猟者が、動物を手中に収めて支配権を獲得したと考えるには、彼がその上に手を置いたことは必要ではない[53]。何らかの方法で、動物が彼の支配下に置かれたことで足りる。そしてこのため、私が罠を仕掛ける権利を有する場所に罠を仕掛け、一匹の猪が逃れられないほどに捕らえられているとき、私は、その瞬間からそれの所有権を取得する。そして誰かがそれを逃がしたら、私は、私の銀製食器を川に捨てた人間に対して起こすことができるのと同じ訴訟を、彼に対して起こすことを考えるだろう。もし、私が罠を仕掛ける権利がない場所に罠を仕掛けたなら、同じことだろうか。プロクルスは、罠を仕掛けた場所は考慮しないと決めているようだ。しかし、我々の判例では、罠を仕掛ける権利のないところに、落とし穴や括り罠を仕掛けた者は、野生動物が自己に属していると いう要求においても、またそれを奪い取った者に対する提訴の要求においても、同調者を得ないだろう。その野生動物は、仕掛けた罠に捕らわれたことで、彼の支配下に落ちたと言うことすらできない。なぜなら、その場所の土地所有者またはその下僕が彼を妨げれば、彼は獲物を取りに行く権限を有していないからだ」[54]。法学者ポティエが生きた時代は、プロクルスの法文の憎しみを含んだ解釈（他人の土地の上に、所有者の意に反して罠を設置しても、野生動物の所有権を取得することは可能）を信奉するほど、未熟ではなかったようだ。ポティエの視点からの──受け入れられないと言うために言及される──解釈とローマ法はすでに用済みなのである。狩猟権を持つ所有者は、今や最高に防御を施した禁止権を頼ることができる。本当のことを言うと、私的暴力もライフル押収もない。

狩猟監視官は、ただ他人の土地で狩猟をした狩猟者の調書を作成して、領主裁判所ならば領主の前に、あるいは法令に定められている罰を下すことができる別の裁判官の前に、狩猟者を引き連れるだけである[55]。

巣出し、追跡、傷については、ポティエは、「ローマの法律家は、私が動物に傷を負わせたら、私が所有者であり、追跡をやめたときは動物・財産を失うと考えることができるか、追跡している間に他の者がその動物を奪い取ったときは、その者を泥棒と考えるべきか、という問題を議論した」[56]と問題を切り出して、トレバティウスの賛成意見、ガイウスの反対意見、プーフェンドルフの重い傷と軽い傷を区別する意見、さらに動物の所有権形成には追跡で足りるとするバルベイラックの全く異なった考えに言及する。「この、より市民的な概念は、慣習の中に受け入れられており、また古いサリカ法典の条文と一致する。その条文は、もし、ある者が、他人の犬が追い立てた一匹の衰弱した猪を奪ったなら、一〇デナリの有罪と判断せよというものである」[57]。ポティエによると、太陽王の陰で（少なくとも、日の入りにより陰が長くなり始めたとき）、狩猟の慣習は、野生動物を狩り出した瞬間から狩猟者に属すものと考えていた。「より市民的な感情」というものは、もちろん競争関係にある狩猟者の間で自発的に共有されたに過ぎない。しかし争いになった場合、一七世紀初頭にパスキエが言うように、「貴族の間なら、剣での決着となったことだろう」[58]の決着こそが、獲物の所有権を決定する。

野生動物は、土地の付属物である。とはいえ、ある土地の上に居る野生動物は所有者に属するという考えから、我々は距離を置いている[59]。それに関しポティエは、ローマ法について、所有者の禁止に反し他人の土地で狩りをする狩猟者は、彼の獲物を同様に自分の物にするのかという問題を提示され、特定の立場を取らず、対決して一歩も引かないキュジャスとヴィンニウスの意見に言及した[60]が、明確に、「反対にある土地の上を通過する、またはそこで栄養を摂る野生動物は、誰にも属さない物であるゆえに、これら動物、そしてそれを狩猟する権利は、土地の付属物ではない。したがって、土地の支配権は、たとえそれが完全なものであっても狩猟権を授けるものではない。狩猟権は、王が自己に留保しているため、王が許さない限り、支配権が完全であるからといって自己の土地で狩猟を行うことはできない」[61]と言う。もちろん、今では土地の境界は、ほとんど侵すことが不可能であり、しっかりと守られているが、だからといって狩猟の本質が変わるわけではない。むしろ、少なくとも一度の越境は許される。ここにも、一つの慣習（または権利、いわゆる追求権）がある。ポティエの意見は、「もし私の隣人が彼の封土の上で一匹の野生動物を狩り出すなら、私は、犬が追跡している限り私の封土の上でそれを追跡することを妨げることはできない」[62]のである。

三　革命の日々と狩猟の封建特権廃止

一七八九年八月四日のことだった。フェリエール侯爵[63]は、日記に、その夜国民議会―恐怖、熱狂、正義への熱望が混ざり合っていた―において、封建特権の廃止が決定され[64]、狩猟についても多くの議論がなされたことを綴っている。

悪魔的儀式の喚起と懐疑的な反応[65]との間で、シャルトル大聖堂の司教は、正義の名の下に、排他的狩猟権廃止という非常にキリスト教者的な動議を提出することにした[66]。実際にそうだった。それと整合して、有名な勅令[67]の第三条は、「排他的狩猟権及び野外養兎場はいずれも廃止する。すべての所有者は、自己の所有地内に限り、野生動物を殺傷する権利及び殺傷させる権利を有する。但し、公共の安全のために制定されうる警察法に依拠する場合はその限りでない」[68]と規定する。条文は、これに狩猟官管轄区及び禁猟区は名称を問わずに廃止するとの二つの項が続く。そして、議会議長は、単純な狩猟行為で追放及び刑罰を受けた者を再度裁判にかけ、囚人を解放し、現在係争中の裁判を中止することを国王に求める[69]と宣言した。

四　メルランとロベスピエール、国民議会における狩猟権に関する議論

貴族の特権はこうして廃止された。しかし、しばしば起こるように、一つの特権の後には、より多くの人数に拡大されるにしても[70]、別の特権が取って代わる。狩猟は、実際に所有者の排他的権利となる。所有者は、自分の土地の上においては、法律に規定された制限の範囲内で、狩猟を行うことができる。しばらく前から密かに抱かれ、ナポレオン法典が表現する所有権の排他的概念、農業への真剣な危惧、狩猟を誰にでもどこでも認めることの危険などが、直感的に理解される。

対立は避けられなかった。一七九〇年四月二〇日の会議において、その機会がやってきた。その日の議事日程には狩猟法案審議があった。代表提案者は、封建階級委員会から任命されたメルランであった[71]。メルランは、デクレ第三条を擁護して、最近の数か月の出来事に言及し、非常に抗議が多い、狩りの乱用が原因で狩猟が無秩序の源泉のひとつになっており、もしそれが長引けば収穫には致命的となりかねないと付け加えた。おそらくこれが、委員会の法案の出発点だったのだろう[72]。

ロベスピエールは、ひな壇から、こう叫んだという。「私は、狩猟権を所有者だけに制限する原則に反対する。

私は、狩猟は所有権から派生する権限の一つとは考えない。大地の表面が刈り取られたらすぐに、狩猟はすべての市民にとって分け隔てなく自由であるべきだ。どちらにしても、自然動物は、先占者に属する。そういうわけで私は、収穫物の保全と公共の安全に関する措置をとりつつ、狩猟の制限のない自由を主張する」[73]。

ロベスピエールは、狩猟の諸理論で何とか切り抜けることを示す。彼は、法学において（完全に少数派ではあったものの）一度も消えたことのない意見、すなわち、狩猟権は所有権の一表現として概念構成されなくてはならない、野生動物は土地の果実であり、その土地の所有者に属する物である、という意見について知識があったように思われる[74]。

しかし、弁護士だったメルランは、劣らずに知識を持っていたようであり、議会において、ローマ法を以下のように援用して弁論する。「自然法により、野生動物が誰にも属さないというのは正しい。しかしそのことから、誰もが、至るところで野生動物を追いかける権利があると演繹するべきだろうか。あなた方の家を荒らす有害動物を探しに、あなた方のところに来る権利を持っていると言っているようなものではないか。別の考察があなたたちの視線を凝固させるに違いない。あなた方は、自然の人間ではなく、社会の人間のために法律を作らなくてはならないということだ。ローマ法により二つの原則が認められた。一つは、野生動物はそれを奪取する者に属する。二つ目は、何人も狩猟を行うために自分の土地に入ってくるよそ者を阻止する権利を有する。所有者に対し、その土地に入るのを阻止する権限を与えない法律は、所有権を確実にするという要求を持つことができないだろう。あなた方は農業を繁栄させたいですか。すべての浮浪者が狩猟権を持つとき、繁栄すると思いますか。田舎での生活は、安全でないときに、快いものになりますか」[75]と、いうものである。

ロベスピエールとその支持者を哀れにも時代遅れにしてしまう強力な演説により、言い古されたことだがせめて共有地における自由狩猟権だけでも、という修正案が雨が降るように出てきた。結局賛成票を得たのは、メルラン提案の法案だった。四月二一日の午前だった。第一条が賛成多数を得たことにより道は平坦となった。一七九〇年四月三〇日狩猟法が発布され、何人も、いかなるときも土地所有者の合意なく他人の土地で狩猟を行うことが禁止された。

五　一七九〇年四月三〇日法律と所有権の属性としての狩猟権

一七九〇年四月三〇日法律第一条の条文を確認してみる。「第一条　時間及び方法にかかわらず、他人の土地でその許しなく狩猟を行うことは、何人に対しても禁止する。違反した者は、損害の大小にかかわらず、当地の市に二〇リッブラ、果実の所有者に一〇リッブラの罰金を支払う」[76]、というものである。うまい工夫である。特権を廃止した法律で大急ぎで定めた規定（いずれの所有者も、自己の土地上の野生動物を、殺傷する又は殺傷させる権利を有する）のように、狩猟権を土地所有者（占有者）の明確な属性であるとするのとは異なり、より柔軟な規定を採用している。所有者又は占有者の許可なく狩猟を行うことをすべての者に対し禁止しつつ、土地の権利者であるかないかに関わらず、すべての者が狩猟権を有している（非土地権利者で、狩猟行為を許可する「地主」に仕えている者を除く）と、法律は定めているのであろうか。否である。後で見るように、当時の法学者の意見では、狩猟権は一種の財産権である。そして、この法律は、まさに所有者の同意なく他人の土地で狩猟する行為を、主要な狩猟罪として厳格に定めている[77]。そして、土地が壁または生け垣で囲まれているとき、住居があるとき（第二条）、及び武器の没収があるとき（第五条）は、刑罰は徐々に加重される。第七条で「軽犯罪者」と呼ばれており、変装又は覆面又は住所不定の場合、「ただちに」逮捕される。罰金を支払わなければ、監獄の扉が開く（第四条）ことになる。

同法は、実を言えば、所有者及び占有者による狩猟罪というもう一つの――完全には革新的でないとしても――意義深い罪を規定している[78]。第一条第二項では、有害鳥獣の駆除を除き、農業生産の全期間にわたり囲われていない土地での狩猟を禁止している（第一五条）。他方、湖・沼、森・林（もちろん自己所有の）、または、壁・生け垣で他人の土地と区分されている土地においては、所有者、占有者、そして狩猟権者（または狩猟許可権者）は、常に自由である（第一三条及び第一四条）。

この法律は、すぐにヨーロッパ中の、開いた・閉じた土地、壁、生け垣、溝、湖、沼等を規律する法律の模範となり、またこの種の法律が取り扱わなくてはならない私益（そこでは所有者が他の市民に対し優越する）と公益（農業の保護、公共の秩序）との対立の解決策としての基礎となった。野生鳥獣の保護という主題を取り上げるべき法律としても欠けるところがなかった。

この法律から広まった「狩猟権は土地所有者のものであり、財産権に含まれる特典である」という法律モデルについて、外国に及ぼした影響に賛同しない人による攻撃には、一言触れておくのがよいだろう[79]。まるで狩猟するための土地を有している者だけが狩猟を行うことができると言わんばかりだ。自由狩猟の「権利」の否定、公有地での狩猟も禁止される。この法律モデルでは、所有地を有する者以外は、慈悲深い土地所有者による許可がない限り狩猟を行うことができない。

これは古代ローマの経験とは異なる。ローマでは自己の土地か他人の土地かにかかわらず、すべての者に狩猟権が認められており、この原理は所有者に禁止権が認められたとき以降も、変更されることがなかった。土地への立入りを禁止することは、その土地上での狩猟権を剥奪するものではなかった。私有地から追い出されても、狩猟者は公有地で「ディアナの術」を行うことができた。

このことから、大きな相違点が生まれる。ローマ人には明示の禁止がない限り、狩猟許可が推定されていた。他方この法律の下では、禁止が推定される[80]。

フランスでは、一九六四年ヴェルディユ法（legge Verdeille）が制定されるまで、自由な狩猟権が議論の焦点となることはなかった[81]。なお同法は、二〇〇〇年多数の議論のあとに廃止され、新法に代わった[82]。しかし後で見るように、民法典を巡って発達した民法理論の骨組みに従って、フランス人は、狩猟を土地所有権の特典とする考えに止まり、土地所有者をその土地に定住する野生動物の所有権者とみなすという誘惑には負けない。土地所有者は、他の者と同様に最初にそれを捕獲しなくてはならない。どの場所で見つけた物でも野生動物ならば無主物であり、したがって狩猟権のない者、土地所有者の意思に反した者がそれを捕獲した場合でも、自己の物にできるという考えは共有されている。土地所有者には窃盗の罪ではなく、損害分の賠償で贖うのである。

六　民法と国家に属する野兎

個人主義の革命的な崇拝により、所有権は、人権宣言に不可侵の権利として挿入された。フランス民法起草委員ポルタリスが起筆した共和暦第八年の民法典草案の提案理由は「民法典序論」と呼ばれるが、そこでの所有権は絶対性が強められ、「全立法の世界的精神」[83]としてフランス民法典の主柱でもあり、第五四四条[84]に所有権が規定された。

さて、野生動物の所有権取得について、フランス民法典の規定を確認する。野生動物の所有権について、一七九〇年の法律は何も言っていない。同法律は「警察の」法律であったのであり、所有権は典型的に民法の扱うテーマである。「慣習法」も沈黙する中、規範的指標はいまだにローマ法であり、狩りの獲物の先占取得に関する、腰の据わった法律家の長年にわたる精緻化の成果もあった。我々が知っているように、有効な先占行為とみるべき行為については、意見が分かれている（物理的獲取だけか、それとも傷、巣出し、追跡など）。民法がそれを扱うことを期待するのは、正当なことであった。しかし、何もなかった。

狩猟について唯一言及しているのが、第七一五条である。条文は、「狩猟または漁撈をなす権能は同じく特別法に依りてこれを定む」である。先占についての文辞は、この条文にないし、他の箇所にもない。先占が廃止されたのだろうか。

実際「民法の父」らの間では、先占を文化的な人間にはふさわしくない、自然状態における一つの暴力的な行為と考え、反対する強いイデオロギー的偏見があった。そしてこの感情は、パスカルやルソーの思想の中で、著名な先例を有していた[85]。

前記の共和暦第八年民法典草案に至る草案には、「民法は、単純な先占権を認めない。これまで所有者を持ったことがない財及びその所有者により放棄されたゆえに所有者がいない財は、国家に属する。何人も、時効が成立するのに十分な占有を通じてでなければ、それを取得することができない」[86]とあり、先占がなかったのである。

いくつかの権威ある場所[87]において示された反対意見は、民法の最終的な案からこれらの文言を消し去ることに、間違いなく貢献した。しかし、根強いイデオロギーは、別の方法で表面に現れる。国民議会議員で、「財の区分」という標題で政府の弁士であるトレヤールは、演説の中でこう述べる[88]。「あなた方は、法律の中に、持ち主のない財は国家に属すという原則を打ち立てた。組織された社会において受け入れがたい権利である先占者の権利廃止の必然的帰結である」[89]。さらに、護民官弁士のシメオン[90]も述べた。「社会状態は、狩猟の獲物・捕らえた魚・埋蔵物・海に消えた物が、自然状態のように、先占者の物になるということを許さない。自然資源の利用、偶然の賜物及び最初の者の優位は、以前にあった、言い換えると法律に基づいた所有権と矛盾してはならない」[91]というのである。

しかし、反先占のイデオロギーは、第五三九条及び第七一三条への一般的言い回しで表明された[92]。すなわち、「第五三九条　無主の財及び相続人なき財産または相続人の拋棄したる財産は国有に帰属す」と「第七一三条　無主の財は国に属す」に関する見解としてである。

野生動物は、狩猟者の財産になる前は国家に帰属しているのか。それは、ありえない。誰かがそれを支持するや[93]、それへの反論はすばやく、広範囲に、「セーヌ川の水を汲んでパリの住民に売りに行く人々は、かれらに属していなかった物の値段を知らなかったため、付けを回さなくてはなくてはならないのか。自分の土地で狐や狼を殺した者は、徴税官に毛皮の値段を支払う義務があるのか」[94]と憤りを含んでいた。野原を駆ける野兎・川で泳ぐ魚・空中を飛ぶ鳥は、国の財産だというのであろうか。そうした提案が受け入れ可能でないことは明らかである。そして、我々が引用した博識な著者[95]さえも、それを認めていないということがある。なぜなら彼は、私人は、国に完全な権利が属しているいくつかの物（野生動物及び魚）を、占有の達成により自己の所有とすることが許される、と付け加えているのである。我々には、いくつかの物は、反対に国家には属さない、そして、今日でもなお、無主物とみなされる。無主物については、先占は、常に派生ではなく原始的な取得手段である、と言う方がよっぽどシンプルに思われる[96]のである。

ならば、特に持ち主のない物を国家に帰属させている第七一三条を、どのように処理するか。その答えは、一大原則による処理である。つまり、私人―国ではなく―に共有物、狩猟の獲物、漁撈の捕えた魚等の物の所有権を認めることにより、後続の条という例外を作る原則であり、権原は先占者のそれに外ならないとする処理を構成する[97]。結局、無主物の生き残りは、第七一四条による処理である。同条は、「第七一四条　何人にも属せずして総ての人に其の使用の共通なる物あり。警察に関する法律之が受益の方法を定む」[98]と規定する。幸いにも、この条文は、持ち主のない財の国家帰属を規定する前条とは、かなり調子の異なる言い回しで現れる。無主物及び先占を守るため、すべての論者がしがみつく[99]。国家の所有に帰する持ち主のない物は、不動産、及び動産一般である。その他のものは―これまでどおり―、無主物であり、その所有権は先占者という資格で取得できる。

そして、この解釈は、今日では学者の議論の余地のない解釈となり、また野生動物の公法学的概念は、完全に屋根裏部屋に追いやられた[100]。しかしながら、狩猟の概念には、現行の特別法なかでもイタリア法のように、野生鳥獣保護などの他の理由で画期的な変化が見られる。

七　フランス註釈学派法学者と民法解釈

フランス註釈学派の法学者とその学術著作については、一八〇四年の高名な文献情報がある[101]。一八〇八年、ツァハリーエが始める[102]。その後を、フランス註釈学派の第一段階とする。メルラン、トゥリエ、プルードン、ドゥラントン、ベルギー人のローランと彼の途方もない註釈書がある。学派の第二段階は、民法典と同じ頃に生まれた世代であり、トロプロン、デモロンブ、オーブリ、ロー、ヴァレットらである[103]。その特色は、出版に次ぐ出版に翻訳であり、おそらく質より量の多産な季節であった。最近は批判の調子が弱まったようである[104]。

既に述べる機会があったように、我々には、一九世紀後半のイタリアの民法学説に対して与えた影響により、これらの法学者・著者の狩猟思想を眺めることは、有用に思われる。彼らは、狩猟思想の世界を特徴づけるこの終わらない周期的な運動の中で、受け取った概念の溝の中に限られるとはいえ、多くのことを輸出した[105]。特に、トゥリエ、プルードン、ドゥラントンらである。

多くの共有された意見から見ていこう。先占及び無主物のカテゴリーは、持ち主のないすべての物の国家への帰属という条文に吸収されたものの、表面はどうやら民法典（Code civil）において存続している。先占は、後に標準的となる言い回しでも（ドゥラントンによれば「所有者になるという意思をもって、誰にも属さない物の占有を行うことでの、自然法または万民法による所有権の取得という方法」[106]）、またはポティエの「上に手を置く」[107]及び自然法原理への義務的な参照によっても定義される。その他の意見は、狩猟権の一七九〇年四月三〇日法律に基づく概念設定に関するものである。狩猟権とは、「所有権の一権利」である、とトゥリエは断言する[108]。プルードンも同調し[109]、「狩猟権は、もはやフランスでは純粋に封建的な権利ではなく、土地の所有者以外に属することはない、ということを常に考慮する必要がある」とする。これはすべて、野生動物の損害による果実を保存するために必要である[110]。興味深いことは、所有者が自分自身、とりわけ野生動物から自分の収穫物を守らないといけないという事実に、その正当化の理由の一つを見いだそうとする試みである。「狩猟権は、誰もが有害な動物を駆除することで可能な範囲内で、自己の個人的な保存に注意を払うことができるという原理の必然的なひとつの帰結である。損害をもたらす野生動物を駆除することで、収穫物の保存を見守ることができる。しかし、狩猟の完全な自由は、もしその行使について適切なルールがなければ、致命的な放縦となってしまう」[111]と論じる。言い換えると、野生動物保全と、「自由な」狩猟者から自己を守る必要性とである。

別の共有点はどうであろうか。いくつかの論考はあるものの、野生動物が無主物であることに変わりはない、したがって、誰もがそれを他人の土地においても、合法的に先占することができる。「禁止権は、動物の条件を変えることができない」という立場のヴィンニウスの文章を、一つの旗印として示す。「それでも、鳥及び四つ足の野生動物はやはり持ち主がいない。そして、彼らの本来の自由が奪われない限り、誰にも属することがない。先占者の所有物となる、他人の土地で行う狩猟行為でも野生動物を自己の物にできるのは、このためである。野生動物を獲取した土地とは何の繋がりもない。なぜなら、野生動物が当該土地の依存者でも従物でもないからである。そして、法律は、土地の所有者に対し、彼の土地で捕獲された野生動物の権利回復訴訟を受け入れたことは一度もない」[112]のである。

まず、「所有者は、狩猟のために彼の耕地に入ることを禁止することができる。しかし、自己の土地での狩猟を禁止する者は、追跡を禁じた動物の所有者ではないため、禁止にもかかわらず獲物を捕獲した狩猟者に対し、その所有権を取得することを妨げない。耕地の所有者は、狩猟者に対し、損害賠償請求訴訟だけは行える」[113]。そして次の、「土地の所有者の禁止に反して、野生動物を追跡する狩猟者は何をするのか。所有権を侵害する。このことにつき責任があり、また所有者は、彼に対し、損害訴訟を行える。そして、狩猟者は野生動物を殺す。このとき、狩猟者は、所有者の一権利を侵害したのか。土地所有者は、自己の土地上の野生動物について、先占によらない限りなんら権利を有していない。いま、動物を我が物としたのは所有者ではなく、狩猟者であり、動物は先占権により、狩猟者に属する」[114]を確認しておこう。引用したこの論考の法律家は、野生動物の先占を実現する方法という難問題には特に関心を示していないようだ[115]。

一般に自然法原理により、先占の権原で、いまだ誰にも属していない物はそれをつかみ取った、または自分が占有者かつ所有者となるため獲取した、最初の者が完全な所有権を取得する[116]。「奪う」は繰り返し使われる動詞である[117]。プルードンは、ほとんど慌てて「結局、動物の所有権は、狩猟の事実により取得される。もし、動物がまだ狩猟者の手の下なら、逃げ出せないほどに深い傷を負っている必要がある。なぜなら、この種の取得は、現実の先占権により完成されるからだ」[118]と述べる。かなりの伝統主義者[119]で、目の前のヴィンニウスのモデルであるドゥラントンは、「動物を追跡したり、傷を負わせたりしただけでは、その所有者になるのに十分ではない。それを現実に獲取する必要がある。なぜなら、無数の状況が、我々がそれを奪い取るのを妨害する可能性があるからだ」[120]とし、ドゥラントンによると、ローマ人は罠を介した所有権の取得も許されていなかったとプロクルスが猪に関する法文で教えたように、「ここから、実際の占有が主張されていたことがわかる[121]。しかし、我々は、これらの原則を、完全に厳格に適用することはなかった」[122]と述べる。

ローラン[123]は、ここまで叙述してきた問題に対し、独自な基準により「野生動物所有権は、いかにいつ取得されるのか」と答えを出す。したがって、それを詳述する価値があるだろう。

法律・権利・衡平と考えを進めてみると、衡平を代表する狩猟者の慣習と矛盾しない形で、野生動物の取得を規定する権利は、特別法ではなく、民法に規定が存在するはずである（狩猟警察の特別法は、沈黙しなくてはならない）[124]。しかし、民法、つまり基本法律は黙っている。野生動物はいつ狩猟者の財産になるかという質問に対し、明確な答えをしない。法律で参照すると、先占の原則へのものばかりである。これについても、立法による定義を欠如している。判例における定義を探索するために、「なんらかの物を奪取する」を手掛かりにしてみよう。ポティエは、「我々は捕まえることにより」野生動物の所有権を取得するというが、さて、我々がそれを捕まえるといえるのはいつか。野生動物を狩り出し、それを追跡するという事実は、取得なのか。バルベイラックにとっては、イエスであり、追跡が続いている限り第三者がそれを奪い取ることは許されない。ポティエは、野生動物が狩猟者の支配下にあることを求めるローマの法学者の回答よりも文化的な狩猟慣習に矛盾しない回答であると言いつつ、註釈をつける。しかしながら、これが法に矛盾しない回答であるとは言わない。この分野の一つの判決を下したその裁判官は、衡平の法を適用した。しかし、裁判官は、伝統が定めた法の原理を適用しなくてはならない。先占は伝統的なテーマである。野生動物の巣出しと追跡を実行する狩猟者は、狩猟の結果が全くの未確定であるときに、野生動物を自己の物としたといえるか。明らかに違う（ノーである）。法律が、狩猟慣習及びその基礎となる衡平を採用することは、望ましいことであろう。しかし、法の原理に基づいて判断しなければならないし、その原理は伝統に基づいて評価されるべきである。このことから、法の原理は、野生動物を自己の支配下に置いたとき初めて狩猟者の財産となるというのである[125]。

このことは、先占権を実現するといえるためには、野生動物の上に手を載せなければならないことを意味しない。ポティエが言うように、逃げられない状態で、狩猟者の支配下に置かれていることで十分である。「原理は明確である。しかし、適用はひとつの新しい困難を生じさせる」。類似の問題を考えてみる。私が傷を負わせた、一匹の野生動物を追跡している間に、他人がそれを奪い取る。彼に対する訴訟はあるのか。ローマ人及びキュジャスによれば「ノー」だ。なぜなら、我々の捕獲を妨げるようなことが起こりうるからである。プーフェンドルフは、先占とみなしうる重い傷と軽い傷とを区別した。軽い傷では、動物は先占者の物のままである。この区別は、先占の概念から直接に導かれる。判例もそれを肯定し、土地の所有者は、狩猟者が狩猟権を持たない土地において傷を負わせた野生動物が自己の土地に逃げ込んで来たときは、それを殺すことができることを認めた。その判例の内容は、狩猟の慣習とほとんど一致しないけれども、法的なものである。狩猟者の慣習は、虚弱さが付き物であり、法と矛盾するとき、衡平は受け入れられない。そして特殊な場合では、法の厳格さは疑いを残さない。動物が逃げることができるとき、先占はない。立法者は、第三者が傷を負った動物を奪取することを、自己の土地で殺した場合も含めて禁止するため、介入することができるし、また、しなくてはならない。しかし法律の沈黙の中では、優越するのは狭い権利である。致命傷の場合は異なる。動物は、狩猟者から逃げられないならば、狩猟者の支配下にある[126]。そして、ポティエの表現[127]を使うなら、それは上に手を置いたかのようである。たとえ他人の土地に越境しても、致命傷を与えた動物が逃げ込んだ土地の所有者は、それを自己の物とすることができない。しかし、もし動物が軽く傷を負っているなら、それを殺す狭い権利を有している。所有者と狩猟者は、同じ権利を持つ[128]のである。

結論として、ローランは、野生動物の衡平な取得を表現している狩猟の慣習を、法律が受け入れるという予想を表明している。かくして我々は、狩猟者が物理的な獲取によってだけでなく、追跡及び軽度の傷を負わせることでも所有者となる、という結論を得るのかもしれない。しかし、法律がそれをはっきりと言わない以上、裁判官は、伝統が育んだ「我が物とする（動物の上に手を置くことを必須とはしない）」、「支配下に置く」という法の原理を適用しなくてはならない。したがって、追跡及び致命傷以外の傷は、排除されなくてはならい。

フランス註釈学派の第二段階に移る。デモロンブ、オーブリ、そしてローに限定して検討する。第二段階は、この博士らの狩猟についての考察は一八四四年五月三日[129]の新しい狩猟法が効力を有していた期間に行われた、という事実と関わりがある。

この法律は、一七九〇年発布の前法が掲げた基本的な目的、すなわち私的財産権の不可侵を保証すること・土地の果実及び収穫物を保護すること・人の安全を保護すること・そしてかなり新しい側面として野生動物の過度の殺傷を防ぐこと[130]等の基本的な目的からそれほど離れてはいない。

それと首尾一貫しているが、第一条には、他人の所有地の上で所有者及びその権利者の合意なく狩猟を行うことの禁止を見付けることができる。しかし、所有者に対しても狩猟がオープンではない、または、すべての者にとって義務である狩猟の許可を欠いているとき、狩猟することが禁止される。ここに、県令によってそれぞれの区画ごとに管理される二つの重要な新要素がある。所有者に対しても、もしこれらの規定に違反するなら、野生動物は押収され、最寄りの慈善団体に寄付される（第四条）。さらに法律は、隣接の土地となんらの連絡も不可能なほどに内部で閉じているなら、住居に近い所有地における無制限の狩猟権を認める（第二条）[131]。

どちらにしても、野生動物は無主物であるという概念は、信仰のように明示され続ける。それゆえ他人の土地で所有者の合意なく狩猟を行ったという事実は、野生動物の取得を妨げない[132]。そして、獲物の押収は、その事実が、禁止された時期に犯されたときだけ行われる[133]。結局、これらの概念は、現代の民法学によっても共有され続けているのである[134]。

さて、我々の重大なテーマである「追跡され、傷を負わされた野生動物」に移る。これについては、第二段階のフランス註釈学派法学者らは、後退をするように思われる。デモロンブは、狩猟を通じた占有には身体の奪取、または自己の物にするという意思を持つ者の支配下にあるということが必要であると前置きしてから、「バルベイラック（傷はもちろん追跡もどのようなタイプでも占有を完成する）の意見、プーフェンドルフ（軽くない傷だけ）の意見、及びポティエ（これらの法学者の崇拝の的である彼は、バルベイラックの概念はより文化的でより慣習に目配りしており法的に正しいと観察するに留めている）の意見」をそれぞれ復習する。そして、デモロンブは、「ローマ風に、動物が狩猟者の支配下にあるとき先占は実現する、傷ついていても、動物が逃げるときは、それは得られない」と結論づける。これは、法の一問題への一回答ではあるが、デモロンブによれば、「しかしここで、礼儀、振る舞い、または生き方という問題を解決したいのではない」[135]ということである。

オーブリとローも最初は、「狩猟という事実による先占は、野生動物の獲取によってのみ完成すると考えることができる。一人の狩猟者により傷を負わされた野生動物を奪い取った第三者は、それを返却する義務を負わないだろう」[136]との立場に従っていた。そして、最も古いフランスの慣例が、異なる方向を向いているという事実を理由に、考えを変える。考えを変えたものの、ヴィユケスやジロドー（当時はバルベイラック派）の見解によると、単純な野生動物の追跡は先占を構成するのに十分であるということを認めるほどではなかった[137]。

これは「ノー」とするべきであろう。可能な先占は、先占の事実と同一視されない。つまり、「狩猟による先占は、野生動物の獲取によるだけでなく、狩猟される野生動物が、捕獲されるのが間近で、かつ確実といえるほどに致命傷を負ったか、または衰弱しているならば、単純な追跡によっても実現されると考えるべきである」[138]のである。また、我々の法律家が誇りをもっていうには、プルードン、ローラン、シェヌ及びいくつかの判例は、中間的な立場にある。しかし歴史または運命は、意見を出すという選択をしなかったという考えは、オーブリとローは認めなかったが、プーフェンドルフの考えでもあった。それはまた、テオフィリウスの考えでもあった。

八　学者以外で狩猟に関する著作を残した者と野生動物の所有権

学者以外で狩猟に関する著作を残した者の大半は、法務官、弁護士、役人である[139]。法律学の博士論文を残した若者もいる。熱心な狩猟者は、それらのペンにより限りなく狩猟への情熱をあらわにする。そこに書かれたものは、「法律家でない狩猟者、または狩猟者でない法律家」[140]の細心さをもって狩猟権、新法によって導入された制限、不法狩猟の事実を語るためである。また、他人の土地の上の野生動物を追跡する権利については、「犬追い猟」や「ホルンと大声での猟」の猟場への越境が避けられない狩猟[141]である。法律条文を引用し註をつけただけの論考は少なく、ほとんどが博識さを見せることを忘れない。先占について民法学者が貧弱な論考しか残していないのとは対照的である。

これらの「実践的」著者は、野生動物の所有権に関して、意見を言うことをあきらめるのは難しかった。彼らの論考の切り口には、実例集的な傾向が見て取れる。判例により引き起こされるめまいを起こすような人間と犬の状況、またはフィールドで実行された人間の経験の成果[142]などである。すべての問題において、博識の著述という印象だ。古典文化、ローマ法、ゲルマン法、最近の国民法学史に関する引用、それに論旨を「支える」引用まである。

そこで、狩猟した獲物の取得に力点を置いた多くの著者のうち[143]、外国においても他者より多い反響があったソレルとヴィルケスの特徴的な考察を取り上げることにしよう[144]。

両者は、多くの点で意見が共通する。特に、野生動物を先占者に属する無主物とするローマ起源の伝統的な概念の存続している点で多く見られる。もちろん、これは幅広く支持される多数意見であり続けている。しかしこっそりと、ひそひそ話も続く。ローマ人はもうたくさんだ。野生動物は無主物ではなく所有物である、という内輪話が聞こえてくる。

このモデルについてのアルプスの向こうの反響を、いくらか述べておこう。

（A）無主物としての野生動物の追跡は先占である。

既に触れたように、一八四四年五月四日の狩猟法の施行後も、野生動物の所有権取得の制度は、ほぼ明文化されないままだった。民法第七一五条とその前後の条文により推論できる程度のことでは不十分だった。無主物の先占について、曖昧に言及することは正しい（少なくともそのように思われる）。それでは、先占はどうやって実現するのか。この問題が依拠している「基本原理」[145]、または「古代の原理」[146]に遡る必要がある。

優勢な学説及び判例は、いまだに一つの原理を堅く守っている。野生動物が無主物であるから、狩猟者は、たとえ狩猟権も追跡権もない土地であっても、最初に動物を占有することにより、その所有権を獲得する、という原理である。

しかし、この確かな瞬間において、緩やかな一九世紀の流れの中にある非常に古い既得の原理に大声で支持される必要が生じた。というのは次に見るように、ある抗議が行われていたからだ。「他人の土地での野生動物の捕獲は、盗難とみなすべきと考える人たちは、野生動物の捕獲に窃盗罪を適用するため、この犯罪の大きな要素を軽視している[147]。物事の本質に逆らうなかれ。変な情熱から、他人の土地で鶉を殺した正直な男を泥棒として罰し、刑事犯罪証明書を汚すのか」[148]。狩猟罪はあっても、窃盗罪ではない[149]。破毀院（最高裁）は、それを認めた[150]（後で触れる、脇腹に刺さった棘の痛みのようなある一つの判決を除く）。もちろん、垣根・畜産場・池の内側で獲取した動物は論じない。そこでの獲取は、狩猟罪のほか窃盗罪を構成する[151]。

しかし、永遠の疑問符は、ぼそぼそと言い続けている。所有権はどの瞬間に取得できるのか。または、同じことだが野生動物の先占はいかにして実現するのか。身体の占有の達成は、以前に不十分であることが示された一条件を構成する。彼の前の他の論者はさておき、ポティエは、狩猟者によって「上に手を置く」を「逃げられないほどに支配下に置かれている」に取り替えることを提案していた。ここに、罠に掛かった猪の法文におけるプロクルスの言葉のこだまがある。しかしこれでは、もっと先には進めず、争いで裁判所が一杯になる。

この著者（ソレルとヴィルケス）は、法律家でない狩猟者のためにも、また狩猟者でない法律家のためにも、縛っている縄をかみ切って先占の境界を、少なくともいわゆる犬追い猟による追跡を含むところまで移動させようとする[152]。そして彼らは、より慎重にも、致命的または重度の傷のところで止まった前記の法律家らとのオープンな議論に加わった。

これらの著者の思想の概略的な枠組みを与えるため、我々も、殺された野生動物、傷を負った野生動物、追跡された野生動物の三つの一般的な状況に区分してみよう[153]。

（1）殺された野生動物から検討する。動物は、発砲があったときから、狩猟者に即時に属する。そして、もし他人の土地で倒れたなら、狩猟行為ではないためそれを取りに行くことができる。もし二人の狩猟者が同時に引き金（弓）を引き、同時に発砲したときは、合意の内容による。そうでなければ、簎、またはソロモンの例にならう。殺された野生動物のケースに近いのは、獲取された、または捕獲された野生動物のケースである（野兎を咬んだ犬、私の土地に私が仕掛けた罠に掛かった狐）。もし誰かがそれを奪い取ったなら、私はその返還を請求できる。罠のケースは穏やかではない。捕獲の後に身体の占有達成が続かなければならないと考える論者もいる[154]（中世の法学者の間で既に認識されていたプロクルスの法文理解の一方法）。他の論者の中には、罠が自己の土地に仕掛けられているなら取得に疑いの余地はない、しかし他人の土地ならば許可がない場合は狩猟罪に問われるが、動物は罠の所有者から取得されると考えるべきだと区別する論者もある[155]。しかし法律が所有者を含むすべての者に特定の狩猟用具を禁じることを考慮すると、そのことはもしそれが使用されたなら捕獲された野生動物は先占者の物であることを意味する[156]。自己の土地で殺された、または捕獲された野生動物を奪う者は、窃盗を犯す。他人の土地で殺された、または捕獲された野生動物を盗んでも同様である。ただし、他人の土地での狩猟行為が禁猟期間に行われた場合を除く。なぜなら、法律に基づき野生動物は慈善団体に寄付されるからである。死んだ、または致命傷を負った野生動物の放棄に関しては、狩猟者が放棄の意思を持って追求をやめる―そしてこれにより先占をあきらめる―場合と、何らかの有効な理由による一時的な停止（一時的なもの、例えば犬や助手を探しに行く）とを区別する必要がある。後者の場合、所有権は存続する[157]。

（2）次に傷を負った野生動物を検討する。狩猟者に受け入れられた慣習によると、犬から逃げられないほどのかなり重い傷を負った野生動物は、狩猟者に属す。そして止めの一撃を加えた第二の狩猟者は、所有者にはならない。もし動物が走り続ける程度の傷ならそれは先占者の物であり、競合する二つの傷のうち、どちらが所有者を決める最初の傷なのか決められないケースにおいて下されたソロモンのいくつかの判決のように、傷を負わせた者と折半する義務を有しない。実行が難しい面がある。兎の身体の中に入り込んだ鉛の玉の場合だけ、動物が撃たれた場所から素早く逃げ二〇〇から三〇〇歩した後倒れる、ということが起こりえる。その後、誰か他の者が発砲したなら、兎が死ぬほどに撃ったのは彼だとの確信が生じる[158]。

（3）そして追跡される野生動物の検討である。この現象は「猟犬狩猟」によって支配される。数多くの判決は、野生動物を追跡する狩猟者を、それを奪い取る者（狩猟者・その犬から）に対する優位を肯定する。狩猟者からかなり離れていても同じである。追跡された動物は、追跡の最初の瞬間に「手置き」が実現されたとみなすべきである[159]。しかし、走っている動物を待ち伏せするのが土地所有者であり、かつ捕まえて殺すためだけに越境をまっているなら、問題は複雑になる。聖ウベルトも非難するような嫌悪すべき行為があることを考慮して一九四四年五月三日法律第一一条[160]があるが、特に一九六二年四月二九日破棄院判決を参照したい[161]。これは、追跡と浅い傷を負わせることが所有権を構成するのに十分ではなく、野生動物はそれが逃げ込んだ、追跡者が狩猟権をもたない土地の所有者により合法的に狩猟されうる。しかし、このケースの例外として他の何人も走っている犬に追跡されている野生動物に干渉することはできない。なぜなら、既に狩猟者に属しているからである。野生動物の発見は、それまでの苦労から「先占の序奏」として認められるべきである[162]。他の論者は、狩猟者の「条件付き権利」について論じる[163]。そして、野生動物の足跡の喪失、または追跡の自発的な放棄により、それを先占者に返却する[164]。先占されていない野生動物は、しかしそれが巣に戻ったおおよその区域が特定されたときは、単に回り道をした動物とみなされる。この区域を枝で区切る行為は、先占を完成することができない[165]。最後に、セッター犬によって動きを止められた動物という事実が議論される。先占されているゆえに、犬を同伴する狩猟者を除いて、誰も発砲できないのか。少なくとも、動物に向かって撃つことで占有を完成する条件付きの権利である、とある者は答える[166]。そんなことはない。倫理的に嫌悪されるにしても、他の者は発砲できる。なぜなら、動物は自然の自由を保持しているからである、と反論される[167]。状況次第である。狩猟者が射撃姿勢にあるだけで先占である。遠いため捕まっている野生動物に気づくことすらないのなら、誰もが発砲できる。なぜなら、野生動物がすくんで動けない状況ではまだ自然の自由状態のままだからだ。したがって、先占者の獲物となる[168]。

ここで、事案を見てみよう。主に、野生動物は無主物であるというローマ法の原理に基づいて解決したケース、つまり先占者の物である。しかし、もしこの無主物の物語をやめたら、どうなるであろうか。

（B）所有物としての野生動物

野生動物を無主物とする概念は、破毀院によって公言されているのであるが、広い範囲の所有者は、密猟者にとっての本当の「幸運」だと考えてきた。もし、野生動物が土地の所有者に属し、許可なくそれを狩猟した者が所有者にならないだけでなく、窃盗の罪で刑務所行きとなるなら、おそらく密猟は大きく減るだろうといわれるのは真実だろう。そして農業と野生鳥獣保護は、もっと強化されるかもしれない。

所有者の多数がこのように考え、不平をこぼしていたところに、意外なしかも混乱を招く一八四三年六月二二日破毀院判決がやってきた。次の判決の文章は、まるで石塊のように撃つ。「森のなかでの狩猟権を譲り受けた者は、所有者とみなされる。したがって、森の中で殺されたあらゆる動物の財産に権利を有する」。破毀院は、三年前の判決で野生動物の狩猟は窃盗を構成しないと判示し、その後の一八六二年四月二八日の判決[169]で、野生動物は先占者の物と宣言することで同じ趣旨の判断を下しているが、そのことはさして重要でない。とにかく、破毀院の野生動物と無主物についての判断は、散弾を浴びせたようなものであった。シャルドン[170]は、フランス狩猟法に捧げたあるテキストにおいて、震えるアクセントで「何人も犯罪で金持ちになることはできない」と主張し、密漁をする者が狩猟罪の罰金を払いながら、無主物の野生動物を取得する不正をはたらいているという趣旨で意見を表明した。そしてこの意見は、大きな反響を呼び、裁判所にも影響を与えたかのようである[171]。上記判決の文章は、仮に将来反故にされるにしても、密猟者を勇気づけるものだった。

雑誌にも、野生動物が限られた階層の人々の単なる娯楽の標的となるのを止め、土地から得られるすべての栄養資源と同じく土地の生産物とみなすことを念願する文章が掲載された。「しかし、そこにたどり着くために、消しさるべき根深い慣習、戦うべき偏見、火中に投げ込むべき法令や判例が、いったいどれだけあることか。野生動物は主人を持たないゆえに最初にそれを奪取する者に帰属するという原則に代えて、土地の産物である野生動物は、それが居る土地の所有者に属するという原理を定めるのでなければ、何も得られない。歴史的にみると、封建制度と国王の支配権は、ローマ人の無主物原理により進行した破壊から野生鳥獣を守った。我々の世代も、子孫が狩猟の魅力を望むなら、一刻も早く野生動物を所有権の救済下に置かなくてはならない。さもなければ、フランスの野生動物の消滅を見るのを甘んじて受け入れることになる」[172]というものである。

さて、野生動物は無主物であるとの原則の廃止により、同時に、三つの高貴な目標を達成するかもしれない。所有権のより完全な保護、密猟対策、そして野生動物の保護である。そして、ひっくり返った原理、すなわち野生動物は無主物ではなく所有物であるという原理に基づいて、狩猟学術書を著すという任務への確信がとても強くなる[173]。これは、非常に新しいわけのものではないが、挑戦的に刷新された視点から、狩猟権を再構築するという試みを伴っているのである[174]。

これで、イタリアへ移ろう。「このような予言は私には耳新しいことではない。しかし、運命はその車輪を、農夫は鍬を思いのまま廻す」（ダンテ『神曲』地獄編第一五歌）」。

第七章　一九世紀から二〇世紀のイタリアにおける狩猟

第一節　イタリア統一狩猟法の制定推進

一　舞台、役者、台本

一八六一年三月イタリア王国の国家統一以降、イタリアでも野生動物の所有権というテーマが再び取り上げられ、勢いを増した。諸法典制定[1]、民法学の刷新[2]、及びフランス法理論の浸透は、再開された議論において決定的な要素を占めた[3]。

中でも狩猟のイタリア全土にわたる「統一法」制定を目標にして展開された狩猟者からの狩猟法制定に向けた政治活動に触れないわけにはいかない。各地には不平等で不一致の多い七つもの現行法が存在していた。ヴィッラフランカの休戦以来のマントヴァ県は、ミンチョ川の右岸と左岸との中間で、狩猟法が分断されていたことを想起すれば十分だろう。新聞には、「統一法か死か」という文字が踊っていた。年を経るごとに一大叙事詩のように盛り上がり、我々の議論の「舞台」装置（そして牽引する要素）になった[4]。以下、これに触れることにする。

一八六二年九月一八日から一九二三年六月二四日（最初の統一法の日）までの間に提出された法案の多さから判断すると[5]、おそらく統一前にあった狩猟法を一つにまとめる作業には、国家の統一にも匹敵するような困難があったかもしれない[6]。その理由を知るには、数多くの対立点を観察する必要があるが、そのいくつかは、狩猟者の内部にある対立であった。例えば、移動性動物の経路に関して地域ごとに異なる狩猟カレンダーがそうである[7]。しかしながら根底にあるのは、土地所有者と狩猟者との間の相容れがたい対立が存在したのである[8]。

狩猟者は、土地所有権から独立した狩猟権を求めており[9]、野生動物は無主物であり、自分の土地でも他人の土地でも、たとえ土地への立入りが禁止されていても、最初に占有した者の所有物となるというローマ法の概念を味方にして、できる限り拡張された狩猟法を要求した[10]。イタリア王国民法が採用した概念であり、その第七一一条[11]で狩猟と占有とはしっかりと結びつけられていた。土地所有者の禁止権が認められるべきであることは、論を待たない。しかしそれは、狩猟者が所有者の禁止に反して立入りができないという意味に止まり、狩猟するためには所有者の許可を得なくてはならないという意味ではない。禁止が適切に表示されないときは、同意があったとみなされる。そして禁止が暗黙の了解である耕作地以外では、各地の旧狩猟法と多少似ているが[12]、有効な囲いをすることで禁止の意思が示されると考えられていたようだ。多かれ少なかれローマ法に近かった。そういえば、ローマ法の母国はイタリアだった[13]。

土地所有者は、仮に狩猟権が地主のものではなく、野生鳥獣が土地所有者に属さないのであれば、少なくとも狩猟権に対する土地所有権の優位は認められるべきであると主張した。どちらにしても、禁止権は要求された。おそらく「フランス風」に理解した上で、単なる土地への立入りを禁止する権利としてではなく、狩猟も禁止できる権利として要求されたのである。所有者の明示の許可がある場合を除き、通常は禁止が推定される。それがだめなら、「ローマ風」の禁止権も許容されうるが[14]、その場合でも立入りの禁止は、土地が閉じているかどうかにかかわらず、また耕作しているかどうかにかかわらず、すべての土地に拡大することが可能であり、また禁止の意思表示も容易でなければならない、とされた。

ローマ法は、ほんの少しの党派心をもって解釈すれば、土地所有者にとっては悪いものではなかった。この党派心は、もう一方の狩猟者にもあった。問題が多かったのは、当時の現行法により認められる救済措置である[15]。民法第七一二条[16]は、はっきりと、一般的な言い回しで所有者の禁止に反して狩猟のために他人の土地に立ち入ることを違法と規定する（閉じているか開いているか、耕作していることの有無にかかわらずどのような土地でも）。同時にこの条文は、法律以外の形式のもの（明示の禁止、推定される禁止など）も含め[17]、閉じた土地及び耕作地に限り禁止権を認めていた統一前の狩猟法を、例外規定として認めている[18]。そして罰則に関しては、第七一二条にはほとんどなにも規定がなく、損害の単純な賠償行為を定めているに過ぎない。もし損害がなければどうなるのか。立法理由が異なる刑法の第六八七条第二号を適用しようとする裁判官も少なかった[19]。ローマ法の人格侵害訴訟のようなものが必要かもしれない、とされた。

そして、壊れやすい財産としての野生鳥獣の保護、すなわち狩猟行為の時期、猟具、繁殖のための禁猟区などの関連事項に関する関心は、いまだ全く「過渡的」であったが、大きくなりつつあった。また、昆虫類の増加を利益とする農業にとってもよいことだった。ただし穀物を食べる虫には必ずしも当て嵌まらず、虫は、農耕期の狩猟活動とともに、ペストのように土地所有者からおそれられていた[20]。

農工商大臣マヨラナ・カラタビアーノによって一八七九年六月七日に上院に提出され、多くの人が切望したにもかかわらず数年後に廃案となった法案について、弁護士でボローニャ大学教授のアロン・ラッベーノが残した文書により、対立点とその当事者の様子を内部からも知ることができる[21]。なぜなのかと、狩猟者側に立つラッベーノは、事件の原告側として答えを探す。主要な新聞と狩猟者団体を巻き込んだ論争が発生していたのである。鳥類学者や昆虫学者の論文がたくさん発表される。これはうるさくはないが、強力な土地所有者の動向を警戒する必要がある[22]。もちろん議会では、熱心な議論が行われた。

二　たった一日で三〇〇〇羽殺された燕と虫喰

新法は、なぜ必要有益だったのだろうか。統一前のイタリア時代から続く地方ごとに異なる諸法律間の調整の必要性があるほか、新規な現実の出現と全国的な揺り戻しという問題があり、これらのことを考え合わせて新しい法を遅滞なく設けることが求められた。当時、ほとんどすべての国民国家が、革命後のフランスを模範にして封建特権及び国王特権の体制を解体するための特別法を施行した（ゲルマン諸国は表面的なものに止まった、狩猟権ではそれが全員でなく所有者のみに帰せられていたからである）。

狩猟は、財政的及び国家活動の重要性から国家の一大事業であり[23]、それゆえに法律が必要であった。禁止及び制限に伴う問題は別にしても、狩猟には皮革の消費・売買に絡む生産高の問題があったが、この生産高は世界的には非常に減少してきていた。立法者は、「種の保存、人間性及び国富の観点」[24]に加えて、農業保護の観点からも、介入しなければならなかった。有害動物はその駆除のために必要であるし、農業に計り知れない打撃を与える多種の昆虫はこれを捕食する動物の保護が必要だった。しばしば自然史的研究については、「矛盾した成果を提示する。鳥撃ちや狩猟の自由を絶対的に援護する根拠を示すことがあれば、反対にそれを禁止するべき合理的な理由を示すこともある」[25]と、その研究自体に疑問を持たれた。また、「大多数の自然科学者は旧来の学説に立っており、今回の法案にも農業において有益と考えられている、特に収穫に寄与すると考えられる鳥類の著しい減少については、過剰な狩猟が原因とは必ずしもいえないとの予断が見える」[26]との批判が目立った。

当時、誰もが農工商大臣マヨラナ・カラタビアーノの法案に注目していた。廃案となった過去の法案はもちろん、研究論文、鑑定、統計などが先行して発表された[27]。機は熟していたようだった。穏健派の狩猟者団体と、とりわけ「猟期の制限及び昆虫食動物に対する破壊的な狩猟を禁止する厳格な法律を声高に求める[28]、高級新聞の現在の反響」[29]によって強く支持された法案であった。「ここ最近の二年間、一八八二年と一八八三年において、鶉の捕獲数は、網によるものだけで二五〇万羽に上り、その結果、半島に生育するこの種の鳥の数が減少している。そして、海に面した多くの地方及び都市において、海岸線に沿って、またはより適した高い場所に整列する鳥を見ることができる。長旅の疲れと空腹のせいで痩せ細っているかわいらしく小さい燕だ。彼らが我々に求めているのは、蚊・餌の虫・蝿などで、一帯の空気を浄化する。無慈悲な狩猟者は、鉛玉で多くの燕を撃ち殺したところで恥ずかしいとも思わない。イタリア中部のある狩猟者は、食料にしたり、悪趣味を楽しみ、自己の能力を誇るために、なんとたった一日で三〇〇〇羽の燕を殺した。その上なんと、彼はこの大虐殺後に街に入ると、人々の大歓迎を受けたのだ。冷たいブーイングがふさわしいというのに、ピエモンテ・ロンバルディア・ジェノヴェザートでは、狩猟はひとつの情熱、喜びと化している。ティチーノの岸やマッジョーレ湖の上では、年に七万五千もの鋭いくちばしを持つ鳥類が殺されている。ヴェローナ県・ベルガモ・ブレーシャではほとんどが消え、トスカーナ・マルケ・ウンブリア・ナポレターノ・シチリアでも徐々に絶滅が進行している。イタリア南部においては、ものすごい数の雲雀も虐殺されている。この小鳥が我々にとって非常に有益であるというのに。雲雀が小麦の穂の高さで優雅にバランスを取っている姿を見ても、小麦を食べていると思うのは早計だ。彼らは麦の穂の間に隠れている麦を全部かじってしまう虫たちを追っているのだ」[30]と報道された。この鳥類の流血の惨事が、たった一人の狩猟者による狩猟行為だということに注目してほしい。

また、人々がもつ偏見も狩猟者たちの味方だった。議会の議事録には、「人民には科学的なことはわからない。だから、いまだにヒキガエルは見る者の目に毒を吹きかけるとか、サンショウウオには毒があり火にかけても死なないとか、カメレオンは虫ではなく空気を食べて生きているとか、バジルは、ハーブであるのに迷信から、鶏が卵を産むように卵から生まれるとか等と信じられている。また、毛虫が菜園を荒らしたときは、信心深い人々は善良な司祭のところへ出向く。破壊的な虫に神の呪いが降りかかるように意味のわからない言葉で祈祷してもらうためだ」[31]。「カトリック教会は、五月に「祈祷祭」という行列を行う。そこで司祭は悪魔払いの呪文を読み上げ、幼虫に向けて呪文を唱える。幼虫やその他の虫は、司祭の命令には構わずに、植物の芽、花、葉を食べ続ける」[32]。という非科学的な記載がある。

さらに、その法案には、一八七〇年からオーストリア＝ハンガリー政府によって始められた外交活動に負う部分があった。イタリアは、その国際協定を推進したタルジョーニ・トッツェッティ教授が代表となって直ちにそれに加入した。「使節たちが作成した条約案の基底は、鳥類の繁殖と増加の保護であり、どんなタイプの狩猟であっても、年の決められた期間は禁止され、かつ雛の孵った巣の破壊は常に禁止され、またいくつかの狩猟方法が禁止される」[33]とされたのである。

三　土地使用の性格に基づく閉鎖、不同意の貼り紙及び常時閉鎖

狩猟の法律において、立法者は、特に狩猟と土地所有権との間の関係を調整することが求められた。土地所有者（及び大土地所有者でもあるエリート狩猟者）側のロビー活動が活発に行われ、土地所有権は天まで、地の底までに拡張し、したがって狩猟権までも吸収する。これが、自分のすべての土地で狩猟を行う自由を主張する根拠となる。最も過激な一派は、狩猟を原則禁止として土地所有者の許可を必要とするフランス法を手本にする。広汎な意見の広がりから、その多くをローマ法に求めつつ穏健な立場を選択するのがよいように思われた。ローマ法の生まれた土地において「禁止は明示される」というローマ法の承認が、すべての者によって苦難を伴いながら模索された。土地が閉じられている、またはこのようにされているときは、狩猟が黙示的に禁止と理解される。それ以外の場合においては、簡単な目印、または口頭によっても明示的な禁止をすることができる。しかし、当時の現行狩猟法はそれを許していないようだった。というのは、民法は第七一二条において、所有者の禁止に反して他人の土地に立ち入り狩猟を行うことは違法と規定されていたからである。しかし、同条が狩猟の特別法を優先させることを規定しており、その特別法であるすべての法が、形式は異なるにしても、耕作地または閉鎖してある土地に関してだけ立入りを禁止していた[34]。

穏健派狩猟者と一般大衆の大部分は、ローマ法の教えに則り、自己の土地及び他人の土地の野生動物を狩猟する

自然権をすべての市民に認めるべきである、と考えていた。ローマ法が土地所有者に禁止権を認めた（とはいえ、侮辱的な態度を甘んじて受け入れることなく禁止に反して狩猟を行った強情な狩猟者が、得た獲物を自己の物にするのを阻止することはできなかった）ので、土地所有者は、狩猟のたびに、仕事や生産活動に被害を与えられ、あるいは毎回土地所有者が自己の土地を物理的に閉鎖せざるを得ないことから、狩猟に反対する権利を求めた。穏健派狩猟者は、「そして、ここに、狩猟法の立法上の大きな問題の一つが現れる。所有権の優越の原則とその著しい拡張を前提に、土地所有者が自己のすべての土地での狩猟を禁止するためには、明示又は黙示の禁止の簡単な意思表示で足りるのであって、その禁止は、所有者が垣根を張り巡らすことなく、また特定の使用に供している必要があるわけでもなく、狩猟を行っても何の害も及ぼさないような垣根の全くない荒れ地や草原についても同様に拡張されるべきである、という主張が広げられる。こうした考えから、標柱が乱用され、一歩歩くごとに小さな所有地に貼られた「狩猟禁止」と書かれた貼り紙を目にするようになった。まるで今では、多くの市民がかつて特権を振りかざして人民を苦しめていた貴族たちの側に立っているかのようだ。しかし我々は、このことは決して正常な状態ではないこと、及び将来の立法課題は、長年にわたって公論が批判していた狩猟禁止の濫用を、法令を設けて取り払うことであると考える。喜び勇んで街を後にし、健全な狩猟に向かった狩猟者は、道のあちこちで支柱に「狩猟禁止」と書かれた貼り紙を目の当たりにするのである。そして、短期間にこの棒杭は非常に増えてしまい、狩猟者は幹線道路からすぐ近くの場所で狩りを行わざるをえず、そうすると、仮に獲物を傷つけても近隣の民家の犬が奪いに来て森の監視人がとどめを刺すことにより、獲物が横取りされてしまう。狩猟者はこの状態に関して、既にこれでは国家にお金を支払って得た免許は見せかけの権利に過ぎないと抗議の声を上げているが、今のところさしたる成果がない。我々は、大切な時間に読書をして過ごしているようだ」[35]と演説した。

この穏健派狩猟者側が演説で主張した法解釈には、二つの支持がありそれが強みとなっていた。それは、一八七五年一月二一日トリノ破毀院の判例に由来する。同判例の要点は、「狩猟権により、所有権は減少する。そうでなければ、狩猟権は空虚で十分な内容を伴わないものとなるからだ。また、口頭による土地立入りの禁止が、物理的に閉鎖と同等であるとするのは誤りである。（一八五九年のサルデーニャ王国）刑法第六八七条第二号では物理的な閉鎖に触れるが、刑法は明示のケースを超えて拡張されない（イタリア王国民法前文条則第四条）」[36]との判示である。その前段の「口頭による土地立入りの禁止が物理的に閉鎖と同等であるとするのは誤り」との判断は、棒杭の貼り紙が土地の物理的な閉鎖と同等でないとの法解釈を支持し、主張について一つ目の強みになる。また、後段の刑法第六八七条第二号の条文は、「壁、生け垣、堀その他類似の垣根により囲われている他人の土地には、いかなる理由によっても許可なく侵入、又は家畜を通過させた者は」と定めるので、土地所有者において土地の広狭にかかわらず、その必要に応じて物理的に囲い込む必要があることは明白であり、もし土地所有者が狩猟者の立入りを禁じたいのであれば、物理的に囲い込む必要があり、棒杭や貼り紙だけでは十分ではないとの主張を支持し、その主張の二つ目の強みになる。当時いまだ効力を有していた統一前の各国の狩猟法は、その多くが閉鎖している土地または耕作中の他人の土地への立入りを禁止していた[37]。実際には、大土地を所有している土地所有者がその所有地をこうした方法で囲い込む事例はなかった。狩猟者側は、このことに着目して、土地への立入権を守るためにこれを利用したのである。

こうして、所有者と世論の双方に受け入れられる中間的解決策[38]が作成された。狩猟者が見落とすかもしれない貼り紙の代わりに、所有者の禁止の意思表示がわかるような、何らかの囲いを設けることとした。しかし、回答はいつもと同じだった。狩猟権は所有権の従物だと考えるなら、狩猟から土地を守るために囲い込むことを所有者に課する理由がわからない。収穫物を独占的に得るために、土地所有者に土地を囲い込むことを課するということを誰も思いつかないのと同じことである。あるいは、狩猟権は土地所有権とは独立しているが、人と動物の入場を阻む囲い込みだけは、長い伝統において認められてきたことから許される、と考えることもできる。「そのケースにおいて、土地所有者は、自己の土地で他人の権利を行使させないためにほとんどが身代金のようなものを支払う。農業は狩猟よりもはるかに有益であるから、国家が耕作地での狩猟を禁止することで、それを保護するのは正しい。狩猟者は、失った権利の代償として、公的な便益を得る。しかし、所有者が自己の権利を優先させるための手だてを何も行わなかったときは、過去の考察から確認された自然権を狩猟者から奪い取るのは、不当と言ってよいかもしれない。国家は、前に述べたようにこの場合、他人の権利を贈り物として与えることになるだろう」[39]と主張された。まさに公共善のために他人の権利を停止しようとするには、土地使用の性格に基づく閉鎖をあらかじめ定めておく必要がある。土地を耕作に使用するのか、それとも狩猟地とするのかに関する土地所有者の意思は、この閉鎖の有無によってのみ表示することができる。それ以外の閉鎖（囲い込み）は、狩猟を土地所有権の侵害として禁止する意思を単純に表しているといえる[40]からである。

四　政治的レベルの議論、フランスの誘惑とローマ法

統一狩猟法の法案を審議する委員会の報告書及び議会議事録は膨大な分量なので、ここでは所有権と狩猟との関係に関する部分に限って見てみよう（さらに、マヨラナ・カラタビアーノ法案に限る）。

最初の統一法の法案については、これが一八六二年一一月一八日の会期において上院に提出され、廃案となった案文しか残っていない。とはいえ、狩猟と所有権との関係に関する第七条の三個の項に触れておくことは重要であろう。というのは、その痕跡を残すこととなるいくつかの法理を導入しているからである。まず概観する。最初に他人の土地に「禁止に反して」（フランス風の「許しなく」ではなく）立ち入ることは不法であるという結論を出していることが注目される。このことは、ローマ法上において、土地所有者にはその土地での狩猟権ではなく土地立入りを禁じる権限を認め、狩猟者には土地所有権から独立した狩猟権を認めることを意味する。さらに、特別立法による改正で、表示による禁止と推定された禁止との区分を導入した。推定された禁止とは、種まきされたこと、または収穫前の農地の場合である。それ以外の場合すべては、表示による禁止となる。表示された禁止とはどんなものか。これについてペボリ案は、市役所の掲示板への掲示という簡明な表示を認めており、所有者には非常に適切で有利なものになった。

さて三個の項の条文であるが、第七条の最初の三項は次のとおりである。「狩猟を行うために所有者の禁止に反して他人の土地に入ることは合法ではない。他人の所有である湖や沼についても同様である。禁止の意思表示には、狩猟を禁止したい土地の周りに十分に視認できる目印を貼るか、あるいは、動物だけでなく人間の立ち入りも阻止しようとする所有者の意図が明白にわかるような溝、堰その他の連続した障壁を設けることで足りる。権限のある役所の許可を受けた後、市役所の指定された掲示板に告示を張り出すという簡単な公示による場合も同様である。種まきされた農地、または収穫前の農地については、禁止が常に推定される」[41]のである。

既にこの法案は廃案になったと述べたが、そうなったのは、争いの当事者双方に嫌われたからである。彼らはそれぞれ最大限の成果を得ようとしたため、議会は合意を取り付けることができなかった。

それから七年後、法案はついに下院を通過した。いわゆるサングイネッティ・サルヴァニョーロ法案で、一八六四年六月七日にサングイネッティ下院議員の単独で提案され、多くの逆風に耐えたのち、一八六九年六月四日、下院において最終的な投票に付された[42]。この法案は、二つの報告書（サルヴァニョーロ編集）を付けて委員会の審議に付され、一つの委員会を通過していた[43]。討議は一八六九年六月一日に始まった[44]。所有と狩猟の関係を規定する第九条が審議される。同条は、土地所有者に対し、土地が所在する市の市役所の入口に貼り紙をすることで、その土地での狩猟を禁止することを認め、また、耕作地及び収穫前の農地も、囲い地とみなされる土地と同様に、立入り禁止が推定されるとしている。長い時間、対立の激しい審議が続いた。プッチョーニ下院議員は、同条の廃止を主張した。なぜなら、彼によれば、民法第七一二条の一般規定は、狩猟者に所有者の許可を提示する義務を課しているからだ[45]（囲いの要件に関しては、ローマ風の解釈が当然であった条文の初めてフランス風解釈[46]）。委員会送致が決まり、審議が六月三日に再開される[47]。委員会で第九条は、狩猟者に有利に改正された。というのは、市役所掲示板に禁止の告知を掲示するだけでよいという所有者には快適で、狩猟者には忌み嫌われた制度に代わり「棒杭の数」という制限が現れた。議論が沸騰する中で、ディ・サン・ドナート下院議員の次の法文が議決にかけられた。「狩猟を行うために所有者の禁止に反して他人の土地に入ることは合法ではない」。何人かの下院議員は、支持者の狩猟者団体のことを考えて腕組みをして絶望した。ディ・サン・ドナート下院議員は、「私は所有権を救った」と声を上げた。その後ただ一回の投票で法律は通過した。即座に上院へ提出される運びになったが、そこで動きが止まってしまった。フランスの誘惑は、ローマ法に監視されながらしばらくの間続くのである。

一八七九年六月七日、農工商大臣マヨラナ・カラタビアーノにより記念碑的法案が上院に提出された[48]。上院中央局により条件無しで可決承認されたのち、一八八〇年一月三〇日付け報告書（ヴィテッレスキ第一報告書）を添付して、一八八〇年三月二一日、新農工商大臣ミチェリにより法案は上院に再度提出された。四月九日ヴィテッレスキの第二報告書があり、一五日から一七日の間に議決、そして四月二六日下院送致となった。手続上の理由から下院への提出は一八八〇年六月一日、委員会報告書が付けられたのはようやく一八八二年三月二四日（提案者サングイネッティ）[49]である。その後、暗礁に乗り上げる。

所有権と狩猟との関係という我々の主題に関しては、農工商省報告書のすべてを読まないとならないが、もちろんそれはしない。大臣は、ローマ法のほかに法案提案者を引用し[50]、狩猟は土地所有権に属するとするフランス法に影響を受けている外国（統一前のイタリア法も[51]）の立法状況を説明したのち、さらに彼の狩猟法に言及した。

これを引用してみると、「狩猟と所有権との関係について、欧州の様々な地域の立法を調べたところ、ローマ法の原則は、すべての地域で多かれ少なかれ修正されている。具体的には、所有者またはその代表者の明示の合意を要求する、あるいは所有権を理由に制限付きとはいえ優越権を認めている、ドイツやオーストリアのように土地所有権が何らかの形で拡張されていない、また所有権が自治体狩猟区に含まれるため制限を受ける場合は、土地所有者に自己の土地での狩猟権が認められないなどの事例がある」というものである。

しかし、イタリアはローマ法の国である。既に一八四四年七月一六日の勅許は、第一五条及び第二九条で、ある冒涜の条文の廃止を定めた。それは一八三六年一二月一九日の勅許第九条のことである。以下のような条文だった。「狩猟者が他人の土地で所有者の許可なく狩猟を行ったときは、罰のほかに、不当に獲得した獲物も、土地所有者の財となる」[52]。

省報告書は続ける。「狩猟法の基礎は、誰の力にも服していない自らが主である野生動物を飼い馴らすという人間の自然能力である。そして、その手段は占有である。狩猟権は、万人が有する普遍的な個人的権利であるが、その行使により不都合が起こることがあるので、それを防ぐために適切な制限に服させることができる。免許を受ける義務はその一つだ。公共のまたは私的な秩序のために制限されうる。しかし、土地所有権に付属する不動産権であり、したがって土地所有者に属するとは決して考えることができない。狩猟権を一種の不動産権とすることは、概念の本質を歪めるものであり、また、基礎となる占有の概念を無視するものだ。所有者は、自己の農地を守り、かつ所有地で狩猟を行いに来る他者を妨げる権利を有する。その結果、所有者または占有の実行もしくは受益に関しそれを代理する者だけが、その土地において狩猟を行うこととなる。しかし、これらすべてのことは、所有権に本来備わっているものではない。したがって、狩猟権は、所有権そのものの防衛に役立ち、また場合によってその価値を高めてくれる単なる所有財産の従物とみなされる。この権利は、所有権及びその譲受人が人工的に狩猟の理由ができたときに、所有権の目的物とその利用の結果として現れる。その場合、占有の自然権の排除条件を常に実施しているのだが、これらの原理に、私が提案した法案の第九条は合致している。一方でその第九条は、民法第七一一条及び第七一二条、そしてローマ法理論を再現するものである」。

ここで、第九条の条文を確認しておこう。「第九条　狩猟を行うために所有者の禁止に反して他人の土地に入ることは合法ではない。湖や沼についても同様である。以下の場合、禁止が推定される。刑法の定めにより閉じている土地、種まきされている、または草あるいは木の植物が収穫前の土地。禁止は、土地及び土地につながる道路に沿って、狩猟禁止を示す注意書を記載した十分な数の貼り紙を貼ることで表示される。本条の適用において、犬が、その土地の巣から追い出された野生動物、飼い主の動物、または狩猟を禁止した者の動物を追うときに、他人の土地を通過するという事実は民事的な損害を及ぼす場合を除いて合法と考えることができる」[53]、である。

その後に第九条を改めて第一〇条という数字を付けられた本条は、一八八〇年四月一五日と一七日の審議において、法案全体に含まれてさしたる審議もなく可決承認された。四月二六日、法案は農工商大臣ミチェリによって下院に提出されたが[54]、会期が終了したことから、同年六月一日に再提出された[55]。ところが、このわずか一か月ほどの間に、第一〇条について大騒ぎが始まった。狩猟者団体が表に出てきて[56]、彼らの法律家がラッパを吹き鳴らしたのである[57]。

法案（上院が可決したものと同一のもの）は、提案者サングイネッティとともに適切に選任された委員の委員会を通過した。委員会は、ようやく一八八二年三月二四日に報告書を提出したが、既に世論の力により、第一〇条は消えた。報告書のいくつかの部分を引用してみよう[58]。

報告者は、回りくどく、要約すると次のように話す。「狩猟権は自然人に固有の権利である。人として生きるものは、狩猟する生来の権利を有している。つまり、誰の物でもなければ、最初の占有者の物となる野生動物に手を伸ばす権利を有しているのだ。本能と所有権は狩猟技術によって実現する。狩猟権と所有権は一つの同じ源流から流れ出る二つの小川であり、その両者ともに本来の人間の必要を満たすためにある。一方が他方の自由な行使を妨げるための口実として利用されてはならない[59]。ひとつの賢明な立法において、その二つの権利は調和し、かつ実定法において作られたものとして見る必要がある。ローマ、中世及び近世の立法、そして統一前の諸法などにおいて、そうである。古代ローマ法の立法は、近代哲学により擁護された本物の法律学により近いものだ」[60]。

しかし、ある疑問が生じる。「もし狩猟者による最初の占有が、狩りにより獲得した獲物に絶対的所有権を与えるのなら、所有権の起源である最初の占有は、同様に広汎な権利を有する土地所有者になぜ獲物の所有権を与えないのか」[61]である。

質問というものは、一種の言葉遊びなので、答えも当然そうなると覚悟しておかなければならない。まず、「ある者が一旦ある土地の所有権を有すると、他人に対して、それを非耕作地にしておく権利や、壁を張り巡らして狩猟者が狩猟を行うことを完全に禁じてしまう絶対的な権利を得る」[62]という答えがある。次に、「狩猟を行う権利と、所有権を得る権利とは、平行的だ。これらの権利のうちの一つを行使すると、他方の権利を停止し、消滅させてしまうからだ。したがって、狩猟行為を禁止する権利は、土地所有権に含まれている。所有権者は、第三者が土地の一部を占有したり、草を刈ったり、石を削ったりするのを禁止するのと同様の名目で、狩猟を禁止する。狩猟は、一種の一時的占有である」[63]という答えに固まってくる。

それでは第一〇条は、どうするべきか。「それゆえ、上院で可決され、純粋法の分野からも評価されている法案の第一〇条は、委員会が承認を求めて皆さんに提案するだけの値打ちがあるかもしれない。しかし、絶対的な正義は絶対的な不正義である（法の厳格適用は法の主旨を損ねる）ということが、しばしば起こる。このいわば後からよく考えた理由により、同条の削除を提案する次第である」[64]という提案に収まってしまう。

その理由とは、具体的にどんなものなのか。「前述の規定は、我々の考えでは、自然法原理となんら矛盾しないのであるが、旧教皇領の民衆にも、ナポレオン領やシチリア王国領の民衆にもうまく受け入れられなかった。旧シチリア王国民や旧ナポレオン領民は、法案の規定に反対して議会に抗議したし、ローマでは集会が開かれ、討議の後、立法府への請願書を採決した。それには、法律家でもあるカミッロ・レ教授の博識な鑑定書が添付されており、三一人のローマの弁護士が賛同していた」[65]。これが理由であった。

別の言葉で言うと、中世の狩猟者（それだけではないが）は、その腕力を見せつけ、また一定数の法律家もそれを支持した。委員会の決定は、狩猟と所有権の問題について新しい統一的なものは何も提案しないで、現状を維持することだった[66]。会期末に、その法案は廃案となったのである。

一つの好奇心から探求してみる。この叙事詩において人民の英雄だったカミッロ・レ教授・弁護士は、この第一〇条を破滅するために何を言ったのだろうか。

まずは第一〇条についての法と経済の観点からの考えである。同条は、狩猟行為を土地所有者だけに与えている。所有者は自分たちだけで狩猟を楽しむことができる。しかし、これでは、フランス革命により消滅したと考えられていた狩猟特権の濫用と同じになってしまう。また、所有者には、土地ごとまたは狩猟権だけ貸し出すという選択もあるだろう。しかし、その場合の効果として、野生動物の絶滅はより一層強まるだろう。というのは、狩猟者は支払った料金のもとを取ろうとするからだ。要するに、「独占は間違いなく生産と価格を増大させる。なぜなら、立ち止まっていれば、生産コストが増大するからだ」[67]となるが、これは経済の観点からの考えである。農業にとってもためにならない。なぜなら、野生動物の絶滅がより激しくなることで食虫動物が殺されるからだ。農耕地は被害を受け、所有者が未耕作にしている土地から影響を受ける。未耕作のまま放置される主な理由は、法律が所有者たちに所有地での独占的狩猟権を認めるからだ。第一〇条に反対する根拠として、公の秩序という理由も無視できない。法律と人民の意識の間の対立により、法律違反が発生するかもしれない。「あなたたちが望んでいること、つまり、野生動物は土地の所有者の物であり、それを獲りに未開の開放地に入ってはならない、と言ってみればよい。市民のより正直な認識では、その反対のことが信じられているだろう」[68]と法の観点から違法行為の増加を懸念する。

第一〇条の修正案がある。その案文は、「狩猟を行うために所有者の禁止に反して他人の土地に入ることは合法ではない。湖及び沼についても同様である。種まきされた土地及び草又は木にかかわらず収穫前の土地は、禁止が推定される。刑法に基づいて閉鎖されている土地は禁止されるものとする」[69]であった。

この刑法による閉鎖というものがどのようなものであったのかは、判っている。前に参照した、一八五九年のサルデーニャ王国刑法で明白に取り扱われており、第六八七条第二号には「いかなる理由によるといえども許可なく壁、生け垣、堀その他の類似の障害物により囲まれている他人の土地に入りたる者、又は家畜を通過させた者は」と、犯罪主体の要件が明示してある。

このように、まさに物理的な意味での土地の閉鎖は、ローマ法から統一以前の各国狩猟法や統一以前の各刑法に継続している、「数世紀の伝統及び我が国や外国の立法例から唯一認められているもの」[70]と整合性がなければならない。

そして、「狩猟及び漁撈は、特別法の定めによる。ただし、所有者の禁止に反して、狩猟行為の目的で他人の土地に入ることは合法ではない」旨を規定する民法第七一二条は、この観点から解釈されなくてはならない。問題の禁止は、すでにローマ時代から知られており[71]、狩猟者の民事責任の基礎となるものであるが、土地を物理的に囲むことでのみ実行できる。したがって、貼り紙や口頭による禁止はできない。囲われた土地及び実際に耕作されている土地に関してのみ、所有者は、正当にも狩猟者が立ち入らないよう求めることができる[72]。

おそらく、レ弁護士の法的なピルエット（バレエのつま先旋回のことで見事な踊りの意味）よりも、狩猟者の脅迫的な囁きの方が、委員会を説得するのに有効だったようだ。狩猟者は、武装した人々であるからである。

五　貼り紙と狩猟濫用罪、狩猟者への厳しい打撃

狩猟者とその意をくむ政治家の情熱的な弁護論は、実際には顧みられなかった。所有者の熱弁の方がより重視された。一八八四年、農工商大臣ベルティの提出した新しい狩猟法案[73]では、先のマヨラナ・カラタビアーノ法案と全く同じ第一〇条が提案された[74]。つまり、耕作されている、または閉じているとみなされる土地では禁止が推定され、それ以外の場合は「十分な数の目印」により禁止が表示されるというものである。

一八八九年施行のイタリア王国刑法典は、所有者に新たな武器を提供した。第四二八条である[75]。この刑法は、囲まれた他人の土地への無断侵入に関する旧第六八七条第二号を、本質的な変更なく第四二七条[76]に加えた（「壁、垣根または溝またはそれに類似した障害物により閉じられた」という文言を「溝、生け垣または安定した障壁」に改めた）、だけでなくトスカーナ刑法典[77]から着想を得て、第四二八条で狩猟濫用罪を導入する。「所有者法律に定めた方法で狩猟を禁止し、かつ当該禁止を明白に示す目印が設けられているにもかかわらず、他人の土地で狩猟を行った者は、五〇リラまでの罰金に処す。同犯罪の再犯の場合は、一五日までの禁固に処す」[78]という狩猟犯罪である。

この狩猟犯罪導入は、自己の土地における自由な狩猟活動を禁止する所有者の権限を保証するものである。それは民法第七一二条で認められた権限でもある。この新規定には、解釈から生じる様々な問題があり、第四二七条の犯罪を識別する基準[79]は何か、禁止権限は所有者のみに認められるものなのか[80]、土地に工場を含むか、あるいは湖水を含むか[81]などの曖昧なことが露呈した。立法者は、曖昧さを残したまま、所有者が法律に定める方法で

禁止を明らかにする目印があるとき狩猟禁止処分を定めるものと法定した。更にこの犯罪のどこに禁止の方法が定められているのかという疑問が生じた。当時、物理的に閉じた土地または耕作地での禁止を規定する統一前の諸法がまだ効力を有していたが、統一前の諸法に従うのだろうか[82]。また、民法典は第七一二条で所有者に自己の土地での狩猟を禁止する権限を簡潔に認めていながら、禁止を表す方法については何も定めていないが、この民法も同様に解釈基準となるものかどうか[83]。狩猟法としての解釈に、疑義も生じた。

そうではあるが、刑法学においては、「及び当該禁止を明示する目印があるとき」という挿入句を、貼り紙として一貫して解釈したことは明白である。貼り紙が、禁止を表すそれ以外の方法（例えば物理的な閉鎖）の可能な場合でも、なお効力を有するかどうかについての議論を度外視すれば[84]、刑法は、たとえ開放されておりかつ耕作もなされていない土地であっても、狩猟の禁止が簡単な貼り紙で表されていても、行われた狩猟を犯罪だと認定することになる。これは、狩猟者への大きな打撃であった。なぜなら、刑法学者が、第四二八条は民法第七一二条を敷衍したもので、同条の刑罰とみなすべきだと主張したからである[85]。

統一新法案を巡っては、賛同者の間でも棒杭の高さ・数・色などについて、大騒ぎが繰り返されていた。他方で、立入り禁止が推定されない土地においては、当該土地を狩猟が禁止された土地として「設立する」ことが流行するという時代であった[86]。

この数年間の裁判例を概観すると、完全に所有者有利の方向性が確認できる。所有者の狩猟を禁止する権利が、簡単な貼り紙をした開かれた土地についても繰り返し認められており、また狩猟権が所有権に属することが主張・認定されていた[87]。

六　統一法とプロパガンダ、狩猟の古代慣習法と獲物の取得、狩猟作法の問題

当時の文書を見ていると、一九世紀から二〇世紀へと世紀が代わるあたりで、狩猟活動が強力なひとつの教育手段として提案（というよりも再提案[88]）されている。苦難と身体的な逞しさ、詩情と武器使用、洗練された振舞いと内面的な男らしさとをうまく結びつけてくれる。ここで、ある下院議員が統一狩猟法制定を請願するために農商大臣へ送付した意見書を引用しよう[89]。「この法律の目的を誇張するつもりはない。しかし、我々の青少年たちに男らしい教育を行う手段として認める必要がある。狩りを行うことで武器の使用を覚え、よい運動になる。そして、若者が野生動物を相手に身体的に疲れたら、別のばかばかしい振る舞いはあまり考えなくなる」としている。

狩猟普及のための主な道具は、狩猟に関する出版物であり、そのもっとも古いものは、「狩猟の手引き」の類である[90]。また、『イタリアの狩猟者』、『ディアナ』、『狩猟ディアナ』、それに地方の出版物などの定期・随時出版物により教育としての狩猟という神話をあらゆる場所で喧伝した[91]。狩猟の技術や法令に関する助言のほかにも、民間や軍務に関わる金メダル級の犬の手柄話[92]、狩猟者が投稿した詩、神話や伝統[93]を彩る鳥、有名な狩人、伝説的人物、聖人、教皇、大司教、政治家らの物語が掲載された。これらの定期刊行物は、ただの糖蜜ではなかった。政治的な主張[94]、それに鳥獣保護のための土地使用法[95]なども掲載した。二〇世紀最初の一〇年では、物語、説話集、詩なども掲載し始めた[96]。狩猟詩歌が高貴で伝統を重んじたことは知られている。オッピアヌス、グラティウス、ネメシアヌスから、エラスムスとカルドゥッチが編集した詩集が有名な一四世紀から一五世紀の詩歌に

までも飛ぶ。残念ながら、これらの出版物の入手は困難になったが、そのいくつかは今も残っている。

マニュアルに戻ろう。山鴫の捕り方を教えるほかに[97]、実は完璧な狩猟者の育成は取り扱っていない。この教育書を兼ねた書物が手本にした人物は、狩猟と愛国主義の紳士的な王のガリバルディであった。それ以外には、会員制狩猟愛好会に通う上流社会の捉えどころのない狩人、そして特にトスカーナの狩猟の高貴さを誇示するような人物である。そういえば聖ウベルトを忘れるところだった。

野生動物の所有権については、法律の問題になるし、法律のほかにも狩猟ルールの根底にある倫理の問題がある。様々に分岐した根の深い慣習法の問題が存在するのである。

狩猟法の研究者は、この根の深い慣習法を語るが、一体どこにあるのか。現在では狩猟協会の地方支部を訪れたり、友達の狩猟者に問うてみたりしても、誰も一般的な慣習法を知らない。地域の習慣や特に少人数で狩猟を行うときの約束事ならば、いくらかあるようだ。何人かの学者[98]は、狩猟の取得に関する根深い慣習法を、なんと、ローマ法とその対極のゲルマン法のルールとを、暗に同じものだと思い込んでいる。法律学の関心を超越して、人類学的または民俗学的な文献に当たれば、この捕らえ所のない調査不可能な狩猟慣習の貯蔵庫にたどり着けるのだろうか。全地球化した文化の時代に、狭小な地域の狩猟の慣習でどのようなものが残っているのだろうか。

この問題に関する最近の文献では、一九四〇年代初期に出版されたアルバニア慣習法集がしばしば引用されている。この文献は散逸したのだが、一九四四年の『イタリア司法』に掲載の文章により繰り返し引用されている[99]。この慣習がイタリア狩猟の現実を知るための単なる手掛かりしか与えてくれないことは、議論するまでもない。それを補う根気が必要であり、いくらかの結果が出ている。

まずは、一八九三年の有名なマニュアル本を読んでみよう[100]。権利と義務の関係や、個別及び一般的な狩猟者の権利についての緒言のあと、法律が（狩猟者及び団体会員全般の）一般的諸義務を定めていることを明記する。例えば、武器の所持、狩猟が禁止される時期や場所などである。個々の義務については、特に道徳的な義務を含めている。これらは法ではなく指南書が定めるものである。「紳士かどうかはゲームの中でわかるという古い諺があり、「狩猟の中で」と強調してみるのは間違いではないだろう」[101]と記載している。

道徳的義務についての記述の中では、野生動物の占有の範囲に関するものも興味を引く。というのは、「法律のほかにも、我々には慣習、常識、正義感がある。犬が噛みついた鳥は、当然ながらまだ狩猟者の完全な所有物ではない。しかしその狩猟者は、既に他の狩猟者よりは大きな権利をその鳥に対して主張できる。したがって、自己のではない犬が飛び立たせたり巣から追い出したりした動物を狙うのは、合法とはいえない。むしろ、自分の犬で動物をおびき出した狩猟者が、それを狙っているが倒すことができず、鳥がもとの状態に戻ろうとしている場合でも、他の狩猟者はそれを獲得しようとすべきではない。というのは、すでにそれを狙った狩猟者が獲物を傷つけているかもしれないからだ。また、その狩猟者が改めて追う可能性が全くない場合を除き、他の狩猟者が追い出した動物を狙ってはならない。もとの狩猟者に狙う能力や意思がない場合でも同様だ。説明しよう。一人の狩猟者が鶉または山鶉の群れを追い出したが、狙い撃つことができない。そのとき獲物が自分のちょうど撃ちやすいところへやって来た。自分が（獲物を追い出した）狩猟者と一緒に狩りをしているのではない、あるいはその友達ではないのなら、そっとしておく。なぜなら、遠くないうちに動物たちは元の場所に戻るだろうからだ。一方家鴨の場合は、元の狩猟者の抗議を受けることなく狙うことができただろう。他の狩猟者が追い出した野生動物を彼が声で指示しない限り決して撃たないで、争いを避けるために、遠くに控えるというのが最良の態度である。他の狩猟者に動物の存在を知らせて注意を促すとき、狩猟仲間の言葉では通常、「君に」または「君たちに」を使う。法律の規定の多くは厳格で、動物が全く動けなくなったときの先占は認められない。しかしながら、高名な法律家は、野生動物を追跡する者がそれを放棄するまで、または彼の犬が追跡を止めるまでは、優先権を有していると考えた。たとえ法律家がそのように定めなかったとしても、紳士たる者にそれと異なる行動を取ることが許されるだろうか。仮に私が正直な人々の家にお邪魔して、勝負事に勝ってかなりの金を得たとき、私には立ち上がって立ち去る権利はある。しかし、紳士ならばそのように振る舞わず、挽回を認める義務を負うのである。同様に田舎においても、私の好きなように歩く権利を持っているが、狩猟のよき慣習に従えば、私は他の狩猟者の道を遮ったり、または前を厚かましく横切ったりしないようにしなくてはならない。狩猟者同士で挨拶をしたり、いくらか言葉を交わしたりするのは、品のよい習慣である。しかし誘われていないときは、誰かに同伴する必要はない。立ち止まって行う狩猟（小屋、鏡罠、梟など）においては、様々な法律そして慣習法が、一定の距離を置くように定めている。それだけでなく、動線の前に出ない礼儀正しさが必要だ。渡り鳥が移動するときの移動線のことを動線といい、この線上にある場所を動線ポイントという」[102]、と種々あるのである。

狩猟者のその他の義務についての細かい箇条書が続く。その中には、武器の慎重な使用とそれに関わるすべての危険な状況の例示がなされている。

これらの慣習法は、法律学、人類学、それに民俗学に関する諺集にしばしば引用された[103]。また狩猟者言葉の達人によっても使用される。ここから判るのは、慣習法は「本当の狩人には非常に尊重されて」いる一方で、「不正直者と無知で無粋な狩人」の現行法には無視されている。それは、また「権利」ともいわれ、次の事例が興味深い。「権利とは、（1）動物に対する狩猟者の権利、撃って負傷させただけのものも含む、（2）自己の犬が噛みついた・拘束した・または少なくとも追い出した動物を自分だけがライフル銃で射撃する権利、（3）犬に追わせる狩猟において、自己の犬及び協力者によって追い立てられている野生動物を、本人が完全に追跡をやめない限り、その者の狩猟財産であるということを正当に主張する権利、（4）仮のものでも固定のものでも、狩猟小屋を設けるときは、近すぎる競争が狩りそのものを駄目にしてしまうと考える権利、それに加えて（5）武器の使用による潜在的な危険を考慮した距離を維持するという権利」[104]などがある。

慣習については、例えば法的な諺で表現されるカラブリア地方の習慣では、野生動物に手を置く行為は、獲物を自己の物にすることであり、致命的でない傷でも目印を構成するという意味を含むのかもしれない[105]。しかし、より一般的に大規模な狩猟をみるなら、「狩猟の習慣は、場所によって異なる。ある地方では、動物は致命的な傷を負っていないときでも攻撃した者の物となる。またある地方では、それを発見した者あるいは新たに攻撃を加えてそれを殺した者の物となる」[106]というようなものである。

また、同族に属する者の間での野生動物の分配に関する慣習法も存在する。狩猟団は、大規模狩猟（毛皮狩り）のときに限り設けられる。その場合、獲物は狩猟団構成員の間で平等に分配される。殺害した人に頭と皮、あるいは頭と内臓、あるいは頭と睾丸というようにである。しかしながら、仲間の狩猟者が犬を提供してくれたときは、「頭は犬に」とする。一般的には、犬の持ち主には獲物の皮が持ち分となる[107]。フリウリでは、複数の狩猟者が狩猟を行うときは、狩猟費用は全員で分割する[108]。しかし、この習慣は鳥狩りには適用されない、その場合は発見者または殺害者が獲物の権利を取得する[109]。

結局、狩猟に関わるこれらの証言から、どのようなことが考えられるだろうか。得られるデータの少なさと強い地域性を度外視すれば、議論の余地のない方向性が見えてくる。どの地方においても、獲物はそれを発見した者、または負傷させた者に属し、特に狩猟行為に参加する中で最初に獲物の上に手を置いた者に絶対的な優先権が与えられる。これは全員の誓約であり、時と場所を越え過去と未来を結びつける全世界的に共有された概念のように思われる。獲物は狩猟者がそれを見た瞬間から、いやむしろ犬がそれに感づき臭いをかいで最初の吠え声を上げたときから、その狩猟者の物だ。むしろある者が主張したように、狩猟者にとって、犬による感知等は獲物所有の先駆的な形態であり、物質化（多くの場合見ることで起こる）に先行する。そのある者とは、タルタラン・ド・タラスコンのことである。

冗談はさておき、もしすべての狩猟者が合意するなら、どうして法律を受け入れないのか。まず、法律は基本原則と整合していなければならない。占有がそうだ。巣からの追い出し、追跡または単なる負傷の場合において、所有権取得の成立が妨げられるのは、動物の実効的占有による奪取であるという概念から離れることが今まで不可能であったことによる。慣習法は、獲物はそれを追い出したか、または負傷させた者の物であり、別の者が殺したりまたは捕獲したりした場合でも、それを追い出したまたは負傷させたことを主張することにより返還を要求できる、と考える紳士的な狩猟者の世界においてのみ適用条件を満たす。たとえ言うことに説得力がなく、公平な証人がいなくても、である。

ユスティニアヌス法典のような法律は、不躾な狩猟者の道具及び訴訟を打ち切るために採用する基準として用いられる獲物の先占による取得の方に、多くの関心がある。法律は一般的な基本原則を信頼している。次のN・ストルフィの考察を読んでみよう。「狩猟を行う上での礼儀作法の決まり事のように思われるこれらの確認された慣習は、審理中の事案を律する根本原則を修正するほどの効力をもたない。そして、権威ある反対意見を引用されても、我々は受け入れられないと答えるのが限度であり、法を曲げるわけにはいかない。慣習法は法律が認めた限りで有効なのであり、決して法律を廃止するだけの効力を持たない」[110]と考察されている。

七　獲物の取得、学説だけの表面的な問題

狩猟者と土地所有者との間のこの激しい対立は、獲物の所有権の取得という重要度がより低い表面的な議論も引き起こした。動物の取得には、ユスティニアヌス法典が規定するように巣からの追い出しで十分とするか、少なくとも重傷を負わせ、追跡することを要件とするかという二個の質問がある。これは、占有に関わる純粋に理論的な問題なのか、それとも、どちらか一方を本当に選択するという解決を求めての議論であったのか、ということである。

まず、二つ目の問いについて述べておく。この二つ目の問いに対しては、「イエス」と答えることになる。狩猟者団体とて、統一狩猟法においては獲物を巣から追い出し、追跡し、または負傷させた狩猟者に財産権を認めるよう望んでいただろう。しかしそれまで、省の法案は沈黙してきた。ペシアに本部を置くヴァルディエヴォレ狩猟者会の会長ラヴォラッティによって一九〇二年二月一二日に提出された法案が、その最初の取組だったのも、偶然ではない[111]と思われる。

同法案第一七条には、「狩猟の目的物たる野生動物の占有により、所有権は、当該動物に致命的な傷を負わせた者が有する。したがって、同人は他人の土地においてもその動物を追跡することができる。ただし、土地所有者に発生した損害は免責されない。適切に使用される猟犬によって巣を追われ追跡された野生動物の所有権は、狩りに参加している犬の所有者または引率者が有する。この場合、動物を殺害するか致命傷を負わせた者は、当該行為に使用した猟銃の火薬代金を受け取る権利を有する」[112]とある。一〇か月後に、より穏健なロンバルディア狩猟者同

盟による別の法案が提出される。その法案第二四条は、「自由地区で殺された野生動物については、他地区のものも含め、公的に登録された標章が付いていないときは、(狩猟者の権利を)主張することができない。自由地区で傷つき禁止地区で死亡した野生動物は、すべてそれを打撃した者により捕獲または権利主張することができる。犬が野兎を巣から追い出し、禁止地区までそれを追跡したときは、犬の引率者は犬を呼び戻さなくてはならない。また、土地所有者またはその代理人は、損害を与えない方法で犬を追い払う権利を有する」というものであった。

それらの法案の条文は、両当事者の相反する利益をかなり明確にしている、と我々には思われる。もちろん、狩猟者側には、立法者が、致命傷、あらゆる傷、巣からの追い出し、追跡などの議論はさておき、狩猟者の利益を認めるとともに、獲物の帰属に関しては目視の時点から認めるという立場に歩み寄ってほしい、という願望があった。しかし、間違いなく狩猟者間の仲間意識から抽出されたという部分があった。狩猟者はこの法理により、他人の土地に立ち入り、民法第七一二条の制約及びサルデーニャ王国刑法第六八七条第二号、後のザナルデッリ法第四二七条の禁止を克服することを期待していた[113]。

そして、これに対し土地所有者は、まさにそうなることを心配し、狩猟者が自分の物(所有地以外の場所で追跡、負傷または打撲した動物)を取りに来たという言い訳をしながら所有地に侵入してくる危険性を認識していた。一方、ユスティニアヌス的解釈によれば、土地所有者には自己の土地で死んだまたはそこに逃れてきた野生動物を自己の物にすることが許されていた。なぜなら、他の土地で追跡されまたは負傷した動物は、その時点ではまだ誰の所有権も完成していないからだ。

ここまで述べたように、二〇世紀に入るころ、野生動物の取得に関する法規は、不変のように見えた。占有取得を規定する民法第七一一条は、動物の捕獲を要件とする唯物論的概念と、負傷し追跡されあるいは巣を追い出されただけの動物も占有されていると考える、より観念的な概念との間で、実務でも理論でも、いつも解釈上の問題を抱えていた。民法第七一二条は、ナポレオン法典をモデルにして狩猟を特別法に委任している[114]。

当時、統一狩猟法はいまだ空想に過ぎず、矛盾しない範囲で効力を有した統一前の狩猟特別法が存在した。その中で非常に興味深い捩れの現象として、獲物の所有権取得を規定する特別法が一般法に準じるものとする二つの例が存在する。シチリア王国一八一九年一〇月一八日特別法のことであるが、その第一六五条「二人の狩猟者のうち一人が動物を負傷させ、もう一方がそれを殺したときは、民法の規定に従う」が一つの例であり、同第一六六条「二人の狩猟者のうち一方が負傷させた鳥が飛んで逃げ、他方がそれを殺したときも同様である」[115]が二つ目の例である。

諸々の旧民法典（これらもナポレオン法典をモデルに狩猟特別法に「狩猟権」全体を委任している）の傾向に反して、フェラーラとパルマの民法典は、共に同様な立場の規定を直接置いている。「狩猟及び漁撈においては、道具を用いて動物を逃れられない状態に置く行為を、占有と同等とみなす」[116]というものであるが、この両規定とも、かなり曖昧なものである。

そこで冒頭の最初の問いである占有に関わる理論的な問題に戻ることにする。野生動物が占有により取得されるという原理が確立するに伴い、占有取得が動物の捕獲によって達成されるのか、それとも巣からの追い出し、追跡または負傷によってもできるのかという細部・理論的問題に移ることになる。一八六五年民法（統一前諸法と、結局変わらない[117]。また一九四二年民法でも同様）では、対立するどちらか一方に有利な危険なバランス喪失を起こすしかなかった。所有権の取得という一般理論に含まれる問題であると考えられていたため、特別法も含め立法者は、この問題を法制化するのに消極的であった、というのは的を射た見解だ[118]。たとえ狩猟者間の（巣から追い出したと主張する者、負傷させたと主張する者、実効的な打撃を加えたと主張する者との間の）紛争の危険性が、ユスティニアヌス的解決により回避できるとしても、その見解を正しいとしよう。この解決策であれば、たとえ直接の利害関係者から不平不満を言われても、獲物の帰属を巡る争いを終結させることができたかもしれない。結局、一つの開かれた解決法がよかった。狩猟においても従来の占有概念に立つか、それとも、より観念的な解釈を行うため唯物論的根拠を放棄するかという問題は、判例及び学説に委ねられた[119]。そして、誰もが口では予想しながら現れるのは遅かった狩猟の統一法に取り組んだ。立法者は、一八六五年以降、このように推論しなくてはならなかったし、そうし続けた。

八　基本原則という名の民法学説はいかにして論じられ始めたか

イタリア王国民法は、第七一一条及び第七一二条で、無主物と所有者による禁止権の狩猟に関するローマ法の法理を採用した[120]。教養豊かな学説（ここまで言及した各派閥による文書ではない）[121]は、この教えに従い、狩猟権と領主権の間の関係を明確に論じようとした。もちろん土地の閉鎖または禁止の表示により、土地所有者は、あらゆる場所での狩猟を禁止することができる。しかし、野生動物は土地所有者には属さず、狩猟を禁止しても、無主物のままである。禁止を遵守しない狩猟者は、獲物を自分の物にすることができ、所有者には損害賠償のみ（少なくともダナルデッリ法典とその第四二八条ができるまでは）を行えばよい。普通法の多くの学者によって言及（中でもチポッラは非常に多い）[122]されたこれらの法原則は、広い支持を受けた[123]。それを支持するビアンキの判決文註記にも多く引用されている[124]。以前から仮説として存在したこれらの法原則は、二つの有名な作品によって鳴り物入りで再登場した。一つはラドゥッチにより[125]、もう一つは、この後に触れる破棄院のある判決である[126]。

一九世紀後期から二〇世紀初頭までの間、先占に関する民法学説の新しい境地が切り拓かれた。無主物についてだけでなく、控え目であるが共有物についても論じられた[127]。現物主義を脱却する理論を目指す動きと対立があったのである。

デ・ルッジェーロは、次のように巧みに要約している。「先占による取得には、一般的に、二つの要件が求められる。目的物を先占した者が占有していること、自己の物にしたいという意思があることである。しかし、物の取得という特別な意思であることを必要とせず、物を自己のために所持する意思で足り、また事実上の所持はしばば必要ではなく、例えば、野生動物を殺した後にそれを追跡することで足りる」[128]としたのである。

しかしながら、物の握持[129]は、伝統的に当時も広く知られていた。その概念は、「占有するのに適したなんらかの物理的手段を用いた実効的な握持」[130]という実物主義的概念であり、ガイウス及びユスティニアヌス[131]に非常に近かった。このあとで触れるボルサーリがいうように、物に対する「支配」という概念だけが曖昧であった[132]。しかしいくつかのケースでは、整合性のない不均衡があった。

さて、獲物の所有権取得という我々のテーマに関する学説（のうち質のよいもの）を見てみると、従来のシステム、法原理との整合性ばかりに関心を払っているといってよい。ある学説の実践的な結果を評価するために立ち止まってみるという姿勢は、まれだった。実践上の問題を理由に、法原理の厳格さを損なってはならないといいたげだ。ここでの法原理とは、占有、その成立要件、そしてその客体（占有、意思及び無主物）に関するものである。しかしこの傾向にもかかわらず、多くの学者は、物質（形式）的要素よりも意思の要素により重点をおいて、単なる捕まえた野生動物から、重傷を負わせた及び巣から追い出した野生動物の取得に徐々に移行した。このように、我が国の統一後の学説は、抵抗はあったものの、フランス理論及びそれに影響を与えた法自然主義の諸概念という土台の上で引き延ばされて出来上がるのである。

そこで、諸学説を以下に概観してみよう。

1　ボルサーリとヴィンニウスの学説

ボルサーリとヴィンニウスの学説では、負傷させ、追跡する者ではなく、占有し捕まえる者に野生動物は授けられるとする法理を展開するが、これには曖昧な点がある。

ボルサーリは、その民法註釈書によると、「狩猟法はイタリア法典によりその真の基礎に立ち戻る。誰にも支配されていない物[133]の原始的に取得する方法としての先占である」[134]としている。狩猟法は、その本来の出発点を見失った後、フランス革命期の法律により、狩猟の自由という出自の原則に立ち戻った[135]。所有する土地に住み着く野生動物は、それが占有されてから元の自由な状態に戻るまでの期間を除いて、土地所有者に属さない[136]。他人の土地で狩猟を行う権利が存する、と精力的に主張する。そして、別の一撃を加えたことで死亡した動物は、加えた者に帰属する[137]という。野生動物の先占を実行する方法に関しては、彼の先占理論と整合性のある結論に到達する。「動物を負傷させる、または殺すだけでは先占とはならず、手でそれを捕る、または捕ることができるときに先占となる」[138]とする。また、動物の自由を剥奪したときに先占となるならば[139]、狩猟者が獲物を巣から追い出す、追跡する、負傷させるだけでは、先占とならない。なぜなら、獲物がなく、獲物を確保できるという保証がないからだというのである。ボルサーリの理論を具体的に知るために、その別の著書を引用してみよう。「物質主義の観点からすれば、先占は物を自己の手中に完全に確保している、またはそれが可能である状態、つまり捕獲・奪取の状態にあるという事実を意味する。捕獲・奪取が完成しているかどうかという疑いは、不動産や無生物の動産についても同様に起こりうる。これらの財に関しては、道徳秩序において、また法的効果について、無主物先占ではなく占有のルールを用いる。占有者のいない無主の不動産については、そこに足を置く、またはそれを保持したいという粘り強い意思を証明する何らかの別の行為によって先占される。無主物の動産については、自力でそれをある場所から別の場所に移すときに先占されたとする。この規定の効力は、生物である動産についても吟味されなくてはならない。しかし、動物の防衛本能による抵抗があり得るし、人間の攻撃を受けても迫害から逃げ失せる可能性もある。したがって先占が完成したかどうかには、大きな疑いが残る。とはいえ、狩猟者が狙いを定めて追跡する動物が、そのことのみをもって当人の所有する物になるのかどうか、あるいはもう一人の別の狩猟者が、同じ狩猟行為において先に追いついて動物を自分のために殺すことができるのかどうかという公法学者が関心を持つ問題は、回答が難しい問題ではない」[140]とするが、曖昧さが残る。

ヴィンニウスは、負傷させ、追跡する者ではなく、占有し捕まえる者に野生動物は授けられると結論づけた。そして、「それは、動物に関して先占は自由の剥奪を意味するのであり、傷ついて地を這っている動物、死を目前に狩猟者から遠く離れた場所を飛ぶ動物はいまだ自由を保持している、という先占理論と完全に一致する。野生動物は一時的にではなく、決定的に自由を剥奪されたものに限るのであり、これはもう一つの問題点である」[141]とするのである。しかし、重傷も完全に排除するのかどうか、よく分からない。

2　リッチの学説

当時の主要な基本書の執筆者の一人であるリッチは、ボルサーリと同様の解釈をする学者の一人だった。[142] リッチによると、致命傷という基準は、負傷した後にまた別の狩猟者による負傷を負って死亡した場合において、先の傷が致命傷かどうか確認不可能であるため、実際には適用不可能である。

リッチの著書の原文を、そのまま読んでみよう。「どのような方法で、狩猟による先占が完成したと判断できるだろうか。言い換えれば、野生動物が狩猟者の財産となるのはいつだろうか。動物を発見し追跡するという行為により先占が完成することは、もちろんない。先占により動物は先占者の支配下に置かれるが、動物を追跡している狩猟者の場合、それを支配下に置いているとはいえないからだ。したがって、仮に私が動物を追跡し、別の狩猟者がそれを殺したなら、先占はこの後者によって完成される。殺害することにより、自己の支配下に動物を置いたことから、その所有権は私ではなく、彼に属するのだ。動物を傷つけた狩猟者は、その所有権を得るのか、つまり負傷させた事実だけで当該動物の先占は完成したといえるのか、ずっと議論があった。プーフェンドルフの理論では、致命傷とそうでない負傷との区別を重視する。この著者によれば動物が致命傷を負ったときは、傷を負わせた狩猟者の物となり、他人の獲物にはなり得ない。一方、傷が致命的なものでなければ、動物は傷を負わせた狩猟者の支配から逃れることができるため、いまだ彼の獲物とはいえず、それに致命的な傷を負わせた者の物となる。今日よく知られているこの学説は、ローマ法学者たちには知られていなかった。彼らの間でもこの問題が出現したが、ユスティニアヌスの『法学提要』に則って様々な形で解決されてきた。近代の学説と古代のそれとのどちらが望ましいのだろうか。立法がなされていない現状では、法原則に則って解決するしかないが、その法原則はプーフェンドルフの近代理論にそぐわないようだ。実際その法原則によれば、先占したとする物が、先占者の支配下にあり自己に属する物として処分可能でなければ、先占が完成したとはいえない。それでは、ある動物に致命的な傷を負わせたことは、その動物を支配下に置いたことと同義だろうか。そうは思えない。致命傷を与えたことで、その動物がそれが原因で死ぬことが確かであったとしても、負傷させた者が、負傷させた動物を手中に収めるとは限らない。致命傷を負っていても動物である以上、捕まらないように逃げることがあるからだ。それに、動物に与えた最初の傷が間違いなく致命的であるか否かを実際の場面で判定することは、容易だろうか。また傷を負った動物が生き延びるのか、それともその傷がもとで死ぬか、確実に判断することができるだろうか。近代の学者が考え出した理論が、実際の場面における理屈や要求を満たしてくれるとは思えない。したがって、ユスティニアヌスの法理に従うほうがよい。問題は、君が最初に始めたのでなければそれは君のではないという表現に、与えるべき真の意味を定めることだ。私が一羽の鳥を殺したとする。この鳥が私の目の前で地面の上で死んだのだが、私より君の方が早く鳥にたどり着き鳥の上に手を置きそれを占有したときは、私が殺した鳥は君の物になるのだろうか。この理論の精神を考えれば、否と答えるべきだろう。実際ユスティニアヌスは、動物を負傷させ、追跡したときに先占は完成すると考える学説を承知していた。しかし、負傷させ追跡する動物を、傷を負わせた者が捕獲できるとは限らないことから、その学説は受け入れられないとした。したがって、動物を手中にしている、つまりこの動物が自己の支配からもはや逃れられないと狩猟者が確信するときは、ユスティニアヌスの考えによれば、そして法によれば、野生動物の先占が完成したと考えられる。したがって、この確実性は動物が死んで、もはや逃げることができないときに得られる。つまり、狩猟される動物の先占は、殺害の事実により完成されると考えられる」というのである。

3　グエルフィの学説

フィロムージ・グエルフィは、その見解[143]において、現物主義の観点から物を手中にしているという一般的な意味での占有取得の概念に基づき、非常に伝統的な先占概念から出発し、捕獲のときに初めて野生動物の所有権を獲得するというガイウス及びユスティニアヌスの法理に共感を述べている。すなわち、「その結論は合理的であり、取得の方法としての先占そのものの本質から得られたものだ。したがって、今日の法にも適用可能である」とするのであるが、「しかしながら、何人かの民法学者は、二人の狩猟者のうち、一人が動物に致命傷を与え、もう一人がそれを殺して捕獲したときは、その動物の所有権は前者の狩猟者に帰すると考えている」と学説の展開を一時躊躇し、「この意見は、傷が致命的なものかどうかという法医学の問題を裁判に持ち込むことになり、訴訟を複雑にする」と野生動物に関する裁判に法医学を巻き込んだ場合を懸念し、致命傷に対する否定論を考えているのである。

4　マッツォーニの学説と諸説

活発な議論が行われた。短期間に、負傷させた者に有利とする学説が有力になり、もっとも権威のある学者が論争に参加した。

まず、パチフィチ・マッツォーニ[144]とリナルディ[145]である。パチフィチ・マッツォーニは、次のようにいう。「物の実効的な支配は、先占の本質的な要件であることから、野生動物は、手、網その他の道具を使用して捕獲されたときに初めて狩猟者または漁撈者の所有物となる。しかし、動物を負傷させても、またそれを追跡しても、狩猟者にその動物についての財産権はなんら発生しない。そのため、第三者がそれを占有したときは、占有者が所有権を取得しうる。しかしながら、野生動物が逃げられないほど傷が重く、占有できない理由は狩猟者がただ死んだ場所までたどり着けないだけの場合、占有者が獲物を捕獲していなくても、先占は完成しているとみなす（第七一一条）」と説くのである。

これに対し、もう一人のリナルディは、致命傷のほかに野獣の「重度の疲労」を加えた。この場合、追跡により行われた意思表示は、占有を作り出すだけの力があるが、傷が軽い場合はその限りでない[146]、とするようだ。

そして、A・グラニート[147]は、『法律学事典』においてリッチに反論し、「複数の人間が一匹の動物を追うとき、おそらくこの動物はそれを負傷させた狩猟者の物になるが、それは、傷を負わせたことで先占が完成したとみされるからだろうか。これは受け入れられないと考える。なぜなら、ユスティニアヌス法典の法理はあまりにも絶対的だからだ」と自説により解説を記述する。

こうして議論が行われたが、周知のようにユスティニアヌス法典は、動物が捕獲されることを要件としているので、この問題について表明された様々な意見のうち望ましいと思えるのは、ジャントゥルコの学説とフィロムージ[148]の学説である。この二人の学説は、動物の所有権については、捕獲または狩猟者により致命傷を負い、追跡されるという事実により取得される。後者の場合追跡する狩猟者が追跡をやめない限り、当該動物を捕獲して自分の物にすることは違法である。一方、私が動物を追跡し、別のもう一人の狩猟者がそれを殺した場合は、先占は後者の物となる。殺害によりその動物を自己の支配に置いたからだ。というのは、狩猟者は、動物の足跡を見つけ追跡しただけでは、その動物を自己の支配下に置いたとは言えないからだというのである。

この締めくくりに、リッチは、次のとおり右の諸説では明確な運用ができないという。「ある動物に致命的な傷を負わせたことは、その動物を支配下に置いたことと同義だろうか。そうは思えない。致命傷を与えたことでその動物がその原因で死ぬことが確かであったとしても、負傷させた者が自分の負傷させた動物を手中に収めるとは限らない」とするのである。

結局、我々は、かかる主題において明確さを求めるのが無理なのであって、実際の必要に応じて、動物が捕獲される可能性を考えるだけでよいと考える。その可能性は致命傷を負った獲物ほど大きい、したがって、獲物をそのような負傷を負わせた者に帰属するのは正しいと思われる。

5　ランドゥッチの学説

ランドゥッチは、致命傷について触れている。彼によると[149]、獲物の所有権取得という議論のテーマ（立法者は先占による取得を定めているが、いつどのように取得されるのか何も言っていない）は、法の一般原則と必要に応じて地域の風習ではなく、慣習法を適用することで解決できる、としてランドゥッチは、「複数の人間による獲物の負傷と占有取得に関する有名なケースについては、我々は、多くの学者及び判例と同じ立場に立っており、トレバティウスの見解もユスティニアヌスの見解も受け入れられない。なぜなら、どちらも先占理論についてのローマ人の確固とした法原則に対応していないからだ。ある物の占有は、占有者がそれを排他的に使用することが可能な状態であれば開始されるのであり、その物を現実に使用している必要はない。したがって、問題の焦点は、負傷の程度及び場所による。もし動物が狩猟を行う場所で、ある狩猟者から逃れられなくなる状態にされたなら、動物はその狩猟者に帰属する。他人がそれを捕獲した場合、取得の意思を持って行ったときは窃盗となり、そうでないときは獲物を返却するだけでよい。この中間的な理論は、動物を傷つけた第一狩猟者の表示した意思が事実に優先されるとするユスティニアヌス及び自然法学者にかつて対抗していた理論であり、最初にプーフェンドルフが主張し、それから複数の賛同者を得た[150]。この理論は、他の理論に比べ、ローマ法の健全な原理に無意識にすんなりと遡ることができる。致命傷を負った動物を捕獲した場合、負傷させた者がわからず、また姿を現さないときは、厳密には他人の動産として動物を捕獲した場所の市長に届け出なければならないだろう。しかし、二度目の日曜日まで公示し、二年間市庁に留置するという法の規定は、肉の腐敗が起こるため適用することができない。したがって、ロタリ王法典に基づいて二四時間に時間を短くするか、あるいは動物を駄目にしてしまわない範囲で別の短い期限を定めなくてはならないだろう」[151]と説くのである。

そして、ランドゥッチは、「お互い邪魔したり助けたりする複数の狩猟が並行して行われることが、獲物の所有権にいかなる影響を与えるか考えてみよう。無主物先占理論及びイタリアの特別法における基本原則の歴史を思い返すと、狩猟の並行があっても、獲物は最初に占有した者、つまりそれを逃亡できない状態にした者の物になるという原則は変わらない」[152]、「たとえ法律の禁止規定に反した距離から狩猟を行った場合でも、損害賠償義務や罰金が発生することがあっても、獲物は狩猟者の物となる」、「もしある狩猟者が、ある野生動物を狙い、別の狩猟者がそれを殺したときは、我々の考えでは、疑いもなく後者の物となる。狙いを付けることは、なんら占有取得を確定する力がないからだ」[153]とするのである。

6　リナルディの学説

当時の著名な法学教科書の執筆者であったリナルディ[154]は、我々に誤りがなければ、追跡によっても先占が可能であるとする学説を支持していた。「しかし、疲労または負傷が重く、狩猟者が間違いなくそれを捕獲できそうなときは、継続的な捕獲の意思が物理的事実に対応していることから、すでに確実となった獲物を彼から奪い取って彼の前から去ることは、誰にもできない」と述べて、簡単に検証できる致命傷と比べると、疲労程度の検証が容易でないことは、リナルディも認めている。そして、「これについては、基本原則を厳格に運用すべきという反論がある」[155]と補足している。

7　犬と罠の学説

獲物の取得という本書の主題において、この犬と罠に関する学説を取り上げるのは当然であろう。そして、その中心的な問題のひとつに、犬、罠その他の猟具は、これでもって獲物を「先占」することができるのか、できないとしたら先占に至るには何が必要なのかという問題がある。この問題についても、アルプス以北から影響するものが少なくとも学説について認められる[156]。犬と獲物とは、つまり犬は野生動物を拘束または追跡するのである。既に占有を開始しその完成を望む者には、それを完成する「条件付きの権利」であると主張するフランス法学説と異なり、我が国の学説では、傷ついている、または追跡されている動物は未だ自由であり、したがって最初の占有者の物となる。それはまた、狙いを付けただけで先取特権を主張するという事態を避けるためでもある[157]。他方、先占が既に完成した、または少なくとも完成が確実であるといえるのは、犬が動物を捕まえているとき[158]、または疾走した動物がこれ以上走れなくなるほど疲れ果てたとき[159]である。とはいえ、「立ち止まって犬と戦っている猪は、この理由（負傷または耐えきれない疲労の兆候としての停止）により先占されたとは、必ずしもいえない。むしろ、猪が若く強力であるときは、最初の占有者の物となるだろう」[160]。このように犬は、先占を行うための手段であり、たとえ犬が獲物をあきらめたり、主人の知らないうちに捕まえたりしても、先占となりうる。「むしろ、基本原則に忠実になればまだいえる。犬が動物を捨てても、狩猟者から逃れることができないほど悪い状態なら、先占は完成したと我々は考える。我々が何度も引用した議論のあるケースにおいては、一匹の犬が、主人の知らないうちに鹿を沼地に追いやり、それを他人が発見した場合、もしその沼地が鹿の逃げ出せない状態にあり、かつ犬自身がそこに鹿を導き、主人にそれを知らせたときは、犬の主人による先占が完成しているとみなし、彼に獲物の返還請求権を認めるべきかもしれない」[161]というものがあった。次に、罠を使用して捕らえた動物については、プロクルスの有名な文章がある[162]。「先占は動物が逃亡できない時点で完成する」のである。もちろん罠を設置した者が主体である。しかし、罠設置者が土地所有者でなかったら、どうなるだろうか。最初の占有者に所有権を認める論者は皆、たとえ他人の土地での先占であっても所有権を認める[163]。しかし、他の論者は沈黙する[164]。

8　ブルギの学説

立法者が狩猟においてどのように先占が成立するかを定めていないことは、驚くことではないかもしれない。ブルギは、「これは法律の問題ではなく、科学・ケース判定・慣習法・地域の習慣の問題だからだ」[165]との前提に立って、「イタリア国内の少なくとも一部の地域において、狩猟者が法律同様に、あるいはそれ以上に自発的に従っている慣習法によって問題を解決する」ことを提案する。ブルギは、自分が既に傷を負わせていたことを理由に、獲物をくわえていた他人の犬からそれを強引に奪い取った狩猟者を有罪とした判決を激しく批判したが、彼の知るいくつかの習慣をその判決に対置する。その習慣によれば、自己の犬が捕らえた兎が他人によって巣から追い出されたものだと証明されたら、その兎を返却しなくてはならない。つまり、この習慣によれば野生動物は巣からの追い出しだけで、その狩猟者の支配下にあると一般的に考えられることになる。イタリア民法においては、民法典の優越の下で慣習法及び地域の習慣の効力も認められることから、民法典に規定のある事柄であっても細目に定めがなければ、裁判官及び仲裁人は、慣習法及び地域の習慣を考慮しなくてはならない。ブルギによれば、「これら地域の習慣は、実際、野生動物の先占に関して、一つひとつが栄誉ある法律のルールにまで遡る。註釈から始まるイタリアの法的伝統の流れを汲み入れていることを示す印である[166]。大切なのは動物の占有取得を明確に定めることである」。そしてブルギは、占有をひとつの意思表示と考え、観念化する論者には賛同しないと言明するものの、同時に占有の対象肉体は、現実の生活に根ざした法概念なので、自己の物にしたい目的物によって占有の形式は異なりうると主張する。「先占可能な物が無主物とみなされないためには、狩猟の習慣に従って、動物の追跡という事実があれば足りると思われる」[167]とするので、ブルギにとっては、巣からの追い出し及び追跡により獲物を先占したことになるのである[168]。

ここまでが、諸学説の概観である。諸学説のあらましを辿ると、古代の実物主義的内容の狩猟先占から徐々に離れ、新しい概念により近づこうとしていることが判る。しかし、基本原則との整合性や、根の深い狩猟にまつわる慣習法の尊重という言葉で正当化しているが、結局は、受け入れた概念を平たく延ばして、文体をより洗練させたに過ぎないようにも思われる。狩猟者が気に入ればまだよいのだが、狩猟者はこの「理論的な接岸」を必要としていない。というのは、狩猟者間の意見が一致するなら、法律の同意がなくても（これまでそうしてきたように）、それを適用する。しかし、狩猟者間に対立が起こり、ライフルを向き合わせるような事態になったときには、最初に誰が鶉を持ち上げたかを問題にする。その鶉はそっとして欲しいだけだったのだ。結局ガイウスとユスティニアヌスの肘打ちを食らうのだ、とされよう。

九　裁判官と犬の獲取

獲物の取得及び狩猟の衝突の主題について、この年代の判例はほとんど見当たらず、当時の何人かの学者は、存在しないと断言している[169]。しかし、何かしらのものはある。

最古の民法典判例全集[170]に収録された判例から判断すると、第七一一条及び第七一二条について、裁判官は、ボルサーリ及びリッチが表明する前述した原理に賛同しているようだ。我々の主題に関係する判例が二件あり、第一判例が番号九九「野生動物は、狩猟者の支配下にないときは、彼の財産にならない」[171]であり、第二判例が番号一〇〇「逃げている間に他人の犬が捕まえた野兎の解放を暴力で強いる狩猟者は、それ（他人の犬）も傷を負っている場合、横暴な行使を犯す」[172]である。判例に説明を加えると、第一の判例では、狩猟者の支配下にいう「支配」という法律用語は、狩猟者が野生動物の所有権を要求するために持つべき、物理的に有しているという要件を、視覚的に表現している[173]。これは、巣から追い出した、または傷を負わせた獲物を追跡する者には当てはまらない。そして第二の判例では、黙示的とはいえ、動物を巣から追い出した、または傷を負わせた者は、このことだけでその動物を先占したことにはならないということは明確であるが、理由中の判示で、占有の実現には犬による野生動物の捕獲で十分なのか、それとも主人による獲取も必要なのかという疑問（我々の想像では野兎を自分の物と主張する犬を狩猟者が殴打している）が残されているかもしれない。最初の仮説の可能性が高いが、犬はプロクルスの括り罠のように先占の手段であり、また狩猟者の手の延長でもあるから、どちらにしても、同種の捕獲ということであろう。

そして、狩猟における先占の有効な形式に関して、巣からの追い出し及び追跡の新しい方向へ移動する形で、一九〇九年一月一九日のローマ刑法破毀院の判決が現れる[174]。この判例の事案[175]は、フィレンツェ控訴裁判所及び破毀院が、判断を下すこととなった特別なケースで、以下に要約できる。「一つの禁猟区において、何人かの狩猟者が勝手に立ち入り、狩猟者の犬が一匹の野兎を巣から追い出し、追跡した。禁猟区の監視を任された警備員が、野兎が目の前を通り過ぎたのを見たので、ライフル銃でそれを撃ち殺した。狩猟者の一人が、警備員より先に、それを自分の占有下に置いた。そこで二人の間にひとつの争いが生じた。狩猟者は自分のもとに野兎を保持したかったのに対し、警備員はそれを取り上げたかった。他の狩猟者も争いに参加した。彼らは当事者である仲間と一緒になって、度を超えて暴力と脅迫を行った。その結果、野兎を上記のように占有下に置いていた警備員は、それをあきらめて手放すよう強いられた」というものである。

我々の興味を引くのは、事件の刑事的な側面ではなく、二つの裁判所で確認された、狩猟に関する原理である。「他人の土地での狩猟の不法な実行に対する反則金は他のこと、不法に殺された獲物が誰に属すのかを決めるのは他のこと。裁判所はこう付け加える、その獲物は無主物であり、先占者の所有となる。禁猟区の所有者が、その獲物について何ら特権を行使できない」[176]というもののようである。

さて、この判例により、狩猟者は、所有者が禁じる他人の土地の野生動物を自己の物にしただけでなく、単なる巣からの狩り出し及び追跡によってそれを成した。ここから、追跡の間、動物を殺し、それを占有下に置いたと主張する者に対抗する管理も想定されうる。

本件判例は、共有された原理とはいえなかった[177]。良心的に考察すれば、実体を伴わない先占という形式に賛成する路線（トレバティウスから始まり、サリカ法典、バルベイラック、そしてポティエを通じて、フィレンツェとローマの裁判官に影響を与え、かつトスカーナの裁判官が論拠とした推定された慣習の形成を助けた路線）が、「法の原理及びそれを定めた伝統」[178]に反し、またもしそれがあるなら、裁判官は衡平の使徒ではあり得ないと主張するため、議論の長い歴史を回想するものである。

野生動物を巣から追い出し、かつ追跡することは、先占の最初の要素であり、第三者はそれに介入する権利を持たないと断言できる。「しかし、これらすべての区別をするには、一つの法律が必要だろう。それがないうちは、解釈は伝統的原理に従うしかない」[179]。それから一三年後に、法律が制定される。しかし、この論点については、さらに一六年間沈黙を守ることとなる。

第二節　イタリア統一狩猟法

一　一九二三年の最初の統一法、ローマ法の勝利

イタリア共和国の黎明期に、所有権と狩猟権との関係を定める法律がどれだけ曖昧なものだったかをみてきた。一八六五年の王国民法典は、土地の囲い込みを許し（第四四二条）、かつ所有者の禁止に反して狩猟のために他人の土地に立ち入ることを違法とした（第七一二条）。その禁止は、どのように表示しなくてはならなかったのだろうか。統一前の諸法に遡ってみても、異論のない結論が得られない。確かに、土地が囲い込まれているか、または

耕作されているときは、所有者の黙示の禁止があると解釈されたが、その他のケースではどうだったのだろうか。ここまで見たように、狩猟者は、禁止が物理的な囲い込みまたは耕作のどちらかによってのみ表示されなくてはならないと主張した。彼らの主張は一八八九年の刑法第四二八条で認められる。違法狩猟を処罰する同条においては、土地所有者が法律に定められた方法で立入りを禁止し、かつその禁止を明示する標識がある場合、その土地に狩猟目的で立ち入ることを犯罪としている。このことから、障壁等で物理的に囲むとか、耕作を行うだけでは、禁止の意思表示をしたことになると主張するのは不可能であったことがわかる。つまり、標章が必要であった。ではどんな標章か、どのような貼り紙か。

相矛盾する見解と判決が、洪水のように流れ出てくる。少なくとも一九一八年四月一日の保護区に関する副王令までは、何も確実なものがない状況だった。同副王令には、保護区を囲い込む方法が規定されており[1]、この規定は、刑法第四二八条に定める禁止条項と結びついていた[2]。農耕地は農耕の全期間にわたり、そして苗床及び葡萄畑も保護区とされた[3]。その禁止は、厳格なものであって民法第四四二条及び第四二七条の完全に囲われた土地と同等の扱いである[4]。

イタリア国の統一狩猟法の制定が推進されていた。土地所有者は、保護区では今や所有者の禁止権が変化し、弱まりつつあった。これに対し、狩猟者の力が強まりつつあった。保護区については、禁猟区と同様に野生鳥類の繁殖に不可欠であるというプロパガンダが活発になり、これまでその数が少なかったのは囲い込み・許可・監視・税のコストがかかるためだという幻想に振り回されていた狩猟者にとっては、その不満が減少してきた。全国狩猟者協会は、少なくとも一九〇二年以降、統一的な「狩猟法」について継続的に議論するようになった[5]。有名狩猟者、アルプス狩猟者会、カルドゥッチ、プッチーニらはみんな、正直で健康的かつ善良な狩猟者像を世間に認知させることに力を貸した。また、よき兵士でもあった[6]。

農相デ・カピタニ・ダルザーゴの提出した法案に基づき、骨の折れる作業を経て、待望の狩猟統一法一九二三年六月二四日法律第一四二〇号がようやく成立した[7]。表向きには、この法律は、三つの必要性を同時に満たすことを意図している。野生動物の保護、所有権と農業の要請、そして狩猟の自由である[8]。

ただし、この法律を統一法と呼ぶのは正しくない。なぜなら、旧オーストリア・ハンガリー帝国領にあたる地域では、以前から適用されていた法律が引き続き適用されたからである。

所有権と狩猟権、禁止権と狩猟の自由との関係という観点から見れば、この法律は、狩猟のための・狩猟者のための・「おそらくは特に狩猟者による」法律であったと、ためらうことなくいうことができる[9]。前に触れた全国狩猟者協会との議論は別にして、一か月前に法案の採決に向けて狩猟愛好者の下院議員の会合が開かれ、法案（将来の施行規則の一部を除く）の議会通過を視野に入れた議事日程が決められたことはよく知られている[10]。委員会の下院宛ての報告書では、常に一体にまとまっていたわけではない「狩猟者階級」へ関心を払うことが求められている[11]。

まさに目には見えないものの、根こそぎの勝利だった。立法者は、土地の従物というゲルマン法概念を拒否し、無主物という伝統的概念をとった。「ゲルマン的システム」[12]の支持者からの攻撃は強力だった。報告書には以下のような記述がある。「たとえ野生動物の保護、狩猟産業及び農業の利益という観点から、ドイツ理論の採用が有益だとしても、イタリアのように特別に狩猟の自由が認められている国において、数世紀にもわたって維持されてきたシステムを破壊するのは不可能であるし、また、総合的にみて有益とは言えない、と認めざるを得ない」[13]。目に見える勝利（狩猟者の有志団体を法人として認証することのほかに）[14]として、第二一条第一項がある。

条文は、「第一条及び第二条の禁猟区及び保護区の規定により禁止された場所を除いて、徒歩による狩猟及び鳥撃ちは、未開墾地、農閑期に休耕している耕作地、耕作されていない谷及び沼地、湖及び沼、河川及び河川敷、水路、海岸並びに海上において許される」である。したがって、禁猟区及び保護区[15]と一部例外地を除くすべての土地において、狩猟は一律に禁止されるか、または狩猟者のみに許される。未開墾地だけでなく、休耕期間の耕作地まで含まれた。この保護区には、租税等の負担のほか、外周に標章を掲げ[16]、人及び動物の通過を実効的に妨げるように囲い込む[17]ことが課せられた。ほかに、一部の小さい例外地[18]を除くすべての土地において、狩猟が許されたのである。

時代的には、ムッソリーニのローマ進軍とほとんど変わらない時期に、ローマ法の名の下に、狩猟法革命が実行されたのである。しかも、この法律は、ローマ法とその禁止権を超えていた。

実際、第二一条の規定する土地については、所有者または使用者の意思に反して狩猟者が他人の土地に立ち入ることは、不法行為とならないのだろうか。民法第七一二条の「狩猟行為を目的として所有者の禁止に反して他人の土地に立ち入ることは許されない」という規定は一体どこへ行ってしまったのか。ザナルデッリ刑法典第四二八条の狩猟に関する罪の規定により導入された刑罰は、どうなったのか[19]。通常の法技術的な回答としてならば、今や狩猟権は一九二三年の体系的な新法のみに依拠しており、それが定める規則と制限に服しているからであるという回答が予想できよう。法律により許される範囲で他人の土地で狩猟を行う者は、土地を囲い込んであるか囲い込んでないかにかかわらず、他人の所有権の一部を無権利で利用するわけではない。法律により認められた、所有権とは異なる、それとは無関係の独立した権利を行使するのである[20]。「狩猟権濫用の抑制に関する専門の裁判が用意されており、そこでは狩猟法に基づいて適切かつ特別な手段が用意されている」[21]のであり、したがって第四二八条は暗黙のうちに廃止されたと理解するしかない。そして、第七一二条第二項においては、所有者及び占有者は、法律が狩猟を許可する地、つまり禁猟区及び保護区でないかぎり[22]、未開墾地または休耕期間中の耕作地における狩猟行為を禁止することができない。所有者が自己の未開墾地を囲い込んだとしても、狩猟者による合法の狩猟行為を妨げるものではない[23]。

この説得力のある考察に対する反応は弱く、反対側も、第二一条の「単なる」という文言に「所有者の意思に反する」場合も含めることを認めざるを得なかった[24]。しかし、「誇るべき」[25]第七一二条最終項を維持し、禁止が「農作物への損害についての合理的な懸念に基づく」[26]ときは、狩猟者を含むすべての者に対し立入りを禁止できる権利（実質的または名目的な囲い込みによる口頭での禁止）を再度確立しようとする試みもあった。中でも、「休耕期間中の耕作地」での狩猟が許されるという第二一条の文言が批判の対象となったのは無理もないことである。この休耕期間というのは非常に不確かで、まるで蜜蜂の巣のように騒ぎの中心となった。農相は、一九二八年一月通達で、「狩猟の一時的な禁止」と書いた紙を貼ることで、農家に狩猟禁止を許可した。

刑法から狩猟に関する罪（第四二八条）が削られたことにより、土地所有者は打撃を受けた。一九二三年六月二四日法律第一四二〇号で狩猟に関する法律が制定されたため、乱れていた狩猟が減るという予想外の効果がでたため、この罪は一九三一年七月一日に発効した新刑法法典から姿を消してしまった。

二　一九三一年のアチェルボ法、ローマ法の大勝利

わずか八年後には、施行された数多くの特別法の整理が必要になった[27]。アチェルボ大臣は、一九三一年一月一五日の報告書（狩猟に関する法令の統一狩猟法[28]の裁可を得るために国王に提出するもの）において、複雑に絡みついた諸法令と向き合わなくてはならない官吏たちの労苦を強調している[29]。

しかし大臣は、この分厚い報告書において、新法の目的のみを述べたわけではない。ローマ法が「狩猟に関しても賢明な師」[30]であったと論を起こし、多くの賛辞を送り、立法者が完全に古代の法原則の方向性に沿って新法を策定したことを述べた。「狩猟はある無主物を先占するための一方法にほかならなかったし、今もそうである。狩猟に関連する規範、中でも所有の意思を伴う占有権、処分権の取得に関する規範は採用されなくてはならない」[31]。これは要するに先占理論のことであり、それでほとんどが語り尽くされる。先占による取得に論が及ぶと、大臣は有名な論争に触れる。しかし、新法がこの争点についての結論を避け、民法上も狩猟による先占の問題が未解決であることを知る大臣は、獲物の実効的な捕獲を要件とする理論のほうに傾いているかのように思えるが、自己の見解を述べるのを巧妙に避けている。なぜなら、ユスティニアヌス法典にもあるように、獲物の捕獲ができない多くの状況が想定されているからである。

「ローマ法固有のこの簡潔で厳格な論理により、野生動物は土地の果実とみなすことができない」[32]。「もう一つの基本的なポイントは、土地所有権者の狩猟権の不存在である。言い換えると、ある土地に定住するまたは地上あるいは上空等を通過する動物は土地所有者の物ではない。野生動物は土地所有者や、他の何らかの物権の権利者

の物ではなく、無主物であり、最初の占有者の物となる」[33]。土地所有権は、統一狩猟法下の今日よりも強力であり、禁止権を伴っていた。すなわち、誰に対しても土地への立入りを禁止する絶対的または制限された権限が認められていたが、この禁止はローマ人にとっては当然の権利ではなかった。先占された野生動物は先占した狩猟者の物であったが、土地所有者に対し禁止違反について責任を負った」[34]。アチェルボが、こんな風に過去から現在までを通観したのは、二つの時代を結びつける意図があったからである。

そして、これらの基本的な法原則は、保護区を概念化するときも、その前提になっている。ローマ人は繁殖地、つまり繁殖を行う場所を知っており、そこでは動物は無主物ではなかった。また、ローマ人は、聖パオロの故事にあるように、囲まれた森のことも知っていた。「狩猟目的も含めて、土地、森、林を、溝、壁、柵で囲んでも、中に棲む野生動物の法的性格が変わるわけではない。狩猟者を含め何人も立入りを許さないという所有者を示す証拠とはなりえたが、野生動物は依然無主物であり、狩猟の対象のままである。土地所有者が捕獲した場合でも、所有者としてではなく、先占者としてそれを自己の物とする」[35]。大臣は、はっきりとは書かないが、法律により定められた保護区は、繁殖地としてではなくむしろ囲まれた森として考えられている。保護区は政府の許可により設けられ、また許可を受けた者は、定住する保護すべき動物の繁殖に配慮し、定住野生動物の頭数増加を助ける法律上の義務を負うのである[36]。

これらの中心的原則は、ファシスト政権下で現行の統一狩猟法においても破棄されることはなく、野生動物を保護するための修正が施されたに過ぎない、と大臣は言う。さらに、土地所有者の権利は、「娯楽、身体の鍛錬、修行として相応の配慮を受けるべき狩猟を必要以上に妨害しないために制限される。つまり、土地所有者の持つ自己の土地への立入りを禁じる権利を否認するわけではないが、都合により制限される。また、政府による許可と考えられることから、一定の義務が生じる。禁止を特定の方法で周知させること、税金を払うことなどである」[37]。

要するに、統一狩猟法下においても、以前とほぼ同様に、場所により狩猟が禁止された。特に、禁猟区及び保護区においてはそうである[38]。さらに、土地所有者は、土地を法律に定める方法で囲むことによって狩猟者の立入りを拒むことができた[39]。そして、耕作地での徒歩による狩猟は禁止された[40]。結局、法の解釈者は、これらの禁止を、全体的に見て狩猟者に有利なものと考えた[41]。

三　保護区と獲物、飼い慣らされた雉、羊飼いのルイージ・ジェルメックと括り罠に捕らえられた野兎

一九二三年統一法におけるローマ法起源の狩猟基本原理についての立場は、我々が見てきたところではあるが、野生動物を「無主物」つまり先占者の物と理解するのか、それとも土地所有者に特別の権限を認めなくてはならないのかという、核心的事項についての対立なしで決定されることはなかった。確実に、アチェルボ法のローマ法的な勢威は、少なくとも言葉の上では大きかった。

しかしながら、どちらの狩猟法でも、法律の内部構造において表明される基本的概念と矛盾しない野生動物の地位に関する原理、及び獲物の所有権の取得における一般規範の記述を避けている。ほとんど意図的な省略、数世紀にもわたる問題を軽視しようとする意思、これらの事項に関しては特別法による立法に広く任せるのがよかった。おそらく、いつもの決まり文句になる。所有権取得は、特別法によってではなく、一個の「民法学的」テーマである。そして、民法、学説、及び判例がそれに取り組んでいた。結局、疑問はいつも同じである。野生動物の無主物

の概念（それを肯定し続けていた一八六五年王国民法の第七一一条が唯一）が容認されたとして、この原理の首尾一貫した適用において、どの点まで進むべきであったのであろうか。先占の方法はさておき、狩猟者は、捕獲が実現するなら、どこでもたとえ禁猟区や保護区であっても獲物を自分の物にするのか。実行された狩猟の不法性を犯罪とするほかに（または、それをしないで）、盗まれた財が誰かの所有物（または占有物）であることを前提とする「窃盗罪」の追求は可能であるのか。多くの者は、そうしたいと思っていたかもしれない。「塀で囲まれた森」についてのパウルスのあの法文の、なんとひどく不運であることよ、と思われる。

単一の統一法の波の上で、学説は、解釈学的かつ体系的な刷新された勢いを知っていた[42]。週刊・月刊・サークルが編集する地域の仮とじ本などの専門誌[43]が、急な勢いで増えていき、そこで、狩猟の技術的・法的な問題も扱われた。獲物の取得について、特に新しい切り口はない。禁猟区及び保護区においても、先占の原理は主張される[44]。その実現方法に関して、学説は、すべての理論を並べてみせる。占有の伝統的要素は強く物質主義的意味で理解されるという最も制限的なものから、徐々に制限が緩くなり、物に対する仮想的な力の概念が導入され、最後は意思または準備行為という要素だけで先占を認めるに至る[45]ものまである。将来の示唆として、新しい世紀の最初の数十年において、野生動物の巣からの追い出し、追跡、傷を負わせることによっても、先占が実現されるという概念の回復が考えられているようでもある[46]。こうして、一九三六年の統一狩猟法のために下地が次第に準備される。

学説がメリーゴーランドの止まらない回転を続けている間、破毀院刑事法判例は、一つの判例を作る。もし雰囲気に合わないようなら──古い迷惑、決して緩和しない欲求、野生動物に対する土地所有者のそれ──、言及するのを避けることができるかもしれない。飼い慣らされた雉の事案がある。

破毀院は、おそらく一九二三年法に含まれているいくつかの特別規定を、示唆する[47]。その規定は、禁猟区（類推で保護区も）における野生動物のステータスについて、いくらかの疑いをそれとなく抱かせる。そして、破毀院は、前で触れた事例を解釈し、少なくとも一九二五年四月二九日の判決[48]以降、ひとつの混合作品に向けて勢いよく進むのである。

破毀院は以下のように推論する。狩猟は、誰にも属さない動物の先占の一形式であり、その正しい概念は、ひとつの高い経済・法律的価値を有する。なぜなら、こうして狩猟者は、常に楽しい気分と精神の落ち着きの源である狩猟を、自由に楽しめるのである。また、所有者は彼の権利を侵害されないし、養殖産業が迷惑を受けることもない。したがって、狩猟の対象は野生動物に限られる。彼らは自然な状態で暮らしており、その状態にあり続ける限り、野生動物である。彼らは無主物であるから狩猟の対象となる[49]。しかし、例えば雉のように飼い慣らされた動物もいる。既にローマ人は、雉に属する孔雀を飼い慣らしていた。世界のある場所においては、孔雀は野生の中で生きている。しかし、崇拝すべき精神を持っており、また彼らに食物及び安全な場所を与えれば、周囲を羽ばたいた後でも戻ってくる。したがって、土地所有者に属する。孔雀は、移動しなくなり、これの所有者の世話により土地の従物になる[50]。担当裁判官（中でも特殊なケースに塀で囲まれた森に関するパウルスの法文[51]を適用することを主張した）は、誤りを犯した。もし雉が養雉場ではなく、禁猟区で殺されたというのがたとえ真実であっても、やはり裁判官はパウルスの法文を適用するという誤りを犯した。なぜなら、雉は所有者がいるため、自然の自由にいる動物ではないからである。もし自己の物にする目的で殺したなら、違法狩猟のほかに窃盗罪にも問われる。

諸判決は、この基調で続くのである。アチェルボ法の施行まで、そしてその後も、である。アチェルボ法第三条で、明示的に、雉は定住性の高貴な野生動物とみなすべき動物のカテゴリーに挿入された。つまり、無主物か。それだけではない。この法律の第四六条には、定住性の高貴な野生動物が導入され、かつ養育される禁猟区の周辺に、五〇メートル以上の保護区域を認めた。そして、これは雉養育者へ損害賠償を行うことを暗に目的としていた。大臣自身が言う。「その規定は、特に雉の殺害が窃盗罪にあたるとの破毀院の判決以降に求められた。雉は野生動物の特徴を持っていないため、狩猟の対象にならない。いわゆる尊重すべき慣習を持っているので、野生動物ではなく、飼い慣らされた動物とみなすべきである。したがって、無主物ではない」[52]。主張されていたように[53]、裁判官の方向性に拠った解釈である。しかし、わずかな結果が出た。いくつかの非常に有名な註で、まさに破毀院の一人の裁判官が遂行した、雉の野生の熱烈な防衛にもかかわらず[54]である。実際、一九三四年四月四日の判決[55]で、雉が飼い慣らされた動物であること、及び窃盗について再確認された。一つの重要な休止は、数か月後に下された判決である。そこで初めて雉が、盗難が不可能な無主物になった[56]。この決断は、最高裁が今まで黙っていたこと、つまり狩猟についての特別法が、地主に優先先占権のみを帰するということによっても注意を引いている[57]。

そこで、破毀院の禁猟区・保護区の野生動物についての判例を見よう。いわば、改心なしの事案である[58]。一人の牧人が保護区内で、括り罠に掛かって死んでいた一匹の野兎を袋の中に隠して持ち去ろうとしていた。まさに警備員により驚かされた場面である。牧人が罠を仕掛けたものでないことが確認された。もしそうだったら、犯罪者の肩書が即座に明らかになったことであろう。狩猟法は、万人に場所に関わらず、括り罠による狩猟を禁止している。そして、特別法の様々な条文に基づき、牧人に対する狩猟の不正な実行についての罰金は避けられなかったことだろう。しかし、括り罠は牧人が仕掛けたものではなく、野生動物も既に死んだ状態で発見された。担当の裁判官は、牧人を犯罪者にするための方法を探す。なぜなら、そうしなければ牧人の明らかな立入りに関して、保護野生動物を奪った者を罰することが不可能であるから[59]である。しかし、原審裁判官は、彼を窃盗罪で裁くいかなる可能性も認識できない[60]。なぜだろうか。括り罠（あらゆるタイプの罠）による捕獲の問題を、担当裁判官が考えていたからである。括り罠を通じた捕獲は、横領を構成しない。その横領が身体の獲取により完成されないままでは、動物は、捕獲されていたにせよ無主物のままである。したがって、先占者の物となる[61]。牧人は先占者かもしれない。担当裁判官は、既に見たように、牧人を無罪放免とすべきでないと考えていた。それで特別法に基づいて、つまり統一狩猟法第二条を類推的に解釈して、狩猟者として罰する方法がないかを探ってみたわけである。その第二条では、「正当事由なく、武器、道具、爆薬、すべての狩猟または捕鳥のための手段を携行し、野生動物を殺すまたは捕獲するために野生動物を捜索又は待機する意思をもって、徘徊または立ち止まること」も、狩猟の実質的な実行とみなしている。袋を持っていたこと、そして既に死んでいる野兎をその中に詰めようとしたことは、この規定に当てはまる。このようにして、牧人ルイージ・ジェルメックは、原審で狩猟者と認定された。免許なく保護区で狩猟をしていた。そうして、第七条（無免許狩猟）及び第五七条（無許可での保護区での狩猟）違反による四〇〇リラの罰金になった。

破毀院は、既に死んでいる野兎を袋の中に入れる事実を狩猟行為とみなすことはできない、ゆえに統一狩猟法第二条の解釈を誤ったと判断して上告を受け入れた。

しかし、破毀院裁判官は、別の見解を示して以下のように考えることを促す。「第一審判決は、第二条の目的は野生動物の殺害又は捕獲の防止だけではなく、持ち出しの防止も含まれると付け加えて、第二条の上記の表現に法律の適用範囲を超える拡張を行うことを望んだ。これは明らかに読みとれるように、ジェルメックを想定狩猟者として罰することができなければ、保護区で他人が捕獲した野生動物を奪う者を罰する方法がないという判断に突き動かされたものである。括り罠に掛かった野生動物の、括り罠を設置していない者による奪取は、ローマの法学者・註釈学派法学者・近代の論者の間で、常に議論の対象とされてきた。ある者は狩猟者に被害を与える窃盗を犯していると主張し（土地の所有者による奪取も含まれる）、ある者は罠を仕掛けただけでは狩猟者に野生動物の占有達成は認められない、なぜなら先占までに多くの事象が起こりうるからであり、土地所有者による、罠に捕らわれた野生動物の先占のための狩猟者の立入禁止が優越すると主張した。判決は、野兎は保護区で奪われたことを認定したが、この判断から適切な法的帰結を引き出すことができないとした。そして多くの理由から、特にジェルメックが罠から外し袋に隠した時点で野兎は既に無主物ではなかったことから、狩猟者とみなすことができない者を、狩猟者として罰したとしたのである[62]。それならば、野兎は無主物でなかったというなら誰の物だったのか、捕獲の時点で野兎を取得した罠の設置者の物だったのか。それとも保護区の土地所有者か、それは何の資格によるのか、罠に掛かる前も常に彼の物だったからか。そのあたりが明言されていないのは残念だが、判断は最後の理由によると思われる[63]。破毀院は、全国ファシスト党（PNF）が表明したように、狩猟との関係において所有権のあまりに社会的な概念に抵抗している[64]ようである。

四　一九三九年六月五日勅令第一〇一六号

一九三九年六月五日勅令第一〇一六号「野生動物の保護及び狩猟行為に関する法規の統一法典の裁可」[65]は、我々が注意を払う諸問題について、明確な立場を表明している数少ない法令の一つである。特に、第二条第二項の「自由地における狩猟」、「禁猟区あるいは保護区」の規定は、狩猟者と土地所有者に関する重要な規定である。

ここで、狩猟者と所有者との間にある対立の実相に触れておこう。農林大臣ロッソーニから国王に提出された報告書[67]は、大変興味深い文書である。新法[68]が必要となった事情を説明するとき、大臣は、狩猟者たちの統制が不可能な状態にあったことを、立法事情として考えていたようだ。「狩猟というスポーツは、周知のように個人のスポーツとしての性格が強く、それを組織化するのはとても易しいこととは言えない。狩猟に従事する者ならよく知っているように、狩猟は複雑な環境に左右されるため、地域ごとに多様化している。そんなところで統一的な性格を必然的に持っている法律について議論するための活動を展開しようというのだから、統制の困難さはより尖鋭になった」[69]としている。

一九三一年の統一狩猟法で提案されていた狩猟者組織の実現は、やっかいな問題だった。「狩猟の個人主義的な性格に反して（これを否定するのは無駄なことだろう）、膨大な数にのぼるこの独特なスポーツの愛好者たちを組織化し、統一された法律を課すという作業だったからだ」[70]。狩猟者は、つきあい難い人たちだ。そもそもこのことが、狩猟者の利益に反する方向を強く志向する法律を立案しようとする傾向を助長している。「現実の要求に規範を適応させることを目的とした」三一年の統一狩猟法の見直しのための審議[71]が、中央狩猟委員会に代わってある改革委員会に任され[72]、その委員会が、少なくとも狩猟についての裁量権と監視に関する地方権限を強化するという点で狩猟者に有利な反政府的な法案を提出し、大臣と政府の静かな怒りを引き起こしたとき、その印象はいっそう強くなる。大臣は次のように言う。「狩猟は、特殊な道具（銃器）を主に使用し、我国経済の大部分を占める農業のような一口では言い表せない他の重要な活動が行われている場所で行う。こうした事実から、狩猟は法によって管理するという原則があるが、いま委員会で審議されている法案が国の法律となったなら、その原則を完全に覆して、本来は委任できないはずの政府の機能を純粋なスポーツ団体に委任することとなる。狩猟が、多かれ少なかれ耕作されている土地で行われることも忘れてはいけない。銃器の使用は、公共の安全のための厳格な管理を必要とし、狩猟者がその活動を行う場所には農業生産という非常に重要な仕事がある。トラック、スタジアム、サーキット、プールのような狩猟のための専用の場所があるわけではなく、田園のほとんどの土地が猟場にされているが、その土地は我国全体の死活に関わる重要な期待を背負っている。こうして、しばしば利益の衝突が生じる。狩猟者の狙いが獲物を得ることに外ならないのに対し、農家は、当然だがそうしたスポーツ活動のために生じうることを心配して反発する。この対立を考慮すれば、狩猟は（他のスポーツと違って）政府によって管理されなくてはならない。政府は、自己の権利を行使することによって他者の権利を侵害することがないように、各人の権利を摺り合わせる権限のみを有する。つまり、スポーツ愛好者と農家の間に競合があり、他の誰もが「解決」できないという状況がない限り、政府には各人の権利を廃止することはもちろん、問題に介入することすらできなかった」[73]。

ロッソーニは、ローマ法には一言も触れないのである。改革委員会の法案は棚上げにされる一方で、統一狩猟法により県単位の狩猟者協会が廃され、農林大臣が監督するイタリア狩猟連盟と付属機関が設置される。以上を前提にして、狩猟者及び彼らと農家との関係にとって最悪のことが告げられる。

しかし、現代のように環境問題が大きなテーマになる前には、法律の全体的な出来栄えを判断できる狩猟法の研究者はいなかった。もっとも強い関心を持っていた学者[74]によれば、この立法において、狩猟権を自然権の一つとして考えることはできない[75]。今日の国家において、この考えは認容されない。また、民法上の私権の一つとも考えられない。なぜなら、財産権から派生する権利ではないからである。したがって、狩猟権は財産権の一種ではなく、主に趣味、気晴らし、運動などを内容とした個人の公権の一つである。「実際、狩猟権は集団的利益を保護するために施行された公法の法令によってのみ個人に認められるものであり、狩猟法においては、何人にも狩猟の自由が認められる一方で、狩猟は、特に国民の財産として経済的観点から考えられている野生動物の保護と増加という集団的利益の観点から、警察法により制限を受ける」[76]のである。「国家が、抽象的にすべての個人に対して、定められた制限の範囲で、狩猟を行う物理的な可能性と、他人の土地も含めすべての土地において、時には所有者の意思に反してでも狩猟を行うことができる法的な力を認めているという意味で、自由権または個人権」[77]の範疇に含まれる権利である。免許は権利を創設するものではなく、すでに存在する権利の行使を許可するものであり[78]、狩猟の排他的権利を与えることとは異なる。狩猟権は人権であり、物権ではない。なぜなら、所有権の所産ではないからだ。狩猟権は野生動物に対する所有権とは切り離されて考えられなくてはならない。例えば、ある土地における狩猟権を有していても、その上に生活する動物の所有権を取得したことにはならない。

「獲物に対する所有権の基礎は先占であるが、それは狩猟権に基づくものではない。というのは、我国の法制度において野生動物は無主物と考えられており、動物のいる土地の従物ではない」[79]からである。「我国の立法者」は、新しい統一狩猟法が世に出た時点では、いまだにイタリア王国民法の古めかしい第七一一条であった。数年後には物権篇第一一二条及び第一一三条、そして一九四二年民法第九二三条が現れる。

まず、無主物及び先占については、野生動物は最初の占有者の物となるのであり、たとえ先占者が土地所有者でなくても、また土地所有者の意思に反していても変わらない、したがって、野生動物は土地の従物ではなく、土地所有者は先占者となったときに限り動物の所有者となるという学者の支持する原則が重要である[80]。野生動物の無主物の性質は、禁猟区、保護区、繁殖区及び閉鎖または囲い込んだ土地においても失われない[81]。公共の秩序(公園、道路など)[82]や公共の利益(耕作中の土地[83]、禁猟区、保護区[84]、渓谷[85])という理由で、法律はそれらの場所での狩猟を全面的に禁止しており、その禁止には、所有者または占有者の同意を必要としない(私有公園及び物理的に閉鎖されている場所)[86]。このことは、それ以外のすべての土地において禁止及び現行の刑法第六三七条に反してでも狩猟が可能であることを意味する。同条は、囲われた他人の土地への侵入を罰するもので、狩猟法第二九条にある方法で土地を囲んでいるときだけ狩猟者に適用される。

要約すれば、所有権と狩猟権との間の健全なバランスに基づいた法律である[87]。この後者である狩猟権は複雑だ。立法者は耕作中の土地での徒歩による狩猟を禁止し、また別荘や住居に属している土地、公園及び第二九条の方法で囲い込んだ土地での狩猟には、土地所有者の合意を求めた。同様に固定または可動式の狩猟小屋の使用にも土地所有者の合意が必要とされる。その前者である所有権も複雑である。というのは、一八六五年王国民法第七一二条は、廃止されたと理解されることから、今列挙したケース以外では、狩猟者が土地所有者である自分の土地に立ち入ることを禁止することができないからである[88]。

この枠組みは、一九四二年民法典と現行法典の第八四二条第一項が施行されても変更されることがなかった[89]。その条文を確認すると、「土地所有者は、狩猟法に定められる方法で土地を囲い込んでいる場合、または、被害を被るおそれのある農作物を耕作中である場合を除いて、狩猟行為のために立ち入ることを拒むことができない」である。

五　狩猟者が獲物を自己の物とするのはどの瞬間か

前述した一九三九年六月五日勅令第一〇一六号は、野生動物の取得について、第二条第二項に「自由地においては、野生動物はそれを殺す者または捕獲する者に帰属する。ただし、巣から追い出された動物は、追い出した狩猟者が追跡をあきらめない限りその狩猟者に帰属する。また、明白に傷を負っている動物は、その傷を負わせた者に帰属する。禁猟区あるいは保護区に含まれない土地、または理由にかかわらず自由狩猟から排除されていない土地は、自由とみなす」と極めて重要な条文を定めた。

立法者は、学者や狩猟者が地域の慣習ごとに異なる村の問題であるかのように扱ってきた争いのある問題に、明示的な規定を設けようと介入した。特に、獲物取得の前提事実がそうである。法律は、明示的に自由地で狩猟された野生動物に規定をおき、閉じられた土地の野生動物については、禁猟区及び保護区の管理者との間で交わされる明示または黙示の合意によるとし、これにより野生動物は狩猟者に帰属するものと定める[90]。

先占により所有権が認められるのは、合法的な狩猟行為による場合（例えば犯罪的な狩猟によらない）[91]に限るのか、それともローマの原則（つまり無主物であるので）により、密猟者によるものであっても、獲物が自己の物となるのか、という二つの解釈に分かれる。時代は、保護派の力によるのか、合法的な狩猟行為による場合にその解釈が傾いているようである[92]。つまり、キュジャスの権威が呼び寄せられているようでもある[93]。しかし、ローマ法学者は、この解釈を徹底的に拒否する[94]。

さて、法律は、野生動物を殺し・それを捕獲し・それを巣から追い出して追跡し・それに傷を負わせる者の所有物である野生動物について条文を定めた。誰も、その法条が先占による所有権の取得であることを立法していることを否定しない。王国民法第七一一条の先占は、統一狩猟法第二条により正式の解釈とされており、のちの新民法典の財産権篇第一一三条の一般規定及び第九二三条により廃止されることもなかったのである[95]。

しかし、すべての法解釈者が、野生動物の所有権が取得されることにおいて、第二条第二項の「拡大解釈」と「制限的解釈」との区別が有益であるということに同意しているわけではない。そこで、両方の解釈についてよく検討することにしよう。

（A）第二条第二項の拡大解釈である。

これは巣からの追い出し・追跡・そして傷を負わせることも先占であるとする解釈である。その思想の主要な理論家であるチゴリーニの学説により辿ってみよう[96]。「特別法たる狩猟法は、ほかでもなく先占の法的効力を、殺害、捕獲、追跡を伴う巣からの追い出し、及び動物に傷を負わせることにも帰属させた[97]。立法者は様々な理由からそこへと仕向けられたとみられる。先占に関する民法典の規定について、野生動物の先占を殺害及び捕獲に限定する厳格すぎる解釈を取り除くという要求[98]を充足し、かつ公明正大の精神から、追い出し・追跡し・または傷を負わせた狩猟者にも、獲物の帰属を認めるという狩猟の慣習に対して、法的認知を与える[99]のである。動物を捕獲または殺害した狩猟者と、追い出し、巣出し、追跡、及び傷を負わせたと主張する狩猟者との間での紛争をなくしたいという望みからの解釈である」と説いている。

（1）殺害

殺害による先占は、人間の直接の行為、または機械的な手段によって完成される。括り罠、落とし罠、電流などがあるが、チゴリーニは、これ以上議論を深めていない。ある論文では、そのテーマは、落とし罠と綱罠により獲得された動物と繋がっている[100]。ほとんど、死は捕獲のあとに続くことが示唆される。ところが、別の論文では、議論は捕獲のケースへ引っ張られているようだ[101]。しかし、別の機会に論じた致命傷を受けて他人の土地で息絶えた動物についての仮説に触れるのが適切であろう。土地所有者は動物の所有権を取得できない。それを殺害した狩猟者に属することを前提にすると、狩猟者は、ただ狩猟が自由な土地であるときだけ、それを取り戻すために土地に立ち入りする権利を有するだろう。しかし、もし土地が閉じているならば（保護区、禁猟区）、管理者が狩猟者に立入りを認めるか、または獲物を狩猟者に受け渡す（第四三条）。もし第二九条または法律の他の規定に基づいて囲われた土地であるなら、狩猟者は打撃を受けた野生動物を取り戻すために入場する権利を有する。これは狩猟行為ではないから、そしてより強い理由としては、民法第八四三条による[102]。最後に殺害された及び見失った動物を第三者が管理下に置くこと（著者チゴリーニは、既に捕獲されるか、傷を負わせるか、追跡されている動物についても議論を変えない）は、窃盗罪または不当な横領となる。

（2）捕獲

野生動物は、手、罠、網、鳥もち等の生命を保存したままの何かしらの手段により、動物本来の自由を奪取される[103]。そして、動物はその本来の自由を再取得するとき、誰もが再び先占者となることができるのは明らかである。これらのケースは、プロクルスの教えを現代風にしたものだろう[104]。括り罠を使って本来の自由を奪う形で動物を捕獲した者は、これらの機械的手段が、先占者自身の長い手であるかのように、その所有権を即時に取得する。捕らえられた動物を獲取する第三者は、たとえ閉じた土地の所有者であっても、つまり狩猟者が獲物を占有下に置くことを禁止する権利を持っていても、窃盗犯となる。実際土地の所有者は、狩猟者の権利行使に反対することができる。しかし狩猟者が獲物の所有権を取得すること、そして裁判で権利請求が可能であることを妨げることができない[105]。もちろん、その主張に異論がないわけではない[106]。

（3）追跡を伴う巣からの追い出し

野生動物は、追跡をやめない限り、巣から追い出した狩猟者に帰属する。二つの本質的な行為とは、巣からの追い出し、及び追跡である。前者については、野生動物が偶然に狩猟者の目の前に現れた、「または、待機して待つ」という事実によって補完されるということはできない[107]。動物が同じ狩猟者、または彼の犬によって最初に巣から追い出されたということは、本質的である[108]。「追跡とは、逃げている動物を捕獲または殺害するために、その後を走ることである」[109]。猟犬または狩猟者による追跡は、野生動物と追跡者との間にある繋がり（もし、追跡するのが犬なら、いわゆる「猟犬の吠え声」[110]が聞こえなければならない）を前提とする。そして、獲物の捕獲または殺害の可能性を残すような追跡でなくてはならない。巣からの追い出し、そして追跡は、先占による所有権の取得を即時に作り出す。この段階で狩猟行為により割り込む第三者により、所有権は侵害される[111]。チゴリーニは、最も新しい著作において、一時的な所有権について論じる[112]。実際、狩猟者がいないこと、または犬の沈黙は追跡が終了したものと理解される。したがって動物は本来の自由を取り戻し、無主物として捕まえた先占者に帰属する。逆に、もし追跡の途中に動物が第三者により殺されるか、または捕獲されるなら、その第三者は所有権を取得せず明白な事実に基づいて獲物を引き渡さなくてはならない。

（4）明白に傷を負わせること

どんな傷でも十分なわけではない。過去においても、また他の法的経験においても、先占を完成するためには単純な傷では十分ではなかった。死にそうな傷、重い傷、追跡を伴う傷等の野生動物が明白に傷を負っている傷について、立法者により選ばれた「明白に」という言葉は、おそらくこの規範の歴史において、利用され、また提案されたすべての形容表現の中でもっとも曖昧なものだろう[113]。先占の実現したことを、第三者に知らしめるほどの傷であるという意味での「明白」である。間違いなく、「人目を引く」という意味だけでなく、「動物の身体的な完全性に対し深刻な影響を及ぼしている」という意味でもある[114]。負傷した動物の追跡という要件が欠けていることについては、立法者が、先のケースとの重複品を作ってしまうのを恐れて、それを省略したことが考えられる。所有権の取得に関して、重要でないという可能性もある（明白な負傷だけで、先占に必要かつ十分な印を帯びているから）。しかし、追跡がなかったら、動物の放棄、所有権の喪失、そして先占者による取得という結果を生み出すのである[115]から、事実として追跡は必須である。反対に、もし明白に傷を負いかつ追われている動物が発見されないなら、紛失したものとみなされるため、他の者に先占されることはない[116]。

（B）第二条第二項の制限的解釈である。

これは、巣からの追い出し・追跡・負傷は先占ではなく、単なる優先先占権であるとする解釈である。統一狩猟法第二条のいま説明された解釈は、全員一致とはいえない。先占の概念のプロフィールの下、反対意見が現れた。この問題では、特別法であるにもかかわらず思考の永久回転運動のように常に最初に戻るということを理解するためにも、明示しておくのがおそらくよいであろう。

先占において野生動物が取得されるという伝統的枠組みは、よく知られている。旧民法では、現行法と同様に狩猟の対象である動物を、先占により取得される物のひとつとしていた。更にあらかじめ定められていない先占の完成のために必要な要素は、常に波のように揺れ動く複数の定義案を知っている。このことは、統一狩猟法が実施されている現在も、全く同じように起こっている。そして、財を手でつかむことを通じて、もしくは少なくとも物の実質的支配または使用可能性があることを通じて、先占の客体を理解する学者は、単純な巣からの追い出しプラス追跡及び何らかの明白な負傷を、先占の物理的な要素として認識することができることを認めなくてはならないことに戸惑いを示している。完成することが求められない、いくつかの意見を見ておく。

例えば、バラッシの意見である。先占の永遠の要素は、占有下に置くことであり、また占有に関するルールの基準として、先占を得るためには先占者と先占される物との間に人間の物に対する支配を確実にする関係が確立されていなければならないとした上で、バラッシは、単純に狩り出され、また追跡されている野生動物が狩猟者の利用可能性の空間に落ちたとはいえないと断言する。巣から追い出された動物について、割り込みをする第三者は単なる「法律により守られた権利の希望」ではなく、狩猟者により既に取得された権利を侵害すると認めるかについても、少なくとも議論の余地はある。バラッシが主張するように、法律の規定の「巣から追い出したそれは、追跡をやめない限り、狩猟者に帰属する」は、追跡の間先占により所有権を取得する権利により保護された期待があるとの理解が可能であることを排除できない。「しかしながら追跡の間に、野生動物を自己の物にする第三者の行動は、この緩和された組立てをもってしても、所有権の取得を確実にしない。法律的に保護されている第三者の期待は、侵害することができない。この保護の我々のケースでは、法律の条文の中に形跡がある」[117]。この見解に、バルベロも同意する。バルベロは、手での縮小よりもむしろ、実質的な利用可能性における縮小として理解される物の物理的な奪取が、先占を構成する（したがって、野生動物を獲取する物的という物理的行為を欠く場合であっても、傷を負った、または捕らわれて逃げられない状況に置かれている動物を取得された物と考えるべきである）[118]との前提に立って、狩猟者が野生動物を自己の物とする瞬間についての疑問を提示し、第二条第二項に関し考察する。バルベロ説は、次のとおりである。「規範は、明瞭さでは煌めかない。巣からの追い出し及び追跡は、所有権への縮小をまだ意味しない。なぜなら、追跡は無為に終わる可能性がありまたこのケースにおいて既に取得された一つの所有権の喪失と考えるのはばかばかしいからだ。こうした利用可能性にひとつの意味、そして実践的可能性を与えるには、すべての場合について既に巣から追い出されて追跡された獲物を殺すかまたは捕獲するという選考をして、それを所有権の取得ではなく取得する権利というプロフィールの下で理解する必要がある。そのような所有権は、獲物が逃げることが不可能な状態にされた時点で構成される。別の狩猟者が巣からの追い出しをして追跡をしたとき、第三者によって行われたときも同様である。傷も獲物を逃げられない状態に置くことで、所有権の取得をもたらす。したがって獲物を捕獲する第三者は、返還請求を受ける。しかし、もし傷を負った獲物が傷を負わせた者によって再発見されることがなかったとしても、獲物は彼に同じく帰属する。そして、たとえ疲れ、失望して追跡をあきらめても、権利請求権は維持する。傷を負わせたことにより既に自分の物となった動物の捜索をあきらめることと巣から追い出した動物の追跡の放棄とは、実際において比較可能ではない」[119]というものである。

要するに、第二条第二項は、狩猟者に対し、巣からの追い出しまたは追跡の時点での所有権の取得をもたらさなかった。しかし、動物が実質的に利用可能な状態、または逃げるのが不可能な状態に陥ったときに、所有者になるという期待の認知が得られる。二人の研究者の思想の共通点は、いかなる場合も第三者は、動物の所有権を取得しないという考え方である。しかしながら、もっとも興味深いプロフィールは、バルベロの以下の思想の中にある。追跡する狩猟者は、野生動物を捕獲または殺害する第三者の行動の効果により、自分自身が所有者になることができる。なぜなら、この瞬間に動物は逃亡ができない状態に陥るからだ。そのことから、狩猟者は第三者に対し常に返還請求を行っている。

デ・マルティーノの考えも似ている。マルティーノによると、占有の取得は、主要な社会的な概念であるゆえに、異なる形で理解されうるが取得の絶対的な精神化が不可能なケースが存在する[120]。そして、野生動物の取得は、その一例であるようだ。第二条第二項の規定は、狩猟者が獲物の先占において優先権を有しているという意味で理解されるべきであり、それを手に入れる前でも所有者であるという意味ではない。そしてこれは、巣からの追い出しと追跡をする狩猟者だけに当てはまるわけではない。「法律は、また野生動物が明白に傷を負わせた者に帰属すると定めている。このケースにおいても、取得の優先権であると我々は考える。反対に、狩猟者が獲物の足跡を見失ったら、これが彼に帰属し続けると考えるのはばかばかしいことだろう」[121]というのである。

アルバーノも、先占の要素は「先占者が利用可能であるような形での、物の実質的な奪取」[122]に違いないという考えに従って、デ・マルティーノの解釈に賛成する。彼によれば、動物の殺害または捕獲もその占有の取得なしには所有権の取得を構成しない。そして、「もし動物が死ぬかまたは傷を負った場所で完全に動かなくなったなら、即座に奪取が続く場合に限り、その実行者に優先先占権が与えられる」[123]、「狩猟者が明白に動物に傷を負わせた場合も、傷を負わせたことで所有権を取得するのではなく優先先占権を得る。そして、狩猟者が動物の足跡を見失えば、それを失う」[124]とするのである。

タベットとオットレンギは（同様に第二条第二項とこれにより野生動物の所有権取得が実現する時点に関して）、

むしろ捕獲だけで完全に先占の概念を満たすと主張する。そして、殺害は奪取行為として十分には認められない、離れたところから動物を殺したが、別の主体がそれを手中に入れるというケースがそれを代表できるという。しかしこのケースでは、第二条第二項は、一つの法的擬制により、殺害に捕獲の効果を認めることでそれを占有の獲得と同等とみなしている[125]。彼らによれば、追跡を伴う巣からの追い出し及び明白に傷を負わせることも、もちろん当てはまらない。

最後に、第二条第二項は、伝統、狩猟の慣習、衡平の要求及びスポーツ精神のルールを尊重して、これらすべての行為について所有権を取得する行為として、それらを完全に同等なものと定めた[126]。かくて一九三九年に、我が国の立法者は、統一狩猟法第二条をもって獲物の取得についての学説の混乱と狩猟者間の争いに、終止符を打つことを決めたのである。これは失敗作だったのか。ある者はそう主張する。なぜなら、できの悪い形式化により制限的で、しかも特別法であるゆえに類推解釈にもなじまない規範の籠に閉じ込められてしまったからだ[127]。しかし幸運なことに、「狩猟者間でしばしば起こる係争は、友好的な形で解決されるか、そもそも、当事者間で提訴されることすらない。というのは、経済的には係争にそれほど大きな価値があるわけではないので、両当事者ともお金のかかる民事訴訟を進めることに躊躇するからだ」という見方もある[128]。一九三九年勅令第一〇一六号統一狩猟法第二条第二項の施行された状況下で生じた、いくらか重要性のある唯一のケース[129]は、それが失敗作であることを証明しつつあった。

六　一九六〇年グロッシ対カッパート事件の猪の所有権

最も有名な衝撃的な法的ケースである。一九三九年法の施行下において、なぜ起こったかを考えさせる事案である。関係条文は、既に述べた同法第二条第二項の野生動物の殺害・捕獲・追跡・負傷とその所有権取得についてのよく知られた条文である。

事案は、おおよそ以下のとおりである。

当日の日の出のころに、クレンナの七人の狩猟者グループが猪狩りを始める。グループのうちの三人と犬が、山に向けて獲物探しを始めるため分かれて行動する。残りは獲物が現れるのを待った。グロッシという名の男が前者のグループを引率していた。茂みの中で野生動物を見つけた犬が追いつき、グロッシが散弾銃を小枝の間に向けて発砲する。命中して傷を負わせたが、当該野生動物（猪）は逃げた。犬は追跡に入った。グロッシは、一人の仲間と一緒に、犬の追跡に向かった。ところが、狩猟グループとはなんの関係もない、別の一人の狩猟者が、その一匹の猪を見つけ、散弾銃を発射し、それから自分が傷つけたと信じて追跡を開始したが、のちに猪を見失った。猪は、血痕と足跡を残し続けていた。その上狩猟グループの一員ではない別の一人の狩猟者が、犬に気づいて、猪が近くにいると考え、狩猟者グループと一緒に包囲を行うことができると考え、犬を制止した。しかし県道上で、自転車に乗った一人の男が、ガルレンダで一匹の猪が殺されていたことを告知した。狩猟者らは、そこへ向かった。そして午後一時頃、そこに到着した。そこにおいて、カッパートという男が仲間の二人の狩猟者と狩猟に向かっていたところ、ある公共の噴水の近くで（そこで、一人の女が服を洗いながら、別の男とおしゃべりをしていた）、猪と出くわして何度か発砲し、それを殺して持ち去ったことを知った。グロッシらクレンナの狩猟者は、カッパートの家まで出向いて、動物の所有権を主張した。犬を実見した。もし、犬が止められていなければ、唾液と血の跡のおかげで動物を追跡したはずだ。地域の食肉工場で行われた、野生動物（猪）の検視解剖では、最初散弾銃による負傷は排除されたようだが、再度の検視で左側に散弾の存在が確認された。これを知らされたカッパートは、真の紳士として、クレンナの狩猟者に、ガルレンダまで動物の半分を取りに来るように言う。その提案は受け入れられなかった。グロッシは、カッパートを裁判に訴えて動物は自己の物であると主張した。そして召喚されたカッパートは、獲物は一人だけが命中させたとき、狩猟に参加した者の間で分けられるという狩猟の慣習が存在すると反論した。それゆえ、動物の半分を提供したと言った。

最初のサヴォーナ地方裁判所の判断は、一九三九年統一狩猟法第二条第二項の解釈について、非常に興味深いモチーフを提供する。「野生動物が先占により取得される原則は保存される」という前提に基づき、判決はまず、身体及び意識との関係でこの制度について考察する。判決のこの事項についての考察は、「物理的な事実は、先占者に、先占の客体である物の物理的な利用可能性を保証しなくてはならない、言い換えると、他の人間による、後からのあらゆる可能な先占行為に比べ、物の取得行為の優先性を決定する形で、仮想的であっても、物を先占者の管理下に置くものでなくてはならない。我々の法によると、先占者の所有権が現れる時点の問題、または先占者による野生動物の占有は狩猟者が実現した最終的な捕獲の効果により動物を物理的に利用することができるという厳格な基準を排除し、かつ狩猟者は動物の占有に至っていなくても野生動物から本来の移動の自由を奪い少なくとも仮想的に彼の支配下にそれを置くという行為を完成したというより緩い基準を受け入れることで解決されるべきである[130]」というものである。

次に、条文の「追跡・追跡をあきらめない限り」と「明白に傷を負っている」の文言の解釈について、「もし、追跡することが、逃亡するものの背後を走るという意味なら、つまり前に追跡すべき何かがあるという意味なら、追跡する者は獲物がどこを走るのか、そして正確にはどこへ向かっていたのか知っていなければならないという主張は十分正しい。目を閉じた状態で走る者は追跡していない、正確な方向を持たない、それゆえ追いかけているのではなくただ走っているだけである。したがって狩猟における追跡とは、追跡者が野生動物の逃げる方向を常に知覚できている、またはおおよそどの区域に身を隠しているかを知覚できている状態での、逃げる獲物の背後を狩猟者及びその犬による、または狩猟者だけによる走行または徒歩と理解される。もし追跡が犬により行われるなら、同じ犬が獲物を追いかけ、かつ狩猟者が（たとえ実際に野生動物がどこにいるか想像がつかなくても）犬を追いかける、もしくは犬の吠える声が聞こえる方向へ進むとき、追跡は有効であり放棄されていないと理解される[131]」、「我々は、明白という形容詞は、文字どおりはっきりとした、誰にでも視認可能という意味であり、したがって我々は、一つの明白な傷は人であれ動物であれ誰にでも視認可能であり、つまりはっきりと明確な刃物、殴打、または爆発によって作り出された一つの傷を意味するということを知っている」と判示する。

そして、以下が本件争点に対する判決の要点である。野生動物の所有権は、法律により、殺害、捕獲、追跡を伴う巣からの追い出し、明白な負傷を伴う先占により取得される。審理により確定された本件の事実によると、「グロッシは、猪を殺してもいなければ、捕獲してもいない。それを巣から追い出したが、追跡はあきらめた。すなわち、追跡はグロッシと友人とその犬によって開始されたが、その後グロッシらは聴覚的なものを含め、犬とのあらゆる接点を失った。グロッシ及び仲間は、猪の探索を行ったが、それを追跡したとはいえないし、犬だけでの追跡も中止していた。グロッシは猪に傷を負わせたが、明白な傷ではなかった。動物は血の痕跡を残してはいたが、証人の誰も身体に明確な傷を負った猪を見た、または身体が不自由そうにしているとか衰弱していることから本来の運動能力が明らかに弱っていることが表面に現れている状態にある猪を見た、とは証言しなかった[132]。証人ゾルツィ（噴水で服を洗濯していた女性）は、その野生動物はなんの傷も負っていなかったと証言した。肉屋フォルケーリは、動物は少し前に食事をした、なぜなら胃が一杯だったからと付け加えた[133]。結論を言うと、グロッシはカッパートによって殺された動物について、何ら権利を請求することができない」[134]とするのである。

一年後、サヴォーナ地方裁判所[135]は判決し、グロッシは控訴した。そして、カッパートに適用すべき法律は民法第九二三条（統一狩猟法よりも新しい廃止的な法文）だけであること、野生動物の所有権はそれを捕獲する者に帰属されるべきであること、グロッシが猪を撃った事実を誤判したこと、殺された猪はグロッシが撃ったと主張するとは異なる猪であること、殺された猪は実は誰にも追跡されていなかったこと、その上猪の傷は明白ではなかったこと等を様々に主張・反論し、トランプのカードを再び混ぜようとした[136]。

控訴審において控訴審裁判官は、まず、法律及び先占に関する民法第九二三条の最新の法文と両立できる判断された狩猟法第二条第二項に与えられるべき解釈を、再度、考察する。彼は、非常に伝統的な先占の概念（無主物と物の物質的実質的な奪取[137]）に賛成する。しかし、狩猟に関してこの概念は適正化を必要とする。実際、裁判官は、狩猟に関し先占により所有権が成立する時点は、大いに議論されているところであり、大まかに「（1）狩猟者により巣から追い出された動物は、それを巣から追い出した時点で即座に狩猟者に帰属する、（2）動物を巣から追い出しそれに傷を負わせたときだけ狩猟者に帰属する、（3）傷が致命的であるときだけ狩猟者に帰属する、（4）傷を負わせたあとに追跡があったときだけ狩猟者に帰属する、（5）最後に傷を負わせた者が、それを自己の支配下においたときだけ狩猟者に属する。」との以上五説の立場が特定できると断言する。一九三九年法は、それらの学説のうち、「あまりにも不確実な区別のための基準を設けなくてはならなかったため、動物の完全かつ実質的な奪取という意見、及び傷が致命的で即時の追跡を伴う」という意見を、排除することを意図した[138]。いわゆる「狩猟の慣習と実行」[139]に最も一致する法第二条の冒頭は、まずそれ自体が、動物がもはや完全には無主物ではなく、狩猟者の「奪取の範囲内、かつ意思の範囲内」にある瞬間として理解される、巣からの追い出しにアクセントを置く。追跡を伴うことで、それらの要素はもちろん強化される。追跡と明白な負傷については、あるタイプの動物に関し、ある種の土地では追跡は目でもできる。山が多く、でこぼこがある場所では、追跡は犬によってのみ可能であると思われ、狩猟者はその犬を追跡しなくてはならない。森の地域においては、狩猟者と犬、そして獲物の間の直接の接触を維持しながら追跡を行うことは不可能であることは明白である。もし動物が傷を負ったなら、血痕をたどるのも追跡である。追跡は、自発的な中断が起こらないかぎりは続く。「明白な傷」という表現に関しては、傷の明白性[140]とは、目によって視認できる大きな傷、あるいは逃げている間に失った血により推定される傷だけを言うのではなく、一種の有効性の減少が想定されるような動物の異常な振る舞いからも、推定が可能である。以上のとおり詳細に判示するのである。

事実に関しては、控訴審裁判官は、まず、猪は一匹であること、そして、その猪はグロッシによって傷を負わされたということは立証されたといえる。血痕のことを差し引いたとしても、特に、猪がひとつの住宅地の方へ近づいていったことから、猪が衰弱状態だったと説明できる。そうではなかったら住宅地とは距離をおくはずだからである。カッパートは、散弾銃のカートリッジで撃ったが、したがって必然的に非常に近い距離からの銃撃のはずだ。「肉体的な力が衰弱している動物は、非常に近い距離まで近づいてしまうことがありうる。したがって、その猪は、失血が原因でそうなった、問題の猪であるに違いない」[141]。明白に傷を負っていることのほかに、グロッシは、巣からの追い出し、及び追跡をおこなった。彼の犬は追跡した。このことから、「第一審が認めたように、グロッシ及び彼の仲間が彼らの犬との接点を失い、その吠える声がもはや聞こえなくなったという事実だけで、追跡が非実効的となったと考えることはできない」[142]とした。犬も止められた。確かに正しい。しかしこれは、ひとりの部外者によるものであったので、グロッシとその仲間の自発的な中止とは言えない。結論を言えば、猪はグロッシの物である[143]。以上が控訴審の判断であった。

我々は、いくらか自由に、二つの判決について説明したが、それは格別法律的観点から二つの解釈の距離を明らかにするためではなかった。その距離は、しかしそれほど大きいわけではない。どちらの裁判官も、特別法は民法第九二三条により廃止されてはいないと考える点、そして野生動物の所有権は、動物の死及び捕獲のみならず、追跡を伴う巣からの追い出し、及び明白に傷を負わせることでも取得されると推定する点で、共通している。確かに追跡の概念において、隔たりはある。前者の裁判官は、狩猟者または狩猟者と犬によるものに限り言及すべきとしたのに対し、後者は、犬だけによる追跡も認めた（実際、後者の裁判官によれば、狩猟者が立ち止まっても犬が追跡を続け、また犬が第三者によって止められたために追跡をやめても追跡はある）。明白な傷の概念に関してもまた、隔たりはあるが、それほど大きくはない。

他方、狩猟の紛争において、立証の困難（皆が少しずつ異なるものを見たか聞いた）、あるいは、どちら側にしても反対の解釈による事実構成の様相は印象的である。同じ猪であっても、控訴審裁判官によれば、住宅地から離れたところで暮らす猪がガルレンダの住宅地付近まで近づいたという状況から、衰弱していた猪になるのに対し、第一審の裁判官によれば、胃袋を一杯に満たしていたし、驚いた洗濯女もなんら血の痕跡を見なかった元気な猪ということになる。異なるグループから多くの狩猟者が参加し、獲物に対して三人もの狩猟者が発砲しているという大きなシナリオであり、朝から始まり午後まで続くという長い活動時間であった。もしかしたら、カッパートは、グロッシが傷を負わせた猪とは異なる猪を殺したというその主張は正しかったのかもしれない。残念なのは、事実の再構築がすでに修正不可との刻印を押されていた控訴審において、初めてそれが主張されたことである。カッパートの提案に基づき、その野生動物を二人で友好的に分けるという終わり方も可能だったはずだ。殴り合いをして終わることもできた。しかし、結局、訴訟という収入印紙付きの紙で終わった。おそらくかつては慣習でもあった、獲物を物理的に獲取した者だけに所有権を認めた規範が、唯一狩猟の平和を保障することができる規範だったかもしれない。カッパートが適用しようとした、狩猟の礼儀作法に照らし、正しい規範ならなおさらである。ガイウスとユスティニアヌスがいまだに肘打ちをし合っている。

七　近年の枠組法と州法における獲物の取得及び狩猟者間の紛争

イタリアの狩猟法制変遷の最後の段階に到着した。

一九七七年一二月二七日法律第九六八号及び一九九二年二月一一日法律第一五七号という二つの枠組法は、狩猟に関する立法活動を、州に委任する憲法規定（第一一七条）の実施により施行された[144]。この二つの法律について、一緒に話すことにしよう。なぜなら、どちらも同一のイデオロギー的傾向と相反する利益の困難な均衡化の産物であるからである[145]。二つの法律は、「獲物を得ること以外は頭にない」野生鳥獣の一般的な窮乏化にはほとんど関心を持たない狩猟者の個人主義と、狩猟が生み出す被害を避けたい農家との間の対立を解消するという試みのずっと先まで行くのである。これは、一九三九年の統一狩猟法が試みた目的だった[146]。しかし、当時にくらべ、多くの思想的な変化が起きてきた。一九六〇年代から、少なくともスポーツ活動としての狩猟の社会的重要性を主張している狩猟諸団体と、自然保護団体との間の対立が出現する。一九七七年法と一九九二年法の背後には、野生鳥獣を他のいかなる利益を犠牲にしてでも保護すべき環境資産とする広く共有された考え方があった[147]。廃止的国民投票という武器を振り回す[148]、怒れる廃止要求運動があった。国際協定の徐々に高まる圧力があった。EU指令、そして今世紀・二一世紀初頭まで続くことになる、欧州全体を被う改革主義の波[149]がある。

欧州全体においても[150]、これらの法律により、野生鳥獣が無主物であることをやめたのは、新しい事実であった。野生鳥獣は国家に帰属する、より正確には国家の欠かすことのできない資産を構成する一つの財である[151]。二つの法律について、ここで関心のある側面は全く同一であるので、併せて検討を進めることができる。一九七七年法第一条はこう規定する。「第一条　野生鳥獣は、我が国の欠くべからざる財産であり、国家の利益において保護される」である。また一九九二年法律第一五七号第一条第一項の規定は、「第一条一　野生鳥獣は、自由な処分が許されない国家の財産であり、国家及び国際共同体の利益において保護される」というものである。

さて、この文言により導入された、非常に革新的な——ある意味では革命的な[152]——性格を強調しないわけにはいかない。既に考察してきたように[153]、野生動物が無主物であり、先占者の所有物とする伝統的な形式は、狩猟者と獲物との関係ともども覆された。野生鳥獣は、国家という一体の所有者を有しており、そこで、民法第八二六条のいう欠かすことのできない資産に含まれる[154]。そして、「それに関連する法律により定められた方法によらなければ、彼らの住む場所から奪い去ることができない（民法第八二八条）」[155]のである。国家は、所有者であるうえ、占有保護[156]及び密猟者による窃盗に関する規範の必然的な適用により、占有者・保持者でもあるといえるのか[157]が問われる。自由な野生鳥獣により引き起こされた損害に関する契約外訴訟への積極的及び消極的合法化はいかにして形作られるのか。そんなことなどを民法の観点から、奇抜・特異に染まることは避けられない一つのシナリオの中でいいながら[158]作業が進展する。何人かの学者は、野生鳥獣を自由利用できない国家遺産の一部をなすものと宣言するにおいて、立法者の私法的な自覚について疑問を提示するとともに、この法律が道徳的、または原理的[159]、または政治的[160]、または法的偽装[161]としての性格を強く表明しているものと理解されないかどうかを問うている。

別の疑問は、一度も我が国の法律で定義されていないにもかかわらず、学説[162]及び判例[163]が「時の流れの中で輪郭を描くことを怠ることがなかった」狩猟権の残存[164]に関するものである。もちろん、現在狩猟権は、民間人ではなく、国家に帰属していると主張するのは、過剰のように思われる[165]。狩猟権の国有化を語るとき、国家（というより州）が持つ狩猟権を定める権限との混同がある。周知のように、民法第八四二条のような規定は、ヨーロッパ中探しても存在しない。国家の利用できない資産としての現行の概念が、殺した野生鳥獣の所有権の狩猟者への帰属との関係で提起する問題は重大である。

一九九二年法律第一五七号第一二条第六項には、「本法の規定を遵守の上で狩猟行為中に殺害した野生鳥獣は、それを狩猟した者に帰属する」との規定がある。それに類似して、一九七七年法律第九六八号第八条第五項では、「本法の規定を遵守の上で殺害した野生鳥獣は、それを狩猟した者に帰属する」と定めていた。ひとつの内容至上主義的な最初の批判をしてみたい。どうして殺害した野生鳥獣についてだけの話で、捕獲した野生鳥獣の話をしないのか、旧法ではどうしていたのか[166]。いかなる手段によれば、有効な狩猟行為を完成できるのか[167]。殺すことだけが合法なのか。狩猟者には、獲物を殺さないで世話をし、生きたままそれを保持することは認められていないのか。もちろん、かなり大きな思い違いがあるだろう。二つの法律だけでも、一五年の隔たりがあるのだから。
しかし、捕獲は別にしても、獲物が狩猟行為（実質的には、第一三条で定める方法によって完遂された行為）の実行中に殺され、かつ、法律の規定（つまり、狩猟可能な鳥獣、規定された場所と期間、狩猟手段、狩猟者としての要件、年齢、ライフル銃携行免許、許可、身分証など）が遵守されているとき、誰もここでいう帰属が、所有権の取得を意味することを疑わないだろう[168]。狩猟者は、したがって、獲物の所有権を取得する。それは、何の権原によるのか。

一九七七年法律第九六八号及び一九九二年法律第一五七号より以前は、狩猟についての所有権取得の枠組みは、我々が知っているように、自明であり、また歴史的にローマ法とその後の進展により強化されていた。野生鳥獣はかつて無主物であり、その所有権は、先占により原始的に取得されていた。いまや、野生動物は有主物（res alicuius）であり、国家の利用不可能な資産である。したがって、民間の狩猟者の取得は、たとえ移転の法律行為の特定が難しいようでも、派生的な権原によるとの帰結が得られるはずであろう[169]。

同時に、立法者は、民法第九二三条の「誰の所有でもない動産は、先占により取得される。放棄された物及び狩猟または漁撈の目的となる動物はかかるものである」という規定を明示的に廃止していない。近年の狩猟法が、野生鳥獣の国家資産への帰属を宣言しているにもかかわらず、狩猟の客体を構成する動物は無主物の性質を保持しており、また先占による原始取得が可能であると認めることはできるのか。この批判は、ある範囲で支持される[170]。民法第九二三条は、野生鳥獣に他人の物という新しい地位が与えられたことにより、第一項の先占の概念及び第二項の狩猟漁撈の客体の文言に限り、黙示的に、廃止されたという法理を考える立場もある[171]。野生鳥獣が他人の物であることが民法第九二三条に及ぼしたと認められた廃止的な効果にもかかわらず、学者の多くは、狩猟者は先占により獲物を原始取得するとの主張を続ける[172]。驚いたことに、しばらく前から学説は先占による他人の物の取得を認めているという根拠について、それが主張されている[173]。民法第九二三条をいくらか改正するのが正しい[174]のではなかろうか。野生鳥獣と野生動物、つまり狩猟可能な種を区別する論者にとって、困難はより小さい。前者は、国家にとって欠かすことができない資産に属する財を構成するのに対し、後者は、無主物の性質を保持し、したがって狩猟者の先占により取得が可能である[175]。狩猟可能な種の先占は、「狩猟免許を根拠とする一つの特殊な権限の行使として」[176]合法となると主張する者がある。このように、立法者のぞんざいな言葉遣いを正しく位置づける学者の能力には驚かされる。

ここで、野生動物を追い出し、場合によっては傷を負わせ、追跡している狩猟者と、それをついに殺し、または捕獲したもう一人の狩猟者との間で起こりうる対立という我々の問題に戻ろう。

一九七七年法律第九六八号第八条第五項「本法の規定を遵守の上で殺害した野生鳥獣は、それを狩猟した者に帰属する」と、一九九二年法律第一五六号第一二条第六項「本法の規定を遵守の上で殺害した野生鳥獣は、それを狩猟した者に帰属する」の解釈を再び取り上げる。いずれも、一九三九年統一狩猟法の明確さはない。既に触れたように、その第二条は、「自由地において、自然動物は、それを殺す者、または、それを捕獲する者に帰属する。但し、巣から追い出された動物は、追い出した狩猟者が追跡をあきらめない限りその狩猟者に帰属する。又、明白に傷を負っている動物は、その傷を負わせた者に帰属する。禁猟区あるいは保護区に含まれない土地、又は理由にかかわらず自由狩猟から排除されていない土地は、自由とみなす」[177]のように規定していた。

新法は、多くの疑いの余地を残す表現を示している。野生動物の所有権はそれを狩った者に帰属すると読める。立法者は、同じ獲物について、狩猟者の間で争いが起こりうることが頭になかったのでないか、との疑いがもたげてくる。あるいは、頭にあったが、わざとそれを解決しようとしなかったのであろうか。同じ文脈でいうと、これらの法律は、「殺す」と並行して「捕獲する」に言及することを省略している―これは間違いなく「うっかりミス」―ことを考えると、立法者の頭についての疑いは濃くなる。この意見はさておき、法文の「殺す・殺害」と「狩る・狩猟する」について同様に批判する学者が現れた[178]。このような批判は、これを的確に掌握することが困難でもあるが、要するに緻密な立法批判に連続している[179]。そして、かなり先鋭な批判があって、「不可解な文言の裏側に身を潜めること」[180]であるとか、「弾薬コストの自発的な弁償がなされないとき、民法第二〇四一条により理由なき利得について法的手続を取ることが常にできる」[181]等の意見もみられる。

根本的な曖昧な国の立法者に、しばしば過剰で肥大した州の立法者が対置される。ときに、いくつかの法律は完全にその問題を無視する[182]、そして、別の法律は枠組規範だけを記述するにとどめる。例えば、一九九六年九月四日ピエモンテ州法律第三五条第七項は、「本法の規定を遵守の上で殺されたファウナは、それを狩った者に帰属する」とだけ規定する。他方、これらの法律の多くが、一般規定の横で特別条項を規定する。そして、特に「巣からの追い出し・傷を負わせること」という組み合わせも見つかる。例えば、一九九三年九月一〇日モリーゼ州法律第一九号第二二条第三項「本法の規定を遵守の上で、狩猟行為中に殺された野生鳥獣は、それを狩った者に帰属する。巣から追い出した野生鳥獣を追跡する狩猟者、または自分が傷を負わせた野生鳥獣を奪回する意思を有する狩猟者は、その追跡または奪回を放棄するまでは割り込みを被るべきではない」及び一九九五年一月五日マルケ州法律第七号第二七条第八項「狩猟行為中に殺された野生鳥獣は、それを殺す者、もしくは、それに傷を負わせるか、または、巣から追い出した者に、彼が追跡をやめないときに限り、帰属する」にその例を見る。ここまで検討したケースにおいて、傷の程度についての言及の不存在は顕著である。しかし、一九九八年七月二九日サルデーニャ州法律第二三号第四〇条第四項に「明白な傷」だけの条文がある。「許可された区域において、野生鳥獣は合法的にそれを殺す者またはそれを捕獲する者に、明白に傷を負ったものは傷を負わせた者に帰属する」というものである。巣からの追い出しだけの条文もある。一九九四年一月一二日トスカーナ州法律第三号第二八条第一項は、その条文であり、「一九九二年法律第一五七号第一二条第一項に規定されるように、狩猟が許可されている野生鳥獣は、本法に規定されている場合を除き、それを殺す者又はそれを捕獲する者、あるいはそれを巣から追い出した者に、その追跡を放棄しない限り帰属する」と規定されている。また一九九八年八月一三日プーリア州法律第二七号第二二条第七項も、「本法の規定を遵守の上で、狩猟行為中に殺した野生鳥獣は、それを狩った者に帰属する。最初に野生鳥獣を巣から追い出した狩猟者は、他の狩猟者による妨害を受けることなくそれを追跡する権利を有する」と定めている。最後に、いくつかの法律は、狩猟者間の紛争に関する規定で、ある特定の種類の狩猟に限定している。一九九四年七月一日リーグリア州法律第二九号の、猪及びその他の有蹄類の狩猟に関する第三五条第一六項の規定は、傷を負った動物の奪回のため、猟犬の使用を認め、捜索作業のルールを定め、そして、「奪回された動物の死体は、それに傷を負わせた狩猟者の所有物である」[183]ことを明記して終わる。同様に一九九四年二月一五日エミリア・ロマーニャ州法律第八号も、有蹄類の狩猟管理に関して、第五六条第四項において「奪回された動物の死体は、それに傷を負わせた狩猟者の所有物である」としている。

このように狩猟法の中心では、ガイウスとユスティニアヌスが根を下ろしている。そして周辺では、トレバティウスが決定的に優越している。

第八章　現代、欧州主要国における狩猟

一　概　説

現代の欧州の他の国々における獲物の取得に関して、どのようなことが言えるであろうか。

周知のように一九七〇年代より、当時のＥＥＣ（欧州経済共同体）は、長期的な環境主義的政策[1]を開始した。いくつかの狩猟に関する指令[2]を発布し、多くの国（ルクセンブルクにある厳格な欧州司法裁判所が立法遅滞を罰したこともある）で、国内法を指令に合致させるため、狩猟に関する特別法の改正を余儀なくされた[3]。

野生動物の取得に関する法律の徹底的な研究は、多大な労力を要するものである。なぜならば、基本的な枠組みを決める法律以外に、ここまでイタリア法に関していくつかの地方の法律を見たように、例えばドイツのラント法のような各地方の様々な法律にも目を向ける必要があるからだ。本書の目的は、比較狩猟法の網羅的な研究ではないので、あくまで本書の目的に沿った内容にとどめる。

ざっと見たところ、もっとも新しい世代の法律でも、野生動物の取得に関する規定は、おそらくスペイン以外で

は非常に僅かしかない。反対にローマ・ゲルマン法の系統を引く国々においては、理論的には万人が参入可能な無主物先占という概念に基づく民法理論と特別法による狩猟権の制限という組合せは、はっきりと認めることができる。この制限には、主観的側面（狩猟権は土地所有者に対してのみ認められ、他人に狩猟を認可する権限を伴う）、客観的側面（狩猟は限られた狩猟区において狩猟可能な動物に限られる）、行政的側面（狩猟免許、銃器携帯許可）及び刑法的側面（狩猟犯罪、軽微違反）という四つの側面がある。

以前と同様に現在でも、獲物の先占を理解するための研究は、いまだに研究者の手を離れていない。しかし、現代の研究者は、先人と異なりほとんど修辞学的な月並みな主題として、さほどの情熱を傾けることなく扱っている。まるで幸運なことに、もはや逆行できない狩猟という分野の危機と歩みを同じくしているかのようだ。非常にまれに出される判決（それも、もはや白髪混じりのものではあるが）が、その絵を完成してくれる。

以下例を見てみよう。

二　ドイツ

一九七六年九月二九日の連邦法[4]は、「狩猟権」を、ある定められた地区の中にいる狩猟可能な野生動物を狩猟し、かつ自己の物にする排他的許可と定義している[5]。既に考察したように[6]、連邦法は、ドイツ民法典第九五八条及び第九六〇条と結びついている。無主物の先占権は、自由な自然状態にある動物も含めて、何人にも認められる。他方、特別法は、狩猟可能な動物の先占権を、狩猟が許可されている者にのみ、彼の狩猟区に限って認めている[7]。狩猟権は、実際土地所有権と不可分に結びついている[8]。
取得の方法については、連邦法[9]も、民法も何も言わない。学説にはいくらか変遷があるが、そこからはローマ法の影響が持続していることを読み取ることができる。野生動物を占有状態に置くまえに、土地の所有者に野生動物の所有権を認める法理が排除されている点を指摘しておくのは重要だ。野生動物について狩猟が許可されている者の所有権が最初から存在することはない。彼は、先占を許されている者であり、占有の達成により所有権を獲得する。最初にこれらの動物を占有する必要がある。つまり、野生動物を自己の物として所有したいという意思をもってする占有であり、それの自由を奪う必要がある。占有取得は占有権の一般規定に従って実現するので、「鳥獣に対する支配力」を行使できていなければならない[10]。

括り罠に落ちた猪についてのプロクルスの文章は、罠による鳥獣の取得に関する指針を教えてくれる。ある罠に落ちた動物に関しては、すべてのケースで占有物の取得ができるわけではない。まず、動物が罠に落ちて逃亡する可能性がないことである。そして、罠が仕掛けられた土地の所有者及び許可を受けた狩猟者のみが、罠で捕えた時点でその鳥獣を自己の物にすることができる。密猟者、もしくは密猟者ではなくても所有者の意思に反して他人の土地で狩りを行う者は、獲物が罠に落ちた時点ではなく、実際に捕獲した時点でそれを取得する[11]。

一方で、狩猟権のない者は、他人の先占権を侵害しており、したがっていかなる場合も所有権を得ることがないというのが通説[12]である。さて、先占による所有権の取得は、先占を行う権利を前提としているが、密猟者にはこの権利がないと考えられている。したがって、密猟者はどんな場合でも所有権を取得することがない。狩猟権者は、占有の解消を要求することができるだろうが、狩猟権者以外の者による占有により、狩猟権者がその所有権を直接に取得することができるかどうかは議論のあるところである[13]。この解釈には、野生動物を所有物、あるいは土地所有者に帰属するものと考えようとする強い欲求が戻ってきている。

負傷については、たとえ動物が運動能力を著しく制限されたとしても、占有していることにはならない。動物が捕まえられたときだけ占有権が取得される[14]。ここでは、ガイウスとユスティニアヌスの教えが、まだ生きている。最後に、異なる狩猟区の境界上に横たわる（殺されたか、死んだか）動物に関するいくらか関心を呼ぶ学説を述べよう。その場合、二人の所有者の双方が動物全身を自己の所有にする権利を有することになる。そして、この権利を行使した者は、他方にその価値の半分を返済する義務を負うことになるだろう[15]。

三　スペイン

民法に同様の規定がある。民法第六一〇条は、狩猟や漁撈の対象となる動物のような、その性質上所有者を持たない財を先占することにより取得できることを認めている。そして、その次条で狩猟及び漁撈については特別法で定めることを規定する[16]。

我々の知る限りで最新の特別法は、一九七〇年四月四日狩猟法及び一九七一年三月二五日狩猟法規則である。この法律は、野生動物の取得に関して、我々の見た狩猟法の中で最もはっきりした立場をとっている[17]。ここでも狩猟可能な種を特定（狩猟の獲物）するという試みが行われており[18]、また免許を所持する一四歳以上の者すべてに認められるものとして、一般的な意味での狩猟権が定義されている[19]。狩猟権は、入会地・私有地・公有地にある「狩猟区」[20]では狩猟者の機会均等に配慮して自由であるが、特別な制限のある場所（公園、保護区、狩猟避難所等）ではそうではないし、閉じた私有地や禁止を明示した貼り紙のある場所も自由ではない[21]。私有地においては、狩猟権は、土地所有者または所有者から許可を受けた者に属する。団体が管理する私有の保護区については、場合によっては大臣の許可を必要とする[22]。

狩猟法第二二条第一項は、同法を遵守して行った狩猟行為であれば、先占により狩猟者が所有権を取得できるということ（狩猟権のない者または別の法律違反を犯している者は獲物の所有権を取得しないという意味[23]）を定めたあと、「狩猟の獲物は、その死または捕獲の時点から占有物とみなす」と加えている。生きている、または死んでいる獲物について、その取得の狩猟的に重要な時点（または事実）としての死及び捕獲の条文である。死及び捕獲という時期も、特に二人またはそれ以上の狩猟者の間で競合が生じた場合には、いくらかの曖昧さを避けることができない。とはいえ、取得行為の現物主義的立場から、それほど離れることはなさそうである[24]。

狩猟法は、狩猟外のケースも想定しているので、少なくとも基本的概念として述べることにする。共同狩猟利用地において、一人または複数の狩猟者が一頭の野生動物を巣から追い出すか、または追跡している場合で説明する。その追跡が続く間は、他の者はその動物を仕留めることを控えなくてはならない。狩猟者が犬その他の手段で巣から追い出し、追跡を開始し、それを捕獲できる合理的可能性を保っているうちは、動物は追跡されていると考えられる[25]。法律はこれらの狩猟の開始行為により動物の所有権を帰属させることはなく、ただ捕獲による取得を容易にさせることのみを狙いとしている。

しかし、狩猟法第二二条第六項は、全く新しい立法として以下のように定める。「獲物の所有権について疑義があるときは、その地の慣習に従う。慣習がない場合は、小型獲物については、殺した狩猟者に属し、大型獲物については、最初に傷つけた者に帰属する」[26]。我々がここまで頻繁に取り上げてきた、すべての時代における「狩猟者道」に完全に対応する衡平の精神に基づいた「狩猟慣習法」を、初めて受け入れた法律である[27]。しかし立法者は、慣習法を調査して適用することが可能かどうか懐疑的であり、いわゆる予備の基準の解釈に関して当然ながら議論が巻き起こった[28]。また不正義と一貫性欠如について誤りなく判断できるかどうかについても、懐疑的であった[29]。狩猟法施行規則には、飛翔中に撃たれた鳥の場合、所有権はそれを撃ち落とした者に帰属させる旨の規定がある[30]。これらの規定は、追跡権に関する規定とともに主要規定を構成する。

昔からの問題を一つ提出しよう。許可されていない私有地での鳥獣の取得は、どうなるか。その答えは、当該鳥獣は返却されなくてはならない[31]。

四　フランス

次は、フランスを見てみよう。最も近い立法府による組織的改革は、二〇〇三年七月三〇日の法律第二〇〇三—六九八号により改正された二〇〇〇年七月二六日の法律第二〇〇〇—六九八号によるものだ。おそらくその改革は、欧州共同体が発した環境に関する請求[32]に対応する必要性からよりも、むしろ様々な場所で高まったヴェルデイユ法[33]改正の要求に答えるためであったと言えるだろう。同法により、いわゆるACCA（市単位または複数市単位の集団狩猟協会）[34]を設立し、狩猟区内に住所のある所有者または狩猟権者は、自らの権利を協会に付与すること、そしてすべての人に狩猟を行うことを認めるよう義務付けられた。このことが、権利を騙取されたとする所有者や狩猟活動拡大を非難する者、更には結社の自由と所有権を侵害されたとする者らの申立てにより、欧州委員会及び欧州人権裁判所の敵対的な反応を引き起こした[35]。現在では環境法典に編入されている諸々の特別法の規定は、我々に関心のある主題にはほとんど関係がない。野生動物基本法及び野獣の所有権取得は、民法、民法学説、そして数は少ないもののいくつかの論点について決着をつけた判例によって扱われる問題である。

封建特権が廃止されたときに認められた概念との完璧な連続性のもと、狩猟権は、現在でも封建的所有権にしっかりと結びついている[36]。「何人も所有者または所有者から権利を譲り受けた者の同意なくして他人の所有地上で狩猟権を有しない」と、環境法典第四二二条の一は規定する。トゥリエやドゥラントンらは、「狩猟権は財産権である」と言った。今日のどの論者も、「狩猟法は所有権の一属性である」と言う[37]。所有権から排他的に得られ、土地から分離して譲渡することができないこの権利の使用は、「動産たる人権」として（賃貸借契約を通じて）、またはやはり一時的なかたちで用益物権として他人に許される[38]。

民法典については、第七一三条「無主の財は国に属す」、第七一四条「何人にも属せずして総ての人に其の使用の共通なる物あり。警察に関する法律之が受益の方法を定む」及び第七一五条「狩猟または漁撈を為す権能は同じく特別法に依りて之を定む」の条文がよく知られている。歴史的な背景[39]に基づいて説明されるこの法条と命題から、無主物及び先占というカテゴリーの存在を疑わしく思えても、無理はない。しかしここ数十年の学説では、無主の物の「公法学的」属性が除去され、少なくとも狩猟に関しては、無主物及び最初の占有者への帰属というローマ法の原則が肯定されている。この枠組みが満足のいくものであると多かれ少なかれ信じる民法学者は[40]野生鳥獣は無主物であることを認めている[41]。

野生鳥獣に関する制定法の概略を述べる上において、これは出発点である。野生動物は誰の物でもない。そして、一般的に最初の占有者に帰属する。しかし、古代及び近代のカテゴリーにおいては、「狩猟鳥獣」の全体像が異なっており、少しばかり辻褄が合わない[42]。権利及び許可の有無にかかわらず誰もが狩猟、駆除することができる動物である有害動物というカテゴリー（これに対して環境派法律家の攻撃の矢が向けられている）[43]が残っており、所有者及び農業者は、財産に害を及ぼす鹿毛色の動物を殺すことができる[44]。そして、周りを囲まれた居住地内（垣根で囲まれた庭園を備えた大別荘も）にいる野生動物というカテゴリーも生き残った。その場合、所有者は警察の制限を受けることなく、どんなときでも（実際は毛の動物のみ）[45]駆除することができる。この場合、無主物という概念よりも、自己の所有物[46]という概念に近い。ガレンヌ（野兎の繁殖地）内の野生動物に関する基本法では間違いなくそうである[47]。他にも保護あるいはその逆のケースがいろいろあるが、どちらにしても、それらは無主物である。この無主物について、法学者及び裁判官の見解は、次のようにまとめられる。狩猟権者は、先占の前に野獣の所有者になることはない[48]。他人の土地で狩猟を行う場合、許可・公認等がなくても、獲物は狩猟者の物である。所有者は損害賠償を求めることができ、違法狩猟者は、違法狩猟罪に問われるが獲物は狩猟者の物であり、窃盗とはならない[49]。

本当だろうか。最近のある者に対する判決[50]では、密猟者からの捕獲動物の没収及び狩猟権者への引渡しを命じた[51]。ある者は、「法律に反して殺された野生動物の没収を命じる抑圧的な判決を認めている法規は、どこにもない。刑罰に関する法文は、制限的に解釈されるべきものである。したがって、控訴裁判所は、大型鳥獣狩猟計画に違反して鹿を殺した被告に有罪の判決を下し、取得物を没収して県狩猟者連盟に譲ることを命じることはできない」[52]と反論する。民法学者は、この判決をほとんど無視する一方で、他人の土地で殺した獲物の取得を狩猟者に認めた一九二二年三月二五日の破毀院刑事部判決[53]を引用する[54]。

獲物の先占を実現する方法（または時点）に関しては、一七世紀の文学を読んでいるかのようだ。ルール（新しくない）は、動物を最初に占有した者が所有者となるというものだ。先占とは、とにかく動物の捕獲または殺害と理解される。殺害は捕獲とみなされる。ただし、殺した者が動物を探した後にあきらめた場合を除く。死んだ動物は最初の占有者の物となり、それを発見した者は、窃盗の罪を犯すことなくそれを取得することができる。これに関して判例は、他人の土地においても死んだ動物の捜索を認めた[55]。一方で追跡権は認められない。この権利は、特に一九世紀において多くの紙幅を割いて弁護されていた。狩猟団体内、権利の共同名義人間、権利者と招待客との間などで規則、合意、慣習、作法が適用される場合には、これらの原則の適用は除外される[56]。

捕獲及び殺害以外の先占は、あるのだろうか。巣から追い出す・追跡する・狙いを付ける・傷つける等の要するに動物の逃走を許してしまう行為は、法律を厳密に解釈して、先占から排除されているようだ[57]。より具体的な議論[58]の中で肯定されているケースを探すと、捕獲と殺害のほかに、先占とされるのは、弓矢による狩猟において狩猟者から逃亡できないほどの傷を負った場合、そして走る狩猟において動物が極度に疲労した場合である。動物によって異なる判断が求められるので、実務において客観的に判断するのが難しい概念である。この概念は、傷ついた動物、そして走ることを強制された動物に有効だ。要するに、すべてのケースにおいて、慎重に判断する必要がある。幸運なことに争いの数は比較的少ない。礼儀、仲間意識、友愛のルールが一般的に守られているからだ[59]。

他方、もし争いが多く、狩猟者が喧嘩を原因にして殺し合うようなことになれば、野生動物の数千年にも及ぶ不幸せな無主物としての生活に終止符を打つ学者がいくらか現れるかもしれないのだが、これについては後ほど触れる[60]。

五　イギリス

どちらも狩猟の獲物という意味の「ジビエ」と「ゲーム」を取り上げてみよう。イギリス海峡を飛び越えて、イングランド、スコットランド、ウェールズそしてアイルランドのように、実際に様々な狩猟の現実がある場所に足を踏み入れるのは、適切ではないだろう。いくつかの情報だけである。

一八世紀において、ウイリアム・ブラックストーン卿は、動物の殺害を人間の殺害の基準で扱っていることを理由に、大陸から輸入した「森林法の合理性を欠いた厳格さ」を指摘した。サクソン人支配の時代は、本物の鹿を狩猟することは何人にも許されていなかったが、野生動物を「自己の土地の上で」追い出し、追跡し、殺すことはできた。しかし、その後の体制下では、イングランド内の野生動物の所有権は、国王だけに属するとされ、王の明示の許可なくしては、何人も野獣に触れることができなくなる。そして、ブラックストーン卿は、「今ではそれらの法律は緩和されたか、廃れてしまったが、それでもそれらを起源にして、そしてこの原則から、「狩猟法 the game law」という名称の雑種が生まれてしまった。この法は今日でも完全に有効で、あらゆる場面で受け入れられている。野生動物に対する所有権を要求するこの「ばかげた概念」は、かつては森林法の基礎であり、いまだに狩猟法の基礎となっている。その狩猟法は、今でも民衆に対して一種の暴政を振るうための一手段であり、旧法と現行法との相違点は、たった一人の狩猟者であった王のかわりに、荘園ごとに一人の小さな旧約聖書の狩猟者ニムロデがいることだ[61]」というのである。

ブリトン人やサクソン人の時代は、自己の土地で狩猟する権利は認められていた。この自由は、ノルマン人の侵略により消滅した[62]。彼らが狩猟を王権とする抑圧的な封建思想を持ち込んだからである[63]。時が過ぎ、一八三一年一〇月五日のウィリアム四世の改革により画期的な権利拡大が行われると、かつての権利は回復された。「狩猟を行うために地位や財産を問わない」[64]、そして、「証明書をもつ者なら誰でも自己の土地で、または所有者の承諾を得た他人の土地で狩猟を行う権利を享受する、ということが主な内容であった」[65]。

イギリスでは、狩猟権者と土地所有者が異なることは可能であるが[66]、「土地の帰属と狩猟権との関係は完全にtotalである」[67]というのが共有された認識である。狩猟権は、土地所有者に属するものであり、私人、会社、公的団体、地方自治体または政府機関がその権利者になりうる。所有者及び必要な場合の農夫の許可を得ることなく、ある土地で狩猟、発砲を行うという事実は、民法違反を構成する。許可または合理的な理由なく火器、ライフル銃または空気銃（弾丸が充填されていてもいなくても）を携帯して他人の土地に立ち入るという行為は、たとえその所持者が弾丸を携帯していなくても、刑法犯（武装した不法侵入）を構成する。土地の所有者は、他人に対して狩猟権を販売することができる。また自分が選んだ条件で、狩猟権賃貸または貸与することができる。狩猟権を有する者は、狩猟法においては一人の正当な土地占有者と考えられている[68]。まさしく占有である。学説では、狩猟可能な地位及び取得を論じるために、ローマのカテゴリーを採用している。野生動物が誰の物でもないという事実を出発点に[69]、先占、つまり手に入れることを通じて取得される[70]。

しかし、すぐに違いがわかる[71]。野生動物は、たとえ私有地の上に定住していても、自由に生きている限りは所有権の客体ではないというのは本当だ。しかし、その土地の所有者は、属地を理由に動物に対して、自己の土地の上で暮らしている限り、「条件付き財産権」または「過渡的財産権」[72]と呼ばれる動物を捕獲し、殺し、自己の物とする排他的権利を有する。そして、狩猟権を持たない者に殺された動物は、誰に殺されたとしてもその時点で土地所有者の財産となる[73]。類推的に、土地所有者とは異なる狩猟権の権利者には、優先権による条件付き財産権が認められる[74]。

さて、狩猟権を持つ者は、自分か自分の使用人、あるいは密猟者によって殺された場合でも、死んだ鳥獣に対し「絶対的な財産権」を獲得する[75]。違法狩猟者が獲物の所有権を取得しない点に注目して欲しい。この原則は、イギリス法をローマ法及びその派生法諸国と区分するものの一つである。密猟者が兎を捕り、売り、送るとき、狩猟権者は、購入者から占有物を取り返すことができる[76]。しかしこのルールは、先占の原理により議論を呼ぶいくつかの例外[77]を抱えている[78]。仮に、AがBの土地で一頭の野生動物を巣から追い出し、Cの土地でそれを殺したとき、Aの不法侵入者としての責任は残るが、その所有権はAに帰属する[79]。さらに、Aが自己の土地で一頭の野生動物を巣から追い出し、Bの土地でそれを殺したとき、その所有権はAの物だ。しかし、仮に、Aが不法侵入者で、Bの土地で巣から追い出しそこで殺したなら、その所有権はBの物だ[80]。

獲物の密猟とそのための不法侵入[81]、言い換えると、他人の土地に詐欺的手段で立ち入り、狩猟を行う行為を処罰する厳格なイギリス法を考えれば、別のローマ化の一側面には驚かされる。それは、密猟者を泥棒としないという一部の風習のことで、野生動物・その亡骸は、飼い馴らされているか、普段から檻の中で飼育されているのでないならば、占有されかつその占有がいまだに失われていない、または放棄されていない、もしくは別の人の占有に丁度帰するところである場合を除き、窃盗の客体とはならないようである。そこで、野生動物を殺して持ち去る者は、たとえ同人が一時的に動物の占有を放棄したとしても窃盗の責任を問われない[82]というのである。

ある特殊な権限について述べよう。損害と流行病の防止のための穴熊駆除に関する規制において、農業大臣は、「穴熊管理地区」の設定ができる。同区内においては穴熊の駆除ができる。その死骸は、大臣の財産となる[83]のである。

結　語

一　無主物は存在しない物になる

検察官が話す。

被告人は起立。

さて、ヨーロッパでは、野獣は未だに「無主物」と考えられている。一九九二年からのイタリアを除いてである[1]、正確には一九七七年からというべきかもしれない[2]。

この法概念は、多くの野生動物の絶滅の主な原因であったし、今もそうである。歴史という裁判所において、多数の野生鳥獣に「無主物」のレッテルを貼ったこと、そして絶滅を命じたことは、ローマ法のせいであり、償うことのできない大きな罪である。

この議論は、様々な関心から再三取り上げられている[3]。野獣を無主物とする規定に対する最近の攻撃は、環境法の権威からのものだ。

その要点は、次のとおりである。

（1）ユスティニアヌス帝『学説彙纂』の第四一巻第一章第三法文の「無主物」、または主人のいない野獣という概念は、中世から現代まで変わらず「有害な動物」及び「農作物を荒らす野獣」を殺す許可を、それ自体に含んでいた。そして、この最後のケースでは、ほとんどすべての手段が許される[4]。

（2）この歴史的な概念は、長い間、狩猟者の悪質な行き過ぎを許してきた[5]。概念は道徳的に許されても、その実践においては限度がある。なぜなら、野生動物は自由な生き物であるから、すべての人に捕獲されうるし、主人が居ないことから誰からも保護されていないからだ[6]。

（3）欧州共同体構成国のほとんどすべての立法において、野生動物を無主物とみなすとき、それに対するなんらの義務を伴っていない。野生動物に対するこのような考え方は、その潤沢さと切り離すことができなかった[7]。

（4）野生動物の「物質化」、つまり財産としての野生動物というこれもローマ法の伝統的カテゴリーは、明らかに誤ったものだ[8]。

（5）法における従物と考えられるほとんど野生の動物と、無主物と考えられるほとんど家畜化している動物との混同が甚大である[9]。

（6）結論として、無主物として扱われる野生動物が「無存在物」になるのは時間の問題である[10]。

二　自由狩猟の終わり

自由狩猟の時代はもう終わる。

では、どうすればよいのか。

無主物としての野獣を傷つける者に、明示の狩猟の自由を与えろという要求を満たす選択肢はもうない。野獣を「共有物」とするという選択肢はない[11]。共有物は、空気や水のように万人が使用できるほどの量があるものである。量がものすごく豊富な物に使用する概念を、野生動物のような数の不足している物を管理するために利用できない[12]。

野生鳥獣を「公共物」、または「国家財産」と考えるほかないだろう[13]。

従物としての野獣は、どうか。つまり、野獣を狩猟権の権利者に属するものとするのはどうか。ゲルマンの狩猟権のことか、それはごめんだ。「野生動物のそのような概念は、イタリアの狩猟政策の基本方針及び種の保存に真っ向から反するものだ」[14]というしかない。

ならば、どうするのか。

無主物の曖昧な概念に向かう動きがある[15]。

野獣の古典的な地位を捨てよう。

確実に野生鳥獣保護に役立つ法律を考えるべきである。

野獣の利用及び駆除に関する法律に制限を加えることだ。

そして、概念に含まれる倫理的な意味を忘れてはならない。人間中心主義のこの世界において、動物は宿命的に従属的な存在だ。しかし、捕獲されるまでの野生動物は、主権者である。野生鳥獣は、人間にこう言ってよい。

「君が私を捕まえるまでは、私は私のものだ。もし君から逃げたらまた元に戻る。私は水、空、大地のものだが、君のものではない。みんなのものでもない」。

緒言註

1 狩猟禁止を正当化する理由や狩猟を非難する理由としては、人間の退化を促すものであるという主張があり、ソールスベリーのジョン (cfr. *infra* a J. BENTHAM, *Traité de Législation civile et pénale Principes du code civil,* Seconde partie, chap. premier, par. X, in *Oeuvres,* trad. frac., I, Aalen 1969 (réimpr. Bruxelles 1829), p. 89 s.) から『百科全書』(*Encyclopédie,* Paris 1753, t. III, p. 225, art. Chasse.) までしばしば見られた。一方、「ユートピアン」たちは、狩猟を ut rem liberis indignam として隅に追いやった。"TH. MORE, *Utopia,* Testo latino Versione italiana, introduzione e note di L. Firpo, Vicenza 1978, p. 152, Cfr. 狩猟の別の一面と気晴らしの場所としての森のシンボル的な意味については、P. GALLONI, *Il cervo e il lupo Caccia e cultura nobiliare nel Medioevo,* Roma, Bari 19962 , p. 52 ss. 参照。

2 R.-J. Pothier の表現であり定型句となった。後述(Cfr . *infra*)。

3 ゲルマン部族法では狩猟法はすでにかなり縮小されてはいた。Cfr. *infra.*

4 本書ではグロチウスとプーフェンドルフに限って言及する。この2人については多く扱う。LUCII FERRARIIS ... *Prompta Bibliotheca Canonica, Juridica, Moralis, Theologica ...* , Tomus Octavus, Genuae, MDCCLXIX, p. 342: "(...) Item potest Princeps venationem prohibere in certis locis, et certorum animalium ad solam ipsius, vel alicuius Personae benemeritae recreastionem: Cum enim ipse pro publico bono communi vigilet, ac laboret, iustum est, ut populus ex publico ei honestae recreationes, et convenientem suo fastigio apparatum concedat ... ".

5 Y. DEZALAY, *I mercanti del diritto*, trad. it., Milano 1997.

6 F. SAVIGNY, Sistema del Diritto Romano attuale, trad. it., I, Torino 1886, p. 17 s. には、法律化の自由及び誤謬に対する批判の義務に関する実りの多い省察が現れている。

7 CH. ATIAS, *La controverse doctrinale dans le mouvement du droit privé, in Revue de la recherche juridique, Droit Prospectif* VTII (1981), p. 429 ss.

8 ヴィンニウスの言葉。後述する。

9 ラ・フォンテーヌが物笑いの種にしている。LA FONTAINE, *Le cbat, la belette et le petit lapin, Fables*, Vll, XVI, in *Oeuvres complètes*, I, Paris 1908, p. 143

10 1931年にP.ヴァレリーはこう書いている。「空き地、自由地、誰にも属さない土地の時代、つまり自由拡張の時代は終わった。徽章を付けていない者は石ころひとつ持ち去れない。少しの隙間でさえ地図に載っている。有限世界の時代は始まった」。P. VALÉRY, Regards sur le monde actuel Auant-Propos, II, Paris 1962, p.923.

11 J. CARBONNIER, *Flessibile diritto,* trad. it., Milano 1997, p. 25 ss.

12 W. CESARINI SFORZA, *Il diritto dei privati,* in *RISG* XLIII (1929), p. 43 ss., partic. p. 58 ss. (=: ID., *Il diritto dei privati,* Milano 1963, con pref. di S. Romano); ID., *La teoria degli ordinamenti giuridici e il diritto sportivo,* in *Il Foro italiano* LVIII (1933), I, col.

1381 ss.; P. CALAMANDREI, *Regole caualleresche e processo,* in *Rivista di diritto processuale civile* VI (1929), p. 155 ss.

13　当然だが、すべての制度に当てはまるわけではない。S.ROMANO, *L'ordinamento giuridico,* Firenze 1977, p. 35 ss.

14　その文献収集作業の一部を紹介する。R. CORSO, *Ländliche Gewohnheitsrechte einiger Gebiete Kalabriens,* in *Zeitschrift für vergleichende Rechtswissenschaft* XXII (1906), p. 430 ss.; ID., *Kalabresische Rechtssprichwörter,* in *Zeitschrift für vergleichende Rechtswissenschaft* XXIII (1910), p. 289 ss.; ID., *Proverbi giuridici italiani,* in *Rivista italiana di sociologia* XX (1916), p. 531 ss.; ID., *Proverbi giuridici italiani,* in *Archivio per lo studio delle tradizioni popolari* XXIII (1907),484 ss.; ID., *Usi giuridici contadineschi ricavati da massime popolari,* in *Il Circolo giuridico: rivista di legislazione e giurisprudenza* XXXIX (1908), p. 35 ss.; ID., *Per le tradizioni giuridiche popolari,* in *Folklore Rivista trimestrale di tradizioni popolari* VII (1921), fasc. 2, p. 1 ss.; S. LASORSA, *Collana di proverbi giuridici ed economici pugliesi,* in *Rivista italiana di sociologia* XXII (1918), p. 300 ss.; G. SALVIOLI, *Gli aforismi giuridici,* estro s.d. da *La scuola positiva* I (1921) (?); F. MAROI, *Costumanze giuridiche popolari,* Roma 1925; ID., *Per una raccolta di usi giuridici popolari,* Roma 1927, estro da *Annuario di diritto comparato e di studi legislativi* I (1927), p. 344 ss.

15　J. GELLI, *Codice cavalleresco italiano Con il commento, note e massime di Giurisprudenza cavalleresca,* Milano 1932.

16　おおよその数を知るには、我々が参照した最も内容が濃い２つの文献目録をざっと見れば十分である。J. THIÉBAUD, *Bibliographie des ouvrages français sur la chasse,* Paris 1934; A. CERESOLI, *Bibliografia delle opere italiane latine e greche su la caccia, la pesca e la cinologia,* Bologna 1969. Per le bibliografie giuridiche, cfr. *infra.*

17　FRA' PAOLO SARPI, *Arte di ben pensare,* in *Opere*, VII, *Scritti Filosofici e Teologici editi e inediti* (a cura di R. Amerio), Bari 1951, p. 142.

第１章註

1　トレバティウスについては、後述する（Cfr. *Infra*）。

2　HOR., *sat.*2,1. Cfr. J.H.MICHEL, *La satire 2,1 à Trébatius ou la consultation du juriste,* in *RIDA*XLVI (1999), p. 369 ss. ユーモアに関しては、A. CASTRO SAENZ, *El tempo de Trebacio.Ensajo de historia juridica,* Sevilla 2002, p. 125 s.

3　V. 86: *Solventur risu tabulae, tu missusabibis.* これはとてもよく研究してある。すべての人向けには、A. GUARINO, *Un responso di Trebazio?,*ora in *Pagine di diritto romano,* V, Napoli 1994, p. 93 ss.; In., *Orazio e un responso di Trebazio Testa,* in *Giusromanistica elementare,* Napoli 1989, p. 253 ss.

4 HOR., *caro* 1,1,25 ss.: *Manet sub Iove frigido / venator tenerae coniugi immemor, / seu visa est catulis cerva fidelibus, / seu rupit teretis Marsus aper plagas..* パトロンへの有名な賛歌である。

5 野生動物の捕獲及び取得という現時の法的帰結については、狩猟が担っていた食糧供給機能や農業に先行していたという事実に関する原始的な社会組織の研究を参照するのが当然であろう。この人類学的観点については、M. GODELIER, *Caccia/raccolta,* in *Enciclopedia Einaudi* II (1977), p. 354 ss.; D. FORDE, *Raccolta del cibo, caccia e pesca,* in *Storia della tecnologia* (a cura di C. Singer, E.]. Holmyard, A.R. Hall, Trevor L Williams), trad. it., I, Torino 1961, p. 154 ss. 狩猟という職業に関していまだによく引用されるのは、A. REINACH, sv. *Venatio,* in *DS* V (1919), p. 680 ss. V. そして、anche G. FRAN crosr, sv. *Occupazione* (storia), in *EdD* XXIX (1979), p. 612 ss.:「人類がいわゆる採集経済で生きていた時代にまでさかのぼる古い取得方法や狩猟及び漁猟の客体は」集合的財産権の形態とは相容れない「個人財産の原初的形態のひとつである」。(P.BONFANTE, *Corso di diritto romano,* II, *La proprietà,* 2, Milano 19682, p. 73 s.). これについては、ネルウァを引用したパオロの有名な一節にあるように、法学者たちは周知していた。Nerva filio in D. 41,2,1,1. 狩猟と古代については、最小限の文献を挙げる。minima: J. AYMARD, *Essai sur les chasses romaines des origines à la fin du siècle des Antonins,* Paris 1951;J.K. ANDERSON, *Hunting in the ancient World,* Berkeley, Los Angeles 1985; R. LANE Fox, *Ancient Hunting From Homer to Polybius,* London, New York 1996; P. GALLONI, *Storia e cultura della caccia,* Roma-Bari 2000, p. 31 ss.; P.P. ONIDA, *Studi sulla condizionedegli animali non umani nel sistema giuridico romano,* Torino 2002, p. 400 ss., con letteratura. さらなる法学文献は他の注を参照。

6 Gai. 2,65-67; D. 41,1,1 *pr.-1* (Gai. 2 *rer. cott.).* 最小限の文献: PH. DIDIER, *Les diverses conceptions du droit naturel à l'oeuvre dans la jurisprudence romaine des II et III siècles,* in *SDHI* XLVIII (1981), p. 195 88.; TH. MAYER-MALY, *Das ius gentium bei den späteren Klassichern,* in *IURA* XXXIV (1983), p. 91 ss.; W. WALDSTEIN, *Ius naturale im nachklassischen römischen Recht und bei Justinian,* in *ZSS* CXI (1994), p. 1 ss. Cfr. *infra.*

7 この意見は広く共有されていると言える。Per tutti, L. LANDUCCI, *Il diritto di proprietà il diritto di caccia pressoi Romani,* in *AG* XXIX (1882), p. 307 ss.; ID., sv. *Caccia,* in *Enciclopedia giuridica italiana* III, 1 (1898), p. 22 ss.

8 Gai. 2,66-68: *Nec tamen ea tantum, quae traditione nostra fiunt, naturali nobis ratione adquiruntur,sed etiam ... occupando ideo ... erimus, quia antea nullius essent; qualia sunt omnia, quae terra mari caelo capiuntur.* 67. *Itaque si feram bestiama ut uolucrem aut piscem... captum ... eo usquem nostrum esse intellegitur,donec nostra custodia coerceatur; cum uero custodiam nostram euaserit et in naturalem libertatem se receperit, rursus occupantis fit, quia nostrum esse desinit; naturalem autem libertatem recipere uidetur,*

cum aut oculos nostros euaserit, aut licet in conspectu sit nostro, difficilis tamen eius persecutio sit. 68. *In iis autem animalibus,quae ex consuetudine abire et redire solent, ueluti columbis et apibus, item ceruis, qui in siluas ire et redire solent, talem habemus regulam traditam, ut si reuertendi animum habere desierint, etiam nostra esse desinant et fiant occupantium; reuertendi autem animum uidentur desinere habere, cum reuertendi consuetudinem deseruerint*.

9 進歩的な解答のひとつの完全ではないパノラマとして、V. ARANGIO-RUIZ, D. 44,7,25,1 *e la classificazione gaiana delle fonti delle obbligazioni*, in *Mélanges* G. *Cornil*, I, Gand, Paris 1926, p. 92 ss. (= *Scritti di diritto romano,* II, Napoli 1974, p. 141 ss.): ID., *Ancora sulle res cottidianae,* in *Studi* P. *Bonfante,* I, Milano 1930 (= *Scritti di diritto romano,* TI, cit., p. 217 ss.); S. DI MARZO, *I libri rerum cottidianarum sive aureorum,* in *BIDR* LI-LII (1948), p. 1 ss.; G. LOMBARDI, *Libertà di caccia e proprietà privata in diritto romano,* in *BIDR* LIII-LIV (1948), p. 314 ss.; H.J. WOLFF, *Zur Geschichte des Gaius-textes,* in *Studi in onore di V. Arangio-Ruiz,* IV, Napoli 1953, p. 171 ss.; F. WIEACKER, *Textstufen klassischer Juristen,* Göttingen 1960, p. 187 s.; D. LIEBS, *Gaius und Pomponius,* in *Gaio e il suo tempo,* Napoli 1966, p. 63 s.; F. SCHULZ, *Storia della giurisprudenza romana,* Firenze 1968, p. 296 ss, (trad. it. condotta su *History of Roman Legai Science,* Oxford 19532). ポスト古典主義の影響は、H. WAGNER, *Studien zur allgemeinen Rechtslehere des Gaius Ius gentium und ius naturale in ihrem Verhaeltnis zum ius civile,* Zutphen 1978, p. 133 *ss., passim;* 革新的な解釈として、H.L.W. NELSON, *Ùberlieferung, Aufbau und Stil von Gai Institutiones,* Leiden 1981, p. 187 nt. 9, cui aderisce G. FALCONE, *Il metodo di compilazione delle institutiones di Giustiniano,* in *AUPA* XLV,1 (1998), p. 233 ss., spec. p. 317.

10 D. 41,1,1 *pr.-1* (Gai. 2 *rer. cott.): Quarundam rerum dominium nanciscimur iure gentium, quod ratione naturali inter omnes homines peraeque servatur,quarundam iure civili, id est iure proprio civitatis nostrae. et quia antiquius ius gentium cum ipso genere humano proditum est, opus est, ut de hoc prius referendum sit*. 1 *Omnia igitur animalia, quae terra mari caelo capiuntur, id est ferae bestiae et volucres pisces, capientium fiunt;* D. 41,1,3 *pr.-2* (Gai. 2 *rer. cott.): Quod enim nullius est, id ratione naturali occupanti conceditur.* 1 *Nec interest quod ad feras bestias et volucres, utrum in suo fundo quisque capiat an in alieno. piane qui in alienum fundum ingreditur venandi aucupandive gratia, potest a domino, si isprovíderit, iure probiberi ne ingrederetur.* 2 *Quidquid autem eorum ceperimus, eo usque nostrum esse intellegitur, donec nostra custodia coercetur: cum vero evaserit custodiam nostram et in naturalem libertatem se receperit, nostrum esse desinit et rursus occupantis fit;* D. 41,1,5 *pr.-6* (Gai. 2 *rer. cott.): Naturalem autem libertatem recipere intellegitur, cum veloculos nostros effugerit vel ita sit in conspectu nostro, ut difficilis sit*

eius persecutio. 1 *Illud quaesitum est, an fera bestia, quae ita vulnerata sit, ut capi possit, statim nostra esse intellegatur. Trebatio placuit statim nostram esse et eo usque nostram videri, donec eam persequamur, quod si desierimus eam persequi, desinere nostram esse et rursusfieri occupantis: itaque si per hoc tempus, quo eam persequimur, alius eam ceperit eo animo, ut ipse lucrifaceret, furtum videri nobis eum commisisse. plerique non aliter putaverunt eam nostram esse, quam si eam ceperimus, quia multa accidere possunt, ut eam non capiamus: quod verius est*. 2 *Apium quoque natura fera est: itaque quae in arbore nostra consederint, antequam a nobis alveo concludantur, non magis nostrae esse intelleguntur quam volucres, quae in nostra arborenidum fecerint. ideo si alius eas incluserit, earum dominus erit*. 3 *Favos quoque si quos hae fecerint, sine furto quilibet possidere potest: sed ut supra quoque diximus, qui in alienum fundum ingreditur, potest a domino, si is prouiderit, iure prohiberi ne ingrederetur*. 4 *Examen, quod ex alveo nostro euolauerit, eo usque nostrum esse intellegitur, donec in conspectu nostro est nec difficilis eius persecutio est: alioquin occupantisfit*. 5 *Pavonum et columbarum fera natura est nec ad rem pertinet, quod ex consuetudine avolare et reuolare solent: nam et apes idem faciunt, quarum constatferam esse naturam: cervos quoque ita quidam mansuetos babent, ut in silvas eant et redeant, quorum et ipsorum feram esse naturam nemo negato in his autem animalibus, quae consuetudine abire et redire solent, talis regulacomprobata est, ut eo usque nostra esse intellegantur, donec revertendi animum habeant, quod si desierint revertendi animum habere, desinant nostra esse et fiant occupantium. intelleguntur autem desisse revertendi animum habere tunc, cum revertendi consuetudinem deseruerint*. 6 *Gallinarum et anserum non est fera natura: palam est enim alias esse feras gallinas et alios feros anseres. itaque si quolibet modo anseres mei et gallinae meae turbati turbataeve adeo longius evolaverint, ut ignoremus ubi sint, tamen nihilo minus in nostro dominio tenentur. qua de causa furti nobis tenebitur, qui quid eorum lucrandi animo adprehenderit*. これらのテキストは、ガイウスのポスト古典期の改作、及び『法学提要』の法源に関する難しい問題を提起する。

11 上に引用したガイウスの章句にあたるもの。Iust. *inst*. 2,1,12-16. 最初の2つの段落に限定する。Iust. *inst*. 2,1,12: *Ferae igitur bestiae et volucres et pisces, id est omnia animalia quae in terra mari caelo nascuntur, simulatque ab aliquo captafuerint, iure gentium statim illius esse incipiunt: quod enim ante nullius est id naturali ratione occupanti conceditur. nec interest, feras bestias et volucres utrum in suo fundo quisque capiat,an in alieno: piane qui in alienum fundum ingreditur venandi aut aucupandi gratia, potest a domino, si is providerit, prohiberi, ne ingrediatur. quidquid autem eorum ceperis, eo usque tuum esse intellegitur, donec tua custodia coercetur: cum vero evaserit custodiam tuam et in naturalem libertatem se receperit, tuum esse desinit et rursus occupantis fit.*

naturalem autem libertatem recipere intellegitur, cum vel oculos tuos effugerit vel ita sit in conspectutuo, ut difficilis sit eius persecutio. 13 *Illud quaesitum est, an, si fera bestia ita vulnerata sit ut capipossit, statim tua esse intellegatur. quibusdam placuit, statim tuam esse et eo usque tuam videri, donec eam persequaris; quodsi desieris persequi, desinere tuam esse et rursus fieri occupantis. alii non aliter putaverunt tuam esse, quam si ceperis. sed posteriorem sententiam nos confirmamus, quia multa accidere solent, ut eam non capias.*

12　その他の文献: G. LOMBARDI, *Libertà di caccia e proprietà privata in diritto romano,* cit., p.22 ss.; P. VOCI, *Modi di acquisto della proprietà Corso di diritto romano,* Milano 1952, p. Il ss.; M.J. GARCIA GARRIDO, *Derecho a la cazay ius prohibendi en Roma,* in *ARDE* XXVI (1956), p.269 ss.; G. POLARA, *Le venationes Fenomeno economico e costruzione giuridica,* Milano 1983, p. 7 ss.; A.ORTEGA Y CARRILLO DE fuBORNOZ, *Lasferae bestiaeen el derecho romano, en el C6digocivii y en la ley de la caza de 1970,* in *Cuadernos informatioos de derecho hist6ricopublico, procesal y de la navegaci6n* (marzo-1987), fasc. IV-V, p. 483 ss.; D. HUGHES, *Furtum ferarum bestiarum,* in *The Irish Jurist* IX (1974), p. 181 ss.; O. LONGO, *Le regole della caccia nel mondo greco-romano,* in *Aufidus* I (1987), p. 59 ss. 占有を論じる著者は、多かれ少なかれ狩猟についても論じている。Cfr. *infra*.

13　*Ferae bestiae, volucres* e *pisces:* Gai. 2,66; D. 41,1,3 *pro* (Gai. 2 *rer. cott.)* = Iust. *nst*.2,1,12. 人工池、養魚池、養蜂場、鳥舎の中にいる野生動物は含まない。一方、我々の〔所有する〕囲まれた森(*silvae cicumsepate*)や沼で、本来の自由な状態にあるものは該当する。前者は我々の所有物。[主な文献はD. 41,2,3,14 (Paul, *54 ad ed.t;* ColI. 12,7,10 (Ulp. 18 *ad ed.t;* D. 7,1,62,1 (Tryph. 7 *disp.)*]. 家庭の動物は違う。周知のように、いなくなっても彼らの財産のままであり、それを獲取すれば窃盗に当たる(D. 41,1,5,6 = Iust. *inst*. ,1,16). 飼われた動物は違う。離れていても、帰宅の習慣を保持しているうちは、所有されたままである(Gai. 2,68; D. 41,1,5,5 =Iust. *inst*. 2,1,15; D. 41,2,3,15).「区別の柔軟性」については: P.P. ONIDA, *Studi sulla condizione degli animali non umani nel sistema giuridico romano,* cit., p. 198 ss. この主題については、他にも、D. DAUBE, *Doves and Bees,* in *MélangesR. Lévy-Bruhl,*Paris 1959, p. 63 ss.; W. FLUME, *Die Bewertung der Institutionen des Gaius,* in *ZSS*LXXIX (1962), p. 1 ss.; D. HUGHES, *Furtumferarum bestiarum,* cit.; J. MODRZEIEWSKI, *Ulpien et la nature des animaux,* in *La filosofia greca e il diritto romano,* I, Roma 1976 [*Acc. Naz. Lincei* CCXXI (1976)], spec. pp. 186-188; P. ZAMORANI, *Possessio e animus* I, Milano 1977, p. 15 ss.; CH. JR. DONAHUE, *Animalia ferae naturae: Rome, Bologna, Leyden, Oxford and Queen's Country,* N. *Y,* in *Studies in Roman Law in memory ofA.A. Schiller,* Leiden 1986, p. 39 ss.; G. McLEOD, *Wild and rame Animals and Birds in Roman Law,* in *New*

Perspectiues in the Roman Law of Property (ed. P. Birks), Oxford 1989, p. 169 ss.; B.W. FRIER, *Why Did the Jurists ChangeRoman Law? Bees and Lawyers reuisited,* in *Index* XXII (1994), p. 135 ss.

14 Gai. 2,66.67. D. 41,1,1 *pr.* 3 (Gai. 2 *rer. cott.):* D. 41,1,5,1.4.5 = lust. *inst. 2,1,12.*

15 D. 41,1,3,1 (Gai. 2 *rer. cott.): Nec interest quod ad feras bestias et volucres, utrum in suo fundo quisque capiat an in alieno* (= lust. *inst.* 2,1,12); D. 41,1,5,2.3 = lust. *inst.* 2,1,14. V. anche D. 47.2.26 *pro* (Paul. 9 *ad Sab*), これらの章句は、他人の土地で狩猟活動が行われていたことを示している。同様に、D. 43,24,22,3 (Ven. 2 *interd.)*. M.J. GARCIA GARRIDO, *Derechoa la caza y ius prohibendi en Roma,* cit., p. 192 ss., さらに、D. 41,1,55 (Proc. 2 *pist.);* D. 9,2,28 (Paul, lO *ad Sab.)* eD. 9,2,29 *pro* (Ulp, 18 *ad ed),* 括り罠に掛かった猪、及び罠による損害に関しては、それぞれはっきりしたことは何も述べていないように思われる。

16 言及する価値が特にあるのは D. 8,3,16 (Call, 3 *de cognit),* 狩猟を行うために、土地所有者の許可なく立ち入ることに正当性はないということを認めたアントニウス・ピウス帝の勅令に言及している。同様に: *Divus Pius aucupibus ita rescripsit: οὐκ ἔστιν εὔλογον ἀκόντων τῶν δεσποτῶν ὑμᾶς ἐν ἀλλοτρίοι ς χωρίοις ἰξεύειν.* その章句は、様々な方法で解釈されたが、禁止権(*ius prohibendi*)に言及していることに疑いはない。おそらくは、たまたま一緒になった複数の狩猟者、または狩猟仲間が土地所有者の禁止に反してでも他人の土地に入る権利を要求したのだろう。これらの言葉は、意見というよりも決定と理解される、あるいは、ひとつの文書による承認(*cognitio per rescriptum*)と推測されている。G. LOMBARDI, *Libertà di caccia e proprietà privatain diritto romano,* cit., p. 314 ss. どちらにしても、元首が使う命令的でない言い回しは、他人の土地に制限なく立ち入ることが認められた時代から、土地所有者の立入禁止権が優勢になりつつあった当時－2世紀中葉－への過渡期を示しているのかもしれない。既にガイウスは、アントニウス・ピウス帝のテキストを知っていたと思われるが、上記に引用したD. 41,1,3,1の中で、よりきっぱりとした口調を使っているようだ。そう述べるのはG. POLARA, *Le venationes,* cit., p. 15 nt. 12。また少し古い文献では、L. LANDUCCI, *Il diritto di proprietà e il diritto di caccia presso i Romani,* cit., p. 315 ss. 反対意見は G. LOMBARDI, *Libertà di caccia e proprietà privata in diritto romano,* cit., p. 314 ss. 同書は、禁止権(*ius prohibendi*)の確立をポスト古典期としている。そのため、D. 41,1,3,1 をポスト古典期の改作と考える。禁止権(*ius prohibendi*)についての広範囲の議論としてM.J. GARCIA GARRIDO, *Derecho a la caza y ius probibendi en Roma,* cit., p. 209 ss.その著者は、カリストラトス(Callistrato)がD. 8,3,16 の中で引用したアントニウス・ピウス帝の勅令の注(アントニウス・ピウスのもう一つの勅令D. 1,8,4 *pr.*と合わせて読まれたい。フォルミアーニとカペナーティの漁師に向けたもので、海の海岸へ侵入することを誰も禁止できないが、別荘、建物及び記念建

造物はその限りでない、なぜならゲンス法によらないから、ということを再確認したもの)で、これと同様に、「万人の狩猟への原始的権利に対する所有権の優越」があるとしている点を強調する(p. 312)。

17 D. 8,3,16のカリストラトスの章句にある、前注で論じたいわゆる禁止権(*ius prohibendi*)、つまり、所有者が土地への立入りを禁止する権能が推定できる主なテキストは、D. 41,1,3,1 (Gai. 2 *rer. cott.);* D. 41,1,5,3 (Gai. 2 *rer. cott.)* =Iust. *inst*.2,1,12.14、及びD. 47,10,13,7 (Ulp, 57 *ad ed*)。その要点は、鳥撃ちは禁止することができず、土地への立入りのみ禁止することができるというもの：: *sed nec aucupari, nisi quod ingredi quis agrum alienum prohiberi potest,* e in fine: *in lacu tamen, qui mei dominii est, utique piscari aliquem prohiberi possum*. 後者はD. 43,24,22,3 (Ven. 2 *interd.*)を想起させる。ラベオの意見の中で、特別なケースにおいては*l'int. quod vi aut clam*をもって保護し得ない一種の禁止と理解されうる、よりぞんざいなテキストである。

18 禁止権(*ius prohibendi*)について上に引用した文献は、進入禁止(*prohiberi ne ingrederetur*)について語っている。D. 47,10,13,7 (Ulp, 57 *ad ed.*)では、より明確に、*sed nec aucupari, nisi quod ingredi quis agrum alienum prohiberi potest*という言葉で、この概念を肯定している。

19 禁止に反して立ち入った場合でも獲物は狩猟者が取得することは、*capere*の使用から推定しうる。その言葉は、場所が自己の土地でもあっても他人の土地であっても、「獲物を自己の物にする」ことを意味する術語であるからだ[D. 41,1,3,1 (Gai. 2 *rer. cott.)* = Iust. *inst*. 2,1,12]。その肯定は、禁止(*prohibitio*)の特別なケースも含め、絶対的かつ一般的な一つの価値を示す。ガイウスの章句の古典性及び含意する原則に反対することである：G. LOMBARDI, *Libertà di caccia e proprietà privata in diritto romano,* cit., p. 302 ss。我々にとって、もっとも意味のあるテキストは、D. 43,24,22,3 (Ven, 2 *interd.*)である。その反対意見を見つけることができるテキストは、キュジャスが主張したように、プロクルスの有名な括り罠に落ちた猪のくだりのD. 41,1,55ではないのは明らかである: Cfr. *infra*。反対に、禁止を罰するための所有者が利用可能な解決策は、まったく推測に基づくものだ。やはり、人格侵害訴権(*actio. iniuriarum*)が考えられる。先ほど引用したD. 47,10,13,7からその行使を推定するのは不可能である。家屋の侵害を名目にしたコルネリア法による人格侵害訴訟によるのはもはや容易でない(D. 47,10,5 *pr.-5)*。異なる意見について、G. POLARA, *Le venationes,* cit., p. 15 nt. 12; p. 39 s., nt. 50 e 5. L'a. *(op. cit*., p. 15 nt. 12) は、占有に関する特示命令(*interdictum quod vi aut clam*)は行使可能と強調する(所有者と狩猟者が対立した場合、禁止権があっても、狩猟者は仕事を全うした)。消極訴権(*a. negatoria*)または窃盗訴権(*a. furti*)の適用可能性が主張される。純粋な推測。より可能性の高い仮説は、微妙な問題であるが、所有者にようやく認められた禁止権には、何ら防衛手段が伴わず、適切であれば、力による救済が認められる、というもの(K. CZYHLARZ-F. GLOCK,

Commentario alle Pandette, XLI, trad. it., Milano 1905, p. 59 ss.). Cfr. *infra*.

20 capereの継続的な使用及びその「手による獲取」という現物主義的意味については後述(cfr. *infra*)。

21 野獣*(ferae bestiae)*の保護に関する主な章句は: Gai. 2,67; D. 41,1,3,2 (Gai. 2 *rer. cott.);* D. 41,1,5 *pro* (Gai. 2 *rer. cott.)*の他、『法学提要』の対応する章句。さらに以下の章句にも見られる：D. 41,1,44 (Ulp. 19 *ad ed.t:* D. 41,2,3,13-15 (Paul. 56 *ad ed.);* D. 9,1,1,10 (Ulp. 18 *ad ed.)*。G. POLARA, *Le venationes,* cit., p. 112 ss.の注釈。P.P. ONIDA, *Studi sulla condizione degli animali non umani nel sistema giuridico romano,* cit., p. 409 ss. 参考文献：A. METRO, *L'obbligazione di custodire nel diritto romano,* Napoli 1966, p. 40 ss. e P. ZAMORANI, *Possessio e animus,* I, cit., p. 15 ss.

22 主な章句はGai. 2,67; D. 41,1,3,2 (Gai. 2 *rer. cott.);* D. 41J,5 *pro* (Gai. 2 *rer. cott.)* 及びユスティニアヌス『法学提要』の該当箇所。C.A. MASCHI, *La concezionenaturalistica del diritto e degli istituti giuridici romani, Milano* 1937, p. 175; G. POLARA, *Le venationes,* cit., p. 122 ss.参照。

23 驚くことにこれはすべて以下にまとめられている：D. 41,1,1.3 (Gai. 2 *rer. cott.)*。ガイウス(またはポスト古典期の彼の代弁者)は、物の所有権がゲンス法または市民法(D. 41,1,1 *pr.)*により取得されるという前提から、「地上、海及び空中で獲取*(capiuntur)*されたすべての動物、つまり、野生動物*(ferae bestie)*、鳥及び魚は、それを獲取する者*(capientium)*の物である (D. 41,1,1,1)。自然の理由により誰の物でもない物は、占有者*(occupanti)*に譲られる (D. 41,1,3 *pr.)*。そして、野生動物及び鳥に関しては、動物が自己の土地または他人*(capiat)*の土地で捕獲されたかは問題としない。他人の土地に狩猟目的で立ち入る者に対し、土地所有者は、その入場を合法的に禁止することができる(D. 41,1,3,1)。我々が獲取した*(ceperimus)*どんな動物も、我々が取り押さえている限り、我々のものである。しかし、我々の監視からうまく逃れ、本来の自由を再獲得したときは、我々の物である状態は終わり、再び、先占者*(occupantis)*のものとなる(D. 41,1,3,2)。

24 Anche noi *occupatio,* benché nelle fonti giustinianee, per quel che sappiamo, il termine come sostantivo non sia documentato [E. HECK, *Occupatio,* in *ZSS*LXXXIV (1967), p. 355 ss.]. 我々もまた、先占*(occupanto)*について、ユスティニアヌスの法源ではあるものの、いくらか知っている。名詞としてのこの用語は、文書に残っていない[E. HECK, *Occupatio,* in *ZSS*LXXXIV (1967), p. 355 ss.]。主流の定義は、「他人の財産とされていないものの占有による取得」(V. SCIALOJA, *Teoria dellaproprietà nel diritto romano,* II, Roma 1933, p. 20)、「誰にも属していない物*(res nullius)*の、それを自己の物にするという意思を伴う占有の獲得」(P. BONFANTE, *Corso di diritto romano, II, La proprietà,* 2, cit., p. 73)。同じく教義主義的省察として、先占者の能力に第四の要件(物の素性、先占の意思及び占有の獲得)を特定した論者もいる(H.G. WESS,

Vas Willensmoment bei der occupatio des romicbenRechts nebst einer verrgleichenden Beytrachtung des Willensmomentes im Aneignunsrecht des BGB, Marburg 1955)。おそらく、先占行為が犯罪を構成しないという第五の要件も特定された(S. PEROZZl, in K. CZYIILARZ-F. GLOCK, *Commentario alle Pandette,* XLI, cit., p. 37 nota n; *contra,* V. SClALO.lA, *Teoria dellaproprietà nel diritto romano,*II, cit., p. 23 ss.)。周知のように、占有と先占意思については、数多くの理解の方法がある。参考文献：V. SCJALOIA, *Teoria della proprietà nel diritto romano,* II, cit., p. 19 ss.; P. BONFANTE, *Corso di diritto romano,* II, *La proprietà,* 2, cit., p. 73 ss.; M. KASER, sv. *Occupatio,* in RE suppI. VII (1940), col. 682 ss.; C. LONGO, *Corso di diritto romano Le cose La proprietà e i suoi modi di acquisto,* Milano 1946, p. 88 ss.; P. VOCI, *Modi di acquisto della proprietà,* cit., p. 1l ss.; G. FRANCIOSI, *Res nullius e occupatio,* in *Atti dell'Accademia di scienze morali e politiche in Napoli* LXXV (1964), p. 237 ss.; ID., sv. *Occupazione,* cit.; A. ARNESE, *Nancisci in Gaio:la natura e il caso,* in *SDHI* LXVII (2001), p. 59 ss. Per A.-J. ARNAUD, *Réflexion sur l'occupation, du droit romain classic au droit moderne,* cit., *passim.* 純粋の物理的事実としてのローマ法の先占は、ローマ法学者による後の時代の研究によりドグマ化されたのかもしれない。

25 基本テキスト：D. 41,2,1,1 (Paul, 54 *ad ed.).* 野生動物に関して明白に述べているのは、他にも：D. 41,10,2 (Paul. 54 *ad ed.): Est species possessionis quaevocaturpro suo. Hoc enim modo possidemus omnia, quae mari terracaelo capimus ...* その他の章句についてはV. SCIALOJA, *Teoria della proprietà nel diritto romano,* II, cit., p. 22.

26 P. BONFANTE, *Corso di diritto romano,*II, *La proprietà,* 2, cit., p. 74 s.:「最後の要件であり、かつ先占の出発点でもある占有の物理的達成は、言葉そのものの中に表現されている：*occupare*は*capere*(捕まえる)の派生語であり、しばしばcapereに置き換えられる。いくつかのケースでは、occupare及びoccupatioの代わりに、inuenire及びinuentioが使われる。そのことは、この用語の相違が先占に関する概念的な相違を意味するのかどうかという問題を惹起する。我々は、物理的な占有の獲得は社会的意識及び客体により異なって評価されるにちがいなく、またいくつかの客体についてはほとんど精神的な契機に帰せられうると推測している。しかしまさにこの相違が個々の客体において明らかになるがゆえに、個別の種類ごとに先占を論じることに意味がある」。

27 PHAEDR. 5,6; PLAUT., *Rud.* 1018 s.; シーン全体, vv. 937-1045 が先占の問題に関連している。

28 多くの証拠。V. il termine messo in evidenza *retro*. Cfr. VIR, I, p. 616.

29 D. 41,1,14 *pro* (Ner. 14 *membr.).*

30 S. PEROZZI, in K. CZYHLARZ-F. GLOCK, *Commentarioalle Pandette,* XLI, cit., nota r, p. 171. Cfr. anche A.-J. ARNAUD, *Réflexion sur l'occupation, du droit romain classic au*

droit moderne, cit., p.198.

31 P. BONFANTE, *Corso di diritto romano,*II, *La proprietà,* 2, cit., p. 74.

32 P. BONFANTE, *Corso di diritto romano,*II, *La proprietà,* 2, cit., p. 76.

33 Per tutti, G. POLARA, *Le uenationes,* cit., p. 112, *passim.*

34 K. CZYHLARZ-F. GLOCK, *Commentarioalle Pandette,*XLI, cit., p. 172 e autori ivi citati. *Adde* A.F.]. THIBAUT, *System des Pandektenrechts,* II, Iena 1834, p. 257.

35 P. BONFANTE, *Corso di diritto romano,* III, *Diritti reali,* Milano 19722, p. 296.

36 Cfr. *infra.*

37 もちろん狩猟者の足下またはすぐ近くに倒れている動物ではなく、もっと遠くに倒れている動物である。遠くから致命傷と単なる傷とをどうやって区別できていたのだろうか。おそらくは、トレバティウスとその支持者にとって「殺すこと」は傷を負わせることと同一にみなされるべきケースであったにちがいない。そのため、所有権は傷を負わせること(vulnus)により、そのあとの実効的な獲取を条件として取得された。多数派にとっては、この場合も実効的な獲取が伴うときに限り取得があった。文献的な根拠なく(またそれに限らず)、多数派は殺害の場合を獲取の現物主義の例外とし、獲取の前に取得することを認めている：K. CZYHLARZ - F. GLÜCK, *Commentario alle Pandette,* XLI, cit., p. 173.; F.C. SAVIGNY, *Il possesso del diritto,* trad. it., Firenze 1839, p. 200.

38 F.P. BREMER, *Iurisprudentiae antihadrianae quae supersunt,* I, Lipsiae 1896, p. 376 ss.; P. SONNET, sv. *Trebatius* (n. 7), in REVI A 2 (1937), col. 2255 ss.; A. BERGER, sv. *Trebatius,* in RE suppl. VII (1940), col. 1619 ss.; R.A. BAUMAN, *Lawyers in Roman Transitional Politics A study 01 the Roman jurists in their political setting in the Late Republic and Triumvirate,* Miinchen 1985, p. 123 ss.; M. D'ORTA, *La giurisprudenza tra Repubblica e Principato Primi studi su* C. *Trebazio Testa,* Napoli 1990 [ID., *Giurisprudenza e epicureismo (nota su Cic. ad fam.* 7.12.1-2), in *IURA* XXXXII (1991), p. 128 ss.]: V. SCARANO USSANI, *L'epicureismo di* C. *Trebazio Testa,* in *Ostraka* I (1992), p. 128 ss.; A. CASTRO SAENZ, *El tempo de Trebacio. Ensajo de historiajuridica,* cit. 我々の手元に著者から寄贈されたこの本があるが、イタリアでは*Rivista di Diritto Romano* IV (2004)でのF. Cuena Boyの書評を通じてのみ知られている。イタリアでより広く知られることが望ましい。

39 D. 1,2,2,45 (Pomp.l. *s. encb.*)での奇妙な比較が知られている。: *Trebatius peritior Cascellio, Cascellius Trebatio eloquentior[uisse dicitur, Ofilius utroque doctor.*

40 カエサルとともにガリアにも出征している。キケロとトレバティウスとの間の交友関係を示す多くの書簡が残されている。例えば、*Cic.fam.* VII,5.6.19.20.22; *top. 1,1-3.*

41 HOR., *sat.* 2,1. Cfr. *retro.*

42 アウグストゥスは、トレバティウス及び他の法学者に質問し、彼の言うまま遺言書

の追加書を認知するよう説得される(Iust. *inst.* 2,25 *pr.*)。トレバティウスがリーダーシップを取った一種の安定した元首の助言(*consilium principis*)については：R.A. BAUMAN, *Lawyers and Politics in the Early Roman Empire,* Miinchen 1989, p. 23 s. 彼が解答権(*ius respondendi*)を得たかについての議論は：W. KUNKEL, *Das Wesen des ius respondendi,* in *ZSS* LXVI (1948), p. 445 s.; R.A. BAUMAN, *Lawyers in Roman Transitional Politics,* cit., p. 123 ss.; ID., *Lawyersand Politicsin the Early Roman Empire A study ofrelations between in the Roman jurists and tbe emperors from Augustus to Adrian,* Miinchen 1989, p. 20;J. PARICIO, *Valor de las opinionesjurisprudenciales en la Roma cldsica,* Madrid 2001, p. 81 ss. その問いへの肯定的答え：A. CASTRO SAENZ, *El tempo de Trebacio. Ensajo de historiajuridica,* cit., con molte pagine di discussione (pp. 169-178). 認知については他にも：L. FANIZZA, *Autorità e diritto. LJesempiodi Augusto,* Roma 2004, p. 36 SS.

43 D. 41,1,5,1 (Gai. 2 *rer. cott.): Illud quaesitum est, an[era bestia, quae ita vulnerata sit, statitn nostra esse intellegatur.*

44 彼もまた大コルネリウスの弟子であった: D. 1,2,2,45 (Pomp. *l. s. encb.).*

45 D. 1,2,2,47 (Pomp. *l. s. encb.).* V. D. LIEBS, *Recbtsscbulen und Recbtsunterricbt im Prinzipat,* in *Aufstieg und Niedergang der romiscben Welt,* II, 15, Berlin-New York 1976, p. 224. Cfr. anche J .L. MURGA, *Sobre una nueva cali/icaci6n del aedificiumpor obrade la legislaci6n urbanistica imperial,* in *IURA* XXVI(1975), p. 62 e G.L. FALCHI, *Le controversietra Sabiniani e Proculiani,* Milano 1981, p. 63. Problematico, G. POLARA, *Le venationes,* cit., p. 64 nt, 7. レベオとの関係に関する最近の研究は：A. CASTRO SAENZ, *El tempo de Trebacio. Ensajo de historiajuridica,* cit., pp. 95-114.

46 CIC., *top.* § 3. キケロは、トレバティウスが自分との交際をやめたとは言わないが、彼によれば、この雄弁家はアリストテレスを知らなかった。修辞学的思想のありうる影響に関しては、M. TALAMANCA, *Trebazio Testa tra retorica e diritto,* in *Questioni di giurisprudenza repubblicana*(a cura di G.G. Archi), *Atti di un seminario,*Firenze 27-28 maggio 1983, Milano 1985, p. 29 ss, V. anche R.A. BAUMAN, *Lawyers in Roman Transitional Politics,* cit., p. 132. 現在では、広く知られているA. CASTRO SAENZ, *El tempo de Trebacio. Ensajode bistoriajuridica,* cit., il quale dedica al "encuentro con las argumentaci6n tépica" da p. 83 a p. 114.

47 D. 41,1,5,1 (Gai. 2 *rer. cott.)*

48 D. 41,1,5 (Gai. 2 *rer. cott.): Naturalem autem libertatem recipere intellegitur, cum veloculos nostros effugerit vel ita sit in conspectu nostro, ut difficilis sit eius persecutio.* 1 *Illud quaesitum est, an [era bestia, quae ita vulnerata sit, ut capi possit, statim nostra esse intellegatur. Trebatio placuit statim nostram esse et eo usque nostram videri, donec eam persequamur, quod si desierimus eam persequi, desinere nostram esse et rursus fieri*

occupantis: itaque si per hoc tempus, quo eam persequimur, alius eam ceperit eo animo, ut ipse lucrifaceret, [urtum videri nobis eum commisisse. plerique non aliter putaverunt eam nostram esse, quam si eam ceperimus, quia multa accidere possunt, ut eam non capiamus: quod verius est.

49 周知のように、ユスティニアヌスは、*const. Imperatoriam* § 6において、『法学提要』の編集に関し、ガイウス『法学提要』とガイウス『日常法書』を参考にすることを宣言している。ガイウスに帰せられる『日常法書』は*index Florentinus* (XX)に概要が示されている。

50 Cfr. *retro*.『日常法書』のポスト古典主義的な仕立ては、A. CASTRO SAENZ, *El tempo de Trebacio. Ensajo de historiajurfdica,* cit., p. 252 ss.

51 D. 41,1,5,1 (Gai. 2 *rer. cott.t*. Presunti elementi non gaiani: V. ARANGIO-RuIZ, *Ancora sulle res cottidianae,* cit., p. 519 nt. 51; S. DI MARZO, *I libri rerum cottidianarum sive aureorum,* cit., p. 32 nt. 41.

52 この強調は、他人からある物を功利心（*animus lucrandi*）をもって奪う者は窃盗を犯すことを誰もが知っていることから自明であるので、ひとつの警告－進行中の狩猟行為に割り込む者は、泥棒となり得ることを肝に銘じておくべきである－としての価値を帯びている。また、対立の実践的な起源について証言する一つの要素となり得るかもしれない。

53 Cfr. S. SOLAZZI, *Quidam(Gli innominatinelleistituzionidi Gaio),*in *AttiAce. Napoli*LXIV (1952-53), ora in *Scritti di diritto romano,* V, Napoli 1972, p.•413 ss.

54 ガイウスは多数派のことを、トレバティウスと同時代のものとして過去形で語っている。

55 G. FALCHI, *Le controversie traSabinianie Proculeiani,* cit., p. 63. Dubbi in G. POLARA, *Le venationes,* cit., p. 64 nt. 7; R.A. BAUMAN, *Lawyers and Politics in the EarlyRoman Empire,* cit., p. 20. A. CASTRO SAENZ, *El tempo de Trebacio. Ensajo de historiajurfdica,* cit., p. 269 ss.同書は、「プロクルス派」のトレバティウスについて語ることを避け、より適切にも、少なくとも占有に関するプロクルス派への影響について述べる。他方、サビヌスが埋蔵物の取得に関して述べた意見について触れないわけにはいかない。自己が占有している土地に埋もれていることを知っているだけではそれを取得しない。それを掘り出さなくてはならない。パウルスも同意見である(D.41,2,3,3, PauI. 54 *ad ed.).*おそらく、トレバティウスの占有の理解の仕方のアンチテーゼとなる理解方法だろう。[cfr. R. KNÜTEL, *Arbres errants, iles flottantes, animaux fugitifs et trésors enfouis,* in *RH* LXXVI (1998), p. 207 ss.]。

56 M.J. GARCIA GARRIDO, *Derecho a la caza y ius prohibendi en Roma,* cit., p. 288 ss.; A. CASTRO SAENZ, *El tempo de Trebacio. Ensajode historia juridica,* cit., p. 245 ss.; ID., *Concepciones jurisprudenciales sobre el actoposesorio: un ensayo sobrela evoluci6n del*

'animus' en derecho romano, in *IURA* LII (2001), p. 89 ss.その著者によれば、トレバティウスのanimusの概念及び占有取得の中心には、D. 41,1,5,1 の傷ついた動物についての問題(*quaestio*)があった。反対意見は：P. ZAMORANI, *Possessio e animus,* I, cit., p. 194 nt. 27.

57 Per P. ZAMORANI, *Possessio e animus,* I, cit., p. 194 nt. 27, トレバティウスの解答はラベオに受け入れられ、ラベオにより、占有の精神による取得(acquisto *animo*)へと引き寄せられたという。議論が非常に多いD. 41,2,51 (Iav.5 *ex posto Lab.*)のラベオ。実際、その法学者は、財の実体による取得(acquisto *corpore*)が不可能なとき、精神による取得を認めているようだ(p.165 以降参照)。

58 D. 41,1,55.より推定すればプロクルス。その章句に基づくトレバティウスとプロクルスとの間に存在するかもしれない「占有についての」類似性についてはG. POLARA, *Le venationes,* cit., p. 65 nt. 7.参照。

59 Lo crede A. CASTRO SAENZ, *El tempo de Trebacio. Ensajode historiajuridica,* cit., p. 253 s.はそれを信じる。D. 41,2,3,3 (Paul. 54 *ad ed.*)への言及は避けられない。

60 言われているように、議論のある占有の本質について熱く擁護するのはA. CASTRO SAENZ, *El tempo de Trebacio. Ensajo de historia juridica,* cit., pp. 252-254. 特殊なケースにおいて、トレバティウスは、精神だけによる取得を挑発的に認め、それが、「リーディングケース」となったという。同意見は、M.J. GARCIA GARRIDO, *Derecho a lacaza y iusprohibendien Roma,* cit., p. 288 ss.

61 P. BONFANTE, *Corso di diritto romano,* III, *Diritti reali,* cit., p. 279; ID., *Corso di diritto romano,* II, *La proprietà,* 2, cit., p. 86 s. L'acquisto del 目と意思(*oculis et affectu*, D. 41,2,1,27)、見ること(*conspectus*)、または、物があることによる占有の取得は、誰にとっても問題にならないはずだった。

62 P. BONFANTE, *Corso di diritto romano,* II, *La proprietà,* 2, cit., p. 76.

63 K. CZYHLARZ-F. GLÜCK, *Commentarioalle Pandette,* XLI, cit., p. 170. 法学者たちの間にあった本来の自由(*naturalis libertas*)についての推測される〔意見の〕対立について、「動物愛護主義的」トーンで語る意見もある：L. AMIRANTE, *Recensionea Polara* G., *Le venationes ...* , in *IURA* XXXIV (1983), p. 261 s.この著者によれば、その論争は、トレバティウスのように、取得を傷を負わせた時点に前倒しすることで、本来の自由を動物から奪う傾向があった一派と、物理的な獲取まで可能な限り長く、動物に本来の自由を保持させてやりたかった一派との間で起きた。言い換えると、多数派(*plerique*)は、動物の側で、狩猟に反対だった。賛同するは、M. D'ORTA, *La giurisprudenza tra Repubblica e Principato Primi studi su* C. *Trebazio Testa,* cit., p. 176 s. 否定的なのは、M. TALAMANCA, *Pubblicazioni pervenute alla direzione,* in *BIDR* XCIV-XCV (1991-1992), p. 607 s., 同書によれば、「〔負傷した〕動物の防御は、負傷にもかかわらず、最初の狩猟者よりも速く走っている、速く走ることができ、他の狩猟者を

うまく避けているという事実にある。法律は全く関係ない」(p. 608)。しかしながら、学説において、この論題について危険を冒して一つの推測を立てる者を見つけることはまれである。V. A.WATSON, *The Law ofProperty in the later roman Republic,* Oxford 1968, p. 62 s.; R. KNÜTEL, *Arbres errants, iles flottantes, animaux[ugitifs et trésorsen/ ouis,* cit., p. 201 ss.

64 G. FALCHI, *Le controversie tra Sabinianie Proculeiani,* cit., p. 63. V. anche M. D' ORTA,*La giurisprudenza tra Repubblicae Principato Primi studi su* C. *Trebazio Testa,* cit., p. 179 ss.

65 GELL. 13,18: *Oratio est* M. *Catonis Censoriide aedilibus vitio creatis. Ex ea oratione verba haecsunt:* ((... *Saepeaudivi inter os atque offam multa intervenire posse, ueru-muerointer offam atque herbam, ibi vero longum intervallum est" ... Erucius Clarus... ad Sulpicium Apollinarem seripsit, bominem memoriae nostrae doctissimum, quaerere sese et petere uti sibi rescriberet, quaenam esset eorum verborum sententia. Tum Apollinaris ... rescripsit Clarout viro erudito brevissime vetus esse proverbium "inter os et offam" idem significans quod Graecus ille παροιμιώδης versus: Πολλὰ μεταξὺ πέλει κέλει κύλικος ἄκρου*. Cfr. *Le notti attiche* di AulaGel1io, a cura di G. Bernardi-Perini, II, Torino 1992, p. 973.

66 我々には、所有権放棄の問題であるようには思われない。しかし、P. Perozzi, nota r a K. CZYHLARZ-F. GLÜCK, *Commentario alle Pandette,* XLI, cit., p. 170 には「このように、トレバティウスにとって、追跡をあきらめることすら所有権放棄を構成していた。我々の居場所から 1 m先で動物が死んで倒れているとき、何らかの理由でそれを取りに行かずそこに放置するなら、彼に反対する法学者たちにとっては、獲取しなかったのだから、本来自分の物ではないことになり、そんな物の所有権を放棄することはありえない、ということになる。これは、古代の法学者たちの反対意見の最も自然な説明のように私には思われる」とある。

67 D. 1,3,4 (Cels. 5 *dig.).*

68 TI passo continua in D. 1,3,5 (Cels. 17 *dig.): nam ad ea potius debet apiari ius, quae et frequenter et facile, quam quae perraro eveniunt.*

69 D. 1,3,3 (Pomp. 25 *ad Sab.t: Iura constitui oportet, ut dixit Theophrastus, in bis, quae ἐπὶ τὸ πλεῖστον accidunt, non quae ἐκ παραλόγου.*

70 O. REGENBOGEN, sv. *Theophrastos,* in *RE* Suppl. VII (1940), col. 1354 ss., spec. 1520 s.

71 Iust. *inst.* 2,1,13: *Illud quaesitum est, an, sifera bestia ita vulnerata sit ut capipossit, statim tua esse intellegatur. quibusdam placuit, statim tuam esse et eo usque tuam videri, donec eam persequaris; quodsi desieris persequi, desinere tuam esse et rursus fieri occupantis. alii non aliter putaverunt tuam esse, quam si ceperis. sed posteriorem sententiam*

nos confirmamus, quia multa accidere solent, ut eam non capias. Per i rapporti con il passo delle *res cottidianae* di D. 41,1,5,1, da ultimo G. FALCONE, *Il metodo di compilazione delle institutiones di Giustiniano,* cit., p. 326, il quale segnala la vigile lettura, compiuta dai compilatori, del dibattito classico.本書の編者たちは、古典的議論の慎重な解釈を行っている。

72 テオフィリウスは、勅法(*Omne'n,* § 2; *Imperatoriam* § 3)の中で『法学提要』の共著者として、また、『法学提要』の表彰の中に名前がある。その他の引用は、*Haecquae necessario,* § 1; *Summa reipublicae,* § 2; *Tanta seu L1éowxev,* §§ 9 e 11.

73 I dubbi sull'autore della parafrasi rimontano agli umanisti ma l'attacco più consistente sferrato a Teofilo viene da C. FERRINI, di cui ci limitiamo a ricordare la prefazione a *Institutionum Graeca parapbrasis Theophilo Antecessori vulgo tributa,* I, Berolini 1884 e *Delle origini della Parafrasi greca delle Istituzioni,* in *AG* XXXVII (1886), p. 353 ss. (= *Opere,* I, Milano 1929, p. 105 ss.). 注釈の著者についての疑いは、人文主義者にまでさかのぼるが、テオフィリウスへのもっとも強烈な攻撃は、フェッリーニ(C. FERRINI)によるもの。これについては、*Institutionum Graeca parapbrasis Theophilo Antecessori vulgo tributa,* I, Berolini (1884)の緒言、及び *Delle origini della Parafrasi greca delle Istituzioni,* in *AG* XXXVII (1886), p. 353 ss. (= *Opere,* I, Milano 1929, p. 105 ss.)を挙げるにとどめる。近年のより活発な議論ではテオフィリウスのものとする傾向がある：[(per tutti,].H.A. LOKIN, *Theophilusantecessor,* in TXXXXIV (1976), p. 339 ss.: la composizione dell'opera daterebbe alle lezioni dell'anno 533-534 (p. 344); G. FALCONE, *Il metodo di compilazione delle institutiones di Giustiniano,* cit., p. 278, con ampia letteratura citata alla nt. 132].

74 これもまた「ガイウスのπαιὰ πόδαςが『法学提要』のギリシャ風注釈に基づいている」というフェッリーニの意見である：C. FERRINI, *Delle origini della parafrasi greca delle Istituzioni,* in *Opere,* I, cit., p. 129). 広範囲の議論は、L. WENGER, *Die Quellen des romiscben Rechts,*Wien 19532, p. 602 ss.

75 フェッリーニの批判とラテン的伝統に従う：C. FERRINI, *Institutionum graeca parapbrasis TheophiloAntecessorivulgo tributa,* I, cit.; II, Berolini 1897.

76 フェッリーニは、*codex Laurentinus*の中にあるεὐχερῆではなくδυσχερῆを選ぶが、ラテン語版では、反対ではなく容易(facile)と訳している。

77 Theoph. *parapb*. 2,1,13. Trad. lat. di Ferrini: *illud quaesitum est: cervus vel aper ita a me vulneratus est, ut facile capipossit. quidam dicunt statim eam bestiam meam fieri: aliis vero placuit meum fieri quod uulnerauerim simul atque maximam intulerim plagam, eo usque vero tantum donec bestiam persequar: quodsi persequi desierim, meam esse desinere et occupantisfieri. fuit tertia quoque sententia quorundam quiputaverunt non aliter me, qui vulneraverim, dominum bestiaefieri, quam si eam ceperim. et hanc tertiam*

sentential confirmat princeps noster, eiusmodi addens rationem: ait enim plura interdum accidere posse, quae me non sinant eam capere bestiam ...

78 フェッリーニは、Parafrasiの中にあるいくつかの大きな誤りについて、トレバティウスのではないと主張する。彼ほどの高名な学者がそんなに愚かなはずがないと: C. FERRINI, *Institutionum graeca parapbrasis Theophilo Antecessori vulgo tributa,* I, cit., p. IX s. ユ帝『法学提要』(Iust. *inst. 2,1,13.*)編纂のために『日常法書』を参照したのはテオフィリウスではなかったとして、より寛大に推論するのは、C. APPLETON, *Histoire de la compensation en droit romain,* in RH XIX (1895), p. 500 ss. Parla di fraintendimento della disputa giurisprudenziale anche G. FALCONE, *Il metodo di compilazione delle institutiones di Giustiniano,* cit., p. 326。

79 J.C. FRÉGIER, *Paraphrase grecque des Instituts de [ustinien par le professeur Tbéopbile, traduite enfrançais,* Paris 1847, p. 196 nt. 3: « ... Théophile nous en expose une troisième, Croiraiton que deux éditeurs de Théophile, Fabrot et Doujat, en ont pris texte pour lui reprocher une erreur? Comme s'il n'était pas naturel de penser que Théophile, loin de mentionner un avis qui ne reposerait que sur sa propre autorité, n'a fait que rappeler une opinion puisée dans des ouvrages qui ne sont pas arrivés jusqu'à nous! «.

80 V. nt. 74. テオフィリウスのテキストは、どちらの『法学提要』からも遠い。とくに、ヴェローナのガイウスのそれと、そしてガイウスの改作として理解される『日常法書』からも。

81 もちろん、負傷を論じる緒言は例外である *ita ... ut facile* (?) *capi possit*. V.nt. 69. それより前の章句では *ita ... ut capi possit* とあることに留意されたい。

82 G. FALCONE, *Il metodo di compilazione delle institutiones di Giustiniano,* cit., p. 326 nt. 281.

83 Theoph. *parapb*. 2,1,13. Trad.lat. di Ferrini: " *... er han c tertiam sententiam confirmat princeps noster, eiusmodi addens ratione: ait enim plura interdum accidere posse, quae me non sinant eam capere bestiam:forte enim [era quaedam bellua occurrens impediuit me longius progredi, vel rapuit quod ego vulneraveram, vel, cum persequerer, in asperiora loca incidens bestiam quaerere non potui*",

84 heoph. *parapb*. 2,1,13. D. 41,1,55 (Proc. 2 *epist.): In laqueum, quem venandi causa posueras, aper incidit: cum eo haereret, exemptum eum abstuli: num tibi videor tuum aprum abstulisse? et si tuum putas fuisse, si solutum eum in silvam dimisissem, eo casu tuus esse desisset an maneret? et quam actionem mecum baberes, si desisset tuus esse, num in factum dari oportet, quaero. respondit: laqueum videamus ne intersit in publico an in privato posuerim et, si in privato posui, utrum in meo an in alieno, et, si in alieno, utrum permissu eius cuius fundus erat an non permissu eius posuerim: praeterea utrum in eo ita haeserit aper, ut expedire se non possitipse, an diutius luctando expediturus*

se fuerit. summam tamen hanc puto esse, ut, si in meam potestatem pervenit, meus factus sito sin autem aprum meumferum in suam naturalem laxitatem dimisisses et eo facto meus esse desisset, actionem mihi in factum dari oportere, veluti responsum est, cum quidam poculum alterius ex nave eiecisset. il testo è comunemente accolto nella versione mommseniana qui proposta, con l'aggiunta di *<et> eo facto*. *Eoque facto* in J.-F. GERKENS, *«Aeque perituris ... « Une approcbe de la causalité dépassante en droit romain classique,* Liège 1997, p. 121 nt. 2; p. 122 s. その他の修正提案に関しては、cfr. letteratura in J.-F. GERKENS, *op. cit.,* p. 123 s. 我々もまた、負けず劣らず、シュッツェが提示したpoculumをporculumと入れ替えるというアイデアを思い出す：TH.R. SCHUTZE, *Von Eigenthumsenoerb am Wildergut,* in *Jahrbuch des gem. deut. Rechts* VI (1863), p. 75 nt. 26。誰もが海に捨てられた可哀想な子豚のことと思い笑顔で拒否したが、実は、porculumとは魚のことだったのだ。

85 Così, tra gli altri, U. VON LÜBTOW, *Die bei Befreiungeines gelesselten Sklaven eingreifende actio,* in *Mélanges Meylan,* I, Lausanne 1953, p. 218; CH. KRAMPE, *Proculi Epistulae,* Karlsruhe 1970, p. 65 s.; G. FRANCIOSI, sv. *Occupazione* (storia), cit., p. 612. 元々は、ポスト古典期の学校で使われるような実践的事例である。J.-F. GERKENS, *«Aeque perituris ... « Une approcbe de la causalité dépassante en droit romain classique,* cit., p. 133.

86 細部の特徴から、プロクルスに質問をしたのは法学者だったとする説もある：M.J. GARCIA GARRIDO, *Derecho a la caza y ius prohibendi en Roma,* cit., p. 293。

87 Su Proculo, R.A. BAUMAN, *Lawyersand Politics in the Early Roman Empire,* cit., p. 119 ss.

88 Il testo alla nt. 84.

89 Il testo alla nt. 84.

90 この法学的なスタイルについては、肯定的な答えを含むのが、J.CUJACII, *Notae et scholia in librum II. Institutionum* D.*Justiniani,* in *Opera,* ad Parisiensem Fabrotianam editionem ... in tomos XIII. distributa ... , II, Prati 1836, col. 775 s. 一方、プール(E. POOL, *De minutulis curat philologus: was bedeutet uidendum/oideamus ne?,* in *ZSS,* C (1983), p. 456. Cfr. *infra,* nt. 96.)にとっては、何の情報も与えない(" ... keinen AufschluB gibt")。

91 すでにGLOSS. *Summam, ad* D. 41,1,55, *De acquirendo rerum dominio,* 1. *In laqueum, quem:* "Huius quaestionis vel meae in hac quaestione: et sic dico reprobari superiores distinctiones, secundum R. alli dicunt non fare huic quaestioni responsum",とある。同様に例えば、W. KINDEL, *Die Grundlagen des romiscben Besitzrecbts,* Berlin 1883, p. 214 ss. 著者は注の 18 でR. VON JHERING, *Ueber den Grund der Besitzesscbutzes,* Jena 18692, p. 163.を引用している。

92 D. 41,1,55: *summam tamen hanc puto esse, ut si in meam potestatem peruenit, meus factus sit*.

93 Cfr. *infra* la *dissensio* tra Bulgaro, Ugo ed allievi.

94 Cfr. *infra*.

95 F.C. SAVIGNY, *Il possesso del diritto,* cit., p. 200; P. HIRSCH, *Die Prinzipien des Sachbesitzenoerbes und Verlustes nach roemiscbem Recht,* Leipzig 1892, p. 62 ss. この視点から、著者は、Randa, Bekker, Meischeider及びPininski, そして Kindel (p.64)が引用されるべきだという。p. 72 ss.も。

96 もちろん、改変がありうるという観点から、テキスト批判はすべての領域、とくに、summam以降について行われた。より古い文献は、cfr. *Index itp*. 最近の研究者の間では、ポスト古典期の合成物であるとの考えが広まっている [P. VOCI,*Modi d' acquisto della proprietà,* cit., p. 15 e nt. 1; B. ALBANESE, *Studi sulla legge Aquilia,* in *AUPA* XXI (1950), p. 83; ID., *La nozione delfurtum lino a Nerazio,* in *AUPA* XXIII (1953), p. 184 ss.これらはしかし、プロクルスにその回答の本質を帰することを妨げるものではないかもしれない：他にも、A. METRO, *L'obbligazione di custodire nel diritto romano,* cit., p. 69;].L. BARTON, *The Lex Aquilia and Decretai Actions,* in *Daube noster,* Edimburgh 1974, p. 18; D. HUGHES, *Furtum ferarum bestiarum,* cit., p. 189]. ポラーラは「明確なユスティニアヌスの創作」という *(da Summam* a *meusfactus sit)*：G. POLARA, *Le venationes,* cit., p. 67 S., con nt. 10. 強い疑いを示しているのは、他にも、W.M. GORDON, *Studies in the Transfert 01Property by Traditio,* Aberdeen 1970, p. 60 s. プロクルスはこれほど「下手な物言いはしない」と考えるのは: A. GUARINO, *Tagliacarte,* in *Labeo* XVII (1971), p. 246 S.

97 Cfr. *infra*.

98 「真実を言おう。これは、我々が持つもっとも醜いテキストの一つであり、判決はもっとも平凡で無意味なものの一つだ」と述べるのは、S.PEROZZI, in K. CZYHLARZ-F. GLÜCK, *Commentario alle Pandette,* XLI, cit., p. 176 nt. s.

99 L. LANDUCCI, *Il diritto di proprietàe il diritto di cacciapresso i Romani,* cit., p. 313; P. BONFANTE, *Corso di diritto romano,* In, *Diritti reali,* cit., p. 279.

100 J.-F. GERKENS, "*Aeque perituris ...* " *Une approcbe de la causalité dépassante en droit romain classique,* cit., pp. 121-152, の注釈は価値が高く、また文献表も充実している。

101 P. BONFANTE, *Corso di diritto romano,* II, *La proprietà,* 2, cit., p. 78:" ... le ... distinzioni sono, più che esaurite, sorpassate come insignificanti all'uopo"; ID., *Corso di diritto romano,* III, *Diritti reali,* cit., p. 296 nt. 2: " ... si esaminano molteplici fattispecie di circostanze diverse, ma in ultima analisi si finisce con il dichiarare tutte le circostanze irrilevanti". G. LOMBARDI, *Libertà di caccia e proprietà privata in diritto romano,* cit., p. 307 nt. 4: " ... ritengo che ben difficilmente si tenesse conto, nella conclusione, di tante

e sì minute distinzioni, alcune delle quali insignificanti ai fini della eventuale decisione. Forse Proculo non ha voluto lasciare passare la buona occasione per fare mostra accademica (il passo è tratto dai *libri epistularum)* di una sottile arte discriminante". Per M.]. GARCIA GARRIDO, *Derecho a la caza y ius prohibendi en Roma,* cit., p. 293 s., proprio per la irrilevanza del luogo ove era posto il laccio, il passo di Proculo proverebbe che la caccia era ammessa in qualunque luogo. Già dubbi avanzava GLOSS. *Summam, ad* D. 41,1,55, *De acquirendo rerum dominio,* 1. *In laqueum, quem*. Per il testo, cfr. *infra*.

102 M.]. GARCIA GARRIDO, *Derecho a la cazay ius prohibendi en Roma,* cit., p. 290: "Por el mero hecho de la disposicion dellazo y de la existencia de un animus general de ocupar se entiende, pues, realizada la ocupacion ... ".

103 P. BONFANTE, *Corso di diritto romano,* III, *Diritti reali,* cit., p. 296. S ロンゴによれば、括り罠が設けられた場所が自己の土地か、それとも他人の土地かという事情は些細なことであった。事情にかかわらず、支配権(potestas)は物理的な獲取を含意していない：G. LONGO, *Corso di Diritto romano. I diritti reali,* Padova 1962, p. 95。C. KRAMPE, *Proculi Epistulae,* cit., p. 66; CH.]R. DONAHUE, *Animaliaferae naturae,* cit., p. 46; W. KUNKEL, TH. MAYER-MALY, *Romiscbes Recht,* Berlin, Heidelberg 19874, p. 139. Secondo J.-F. GERKENS, *«Aeque perituris ... « Une approcbe de la causalité dépassante en droit romain classique,* cit., p. 140: «Par ces mots, Proculus a résumé les distinctions d'après le lieu et l'autorisation du propriétaire de l'endroit. Le chasseurs ne peut ètre considéré avoir la *potestas* sur le sanglier, que si le collet lui est facilement accessible». メトロによれば、その表現は、占有を自動的に取得させる「唯物的な規定」を意味する：A. METRO, *L Jobbligazione di custodire nel diritto romano,* cit., p. 69.

104 したがって、それらの条件が関係あるかどうかという質問への答えはイエスである。キュジャス(J.CUJACII, *Notae et scholia in librum II. Institutionum Justiniani,* in *Opera,* II, cit., col. 775 s.) は「もし何者かが所有者の意思に反して他人の土地に括り罠を仕掛けたなら、この者は、既に狩猟者の支配権に属している場合に限り、その獲物を合法的に獲取することができる。また、これが〈プロクロスの章句〉の意味だと考える。実際、「関係があるかどうかを見てみよう」とはいっても、それに疑いを挟んでいるわけではない。むしろ、関係があると信じていることを示している。また、これは、法律化の意思表明の一方法である」と考察している。

105 この意見の権威ある先行文献として、例えば、H. DONELLI, *De iure civili- lib.* IV, cap. VITI, in *OperaOmnia,* I, Lucae MDCCLXII, col. 692 s.; G. NOODT, *OperaOmnia,* Lugduni Batavorum 1724, *probabilium iuris,* lib. 2, cap. 4, nt. 3 (p. 44); lo. BRUNNEMANNI Jurisconsult. *Commentarius in Pandectas* TI, Lugduni 1714, *ad* L. *In laqueum* 55 (p. 246). 近年では、J.-F. GERKENS, "*Aeque perituris ...* " *Une approcbe de la causalitédépassanteen droit romain classique,* cit., p. 140. Sull'opinione di Cuiacio cfr.

infra.

106　少なくとも契約外の責任に関しては、ウルピアヌスは、括り罠(*laqueus*)を仕掛けた場所が、設置権(*ius ponendi*)がある場所かどうかを区別する：*quemadmodum si laqueos eo loci posuisses, quo ius ponendi non haberes,et pecus vicini in eos laqueosincidisset* (D. 9,2,29 *pro* Ulp. 18 *ad ed.*)。D. 9,2,28 *pr.*のパウルスの先の断片との関連については: *Quifoveas ursorum cervorumque capiendorum causa faciunt, si in itineribus fecerunt eoque aliquid decidit factumque deterius est, legeAquilia obligati sunt: at si in aliis locis, ubi fieri solent.fecerunt, nihil tenentur.*

107　*Utrum in eo ita haeserit aper, ut expedirese non possit ipse,an diutius luctando expediturus se fuerit*.

108　J.-F. GERKENSの引用(*«Aeque perituris ... « Une approche de la causalitédépassanteen droit romain classique,* cit., p. 139 nt, 84.)の引用において、既にDonello (H. DONELLI, *De iure civililib*. IV, cap. VITI,in *Opera Omnia,* I, cit., col. 692) が、傷ついた動物に言及している。

109　反対なのは、J.-F. GERKENS, *«Aeque perituris ... « Une approcbede la causalitédépassante en droit romain classique,* cit., p. 141 ss.; 著者は、プロクルスが提起した、括り罠から逃れることができない猪と、もがけば逃れることができる猪との区別は、－どちらの場合においても狩猟者により取得されているゆえに－所有権の取得に係わるものではなく、動物を解放したものに対する事実訴権(*actio in factum*)(一方は認められ、他方は否定される)に関するものであると考える。この解釈はあまり説得力がない。

110　GRATT. 23. Cfr. *Il Cynegeticon di Grattio* Introduzione, testo critico, traduzione e commento a cura di Crescenzo Formicola, Bologna 1988.

111　A.REINACH, sv. *Venatio,* cit., p. 682 s. (reti e trappole), pp. 683-686 (le armi venatorie). 狩猟技術に関連するものとして、武器と落とし穴の区別は、O. LONGa, *Le regole della caccia nel mondo greco-romano,* cit., p. 61 ss.

112　言及が必須の文献は、C.F.W. VON GERBER, *System des deutschen Privatrechts, 2* voll. nella prima ed.,Jena 1848-49 (1895年に17版に到達), par. 92 n. 3; W. VON BRONNEcK, *De dominio ferarum que illicite capiuntur,* Halle 1862 (dissertazione); C.G. WACHTER, *Das Jagdrecht und Jagdvergehen; erster Abschnitt: Das Römische Recht. Sammlungen von Abhandlungen der Mitglieder der Juristenfakultät zu Leipzig,* Band I (1868), p. 333 ss.; *Pandekten,* II, Leipzig 1881, p. 129 s.; O. WENDT, *Römisches Jagdrecht,* in *Jhering 's Jahrbücher (Jahrbücher für die Dogmatik des heutigen römischen und deutschen Privatrechts)* XIX (1881), p. 373 ss., spec. p. 379 ss. Sul tema, L. LANDUCCI, *Il diritto di proprietà e il diritto di caccia,* cit., p. 306 s. e nt. 3; G. LOMBARDI, *Libertà di caccia e proprietà privata in diritto romano,* cit., p. 276 ss.

113　この考えに同意する、より古い時代の多くの法学者がある：次の図書に掲載のいく

つかの引用参照：L. LANDUCCI, *Il diritto di proprietà e il diritto di cacciapresso i romani,* cit., p. 306 s., nt. 2. 背景はかなり異なる。例えば、素直に理解すれば、文献学において歴史学的方向の19世紀の主唱者とされるG. G. WACHTER (cfr. nt. 112)は、所有者の禁止に反して土地に立ち入ったとしても狩猟者が獲物を自己の物とすることを否定しない*(loc. cit.)*。しかし、土地に不法に立ち入ったことのみならず、不法な狩猟を行ったことに関しても、土地の所有者に賠償を行う義務があった。所有者の意思に反して(*invito domino*)他人の土地で狩りを行った者も獲物を自己の物にできるという考えに賛成する意見は、例えば、Donello (H. DONELLI, *De iure civili* lib. IV, cap. VIII, in *Opera Omnia,* I, cìt., col. 694)から、現代(per tutti, G. POLARA, *Le venationes,* cit., p. 14:「野生動物の無主物(*res nullius*)であるという性質から、土地所有者(*dominus fundi*)へのなんらの権利設定も認められない。反対に占有の達成により、野生動物について先占による所有権が発生する」)まである。

114 Fonti citate alle ntt. 16 e 17.

115 D. 41,1,3 *pr.-l* (Gai. 2 *rer. cott.): Quod enim nullius est, id ratione naturali occupanti conceditur.* 1 *Nec interest quod ad feras bestias et uolucres, utrum in suo fondo quisque capiat an in alieno* ... (= Iust. *inst*. 2,1,12: *quod enim ante nullius est, id naturali ratione occupanti conceditur. nec interest quod ad feras bestias et volucres,utrum in suo fondo quisque capiat, an in alieno).* Gai. 2,66-67のいくらか欠損した章句については引用しないでおく。

116 In sede storico-esegetica, come si è detto più volte, il diritto di proibire è circoscritto all' ingresso, non alla caccia歴史学及び注釈学において、何度も言われているように、禁止権が及ぶのは立入りであり、狩猟にではない [le fonti: D. 41,1,3,1 (Gai. 2 *rer. cott.): plane qui in alienum fundum ingreditur venandi aucupandivegratia, potest a domino, si is providerit, iure prohiberi ne ingrederetur* (= Iust. *inst*. 2,1,12: *plane qui in alienum fundum ingreditur venandi aut aucupandigratia, potest a domino, si is prouiderit, prohiberi ne ingrediaturi*. ガイウス及びユ帝『法学提要』は、それぞれD. 41,1,5,3 と Iust. *inst*. 2,1,14で繰り返す。さらに、D. 47,10,13,7 (Ulp. 57 *ad ed.*)にも見られる。そこでは、鳥撃ちは禁止できず、ただ、土地への立入りが禁止できるという：*sednec aucupari, nisi quod ingredi quis agrum alienum prohiberipotesti*. この禁止の実施方法に関してはすでに省察されている。ガイウスは所有者について禁止「できる」と言っていること、カリストラトスはD. 8,3,16 (Call. 3 *de cognit.*)で*ἀκόντων τῶν δεσποτῶν*という文言をアントニウス・ピウスに帰していること、そして、"*si providerit*"という表現[D. 41,1,3,1 (= Iust. *inst,* 2,1,12)] は「対策が取られたときは」という意味であるという事実も、ケースごとに禁止令を出す必要があり、つまり、禁止ではなく合意であったという考え(L. LANDUCCI, sv. *Caccia,* cit., 32 ss.)に有利に働く要素である。しかしながら、同じライン上といえ、ロンバルディ (G. LOMBARDI, *Libertà di caccia e*

proprietàprivata in diritto romano, cit., p. 317 s.)は、「獲物を自己の物として留保しようとする利己主義的な目的から突然に通知される禁止へのさらに高まる憎悪を取り払うために」(p.318)一般的かつ予防的形式で表明された表明されるべき禁止という着想を、古典期（の法学者たち）に帰している。ボンファンテ(P. BONFANTE, *Corsodi diritto romano,* II, *La proprietà,* 2, cit., p. 81)は、慎重にその挿入句を狩猟の留保に関係づけ、また「所有者の表明された禁止(例えば張り紙)は狩猟から土地を守る、つまり外部者が獲物を取得することを妨げる」という考えをユスティニアヌス法典学者に関係づける。狩猟用の土地に限り、土地所有者の狩猟権(*Jagdrecht*)のテーゼに賛成する。反対に、M.J. GARCIA GARIliDO, *Derechoa la caza y ius probibendien Roma,* cit., p. 316: "La prohibicién del propietario es, por consiguiente, concreta, personal y determinada y no puede entenderse como una prohibicién preventiva y general, sin alterar el sentido de los textos" e prima di entrare. このことは、蜂の巣に関するD. 41,1,5,3 のガイウスの章句について、対応するIust. *inst.* 2,1,14 に加えられたintegra re という表現から、禁止は土地に立ち入る前に行われるときのみ効力を持つ、とするユスティニアヌス法典学者にとっても意味がある。(p. 316 s.)

117　狩猟者が土地所有者の禁止(*prohibitio*)に反して土地に立ち入ったときの土地所有者に許される救済手段について法源は沈黙しているので、歴史批評的な手法をとらざるを得ない。まず、狩猟者は獲物を自己の物にできるとの前提から盗訴権(*actio furti*)は排除される。それはD. 47,2,26 (PauI. 9 *ad Sab.*)で明言されている。D. 43,24,22,3 (Ven.2 *interd.*)に基づけば、Ulp, D. 43,24,1,4.により救済手段の適用要件として示されている*opus in solo*がないことから、*interdictum quod vi aut clam*も排除されるだろう。*actio iniuriarum* ordinaria (D. 47,10,13,7) や *a. ex lege Cornelia* (D. 47,10,5)の実行は、確かなこととして後世に伝えられた注釈学派の創作である(cfr. GLOSS. *Diuus Pius aucupibus,adD.* 8,3,16, *De servitutibus rusticorum praediorum,* 1. *Divus Pius aucupibus;* GLOSS. *Probiberi,ad* D.41,1,3, *De acquirendo rerum dominio,* 1. *Quod enim nullius).*実力行使(この古い意見を再び取り上げたのはG. LOMBARDI, *Libertà di caccia e proprietàprivata in diritto romano,* cit., pp. 302-314; 334 ss.) が最善のアイデアであることは変わらない。禁止(*prohibitio*)の実効性は、どこでも自由に狩猟できるという根深い慣習を脅かそうとしていたことから、少なくとも最初は、各人に任されていたとする考えには説得力がある。所有者と狩猟者との間のいさかいが実力で解決されても何の罪もない(K. CZYI-ILARZ-F. GLOCK, *Commentario alle Pandette,* XLI, cit., p. 59 ss., も、例えば消極訴権(*actio negatoria*)や職務停止(*interdetto*)といった追加的な提案が批判されている)。

118　この方向に関しては、L. LANDUCCI, *Il diritto di proprietà e il diritto di caccia presso i Romani,* cit., p. 1 e nt. 1, が、「所有地で捉えた獲物の返却を受ける権利、または、その対価を要求する権利」という意味での「土地所有者の真の排他的な狩猟権」について

述べている。著者は、その権利を否定するために約70ページを使っている。しかしながら、歴史学的議論において、少しのページで行動観念論者の流れを「ブロック」したのが、TH. SCHIRMER, *Kennen die Römer ein Jagdrecht des Grundeigentümers?*, in *Zeitschrift für Rechtsgeschichte* XI (1873), p. 31 s.; ID., *Noch eimal das Jagdrecht des Römischen Grundeigentümers,* in *ZSS*III (1882), p. 23 s.

119 果実としての狩猟に関する議論についてはあとで触れる。

120 GLOSS. *Divus Pius aucupibus, adD.* 8,3,16, *De servitutibus rusticorum praediorum,* 1. *Divus Pius aucupibus;* GLOSS. *Prohiberi, ad* D. 41,1,3, *De acquirendo rerum dominio,* 1. *Quod enim nullius;* GLOSS. *Ingrediatur, ad Inst.* 2,1,12, *De rerum divisione,* 1. *Ferae igitur bestiae;* GLOSS. *Praevideris, ad Inst.* 2,1,14, *De rerum divisione,* 1. *Apium quoquefera natura.* どちらの解答についても文献的な論拠が提示されている(狩猟者に属する説に有利なものとしてGLOSS. *Divus Pius aucupibus, ad* D. 8,3,16, nella *contradictio;* e GLOSS. *Praevideris, ad Inst.* 2,1,14)ものの、議論は未決着である。

121 *Tractatus Varii* D. BARTHOLOMAEI CAEPOLLAE Veronensis V.I.D praeclarissimi, *De servitutibus rusticorum praediorum,* Taurini MDCXIII, cap.103, n. 2 ss., p. 275 ss. D'ora in poi B. CAEPOLLAE, *De servitutibus rusticorum praediorum,* cit.

122 J. CUJAII, *Observationum et emendationum libri XXVIII,* lib. IV, cap. II, in *Opera,* I, cit., p.79.

123 第2巻の献辞から判断すると、9月にはすでに作成されていた。

124 禁止権(*ius probibendi*)のためと理解できると思われる。

125 "(…) proinde qui in sua silva aprum, vel cervum capit, vel in suo stagno piscem: non proprium aprum, vel cervum, vel piscem capit, sed nunc primum occupatione sibi eius dominium parat. Similiter, qui in agro Titii aprum, vel in stagno Titii piscem capit, non proprium Titii aprum vel piscem capit, sed iure gentium aper vel piscis antea cum nullius esset, in capientibus dominium transit, ut indicat *l. 62 D. de usufruct*, Haec Romani prudentes, qui ius gentium propius subsequuti sunt, ita censuerunt; mores tamen ubique passim ius gentium subegerunt, adeo ut ne in flumine quidam publico piscari, neque in agris libere venari, aut aucupari liceat. Eum vero, qui non permissu domini in alieno quid horum fecerit, puto nihil sibi adquirere, idque probare l. 55 D. de adquir. rer. domo quae aprum, qui in plagas incidit; nec dum apprehensus est, non aliter meum fieri ostendit, quam si in meo vel in alieno permissu domini laqueum posuero, cui ita haeserit aper, ut diu colluctando se expediturus non fuerit".

126 その高名な法学者が彼の議論の中で参照していたのはD. 47,10,13,7に違いない。この法文において、最初は自由であったことが禁止されうることを認めることで万民法を下位においている（キュジャスの言葉を使うなら）mores（慣習）について、明示的に論じられていなくても、概念は同じである。私は私の家の前での魚取りを禁止する

ことができるかという質問に対し、ウルピアヌスは、海は空気と同様に万人のものであること、そして、君主たちは魚取りや鳥撃ちは禁止されるべきではないとしばしばお触れを出している。ただし後者については、土地立入りの禁止権（ius prohibendi）が有効である。しかし、*usurpatum est,* 禁止は「慣習となった」のであり、また、釣魚を禁止することは非合法である。土地所有者（*dominus fundi*）の禁止権（*ius prohibendi*）もまた、iureを含意するusurpatioからの起源をもつと推定することができそうだ。*usurpatum est*の意味については、VIR, V, p. 1522. M. FIORENTINI, *Fiumi e mari nell'esperienza giuridica romana Profili di tutela processuale e di inquadramento sistematico,* Milano 2003, p. 408 s.; a p. 413 が慣習（*abitudine*）という語に与えている意味に非常によく似ている。

127 それらの学者たちは、キュジャスがフランシス1世の禁止主義的立法というフランスの実情を忠実に参照しつつも、万民法から距離を置いた現実の慣習法について述べているとみている。そして、禁止された狩猟者に属さない獲物の解決も、この現実に関連する（F.-F. VILLEQUEZ, *Du droit du chasseur sur le gibier dans toutes les phases des chasses à tir et à courre,* Paris 1884, p. 52 ss.）. この可能性の低い仮説についてはcfr. *infra*.

128 Cfr. nt. 120.

129 J. CUJACII *Notae et scholia in librum II. Institutionum* D. *Justiniani,* in *Opera,* II, cit., col. 773 s. 我々の目的にとってはあまり意味がないが、プロクルスの断片への言及は、J. CUJACII, *Recitationes solemnes, Ad Titulum V. de praescriptis verbis et in factum actioninibus,* in *Opera,* VII, cit., col. 1359 s.

130 『法学提要』への注釈の献辞には1556年2月の日付がある。

131 誰もが無視したわけではない。例えば、J.-F. GERKENS, "*Acque perituris ...*" *Une approcbe de la causalité dépassante en droit romain classique,* cit., p. 135 nt. 74. 彼は、キュジャスが、『法学提要』への注釈をもって、それらの法文に立ち戻っているという。

132 文章の最初の部分も引用しよう。"*Sed si ante quam dominus prohibuerit, fuerit ingressus, impune facturum*（. ..）*; quod si prohibitus ab eo, qui ius prohibendi habebat, ingressus fuerit, quamvis capta iure gentium, ipsius efficitur, tamen quia invito domino per alienum fundum ire, vel agere ei non licebat*（...）*, poterit dominus vel negatoriam, vel iniuriarum actionem instituere. Commodiore iudicio experire non potest: his enim, qui ius prohibendi habet, si contra quam prohibitum fuerat actum sit: etiam in aliis causis actio dari solet*（...）*. Verum si in alieno fundo ille invito domino laqueum venandi causa posuerit, in eumque aper inciderit, poterit dominus suo iure exemplum eum auferre, nisi iam in potestatem venatoris pervenissent, et hunc puto esse sensum l.in laqueum, D. de acquir.rer. dom.; nam dum ait, videamus ne intersit, non id vocat in dubitationem, sed*

interesse se putare ostendit, hicque est mos loquendi iurisconsultorum, ut (...) ". そして、検証が続く。

133 「もし、その高名な法律家の推論が正しいなら、野生動物の所有権は土地所有者に帰するであろう。同者は、禁止の欠如において、彼の明示の、または黙示の合意を欠いているとき、もしそれについて熟知しているなら狩猟者を通じて占有も取得する。そうでない場合は所有権のみ取得するのであり、所有物取戻訴権（*rei vindicatio*）を主張することができる：L. LANDUCCI, sv. *Caccia*, cit., p. 25. これは、一つの純粋な教義的練習である。キュジャスはプロクルスが認めていない一般化を達成したかったと仮定しても、彼は、禁止権が土地所有者に、所有物取戻訴権（*rei vindicatio*）をもって保護されている野生動物の所有権を取得させるがゆえに、狩猟者は取得しないということは避けている。

134 D. 7,1,62 *pro*（Tryph. 7 *disp.t: Usufructuarium venari in saltibus vel montibus possessionis probedicitur: necaprumaut cervumquem ceperit proprium domini capit, sed <autfructus> iure aut gentium suosfacit*. この解釈（Mommsen）が正しいと仮定すると、それによれば、用益権者は、用益権または万民法を通じて、野獣を自己の物とする。おそらく、用益権を通じて野獣を含む果実（とそれを前者に返却するルール）を、万民法を通じて本来の自由を保持していた野獣を、自己の物にすることができるという意味だろう。"*sedfructuarius iuregentium suosfacit*" を単純化する解釈。賛成派にはG. LONGO, *Corso di diritto romano. I diritti reali*, cit., p. 91 s.,がいる。彼は野生動物の無主物（res nullius）の性格が強化されたと考える（p. 94)。土地の全体または一部がvivaria、例えば、法文に現れるsaltusまたはmontesに使われうると考えれば、その解釈の説得力は非常に高まる。テキストは改ざん批判の標的となった。前述のLanducciの他に、V. P. BONFANTE, *Corso di diritto romano*, II, *La proprietà*, 2, cit., p. 79 S.最近の CH. BALDUS, *Iure gentium adquirere Unaduplex interpretatio in tema di acquisto dellaproprietà a titolo originario*, in *Seminarios Complutenses de Derecho Romano* IX-X（1997-1998）, p. 122 SS. の解釈は非常に明快である。

135 D. 22,1,26 *pro*（Iul. 6 *ex Minic.*）*: Venationemfructusfundinegavitesse, nisifructusfundi ex venationeconstet*. その法文について V. P. BONFANTE, *Corso di dirittoromano*, II, *Laproprietà*, 2, cit., p. 78 S.

136 D. 7,1,9,5（Ulp. 17 *adSab.r. Aucupiorum quoque et venationum reditum Cassius ait libro octavoiuris ciuilis adfructuarium pertinere: ergo et piscationum*. Cfr. P. BONFANTE, *loc. ult. cit*.

137 PS. 3,6,22: *Accessio ab alluvione adfructuariumfundum, quia fructus fundi non est, non pertinet:venationisvero et aucupiireditusadfructuarium pertinent*, Cfr. P. BONFANTE, *loc. ult. cit*.

138 D. 33,7,22（Paul. 3 *sent*）*: Fundolegato ut optimus maximusque et retiaapraria et cetera*

venationis instrumenta continebuntur: quod etiam ad instrumenta pertinet, si quaestus fundi ex maxima parte in venationibusconsistat. Cfr. P. BONFANTE, *loc. ult. cit.*

139 D. 33,7,12,12-13 も。D 33,7,27 *pr.;* PS. 3,6,22.41.45.71 とその他の主に狩猟の設備（*instrumenta fundi*）に関連する場所。

140 S. PEROZZI, *Istituzioni di diritto romano,* Roma 1928, p. 683 nt, 2.

141 G. LOMBARDI, *Libertà di caccia e proprietà privatain diritto romano,* cit., p. 273 ss,

142 O. WENDT, *Romiscbes Jagdrecbt,* cit., p. 382 ss.; G. SEGRÈ, *Le cose,* cit., 2, p. 141.

143 中でも、C. FADDA, *Teoria della proprietà*（*Parte speciale*）, Napoli 1908, p. 215 ss.; P. BONFANTE, *Corso di diritto romano,* II, *Laproprietà,* 2, cit., p. 78 ss. Critico, G. LONGa, *Corso di Diritto romano. I diritti reali,* cit., p. 90 ss.

144 C. FADDA, *Teoria della proprietà,* cit., p. 215:「狩猟に排他的に使用されていた土地」.

145 D. 41,2,3,14 (Paul, 54 *ad ed.),* richiamato da C. FADDA, *Teoria dellaproprietà,* cit., p. 215 s. "TI giurista quindi vuoI dire che sugli animali vaganti nella *silva circumsepta* il *dominus* non ha il possesso perché non basta a farlo acquistare circondare con uno steccato un tratto di terreno in quanto, al contrario, è indispensabile la materiale apprensione della cosa. In tale ottica l'espressione "*in libertate naturali*" vuoI dire "*assenza di possesso*". Altro discorso può farsi invece per i vivai in cui il possesso, e quindi, la proprietà della *[era bestia* sono già stati acquistati precedentemente dal *dominus* del fondo il quale immette gli animali in tali appezzamenti per allevamenti a fine di lucro: in tal caso è indubbio il possesso e certa la custodia" (G. POLARA, *Le venationes,* cit., p. 124 s.). C. FADDA, *Teoria dellaproprietà,* cit., p. 215 s. はD. 41,2,3,14 (Paul, 54 *ad ed.)* を引用して、「その法律家は、つまり、囲まれた森（*silva circumsepta*）を徘徊する動物について、所有者（*dominus*）は占有権をもたない。なぜなら、土地の一面を柵で囲むだけでは、その取得のために十分ではなく、反対に、物の実体の獲取が不可欠であるからだ。この観点から"*in libertate naturali*" という表現は、「占有の欠如」を意味する。もう一つ、養殖地に関する議論が可能だ。そこでの野生動物（*fera bestia*）の占有権そして所有権は、営利目的で繁殖させるためにそれらの地所に動物を放った土地所有者により、前にすでに取得されている。その場合、占有権に疑いはなく、また、監護も確実である」(G. POLARA, *Le venationes,* cit., p. 124 s.).

146 "Di cose non ancora apprese <dal proprietario>, ma riservate ad una destinazione, come a un dipresso le *res hereditariae*"*:* P. BONFANTE, *Corso di diritto romano,* II, *La proprietà,* 2, cit., p.78.「ほとんど相続物（*res hereditariae*）に近い、（所有者により）まだ捕まえられていないが、ある場所に留保してある物については、*:* P. BONFANTE, *Corso di diritto romano,* II, *La proprietà,* 2, cit., p.78.

147 G. POLARA, *Le venationes, cit.,passim,* は、論文全体でその主題を論じている。また、引用した法文の批判的解釈及び参考文献表についても参照されたい。

148 G. POLARA, *Le venationes,* cit., p. 59 s.

149 G. POLARA, *Le venationes,* cit., p. 21 s.

150 次の注で引用する法文は、動物の名を明示的に挙げており、また残りの*ereptio*の客体への言及は、中性複数名詞と中性の単数代名詞で示されている。R. LAMBERTINI, *Erepta a bestiis e occupazione,* in *Labeo* XXX (1984), p. 191 ss., の優雅な論文参照。そこではカササギとその*furacitas argenti aurique*が検討されている。また、より最近の歴史的・注釈学的なポイントからの研究として、A. STOLFI, *Studi sui libri ad edictum di Pomponio Contesti e pensiero,* II, Milano 2001, p. 512 ss.

151 D. 41.1.44 (Ulp. 19 *ad ed.t: Pomponius tractat: cum pastori meo lupi porcos eriperent, hos vicinae villae colonus cum robustis canibus et fortibus, quos pecorissui gratiapascebat, consecutus lupis eripuit aut canesextorserunt: et cum pastormeus peteret porcos, quaerebatur,utrum eius facti sint porci,qui eripuit, an nostri maneant: nam generequodam venandi id erant nancti. cogitabattamen, quemadmodum terra marique capta, cum in suam naturalem laxitatem peruenerant, desinerent eorum essequi ceperunt, ita ex bonis quoque nostris captaa bestiis marinis et terrestribus desinant nostra esse, cum effugerunt bestiae nostram persecutionem. quis denique manere nostrum dicit, quod avis transvolans ex areaaut ex agro nostro transtulit aut quod nobis eripuit? si igitur desinit, sifuerit ore bestiae liberatum, occupantis erit, quemadmodum piscis vel aper vel avis, qui potestatem nostram evasit, si ab alio capiatur, ipsiusfit. sed putat potius nostrum manere tamdiu, quamdiu reciperari possit: licet in avibus et piscibus et feris verum sit quod scribit.idem ait, etsi naufragio quid amissum sit, non statim nostrum essedesinere: denique quadruplo teneri eum qui rapuit. et sane melius est dicere et quod a lupo eripitur, nostrum manere, quamdiu recipi Possi! id quod ereptum est. si igitur manet, ego arbitror etiam furti competere actionem: licet enim non animo furandi fu erit colonus persecutus, quamuis et hoc animo potuerit esse, sed et si non hoc animo persecutus sii, tamen cum reposcenti non reddit, supprimere et intercipere videtur. quare et furti et ad exhibendum teneri eum arbitror et vindicari exhibitos ab eo porcos posse*. Per la critica del testo, cfr. *Index itp*. 法文の注釈学的な歴史は、現在、保守的な方向が優勢である。たとえ、ウルピアヌスの仲裁またはポスト古典期の筆がどこに入っているかを理解するのが、いくつかの点で困難であっても。Cfr. R. LAMBERTINI, *Erepta a bestiis e occupazione,* cit., p. 193 ss. e A. STOLFI, *Studi sui libri ad edictum di Pomponio, Contesti e pensiero,* II, cit., p. 512 nt. 130, では、最近の文献の分析も行っている。パラレルな法文：D. 10,2,8 (DIp. 19 *ad ed.);* B. 50,1,43 (Heimb. V, p. 43 s.).

152 R. LAMBERTINI, *Ereptaa bestiise occupazione,* cit., p. 197, は、*tamdiu, quamdiu reciperaripossit* を「回復されるならば」と解釈すべきとする。いつまでに *Sine die* また所有者の確かさは*sub condicione*の所有権の取得かA. STOLFI, *Studi sui libri ad edictum*

di Pomponio Contesti e pensiero,II, cit., p. 515 s. は、(ポンポニウスの揺れは明白だと信じており)、「動物が我々の追跡から逃れること」を「いまや'*reciperari non possint*'の瞬間」と一致させる。これは、少なくとも我々には、*erepta*についての所有権の喪失を評価するにおいて、ポンポニウスの「方向転換」を消し去ることはまったくなく、また*recipere*の可能性(つまり所有権を維持する)可能性は時間的な制限なしで考えられているかどうかも説明していないように思われる。

153 我々が提案するのは、ポンポニウス・ウルピアヌスの議論において中心的な *custodia* の基準を評価する、単なる一つの推測に過ぎない。*ferae bestiae*(野生動物)と理解される *erepta* に中心をおく法文の解釈は実行不可能である。豚や猪の *naturafera* は疑わしい (D. HUGHES, *Furtum ferarum bestiarum,* cit. p. 186).

154 C. II,45 *(De venatione ferarum),* 1: Impp. Honorius et Theodosius AA. Mauriano comiti domesticorum et vices agenti magistri militum. *Occidendorum leonum cunctis facimus potestatem neque aliquam sinimus quemquam calumniam formidare*. 1 *Bestias autem, quae ad comitatum ab omnibus limitum ducibus transmittuntur, non plus quam septem diebus intra singulas civitates retineri praecipimus: violatoribus eorum quinas libras aurifisci viribus illaturis*. D. XIII K.Iun. Constantio et Constante vv. cc. conss. [a.414].

155 少なくとも豹。同様に、I. GOTHOFREDUS in *Codex Theodosianus Cum Perpetuis Commentariis Iacobi Gotbcfredi* ... opera et studio Antonii Marvillii, Editio Nova in VI. tomos digesta, V, Lipsiae MLCCXLI, p. 446.

156 D. 21,1,40.41.42, su cui, per tutti, L. RODRIGUEZ-ENNES, *Delimitación conceptualdel ilicito edilicio de[eris,* in *IURA* XLI (1990), p. 53 ss.; E. CAIAZZO, *Lex Pesolana de cane,* in *Index* XXVIII (2000), p. 289 ss., con letteratura.

157 JOHANNIS BRUNNEMANNI, *Commentarius in Codicem* Justinianeum, I, Coloniae Allobrogum MDCCLXXI, p. 1019. の注釈は意義深い。すでに『標準註釈』のなかに、ライオンを殺す許可との繋がりがみられる。C. II,45 によれば、それらの有害性との繋がり (cfr. GLOSS. *Bestias, ad* C., II,44,1, *De venationeferarum,* 1. *Occidendorum leonum cunctis).*

158 Gotofredo *(loc. ult. cit.)* も、scorge il legame con la *lex de pace tenenda* との繋がりに気づいている。

159 *venationes ludicrae* または *ludiariae* のこと。言い換えれば、競技(ludi)及び見世物(spettacoli pubblici)。Cfr. I. GOTHOFREDUS, *op. cit.,* p. 446. 最近の文献は *infra,* nt. 162.

160 CTh. 15,11 *(De venatione ferarum),* 1: Impp. Honorius et Theodosius AA. Mauriano comiti domesticorum et vices agenti magistri militum: *Occidendorum leonum cunctis facimus potestatem, neque aliquando sinimus quemquam calumniam formidare, CUJn et salus nostrorum prouincialium voluptati nostrae necessario praeponatur et*

haec ipsapropria uoluptas intercludi minime uideatur, quandoquidem occidendi feras, non uenandi uenundandique licentiam dederimus. Occidendi igitur memoratasferas, et ducibus et officiiseorum conventis, cunctis licentia tribuatur. DAT. XIII KAL. IVN. CONSTANTIO ET CONSTANTE V'l. CC. CONSS. (414 Mai. 20); CTh. 15,11,2 Idem AA. Monaxio praefecto praetorio. *Praesidalis officii Eufratensis deploratione conperimus eos, qui transductioniferarum a duciano officio deputantur, pro septem velocto diebus contra legationum formam tres vel quattuor menses in Hieropolitanam urbem residentes post expensas tanti temporis etiam caveas exigere, quas nulla praeberi consuetudo permittit. Ideoque praecipimus, bestias, quae ad comitatum ab omnibus limitum ducibus transmittuntur, non plus quam septem diebus intra singulas civitates retineri; scientibus ducibus et eorum cfficiis, si quid contra haec commissum fuerit, quinas se libras aurifisci viribus illaturos*. DAT. VKAL. OCTOB. CONSTAN(TINO)P(OLI) D.N. HONOR(IO) A. XI ET CONSTANTIO II V.C. CONSS. (417 Sept. 27).

161 Mirabile la ricostruzione di 1.GOTHOFREDUS in *Codex Theodosianus Cum Perpetuis Commentariis Iacobi Gothofredi,* V, cit., p. 444 ss. の再構築は称賛に値する。

162 Sui ludi circensi la letteratura è immensa. 円形競技場の競技については、文献は膨大である。全般的なものとして、A. PIGANIOL, *Recbercbes sur les jeux romains,* Strasbourg 1923; R. AUGUET, *Cruauté et civilisation: les jeux romains (Etude bistorique et sociologique),* Paris 1970 (= *Cruelty and Civilization: the Roman Games,* London-New York 1994); G. VILLE, *La gladiature en occident,* Rome 1981.

163 AUG., *Res gesto* XXII,3.

164 DIO CASSo 68,15.

165 PLIN., *nato* 8,20 (53).

166 W. SMITH, art. *Venatio,* inA *Dictionary ofGreek and Roman Antiquities,* London 1875, p.1186 S.; G. LAFAYE, sv. *Venatio (La venatio dans lesjeux de l'ampbiteatrei,* in *DS* V (1919), p. 700 ss.; J. AYMARD, *Essai sur les cbasses romaines des origines à la fin du siècle des Antonins,* cit., p. 74 ss. Sulle fiere, G. JENNISON, *Animalfor Sbow and Pleasure in ancient Rome,* Manchester 1937, p. 42 ss. (sull' editto *de [eris),* J .M.C. TOYNBEE, *Animals in Roman Lzfe and Art,* Baltimore, London 1996 (già apparso nel 1971), p. 17 ss.

167 E se ne occupano (non solo del trasporto ma con tutta probabilità anche della cattura) certi funzionari che, all'epoca delle nostre leggi, sono i 'duchi dei confini'. L GOTI-IOFREDUS, *loc. ult. cit.:* "Quare, feras huiusmodi ludis publicis destinatas, Principes non ab aliis venatione capi, quam per Duces (suos) limitum, eorumque, Officiales voluere". Cfr. *op. cit.,* p. 447, il commento a C.Th. 15,11,2. I magistrati promotori dei giochi dovevano chiedere speciale autorizzazione. Così L GOTHOFREDUS, *loc. ult. cit.,* p. 446:

"Quare, si quando huiuscemodi feras seu bestias, puta Lybicas, id est Leones, Leopardos, Magistratus ludis suis seu editionibus popolo exibere vellent, ad horum emptionem seu comparationem, auctoritate seu rnunificentia principis, sacrisque literis opus erat, ut docet diserte Symmachus ... " *iepist*. 2,46; 7,59.122). Uno sguardo storico più ampio in G. LAFAYE, sv. *Venatio (La venatio dans lesjeux de l'ampbitéatrei,* cit., p. 706 ss. それに従事（輸送だけでなくおそらく獲取も）したのは、我々が「辺境公 duchi dei confini」と呼ぶ種類の役人たちだった。I. GOTHOFREDUS, *loc. ult. cit.:* "Quare, feras huiusmodi ludis publicis destinatas, Principes non ab aliis venatione capi, quam per Duces (suos) limitum, eorumque, Officiales voluere". Cfr. *op. cit.,* p. 447, il commento a C.Th. 15,11,2. ゲームの取り仕切る司法官は、特別な許可を求めなくてはならなかった。I. GOTHOFREDUS, *loc. ult. cit.,* p. 446: "Quare, si quando huiuscemodi feras seu bestias, puta Lybicas, id est Leones, Leopardos, Magistratus ludis suis seu editionibus popolo exibere vellent, ad horum emptionem seu comparationem, auctoritate seu rnunificentia principis, sacrisque literis opus erat, ut docet diserte Symmachus ... " *iepist*. 2,46; 7,59.122). より広範囲の歴史的観察として、G. LAFAYE, sv. *Venatio (La venatio dans lesjeux de l' ampbitéatrei,* cit., p. 706 ss.

168 CTh. 15,11,1: ... *quandoquidem occidendiferas, non venandi venundandique licentiam dederimus ...*

169 Dro CASSo 72,14. Cfr. J. AYNlARD, *Essai sur les chasses romaines des origines à la fin du siècle des Antonins,* cit., p. 418.

170 . AYMARD, *Essai sur les chasses romaines des origines à lafin du siècle des Antonins,* cit., p. 417.

171 MM. 22,9,15.

172 Gotofredo *(op. ult. cit.,* p. 446). その偉大な人文主義者は、まさに*venari* et *venundare leones*の禁止に関する言葉の排除に関し、こう言う："ergo necesse est Iustiniani aevo promiscue venandi venundandique leones potestatem cuiuis patuisse ... «. ユスティニアヌス法学において、文献ではたいていの場合、野獣の有害性という許可の理由にアクセントが置かれている：K. CZYI-ILARZ-F. GLOCK, *Commentario alle pandette,* XLI, cit., p. 57 nt. 46.

173 この主張を支持する論拠は、確認されている剣闘士の活動の禁止や、*ad bestias* または *ad ludum* の刑の廃止ではないという点にはもちろん同意する。ユスティニアヌスの時代において文献に現れ続ける(Iust. *inst*. 1,12,3; C. 1,4,34,1; Iust. *nov*. 105,1 e *nov*. 115,3,10, per tacere di D. 28,3,6,6; D. 48,10,8; D. 48.19,29)。この問題におけるテキストの対立的解釈は、TH. MOMMSEN, *Romiscbes Strafrecbt,* Leipzig 1899, p. 954 s.; B. BIONDI, *Il diritto romano cristiano,* III, Milano 1954, p. 454 s. 参照。*inst*. 1,12,3; C. 1,4,34,1; Iust. *nov*. 105,1 e *nov*. 115,3,10, per tacere di D. 28,3,6,6; D.

48,10,8; D. 48.19,29). Sulla controversa lettura dei testi in questa materia, cfr., per tutti, TH.MOMMSEN, *Romiscbes Strafrecbt,* Leipzig 1899, p. 954 s.; B. BIONDI, *Il diritto romano cristiano,* III, Milano 1954, p. 454 s.

第２章註

1 G. SERGI, *L'idea di Medioevo,* Roma 1998, p. 25; G. TABAcco, *Latinità e germanesimo nella tradizione medievistica italiana,* in RSI cn(1990), p. 691 ss. 中世の概念については、P. DELOGU, *Introduzione allo studio della storia medievale*, Bologna 1994.

2 G. DUBY, *Les trois ordres ou l'imaginaire du féodalisme,* Paris 1978;].-P. POLY, E. BOURNAZEL, *La mutation féodale, X'-XIP'siècle,* Paris 1991

3 C.A. WOOD,F.M. FYFE, *The Art ofFalconry Being de Arte Venandi cum Avibus ofFrederick II ofHobenstaufen,* Stanford 1943, p. 5 s.; p. 105 s.; p. 110; p. 150 ss.; D. EVANS, *Lanier: Histoire d'un mot,* Genève 1967; G. BRUSEWITZ, *Hunting: Hunters, Game, Weapons and Hunting Methods [rom the Remote Past to the Present,* New York 1969; P. HARRIS-STAEBLEIN, *La sémiologie de la chasse dans la poesie de Bertran de Born,* in *La Chasse au Moyen Age, Acte du colloque de Nice* (22-24 juin 1979), Centre d'études médiévales de Nice (Publications de la Faculté des lettres et des sciences humaines, 20), Paris 1980, p. 447 ss.; B. VAN DEN ABEELE, *La fauconnerie dans les lettres françaises du Xlle au XIVe siècle,*Leuven 1990. 異なる側面は、P. GALLONI, *Il cervo e il lupo Caccia e cultura nobiliare nel Medioevo,* cit.

4 概説として、G. DE GISLAIN, *L'évolution du droit de garenne au moyen age,* in *La Chasse au Moyen Age,* cit., p. 38 ss. 著者によれば、元来は狩猟及び漁撈を禁じられている保留地を定める権利のことであった。時間が過ぎるとともに、その言葉は兎と野兎の保留地を意味するようになったという。ローマ人を含む過去の歴史家を除くと、その制度はフランク族に起源を持ち、また、森林権（diritto di foresta）と交差する。フランク時代における'foresta' または 'forestis' の用語については、よく引用されるのが、CH. PETIT-DuTAILLIS, *De la signification du mot "Foret" à l'époque franque,* in *Bibliothèque de l'Ecole de Chartres* LXXVI (1915), p. 97 55., であるが、我々は参照していない。

5 これに関してはカロリング朝の法令集が際立っている。疲れを知らない狩猟者として有名だったシャルル・マーニュは、*Capitulare de villis,* parr. 36.62 (MGH, *Legum Sectio* II, t. I, Hannoverae MDCCCLXXXIII, *Capitularia regum Francorum,* ed. A. Borctius), で、「彼の」森 *(silvae vel forestes nostrae)*の管理、「彼の」野獣 *(et feramina nostra in tra forestes bene custodiant,* p. 86)の保護、オオタカの繁殖（ *isimiliter acceptores et speruarios ad nostrum profectum praevideant*p. 86）、また、狩猟泥棒からの取り返したものの報告を求めている (par di capire, in ragione delle composizioni: *quid de*

feraminibus in forestis nostris sine nostro permesso captis, quid de diversis conpositionibus, p. 88 s.). *Capitulare missorum generale* (par. 39)の中で、側近へも、さすらう人々へも、野生動物の窃盗の禁止を強化している。*(Ut in forestes nostras feramina nostra nemine fu rare audeat* (.. J. *Si quis autem comis vel centenarius aut bassus noster aut aliquis de ministerialibus nostris feramina nostra [urauerint, omnino ad nostra presentia perducantur ad rationem. Caeteris autem uulgis, qui ipsum furtum de [eraminibus fecerit, omnino quod iustum est componat, nullatenusque eis exinde aliquis relaxetur,* p. 98). アクイスグラネンセ法令集（*capitulare Aquisgranense* (par. 18)）において、森の人々に対し、森林の防衛、野獣と魚の保護、そして、王の許可を受け合法的に捕獲された野生動物の頭数の監視を課した *(De forestis, ut forestarii bene illas defendant, simul et custodiant bestias et pisces. Et si rex alici intus foreste feramen unum aut magis dederit, amplius ne prendat quam illi datum sit,* p. 172). Nel *capitulare Aquisgranense* (par. 18)の中で、*forestarii* に、森の守衛、野獣と魚の保護、王が許可した者にとっては合法である野生動物の頭数の監視を課した。「彼の」森への言及は、彼らの土地の上で所有者の狩猟権の侵害はなかったと信じるよう導くかもしれない [M. PACAUT, *Esquisse de l'éuolution du droit de chasse au haut Moyen-Age,* in *La Chasse au Moyen Age,* cit., p. 61 s.)]. どちらにしても、*forestis* の用語に、狩猟及び漁撈が禁止されているある領地の概念が詰まっており、そこで、排他的な享受が行われる。これは、13 世紀のこと (G. DEGISLAIN, *L'évolution du droit de garenne au Moyen Age,* cit., p. 40 ss., 参考文献豊富。*Forst* "en parler germanique" (M. PACAUT, *op. ult. cit.,* p. 61). カロリング朝、法令集、禁令、狩猟、権力者については、M. MONTANARI, *L'alimentazione contadina nell'alto Medioevo,* Napoli 1979, p. 262 ss.; P. GALLONI, *Il cervo e il lupo Caccia e cultura nobiliare nel Medioevo,* cit., p. 65 ss. A. SCHWAPPACH, *Forstpolitik,Jagd-und Fischereipolitik,* Leipzig 1884, pp. 171,301, 306,309. はよく引用されるが、中世についての情報については少ない。

6 封建システムの構造的確立の時代（9 世紀終わりから 11 世紀初め）にのみ、そして、それが実現している地域において、封建領主たちも主権を行使し、また、司法に操縦されつつ、私有地においても狩猟権を要求した (M. PACAUT, *Esquisse de t évolution du droit de chasse au haut Moyen-Age,* cit., p. 62 s.).

7 有害動物の自由かつ奨励された分配。参考文献として、中でも、R.GRAND (avec la collaboration de R. Delatouche), *L'agricolture au Moyen Age de la fin de l'empire romain au Xvp' siècle,* Paris 1950, p. 564 ss. 人間と動物の関係の文化人類学的な始まりは、G. ORTALLI, *Natura, storia e mitografia del lupo nel Medioevo,* in *La cultura* XI (1973), p. 284 ss.: ID., *Lupi, genti, culture Uomo e ambiente nel Medioevo,* Torino 1997. Ancora, P. GALLONI, *Il cervo e il lupo Caccia e cultura nobiliare nel Medioevo,* cit., *passim;* ID., *Storia e cultura della caccia,* cit., p. 113 ss.

8 中世の法的経験の一体的な性格について、P. GROSSI, *L'ordine giuridico medievale,* Bari 1995, p. 27 s.

9 MGH編集。具体的には：*leges Alamannorum, Legum sectio* I, *Legum Nationum Germanicarum,* V, I, Hannoverae MDCCCLXXXVIII, ed. K. Lehmann; *leges Baiwariorum, Legum sectio* I, *Legum Nationum Germanicarum,* V, II, Hannoverae MDCCCCXXVI, ed. E.L. Baro de Schwind; *Leges Burgundionum, Legum sectio* I, *Legum Nationum Germanicarum,* II, I, Hannoverae MDCCCXCII, ed. L.R. De Salis; *lex Ribuaria, Legum sectio* I, *Legum Nationum Germanicarum* III, II, Hannoverae MCMLI, ed. F. Beyerle, R. Buchner; *Pactus legis Salicae, Legum sectio* I, *Legum Nationum Germanicarum,* IV, I, Hannoverae MCMLXII, ed. K.A. Eckardt; *Lex Salica, Legum sectio* I, *Legum Nationum Germanicarum,* IV, II, Hannoverae MCMLXIX, ed. K.A. Eckardt; *lex Thuringorum, Legum* V, Hannoverae MDCCCLXXXIII, ed. K. L. de Richthofen (in *op*. cit. anche *lex Saxonum,* ed. K.F. de Richthofen); *Leges Visighotorum, Legum sectio* I, *Legum Nationum Germanicarum,* I, Hannoverae et Lipsiae MDCCCCII, ed. K. Zeumer; *Edictus Rothari, Legum* IV, Hannoverae MCCCLXVIII, ed. F. Bluhme.

10 一般的に、ドイツ法については、とくに、Io. GOTTLIEB HEINEccn, IC. *Elementa Iuris Germanici,* Operum Tomus Septimus, Genevae MDCCLXIX; G. WAITZ, *Deutsche Ver/assungsgeschichte,* 8 Bde. Berlin 1880-1896, spec. il voI. 8; H. BRUNNER, *Deutsche Rechtsgeschichte, I,* Leipzig 19062 (rist. Darmstadt 1961); II (neu bearbeitet von C. Freiherrn von Schwerin), 1928 (rist. Berlin 1958); E. BESTA, *Storia del diritto Italiano* (dir. P. Del Giudice), I, Milano 1923. ローマ法との関係については, A. VON HALBAN, *Das romiscbe Recht in den germaniscben Volksstaaten Ein Beitrag zur deutschen Rechtsgeschichte,* Breslau 1899-1907, voli. I-III; P. VAN WETTER, *Le droit romain et le droit germanique dans la monarchie /ranque,* Gand 1900-1901, voli. III; H. ROGER, *Einflùsse des romiscben Rechts in der Lex Burgundionum,* Lungern 1949.

11 その権利の主要な原理は、繰り返しになるが、魚、鳥及び野獣は無主物であり、先占者に属する（排他的財産権である動物を収容している *vivaria* または *uenationes* については例外である。）；占有は自己の土地でも、他人の土地でも、どんな場所でも起こりうる。なぜなら、動物の取得を決めるのは土地の帰属ではなく、その物理的な獲取であるからだ。そして、それより遅れた所有者の権利保護のための展開は、禁止権を認めるにとどめている。その侵害は、狩猟者の獲物の取得を妨げない。

12 全般的な書として、L. LANDUCCI, sv. *Caccia,* cit., p. 44 ss.; R. GRAND (avec la collaboration de R. Delatouche), *L'agricolture au Moyen Age de la fin de l'empire romain au XVF' siècle,* cit., p. 564 ss. Critico nei confronti di questa" croyance ... répandue" del diritto di caccia appartenente al signore "ravageant chaque année, avec une rare obstination les moissons de ses serfs, le seigneur, prédateur né, foulait nos grand'pères, stupidement

passifs, et ce jusqu'au 4 août 1789": M. GONON, *La chasse en Forez, XIlle-XVe* S. *(d'après les textes publiés)*, in *La Cbasse au Moyen Age,* cit., p. 220 ss. 中世において狩猟は絶対的な特権ではなく、そうなるのは15世紀以降である。様々な狩猟のタイプを区別し、また、農業の変化と穀物経済の進展を考察する必要がある [già in R. GRAND (avec la collaboration de R. Delatouche), *LJagricolture au Moyen Age de la fin de t empire romain au XVlc siècle,* cit., p. 579 ss.; soprattutto, M. MONTANARI, *L'alimentazione contadinanell'alto Medioevo,* cit., p. 254 ss. e, ID., *Il ruolo della caccia nell'economia e nell'alimentazione dei ceti rurali dell'Italia del nord Evoluzione dall'alto al basso medioevo,* in *La cbasse au Moyen Age,* cit., p. 337 ss.l. Adesivarnente, P. GALLONI, *Il cervoe il lupo Caccia e culturanobiliarenel Medioevo,*cit., p. 72 ss.; ID., *Storia e culturadella caccia,* cit., p. 109 ss..

13 A. PERTILE, *Storia del diritto italiano,* IV, Torino 18932, p. 408 ss.: L. LANDUCCI, sv. *Caccia,* cìt., p. 47, p. 49 ss.: p. 54にはこうある:「部族法では、適切にも、いまだに狩猟の自由というローマの原理が支配している ... 狩猟の自由はローマよりも彼らの間での方が広まっていると信じてよい;; R. GRAND (avec la collaboration de R. Delatouche), *L'agricolture au Moyen Age de lafin de l'empire romainau XVlc siècle,* cit., p. 565; G. SERGI, *L'idea di Medioevo,* cit.

14 G.L. VON MAURER, *Enleitung zur Geschichte der Mark-, Hof-, Dorf-und Stadt-Verlassung und der oeffentlicben Gewalt,* Wien 18962; H. BRUNNER, *DeutscheRecbtsgescbicbte,* I, cit., p. 81 ss.; ID., *Grundzuege der deutschen Recbtsgescbicbte,* Miinchen, Leipzig 19277, p. 7, p. 205; A. SCHWAPPACH, *Handbuch derForst-und [agdgescbicbte Deutscblands,* Bd. 2, Berlin 1888. よく引用されるが少ない。

15 Vedi letteratura in A. PERTILE, *Storia del diritto italiano,* IV, cit., p. 408 nt. 63. Da ultimo, M. PACAUT, *Esquisse de l'éuolution du droit de cbasse au haut Moyen-Age,* cit., p. 59 S. 著者は、ローマ人の間での狩猟権についての確実の情報をもっていることを示していない。そして、J. AYMARD, *Essaisur les cbasses romaines des origines à lafin du sièclesdes Antonins,* cit., に帰す。この著者の主張は支持できない。ただし、p. 416 ss. で、彼は、ライオン狩りのポスト古典期における「返却」を論じている。

16 先占者へ帰属するローマの原則と、土地所有者への帰属との共存に関しては、たとえば、M. MONTANARI, *Il ruolo della caccia nell'economia e nell'alimentazione dei cetirurali dell'Italia del nord Evoluzione dall'alto al basso medioevo,*cit., p. 331 ss.; H. ZUG TUCCI, *La caccia, da bene comunea privilegio,* in *Storiad'Italia* (a cura di R. Romano, U. Tucci), *Annali* VI (1983), p. 411 s.:「ローマの狩猟において、野生動物は無主物（*res nullius*）であり、また、占有の取得を通じて原始取得されていた。しかし、様々なケースで、土地の所有者の権利に最大限の価値が置かれていた。狩猟権は一つの決め

方である。古代ゲルマン法においても、野生動物はその所有者が行使していたが、その枠組は、集団的受益の形式としてはとそれほど厳格ではなかった」。前述のように、土地所有者側に立つと見られるのは、M. PACAUT, *Esquisse de t évolutiondu droit de cbasse au haut Moyen-Age,* cit., p. 59 ss. V. anche P. GALLONI, *Il cervo e il lupo Caccia e cultura nobiliare nel Medioevo,* cit., *passim;* ID., *Storia e cultura della caccia,* cìt., p. 113 ss.

17 野獣の先占一般については、Io. GOTTLIEB HEINEccn, IC. *Elementa Iuris Germanici,*Operum Tomus Septimus, cit., lib. II, tit. III, par. LI ss. (p. 242 ss.).

18 Cfr. W.E. WILDA, *Das Strafrecht der Germanen,* Aalen 1960 (rist, ed. 1842), p. 314 ss.; H. BRUNNER, *Deutsche Rechtsgeschichte,* I, cit., p. 221 ss.; II, p. 794 ss.

19 犬の窃盗を特に論じているのは、J. DUMAs, *Essaihistoriquesur la législationcynégétique depuis les temps les plus reculés jusqu'en* 1789, Lyon 1902 (tesi di dottorato), p. 62 ss.

20 興味があれば、*seusium* in *lex Sal*. tit. VI,l. の異文参照。

21 犬の窃盗に関しては、*lex Sal*. tit. VI; *lex Baiw*. XX; *lex Alaman*. LXXVIII. 数多くの異文 (例えば、*veltravus, segutius,petrunculus* in *lex Burgund*. XCVII). フランク族及びその他のゲルマン氏族における狩猟と犬に関しては、F.-F. VILLEQUEZ, *Du droit du chasseur sur le gibierdans toutes les phasesdes chasses à tir et à courre,* cit., p. 309 ss. G. LAFAYE, *La venatio dans lesjeux de l'ampbitbédtre,* cit., p. 686. との対照は面白い。概説として、F. ORTH,sv. *Hund,* in RE VIII, 2 (1913), col. 2540 ss.

22 *Lex Burgund*. XCVII; cfr. F.-F. VILLEQUEZ, *Du droit du chasseur sur le gibierdans toutes les phasesdes chasses à tir et à courre,* cit., p. 321 ss. それほど興味を引かない罰は、他人の鷹を盗んだ場合のもので、罰金を支払えないときは人間の肉6オンス。Cfr. *lex Burgund*. XCVIII.

23 鷹狩り用の鳥の窃盗については、J. DUMAs, *Essaihistoriquesur la législationcynégétique depuis les temps les plus reculés jusqu'en* 1789, cit., p. 64 s.

24 *Lex Sal*. tit. VII, ad esempio.

25 *Lex Sal*. tit. LII,1-3; *lex Ribuar*. 46 (42),2. Cfr. F.-F. VILLEQUEZ, *Du droit du chasseursur le gibierdans toutes les phasesdes chasses à tir et à courre,* cit., p. 322 s.

26 'Grundherrschaften' に関するいくつかの文献：Io. GOTTLIEB HEINEccn, le. *Elementa Iuris Germanici,*Operum Tomus Septimus, cit., lib. II, tit. II, p. 232 ss.; G. HANSSEN, *Agrarhistorische Abhandlungen,* rist anast. 1965 dell'ed. di Leipzig 1880-1884, voll. 2; F. SCHUPFER, *L'Allodio , Studi sulla proprietàdei secoli barbarici,* 1885; ID., *Il diritto privato dei popoli germanici con specialeriguardo all'Italia,* II, *Possessi e dominii,* Città di Castello 1907, p. 7 ss.; H. BRUNNER, *Deutsche Rechtsgeschichte,* I, cit., p. 292 ss. 別の観点では、P. GROSSI, *Le situazioni reali nell'esperienza giuridica medievale Corso di*

storia del diritto, Padova 1968; O. BRUNNER, *Terra e potere Strutture pre-statualie pre-modernenella storiacostituzionale dell'Austria medievale,* trad. it. (dall'ed. di Wien 1965) , Milano 1983. *Adde* G. DIURNI, *Le situazioni possessorie nel Medioevo (età longobardo-franca),* Milano 1988; P. GROSSI, *Il dominio e le cosePercezionimedievali e moderne dei diritti reali,*Milano 1992.

27 *Pactus legisSal.* tit. XXXIll; lex Sal. tit. XLII.

28 *Lex Ribuar.* tit. 46 (42).

29 広く支持されている意見によると、サリカ法典では、森はまだ共有で、かつ、ある決まった土地についての排他的な狩猟権は、tit. XL,13; XLV,l-3. に引用される他人の土地（*campus alienus*）であるにも係わらず、知られていなかったという。H. GEFFCKEN, *Lex Salica,* Leipzig 1898, p. 147 s. にはそうある。したがって、狩猟活動の間に、他人に奪われた野生動物は盗品となるかもしれない：H. GEFFCKEN, *Lex Salica,* cit., p. 148; L. LANDUCCI, sv. *Caccia,* cit., p. 59.

30 サリカ法典では、前注に述べたように、他人の土地への言及しかなく、他の数多くのゲルマン法のように、公有林についての言及がない。*lex Ribuar.* tit. 79 (76)にはこうある：*in silva communi seu regis vel alicuius locata,* ove *l'abstulere de venationibus vel de piscationibus* は 15 ソルディ。Nella legge Salica, come si è detto nella nota precedente, c'è la sola menzione di campi alieni, non di boschi pubblici come in numerose altre leggi germaniche. Nella *lex Ribuar.* tit. 79 (76) è detto *in silva communi seu regis vel alicuius locata,* ove *l'abstulere de venationibus vel de piscationibus* è punito con quindici solidi.

31 *Lex Burgund.*Lxvn, *de silvis*

32 *Lex Burgund.* XIII, ad esempio.

33 *Lex Visigoth.* VIII,3,8 *(Siin alienamsilvamquiscum vehiculocapiatur).* Anche *lex Burgund.* XXVIII も、他人の森 (*in aliena silva)*に薪を取りに行く許可について (XXXVIII,2).

34 J. DUMAS, *Essaihistoriquesur la législation cynégétique depuis les temps les plus reculés jusqu'en* 1789, cit., p. 69 ss. は、少なくともサリカ法典においては、場所を問わず設けられた罠の獲物について、また、先占原理の例外として自己の犬が追跡する動物について、一定の狩猟者の権利があると見ている。というのは、このケースにおいて、彼らは、ローマ人と異なり、犬追い狩りを行っており、犬が獲物を確保していたから。

35 *Lex Baiw.* XXI,6.

36 *Lex Baiw.* XII,11; XXII,6.

37 *Lex Baiw.* xxII.8

38 *Lex Baiw.* xxII,11.

39 この第三者には利用不可能なタイプの野生動物に、我々は、とくに*lex Alaman.* XCV(XCIX)(100)から推定できることを近づけているかもしれない。同書では、持ち

去ったり殺したりすることが禁じられた動物の長い一覧表がある。

40 *Lex Burgund*. LXXII. *lex Thuring*. 61 で論じる *silva* は、公的なものか私的かものかわからない。

41 *Lex Visigoth*. VIII,4,22.

42 *Lex Visigoth*. VIII,4,23.

43 Così L. LANDUCCI, sv. *Caccia,* cit., p. 57.

44 ローマ法の借用に関しては, P. DEL GIUDICE, *Le tracce di diritto romano nelle leggi longobarde,* in *Studi di storia e diritto,* Milano 1889, p. 362 ss.; G. TAMASSIA, *Le fonti dell'editto di Rotari,* Pisa 1889 (= *Scritti di storia giuridica,* II, Padova 1967, p. 191 ss., cui faremo d'ora in poi riferimento); A. VISCONTI, *I cap*. 236-237 *dell'editto di Rotari e il diritto romano,* in *Studi A. A lberton i,* II, Padova 1937, p. 299 ss. 共有しようと感じられないものは、「ローマの先占の理論」は、後で見るように、狩猟に関連する数多くの規定から浮き上がってくる、という考えである（そう言うのは、P. DEL GIUDICE, *op. ult. cit.,* p. 404; G. TAMASSIA, *op. ult. cit.,* p. 225）。

45 *De silva alterius: ed. Roth*. 320; *in silva alterius: ed. Roth*. 319; 321.

46 Iust. *inst*. 2,1,12. との一致を指摘しないわけには行かない。なかでも、P. DEL GIUDICE, *Le tracce di diritto romano nelle leggi longobarde,* cit., p. 406.

47 *Ed. Roth*. 319: *in gabagio regis;* 320: *exceptogabagium regis*.

48 A. PERTILE, *Storia del diritto italiano,* IV, cit., p. 205 S5.

49 *Ed. Roth*. 309: *Si quafera ab bomine plagata fuerit et in ipso furore bominem occiderit,aut quodlibet damnum fecerit, tunc ipse qui plagavit,ipsum bomicidium aut damnum conponat, sub ea vidilicit observatione, ut tamdiu intellegatur culpavenatoris,quamdiu eam secutusfu erit, aut canis ipsius. Nam si ipsa[era postposuerit et se ab ea turnaverit, posteaque[era ipsadamnum fecerit, non requiraturab eo qui plagavit aut incitavit*.

50 *Ed. Roth*. 310: *Si in pedicaaut in taliola fera tenta fuerit et in bominem aut in peculium damnum fecerit, ipse conponat qui pedica misit*.

51 Ed. Roth. 311.

52 Così L. LANDUCCI, sv. *Caccia,* cit., p. 55 con nt. 5. 本当を言うと、引用した 3 つの規定は、傷を負わせた者及び罠を仕掛けた者に、野獣が引き起こした損害を賠償する義務を負わせている。それは、必ずしも野獣の所有者とみなしているからとは言い切れない。アクイリア法及び関連する *actiones in factum* に基づくローマ法によってさえも、我々により害を起こす状況に置かれた動物により引き起こされた損害を賠償するのが、所有者であることは本質的とはいえない。

53 ローマ法では、所有権は、*actio de pauperie* によることのみを前提としており、野獣により引き起こされた損害が、我々の狩猟行為の直接の結果ある時点から、*actio in factum ex lege Aquilia* を前提とするわけではない。異なる意見は、L. LANDUCCI, sv.

Caccia, cit., p. 55 con nt. 5.

54 異なる見解は、P. DEL GIUDICE, *Le tracce di diritto romano nelle leggi longobarde,* cit., p. 403.

55 *Ed. Roth.* 313: *Si quis fera ab alio plagata, aut [orsitan mortua invenerit et celaverit, conponat solidos sex illi qui eam plagavit.*

56 W.E. WILDA, *Das Strafrecbt der Germaner,* cit., p. 864. fera plagataを罠に落ちた野獣とする別の解釈も非常に広まっている。(F.-F. VILLEQUEZ, *Du droit du chasseur sur le gibier dans toutes les phases des chasses à tir et à courre,* cit., p. 164 s.).

57 *Ed. Roth.* 312: *Si quis fera ab alio vulnerata aut in taliola tenta aut a canibus circumdata invenerit, aut forsitan mortua aut ipse occiderit et salvaverit, et bono animo manefestauerit, liceat eum de ista fera tollere dextro arino cum septem costas.* 獲物の象徴的側面とは？これに関して、H. ZUG TUCCI, *La caccia, da bene comune a privilegio,* cit., p. 425 ss.

58 *Ed. Roth.* 314: *Si cervusaut qualebit[era ab alio bominem sagittatafuerit, tamdiu illius esse intellegatur, qui eam sagittavit, usque ad aliam talem horam diei aut noctis, id est orasvigenti quattuor, quo eam posposuitet se turnavit. Nam qui eam post transactas predictashoras invenerit, non sit culpavelis,sed habeat sibi ipsa fera.*

59 F.-F. VILLEQUEZ, *Du droit du chasseur sur le gibier dans toutes les phases des chasses à tir et à courre,* cit., p. 166 s.; A. PERTILE, *Storia del diritto italiano,* IV, cit., p. 205 ss.; L. LANDUCCI, sv. *Caccia,* cit., p. 56; P. DEL GIUDICE, *Le tracce di diritto romano nelle leggi longobarde,* cit., p. 362 ss.; G. TAMASSIA, *Le fonti dell'editto di Rotari,* cit., p. 191 ss.

60 この意見はL. LANDUCCI, sv. *Caccia,* cit., p. 71 nt, 2. により言及されている。

61 *Ed. Roth.* 309; 311.

62 Ed. Roth. 312.

63 樹木に関しては、例えば、*ed. Roth.* 321. Quanto al cervo, v. il *pact. lego Sal.* XXXIII,2, su cui J. DUMAs, *Essai historique sur la législation cynégétique depuis les temps les plus reculés jusqu'en* 1789, cit., pp. 66-68. In generale, G. TAMASSIA, *Le fonti delFeditto di Rotari,* cit., p. 226; C.G. MOR, *Simbologia e simboli nella vita giuridica,* in *Simboli e simbologia nell'Alto Medioevo,* Centro Italiano di Studi sull'Alto Medioevo, XXIII, I, Spoleto 1976, p. 17 ss,

64 同様に、L. LANDUCCI, sv. *Caccia,* cit., p. 56 nt. 2. V. anche p. 57:「まったくローマ法とは関わりない特徴であるが、同時に、表面的な影響と知識が明らかに見られる」。直接の影響という考えについては、中でも、P. DEL GIUDICE, *Le tracce di diritto romano nelle leggi longobarde,* cit., p. 405.

65 *Pact. lego Sal.* tit. XXXIII,4: *Si quis alium ceruum [lassum], quem [alterius] canes*

mouerint vel adlassauerint, [inuolauerit aut celauerit, mallobergo trocbuuido], sunt denarii DC *qui[aciunt solidos XV culpabilis iudicetur.*

66 *Pact. lego Sal.* tit. XXXIII,5: *Si quis aprum lassum, quem canes mouerunt, occiderit, mallobergo haroassina, sunt* DC *denarii quifaciunt solidos XV culpabilis iudicetur.*

67 F.-F. VILLEQUEZ, *Du droit du chasseur sur le gibier dans toutes les phases des chasses à tir et à courre,* cit., p. 162 s.: «... une bete lancée par des chiens courants. Tant qu'elle est devant eux, elle appartient à leur maitre, celui qui la prend commet un voI et est puni en conséquence». 刑法的観点からは、W.E. WILDA, *DasStrafrecht der Germaner,* cit., p. 864.

68 L. LANDUCCI, sv. *Caccia,* cit., p. 60. 著者は、説明できないまま「すべての部族法におけるローマ法の伝統の効力」を強調し、トレバティウスを引用する。しかし、同時に、その事案が傷を負わせることと物理的な獲取との中間にあることを認める。

69 1290年の五旬節の時期に出されたパリ議会のある見解を思い出さずにはいられない。そこでは、クレスピー市の権力者たちが、クシーの領主に対し鹿を返却するよう責められている。その領主の狩人たちが追跡した動物が、同市の住人たちに捕獲されたからだ。'droit de suite' の支持者たちは旗を作った(F.-F. VILLEQUEZ, *Du droit du chasseursur le gibier dans toutes les phases des chasses à tir et à courre,* cit., p. 172 s.).

70 19世紀のフランスにおいては、猟師、所有者及び裁判官との間の諍いは、思想的なものに留まらなかった。*Cfr.infra.*

71 一般に、C. FREIHERRN VON SCHWEIUN, H. THIEME, *Grundzüge der deutschen Rechtsgeschichte,* Berlin, Miinchen 19504, p. 136 ss. 法源及び手書きの複雑な伝統については、J. FICKER, *Entstehungszeit des Sachsenspiegels und die Ableitung des Schwabenspiegels aus dem Deutschenspiegel,* Innsbruck 1859; E. KLEIBEL, *Die àlteste datierte Scbtoabenspiegelbandscbrift und ihre Ableitungen,* Wien, Leipzig 1930.

72 MGH, *Fontes Iuris GermaniciAntiqui, n.s. t.* I, *pars*I, *Sacbsenspiegel Landrecbt,* ed. altera, Goettingae MCMLV2, herausg. von K.A. Eckhardt, p. 179 ss.

73 近代ドイツ語のザクセンシュピーゲルを引用しよう。herausgeg. von K.A. ECKHARDT, V, *Landrecbt in bocbdeutscber Uebertragung,* Hannover 1967, p. 88 s.: «Als Gott den Menschen schuf, da gab er ihm [die] Gewalt iiber Fische und Voegel und alle wilden Tiere; deswegen haben wir dessen Zeugnis von Gott, dass niemand sein Leben noch seine Gesundheit an diesen Dingen verwirken kann». Cfr. VULG. *gen.* 1,26.28; 9.

74 Lib. II,61, par. 2: «Doch sind drei Statten in [dem Lande zu] Sachsen, wo den wilden Tieren Frieden gewirkt ist bei Konigsbann, ausser Baren und Wolfen und Fiichsen; diese heissen Bannforste. Das eine ist die Heide zu Koine; die zweite der Harz; die dritte [ist] die Magetheide. Wer hierin Wild fangt, der soll den Kònigsbann als Strafe zahlen, das sind sechzig Schillinge».

75 Lib. II,61, par. 3: «Wenn einer durch den Bannforst reitet, sein Bogen und seine Armbrust soll ungespannt sein, sein Kocher soll bedeckt sein, seine Windhunde und seine Bracken festgehalten und seine Hunde gekoppelt [sein]».

76 Lib. II,61, par. 4: «[agt ein Mann ein Wild ausserhalb des Forstes und folgen diesem die Hunde in den Forst , der Mann kann folgen, (doch) so, dass er nicht blase noch die Hunde hetze, und tut daran kein Unrecht, wenngleich er auch das Wild fangt: seine Hunde kann er zuriickrufen »

77 A. VON DANIELS, *Land und Lebenrecbtbucb. Saechsiscbes Land - und Lebenrecbt. Schwabenspiegel und Sachsenspiegel,* I, Berlin 1860. の版に拠っている。以下も参照した：MGH, *Fontes Iuris GermaniciAntiqui, n.s. t.* IV, *pars* II, *Schwabenspiegel KurZ/orm,* Hannoverae MCMLXI, herausg. von K.A. Eckhardt, p. 127 ss.; *pars* III, *Schwahenspiegel Kurzform, Tambacber Handscbrzft,* Hannoverae MCMLXXII, herausg. von K.A. Eckhardt, p. 211; *t.* V, *Scbioabenspiegel KurZ/orm, Mitteldeutsch-niederdeutsche Handscbriften,* Vimariae MCMLXIV, herausg. von R. Grosse, p. 197 ss. Sulle fonti e la complessa tradizione manoscritta, J. FICKER, *Entstebungszeit des Sacbsenspiegels und die Ahleitung des Scbioabenspiegels aus dem Deutscbenspiegel,* cit.

78 少なくとも 236-239 章は、狩猟と関係ある。我々のテーマに関してはvon Daniels版の236 章のみ考慮する。

79 近代ドイツ語の文献はなにも見つからなかった。

80 周知の通り、名詞は最初の文字を大文字にしないで書かれる。

81 Cap. 236, rigo 6-20 (von Daniels, col. 651).

82 Cap. 236, rigo 23-27 (von Daniels, col. 651).

83 Cap. 236, rigo 28-38 (von Daniels, col. 651).

84 Cap. 236, rigo 41-49 (von Daniels, col. 651).

85 Cap. 236, rigo 49-52 (von Daniels, col. 651).

86 Cap. 236, rigo 52-55 e 1-3 (von Daniels, col. 651, col. 655).

87 Cap. 236, rigo 4-10 (von Daniels, col. 655).

88 W. ULLMANN, *The bibleandprinciples01government in the MiddleAges,* in *La Bibbia nel l'alto Medioevo,* Centro Italiano di Studi sull'Alto medioevo (= *Settimane di Spoleto* lO), Spoleto 1963, p. 181 ss.

89 前期中世の狩猟禁止に含まれたこの表面的または現実的な環境主義的配慮については、H.L. SAVAGE, *Hunting in the Middle Ages,* in *Speculum* VIII (1933), p. 34 s.; M. MONTANARI, *L'alimentazione contadina nell'alto Medioevo,* cit., 254 s.

90 OTTONIS et RAI-IEWINI *Gesta Friderici* 1. *Imperatoris. in Lombardia,* 111,28, in MGH, *Scriptores Rerum Germanicarum in usumScholarum,* Hannoverae MDCCCLXXXIV, p. 159 ss. Irec. G. Waitz; 1912 年の第 3 番も存在するが見つけるこ

とができなかった (v. pure in MGH, *Scriptorum* XX, Hannoverae MDCCCLXVIII, p. 431 s.): cfr. G. FASOLI, *Note sullapacedi Costanza nella tradizione cronachistica e documentaria,* in *Studi sulla pace di Costanza,* Milano 1984, p. 106.

91 Lib. ID, cap. 15. "La seconda discesa imperiale per la val d'Adige": P.F. PALOMBO, *Comuni, Papato ed Impero. I precedenti della tregua di Venezia e della pacedi Costanza,* in *Studi sullapace di Costanza,* cit., p. 195.

92 Lib. III, cap. 16-24.

93 Lib. ID, cap. 26.

94 Lib. III, cap. 27.

95 Lib. Tll, cap. 28, 冒頭. 以下の言葉で始まる：Residente augusto et ex diversis Italiae civitatibus venientem militem prestolante, consilio inito commode et religiose satis prius de pacis quam de belli tractat negotiis.

96 MGH, *Legum sectio* IV, *Constitutiones et Acta publica lmperatorum et Regum,* t. I, Honnoverae MDCCCXCIII, p. 293 s. (ed. L. Weiland),から引用する。関連する多くの規定, 1. Statuimus et firmiter observari volumus, ut nec miles nec serviens litem audeat movere. Quod si alter cum altero rixatus fuerit, neuter debet vociferari signa castrorum, ne inde sui concitentur ad pugnam. Quod si lis mota fuerit, nemo debet accurrere cum armis, gladio scilicet, lancea vel sagittis: sed indutus lorica, scuto, galea, ad litem non portet nisi fustem, quo dirimat litem. Nemo vociferabitur signa castrorum, nisi querendo hospitium suum. Sed si miles vociferatione signi litem commoverit, auferetur ei omne suum harnascha, et eicietur de exercitu. Si servus fecerit, tondebitur, verberabitur et in maxilla comburetur, vel dominus suus redimet eum cum omni suo harnascha 2. Qui aliquem vulneraverit et hoc se fecisse negaverit, tunc, si vulneratus per duos veraces testes, non consanguineis suis, illum convincere potest, manus ei abscidatur. Quod si testes defuerint et ille iuramento se expurgare voluerit, accusator potest, si vult, iuramentum refutare et illum duello impetere. 3. Si quis homicidium fecerit et a propinquo occisi vel amico vel socio per duos veraces testes, non consanguineos occisi, convictus fuerit, capitalem sententiam subibit. Verum si testes defuerint et homicida iuramento se expurgare voluerit, amicus propinquus occisi duello eum potest impetere. 4. Si extraneus miles pacifice ad castra accesserit, sedens in palefrido sine scuto et arrnis, si quis eum leserit, pacis violator iudicabitur. Si autem sedens in dextrario et habens scutum in collo, lanceam in manu ad castra accesserit, si quis eum Ieserit, pacem non violavit. 5. Miles qui mercatorem spoliaverit dupliciter reddet ablata, et iurabit, quod nescivit illum mercatorem. Si servus, tondebitur et in maxilla comburetur, vel dominus reddet pro eo rapinam. 6. Quicumque aliquem spoliare aecclesiam vel forum viderit, prohibere debet, tamen sine lite; si prohibere non potest, reum accusare debet in curia. 7. Nemo aliquam

mulierem habeat in hospitio; qui vero habere presumpserit, auferetur ei omne suum harnasch, et excommunicatus habebitur, et mulieri nasus abscidetur. 8. Nemo inpugnabit castrum, quod a curia defensionem habet. 9. Si servus furtum fecerit et in furto fuerit deprehensus, si prius fur non erat, non ideo suspendetur, sed tondebitur, verberabitur et in maxilla comburetur et eicietur de exercitu, nisi dominus eius redimat eum cum omni suo harnasch. Si prius fur erat, suspendetur. lO. Si servus aliquis culpatus et non in furto fuerit deprehensus, sequenti die expurgabit se iudicio igniti ferri, vel dominus eius iuramentum pro eo prestabit; actor vero iurabit, quod aliam ob causam non interpellat eum de furto, nisi quod putat eum culpabilem. Il. Si quis invenerit equum alterius, non tondebit eum nec ignotum faciet, sed dicet marschalcho, et tenebit eum non furtive et imponet ei onus suum. Quod si ille qui amisit equum in via deprehenderit oneratum, non deiciet onus eius, sed sequens ad hospicium recipiet equum suum. 12. Si quis vero villam vel domum incenderit, tondebitur et in maxillis comburetur et verberabitur. 13. Faber non comburet carbones in villa, sed portabit ligna ad hospicium suum et ibi comburet; quod si in villa fecerit, tondebitur, verberabitur et in maxillis comburetur. 14. Si quis aliquem leserit, imponens ei quod pacem non iuraverit, non erit reus violatae pacis: nisi ille probare possit duobus ydoneis testibus, quod pacem iuraverit. 15. Nemo recipiet hospicio servum qui sine domino est. Quod si fecerit, reddet in duplo quidquid ille abstulerit. 16. Quicumque foveam invenerit, libere fruatur ea. Quod si ablata fuerit, non reddet malum pro malo, non ulciscetur iniuriam suam, sed conqueretur marschalcho, iusticiam accepturus. 17. Si mercator Teutonicus civitatem intraverit et emerit mercatum et portaverit ad exercitum et carius vendiderit in exercitu, camerarius auferet ei omne forum suum et verberabit eum et tondebit et comburet in maxillam. 18. Nullus Teutonicus habeat socium Latinum, nisi sciat Teutonicum; sed si habuerit, auferefur ei quidquid habet. 19. Si miles militi convitia dixerit, negare potest iuramento; si non negaverit, componet ei X libras monetae, quae tunc erit in exercitu. 20. Si quis invenerit vasa plena vini, vinum inde extrahat ita caute, ne vasa confringat velligamina incidat vasorum, ne ad dampnum exercitus totum vinum effundatur. 21. Si castrum aliquod captum fuerit, bona guae intus sunt auferantur, sed non incendatur, nisi forte hoc marschalchus faciat ...

97 Du CANGE, sv. *Bersare, Birsare,* I, p. 641, は、我々のテキストにコメントしている。

98 22. Si quis venatus fuerit cum canibus venaticis, feram quam invenerit et canibus agitaverit sine alicuius inpedimento habebit. 23. Si quis per canes leporarios feram fugaverit, non conerit necessario sua, sed erit occupantis. 24. Si quis lancea vel gladio feram percusserit, et antequam manu levaverit, alter occupaverit, non occupantis erit, sed qui occiderit eam sine contradictione obtinebit. 25. Si quis birsando feram balista vel arcu occiderit, eius erit.

99 前期中世のLandfriedensgesetzgebung の枠組において（J. GERNHUBER, *Die Landfriedensbeioegung in Deutschland bis zum Mainzer Reichslandfrieden von* 1235, Bonn 1952), それは、自己防衛と復讐の私的な実行を廃止することを狙いとしていた. Cfr. H. COING, *Romiscbes Recht in Deutschland*(Ius Romanum Medii Aevi, V, 6), Mediolani 1964, p. 41 nt. 152.

100 MGHから引用, *Legum sectio* IV, *Constitutiones et Acta publicalmperatorum et Regum,* t. I, Honnoverae MDCCCXCIII, p. 293 s. (ed. L. Weiland). Cfr. *Feud. lib*. il, tit. 27, par. 5, in *Corpus]uris Civilis cum notis integris* ... DIONYSII GOTHOFREDI, *]C., praeter] ustiniani edicta ... Feudorumlibros* , II, A1nstelodami, Lugd. Batavorum, MDCLXIII, p. 16 s.

101 文献は膨大。全般に関し、E. CORTESE, *Il diritto nella storia medievale Il basso Medioevo,*II, Roma 1999,4<1 rist., p. 161 ss. V. anche C. DANUSSO, *Federico II e i Libri Feudorum,* in *Studi di Storia del diritto,* I, Milano 1996, p. 47 ss. La principale letteratura in *Ricerchesulla "lectura feudorum" di BaldoDegli Ubaldi,* Milano 1991, p. 38 nt. 101.

102 J. CUJAcn*Commentaria in libros quinque Feudorum,* in *Opera,* cit., X, col. 1040.

103 *Feud. libri,* II., tit. 27, par. 5, in DIONYSII GOTI-IOFREDI, *Corpus]uris Civilis ...*) II, cit., p. 16 nt. 69.

104 Cfr. MGH, *Legum sectio* IV, *Constitutiones et acta publica imperatorum et regum,* t. I, cit., p. 194 ss. e MGH, IV, *legum,* t. II, Hannoverae MDCCCXXXVII, p. 101 ss.

105 MGHから引用, *Legum sectio* IV, *Constitutiones et acta publica imperatorum et regum,* t. I, cit., p. 197 s. (cfr. *Feud. Libri* 2, tit. 27, par. 5): 12. Si quis rusticus arma vellanceam portaverit vel gladium, iudex, in cuius protestate repertus fuerit, vel arma tollat, vel viginti solidos pro ipsis accipiat a rustico. 13. Mercator negotiandi causa provinciam transiens, gladium suum sue selle alliget vel super vehiculum suum ponat, ne unquam laedat innocentem set ut a praedone se defendat. 14. Nemo retia sua seu laqueos, aut alia quaelibet instrumenta ad capiendas venationes tendat, nisi ad ursos, apros vellupos capiendos. 15. Ad palatium comitis nullus miles ducat arma, nisi rogatus a comite. Publici latrones et convicti antiqua dampnentur sententia.

106 D. GOTHOFREDUS, *op. ult. cit.,* p. 16 S.のコメント参照。

107 LEXICON DES MITTELALTERS, sv. *Chevalier,* II, 2, col. 1800 S.

108 D. GOTHOFREDUS, *op. ult. cit.,* p. 16, nt. 42.はこのようにコメントしている。

109 F. DELAUNAY, *Nouveau traité de droit de chasse,* Paris 1681, p. 12 ss. の中でこのテキストを見つけた。その著者は、*ad adiuuandum,* 犬と狩りの間の記号論的等価を強調する。そのため、禁止された狩猟用具の中に犬への言及がないことは、犬を使った狩猟（または短い狩猟）は許されたということを意味するかもしれない。現代の文献でこ

の解釈に賛同する解釈を見つけることはできなかった。しかし、密猟者はさておき、多くの古代の法学者（例えば、後で見るモリニャートやメディチ）が、犬及び鷹を使った狩猟が許されていたと信じていることを示している。完全に書き換えられるべき議論の一つだ。

110 XEN., *Cyneg*. 1,18, su cui O. LONGO, *Predazionee paideia,* in *Senofonte, La caccia (Cinegetico)* (a cura di A. Tessier), Venezia 1989, p. 14 ss. Cfr. anche XEN., *Cyr.* 1,6,28-29; PLAT., *Leg*. VII, 823f., 824c. 特権階級の戦争の準備練習としての狩猟という古典的解釈については、P. VIDAL-NAQUET, *Le chasseurnoir,* Paris 1981, p. 151 ss. Cfr. anche J. AyMARD, *Essai sur les chasses romaines des origines à la fin du siècle des Antonins,* cit., p. 469; P. GALLONI, *Storia e cultura delle caccia,* cit., p. 31 ss. 後期中世に関しては、P. GALLONI, *Il cervo e il lupo Caccia e cultura nobiliare nel Medioevo,* cit., p. 3 ss. V. anche B.TRIPODI, *Cacce reali macedoni Tra Alessandro I e Filippo V,* Catanzaro 1998, p. 82 ss.

111 JOANNIS SARESBEIUENSIS, *Polycraticus sive de nugis curialium et vestigiis philosophorum,* in *PL* CXCIX (1855), col. 594: «(...) Venatores omnes adhuc institutionem redolent Centaurorum. Raro unvenitur quisquam eorum modestus aut gravis, raro continens, et, ut credo, sobrius nunquam. Domi quippe Chironis habuerunt, unde haec discerent. Caveri namque iubentur conviva Centaurorum, a quibus sine cicatrice nemo revertitur ... «. cap. IV *De venatica, et auctoribus, et speciebus eius et exercitio licito et illicito*. は章全体を読むべき。反狩猟の矢の標的は政府の首脳たちである。V. P. GALLONI, *Il cervo e il lupo Caccia e cultura nobiliare nel Medioevo,* cit., p. 85 ss. e, in generale, M. DALPRA, *Giovanni di Salisbury,* Milano 1951.

112 La diffidenza patristica nei confronti dei cacciatori, che parte da una determinata interpretazione delle figure di Nemrod e Esau (VULG. gen. 10,8; 25,27) èlargamente documentata. Nemrod と Esau (VULG. gen. 10,8; 25,27) という人物像のある決まった解釈から出発する、狩猟者に対する教父の相違は、広く文献が残っている。S. Girolamo, in *comm. in Mich. propb*. 2,5 *[PL* XXV (1845), col. 1201 s.J, Nemrod, Ismael 及び Esau から出発し、以下のように言う：(...) *quantum ergopossummea recolere memoria, numquam venatorem in bonam partem legi;* e ripete in *psalm*. XC *[PL*XXVI(1845), col. 1097]: (. ..) *Esau, venator erat, quia peccatorerat, et penitus non invenimus in Scripturissanctis sanctum aliquem venatoremo Piscatores invenimus sanctos*. Fanno eco S. Ambrogio, *psal*. CXVIll, 42 *[PL*XV (1845) col. 1312J: *Denique nullum invenimus in divinarum serie Scripturarum de venatoribus iustum;* e S. Agostino con il suo '*venator pessimus totius mundi diabolus*' che si ricavva da *serm*. L, cap. prim., 2 *[PL* XXXVIII (1841) col. 333 s.l.

113 1. GOTHOFREDUS, *loc. cit.,* nt. 35.

114 I.GOTHOFREDUS, *loc. cit.*, nt. 41.

115 日常的に、「概要書」という意味で、*Exceptiones Petri*. *Exceptio*。これについては、ピエトロというのは不可能：v. C,.F. SAVIGNY, *Storia del diritto romano nel Medio Evo*, I, Torino 1854, p. 362 s（桐蔭横浜大学図書館所蔵書籍により確認済）。

116 11 世紀から 12 世紀の間、ヴァレンツァで、フランク族の環境で書かれた作品とするサビニー (C.F. SAVIGNY, *Storia del diritto romano nel Medio Evo*, I, cit., p. 358 ss.) の意見に異論は出てない。H. KANTOROWICZ, *Studien in the Glossators 01 the Roman Law*, Cambridge 1938, rist. Aalen 1969, p. 112 ss.; E. CORTESE, *Il diritto nella storia medievale Il basso Medioevo*, II, cit., p. 45 ss. も参照。

117 我々が賛同する批判的バージョンとしてC.G. MOR, *Scritti giuridici preirneriani*, II, Milano 1938 (rist, Torino 1980), p. 194 s., C. F. SAVIGNY, *Storia del diritto romano nel Medio Evo*, III, cit., p. 71 s. にほとんど同意している。

118 Du CANGE, sv. *Chirogryllus, Cyrogrillus*, II, p. 310.

119 *Exceptiones Petri*, lib. III, cap. XLIIII: *Si quis cirogrillum, leporem aut uulpem aut aliam feram quamlibet eommoverit et perseeutus fuerit, deinde alius ueniens ex trasverso eam interfecerit vel uiuam occupauerit sive per se sive per homines suos sive cum eanibus suis vel alienis, oeeupantis erit. Sed si il/e quiferam eommovit nondum desierat persequi, tunc, quia occupans per istius operam lucrum cepit, neeesse habebit dare vel partem [ere vel pretium quo pars fuerit estimata, et hoc per utilem negotiorum gestorum actionem. Quod de feris diximus, idem etiam de piseibus et volueribus sine ulla tarditate sapiens quis iudieare non dubitet*.

120 *Ed. Roth*. 312: *Si quis fera ab alio vulnerata aut in taliola tenta aut a eanibus eireumdata invenerit, aut forsitan mortua aut ipse oeeiderit et salvaverit, et bono animo manefestauerit, lieeat eum de ista [era tollere dextro armo eum septem eostas*.

121 前注参照。

第３章註

1 P. GROSSI, *L'ordine giuridico medievale*, cit., p. 28 s.

2 再発見されたのはローマ法（すべてが消えたことはない）というよりも、オリジナルの正しいテキストの要請、及び、『学説彙纂Digesto』の「近代的使用」の必要性かもしれない（この点に関しては、B. PARADISI, *Il giudizio di MàrturiAlle originidel pensiero giuridico bolognese*, in *Atti dellaAccademia Nazionale dei Lincei*, Classe di Scienze Morali, Storiche e Filologiche. Rendiconti, serie IX, 5/3 (1994), p. 591 ss. 一般的に , P. GROSSI, *L'ordinegiuridico medievale*. cit., p. 156.

3 もちろん、その表現を発明したのはF. CALASSO, *Medio evo del diritto*, I. *Le fonti*, Milano 1954, p. 345 ss. である。まさに「法的ルネサンス」をもって、議論におけ

る現象に関して、. BESTA, *Storia del diritto italiano,* 1,l, cit., intitolava il libro V (p. 371). もちろん、重要なテキストにタイトルを与えるためにも、正しく使われる (E. CORTESE, *Il rinascimento giuridico medievale,* Roma 19962)。アルプス以北の国の教育テキストにおいても (J. M. CARBASSE, *Manuel d'introduction historique au droit,* Paris 2002, p. 125). 同様に、A. CAVANNA, *Storia del diritto moderno in Europa, Le fonti e il pensiero giuridico,* I, rist. Milano 1982, p. 105 ss.

4 R. ORESTANO, *Introduzione allo studio storico del diritto romano,* Torino 19632, p. 126 s. で引用されたテキスト。

5 註釈学派の学説については、文献が膨大である。一般的な概説と論文集の中で、すべてに関しては、H. KANTOROWICZ, *Studien in the Glossators 01the Roman Law,* cit.; F. CALASSO, *Medio evo del diritto,* I, cit., p. 528 ss.; F. WIEACKER, *Storiadel pensiero giuridico privato moderno* (trad, it. di *Privatrechtgeschichte der Neuzeit unter besonderer Berùcksicbtigung der deutschen Entwicklung,* Gòttingen 19672) , I, Milano 1980, p. 55 ss. P. WEIMAR, *Die legistische Literatur der Glossatorenzeit,* in H. COING (Herausgeg.), *Handbuchder Quellen und Literatur der neueren europdiscben Privatrechtsgeschichte,* I, *Mittelalter (1100-1500),* Miinchen 1973, p. 69 ss.; V. PIANO MORTARI, *Dogmatica e interpretazione I giuristi medievali,* Napoli 1976; A. CAVANNA, *Storia del diritto moderno in Europa,* I, cit.; M. BELLOMO, *L'Europa del diritto comune,* Roma 19894; E. CORTESE, *Il rinascimentogiuridico medievale,*cit.; In., *Il diritto nella storiamedievale Il bassoMedioevo,* TI, cit., p. 57 ss.; P. GROSSI, *LJordine giuridico medievale,* cit.

6 トレバティウス、ガイウス及びユスティニアヌスの間の論争の内容、言い換えると、D. 41,1,5,1 でのガイウスの『日常法書』からの法文、及び、それに対応するユスティニアヌス『法学提要』2,1,13. の法文。

7; D. 41,1,55

8 F.C. SAVIGNY, *Storia del diritto romano nel Medio Evo,* TI, cit., p. 360 ss.; G. HAENEL, *Dissensiones dominorum sive controversiae veterumiuris Romani interpretum qui glossatores vocantur,* Leipzig 1834 (rist, Aalen 1964); P. WElMAR, *Die legistiscbe Literaturder Glossatorenzeit,* cit., p. 243 ss.

9 「...<*dissensiones*>には、論争の起源、最初に始めた者、その意見、それに対する他者の考え、他の判決の中でより頻繁に、より広く受け入れられた意見などが、当時のどの書物よりもよく書かれている。そこから出発することではじめて、それら問題に関わる判例のその後の展開について理解でき、最善の解答を見つけることができる」: : R. RIVALTA, *Dispute celebri di diritto civile estratte dalle dissensiones dei glossatori,* Bologna 1895, p. 2.

10 H. KANTOROWICZ, *The quaestiones disputatae 01the Glossators,* in *T* XVI (1939), p. 1 ss.; P. WEIMAR, *Die legistiscbe Literatur der Glossatorenzeit,* cit., p. 245 ss.; A.

BELLONI, *Le questioni civilistichedel secolo XII DaBulgaro a PilliodaMedicina e Azone*, Frankfurt am Main 1989, p. 47 ss., con un utile indice tematico.

11 *Codicis Chisiani Collectio*, § 169 (G. HAENEL, *Dissensiones dominorum sive controversiae veterum iuris Romani interpretum qui glossatores uocantur*, cit., p. 246): "De occupatione ferae bestiae. BuI. *(Bulgarus)* dicit, quod aper, qui incidit in laqueum, non antea intelligitur tuus, quam eum adprehendas vel adprehendi potestatem habeas, scilicet per oculorum subiectionem et adfectum possidenti. Idem R. *(Rogerius)*. Ugo *(Hugo)* vero dicit, quod statim intelligimus, quum diutius luctando se non valeat expedire, ut D. de Adquir. rer. dom (41,1) L. In laqueum (55)".

12 HUGOLINI *Collectio*, § 427, in G. HAENEL, *Dissensiones dominorum sive controversiae veterum iuris Romani interpretum qui glossatores vocantur*, cit., p. 534, con rinvio delle varianti, rispetto al testo del *codex Chisianus*, a p. 246 nt. r. について異文を載せる。*collectio* del *Codex Chisianus* E VII 211 については異文なし。[V. SCIALOJA編, *Di una nuova Collezione delle Dissensiones Dominorum*, in *Studi e Documenti di Storia e Diritto*, XII, fasc. 3 e 4 (1891), p. 245 (pubblicazione iniziata nell'annata n. IX) = ID., *Studi Giuridici*, II, Roma 1934J, 不同意はブルガルスとウゴーだけ。

13 HUGOLINI *Collectio* (G. HAENEL, *Dissensiones dominorum sive controversiae veterum iuris Romani interpretum qui glossatores vocantur*, cit., che rinvia alla nt. r di p. 246): "(...) Al *(Albericus)* et Alii vero contra dicunt, quod, ex quo desiit in conspectu habere, amittit possessionem, sive longe se absentaverit, sive non. Iob. *(Iohannes Bassianus)* secundum Alb' *(Albcricum)* ". この第三の立場の教義は、再構築が容易ではない。もし、実質的には括り罠に掛かった猪を論じているなら、遠くにいる狩猟者のケースとみなしているようだ。つまり、所有権の取得よりも、その保存のことのようだ。

14 Bulgaro, Martino, Iacopo, Ugo: M. SARTI, *De claris Archigymnasii Bononiensis Professoribus a saeculo XI usque ad saeculum XIV*, Tomi I, pars I, Bononiae MDCCLXIX; Tomi I, pars II, Bononiae MDCCLXXII, in fol., e F.C. SAVIGNY, *Storia del diritto romano nel Medio Evo*, II, cit., p. 47 ss. を引用するのは義務だろう。さらに、H. KANTOROWICZ, *Studien in the Glossators of the Roman Law*, cit. の論文参照。

15 *Vetus Collectio* (G. HAENEL, *Dissensiones dominorum sive controversiae veterum iuris Romani interpretum qui glossatores vocantur*, cit., p. 3). にそうある。

16 F.C. SAVIGNY, *Storia del diritto romano nel Medio Evo*, II, cit., p. 94 ss.

17 GLOSS. *Meam potestatem, ad* D. 41,1,55, *de acquirendo rerum dominio*, 1. *In laqueum, quem*.

18 数多くの引用がある。Cfr. F.C. SAVIGNY, *Storia del diritto romano nel Medio Evo*, II, cit., p. 54 nt. b.

19 C. 3,1,14.

20 B. PARADISI, sv. *Bulgaro*, in *Dizionario biografico degli Italiani*, XV (1972), p. 47 ss., ora in *Studi sul Medioevo giuridico*, II, Roma 1987, p. 657 ss.

21 これはV. RIVALTA, *Dispute celebri di diritto civile estratte dalle dissensiones dei glossatori*, cit., p. 40.の意見のようだ。

22 *Domini* ODOF. *Inter Iureconsul. facile primi, elaboratae Praelectiones in postremum Pandectarum Iustiniani Tomum, vulgo Digestum nOVUI1Z, nunc primum in lucem emissae*, Lugduni *1552, ad* D. 41,1,55, 1. *In laqueum, quem, De acquirendo rerum dominio*, fo1. 49 vb, 50 ra: "C..) Sed circa hoc duo quero. Qualiter intelligendum est quod rneus factus est: Certe sic, secundum Bulgarum ut si tu ponis laqueum, et aper intravit laqueum, et ego inveni eum et eum abstuli. Et ita referunt maiores nostri sensisse dominum Bulgarum et dum una die equitavit versus galerium cum quodam suo scholari, quia ibi sunt multi porci, invenit unum laqueum: unde cum voluit descendere scholaris, dixit domino Bulgaro quod volebat capere eum, ut haberent inde bonam cenam. Et tunc dixit ei dominus Bulgarus: Non bene dicit. Sed scholaris ita responditei: Nonne alia die exposuisti ita lege in laqueum dum legeres eam ff. de acquirendo rerum dominio? Dixit Bulgarus: non muto opinionem sed nolo quod accipias aprum, non quia tirneam futurum iudicium, sed scandalum, vel verba; quia rustici facerent rumorem, et insequerentur nos cum telis et verberarent forte egregie nos ... ". 他の参照箇所は：GLOSS. *Meam potestatem, ad* D. *41,1,55, de aquirendo rerum dominio*, 1. *In laqueum, quem*.

23 V. RIVALTA, *Dispute celebri di diritto civile estratte dalle dissensiones dei glossatori*, cit., p. 41, traduce» ... cavalcando insieme verso una terra in quel di Bologna ... «. *Dv* CANGE, sv. *Galerius, Galerus*, IV, p. 15 riporta *pileus*. 師と弟子が一つのなくしたベレー帽を探すことはあり得ないだろうか？可能性は低いが愉快だ。それとも、ガッリエラに近い地名か？

24 N. TAMASSIA, *Odofredo*, ora in *Scritti di storia giuridica*, II, Padova 1967, p. 337 ss.

25 Anche secondo Odofredo *(loc. cit.)*によっても、疑いなくブルガルスの意見のようだ：“Sed circa hoc duo quero. Qualiter intelligendum est quod meus factus est. Certe sic, secundum Bulgarum, ut si tu ponis laqueum, et aper intravit Ìaqueum, et ego inveni eum et eum abstuli”.

26 Su Rogerio, F.C. SAVIGNY, *Storia del diritto romano nel Medio Evo*, II, cit., p. 105 ss.

27 Ms. Met. 7. Cfr. F.C. SAVIGNY, *Storia del diritto romano nel Medio Evo*, In, cit., p. 418 ss., passo n. 15.

28 この論争のひとつの賛成意見を以下に見つけることができるようだ：GLOSS. *Summam, adD*. 41,1,55, *de acquirendo rerum dominio*, 1. *In laqueum, quem*.

29 “(…) Ita enim in protestate mea aper pervenisse dicitur, si ipsius praesentis copiam et corporis apprehendendi facultatem habeam, ut 1. de V. S. Potestatis, et S. de nox.

Quotiens. R." (F.C. SAVIGNY, *loc. ult. cit.)*.

30 Il *casus* di Francesco, in GLOSS. *adD*. 41,1,55, *de adquirendo rerum dominio,* 1. *in laqueum, quem:* "Fecisti laqueum causa capiendi aliquam feram. Aper incidit in laqueum et non poterat se rnovere, ego transiens inde vidi aprum captum in laqueo, exemi eum inde, et accepi, an tenear tibi aprum reddere? et dicitur quod non: cum non fuerit factus tuus, quia non apprehenderas eum de laqueo. si autem apprehendisti eum de laqueo, et sic factus esset tuus, et ego accepi eum, et dimisi eum fugere, desinit esse tuus ... ".

31 F.C. SAVIGNY, *Storia del diritto romano nel Medio Evo,* n, cit., p. 87 ss.

32 Cfr. *retro*.

33 探し出すのに骨は折れるがすべて以下の中に見つかる：GLOSS. *Meam potestatem, ad* D. 41,1,55, *de acquirendo rerum dominio,* 1. *in laqueum, quem.:* "Id est, mei apprehendentis de laqueo, secundum B. unde ait, timeo scandalum, non futurum iudicium: cum die quadam feram sic apprehendere posset. sed secundum Azo. meam, id est mei qui apposui laqueum cum ipse aper per se expedire se non posset. Sed qualiter posset in eius ignorantis potestatem venire (...). H. et noto quod sicut dixi, non est fera tui apponentis laqueum, nisi demum cum apprehenderis, vel apprehendendi potestatem habeas per oculorum inspectionem, et affectionem possidendi, secundum JO. et B. et R ... ". Questa specie di rassegna di opinioni è di lettura assai complessa anzitutto perché con la sigla H non si comprende se ci si riferisca a Ugo o a Ugolino e con I a *Iacopus* o a *Ioannis Bassianus* o a *lrnerius*. この意見の検証は非常に複雑である。とくに、頭文字Hがウゴーなのかフゴリヌスなのかがわからないし、頭文字Iがヤコブス（Iacopus）なのかヨアンニス（Ioannis）なのかもわからない。アーゾ（Azone）の「唯物主義的」学説はかなり明確に思われる。明らかにアーゾは、[*Summa institutionum,* in *Corpus Glossatorum luris Civilis* (rectore ac moderatore M. Viora), II, Augustae Taurinorum MCMLXVI, p. 354],魚と野獣の先占は獲取により実行される、括り罠に掛かった猪は、私の支配下に入ったときに初めて私のものとなる、そして、傷を負わせることは野獣を取得するに十分ではないと論じている箇所で、権利の要点を述べているが、おそらく猪の場合にのみに言及される、格言めいた"consuetudo tamen generalis in eo repugnat" という文言をもとに、不同意の姿勢を示している。一方、オドフレード（Odofredo）は、ブルガルスとは異なるがそう遠くないある意見をアーゾとジョヴァンニ・バッシアーノ（Giovanni Bassiano）に帰しているようだ。ブルガルスとその弟子の逸話のあと、オドフレードはこう続ける（*loc. cit.*）:「 他の者たちは違うことを言うが、ジョバンニとアーゾはこう書いている：もし君が括り罠を設置し、それから－農民たちがやっているように、猪を見つけたらそれを殺し、家に帰り、他の農民たちと一緒にその野獣を運びにいく－猪は君のものになる。したがって、もし他の誰かがそれを奪うなら、窃盗を犯す。一方、もし君が物理的な獲取をしていないなら、窃盗はない。そして、

もし、猪が逃げることができたなら、そのときは、もし誰かがそれを罠から解放しても、それは君の猪を逃がしたわけではなく、したがって、窃盗行為とはみなされない。他の者は、もし君が括り罠を設置し、猪が逃げることができない場合、君がその身体の獲取を完了していなくても、他の誰かがそれを獲取したとき、窃盗とみなす。なぜなら、この場合、占有行為は、*per alium,* [つまり罠 ...]により行われているからだ。しかし、ジョバンニとアーゾの意見はより優れている」。(fol, 50 ra).

34 *Quaestiones dominorum Bononiensium (Collectio Parisiensist,* in *Scripta Anecdota Glossatorum,* eclitio altera emendata, curante JOH. BAPTISTA PALMERIO, I, Bononiae MCMXIII, p. 253, n. CIX: "Titius fecit foveam in agro suo ut ceperit apros. cum autem cecidisset aper in foveam, Titius ligavit aprum in fovea et ligatum commisit Sempronio rogans eum ut duceret aprum ad domum Titii. cumque duceret eum Sempronius, fugit aper, et in pristinam receptus libertatern, cecidit forte in foveam quam fecerat Sempronius ad apros capiendos. Questio est an sit modo aper Titii vel Sempronii, in cuius fovea nunc iacet, et an teneatur Sempronius actione mandati. Martinus: Actor Titius obtinet. quod enim Sempronius persecutus est aprum fugientem, potius nomine Titii quam suo nomine persecutus est. et quamvis ceciderit in foveam Sernpronii, tamen, quia longa manu Titius eum per procuratorem semper tenuisse videbatur, eius esse".

35 GLOSS. *Quod uerius est,* ad D. 41,1,5,1, *de adquirendo rerum dominio,* 1. *Naturalem autem libertatem:* "etiam si alienus erat laqueus (...). sed secundum legem Longobardam expectatur vulnerans usque ad XXIV. horas et postea occupantis fit (...). sed de consuetudine Trebatii sententia servatur ... ".

36 ガイウスの*quod verius est*の言葉への同意は身体の獲取による取得への同意を意味することを前提とすると、その註釈学者は、*laqueus (etiam si alienus erat laqueus)*に言及しながら、それに同意していることは記しておく価値があるだろう。少なくとも罠が自分のものである（自分の土地ではない？）ときは、獲取の身体性は本質的である、と強調しているかのようだ。

37 *Summa institutionum* in *Corpus Glossatorum Iuris Civilis* (rectore ac moderatore M. Viora), II, Augustae Taurinorum MCMLXVI, p. 354.

38 *La Costume / Custom au Moyem Age, Recuieils de la société]. Bodin,* LII, II, 2. Bruxelles 1990 から。L. MAYALI, *La costume dans la doctrine romainiste au Moyen Age,* p. Il ss., と G. GARANCINI, *La costume dans les droits italiens du Bas Moyen Age,* p. 121 ss., を引用するにとどめる。già comparso in *RSDI* LVIII (1985) e altrove.

39 WERNERII *Summa Lnstitutionum cum glossis Mattini, Bulgari, Alberici, aliorumue,* in *Scripta Anecdota Glossatorum,* cit., p. 28: "(...) fera autem vulnerata non efficitur vulnerantis et persequentis sed capientis, licet ex iure moribus recepto, forte vulneranti et persequenti teneatur, qui eas cepit ... ".

40 Per la controversia sull'equità che ha diviso i glossatori, in sintesi, v.].-L. THIREAU, *La doctrine civiliste avant le code civil,* in *La Doctrine]uridique,* Paris 1993, p. 20 s. Si veda anche E. CORTESE, *Il diritto nella storiamedievaleIl basso Medioevo,* II, cit., p. 93 ss.

41 GLOSS. *Illud; Capipossit;Sed posteriorem; Accidere; Non capias, ad* 1.2,1,13, *de rerum divisione,* l. *Illad quaesitum est.*

42 いわゆるスコラ学的または弁証論的方法と呼ばれる新しい方法論の過小評価は、すでにF.C. SAVIGNY, *Storia del diritto romano nel Medio Evo,* II, cit., p. 639 ss. に見られる。同調するのは、V. PIANO MORTARI, *Ricerche sulla teoria dell'interpretazione del diritto nel secolo XVI, I, Le premesse,* Milano 1956, p. 17 ss.; Io., *Il problema dell'interpretatio iuris nei Commentatori,* ora in *Dogmatica e interpretazione I giuristi medievali,* cit., p. 155 ss.; N. HORN, *Die legistische Literatur der Kommentatoren und derAusbreitung des gelehrtenRechts,* in COING (Herausgeg.), *Handbuch der Quellen und Literatur der neuren europdiscben Privatrechtsgeschichte,* I, cit., p. 261 ss.

43 一般に、H. COING, *Zur Eigentumslehere des Bartolus,* in *ZSS,* LXX (1953), p. 348 ss.

44 BARTOLI A SAXOFERRATO *Commentaria, In PrimamDigestiNovi Partem,* Venetiis MDXC., *ad* D. 41,1,5,1,1. *Naturalem,* § *Illud, de acquirendo rerumdominio,*n. 5, pr.-1, fol. 70 rb: "Opinioni legis Lombardorum de venatoribus lex penultima. Solutio. Aliud de iure ilio, aliud de iure isto, sed de consuetudine approbatur opinio Trebatii. Et tene mentis istam glossam quam allegavi in tractatione de molendinis. Ego incepi facere molendinum, alius perfecit ante me, quaeritur an possit me prohibere. Et secundun rationem Iuris Consulti non, quia ubi incepimus imperfecte aeclificare non est nostrum, ut hic, nisi perfeete capiamus. Sed glossa dicit, quod consuetudo observat in contrarium, sed de iure hoc teneo, Et responde ad istam legem, et dic ut dixi in materia de molendinis ".

45 BART. *loc. ult.* cit.

46 BARTOLI A SAXOFERRATO *Commentario, In Primam Digesti Novi Partem,* cit., *ad* D. 43,11 (12),2,1. *Qu01ninus, De fluminibus* , n. lO, fol. 135 vb, そこでは、河川、水車-crh及び権利を侵害しない未遂の先占について論じている。

47 BARTOLI ASAXOFERRATO *Commentarla, In Primam Digesti Novi Partem,* cit., *adD. 41,1,55,* l. *In laqueum, De acquirendo rerum dominio,* n. pr., fol. 73 ra.

48 BARTOLI ASAXOFERRATO *Consilia, Quaestiones, et Tractatus,* X, Venetiis MDXC., fol. 132 ra.

49 N. HORN, *Die legistische Literatur der Kommentatoren und der Ausbreitung des gelehrten Rechts,* cit., p. 341 ss.

50 F. CALASSO, sv. *Bartolo,* in *Dizionario biografico degli italiani* VI (1964), p. 655, は、現実にはそれは、著書や*traetatus*のような写本に現れる一つの*consilium*であると言う。1472 年のヴェネツィア版(p. 652).の第 1 集に*tractatus*として世に出る。*consilia*

の版の歴史はF. CALASSO, *op. ult. cit.,* p. 651. 参照。今日、その作品は、*consilia* (H. COING,*Die Anwendung des Corpus Iuris in den Consilien des Bartolus,* in *Studi in memoria di* P. *Koscbaker,* I, Milano 1954, p. 73 ss.)の一覧表に現れていない。バルトルスの著作の緒言にいつも現れるディプロヴァタッチョ（Diplovataccio）により書かれた'vita'の中でもすでに知られていたように、多くの文書は偽物である[G. COLLI, *"Attribuuntur Bartolo sed non sunt Bartoli" Prolegomeni ad una bibliografia analitica dei trattati giuridici pubblicati nel XVI secolo,* in *Il Bibliotecario,* n.s. I (1996) p. 145 ss.]. そして、近代の歴史学はその論文そのものに疑いの目を向けている。

51 正確には、*cum sonaleis et iectis*. Per *iectus (jactus, gettusi,* 複数形では、フェデリコ２世　がFederico II, *de arte venandi* 2,38: "ut cum eis retineantur , et jacentur ad praedandum, qui ab hoc Jacti dicuntur, quod cum eis jaciuntur falcones, et emittuntur ad praedam",というように、鷲の足に付けた革の括り罠と理解されなくてはならない。Du CANGE, *sv.jactus,* n. 2, IV, p. 276. V. trad. in *Arte della Caccia Testi difalconeria, uccellagione ed altre cacce,*a cura di G. Innamorati, I, *Dal secolo XIII agli inizi del Seicento,* l, Milano 1965, p. 32 s. からの引用。

52 D. 41,1,5,1 (Gai.2 *rer. cott.)* e Iust. *inst. 2,1,12.*

53 C. Il,10 (9),3 (= CTh. 10,22,4), これについては、L GOTHOFREDUS in *Codex Theodosianus Cum Perpetuis Commentariis Iacobi Gotbofredi,* III, cit., p. 555 ss. CTh. 9,40,2, *op. cit.,* p. 318.へのコメントも参照。

54 D. 9,2,7,6 (Ulp. 18 *ad ed.).*

55 フェデリコ３世 の諸侯法との対比は V. *infra*. cap. CXV *de furtis commissis canum, et avium rapacium,* in *Capitula Regni Siciliae,* I, rist. anast. ed. Palermo 1741, a cura di A. Romano, Catanzaro MCMXCIX, p. 104 s.

56 *tractatus de armis et signis*については、M.A.BENEDETTO, *Marchi difabbrica e società,* in *Bartolo da Sassoferrato, Studi e documenti per il VI centenario,* II, Milano 1962, p. 97 ss.; O. CAVALLAR, S. DEGENIUNG, J. KIRSHNER, *A Grammar of Signs: Bartolo da Sassoferrato's Tract on Insigna and Coats Arms,* Berkeley 1994.

57 古典的なものの「法的シンボル」からは結構遠いと我々には思われる規模。これについては、N. STROSETZKI, *Antike Rechtssymbole,* in *Hermes* LXXXVI (1958), p. 1 ss. 思い浮かぶのは、奴隷の肌、*fabbricenses*、*tyrones* 、*aquarii* の上に押された *notae, signa, stigmatae* である。[ad es. D. 9,4,1,8 (Ulp, 1 *ad ed.);* C. Il,10 (9),3 (= CTh. 10,22,4), ora citati; C.9,43,10,5].

58 Federicus III, cap. CXV: «Quia levis discordia magna solet odia generare, maxime inter nobiles, qui praecipue in venationibus delectantur; inter quos haec saepius perpetrantur, et quasi ex quadam irrationali consuetudine, tanquam causa litium , reputatur, videlicet, quod canum, et avium rapacium, ut asturum, falconum furta, vel detentiones illicitae

committuntur; volentes huic delicto legis medelam imponere, quare ab experto comperimus, et per haec multas lites, et iurgia generari, hac lege, in perpetuum valitura, sancimus, ut nullus plebeius, vel nobilis praesumat canem, bracum videlicet, velleprarium, accipitrem, asturem, vel falconem alterius, furto subtrahere; vel subtractum detinere, sub poena unciarum duarum in persona nobilis, et unciae unius, burgensis, vel vallecti, si contra hanc legem fuerit attentatum, dummodo constet de dominio praedictorum, hac declaratione praeambula, quod, si avis amissa, antequam se recipiat in pristinam libertatem, volando per arbores cum gettis, et sonaliis, ab aliquo fuerit cum pastu, vel sine pastu vocata, et ad eum venerit, qui a adhuc videtur habere animum ad dominum redeundi, licet eum non recognoscat, quod interim eius, cuius prius fuerat, censeatur, sub poenis praedictis. Si vero se receperit in pristinam libertatem, longius volando, et capta fuerit, cum fuerit cum retibus, vel cum visco, tum etiam volumus, quantumcunque iuri communi in hac parte derogetur, similiter constito de dominio, quod si domino restituatur, nullam poenam proinde detentoribus, vel emptoribus, vel captoribus propterea subituris, nisi ab eo tempore, quod eis denunciatum fuit, et probatum coram competenti iudice, de eis restituendis, fuerint contumacies ... ». Cfr. *Capitula Regni Siciliae,* I cit. 完璧な'versionese' スタイルである我々の伝統は、他と同様、組織の中で提案された校訂を考慮する。

59 Cfr. *retro*.

60 秩序の多重性について、文献は膨大で、様々な方向に向いている。概説として、F. CALASSO, *Gli ordinamenti giuridici del rinascimento medievale,* Milano 1949; M. CARAVALE, *Ordinamenti giuridicidell'Europa medievale,* Bologna 1994; E. CORTESE, *Il diritto nella storiamedievaleIl basso Medioevo,*II, cit., p. 247 ss.; P. GROSSI, L)*ordine-giuridico medievale,* cit., p. 29 ss., 文献表付き。

61 C. PETIT,J. VALLEJO, *La categoria giuridica nella cultura europea del Medioevo,* in *Storiad'Europa,* III, *Il MedioevoSecoliV-XV* (a cura di G. Ortalli), Torino 1994, p. 721, spec. 737 ss. のページは有益。

62 H. ZUG Tuccr, *La chasse dans la législation statutaireitalienne,* in *La ehasseau Moyen Age,* cit., p. 99 ss. AA.VV., sv. *Caccia,* in *Enciclopedia Italiana*VIII (1930), p. 209 ss. にも狩猟と基本法に関するいくらかの情報がある。複数著者で 1930 年のもの。

63 *Op.cit.,* p. 99 s.; p. 102.

64 *Op. cit.,* p. 100.

65 養殖動物以外についても , *op. cit.,* p. 101 s.

66 *Op. cit.,* p. 108 s.

67 *Op. cit.,* p. 101 s.

68 *Op. cit.,* p. 107.

69 *Op. cit.,* p. 108. 著者は、「ヴィジェバーノの住人、及びヴィッラファレットの住人に

鹿の狩猟を禁じた」とヴィルトゥ伯を引用する。住人たちは、裁判において、自分たちの権利は古代の慣習及びサボイア伯による近年の許可から得られたものであると主張し、地元領主の、狩猟権の排他性に異を唱えた。判決は、猟で得た野獣の一定部分（頭、足、肩）は領主に差し出す義務を課した。

70　Cfr. nt. precedente.

71　*Op. cit.*, p. 109.

72　Cfr. *retro*.

73　前述のように、法律全体のテキストは *Feud. Lib.* II,27. を通じてのみ知られている。

74　Cfr. *retro*.

75　全体は O. RUFFINO, sv. *Cipolla Bartolomeo,* in *Dizionario biografico degli Italiani* XXV (1981), p. 709 ss.; V. PIANO MORTARI, *Sulla nobiltà del QuattrocentoBartolomeoCipollae Buono de) Cortili,* in *Clio* XXIII (1987), p. 185 ss. (= *Itineraria iuris Studi di storia giuridica dell'età moderna,* Napoli 1991, p. 3 ss.).

76　B. CAEPOLLAE, *De servitutibus rusticorum praediorum,* cit., p. 158 ss.

77　括り罠に掛かった猪の取得に関して、括り罠が私のものであるだけでは十分ではなく、バルトルスが主張していたように、手で捕まえる（*manu capere*）ことが必要であった。バルトルスは、また、「二度目に発見されるときは、しかし、土地の慣習または都市法が尊重される（*in bis tamen servanda est consuetudo loci vel statuti, si reperitur* (par. 6)））とも言った。動物に傷を負わせた者と獲取した者との間では、所有権は獲取した者に帰す（par.8）。狼、犬、または、大鷹が所有者から奪い、第三者が取り返した動物は誰の物かという問題は、第三者ではなく、前の所有者に有利な形で解決されるべきであろう。バルトルスは、ある助言及び同名の論文において、足に付けた銀の鈴で鷹を獲取する場合についてそのように考える。他人の土地で狩猟する権利、及び、狩猟した野生動物の狩猟を禁止している土地所有者への帰属についての論争について黙るために、「私人の禁止権は領主の移動を妨げない（*privati prohibitio non impedit traslationem dominii*）」という命題についての考察、及び、de Odonibus de Perusioのある貴族の場合（その事実はすでにアンジェロではよく知られていた）に言及する。彼は所有者が禁止する他人の森で多くの野生動物を狩猟した。その野生動物は、法により彼に属しており、それ彼から取り上げることは許されない。可能なのは、人格権侵害訴権を行使すること、そして、彼が土地へ立ち入ろうとするときに、実力を持って抵抗することだけである。

78　所有者が禁止する他人の土地で行う狩猟により、けんかやののしり合いが発生したのはこのためだ。

79　実際のところ、この第5の方法は、まったくはっきりしない：”potest etiam quinto modo intellegi ille §. quia in cap. praeced. induxerat Imperator prohibitionem armorum: et quia in vena tionibus portent arma, dubitabant an sit licitum venari cum armis, et dicet

quod non: nisi ad ista animalia pericolosa: et quicquid dicat de laqueo, et reti, tamen intelligas, quod in praedictis venationibus sunt necessaria arma, et hac videtur sentire" (seguono citazioni di giuristi) ... "tu autem coniugas quartum et quintum intellectum, et habebis veritatem" (par. 13).

80 Par. 12. チポッラがフェラーラで 1449 年から 1450 年までのたった 1 年間しか教えないとはいえ、1456 年のボルソが改訂した都市法のことを知らないはずはない *(Statuta civitatis Ferrariae,* Ferrariae 1476, per Severinum Ferrariensem). 前の 1287 年の法令集と同様に、狩猟禁止について我々が何も見つけなかったとしたら、間違いなく我々のせいである *(Statuta Ferrariae anno* 1287, trascrizione introduzione e glossario di W. Montorsi, Ferrara 1955).

81 Cfr. *retro*.

82 第八原理、BARTOLI A SAXOFERRATO *Consilia, Quaestiones, Tractatus,* X, cit., fol. 94 vb. で読むことができる。バルトルスの著作は *Tractatus super Constitutionem ad reprimendum*。ハインリッヒ 7 世の基本法は、「全領土において平穏な秩序が安定しているローマ帝国」に対する犯罪を防ぐ必要性により登場した。バルトルスは、(Gloss. *Totius orbis):* "Contra, quia maior pars mundi non obedit Principi" *(op. cit.,* foI. 95 l'a) と注釈を付けている。

83 C.A.WOOD, F.M. FYFE, *The Art 01Falconry, Being de Arte Venandi cum Avibus 01Frederick II 01Hobenstaufen,* cit.; P. RACINE, *Federico II di Svevia,* trad. it., Milano 1998, p. 339 ss.; B. VAN DEN A13EELE, *Inspirations orientales et destinées occidentales du De arte venandi cum avibus de Frédéric II,* in *Federico II e le nuove culture, Atti del XXXI Convegno Storico Internazionale,* Todi, 9-12 ottobre 1994, Spoleto 1995, p. 363 ss., は文献表が充実している。

84 近年の解釈の傾向は、A. GUERREAU, sv. *Caccia,* in *Dizionario dell'Occidente medievale* (a cura di]. Le Goff,].-C. Schmitt), I, trad. it., Torino 2003, p. 119 ss. 参照。H.W. ECKARDT, *Herrschaftliscbe fagd, bàuerlicbe Not und bùrgerlicbe Kritik zur Geschichte der[ùrstlichen und adeligen fagdprivilegien uornebmlicb im siidwestdeutschen Raum,* Gòttingen 1976. も非常によく引用される。

第 4 章註

1 "(...) nisi forte gaudes nostro malo, in locum Sulpitii, Scevolae, Pauli, Ulpiani, aliorumque, ut leviter loquar, cygnorum, quos tua aquila savissima interemit, successerunt anseres Bartolus, Baldus, Accursius, Dinus, caeterique id genus hominum, qui non Romana lingua loquantur, sed barbara ... ": LAURENTIUS VALLA, *OperaOmnia* (con una premessa di E. Garin), Tomus Prior, rist. an. Torino 1962, p. 633 ss. バルトルス、及びカンディド・デチェンブリオ宛ての手紙の形式で編集された彼の論文 *de insignis et armis*

に対する有名な反論書である。ヴァッラの批判は他にもある。Cfr. O. BERSOMI, M. REGOLIOSI, *Laurentii Valle Epistole,* Padova MCMLXXXIV, p. 200 s.

2 D. MAFFEI, *Gli inizi dell'umanesimo giuridico,* Milano 19723, p. 33 ss., p. 95 ss.

3 この議論では、ラテン語のEleganza第3巻praefatioがとても有名である。*Prosatori Latini del Quattrocento* (a cura di E. Garin), Milano, Napoli 1952, pp. 603-613.には翻訳もある。

4 G. KISCH, *Studien zur humanistischen Jurisprudenz,* Berlin, New York 1972, 及び、*aequitas*の研究に傾斜しているものの、ID., *Erasmus und die Jurisprudenz seiner Zeit. Studien zum humanistischen Rechtsdenken*, Basel 1960.

5 Pantagruel (R.ABELAIS, *Oeuvres Complètes,* Texte établi et annoté par J. Boulanger, Tours 1951, Gallimard, Bibliothèque de la Pléiade, p. 211)の第5章では、彼が、法学の勉強のための、大学探しの旅において、ついにブールジュにたどり着いたことが語られる。そこで彼は、金の衣装のように美しいが、糞で刺繍された('brodée de merde') 法律文献、つまり、アックルシウスの註釈を付けて出版されたパンデクテンを発見する。"car (disoit-il) au monde n'y a livres tant beaulx, tant aornés, tant élégans comme sont les textes des *Pandectes:* mais la bordure d'iceulx, c'est assavoir la glose de Accurse, est tant salle, tant infame et punaise, que ce n'est que ordure et villenie». Cfr. E. NARDI, *Rabelais e il diritto romano,* Milano 1962; ID., *Rabelais e Accursio,* in *Synteleia Vincenzo Arangio Ruiz,* I, Napoli 1964, p. 142 ss.

6 Rabelaisは、いまや通説となっていたある判決を要約しつつ、Baisecul対Humevesneの争いを裁くPantagruelにこう言わせている(cap.10, p. 238): « ... et, au cas que leur controverse estoit patente et facile à juger, vous l'avez obscurcie par sottes et desraisonnables raisons et ineptes opinions de Accurse, Balde, Bartole, de Castro, de Imola, Hippolytus, Panorme, Bertachin, Alexandre, Curtius et ces aultres vieulx mastins qui jamais n'entendirent la moindre loy des *Pandectes,* et n'estoyent que gros veaulx de disme, ignorans de tout ce qu'est nécessaire à l'intelligence des loix", なぜなら − 文章は続く − 彼らはギリシャ語もラテン語も知らず、ただ、ゴート語と蛮族語しか知らなかったからだ。

7 D. MAFFEI, *Gli inizi dell'umanesimo giuridico,* cit., p. 95.

8 フランスにおいてキュルティスムが支持された理由については, D. MAFFEI, *Gli inizi dell'umanesimo giuridico,* cit., p. 177; V. PIANO MORTARI, *Diritto romano e nazionale in Francia nel secolo XVI,* Milano 1962.

9 ホトマヌスの*Antitribonianus* については, D. MAFFEI, *Gli inizi dell'umanesimo giuridico,* cit., p. 60 55.; V. PIANO MORTARI, *Diritto romano e nazionale in Francia nel secolo XVI,* cit., p. 124 ss.

10 V. PIANO MORTARI, *Considerazioni sugli scritti programmatici dei giuristi del secolo*

XVI, in *SDHI* XXI (1955), p. 276 ss. (= *Diritto Logica Metodo nel secolo XVI,* Napoli 1978, p. 267 ss.).

11 J. BERRIAT-SAINT-PRIX, *Histoire du droit romain, suivie de thistoire de Cujas,* Paris 1821,の古い研究以外の基本的文献に関しては、H.E. TRO.JE, *Die Literaturdesgemeinen Rechts unter dem Einfluss desHumanismus,* in H. COING,*Handbuch der Quellen und Literatur der neueren Privatrechtsgeschichte,* I, Miinchen 1977, p. 627.

12 J. FLACH, *Cujas, les glossateurs et les bartolistes,* Paris 1883, estratto dalla RH VII (1883), p. 205 ss.

13 始点となる基本テキストを改めて思い出しておくのがよいだろう：D. 41,1,3,1 (Gai. 2 *rer. cott.): Plane qui in alienum fundum ingreditur venandi aucupandive gratia, potest a domino, si is providerit, iure prohiberi ne ingrederetur.* 立ち入りの禁止は、ほとんど一語一句、D. 41,1,5,3 において繰り返さえられている。そして、『法学提要』の対応する箇所(Iust. *inst*. 2,1,12.14)で再提示されている。さらに、D. 47,10,13,7 (Ulp. 57 *ad ed.*)にもある。そこでは、大まかに言うと、禁止できるのは鳥撃ちではなく、土地への立入りだけという：*sed nec aucupari, nisi quod ingredi quis agrum alienum probiberi-potest*. Anche sul finire del frammento si fa cenno allo *ius pro/n'bendi*. Si ricava implicitamente dall'opinione di Labeone espressa in D. 43,24,22,3 (Venul.2 *interd.)*. D. 43,24,22,3 (Venul.2 *interd.*)で明らかにされたラベオの意見により、暗に推定される。最後に、D. 8,3,16 (Callistr. 3 *de cognit.*)でのアントニウス・ピウスの勅令：*per Divus Pius aucupibusita rescripsit: οὐκ ἔστιν εὔλογον ἀκόντων τῶν δεσποτῶν ὑμᾶς ἐν ἀλλορίοις ἰξεύειν* (trad, lat.: *non habet rationem vos in alienis locisinvitis dominis aucupari).*

14 すでにこの意見の動きは論じられている。主なものは：C.F.W. VON GERBER, *System des deutschen Privatrechts,* cit.; W. VON BRONNECK, *De dominio ferarum que illicite capiuntur,* cit.; C.G. WACHTER, *Das Jagdrecbt und Jagduergeben,* cit.; ID., *Pandekten,* II, cit.; O. WENDT,*Romisches[agdrecbt, cit*. Sul tema, L. LANDUCCI, *Il diritto di proprietà e il diritto di caccia presso i Romani,* cit., p. 306 s. e nt. 3; G. LOMBARDI, *Libertà di caccia e proprietà privata in diritto romano,* cit., p. 276 ss.

15 Cfr. retro.

16 キュジャスはD. 7,1,62 *pr.* (Tryph, 7 *disp.*)を引用している。争いが非常に多いモムゼンの講義で法文は次のように規定する：*Usufructuarium venariin saltibusvel montibuspossessionis probedicitur: necaprumaut cervum quem ceperitpropriumdomini capii, sedautfructus iure aut gentium suos facit*. Cfr *retro*.

17 キュジャスの原文はすでに引用した。

18 D. 41,1,3 *pr.-1* (Gai. 2 *rer. cott.): Quod enim nullius est, id ratione naturali occupanti conceditur.* 1 *Nec interest quod ad feras bestias et volucres, utrum in suo fundo quisque capiatan in alieno*. を引用しておくのがよいだろう。Cfr. D. 41,1,5,3.

19 Iust. *inst*. 2,1,12 : *... quod enim ante nullius est, id naturali ratione occupanticonceditur. nec interest feras bestias et volucresutrum in suofundo quisque capiat, an in alieno .. .).* Cfr. Iust. *inst*. 2,1,14. D. 43,24,22,3 (Venul. 2 *interd.)*でのラベオの意見では、他人の土地において、禁止（これも含意）にかかわらず、所有権の取得が含意されている。

20 Cfr. nt. 7.

21 F.-F.VILLEQUEZ, *Du droit du chasseur sur le gibier dans toutes les phases des chasses* à *tir et* à *courre,* cit., p. 52 ss.

22 D. 47,10,13,7 (VIp. 57 *ad ed.*): *... usurpatur tamen, et hoc est, tametsi nullo iure ...*

23 Cfr. *retro*.

24 GLOSS. *Divus Pius aucupibus, ad* D. 8,3,16, *De servitutibus rusticorum praediorum,* 1. *Divus Pius aucupibus;* GLOSS. *Prohiberi, ad* D. 41,1,3, *De acquirendo rerum dominio,* 1. *Quod enim nullius*.

25 Cfr. *retro*.

26 J. CUJACII, *Notae et scholia in librum II. Institutionum Justiniani,* in *Opera,* II, cit., col. 775 s. 献辞は 1559 年 2 月のもの。

27 狩猟者が物理的に横領しない限り、動物を自己の物にできるのは所有者であることから、罠(trappola)を使った狩猟の場合を除く。その章句は以下のように続く：「しかし、ある者が所有者の意思に反して他人の土地に狩猟を目的に括り罠(laccio)を仕掛けた場合で、狩猟者の支配権がまだ獲物に及んでいないとき、所有者は、獲物を合法的に自己の物にできる。これが〔プロクルスの章句の〕意味だと考える：実際、「関係ないか見てみよう」と彼が言うのは、疑いからそれを撤回するときではなく、関係あると信じているときである。そして、これはユスティニアヌス法典学者の典型的な言い回しの一つである」Cfr. *retro*.

28 Cfr. *retro*.

29 GLOSS. *Divus Pius aucupibus, ad* D. 8,3,16, *De servitutibus rusticorum praediorum,* l. *Divus Pius aucupibus;* GLOSS. *Prohiberi, ad* D. 41,1,3, *De acquirendo rerum dominio,* l. *Quod enim nullius*. GLOSS. *Ingrediatur, adlnst*.2,1,12, *De rerumdivisione,* l. *Ferae igitur bestiae;* GLOSS. *Praevideris, adlnst*.2,1,14, *De rerumdivisione,* l. *Apium quoquefera natura*. テキストの論題は、各解答毎に提示されている。しかし、議論は未決着と思われる。

30 H. DONELLI *Opera Omnia*. *Commentariorum de iure civili,* I, cit., col. 689 s.

31 C.A. CANNATA, *Systématique et dogmatique dans les Commentarii iuris civilis de Hugo Donellus,* in *Jacques Godefroy* (1587-1652) *et l'Humanisme juridique* à *Genève,* in *Actes du colloque Jacques Godefroy,* Bàleet Francfort-sur-Ie-Main 1991, p. 217 ss.; R. FEENSTRA, *Hugues Doneauet lesjuristes néerlandais du XVII siècle ... ,* in *Actes du colloque Jacques Godefroy,* cit., p. 231 ss. [(= *Donello e Grozio: l'influenza dei loro*

sistemi sull'evoluzione del diritto privato in Europa, in *Atti Accademia Peloritana dei Pericolanti,* cl. scienze giuridiche LVIII (1991), p. 15 ss.]: P. STEIN, *Donellus and the origins of the modern civil law,* in *Mélanges* F. *Wubbe,* Fribourg 1993, p. 439 ss. Sul filone sistematico della scuola culta, cfr. anche A. CAVANNA, *Storia del diritto moderno in Europa,* I, cit., p. 187 ss.

32 *De iur. civ.* 4,8,1: «Rerum quae vere nullius sunt, id est et proprietate et usu nullius, duo sunt genera. Quaedam natura sunt nullius, nec in cuiusquam potestatem adhuc pervenerunt: quaedam, curo prius pervenissent, dominos habere desierunt».

33 *De iur. civ.* 4,8,2: «Sunt autem huiusmodi quaedam ex animatis, quaedam ex inanimatis. Ex animatis rebus natura nullius sunt ferae bestiae, et hae solae. Quae de causa et occupationi permittuntur».

34 *De iur. civ.* 4,8,3.

35 *De iur. civ.* 4,8,4.

36 D. 41,2,3,14 (Paul. 54 *ad ed.): Item feras bestias, quas vivariis incluserimus, et pisces,quos in piscinas coiecerimus, a nobis possideri.*

37 D. 41,2,3,14 (Paul. 54 *ad ed.): sed eos pisces, qui in stagno sint, aut feras, quae in silvis circumseptis vagantur, a nobis non possideri, quoniam relictae sint in libertàte naturali: alioquin etiam si quis silvam emerit, videri eum omnes feras possidere, quod falsum est.*

38 *De iur. civ.* 4,8,5: «Quos piscinis, et vivariis inclusimus, etiam a nobis possidentur, ac non tantum nostri sunt, ut traditur in L. 3 § *item feras,* D. *de acq. posso* quos stagnis, a nobis quidem non possidentur, ut ibidem scriptum est［その法学者は、我々が前注で引用した D. 41,2,3,14 に言及している］: sed manere nostros, verius est, cum eos possimus capere quotiens volumus. Sic enim fit, ut sint in potestate nostra: proinde et in dominio. *L. in laqueum, D. de acq. rer. domin.».*

39 この解釈の反論は、我々が引用したDonello版のcol. 691, O. Hilligerusの注 3 を参照。彼はキュジャス("natura tamen ferarum haec, ut dominium earum citra possessionem haberi facile nequeat")とO. Giphaniusに言及しつつ、その解釈を拒否し、かつ、同時に、F. Hotomanusの、D.41,2,3.の法文 14 を「囲まれているか、囲まれていないか(*circumseptis, non circumseptis*)」と解釈する提案にも同意せず、こう結論づける：" (...) Sed sic §. Dubitatione carebit, et imo comparatio non convenit, quae belle convenit lectioni affirmativae. Uti enim pisces in stagno cohibentur, quo exire nequeunt: ita et ferae in sylvis circumseptis".つまり、私有の池の魚も、閉じた森にいる野生動物と同様に無主物である。

40 *De iur. civ.* 4,8,8: "Occupare feram bestiam est capere, et potestati suae subii cere, unde est, quod de bis specialiter dicitur in L. 1. *in fin.* D. *de acq. rer. dom.* feras bestias fieri capientium. Pro quo subiicitur deinde generaliter rationis loco, quod ante nullius est,

occupanti concedi. Et ita ius se habet: ut nihil eorum, quae nullius sunt, et manu capi possunt, facto nostro nostrum fiat, nisi ceperimus, et custodiae nostrae subiecerimus. *L.* 1 *in princ. L.* 3. § *Neratius,* D. *de acq. poss.*",

41 *De iur. civ.*4, 8, 9: "Non ergo fera bestia fit eius, qui eam excitavit; non eius, qui excitavit, et persequitur, utcunque magna spes fir eius capiendae, ut dicendum fit, si fera, quam quis a se excitatam persequitur, inciderit forte in alium defessa, et is eam ceperit: fieri eius qui cepit; non eius, qui persequitur. Quid tamen, si quis feram ita vulneraverit, ut capi posset? an fiet eius, praesertim si eam persequatur? Et piacuit non fieri, reiecta Trebatii sententia ... ".

42 *De iur. civ.* 4,8,10: " ... Id enim in potestatem nostram venisse intelligitur, quod opera nostra ita captum est, ut subiiciatur potestati nostrae, certumque fit, nobis effugere non possit, si velimus. Quod utrum manu nostra fiat, an quo alio instrumento, puta Iaqueo a nobis posito, nihil interest. Sed, ut possit esse certum, non posse eum aprum mihi effugere, eoque et in potestatem meam pervenisse, in eo haec insunt, quae distinctione illic proposita oscure significare videtur ProcuIus: primum ut aper ita haeserit Iaqueo, ut expedire se non possit. Nam si ita haesit, ut diutius luctando potuerit se expedire: non magis dici potest hunc captum esse, aut meum fieri, quam feram bestiam ita vulneratam, ut capi posset, cum in utroque pariter accidere potuerit, ne caperetur" .

43 *De iur. civ.* 4,8,10: " ... Igitur si in publico laqueum posui: non fit aper meus, quamvis ita irretitus, ut se per se expedire non posset, quia Iocus impedit, quominus certum sit, aprum, quamvis ita irretitum, a me capi posse. Potest enim quivis in eum locum venire, et feram eximere. Quod si fecerit: aper eius erit, utpote is, qui nondum cuiusquam esse coeperat. Idem dicernus, etsi in alieno Ioco posuerim laqueum sine domini permissu, ubi dominus suo, et optimo iure accedere potuti, et aprum eximere. Puto idem iuris esse, etsi in meo posuerim, aut in alieno domini permissu, sed loco patente, minimeque clauso, quia et hic possit intervenire quivis extraneus, qui aprum expediat, et auferat, ut ita eum suum faciat, ut si feram aliam quamlibet in alieno cepisset. *L.* 3. D. *eod.*De quo mox. Quod si posui laqueum in meo, aut in alieno domini permissu,locus clausus est: iam hic certum esse incipit, aprum ita implicitum, ut se expedire non posset, venisse in meam potestatem, quia nemo sit, qui eo facile venire possit, ut feram eximat».

44 *De iur. civ.* 4,8,10: «Postrerno, ut videatur hic aper a me captus esse, et in potestatem meam venisse, inest etiam in eo praeter superiora, ut sciam, eum ita haerere, ut diximus: alioqui ignoranti non videtur quidquam capi, aut in potestatem eius venire».

45 *De iur. civ.* 4,8,11.

46 O. Hilligerus (col. 693 s.)のnt.6は興味深い。そこで、その法学者は、とくに、いくつもの同意見を引用する(F. Connanus, F. Duarenus, Covarruvias など)。それから、彼は、

昨今、この法から遠ざかり、君主たちは、自分とそのお気に入りの者たちのために、狩猟権（*ius venandi*）を要求している、と述べる。これは正当だろうか。それから、我々の理解が間違いでなければ、彼は、*honoris causa*と名付けたくないある者との議論となっている、狩猟禁止に違反した者への斬首刑に反対する博士たちを長々と並べる。そして、最後に"non recte dicitur, furtum fieri ferae, quae, dum in naturali libertate moratur, non magis principis, quam alterius subest dominio"と断言する。言い換えると、野生動物は君主に属すことを、勇気を持って否定している。

47 *De iur. civ.* 4,8,11.

48 ANDR. ALCIATI iuriscon. Mediol. *Parergon iuris seu obiter dictorum liber Undecimus,* cap. II, in ... Operum Tomus IIII., Basileae MDLXXXII, col. 558 s. Cfr. R. ABBONDANZA, sv. *Alciato (Alciati) Andrea,* in *Dizionario Biografico degli Italiani* II (1960), p. 69 ss.; E. CORTESE, *Il diritto nella storia medievale. Il basso Medioevo,* II, cit., p. 470 ss.

49 D. 41,2,1,1 (Paul. 54 *ad. ed.*).

50 *Parerg.* 11,2 *pr.*: "Unde consequens est, ut si feram a venatore vulneratam, quamvis eo insequente, ego interpraenderim, mea fit. Quod adversus Trebatii sententiam receptum est ... ".

51 *Parerg.* 11,2 *pr.:* "Scribit tamen Accursius consuetudine Trebatii opinionem probari".

52 *Parerg.* 11,2,1-2. 証言があるのは、OTTONIS ET RAHEWINI *gesta Friderici I imperatoris in Lombardia,* cit., *retro.*

53 VERG., *aen.* II, 529 s.

54 *Parerg. 11,2,3.*

55 *Parerg.* 11,2,4: "Sed finge, Aliquis piscator nassas labyrinthosque suos vespere tetenderat, deinde summo mane reversus aemulum artis suae deprehendit, qui casses evacuaverat, piscesque dell'inseguiextraxerat, cuius erunt pisces? Et puto dominium occupatoris esse: dandam tamen piscatori iniuriarum actionem adversus eum, qui retia sua contrectavit atque aperuit ... ".

56 VERG., *aen.* II, 483-502.

57 *Parerg.* II,2,4: "Et putarern domini esse, cum consuetudinem revertendi domum retineret. Nec tamen ei actionem iniuriarum aliquam competere, cum probabiliter classiarii credere potuerint ferum esse, et ideo iure gentium occupantis fieri".

58 FRANCISCI DUARENI iurisconsulti *in Lib. XLI. Pandeetarum seu Digestorum. In tit. I. De Aquirendo Rerum Dominio, Methodiea traetatio,* in *Omnia quae quidam haetenus extant opera .. .,* Lugduni 1584, p. 812 s. 一般に、E. JOBBÉ-DUVAL, *François Le Douaren (Duarenus), (1509-1559)*, in *Mélanges P.F. Girard,* I, Paris 1912, p. 573 ss.

59 *Pand. seu Dig. in tit. I de aequir. rer. domo Meth. Traet. II:* „Quod autem dicatur, hasce

res occupantium fieri, eo pertinet rem apprehendendam esse, ut feram certum fit in nostram potestatem pervenisse, 1. in laqueum, 55. hic. Proinde et si feram graviter a se vulneratam quis persequatur, antequam tamen ceperit, ipsius non esse, et ideo a quovis alio possideri posse, obtinuit, cum olim ius controversum esset, quod incertus fit rei eventus, et ex insperato multa accidere possint, ut ab eo qui vulnus inflixit, non accipiatur ... „.

60 FRANC. BALDUINI Iurisconsulti *Commentarti in libros quatuor lnstitutionum Iuris Civilis* ... , Parisiis 1554, p. 170 s.

61 " ... Debemus enim abstinere, non modo alieno, sed etiam eo, quod iam prope est, ut alterius fit: ne propinquam alterius spem multis iam forte laboribus quaesitam ipsi invadamus. Quis enim ferat ita fraudari fatigatam industriam? Scite Chrysippus, Qui (inquit) stadium cucurrerit eniti et contendere debet, quam maxime possit, ut vincat: supplantare eum, quicum certet, aut manum depellere, nullo modo debet. Sic (inquit Tullius) in vita sibi quemque petere, quod pertineat ad usum, non iniquum est: alteri surripere, ius non est": *op. cit.,* p. 171.

62 "(...) Theophilus hane partem a superiori disiungit ... Sed errat ... Solum enim duae hic fuere sententiae: quod manifestius est, apud Caium. Nec satis animadvertit primam illam sententiam ita divisam a sequentibus, indignam esse Iurisconsulto ... ": *op. cit.,* p. 171.

63 "(...) Omnia admodum incerta sunt in venationibus vel aucupiis: vixque certa est praeda, quam iam assecutus es. Saltem plerunque Spes, fallax dea est. Nam et multa cadunt intra calicem supremaque labra. Ut non temere Philippus Imp. rescripserit, De fructibus futuris nihil certum iudicari posse": *op. cit.,* p. 171.

64 A. FAIDER, *Histoire du droit de chasse et de la législation sur la chasse en Belgique, en France, en Angleterre, en Allemagne, en Italie et en Hollande,* Bruxelles 1877, p. 569 ss.MPI für europ. Rechtsgeschichteのカタログは非常に有益なのだが、16世紀に関してはわずか4タイトルしか登録されていない。狩猟一般の文献表においても、法学文献は看過されてきた。J. THIÉBAUD, *Bibliographie des ouvrages français sur la cbasse,* cit.、及び、A. CERESOLI, *Bibliografia delle opereitaliane latine e greche su la caccia, la pesca e la cinologia,* cit.参照。non c'è nulla di giuridico nella meritoria raccolta di testi venatorii in *Arte della Caccia Testi difalconeria, uccellagione ed altre cacce,* a cura di G. Innamorati, I, *Dal secolo XIII agli inizi del Seicento,* tomi 2, cit.の狩猟関連の文献一覧においても、法学の文献は皆無である。例外として、野生動物の帰属や分割に関する慣習に触れたページがある：D. BOCCAMAZZA, *Trattato della caccia,* in *Arte della Caccia,* 1,2, pp. 362-377. この著者はおそらく教皇レオ10世(1513-1521)の狩猟長だった。

65 実を言うと、我々は、I. PETRI MOLLIGNATI I. C. VERCELLENSIS, *De venatione ferarum tractatus,* Pars Prima, Pars Secunda, Vercellis M. D. X C.（以後、一般的な呼称

通りモリニャートと呼ぶ）にも目を通した。よくできたテキストであるが、その前に我々はより有名なメディチのテキストを引いた。モリニャートはそれを知っており、広く利用しているからだ。注の中でそれを引用していく。

66 聖トマスに関し、もっとも重要なのは、自然法に関する『神学大全』第2-1部第94問5条である（Divi THOMAE AQUINATIS ... *Opera,*Tomus Vicesimus primis, Venetiis MDCCLV., p. 487 s)。自然法は、禁止的なものでなければ、人間法により変わりうる（ローマ人の狩猟自然権の廃止の強い根拠として、その後の数世紀において法学者たちが依拠した)。*Summae Theologicae secunda Secundae, Quaestio*LXIV art. 1 (II. 2. q. 64 art. 1), in Divi THOMAE AQUINATIS ... *Opera,*Tomus Vicesimus Secundus, cit., p. 339 s. また、王権に関するテキスト *Opusculum XX. De Regùnine Principum,* cap. VI, in Divi THOMAE AQUINATIS ... *Opera,* Tomus Decimusnonus, Venetiis MDCCLIV, p. 548 s. も注目に値する。その他の自然の豊かさと同様、野生動物に関する特別権が王権に属するという。この思想は、狩猟権を君主特権として正当化する過程にインパクトを与えた。

67 *Summa* DOMINI HENRICI CARDINALIS HOSTIENSIS, rist. anas. dell' ed. di Lyon 1537. *folia* 255 ra と 256 ra では、*de clerico venatore*を扱っている。狩猟のタイプ分けから始める、議論の伝統的な場所。より強いのは、HENRICI DE SEGUSIO CARDINALIS HOSTIENSIS ... *In tertium Decretalium librum Commentaria,* rist. anast. Torino 1965 dell' ed. Venetiis MDLXXXI, rubrica *De decimis* ... , cap.XXII,2 (p. 100): in antico la caccia era libera per tutti; ora, se un *dominus* la proibisce" contra voluntatem hominum, sive populi quorum interest, violentia est et esset exinde dominus puniendus ... Si vero hoc facit de consensu illorum, quorum interest, iuste sit, et transgressor est puniendus ... ".

68 *Summula* CAIETANI. Reverendiss. Dn. THOMAE DE VIO CAIETANI, CARDINALIS XISTI, *perquam docta, risoluta ac compendiosa de peccatis Summula,* Venetiis MDLXXI., in verbo *Venatio,* p. 417 S. 次の一節のみ："Efficitur quoque quinto illecita venatio, si propterea dominus privat populum libertate capiendi animalia sylvestria quae in nullius sunt bonis, in loco ubi consueverunt esse capientium: itaque nec ex parte animalium possessor aliquis damnificetur, nec ex parte loci alicui fiat iniuria. Huiusmodi enim privatio tirannica est: utpote contra bonum comunis libertatis et utilitatis propter bonum proprie delectationis: et perniciosa est si poenem notabilem adiiciatur". しかし、自由主義的かつポピュリスト的な衝動の後に抑制が続く："Secus autem est si ab antiquo cuius initii non extat memoria, venationes reservatae sunt domino. Et tunc etiam debet poena moderata esse". 制度的なカトリックの日和見か？

69 もっとも意義深いアイデアが含まれるのは、*Regulae, Peccatu In. De regulis iuris,* libro sexto, Relectio. Pars II, *Regula De illecita acceptatione.* § octavus, in DIDACI

COVARRUVIAS a Leyva, Toletani ... *Opera Omnia,* I, *Antverpiae* M.DC.XXXVllI, p. 485 ss.この著者も、同様に、多重性のある思想傾向を示す。とくに、創造主が野生動物を人間たちに与えたこと、かつ、自然法によりそれらは共有物であるということは、すべての者に消極的に帰属するという意味である。つまり、すべての者に帰属するという肯定的な意味ではなく、誰にも帰属しないという消極的な意味で解釈される。自然法は、すべての者に、命令としてではなく許可として先占を認めるが、これは人間法により撤回することが可能である（聖トマスで既出）。その「共有」物に関し、君主に管理権（*dispensatio* ）が帰属する。君主は身体の獲取なしで私有財産にすることができる（“ (...) poterit (...) dominium absque apprehensione corporali in privatum trasferre ... “ (p. 486)）。これにより、君主に、正当事由により、公有地での狩猟を禁止する権利が認められる。このことは、野生動物を禁止に反して狩猟する狩猟者が、獲物を自分の物にすることを妨げない。裁判官は、禁止を無視したことに対し、刑罰として、獲物を取り上げることができるが、それは、野生動物を獲取する権利がないからではない。そして、魂の審判において（*in foro animae* ）、返却の義務もないという。より議論が多いのは、所有者が禁止する私有地で狩猟する場合である。しかし、この場合も、野生動物は狩猟者の物であり、土地所有者が、野生動物を先に占有していたとはみなされない。所有者の合意なしで土地に立ち入ることを禁止する人間法は、無主物である動物の先占者による取得を妨げない（p.487）。ジョヴァンニ・ダ・メディーナ、ドメニコ・ソートなどもそれに同意する。したがって、所有者の同意に反して獲取した野生動物が、後者に属することを定める法律についても、裁判官の有罪判決までは、*minime in conscientiae foro venator tenebitur ad ferarum restitutionem* (p. 489)：自己の土地をすみかとする野生動物について、土地所有者は、禁止前と同様、禁止後も権利をもたない。この原則は、君主特権（*privilegium principis*）による狩猟権または漁撈権の権利者にも対抗しうる、特別な許可の場合にも拡大される。禁止権が下位の君主により行使される場合、その理屈はより強まる。その他の命題。狩猟を禁止する者たちは、他人の土地にいる野生動物の増加により引き起こされた収穫への損害を賠償する義務を有する（p.490）。魂の審判、及び、人間法の審判は、獲物に傷を負わせる狩猟者とそれを先占する狩猟者の間、罠を仕掛ける者と罠に掛かった獲物を獲取する者との間の争いに関して一致する。ルールは、動物はそれを獲取する者に属するが、現行法に照らして、もし、場所によって異なる慣習に従っているなら、それが有効である（p.490）。魂の審判も、家畜、又は、飼いならしている動物、又は、私人の建物の中にいる動物を獲取する場合は、すべて、返却を命じる(p. 491)。

70 一般に、F. WIEACKER, *Storia del pensiero giuridico privato moderno,* I, cit., p. 93 ss. e p. 402.

71 MATTHAEI DE AFFLICTIS Parthenopaei Patricii ... Siciliae, Neapolisq. *Sanetiones, et Constitutiones nouissima Praelectio* ... Venetiis 1588. Nel Liber Tertius *Sacrorum*

Regnorum utriusque SicilianeConstitutionum, Rubrica I. *de iuribus regalium rerum,* par. 9 (*op. cit.,* fol. 88 vb s.)で、著者は、王が、領民及び封臣に対し、共有地へ（*in territoriis universitatum*）入ることを禁止するのは正当かどうか自問する："(...) profeto reperio, quod venatio est de iure gentium, et ea, quae sunt de iure gentium, princeps sine causa non potest tollere ... (seguono citazioni di dottori) ... Bene tamen rex posset prohibere venationem subditis in loco de demanio regis, vel de defensa regis, quia quilibet privatus posset prohibere, ne in loco suo quis faciat venationem ... ". どんな私人も外部者が自己の土地で狩猟することを禁止できるのと同様に、君主もそれができるが、それは自己の土地及び公有地についてだけである。再び、ローマ法が、主要な推論の道具となる。M・デイ・アフリッティは 1510 年に死ぬ。

72 Clarissimi viri PETRI GUDELINI LC. Antecessoris Academiae Lovaniensis *Commentariorum de iure nouissimo,* lib. II, cap. II, parr. 7-12 *(Opera Omnia,* Antverpiae 1685, p. 33 s.).1550 年に生まれ 1620 年に死ぬ。彼の命題は次の通り。1）動物は場所とは関係なく占有者の物である、そして、吸っている空気に決して属さないように、固着していない土地には属さない。2）皇帝フェデリコの法以来、野生動物を獲取することを、すべての人にではなく、君主や貴族にだけに認める王国においては、この権利が認められなかった。この大きな変化は、一部は人民の暗黙の同意により、一部は、公的なことを統治する君主たちの *potestas* の力により、国の利益や必要性にもとづき（*secundum utilitatem et necessitatem reipublicae*）発生した。多くは、狩猟、漁撈及び捕鳥の権利を、少数の者に帰するのに表向き都合がよいと思われる理由だ。3）しかし、この原則は、取得の方法ではなく、狩猟の使用を規制していうる。万民法の 2 つの基本的原則のうち、狩猟は万民に属する、というひとつの原則だけを廃止し、占有による取得というもうひとつの原則は廃止していない。4）一人の平民が一匹の野生動物を狩るとき、罰として（*poenae causa*）動物を取り上げられる可能性があるが、それは、それが彼の物ではないからではない。5）善意の第三者の取得は受け入れられない。6）地主の許可なく（*invito domino*）狩猟を行う者は、自己のものとできるのであり、ただ、人格権侵害訴訟（*a. iniuriarum*）の義務を負う。

73 *Consilia* D. PHILIP. DECII MEDIOLANENSIS, Tomus Primus, Tomus Secundus, Venetiis 1546.狩猟権、及び、漁撈権、並びに、それらに関する争いに関する適切な助言という 3 つの要素が扱われる。最初の助言 n.197 (Tomus Primus, foI. 145 vb)で、デキウスは、狩猟権（狩猟許可を与える、禁止する等）を行使しようとしているとの告訴により、地元の領主から裁判所に呼び出された *bomines loci Sibinarum* の側につき、狩猟権は村に属し、彼には属さないとした。第 2 の助言 n. 271 (Tomus Secundus, cit., foI. 50 vb ss.)は、スペインからの裁判に関するものであり、領民にマグロ漁網を張ることを禁じた領主（dux Methinensis）に有利な意見を与えた。第 3 の助言(Tomus Secundus, cit., fol. 51 vb)は、実際には、第 2 の助言の補充であり、相手方が Giason

del Maino〔法学者〕の助言の一つを示したあとに表に出したもの。後の２つの助言は、1516-1517 年のフィレンツェでのもの。抽出した好みの文言は、明らかにオスティエンセからの借用である"si dominus facit statutum quod nullus possit venari in tali loco non valet"という類いのもの。または："(...) Primo enim constat quod ius venandi iure gentium liberum est ... " (fol. 145 vb).実際には、具体的なケースに関する意見を正当化しない、また、非常に複雑かつ深い法的筋書きからの引用であるが、そこからは、いくつかの状況において、土地の所有者が、狩猟に関して、司法権者でもある領主に対してすら優先権をもつという可能性が浮かび上がる。

74 1558 年にパリで死ぬ。ANDREAE TIRAQUELLI Regii in Curia Parisiensi Senatoris *Commentarii. De Nobilitate et Iure Primigeniorum,* Tertia ... editione, Lugduni 1573, cap. 37, p. 405.結論を言えば、貴族は狩猟を行うことができるが、控えめに振る舞い、かつ、他人の土地の人々を尊重しなくてはならない。しかしながら、オスティエンセとフィリッポ・デーチョが主張したように、狩猟を領民に禁じることはできない。そのデキウスは、助言 197 で、宗教裁判の場合、狩猟権はレガリア（*e numero iurium regalium*）ではなく、君主に属さないばかりでなく、万民の権利であるゆえに、君主によって禁ずることもできない。この大ざっぱな論法を助言 271 でも繰り返している。そこでは、狩猟を禁止する我々の王たちの決定を責めている。いまや、最も低いランクの貴族たちは、その権利を我がものと主張している。いや、より正確には、好きなところで狩猟を行い、自己の領民に狩猟を禁止することで、その権利を横取りしようとしている。そして、"(...) quod deterrimum est, morte mulctant eos qui venationi illis insciis aliquando vacaverunt, Latrunculatoribus nostris id muneris illis praestantibus, conniventibus, aut quod potius crediderim, ignorantibus nostris principibus ... ".同時に－ティラクオ（André Tiraqueau）は付け加える－、君主たちは、なんらかの正当事由により、領民に狩猟を禁止することができる。実際、農夫、商人及び職人たちが誇張された狩猟活動のために自分たちの職業を捨て、それを正当化する何らかの理由が生じたとしたら、一体それは何であろうか。

75 フィレンツェで生まれ、1595 年にローマで死んだ博識な法学者で聖職者。教皇庁書記官、教皇シスト５世のとき、マルケ地方ロタ裁判所裁判官。1576 年に、フィレンツェ大司教アレッサンドロ・デ・メイディチの代理。V. L. FERRARI, *Onomasticon,* Milano 19472, *Repertorio biobibliografico degli scrittori italiani dal 1501 al 1850,* p. 458; sv. *Medici, Sebastiano de),* in *Enciclopedia italiana,* Appendice I (1938), p. 831. *Sebastianus Medices* in G. COLLI, *Per una bibliografia dei trattati giuridici pubblicati nel XVI secolo. Indici dei tractatus universi iuris* , Milano 1994, p. 234.

76 SEBASTIANI MEDICIS *De venatione, piscatione et aucupio,* recens editio, in *Tractatus illustrium in utraque tum Pontificii, tum Cesarei luris facultate Iurisconsultorum*, Tomus XVII, Venetiis MDLXXXIIII, c. 396 ra ss. Cfr. G. COLLI, *Per una bibliografia dei*

trattati giuridicipubblicati nel XVI secolo. Indici dei tractatus universi iuris, cit.

77 C. 396 rb.

78 *Quaest*. I, 1 (c. 396 rb): "venatio est exercitium ordinatum ad captionem animalium terrestrium ... ".*venatio oppressiva hominum*（戦闘、決闘）、*venatio adulatoria*、つまり、言葉での（*per verba*）それ、そして、*venatio arenaria*（動物と野獣との間の戦闘）は、すべて不法である。一方、その他の、*in saltu* または *in nemore* での、人間、犬及び鳥の間で行う、静かでかつ余暇としての狩猟は、祭日（例外的に食料を得るため、または、有害動物から穀物やぶどう園を守るための場合は許される）を除き、合法である。聖職者にとっては、これでさえも合法とはならないという。しかし、もし、必要性と利益のために、自己の財産の利用として、沈黙と謙虚さをもって、快楽を伴わずに行ったなら、商売の客体とした場合でも合法である。しかしながら、他のあらゆる狩猟の手段と同様、猟犬(c. 396 va)は禁止される。よく似ているのは、モリニャート Molignato, *De venatione ferarum tractatus,* Pars Prima, cit., *quaestiones* 1-9 (pp. 7-17), の立場だ。聖職者の狩猟禁止についても論じているものの、本質的に市民法的設定を保持している。

79 *Quaest*. VIII, 2-13 (c. 399 ra): «(. ..) ratio autem quare venatio interdicatur clericis, piscatio autem non, est multiplex. Prima quia piscatio fit sine clamore, venatio autem non. Secunda propter maiorem delectationem qua venator detentus non poteste interim de divinis cogitare (...). Tertia quia venatio fit cum maiori sumptu commeduntque bestiae, quod Christi pauperes alere deberet contra illud Evangelii. non est bonum sumere panem filiorum et dare canibus. Quarta quia carnes ferinae luxurian fovent et vitia subministrant ... Quinta quia venatio est proximior crudelitati, quam piscatio. Sexta quia venatio magis adfert periculum vitae homini, quam piscatio, quaniam (ut docet experientia) interimuntur sepe homines a feris, vel semet impetu aliquo praecipites agunt in illis persequendis, quod raro contingit in ipsa piscatione. Septima ratio quia venatio est minus gravis, quid enim turpius quam clericus huc, et illuc pedibus cursitantem, aut equo valitantem videre? Octava ratio quia venatio caret exemplis santorum virorum (. ..). Nona quia porsequi feras appetitus magis et luxuriae quam rationis, vel necessitatis esse cognoscit. Decima propter damnum quod infertur a venatoribus agris alienis. Undecima propter rixas multas quae oriuntur inter venatores, et inter dominos agrorum prohibentes ingressum eorum ... «.

80 Cfr. *retro*.

81 *Quaest*. IX (c. 399 rb).

82 *Quaest*. X, 1 (c.399 rb): "Decimo quaero an venatio possit prohiberi, ne fiar cum quibusdam retibus, vel aliis instrumentis aptis ad ferarum depopulationem? vel hominum periculum? ... ".

83 *Quaest*. X, 5 (c. 399 va): "(. ..) ne quis cum selopo aucupetur, cum propter tonitrua

arcabusiorum fugentur, et terreantur aves et ferae, item prohibere potest non quis piscari possit cum esca, qua occiduntur pisces in magna quantitate, prout extant leges super praemissis editas a Serenissimo Magno Etruriae Duce in suo magno Ducatu, quae leges consonant cum dispositione iuris communis, noto § nemo retia ...", con ampia citazione *ad adiuvandum* di autori e testi.

84　*Quaest*. XI, 1 ss. (c. 399 va): "Undecimo quaero an venatio prohiberi possit certo tempore? Respondeo quod sic, nam tempore nivium quibusdam in locis, ut in Hispania, non licet venatio leporum, similiter nec tunc perdices aucupari, similiter quo tempore ferae sunt pregnantes, et valucres faciunt nidos, ne fiat nimia depopulatio ferarum et avium (...). secundo (...) prohibetur tempore ieiunii", perché fa bene alle viscere digiunare, astenersi dalla lussuria della caccia e del cibo. "Tertio tempore festo non est licita venatio, quando per eam detrahimur ab audienda missa, nisi forte id faceret propter necessitatem famis (...). idem si apri, lupi, vel ursi, aut similes bestiae venirent vastare segetes et vineas; nam tunc etiam clericis vel monacis licita est venatio ... ".

85　*Quaest*. XII (c. 399 va): "Duodecimo quaero an sit licitum venari cum armis? Respondeo quod non, nisi ad animalia pericolosa, ut in venatione leonum, ursorum luporum et similium. Doct.§. nemo retia. de pace tenenda ... ", con citazione del trattato *de servitutibus* del Veronese, cioè Bartolomeo Cipolla. モリニャートの立場に近いのが、*De venatione ferarum tractatus,* Pars Prima, cit., *quaest*. 22-23, p. 28 s.

86　移動経路上の有害動物対策で穴を掘る者、及び同じ目的で、公共の場所に括り罠を張る者は、損害賠償の義務を負う。有害な野獣を生け捕る目的でなければ、網はなし。猟師は、海岸で灯りをつけることができない *(Quaest*. XIII e XIV)。用益権者は、狩猟収入がある。彼は、狩猟を禁止し、狩猟権を得ることができるが、野獣の主人（*dominus*）ではない *(Quaest*. XV)。もし、狩猟の果実が産業的果実であるならそうである。なぜなら、自然よりも事実と人間の産業のはより重要であるからだ（ここでは、ローマ人が閉じた場所での狩猟及び漁撈と呼んでいたそれのことを言っているかのようだ）(*Quaest*. XVI).狩猟者たちは、合意していない所有者（または管理者または用益権者）に対し、所有のみにより（*per dominium soli*）彼らに属するであろう動物もふくめ、損害を賠償しなくてはならない。果実に発生した損害については、狩猟者は、許可を有している場合でも賠償する。君主は、狩猟禁止のために駆除することができなかった動物により収穫物に引き起こされた被害を賠償しなくてはならない (*Quaest*. XIX)。網の投擲は販売しうるか (*Quaest*. XX)。漁果及び猟果の十分の一を教会に支払うか (*Quest*. XXI)。狩猟者に何かを寄付することは合法か：狩猟者に寄付する者は、非常に残忍であり、かつ、ときに死の罪を作り出す技能に寄付する者である (*Quaest*. XXIII)。狩猟のタイプが、娯楽や快楽目的なのか、また、*interpretatio in meliorem partem*なのかを調べるとき(*Quaest*. XXIV)。禁止されていない狩猟者が、

後で追放されうるか。されない(*Quaest*. XXV)。同意しない所有者は、狩猟者を引き留めることができるか。できない、しかし、地主は、手で（*manu*)、その立入りに抵抗しうる。地主が自己の牧草地で見つけた他人の動物を抑留できるとき。暴力ではなく、ただ、人格侵害訴訟*a. iniuriarum*による。持ち主がわかるなら、市民の慣習により（*more civili*）により、その野獣は追放されなくてはならない。そうでなけば抑留できる(*Quaest*. XXVI)。狩猟とレガリア。封土の慣習において、注文者の漁場、塩田及び財産を、レガリアとする規範がある。漁をするため物品税を支払う慣習が文書に残されている(*Quaest*. XXVII)。君主特権としての狩猟権をいかにして取得するか。金銭支払いの他、時効によっても。消極的権利の時効。時効になりうる地役権とはどのようなものか。時効により消滅しないときに認められる権利。時効は契約の効力をもつ。慣習は時効よりも強い効力をもつ(*Quaest*. XXIX)。狩猟権は物の地役権か、それとも、属人か。属人の地役権は、人とともに消滅する。一方、狩猟する権能は、遺産として継承される。狩猟は法的な地役権である。そして、権限として、人に備わる(*Quaest*. XXX)。例えば、所有者が森を伐採するといった事実により、台無しにされた狩猟の保護としてどんな行為が可能か。認諾訴権（*a. confessoria*）または悪意の訴権（*a. doli*）が可能なとき(*Quaest*. XXXI)。ある場所では誰も狩猟することができないという法令に効力はあるのか。ない。なぜなら、利害関係者によるなんらの合意のないものは、暴力を生み出すから(*Quaest*. XXXII)。全面的に禁止する慣習も効力を持たない(*Quaest*. XXXIII)。狩猟において窃盗を犯すといえるのはどんなときか。森林が壁または生け垣により囲まれており、野生動物が閉じ込められ、出られないようにしてあるときのみ(*Quaest*. XXXIV)。封建領主は狩猟を禁止できるか。できない。なぜなら、暴力であるから。しかし、禁止を行い、抗議がなかったところでは、禁止の後に時効、それから、特権が続く。バルバロッサの高名な法の効力であれば、禁止が可能だろう(*Quaest*. XXXV)。不当な禁止に対抗する訴訟は何か：人格侵害訴訟（*a. iniuriarum*）(*Quaest*. XXXVI)。狩猟中の故意によらない殺人(*Quaest*. XXXVII)。禁止された狩猟の間、主人の命令により狩猟を行った奴隷に罪はあるか。及び、その他の奴隷の問題(*Quaest*. XXXVIII及びXXXIX)。公有地で狩猟することはできるか：できる。私有地と同様(*Quaest*. XL)。狩猟権と質に入れられた土地(*Quaest*. XLI)。妊娠した狼を殺した場合の恩賞はいくつか：ひとつだけ(*Quaest*. XLII)。鹿の殺害は：野生か飼われているかにより、属している者へ(*Quaest*. XLIII)。ライオンを殺すことができるか：できる。飼いならされていても殺してよい。都市には7日以上いさせることができない(*Quaest*. XLIIII)。犬から逃げた野生動物は誰の物か：先占者のものであり、逃げる状態にした者ではない。ただし、アルチャートが言うように、異なる慣習がある(*Quaest*. XLIV)。傷ついた野生動物は、傷を負わせた者の物か、それとも、それを獲取した者の物か。ユスティニアヌスのテキストなら明確だろう。獲取した者の物である。しかし、アルチャートは、そして、バルトルスやチポッラも、慣習に従

うのがよいと考える。単純な傷であれば半々。致命傷であれば、傷を負わせた者が証明責任を負ったうえで、全体が彼の者になる(*Quaest*. XLVI)。狼の口で羊、狐の口で鶏、鷹のくちばしで鳥が引き裂かれたとき、それらは見つけた者の物か：一定期間中に取り戻した場合のみ、我々の物であり続ける (*Quaest*. XLVII)。括り罠に掛かった野生動物、網に掛かった魚や鳥は、誰の物か (*Quaest*. XLVIII)。猟に関する様々な問題(*Quaest*. XLIX-LXII)。鳥、蜂、鳩、足に鈴の着いた鷹、鶏、雉、孔雀 (*Quaest*. LXIII-LXVIII)。狩猟の有用性はどのぐらい大きいか。多くのことで、特に、身体の鍛錬において有益である。プラトンと軍事的勝利のための訓練。狩猟とプールという古典的例(*Quaest*. LXIX)。狩猟は貴族の権利なのか、そして、どの程度まで実践が許されるのか。もっとも優れた君主たちは、狩猟を行うことで、より強靱な肉体と、より強い精神を得る。例えば、アレクサンダーは、無為と怠惰と戦うために狩猟を行っていた。残忍な技術（*ars nequissima*）としての狩猟は、厳しい、または、競技的な狩猟に変わる。また、聖職者に関すること。君主たちは、狩猟のことだけを考えたために、鹿に変えられ、自分の犬たちに食いちぎられたアクタイオン神話を念頭に置いて、節度をもって狩りをするのがよい。君主たちは、どうぞ狩りをやりなさい。ただし、他人の畑の人々を搾取しないように(*Quaest*. LXX)。狩猟、漁撈、そして、鳥撃ちについて話した論者たち(*Quaest*. LXXI)。

87 *Quaest*. V, 1 ss. (c. 397 vb.): "(...) Primo et si venationis locus fit communis civitatis, aut oppidi, vetari licite potest a Principe, e a Domino per viam gubernationis, nam ferae, volucres et pisces non solum ornamento sunt, et decori Reipublicae, verum et necessitati serviunt, ob idque non est vulgi temeritati venatio committenda, sed debet ordine, ac lege fieri ne dispereat. Secundo qui a Princeps etiam communia Ioca Reipublicae potest aliquo proprio usui dicare, neque ad hoc, ut quidam putant, requiritur consensus populi, iustum quippe est, ut pro sua dignitate, gratia recreandi animi, venationem habeat paratam, praeter quam, quod apros, et cervos, et id genus bestias non condecet a Plebis venatu impeti, sed ut reserventur ingenuis, qui praeliorum simulacra adversus eas meditentur. Tertia ratio est, quia prohiberi potest venatio, nempe est in 10co, non communi oppidi, sed propria ipsius domini, quo suam custodit venationem; nam si potest fundi dominus particularis prohibere, ne quis venationis gratia illud ingrediatur, multo magis princeps ... ".

88 同様に、*summarium,* punto 5: "princeps inferior non potest prohibere venationem".

89 *Quaest*. V, 5-6 (c. 397 vb): "Secundo declaratur, ut non conveniat Principi in suo territorio in totum venationem prohibere, sed pro loco et tempore; nam gravamen fieret nimis populo cum ferae, volucres, et pisces sint iuris gentium communes, et auferetur libertas, tum animum recreandi, tum et quaeritandi victum",

90 *Quaest*. V, 7 (c. 397 vb): "Tertio declaratur, ut in prohibitione cavendum sit ne poenae acerbae statuantur, quia illud non aestimatur furtum, aut latrocinium, perinde ac dum

domus, ac bursae compilantur. Unde crudele est poena corporali plecti ingredientes loca vetita venationis gratia, sed satis est, si duplum aut simplum ponderent, et plagas, instrumentaque perderent, quod si in his cresceret contumacia possent relegari in insulam ... ".

91 *Quaest*. V, 8-9 (c. 397 vb): "Quarto declaratur: ut stante prohibitione venationis damna data ob eam reservantur a Principe his personis, quae damna passa sunt, non obstat quod iure naturae omnia sint communia quia possunt nihilominus a principibus, qui eorum, quae in nullius bonis sunt dispensationem habent, quaedam privatis ita concedi, ut in posterum ea privata non communia sint ...".

92 *Quaest*. V, 11 (c. 398 ra): "Hinc etiam constat, principem posse harum rerum guae communes sunt ex causa occupationem privatis interdicere, et sic venationem prohibere, ad rationem autem respondeo feras, volucres et pisces non esse communia positive, et affermative, quia omnium propria sint communis dominio causae sed negative, quia nullius sint, et iuri naturali nulli sint applicatae [segue citazione di S. Tommaso]. Ideo lex humana potest ea uni potius quam alteri ex causa concedere: ex quibus infertur, venationern iure naturali omnibus permissam, ex variis causis posse per principem prohiberi ... ".

93 *Quaest*. V, 9-10 (c. 397 vb): "(. ..) ita ipse Princeps poterit, quae communia prius erant, nulliusque in bonis habebantur, in privatum iure dominii transferre, iure siquidem naturali omnia fuere ab initio communia, et tamen humana lege facta est rerum distinctio inter privatos, postquam distinctionem non licet cuiquam occupare dictam rem ... ". Al par. Il (c. 398 ra) si legge che "Praeterea princeps facere potest: ut dominium rei privatae, quae dominium habet, absque traditione transferatur in alterum ipsius domini consensu, qui exigitur ad tollendam iniuriam (...) ergo earum rerum, quae nullius sunt et principi dispensationi subiacent, poterit princeps dominium absque apprensione corporali in privatum trasferre ... ".

94 *Quaest*. V, 11 (c. 398 ra) そのテキストはnt.92にある。*summarium* nn. 11 及び 12：Lege naturae permissum potest per legem humanam prohiberi; Lege naturae prohibitum non potest humana lege concedi.

95 *Quaest*. V, 11 (c. 398 ra): "Ergo lege humana permetti non potest, princeps ergo potestatem habens legis condendae, venationem prohibere poterit ex variis causis. Inferior autem a Principe iurisdictionem habens idem agere poterit ad tempus aliquod et ex causa iustissima, non quidem per legem, quam statuere non valet, sed per edictum. Perpetuo vero non potest princeps qui superiorem habet, prohibere venationem nisi ius idem per immemorabilem praescriptionem legitime acquisierit (...)".

96 我々のこれらの主張は、モリニャートの理論 *(De uenatione ferarum tractatus*, cit.) により肯定される。問題の場所はピエモンテ地方、そして、尊敬されているサボイア公Carolus Emanuelである。総体的に見て、より自由主義的な、古典的な狩猟の伝統に

強く影響された理論と考えられる。

97 *Quaest*. VII, 1 (c. 398 rb): "(...) Respondeo quod ubi venatio prohibetur in loco communi, arbitror ad restitutionem nullam teneri, quamvis culpa sit facere contra legem, quoniam cum venatio fit publica, non praesumitur lex obligare ad restitutionem, sed ad poenam, si condemnentur ... ".

98 *Quaest*. VII, 1-3. (c. 398 rb): "(...) quando vero locus est proprius domini, si locun ipsum ingrediaris, species est furti, et tunc maxime dum muro est cinctus, secus si locus fuerit patulus, nam l̀icet dominus ibi ius venandi habeat, et alios inde arcere valeat non tamen habet ipse dominium ferarum, quae ibidem nutriuntur, perinde atque arborum, aut terrae nascentium, quia feras terra non fert, ut caeteros fructus, sed ipsa animalia se generant, et quia eadem animalia vaga sunt, et ad quodcunque divagandum libera, si ergo dominus fundi non est ferarum dominus, non tenebitur qui ea coeperit, ei ipsa restituere, qui autem prohibitus feram coeperit, non sibi sed domino fundi obveniat, in poenam scilicet, quod ingressus sit fundum alienum invito domino, et ante sententiam ad nihil tenetur".

99 *Quaest*. VII, Il: "(...) ex superius dictis colligitur prima conclusio, quod prohibita venatione ob venatoris, vel temporis rationem, aut propter aliam causam, vel publicam, vel privatam, non tamen ex eo quod animalia sint propria alicuius: acquisitum ex ea non est in conscientiae iudicium restituendum, quia leges prohibentes venationem non prohibent, neque vetant acquisitionem ferarum sed usum venationis causa honestatis, vel simili, idcirco nulla oritur a venatione prohibita obligatio restituendi, sicuti acquisitum ex meretricio non est necessario in animae iudicio restituendum ... ".地主が禁止している他人の土地で獲取した野生動物は、狩猟者に属するという考えに、モリニャートも完全に同意している。I. PETRI MOLLIGNATI I. C. VERCELLENSIS, *De venatione ferarum tractatus,* Pars Prima, cit., *quaest*. XVI-XVII, pp. 22-25.禁止は地主の移動を妨げうるか（*prohibitio iudicis potest impedire traslationem dominii*）という問いについても、我々の理解が正しければ、否定的な答えになるだろう（*quaest*. XVIII, p. 25 s.）。

100 *Quaest*. VII, 19 e 20.

101 *Quaest*. VII, 11(c. 398 va): "Primo quando lex in poenam venantis in loco prohibito obligaret ad restitutionem, nam tunc post sententiam restituere tenetur, non autem ante, nisi lex dicat, quod eo ipso restituere teneatur absque alia declaratione. Secundo limitatur, quando aliquis emerit ius venandi a principe in aliquo certo loco, nam tunc si quis caperet feras dicto in Ioco ob damnum datum ementi tenetur restituere vel ad interesse. Tertio limitatur, quando venatio esset in fructu, prout contingint pluribus in ocisli'), nam tunc quando redditus bonorum consistit in venatione tantum siquis in tali loco prohibito muro circumsepto aliquid caperet, teneretur restituire".追加的な強化拡大は、狩猟禁止に反して聖職者が獲取した獲物、または、祭日に行った狩猟において馘首された獲物のよう

な、特殊、かつ、魂の裁きにおいて（*in foro animae*）議論されうるケースに関するものだ。

102 *Quaest*. VII, 16-17.

103 *Quaest*. VII, 16-17 (c. 398 vb): "Septimo ampliatur etiam siquis venetur in loco alterius praescriptione acquisito, quo casu licet in foro conscientiae restituere non teneatur, tenebitur tamen in foro exteriori (. ..). Octavo ampliatur etiam siquis venatus fuerit in Ioco alterius per privilegium principis concesso; narn etiam eo in casu non tenetur, nisi in foro exteriori restituere. Nono ampliatur hoc idem procedere in venatione facta in locis adhuc publicis per inferiorem a principe absque iusta causa, qui tamen praescriptionem, aut privilegio ius prohibendi acquisivit, siquis adversus hanc prohibitionem venetur, sibi feras acquirit, nec tenetur in foro conscientiae eas restituere".

104 *Quaest*. XLVI (c. 402 rb): «Quaero cuius fit fera in venatione vulnerata, an scilicet sit vulnerantis, an capientis? Respondeo quod de hoc est textus clarus §. illudo Inst de rerum diviso ibi, illud quaesitum est, an si fera bestia ita vulnerata sit, ut capi possit statim tua esse intelligatur. Et quibusdam placuit statim esse tuam, et eo usque tuam videri, donec eam persequaris, quod si desieris persequi, desinere esse tuam, et rursus fieri occupantis: alli vero putaverunt, non aliter tuam essem, quam si eam coeperis: sed posteriorem sententiam nos confirmamus quod multa accidere soleant, ut eam non capiant. Glossa vero 1. 5. § illudo ss. de acq. rerum domo dicit id de consuetudine servari contrarium, quod scilicet fit vulnerantis, quam refert Alciatus libro undecimo Parergon cap. 2 [segue la citazione di Bartolo e Cipolla]; ego vero putarem servandam esse consuetudinem, scilicet dimidiam esse vulnerantis, et aliam capientis: nisi vulnus esset adeo lethale, ut nihil accidere possit, quin capiatur a vulnerante, quando fuerit probatum vulnus". In adesione, 1. PETRI MOLLIGNATI, I.C. VERCELLENSIS, *De venatione ferarum tractatus*, Pars Secunda, cit., *quaest*. XIX, p. 31 S.

105 *Tractatus de iure uenandi, aucupandi, et piscandi, in quo hae materiae exacte tam quoadforum exterius, quam conscientiae explicantur* ... , authore GEORGIO MORDE NIGROMONTE, Brigantinio Sylvano Iuris utriusque doctore clarissimo ... , Constantiae MDCII.献辞によれば、その論文は1599年にBregenzで完成される。

106 G. MORDE NEGROMONTE, *Tractatus*, I, I (primae partis caput primus), parr. 1-3 (p.T).

107 *Tractatus*, cit., I, I, parr. 1-56 (pp. 1-12).

108 *Tractatus*, cit., I, I, par. 7 (p. 4): «Et haec venatio fit tribus modis. Primo tribuendo alicui bonum, quod non habet. Secundo nimium extollendo bonum, quod habet. Tertio approbando malum, quod habet». ようやく我々は、どのタイプの狩猟を論じているのか理解した。

109 V i luoghi principali *retro*, p. 66 nt. 112.

110 *Tractatus,* cit., I, I, par. 46 (p. 10): «(...) Est enim venatio ferarum duplex, quieta et clamorosa. Prior clericis licita, non sic secunda (...). Et maxime praelatis et Ecclesaisticis personis causa necessitatis, et recreationis cum retibus, laqueis et canibus venari licet, si in venationibus habeant redditus. *Syluest. verbo venatio ubi dicit,* in Francia in venationibus Praelatos habere redditus. Sed et in Germania notum est, Principes Ecclesiasticos et eos Praelatos maxime, qui sunt Status Romani imperii et habent secularem iurisdictionem, et ius venandi seu bannum sylvestre, vel ius foresti vulgo, weltliche Oberkeit / (...) und Wiltbann / nonnunquam intra proprios sui territorii saltus venari. Verumtamen, quia, ut inquit S. Hieronymus relatus a Gratiano C. Esau. 86 dist., non invenimus in scripturis sanctis, sanctum aliquem venatorern, piscatores invenimus sanctos, cum piscatio ipsos habeat Apostolos ante et post resurrectionem Christi ... «.

111 *Tractatus,* cit., I, II, parr. 1-2 (p. 15).

112 *Tractatus,* cit., I, II, parr. 6-20 (pp. 16-19)において発展される。パラグラフ20に、否定的な意見を支持する、オスティエンセ、トラコー(cit, al par. 17)、デーチョ、コバッルビアスなどの博士たちの意見が要約されている。

113 *Tractatus,* cit., I, II, parr. 19-20 (p. 20). 要点は, p. 19: "(. ..) summus Princeps, id est, Imperator, venationem omnibus hominibus iure naturae et gentium, communem auferre non potuit".

114 *Tractatus,* cit., I, II, par. 17 (p. 18): "Ex quibus infertur Principes inferiores, Cornites, Barones et Nobiles errare, eo quod ius venandi pro Regali habent recognoscantque, cum inter Regalia nec recenseatur, neque ad ea pertineat (...). Nam non sequitur, habeo merum et mixtum imperium et caetera regalia: Ergo habeo etiam ius venandi, bonum sylvestre, seu iura foresti (...). Unde quamvis Nobili, Baroni, vel Comiti sit a Principe concessum castrum cum mero et mixto imperio et omni iusdictione, non tamen intelligitur ius venandi concessum, nisi espresse et in specie ius venandi nominatum sit ... ".

115 *Tractatus,* cit., I, II, parr. 49-50 (p. 24): "Ergo earum rerum, quae nullius sunt, et principis dispensationi subiacent, poterit Princeps dominium absque apprehensione corporali, in privatum transferre. Ex quibus tandem infertur, Principem posse harum rerum, quae communes sunt, ex causa occupationem privatis interdicere, et sic venationem iure naturali omnibus permissam, ex variis causis prohibere, uti allegati Dd. supra, pro hac sententia asserunt, et praeter eos ita pulchre (. ..) [segue citazione di Covarruvias]. Neque enim valet argumentatio: Hoc est iure naturali permissum: Ergo per legem humanam prohiberi non potest, cum multa sint iure naturae licita, quae perspecta Reipublicae utilitate, et iuxta aequissimum communitatis regimen, per legem humanam prohiberi possu nt. At bene procedit argumentum hoc: Illud est iure naturae prohibitum: Ergo lege humana permetti non potest, Princeps ergo potestatem habens legis condendae, venationem prohibere

poterit ex variis causis".

116 *Tractatus,* cit., I, II, par. 21 (p. 19). 神学者の中では、ジョバンニ・ダ・メディーナ及びドメニコ・ソートが際立つ。

117 *Traetatus,* cit., I, II, par. 26.

118 *Traetatus,* cit., I, II, parr. 23-25 (pp. 19-20): "Nam Dominic. Soto ... tres potissimum affert causas. Primo narnque dicit, quod etsi venationis locus fit communis civitatis, aut oppidi, vetari licite possit a Principe, et a Domino per viam gubernationis; nam ferae volucres, et pisces non solum ornamento sunt et decori Reipublicae, verum et necessitati serviunt, ob idque non est vulgi temeritati venatio committenda, sed debet ordine ac lege fieri, ne dispereat. Secundo, quia Princeps etiam cornrnunia loca Reipublicae potest alicui proprio usui dicare, neque ad hoc, ut quidam putant, requiritur consensus populi, iustum quippe est, ut pro sua dignitate, gratia recreandi animi, venationem habeat paratam. Praeterea quoniam apros ac cervos, et id genus bestias non condecet a plebeis venatu impeti, sed ut reserventur ingenuis, qui praeliorum simulachra adversus eas meditentur. Tertia ratio est: Quia prohiberi potest venatio, nempe quia est in loco non communi oppidi, sed proprio ipsius domini, quo suam custodit venationem, nam si potest fundi dominus paricularis prohibere, ne quis venationis grati a illum ingrediatur, multo magis Princeps ... ".

119 *Traetatus,* cit., I, II, parr. 27-29 (pp. 20-21): "Primo cura servandarum specierum in animantibus. Ferae enim animantes in suo genere sunt rariores, quam cicures (...). Secundo haec ipsa permissio venandi avocaret homines ab agricultura, et vita rustica, a quo agricolas et rusticos non abduci publice utile est. (...). Tertio, quia venatio ferarum praecipue maiorum, sine armis et tormentis exerceri non potest, usus autem armorum quotidianus, multis ex causis interdictus est, praesertim agricolis (...). Quarto, quia ad pacem et tranquillitatem tuendam publice interest, non esse omnibus comune ius venandi. Etenim ut reliquarum rerum communio parit discordiam (...) ita res procul dubio multis litibus et certaminibus, atque etiam caedibus occasionem daret, si promiscue venari esset concessum".

120 *Traetatus*, cit., I, II, par. 30 (p. 21): "Imperatorem Fridericum, motum, cur, cum iure civilihaec venationum iura fuerint communia, ea putaverit subditis, praesertim rusticis, adimenda (...). Et hae causae valde probabiles videntur".

121 *Tractatus,* cit., I, II, par. 31 (p. 21): «His causis accedit etiam subditorum voluntas et consensus. Nam ii in gratiam, honorem et recreationem suorum Principum et Dominorum iuri venandi in propriis praesertim fundis sponte et libere cesserunt, illudque in Principes, et Dominos suos transtulerunt».

122 *Tractatus,* cit., I, II, par. 33 (p. 21): «Quia tamen subditi longa patientia, et taciturnitate prohibitioni venationum acquieverunt, et eidem non contradixerunt, ex hac ipsa patientia

et tacito consensu, Principes et reliqui Domini terrarum ius venandi praescripserunt, ita ut subditi facultatem sese opponendi, et de iniuria quaeritandi amplius, non habeant. Etenim haec praescriptio utpote immemorialis, et aliquot iam saeculorum decursu atque usu roborata, instar est privilegii, et peraeque munit ius Principum, atque lex seu consuetudo ... «.

123 *Tractatus,* cit., I, II, par. 33 (p. 22): «Unde quod traditur a Doctoribus, iniuriam fieri subditis, prohibitione venationis, id secundum ius gentium et civile vetus recte dicitur, secundum vero ius novum et consuetudinem, et respectu praescriptionis non recte». Wesembecius (Mattheus van Wesembeke) は、つねに基準となる著者である。反対の学説を適切に再構築するのも面白いかもしれない。

124 *Traetatus*, cit., I, II, parr. 41-42 (p. 23): "Verum hoc male servant Principes, Comites et Barones nostri temporis, ipsi enim soli venari volunt, et nemo est, qui eorum facta diiudicet. Proinde non iniuria cum Iuvenali Aquinate Satyra tertia exclamare licet, Libertas pauperis haec est: *Pulsatus rogatcum pugnis concussus adorati/ ut liceatpauciscum dentibus inde reverti».*

125 *Tractatus,* cit., I, II, parr. 53-54 (p. 25).

126 *Tractatus,* cit., I, II, par. 55 (p. 25).

127 *Tractatus,* cit., I, II, parr. 56-58 (pp. 25-26).

128 *Traetatus,* cit., I, II, parr. 59-64.

129 *Tractatus,* cit., I, II, par. 66 ss. 一つの森林、または、一つの牧草地のうえに、しばしば大狩猟と小狩猟に分けられる、複数の狩猟権を主張できる事実がことの複雑さを表している(par. 68)。とはいえ、熊、猪、狼という有害動物の狩猟は、田舎人でも市民でも、誰にでも許されていた。ただし、場所によっては、殺した猪を領主に届ける義務があった(par. 69)。もちろん、有害動物とみなされ、フリードリッヒ法により、理論的には誰でも狩ることができる猪のこの話は、私たちの興味をそそる。おそらく禁止をごまかすための一方法だったのではないか。禁止があれば。

130 *Tractatus,* cit., I, ilI, par. 1 (p. 30): "Elegans est quaestio, an in alienis sylvis et saltibus venantes, vel, quod in idem recidit, an subditi contra Dominorum prohibitionem venantes, furtum committant, et per consequens, an teneantur ad restitutionem. Ad hanc quaestionem respondeo negative, nempe, ita venantes furtum non committere ... ".

131 F. MERZBACHER, *Azpilcueta und Covarrubias Zur Gewaltendoktrin der spaniscben Kanonistik im Goldenen Zeitalter,* in *ZSS,* kan. Abteil, XLVI (1960), p. 317 ss.

132 *Tractatus,* cit., I, III, par. 8.

133 *Tractatus,* cit., I, III, par. 16

134 *Traetatus*, cit., I, III, par. 17

135 *Traetatus*, cit., I, III, par. 10.

136 *Tractatus,* cit., I, III, par. 11.

137 *Tractatus,* cit., I, IV, par. 1-3.

138 *Tractatus,* cit., I, IV, par. 4 (p. 37): «(...) Audivi ego in quibusdam Germaniae 1ocis, quosdam contra prohibitionem venantes in aliquorum principum, Comitum et Baronum sylvis venatoriis et saltibus, qui cervos cum instrumento archibusii ve1 bombardae (vulgo Bur appellant) transfixerunt, transverberaverunt, ac coeperunt, ultimo supplicio, nempe paena capitis fuisse punitos, quosdam amputatione manus dextrae mutilatos, quosdam dextro oculo orbatos; quosdam denique gravissima paena pecuniaria fuisse mulctatos. Quod profecto crudele et ab omni humanitate valde alienum est. Nam posteaquam Deus creavit horninem, potestatem ei dedit super omnia animalia, pisces, ac volucres, *Genes.1*. Quare testimonium divinum habemus, neminem eorum causa, paenam capitalem, vel aliam corporalem mereri posse».

139 *Traetatus,* cit., I, IV, par. 17.

140 *Traetatus,* cit., I, IV, parr. 5-22.

141 *Traetatus,* cit., I, VIII (ex capite octavo summaria), p. 64.

142 *Traetatus,* cit., I, VIII, parr. 1-4. ローマ人は、罠に落ちた野生動物についても同じ方針に従ったという。その動物は、罠を仕掛けた者ではなく、それを獲取した者の物となったはずである。そして、現在も、逆の慣習がない限り、この罠に掛かった獲物に関するルールは有効である。同様に、魚も、アルチャート自身が主張したように、網が公有地（*in loco publieo*）に仕掛けてあるなら、網を設置したものではなく、魚を先占した者に帰する。網を設置した者は、獲取した者に対し、ただ、人格侵害訴権を有するに過ぎない。漁撈の道具が私有地に設置されていた場合は異なる。魚を獲取した者は、私有の川でない限り、それを返却する義務を負う。

143 *Traetatus,* cit., I, VIII, parr. 5-6 (p. 66): "Verum est *Trebatii* sententia de Iure scripto, fuerit reprobata, de Iure tamen non scripto, et sic de consuetudine recepta est, ut asserit [segue citazione di alcune glosse che già conosciamo e di taluni dottori]. Nam ea, quae longa consuetudine comprobata sunt, tantam obtinent authoritatem, ut leges vincant, et antiquent. L. 2. C. *quae fit long. eonsuetud.*". Cfr. *retro*.

144 *Traetatus,* cit., I, VIII, par. 7 (p. 66): «Est autem communis, et vulgata interpretum sententia. Quod Doctori illustri attestanti de consuetudine sit credendum [sono citati Bartolo, Socino e Decio] ubi plures allegat, et pro resolutione dicit esse communem. [TI cons. 40 di Cipolla] dicit: Quando glossae dicunt, quod ita servatur de consuetudine, etsi illa consuetudo non reperiatur scripta, sufficit testimonium glossae, et subiicit ibi idem esse, si plures Doctores de consuetudine attestentur, quod eis fit credendum [rinvio a Mynsinger, cento 5, obs. 96]. Ubi plures citat; et hac sententiam, quod scilicet Doctori attestanti de consuetudine, sit credendum in Camera Imper. receptam esse *ibid. num.* 4. asserit". 慣習

法についての論考が続く。

145 *Tractatus,* cit., I, VIII, par. 10 (p. 67): "Quod si fera ita vulnerata esset, ut aliter fieri non possit, quam ut caperetur, utpote, quia esset semimurtua, statim efficeretur vulnerantis, ut probat ilie text. a contrario sensu. Quae intelligentia confirmatur, quoniam in simili ita Iurisconsultus sensit [sono richiamati D. 9,2,11,3 eD. 9,2,51]. Ubi, quando unus vulneravit, et alius a vita penitus exemit, distinguitur. Aut enim certum erat, quod ita vulneratus, ilio vulnere erat vitam cum morte commutaturus, et vulnerans tenetur de occisione. Aut erat incertum, et tenetur solum de vulnere. Ex quibus ego infero feram ab uno ad mortem vulneratam, et deinde ab allo captam, effici non capientis, sed vulnerantis",

146 *Tractatus,* cit., I, VIII, par. 12 (p. 67): "Ubi Iure gentium effectus dominus similium, desinit statim esse dominus, ubi constat bona desinere esse sub sua custodia, et sic amplius non posse ea consequi. Igitur contra debent statim fieri sua, ubi apparet, quod omnino et certissimo futura sunt sua, ut contrariorum eodem sit disciplina ... ",

147 *Tractatus,* cit., I, VIII, par. 13 (pp. 67-68). プロクルスの括り罠に掛かった猪に関する法文："(...) Et diversorum glossatorum refert duas saltem principales opiniones. Prima est, cum apprehendo, vel apprehendendi potestatem habeo. Secunda est, ut meus dicatur, cum diu luctando sese expedire non potest, secus si remotis oculis inspicio, cum multa accidere soleant, ut eum non capiamo Unde si inspiciamus vel primam opinionem, et non requiritur actualis apprehensio, sed sat est habere potestaem apprehendendi, tunc alius non potest apprehendere. Idem si secundam opinionem. Nam si meus est aper, quamdiu luctando sese expedire non potest: sequitur pari ratione feram mortifero vulnere percussam vulnerantis, et non capientis effici" .

148 *Tractatus,* cit., I, VIII, parr. 14-16 (pp. 68-69): "Ex his tandem consequitur, Trebatii sententiam, non solum esse communiorem, utpote quae consuetudine recepta est, sed etiam eam melioribus rationibus et fundamentis probari. Proinde non obstat decisio Caii (...), quia illa nihil resistit, sed potius assistit, attenta praesertim consuetudine, quae praevalet. Deinde cum decisio (...) usu utentium non fuerit recepta (quia imo Trebatii sententia illa est, quae fuit recepta), non ligat tanquam lex non recepta. Non enim sufficit legem esse factam, sed oportet, ut etiam usu comprobata sit, alioquin spemi potest (...). Etenim lex tacitam conditionem continet, si utentium moribus recipiatur. Ideo qui non observat legem non receptam, non dicitur eius trasgressor ... ".

149 *Tractatus,* cit., I, VIII, par. 14 (p. 68): "(...) Hinc in multis partibus Germaniae inter saltuarios et venatores usu et consuetudine receptum est, ut liceat feram bombardae Sphaera, seu globo ictarn, et vulneratam (...) fugientern extra proprium domini venantis saltum, vel sylvam, viginti quatuor horis uno cursu non intermisso persequi".

150 *Tractatus,* cit., I, VIII, par. 18 (p. 69): "Sed quaestionis est, quid si Lupus, milvus, aut

canis rapiat, verbi gratia Titii pecudem, vel avern, et habeat in ore, et Sempronius eripiat eam de faucibus illius, an Sempronius teneatur eam restituire priori DOITIino, scilicet Titio: Nam genere quodam venandi eam erat cactus, unde cogitabat, quemadmodum terra, marique capta, cum in suam naturalem laxitatem pervenirent, desinerent eorum esse, qui cepissent, ut inquit *textus* [è citato D. 41,1,44]. Ad hanc quaestionern breviter respondetur affermative (. ..). Ubi dicitur, quod a lupo eripitur nostrum manere, quamdiu recipi possit, id quod ereptum est".

151 *Tractatus,* cit., I, VIII, par. 19.

152 *Traetatus*, cit., I, VIII, par. 19.

153 *Tractatus,* cit., II, X, par. 40 (p. 152): «(...) DnUITI tamen volo tibi plane persuadeas, me hoc in tractatu in nullius vel favorem, vel odium quicquam scripsisse, atque ita me nulli adulatum fuisse, nec quemquam acerbe perstrinxisse, sed me tractasse materiam iuris venandi, aucupandi et piscandi pro utroque foro, tam interiori (quod conscientiae appellant) quam esteriori (quod contentiosum vocant) ... «.

154 SCIPIONIS GENTILIS Jurisconsulti et antecessoris Norici *Opera Omnia,* Tomus Octavus, Neapoli MDCCLXIX., p. 151 ss.

155 Cfr. A.DE BENEDICTIS, sv. *Gentili Scipione,* in *Dizionario biografico degli Italiani LIII (1999),* p. 268 ss. より高名な兄弟のアルベリコについては、多くの文献がある。その中で我々の関心を引いたものは, G.H.J. VAN DERMOLEN, *Alberico Gentili and the Development of international Law,* Leyden 19682 *(passim,* le relazione tra i due fratelli); D. PANIZZA, *Alberico Gentili, giurista ideologo nell'età elisabettiana,* Padova 1981.D. Panizza と F. Allevi の 2 つの報告書も優れている：in *Alberico Gentili Giurista e intellettuale globale, Atti del convegno, Prima giornata gentiliana, 25 settembre* 1983, Milano 1988. 16 世紀の法学者の教養及び教育モデルについては、W.J. BOUWSMA, *Lawyers and Early Modern Culture,* in *AmericanHistorical Review* LXXVIIl (1973), p. 303 ss.: V. PIANO MORTARI, *Il pensiero politico dei giuristi del Rinascimento,* in *Storia delleidee-politiche economiche e sociali,* diretta da L. Firpo, III, Torino 1987, p. 411 ss.

156 *Thes*. I-XIV. 囲まれた森にいる野生動物、及び、自分の池にいる魚の所属に関するケースに関連して、今ではますます稀少になった解釈的な「抵抗」の例として、命題XIIを引用するにとどめよう："Quod si in silva cuircumsepta bestiae, in stagno nostro pisces, in arbore nostra aves apesque versentur, nostri dominii non sunt, cum fint in illa libertate et laxitate naturali, ideoque fiunt occupantis. Apum examen si evolet, eo usque nostrum esse intelligitur, dum in conspectu nostro est et capi potest. Postea primi occupantis erit ... ".

157 慎重に、かつ、名前を出すことなく、キュジャスと、地主が禁止する他人の土地で獲取した野生動物は、狩猟者に帰さないという考えを批判する命題はエレガントであ

る。参照：*Thes*. XIX: "Perperam vir doctissimus conatur probare, eum, qui non permissu domini in eius fundo venatus, piscatus, aucupatusve fuerit, non facere suum quod cepit. *argo l. in laqueum*D. *de acquir. rer. dom,*",

158 *Thes*. XV-XXXII.

159 *Thes*. XXXIII: "At ius prohibendi, ne alii in publico venentur, vel ut sibi soli ius venandi aut piscandi competat, praescriptione non posse adquiri putamus. Lege, consuetudine, vel concessu Principis potest, sed in aliqua parte tantum ... ".

160 *Thes*. XXXIV: "Princeps autem, aliique magnates, vel domini ubique fere gentium hoc ius sibi vindicarunt, magnisque poenis eos, qui in silvis et locis publicis, saepe etiam qui in suis venantur, adficiunt".

161 *Thes*. XXXV: "Quis dicemus? Anquod Ulpianus in hac ipsa re dixit, *Usurpatum hoc est, tametsi nullo iure?* Nequaquam. Abesset modo poenarum illa acerbitas, et alia immoderata, quae hoc ipsorum ius subditis invisum faciunt". ジェンティーレにとって、システムの法的基礎は、罰の側面を除き、議論するべきものではない、と理解しているようである。

162 *Thes*. XXXVI: "Inepte tamen facere ii videntur, qui hoc eorum ius praescriptione temporis defendi putant. Rectius illi, qui iure supremae potestatis vel generalis rectionis. Rectissime, qui politicas causas eius rei adferunt".

163 *Thes*. XXXVII: "Quales nos esse tres praecipuas arbitramur. Una, ne armorum usus passim omnibus, praesertim rusticis communicetur. Quod detrimenta reip. adferre magna potest. Ideoque et iure civili interdictus est".

164 *Thes*. XXXIX: «Altera est, ne homines ab agricultura abducantur, et ferae vitae, ac latrociniis sensim adsuescant. Ideoque et Clericis venatu omnino interdictum est, non etiam piscatu et aucupio».

165 *Thes*. XXXX: «Tertia est, ne clades et vastitas ferarum, quarum copia et usui et decori Reip. est, ex vulgata licentia venandi plane consequatur».

166 *Thes*. XLI: «Etiam Imp. Friderici constitutio Iaudanda in primis videtur, quae est bis concepta verbis: Nemo retia, aut laqueos aut alia qualibet instrumenta, ad capiendas venationes tendat, nisi ad ursos, apros vellupos capiendos. Haec exceptio cum ad utilitatem publicam pertinet, tum ad excitandam virtutem. Regulam autem de Iocis publicis intelligimus ... «

第５章註

1 HUGONIS GROTII, *De Iure Belli ac Pacis libri tres, in quibus jus Naturae et gentium item juris publicipraecipua explicantur,* Amsterdami MDcxxxrr (d'ora in poi GROT. *de iur. bel.)*. 参考文献は無尽蔵にある。聖人伝や伝説（「万民法の父」、「自然法学派の創

始者」、「法を世俗化する職人」）に傾斜した歴史学の伝統的な傾向から、最近は、より批判的な評価へ歩を進めている。A. DUFOUR, *Grotius - bomme de loi, homme de foi, bomme de lettre*, in *Grotius et l'ordre juridique international*, Travaux du colloque Hugo Grotius Genève, 10Il novembre 1983, Lausanne 1985, p. 9 ss., の膨大な参考文献表を参照。後期スコラ派の影響については、H. THIEME, *Natürliches Privatrecht und Spätscholastik*, in *ZSS*, germ. Abteil, LXX (1953), p. 230 ss.; M. VILLEY, *Les fondateurs de l'Ecole du Droit naturel moderne au XVII*, in *Archives de Philosophie du droit* VI (1961), p. 76 ss.

2 SAM. L.B. A PUFENDORF, *De Jure Naturae et Gentium*, libri octo ... Recensuit ... Gottfridus Mascovius, Tomus primus, Francofurti et Lipsiae MDCCLIX (d'ora innanzi PUFEN. *de iure nat.)*. 比較的最近のものとしては：H. WELZEL, *Die Naturrechtslehre Samuel Pufendorf*, Berlin- New York 1958; M. DENZER, *Moralphilosophie und Naturrecht bei S. Pufendorf ...* , Miinchen 1972; M. DIESSELHORST, *Zum Vermögensrechtssystem Samuel Pufendorfs*, Gòttingen 1976; D. DÒRING, *Pufendorf-Studien ...* , Berlin 1994. 同人が編集した, *Samuel von Pufendorf, Kleine Vorträge und Scbriften*, Frankfurt am Main 1995.

3 Thes. I-XIV. Per tutti, F. WIEACKER, *Storia del pensiero giuridico privato moderno*, I, cit., p. 375 ss.; p. 437 ss. (Grozio); p. 466 5S. (Pufendorf); R. TUCK, *Natural Rights Theories, Their origin and deuelopment*, Cambridge 1979; 専門誌に既に発表されていた様々な文献, a cura di K. Haakonssen, *Grotius, Pufendorf and Modern Natural Law*, Aldershof, Brookfield USA, Singapore, Sydney 1999.

4 PUFEN. *de iure nat.lib*. 2, cap. 3, par. 1

5 PUFEN. *de iure nat.lib*. 2, cap. 3, par. 13.

6 F. WJEACKER, *Storia del pensierogiuridico privatomoderno*, I, cit., 403 ss.

7 *Le droit de la nature et des gens ou systeme generale ...* traduit du latin de seu Mr.le Baron de Pufendorf, par]. BARBEYRAC ... , Quatrième Edition ... , Torne premier, aBasIe, MDCCXXXII, rist. Caen 1989 (da ora, BARBEYR. *Le droit de la nature ...*, cit.).

8 CHRISTIANI THOMASIl,]cti ... *Institutionum Jurisprudentiae Divinae Libri Tres secundum bypothesis illustris Pufendorfii perspicue demonstrantur...* Editio septima ... , Halae Magdeburgicae 1720 (THOMAS. *Inst. Jur.*).

9 NICOLAI HIERONYMI GUNDLINGII].c., *Ius naturae ac gentium connexa ratione nouaque metbodo elaboratumet a praesumtis opinionibus aliisque ineptiis vacuum*, Geneuae 1751 (GUNDL. *Ius nat.)*.

10 *Institutiones Iuris naturae et Gentium ...* auctore Christiano L.B. DE WOLFF, Venetiis MDCCLXI. (WoLFF,lnst. *iur.)*. この著作は、1750年にドイツ語で発表され、その哲学者の没年である4年後にラテン語になった。Cfr., ora, CHRISTIAN WOLFF,

Gesammelte Werke, 1 Abt. *DeutscheScbriften,* Bd. 19: *Grundsàtzedes Natur- und Volckerrechts,* herausg. Marcel Thomann, Hildesheim, NewYork 1980.

11 ARNOLDI VINNIII Je., *In Quatuor Libros Institutionum lmperialium Commentarius academicus et forensis,* Tomus Primus, Venetiis, MDCeXLVIT (d'ora in poi, VINN. *Inst. comm.),* グロチウスとヴィンニウスの繋がり、及びこの作品については、R. FEENSTRA, *Hugues Doneau et lesjuristes néerlandais du XVlle siècle* ... , cit., p. 237. In generale, R. FEENSTRA, C.J.D. WAAL, *SeventeenthCentury Leyden Law Professors and their influence on the deuelopment of Civil Law A Study of Bronchorst, Vinnius and Voet,* Amsterdam, Oxford 1975.

12 ULRICI HUBERI Jcti ... *Praelectionum Juris Civilis Tomi Tres secundum Lnstitutiones et DigestaIustinuiani* ... Tomus Primus, Lovanii, MDCCLXVI, p. 98 par. (t) (後でHUBER, *Prael. Iur. Civ.,* Iを引用する); cfr. anche UL.HUBERI, *Digressione: JustinianeaeIn duaspartes, quam alteranova, distinctae: Quibus varia et in primis Humaniora iuris continentur. Insertus est De jure in re et ad rem... Editio tertiam uariis locisemendata,ex recensione Zachariae Huber,* Hbr. fil., Franequerae MLCXCVI, p. 335. Cfr. E. ALBERTARIO, *Note su alcuni tribonianismi rilevati nelle praelectiones iuris civilis di Ulrico Huber,* in *Il Filangieri* V-VI (1910) (= *Studi di diritto romano,* VI, Milano 1953, p. 21 ss.).

13 R. FEENSTRA, *Der Eigentumsbegriff bei Hugo Grotius im Licht einiger mittelalterlicher und spdtscholastischer Quellen,* in *Festscbrift für* F. *Wieacker,* Gòttingen 1978, p. 209 ss.

14 GROT. *de iure bel*. lib. 2, cap. 8, par. 3: « (...) Requiritur autem corporalis quaedam possessio ad dominium apiscendum; atque ideo vulnerasse non sufficit, ut recte contra Trebatium placuit. Hinc proverbium: Aliis Ieporem excitasti. Et Ovidio Metamorphoseon quinto aliud est scire ubi sit, aliud reperire".

15 GROT. *de iure bel.lib*. 2, cap. 8, par. 4: "Sed possessio illa potest acquiri non solis manibus, sed instrumentis, ut decipulis, retibus, laqueis, dum duo adsint; primum, ut ipsa instrumenta sint in nostra potestate, deinde ut fera ita inclusa sit, ut exire inde nequeat, ad quem modum definienda est quaestio de apro qui in laqueum inciderit".

16 II, 4, 31; cfr. HUGO GROTIUS, *The Jurisprudence of Holland,* The text translated with brief notes and a commentary by Robert Warden Lee, I, Oxford 19532, rist. Aalen 1977, p. 91.

17 オランドの文献は、'onheusselick jagende'と言う。上に引用した英訳では："If one man puts up a wild animal and another catches ir, the latters bicomes owner, but may be fined for unsportsmanlike behaviour". 翻訳者は、nel II volume (Oxford 1936, rist. Aalen 1977), p. 75 s.のpar.31 で、'onheusselick'とは*inciviliter*であると考察したのち、グロチウスは、1517年12月26日のカルロス5世の布告に含まれている一般規範のひと

つの特殊な適用をしているという。文献の調査が続く。

18 PUFEN. *de iur. nat.lib*. 4, cap. 6 *de occupatione*.

19 所有権の定義、及びその権利の生成プロセスについては、問題としない。同様に、大洋の領主であると宣言し、自己の要求を正当化するための法的な証明を必要としていたイギリスとポルトガルの主権者たちと、*mare liberum* か *clausum* かについての熱い論争について－何が所有の客体になりうるかについての－それに相応しい論考を行うことはできない。その準備がある法学者。プーフェンドルフは、*de iur. nat. lib*. 4, cap. 5, par. 5-10 においてグロチウスの *Mare liberum* の理論を、*de iur. nat.lib*. 5, cap. 3, par. 1 においてセルデノの *Mare clausum* の思想を論じる。そこに、1730 年、Bynkershoek の *De dominio maris* が加わる。議論に参加した当時の「海洋学者」よりも広い枠組みとして、in SAM. L.B. APUFENDORF, *De Jure Naturae et Gentium*, cit., II, p. 90 nt. b.

20 PUFEN. *de iur. nato* lib. 4, cap. 6, par. 2: "In superioribus satis ostensum fuit, postquam mortalibus a primaeva communione discedere placuisset, ipsos de rebus in medio positis, praevio pacto, suam cuique portionem assignavisse, auctoritate parentis, consensu, forte, aut quandoque optione concessa. Quae sub isthanc primaevam divisionem non venerunt, super his ita conventum, ut ea cederent occupanti, id est, qui primus eadem corporaliter apprehendisset animo sibi habendi". さて、文明初期に、原始社会は、その時点まで利用していたすべての財を共有とした後、それ以外の財を、最初の占有者が取得することを許した。バルベイラックの批判：*Le droit de la nature et des gens ou systeme generale*, cit., p. 522 nt. 2,は、ティティウス（Titius）の権威に寄りかかっている (cfr. *infra*).

21 PUFEN. *de iur. nat*. lib. 4, cap. 6, par. 2, cit. 前注参照。

22 PUFEN. *de iur. nato*lib. 4, cap. 6, par. 9: «Res autem mobiles, ut nostrae fiant, apprehensione corporali indigere communiter iudicatur; ut tamen ex eo loco, ubi positae fuerant, dimotae in locum, aut custodiam nostram transferantur. Sic pullos avium, in nido adhuc haerentes, licet eosdem tetigero, meos nondum feci, nisi inde eosdem domum asportavero. Sic si in antro catulos ferae prehendero, meos tunc demum faciam, si aut eos inde in mea velut praesidia dimovero, aut tantisper custodiam apposuero, ne evadere possint ... «.

23 PUFEN. *de iur. nat.lib*. 4, cap. 6, par. 9: "Fit autem ista apprehensio non solum manibus nostris, sed et instrumentis, puta, laqueis, decipulis, retibus, nassis, hamis, et similibus: dummodo instrumenta fint in nostra potestate, id est, eo loca posita, ubi nobis feras capiendi ius est, nec adhuc per feram abrupta; et fera illis ita implicita teneatur, ut inde exire nequeat, saltem intra id tempus, quo nos ad eam eramus perventuri ... ".

24 こうした状況で、D. 41,1,55 での、罠に掛かった猪に関するプロクルスの法文が説明されなくてはならないだろう。PUFEN. *de iur. nat.lib*. 4, cap. 6, par. 9: "Scilicet si ita

aper laqueo implicitus erat, ut inde eluctari non posset, et laqueus vel in publico vel in tuo positus erat, ubi venandi tibi ius, tuus utique factus iste iam erat; et ubi ipse eum solvissem, ut in naturalem libertatem evaderet, aestimationem eius solvere tenebar, quocunque demum nomine actio illa veniret ... ".したがって、プーフェンドルフによれば、公有地にも自己の土地にも罠を仕掛ける権利が発生する。グロチウス(cfr. sopra) が、ただ2つの条件(道具が狩猟者のものであり、かつ、獲取が継続している)で道具による獲物の取得を認め、場所の性質は、取得に関して全く意味を持たないとの考えを明らかにするのに対し、プーフェンドルフは、第三の条件を明確に示している。

25 PUFEN. *de iur. nato* lib. 4, cap. 6, par. 10: "illud quoque disputatur, an vulnere inflicto feram statim nostram fecisse videamur? Id quod quondam Trebatio placebat; ita tamen, ut eandem persequamur; hoc si omiserimus, nostram desinere esse, et fieri occupantis. Aliis diversum placuit nec aliter eam nostram fieri, nisi ceperimus; quippe cum multa accidere possint, ut non capiamus ... ".

26 PUFEN. *de iur. nato*lib. 4, cap. 6, par. 10: "(...) Si quis cum canibus venatoriis seu Molossis feram invenerit, et persecutus fuerit, ut ei potius, quam occupanti cedat: si lancea, vel gladio vulneraverit, aut occiderit, ut eius fit, non occupantis. Si cum canibus leporariis sive Laconicis, ut occupanti cedat. Si telo, ballista, aut arcu emisso occiderit, ut aeque eius fit, non occupantis, eousque tamen, donec eam persequatur ... ".プーフェンドルフは、D. 41,1,5 でD. Gotofredoの註釈を引用している。

27 PUFEN. *de iur. nat.lib*. 4, cap. 6, par. 10: «(. ..) Sic iuxta Legem Longobardorum Lib.1 tit. 22. lego 4. par. 6 qui feram ab altero vulneratam occidit, aut reperit, aufert armum cum septem costis: in reliqua is, qui vulneravit, ius habet, sed non nisi spatio XXIV horarum ... «.それぞれ、Roth. 310 及び 314 を論じている。

28 Cfr. *retro*

29 PUFEN. *de iur. nat.lib*. 4, cap. 6, par. 10: «(...) In universum tamen dicendum putaverim, si fera lethaliter sit vulnerata, aut insigniter debilitata, non posse eam ab altero intercipi, quamdiu eam persequimur, dummodo ius nobis fit in isto solo versandi, secus, si vulnus non fit lethale, nec fugam valde impediens ... «.

30 同様に、PUFEN. *de iur. nat.lib*. 4, cap. 6, par. 10: «Inde ex amore potius, quam iure Meleager Atalantam in partem gloriae occisi apri Caledonii adrnittebat, apud Ovidium Metamorph. L. VIII (vers. 427). Fera autem, quam canes mei, me non instigante, occiderunt, non prius est mea, quam eam apprehendero ...».

31 PUFEN. *de iur. nat.lib*. 4, cap. 6, par. 10.

32 P. MEYLAN, *[ean Barbeyrac* (1674-1744) *et les débuts de l'enseignement du droit dans tancienne Académie de Lausanne,* Lausanne 1937; より近年のものは, T. HOCI-ISTRASSER, *Conscience and Reason: The naturalLaw Theory 01]. Barbeyrac,* in

*Historical Journal*XXXVI (1993), p. 289 ss. [= (a cura di) K. Haakonssen, *Grotius, Pufendorfand Modern Natural Law,* cit., p. 74 ss.]; F. MANCUSO, *Diritto, Stato, Sovranità: il pensiero politico-giuridico di Emer De Vattel tra assolutismo e rivoluzione,* Napoli 2002.

33 BARBEYR. *Le droit de la nature et des gens ou systeme generale,* cit., p. 522 nt. 2, 学説の豊富な解説付き。

34 *Op. ult. cit.,* p. 530 nt. 2.

35 THOMAS. *Inst. fur.lib.* II cap. X, par. 140: "Originarius modus hodie est unicus, occupatio; haec vero est apprehensio rei nullius, cum animo sibi eam appropriandi ... "

36 THOMAS. *Inst. Jur.* lib. II, cap. X, par. 141-142: «Prout autem res ipsae variant; ita variat etiam rerum apprehensio. Hinc mobilia manibus, immobilia ingressione adeoque pedibus appreheduntur. Est et alla inter haec duo differentia; ad occupationem immobilium sufficit solus corporis contactus, at in mobilibus requiritur etiarn, ut ex eo loco, ubi positae fuerunt, dimoveantur et in locum aut custodiam nostram transferantur. Quanquam forte dicendum sit, et in mobilibus sufficere apprehensionem absque motione, si modo illa demonstrari possit». nt. (t) には "e. g. acquiro feram bestiam mortuam, quam primum cornua teneo ... " とある。

37 THOMAS. *Inst. Jur.lib.* II, cap. X, par. 143: "Item res mobiles et praeprimis se moventes occupantur instrumentis, v. gr. iaculis, laqueo, ecc.... ".

38 THOMAS. *Inst. Jur.lib.* II, cap. X, par. 148: «Pro accessoriis autem habebuntur omnes res nullius, quae in rebus immobilibus continentur, aut quarum sine immobilibus non est usus, sive sint mobiles in specie, ut res inanimatae, sive se moventes, ut bestiae, sive supra terram, ut aér, sive intra eandem, ut v. gr. thesaurus". Alla nt (d)には、"Ut in feris bestiis" e al par. 150: "Sive sciam, ubi eas deprehendere possim, sive nesciam" とある。

39 THOMAS. *Inst. Jur.lib.* II, cap. X, par. 151: "In eo tamen inter res se moventes et motas ab alio est differentia, quod dominium rerum se moventium, (quorsum etiam refero aërem) sine speciali apprehensione fit saltem momentaneum, et quamdiu eaedem se ipsas non movent extra rem istam immobilem; quod si vero citra factum humanum aliunde se conferant, desinat dominium nostrum, quoniam tum sunt accessoriae aliarum". その法文が意味するところを正しく理解するための、真正な解釈が必要だろう。nt. (f): "Atque hoc iterum puto eandem esse rationem bestiarum ferarum et mansuetarum" は、疑いを増す。

40 THOMAS. *Inst. Jur.* lib. II, cap. X, par. 153: "Quod si igitur is, qui rerum immobilium dominus per occupationem est factus, res se moventes separatim apprehendat, et eae manebunt in illius dominio, etiamsi postea seipsas in alium transferant locum". ここでも nt. (g)がはっきりしない: "Sive feras bestias sive mansuetas. Tum enim sunt acquisitae non

amplius, ut accessoriae, sed ut principales".

41 THOMAS. *Inst. Jur.lib.* II, cap. X, par. 155: "Ex dictis iam facile responderi poterit ad quaestiones spinosas JCtorulll de acquisitione ferarum bestiarum, ac amissione earundem, de acquisitione gemmarum in litore maris inventarum, de iure principi odierno in easdem, utrum pro dominio fit habendum, et an subditi contra prohibitionem principis venantes furtum committant? ... ". nt. (o)には、狩猟者が窃盗を犯すのかどうかの一つの明確な答えがある："Et hoc ego affirmo". ノーの合唱から外れたひとつの偏見から解放された声である。

42 Retro.

43 WOLFF, *Inst. iur.* pars II, cap. II, par. 214: "Et cum dominus iure excludat ceteros omnes (par. 195) *res incorporales,* quae etiam dominio subiici possunt, (par. 206) *occupantur, si quis iisdem actu utitur, nec patitur, ut utatur alius*. Quamobrem cum ius occupandi res nullius sit res incorporalis (par. 121) *introducti dominii ius* quoque *occupandi res nullius occupari potest,* veluti *ius venandi, aucupandi, piscandi in certo districtu».*

44 WOLFF, *Inst. iur.* pars II, cap. II, par. 215: "Quoniarn ius occupandi occupatum est in dominio occupantis (par. 210) consequenter nemo eodem invito domino uti potest (par. 195) *si quis in eo loco, in quo ius occupandi occupatum est, rem nullius occupat,* veluti si piscetur in ea fluvii parte, in qua ius piscandi alicui proprium est, *eam non sibi acquirit, sed ei, cuius est ius occupandi,* hoc non obstante, *iniuriam eidem facit* (par. 87)".

45 WOLFF, *Inst. iur.* pars II, cap. II, par. 217: "Quoniam rem occupasti, quam primum eam in hunc statum redegisti, ut eam apprehendere possis (par. 212) *si retibus a te positis, ubi occupandi ius babes.fera irretita,iis seseextricare nequeat,vel instrumentis quocumque modo collocatis ita detineatur, ut effugere nequeat, aut si fera a te occupabilis sclopeto prosternatur, aut ita vulneretur, vel lassetur, ut manus tuas effugere nequeat.ea a te occupata est,* consequenter *tua*. Idem intelligitur de feris in sylva circumsepta inclusis".

46 GUNDL. *Ius nato* cap. XX, par. 14: «C..) Captura initium habeat necesse est; inque primis, cum capitur *fera,* initium aliquando a vulneratione sit, acceditque *persecutio,* in gua me impedire nerno poterit *rationi* et iuri innixus; si intelligat, me vulneratum animal persegui: guod luculentius deduci in dissertatione vernacula ... *Gundlingian. parto XXXI. Obs*. 1. Ictus Caius consegua ratione vix argumentatur, quando putat, posse interea fieri, *ut non capiam*. Est haec exceptio de fortuna tertii. Sufficit, me persegui, neque a *capta* occupatione desistere. Nec pungit, *captam occupationem* esse nihil. Addas igitur, me *continuare* animo et corpore, ut *capiam* prorsus, ni remoram iniicias, et praeter fas, ab apprehensione corporali me avertas. Uno verbo: absurdum est in naturalis iuris disciplina, determinare modum occupandi, quod faciunt leges civiles: guae, ob varias caussas litesque praescindendas, signum evidentissimum cum apprehensione et custodia exigunt.

Iure, an iniuria, nondum disputo".

47 NICOLAI HIERONYMI GUNDLINGII, *Exercitatio V., Caius Trebatius Testa IC., ab iniuriis tam veterum quam recentiorum liberatus,* in *Exercitationes Acadenicae,* Halae MDCCXXXVI, p. 214 s.: "(...) Quid si dicerem, TREBATII opinionem hodie magis videri receptam inter venatores, eamque sua non carere ratione? Narn quamvis proprie loquendo mea nondum sit fera, non licet tamen alteri eripere illam, neque persequentem insidiose antevertere. Honesti animi est, non solum ,abstinere alieno; sed etiam eo, quod iam prope est, ut alterius sit; ne propinquam alterius spem multis iam forte laboribus quaesitarn invadamus, Propinquam vero spem esse ex eo manifestum est; quod graviter vulneravimus feram; ut fuga elabi vix possit; et, dum persequimur, damus illud animi clarissimum iudicium, nos voluntatem occupandi habere; et ab occupatione incepta nondum desistere. Ita fere doctissimus ICtus FRANCISCUS BALDUINUS in commento ad fusto lib.II tit.I rationes suas subducit. Ex quo elucet, CAII rationem TREBATIUM nec pungere, nec ferire; dum multa accidere posse adfirmat, ut eam non capiamus. TESTA propinquam spem sibi proponit. Nam si quis ab insecutione desistat, et vulneratum animai patiatur elabi, spem certe omnem videtur deposuisse. Contra sentientes vocabolo capere, et occupare inhaerent. Quodcumque, inquiunt, persequor, nondum cepi: quod nondum cepi, illud identidem nec occupavi: non occupatum meum non est. Quid igitur pro TREBATIO? Puto eum non adversari CAIO. Neque enim dicit vulnerata aut nondum capta fera mea est; sed tantisper, donec vestigiis fugientis insisto, mea videntur, ac intelligitur: isque inhumane faceret qui in opinione incertae insecutionis praedam propinquam mihi adimeret. Quae immanitas, morumque acerbitas ut civibus interdicatur, publice interest. Ac ita quidem Fridericus Ahenobarbus apud RADEVICUM, iure censuit ... ".

48 *Op. ult. cit.,* p. 214 s.

49 *Op. ult. cit.,* p. 215, nt. m.

50 VINN. *Inst. comm.lib.* II, tit. I, par. 13 (1): "Fuere ex prudentibus, interque eos Trebatius, qui existimabant, feram bestiam, si ita a venatore vulnerata sit, ut capi posse videatur; statim venatoris esse, eiusque tamdiu manere, donec illam persequatur. Verum haec sententia ideo displicuit, quia ex superiore regula, non vulneranti et persequenti, sed occupanti et capienti fera conceditur. Non potest autem dici, feram capisse, qui spem tantum capiendi habet, cum multa accidere possint, quae spem istam frustrentur, et ut fera evadat [テキスト及び学説の検証が続く]. Grotius *lib. 2 man.c. 4* notat, eum qui feram ab alio excitatam capit, quamvis dominus ferae fiat, tamen ut inciviliter venantem eo nomine a ministris Saltuarii mulctari posse".

51 HUBER, *Prael. Iur. Civ.,* t. I, cit., *De rer. divis.,* lib. II, tit. 1, par. 16 (t): «Porro, qui a occupatio non nisi apprehensione perficitur, consentaneum est, feram non esse eius qui

persecutus eam vulneraverit et spem capiendi proximam habebat, sed qui cepit et apprehendit, ut contra Trebatium decidit Iustinianus in § 13 ... ".

52 HUBER, *Prael. Iur. Civ.,* t. I, cit., *De rer. divis.,* lib. II, tit. 1, par. 16 (t): «(. ..) Improbum tamen esse, qui feram ab alio pene captam intercipit, non est diffitendum, et iudicis erit providere, ne malitiae indulgeatur; qui n nostro saeculo Trebatii sententiam magis obtinere scribit Balduinus ad *d.* § 13. Grotius (...) tradit, dominum quidem fieri capientem, sed eundem multari posse ut venatorem importunum, als onheuslyck jaegende, ut ita ratio delicti ac poena rursus ab adquisitione dominii distinguantur ... ". Interessanti sono le *remissiones* al ius *Saxonicum [Codex augusteus oder uermebrtes corpus iuris Saxonici* (Lipsia 1772)] contenute nell'edizione di Huber citata sopra. A p. 98 apprendiamo che per il diritto comune sassone era permessa una modica *persecutio* della fiera vulnerata, quella che "sine sclopeti esplosione, sine incitatione canum et sine inflatu fit corniculi (. ..) Iure vero Electorali Saxonico nec ista quidam feram persequendi licentia venatoribus competit". テキストの引用が続く。

53 UL. HUBERI, *Digressiones Justinianeae In duas partes, quam altera nova,' distinctae: Quibus varia et in primis Humaniora iuris continentur. Insertus est Dejure in re et ad rem* ... , cit., p. 335: "l'effectus acquirendi dominii et animadversio maleficii in eodem facto, quod frequenter in hac materia distinguatur".

54 VINN. *Inst. comJn.lib.* II, tit. 1, par. 12 (3-4): «C..) Nam quod venando per occupationem acquisitum est, is non diutius nostrum rnanere, nam quamdiu in protestate nostra et custodia fit (...) Quod ut singulare notandum est in dominio ferarum: nam aliarum rerum dominium etiam amissa possessione retinetur. Caeterum ne quis hic iudicii aequitatem ... «.par.13 (1-2) で、ヴィンニウスは、獲取によってのみ我々のものとなる野生動物が、我々から離れたときにすぐに失われるのではなく、それを取り戻す希望をもって追跡している間、我々のものであり続ける理由について考察するのには実に意味があると述べている。答え（というほど明快ではないが）：なぜなら、占有物を取り押さえることは、それを取得するよりも容易であるからだ。例えば、魂だけ引き留めることができても、それを取得するはできない。

55 HUBER, *Prael. Iur. Civ.,* tomo I, cit., *De rer. diuis.,* lib. II, tit. 1, par. 16 (t): "Speciale autem est in feris, quod, ubi effugerint e potestate nostra, desinant esse in dominio, et fiant iterum capientis, *d.* § 12 cum aliae res amissae, licet possessio pereat, *l.* 3, § 13 *de adqu. posso* in dominio nostro maneant et a quovis possessore vindicari soleant. Grotius *d. cap.* 8, § 3 diversitatem hanc non probat; nec magis feram quae aufugit nostram esse desinere censet, quam servum fugitivurn, qui ubicumque fit, a domino repetitur (...): ideoque non tam renovationem libertatis naturalis quam difficultatem recuperandae dignoscendaeque ferae pro causa habet, cur possessione eius amissa, dominium extinguatur, praesumpta

scilicet derelictione Domini (...) Hominum autem alia est ratio: nam qui liberi sunt, aliorum fieri nequeunt et servi non vagantur per sylvas et agros, nec eorum ulla venatio est, ut extra bellum occupatione adquiri possit ... ",

56 グロチウスによれば *(deiur. bel.lib*. 2, cap. 8, par. 3): "(. ..) Res autem nostras alius a nobis auferat, an ipsae sese, ut servus fugitivus, non multum referto Quare verius est non per se amitti dominium , eo quod ferae custodiam evaserint, sed ex probabili coniectura, quod ab difficillimam persecutionem eas pro derelictis habere credamur, praesertim cum internosci quae nostrae fuerint ab aliis non possint ... ", したがって、認識可能なら、それを取り返すことができる。

57 池の魚、及び囲まれた森の野生動物に関しては、主にD. 41,2,3,14 に基づいて古典的意見に賛同した者の中にプーフェンドルフもいる。彼は、*de iur. nato* lib. 4, cap. 6.の第11段落全体をその問題に捧げている。

58 VINN. *Inst. comm.lib*. II, tit. 1, par. 12 (2). 彼は Otomanno と Wesembecio が同意しないことにがっかりし、こう付け加える："(...) Concedo tamen, spectandam hic esse locorum consuetudinem, ut et in aliis plerisque, quae huius argumenti sunto Et nostro saeculo contraria opinio praevaluit, ut et ferae silvis privatis, et pisces stagnis inclusi, ut possideri, ita et in dominio esse credantur".一方、フーバー [HUBER, *Prael. lur. Civ.*, t. I, cit., lib. II, tit. 1, par. 16 (q)]は、グロチウスを引用して、彼についてこういう："(...) nostroque saeculo rectius contrarium invaluisse tradit ... ". *rectius*彼がグロチウスの思想だけを表現しているのか、それとも、フーバーも含むのかはわからない。

59 GROT. *de iur. beli*. lib. 2, cap. 8, par. 2. 養殖場と池、公園と閉じた森との間には、大まかな保護の問題しかない："(...) feras non minus coercent silvae bene circumseptae quam vivaria (...); nec alio haec differunt quam quod altera angustior, altera laxior custodia est. Quare nostro secolo rectius contraria opinio praevaluit, ut et ferae silvis privatis et pisces stagnis inclusi, ut possideri, ita et in dominio esse intelligantur".

60 より制限的なのは Huber [HUBER, *Prael. lur. Civ.*, t. I, cit., *De rer. divis.*, lib. II, tit. 1, par. 16 (r)]: 野生動物が養殖場（*in vavariis* ）に閉じ込められている、または、果実の狩猟または漁撈（*venatio* e *pescatio in fructu* ）と呼べるほどしっかり監視された土地または池なら、その野生動物にはすでに所有者がいる。反対に、Voetiusの主張と異なり、狩猟に使われていない場所でも、所有者の禁止する獲物を我が物とすることができる。地主の権利の侵害に対し、人格侵害訴訟で対抗するという事実は、獲物の所有権の取得を脅かさない。ヴィンニウス *[Inst. comm.* lib. II, tit. 1, par. 1 (3-4)] は、この点について、後で見るように、市民法は、正当にも、誰もがどこでも野生動物を取得することできるという自由を明確にしている、と主張する。

61 VINN. *Inst. cOlnm.lib*. II, tit. I, par. 13 (3): «(...) Nostro iure fiunt quidem ferae etiam occupantium; sed non promiscue omnibus venari permissum est ... «.

62 VINN. *Inst. comm.lib.* II, tit. I, par. 13 (3): «(...) nam Principes sibi fere hoc ius vindicaverunt, saltem quod certa genera animantium, certosque capiendi modos. Feras minores, puta lepores, cuniculos, nobilibus etiam capere licet certis anni temporibus, dum ne capiat in locis principi specialiter reservati: quod ius et nonnullis aliis ratione officii concessum, qui legibus saltuariis continentur. Aucupii laxior libertas, excepto quod longo tramite aucupari solius Principis ius est. De iure piscandi alibi a me dictum ... «.

63 VINN. *Inst. comm.lib.* II, tit. I, par. 13 (3): «(...) Non solum autem legibus nostris, sed prope omnium Rerum pub. et Regnorum constitutionibus modus venationis praescriptus est. Constitutione Federici Imperatoris vetantur rusticis retia, laqueos, aut alia instrumenta ad capiendas feras tendere, nisi ad ursos, apros vellupos capiendos: quas bestia credibile est ideo exceptas esse, quia tanta earum diritas est atque immanitas, ut publice intersit eas ab omnibus necari... Iure canonico venatione interdictum clericis, ne hac voluptate capti cultum divinum deserant...».

64 HUBER, *Prael. Iur. Civ.,* t. I, cit., *De rer. div.lib.* II, tit. I, par. 17 (t): «Caeterum moribus hodiernis, ius venandi feras Principibus fere aut aliis proceribus concessum videmus, quamquam de Hispania scribit Hubertus Leodius *in vita Friderici Palatini1.6.* venationem magis ibi promiseui iuris esse; et *lib.* 10. refert, cum Carolum V. noluisse affirmantibus credere, in Germania prohiberi aucupia, deque ea responsionem fecisse, atque se rogatum, testatur Hubertus, cum legationem obiret, an res ita se haberet? Quod mirum, ignorasse Carolum Caesarem vulgatissimum Patriae institutum: nisi Belgae Belgii mores melius constiterint, quibus tam stricta venationum prohibitio in usu non est. Brabantis certe iuxta laetum introitum ipsius Caroli V. et eius filii, libera venatio permessa legitur, art. 33 et 34 ...). Frisii nostri hac parte, ut in aliis, minus procul absunt a iure Romano. Nam ius piscandi et aucupandi, (exceptis avibus generosis) apud nos comune est; venatio maiorum ferarum patet omnibus qui fundus possident. Ipsae autem ferae minime ita afficiunt, sed quo minus fortuito captas retineamus, nihil obstat".

65 "(...) unde sustinerent dignitatem suam [dei principi e dei re]": GROT. *de iur. bell. lib. 2,* cap. 8, par. 5.

66 VINN. *Inst. comm.lib.* II, tit. I, par. 13 (4): «(...) Unde autem nata est tanta iuris quondam communis mutatio? Opinor partim ex consensu populorum, qui ius venandi in compensationem curarum et gubernationis Principibus ultro reliquerunt: partim ex ipsorum Principum potestate, quibus visum sit, publice expedire, ut communi licentiae fraenum iniiceretur, tum ne tota tandem species multitudine venatorum vastaretur, tum ne rustici et plebeii homines studio venationis ab agricultura, aut opificiis avocarentur: et fortassis ob alias etiam causas, quas videre est apud ... «.彼は、WesembeciusやDiego de Covarruviasらに言及している。

67 PUFEN. *de iur. nato* lib. 4, cap. 6, par. 6: «Enimvero in plurimis locis venatio rectoribus civitatum relicta abs quibus in eius communionem praecipui cives alicubi admissi; nisi quod rapaces bestias quibusvis occidere ubique fere licet. Istius rei variae potuerunt esse causae. Scilicet non videbatur consultum, rusticos et opifices labore suo relicto per sylvas vagari, quod et latrociniis exercerendis paulatim ipsos poterat allicere. Vid. constitutio Friderici II. Lib. II *feudo tit*. 27 §. *si quis rusticusi* si noti che la *lex de pace tenenda* è attribuita a Federico II]. Aliquando etiam plebi arma committi parum tutum habetur ...[奴隷戦争後、シチリアに「奴隷は武器を持ってはならない（*ne quis cum telo servus esset*)」というルールが存在していたとき、L・ドミティウスが、大きな猪を殺したひとりの奴隷を、磔にしたという逸話を、キケロは『ウェッレス弾劾演説』のなかで引用している。Principibus quoque et nobilibus, quorum armis securitas civium paranda est, venatio velut simulacrum aliquod belli adprime videbatur congruere, ut ad labores militiatae durarentur ...[東洋の専制君主バヤジドなど、狩猟と戦争訓練との関係についての古典的な例が続く。ビザンツ期の歴史家L. Chalkokondylesによれば、猛禽類と犬6000頭の飼育のために7000人が従事していたという。Par quoque erat, principibus, quorum curis quies publica stat, isthanc virilem sane recreationem concedere. Praesertim cum venatio in regionibus celebribus, si quibusvis promiscue sit indulta, singulis parum possit adferre compendii (...) Ob hasce ergo et similes causas Princeps, si reipublicae expedire visum fuerit, etiam invitis plebeiis citra iniuriam venandi licentiam adimere potuit ...".

68 VINN. *Inst. cOlnln.lib*. II, tit. I, par. 13 (3-4): "(. ..) Sunt qui existimant, non posse citra iniuriam lege civili aliquos impediri, ne feras capiant, captasque suas faciant, quoniam iure naturae, quod immutabile est, hoc omnibus licet ... ". L'a. cita Menochio, Tiraquello e altri.著者は、メノキオ、ティラコーなどを引用する。

69 鍵となる法文は、(GROT. *de iurebel.lib*. 2, cap. 3, par. 5 (v. anzitutto lib. 1, cap. 17, par. 5): "In loco autem cuius imperium iam occupatum est ius occupandi res mobiles anteverti posse lege civili supra diximus: est enim hoc ius ex iure naturae permittente non praecipiente, ut liceat semper".それから、lib. 2, cap. 8, parr. 5-6: "(...) Valde enim falluntur recentiores Iurisconsulti, qui haec ita putant naturalia, ut mutari nequeant: sunt enim naturalia non simpliciter, sed pro certo rerum statu, id est si aliter cautum non sito Germaniae autem populi cum principibus ac regibus bona quaedam essent assignanda, unde dignitatem suam sustinerent, sapienter existimarunt ab illis rebus incipiendum quae sine damno cuiusquam tribui possint, cuiusmodi sunt res omnes quae in dominium nullius pervenerunt. Quo iure usos et Aegyptios video. Nam et ibi regum procurator quem *ἴδιον λόγον* vocabant, vindicabat res eius generis. Potuit autem lex etiam ante occupationem harum rerum dominium trasferre, cum ad dominium producendum lex sola sufficiat. 6.

Quo modo ferae, eodem acquiruntur et alia àùÉoJto'tu, id est hero carentes ... ".

70 VINN. *Inst. comm.lib*. II, tit. I, par. 13 (4): «(...) Sed verius est posse. Est enim hoc ius ex iure naturae permittente, non praecipiente ut semper liceat. Iam vero etsi lex civilis nihil potest praecipere quod ius naturae prohibet, aut prohibere quod praecipit; potest tamen libertatem naturalem circumscribere, et vetare quod naturaliter licebat, atque etiam ipsum dominium naturaliter acquirendum vi sua antevertere, [e sono citati Grozio e Covarruvias, il quale] cum ait, feras, et caetera animalia iure naturae non esse communia positive et affermative, quia omnium propria sunt; sed negative, quia nullius sunt, et iure naturali nulli sunt applicata: ac proinde posse lege humana uni potius quam alteri ex iusta causa concedi. Non obstat igitur, quod saepe in libris nostris legimus, iure naturae liberum esse talia animalia venari. Hoc enim verum est, quamdiu nulla lex civilis intercedit, sicut leges Romanae res multas reliquerunt in suo primaevo statu, de quibus aliae gentes aliud constituerunt. Cum autem lex civilis aliud constituit, eam observari debere ius ipsum naturae dictat ... «.

71 主権者は無主物の所有者なのかというこのテーマに、プーフェンドルフは、段落全体(lib, 4, cap. 6, par. 7)を割いている。Cfr. infra.

72 PUFEN. *de iur. nat*. lib. 4, cap. 6, par. 4: «(...) Unde non recte dicitur, verbi gratia, feras adhuc in naturali libertate vagantes esse principis proprias. Sed Princeps ius habet eas capiendi, ideo quod penes ipsum sit dominium soli, in quo vagantur: quod quousque singulis liceat usurpare, penes ipsum est praescribere. Adeoque cui imperium est in terras et aquas, poterit vel promiscue quibusvis illa res apprehendendi, et proprias faciendi ius concedere, vel civibus suis omnibus, aut certi ordinis, vel sibi soli id reservare. Licet enim proprie sub dominio nondum sint ipsae res: tamen cum ad constituendam earum proprietatem necessario adhibenda sit res dominio subiecta, puta, terra aut aqua: igitur cui in haec imperium competit, lege lata impedire potest, ne ad talia adquirenda rem ipsius alteri adhibere liceat».

73 PUFEN. *de iur. nat.lib*. 4, cap. 6, par. 5: «Ex hisce apparet ab arbitrio eius, qui summum imperium habet, non autem a naturali aliqua, et necessaria lege dipendere, quidnam iuris in civitate singulis competat circa collectionem rerum mobilium nondum occupatarum, circa venationem, aucupium, piscationem, et similia ... «.第6段で取り上げるように、自然法は取得を認めるが、許可的自然法と義務的自然法との間の区別により、主権者、つまり、市民法は、取得そのものを妨げる。

74 PUFEN. *de iur. nat.lib*. 4, cap. 6, par. 6: «(. ..) Ob hasce ergo et similes causas Princeps, si reipublicae expedire visum fuerit, etiam invitis plebeiis citra iniuriam venandi licentiam adimere potuit. Non enim ipsis res suas eripit, sed vetat duntaxat ab ipsis usurpari aliquem adquirendi modum, quem alias merum ius naturae, citra constitutiones civiles si

esset, indulgebat. Nam quod aliqui simpliciores venationis prohibitionem ideo illicitam putarunt, quod Deus hominibus dominium in bestias dederit, rusticos autem utique homines esse; aut quod passim apud JCtos Romanos venatio iure naturali ac gentium libera dicatur; ad id dudum responderunt viri docti, distinctione facta inter ius naturae praeceptivum , et permissivum, et explicata diversa significatione vocaboli iuris gentium ... «.

75 GROT.*de iure bel.lib*. 2, cap. 2, par. 5: «De feris, piscibus, avibus illud notandum est, qui imperium habet in terras et aquas, eius Iege impediri posse aliquos, ne feras, pisces, aves capere et capiendo acquirere eis liceat: atque hac Iege teneri etiam exteros (...) Nec obstat quod saepe in iure Romano Iegimus, jure naturae aut gentium liberum esse talia animalia venari: hoc enim verum est quamdiu lex civilis nulla intercedit, sicut lex Romana res multas relinquebat in illo primaevo statu, de quibus aliae gentes aliud constituerunt. Cum autem lex civilis aliud constituit, eam observari debere ius ipsum naturae dictat. Lex enim civilis quanquam nihil potest praecipere quod ius naturae prohibet, aut prohibere quod praecipit, potest tamen libertatem naturalem circumscribere, et vetare quod naturaliter licebat, atque etiam ipsum dominium naturaliter acquirendum vi sua antevertere»,

76 GROT. *de iure bel. lib*. 2, cap. 8, par. 5: «(. ..) Germaniae autem populi cum principibus ac regibus bona quaedam essent assignanda, unde dignitatem suam sustinerent, sapienter existimarunt ab illis rebus incipiendum quae sine damno cuiusquam tribui possint, cuiusmodi sunt res omnes quae in dominium nullius pervenerunt. Quo iure usos et Aegyptios video. Nam et ibi regum procurator quem *ἴδιον λόγον* vocabant, vindicabat res eius generis. Potuit autem lex etiam ante occupationem harum rerum dominium trasferte, cum ad dominium producendum lex sola sufficiat". また、*de iure bel.lib*. 2, cap. 2, par. 4: «(. ..) Quod si quid universim occupatum in singuIos dominos descriptum non est, non ideo vacuum censeri debet. manet enim in dominio primi occupatoris, puta populi aut regis. Talia esse solent flumina, lacus, stagna, silvae, montes asperi». も参照。

77 PUFEN. *de iur. nat. lib*. 4, cap. 6, par. 7: "Caeterum per eiusmodi leges Principibus proprie loquendo non dominium ferarum fuit datum, sed tantum ius, ut ipsi soli easdem occupando suas possent facere. Quod ius tamen, postquam ab aliis isthaec ferae fuerunt apprehensae, hunc cum dominio communem effectum habet, ut ab illegitimo captore possint vindicari ... ".

78 PUFEN. *de iur. nat. lib*. 4, cap. 6, par. 7: "C..) Narn id non videtur admittendum, quod aliqui dicunt: potuisse legem etiam ante occupationem harum rerum dominium assignare, cum ad dominium producendum lex sufficiat ... ".辛辣な言葉は間違いなくグロチウスに向けられている。

79 PUFEN. *de iur. nat*. lib. 4, cap. 6, par. 7: «C..) Id equidem lex civilis efficere potest, ut dominium iam in rebus constitutum ab uno cive in alium transeat citra antecedens aliquod

ipsorum factum. Sed ut dominium in rem aliquam, quae nondum potestatem hominum actu subiit, ab initio introducatur, per solam legem fieri non potest; sed opus est actu aliquo corporali, cum primis circa res se moventes ... «.

80 PUFEN. *de iur. nat. lib.* 4, cap. 6, par. 7: «(...) Sunt contra, qui statuunt, per leges civiles, venandi licentiam prohibentes, esse detractum non quidem adquisitioni animalis capti, sed iuri tantum venandi. Nam circa feras duo quondam fuisse iure gentium concessa, unum, ut omnibus hominibus venari liceret; alterum, ut dominium ferarum occupatione adquireretur. Quorum priori derogatum fuisse fit intelligendum, posteriori autem nequaquam. Inde si is, cui venari fit interdictum, nihilominus venando feram ceperit, tolli quidem ab eo feram, si apud ipsum fit inventa; non tamen quod illius facta non sit, sed velut ab indigno, et poenae causa. Ea plane ratione, qua laquei, iacula, et alia instrumenta venatoria huiusmodi hominibus auferunt; quae illorum tamen esse negari non possit. Unde si quod ita captum sit, alteri bona fide accipienti traditum sit, adimi ei, et vindicari non posse ... ".

81 PUFEN. *de iur. nat. lib.* 4, cap. 6, par. 7: «(...) Paria habet Zieglerus ad Grot. L. II cap. 2 §. *5. Impediti lege posse, ne ferae capiantur; sed ut capiendo non adquirantur, impediti lege non posse. Stare enim posse ius prohibendi cum adquisitione ipsa. Diversae esse quaestiones, utrum aliquis adquirat capendo, et utrum liceat hoc adquirendi modo uti* ... ".

82 PUFEN. *de iur. nat.* lib. 4, cap. 6, par. 7: "(...) Enimvero valde simplex est credere, naturali quadam necessitate aliquem fieri dominum eius rei, quam primus apprehendit; cum id ex praevio pacto esse supra ostenderimus. Igitur si isthoc adquirendi modo circa certas l' es subiectis Princeps interdixerit, prima apprehensio ad dominium adquirendum nihil proderit (...) Quin illud potius contradictorium est: Principibus solis competit ius venandi; et si privatus feram ceperit, eius dominium adquirit ... ".

83 PUFEN. *de iur. nat.lib.* 4, cap. 6, par. 7: «(...) Sed quid si aliquis quaerat: Penes quem ergo erit dominium ferae contra leges captae? Nam penes captorem id esse ipsi negamus; et Princeps eam non cepit. Hic dicendum videtur, istum venatorem Principi ultroneam, licet parum gratam, operam praestitisse; adeoque non secus atque alium venatorem, a Principe auctoratum, capiendo feras Principis fecisse ... «.

84 PUFEN. *de iur. nat.lib.* 4, cap. 6, par. 7: «(...) Sed et moderate exercendas eiusmodi Ieges bene monent cordati, nisi peculiaris furtivorum venatorum malitia asperitatem suadeat ... «.

85 VINN. *Inst. cOlnm.lib.* II, tit. I, par. 13 (5): «Unde si homo plebeius, aut quis alius, cui ius venandi non est, feram venando ceperit, licet incidat in poenam Iegibus constitutam, fera tamen nihilominus illius fit: et quamvis capta iubeatur capienti auferri, id non tam ideo fit, quia capientis facta non est, sed quasi ab indigno et poenae causa. Eadem pIane ratione qua Iaquei, iaculi, aliaque id genus instrumenta venatoria huiusmodi hominibus

adimuntur. Quod si vero id, quod ita captum est, alteri bona fide accipienti ex iusta causa traditum sit, adimi hoc ei non poterit: neque enim furtivum, aut alienum possidet, ut ab eo vindicari queat. Neque dicit potest poenam legis mereri, qui nihil deliquit, nihil contra Iegem fecit ... «. D. 50,16,131. の引用が続く。

86 VINN. *Inst. comm.* lib. II, tit. I, par. 13 (5): "Huic non absimile est, quo de fera in alieno fundo capta diximus, eam capientis fieri, quamvis in alieno venari invito domino non liceat". 検証が続く。

87 HUBER, *Prael. Iur. Civ.,* t. I, cit., *De rer. div.,* lib. II, tit. 1, par. 17 (t): «(...) Porro nititur ille mos restrictae venationis, iure quod habent populi a Deo in cunctas res non occupatas, per quod licet ipsis ordinariam methodum, qua res tales singulorum capientium fiunt, invertere ac praevenire easque res addicere iis, quibus videtur, adeo ut Principes vi huius cessionis a populo factae, dominium ferarum adquirere citra et ante occupationem, scribat Grotius (...) Qua ratione Constitutio Caroli V. 169. ut fures puniri iubet eos, qui feras et pisces, etiamsi ab aliis non inclusos capere sint ausi. Contra D. Vinnius ad *d.* §.12. ius tantum venancli vulgo interclictum tradit, extra quam ferae per se adhuc sint communes, ut olim. Gudelinus (...) et Zypaeus (...) negant furtum committi aut in conscientiam peccari ab eo, qui privatus leporem capit, qua de re diximus (. ..). Frisii nostri hac parte, ut in aliis, minus procul absunt a Iure Romano. Nam ius piscandi et aucupandi, (exceptis avibus generosis) apud nos commune est; venatio maiorum ferarum patet omnibus qui fundos possident. Ipsae autem ferae minime ita afficiuntur, sed quo minus fortuito captas retineamus, nihil obstat".

88 MPI für europ. Rechtsgeschichteのカタログには、約 20 タイトル *(dissertationes, quaestiones, disputationes, consilia* e *tractatus)* が、17 世紀から 18 世紀初頭までの間に配置されている。A. FAIDER, *Histoire du droit de chasse et de la législation sur la chasse* ... , cit., p. 569 ss.

89 *Disputatio Juridicade Venatione quam Permissu atque Authoritate Magnifici J Ctorum Ordinis in Celeberrima Raucorum Universitate Praeside Viro Nobilissimo et Amplissimo Dn. Jac. Burckhardo* ... submittit JOB. HENRICUS REBERUS ... ad diem 29 Martij, An. Chr. M. DC. LXXXX., Basileae, Typis Jacobi Werenfelsi. Nel catalogo della BNF.

90 *Op. cit.,* p. 4.

91 サッルスティオの参照先は間違いなく、その歴史家が、畑仕事や狩猟を、奴隷の仕事（*servilibus officiis*）とした*Cat.* 4,1 である。

92 Thes. I-III, p. 4 ss.

93 Thes. III, p. 18: "(...) Nam aequius est, ut *Venationes* simul et coniunctim exerceant, ita enim multae lites ac querelae, quas praeoccupatio excitare solet, praecaveri possunt, nisi mos et consuetudo regionis aliud praecipiat et velit" .

94 Thes. ID, p. 17 ss.

95 Thes. III, p. 19: "(...) Tandem notandum, cum *convenatio* plerumque pariat rixas, utile esse, compascuationis exemplo, usum venationum dividi. Quae divisio fieri potest, vel iuxta certa loca, V.g. in his Titius, in aliis Maevius venetur: vel iuxta *certa tempora,* ut alternatim, *vel certis diebus* alter *Venationem* exerceat: vel *quoad certas feras* ut hic minores, puta lepores, quod *certum numerum,* alter, alter maiores capiat ... «.

96 Thes. IV, p. 23 ss.それは*Efficiens, Materia, Forma et Finis* の４つであり、また、多くの下位分類に分かれている。もっとも主要な動力因は *voluntas constituentium venationem* である。そこでは、*Bannus ferinus* またはForesta もしくは Forestis、及び、*iure proprie* または *iure superioritatis* により狩猟を行うことができるのは誰か、という非常に複雑な問題を取りあげている。

97 Thes. IV, p. 27 s.: "Frequentissimae enim ac acerrimae solent esse lites circa ius venandi, propterea quod Principes ac Nobiles fere omnes *Venationibus* maxime delectentur iisque dediti sint, unde non raro ob unius leporis vel capreolae capturam, vel etiam ob minimam sylvae ac sterilis agelli particulam, magnae turbae oriuntur. Convenit igitur, amicabili compositione, litem hanc inter vicinos tolli et *Venationeln* sive convenationem alteri in alterius fundo certo modo permitti; ut et vi sententiae, aut rei iudicatae constitutum, ut e.g. in eadem convenatione.Nulla enim ratio iuris impedit duos vel plures in eodem fundo venationes exercere, adeoque simul in possessione esse vel quasi. Huic non obstat, quod constituti iuris sit: duos in solidum rei unius possessores esse non posse [学説の引用が続く]. Sed respondetur: hoc axioma in rebus incorporalibus, utpote iurisdictionalibus, servitutibus et aliis iuribus non obtinere, statuunt IC ... ".

98 Thes. IV, p. 30: "(...) In materiis *Venationum,* semper consuetudo et mos regionis attendendus est, qui potest ex illicito licitum facere et contra ... «. 文献の引用付き。

99 Thes. IV, p. 30: "(...) Consideranda *varia iura,* quae sub *Banno ferino* continentur, quia hoc *ius venandi* late *patet,* continens non tantum *Venationes,* sed insuper omne id, sine quo commode *ius venandi* expediri nequit ... «.賛成の文献表付き。

100 Thes. IV, p. 30 ss. テキストに引用された５つの権利に、著者は、p. 33 で、狩猟に関して強制及び禁止を行い、かつ、森林監視人（*saltuarii*）を任命する権利を加えている。

101 Thes. IV, p. 32 s.: "(...) Hoc tamen admonendum, quod Princeps territorii, iura forestalia possidens, servitia venatoria, cum benigna moderatione exercere debeat, considerando, ne subditi ad onera venatoria, tempore, quo agrorum sationibus insistunt, trahantur; ne annona cum Reipublicae nocumento, damnum patiatur ... ".

102 Thes. IV, p. 33.

103 Thes.V, pp. 40-46, 犬関連。Thes. VI, pp. 46-57, 特に様々な種類の動物を狩猟の対象とする狩猟について。Thes. VII, pp. 57-64, 狩猟の方法について。Thes. VIII,pp. 64-65,

狩りの目的について。Thes. IX, pp. 65-67, 同時進行の狩猟、特に、狩猟の補助者、朝の狩猟、神への祈願、サイン、「狩猟用語」、方式、狩りにおける会話方法について。

104 Thes. X, p. 68: "(...) inter ea *Bellum,* magnam affinitatem habet cum *Venatione,* ut in quo tum aperta vi, tum stratagematis, utraque belligerantium pars alteram vel neci dare, vel in potestatem suam redigere satagit ... ".

105 Thes. X, pp. 67-71: "(...) *Peccat enim primo Venator, qui magicis artibus ad capiendas feras utitur* ... Secundo, *peccat uenator, qui diebus Dominicis ac cultus Divino destinatis Venationem exercet* Tertio, *peccat Venator, qui extra tempus in Ordinatione venatoria constitutum* (...) *venatur* Quarto, *peccat Venator, quiferarum multitudinem cum ruricolarum damnum [ouet* ... Quinto, *peccat Venator, qui subditorum operis* (...) *in exercitio venationum abutitur* ... Sexto, *peccat Venator, qui crudeliter bomines, in praestatione operarum,* (...) *tractat* ... Septimo, *peccat Venator, qui in venatione fructus vinearum agrorumque, equitando perdit* ... Octavo, *peccat Venator, qui damnum, a ferarum multitudine subditis datum, non restituit* ... Nono, *Peccat Venator, qui subditis territionem ferarum prohibet* ... Decimo, *Peccat Venator, quiDominum proprietatis probibet, lignis ad necessitates domesticas uti, aut in suo agro pasqua exercere* ... Undecimo, *Peccat Venator, qui venationem exercens per imperitiam homines in periculum vitae coniicit* ... Duodecimo, *Peccat uenator, qui in vicinifundo clam Venationem exercet* ... Decimotertio, *Peccat Venator, qui vulneratam feram ultra consuetos limites persequitur* ... Decimoquarto, *Peccat Venator, qui venationis ius ultra limites extendere tentat* ... Decimoquinto, *Peccat Venator, qui bominem, quem in [undo suo venantem deprebendit, cum eum pignorare posset, occidit* ... Decimosexto, *Peccat Venator, qui, ob ceruum captum, hominem capitali supplicio afficit* ... Decimoseptirno, *Peccat Venator, qui sub specie venationis praedatur* ... Decimooctavo, *Peccat Venator, qui cum blaspbemiis et maledictis venationem exercet* ... Decimonono, *Peccat Venator, quiferas captas clam uendit, aut in proprios usus conuertit*" .

106 Thes. X, p. 69: "Venatores, in exercendis *Venationibus* parcere debent agrorum satis et vineis, ne, ut fieri solet, ob capturam leporis, ruricolae damnum aliquot florenorum patiantur; sed illi plerumque id parum curant dicentes: man kònte keinen Hasen in der Lufft fangen. Sciant vero Venatores hi, feris quas insequuntur non multo humaniores, Deum gravissime attendi damnosis huiusmodi ferarum *Venationibus,* minimeque eiusmodi excusationes coram iudicio divino attendi" .

107 Thes. X, p. 68 s.: "(...) Quinto, *peccat venator, qui subditorum operis,* (. ..) *in exercitio Venationum abutitur.* Hoc autem variis modis contingit. 1.Quando *Venatio* instituitur, Ionge rnaiore numero hominum, quam opus est. 2. Cum praeter necessitatem per multos dies inutiliter detinentur, et ab agricultura avocantur. 3. Cum intempestivo pIane tempore, quando scilicet in messe agrorum fructus colligendi, ruricolae ad venatum rapiuntur (.

..).4. Cum venatorum Praefecti pecunias, pro operis venatoriis, rigide nimis a subditis extorquent. 5. Cum miseros homines frigore aut fame perire, aut per imperitiam, vel crudelitatem a bestiis dilacerari veI necari patiuntur ... “.

108 Thes. X, p. 69: “(...). Sexto, *Peccat venator, qui crudeliter bomines, in praestatione operarum,* (...) *tractat;* saepe enim in misellos rusticos, venaticas operas praestantes, tam verbis, quam verberibus, tyrannice saevire; eosque canum veI bestiarum instar tractare vuluptati habent ... “.

第６章註

1 M. DUPIN Aîné (A. Dupin), *Dissertation sur la vie et les ouvrages de Pothier,* in *Oeuvres de R.-J Pothier, Les Traités du droit Français,* I, Bruxelles, MDCCCXXXI, p. III ss.

2 主な著作は、周知のように、*Coutumes des Duché, Bailliage et Prévôté d'Orléans, et ressorts d'iceux ...* , Orléans 1760; le *Pandectae Justinianeae in novum ordinem digestae* (3 voll., Paris 1748-1752)、及び、前注の*Traités*の債券に関する箇所。A.J. ARNAUD, *Les origines doctrinales du code civil français,* Paris 1969, p. 277 s. のすべての著作、版、参考文献表。ポティエは、「近代の合理主義、体系主義及び個人主義」の源泉となる：A.J. ARNAUD, *Les origines doctrinales du code civil français,* cit., part. p. 163 ss.しかし、彼の主な業績は、「分離した権利の記述的な統合」、つまり、書かれたフランス法と慣習法との統合である：: G. TARELLO, *Storia della cultura giuridica moderna,*I, Bologna 1976, p. 185.

3 A.J. ARNAUD, *Les origines doctrinales du code civil français,* cit., p. 4, p. 112, p. 114 *passim.*

4 ポティエは、オルレアンの慣習を検討したのか。もちろん。しかし、それに関連して、とくに、領主階級'ordre féodal' と 君主制'ordre seigneurial'が錯綜して、様々な狩猟法が競合していた時期については、かなり意見が分かれている：PH. SALVADORI, *La chasse sous l'Ancien Régime,* Paris 1996, p. 30 ss.

5 *Oeuvres de R.-J. Pothier, Les Traités du droit Français,* V, cit., p. 209, それから R.-J. POTHIER, *De la propriété,* cit.また、P. GROSSI, *Un paradiso per Pothier (Robert-Joseph Pothier e la proprietà "moderna"),* ora in ID., *Il dominio e le cose. Percezioni medievali e moderne dei diritti reali,* cit., p. 385 ss. も挙げておくのがよいだろう。

6 R.-J. POTHIER, *De la propriété,* cit., p. 210 s.

7 ポティエと所有権の概念については、A.J. ARNAUD, *Les origines doctrinales du code civil français*, cit., p. 166, p. 186 S.; G. TARELLO, *Storia della cultura giuridica moderna,* I, cit., p. 184 ss., p. 187 nt. 218 に効用主義論者についてのよい要約がある。領主権及び君主権については、J.-PH. Lsvv, A. CASTALDO, *Histoire du droit civil,* Paris 2002, p. 408 ss., su fief, censive, tenure servile ecc., p. 381 ss.

8 自然法と万民法による取得方法のなかに、誰にも属さない財の先占がある。誰にも属していない一つの財を、それを取得する意思をもって獲取するとき、その所有者となるのが先占である。野生動物の場合は：R.-J. POTI-IIER, *De lapropriété,* cit., p. 214 s.

9 R.-J. POTHIER, *De la propriété,* cit., p. 218: "C'est au roi que le droit de chasse appartient dans son royaume; sa qualité de souverain lui donne le droit de s'emparer, privativement à tous autres, des choses qui n'appartiennet à personne, tels que sont les animaux sauvages; les seigneurs et tous ceux qui ont droit de chasse, ne le tiennent que de sa permission ... ". 新しい意見ではなく、当時広く支持されていたもの。Cfr. M. (A.) PECQUET, *Loix Forestières de France ou Commentaire Historique et Raisonné sur t ordonnance de* 1669, *les Réglements antérieurs et ceux qui l'ont suivie* ... , A Paris MDCCLXXXII2, p. 98 s.: "(...) Le droit de Chasse est donc, dans son origine et son principe, un droit Royal ... "; J. HENRIQUEZ, *Dictionnaire raisonné du Droit de Chasse, ou Nouveau Codedes Cbasses,* I, Paris 1784, p. 2 s. 著者は、ローマ人たちが、万人に狩猟を認めていたこと、当時はこの本来の自由を制限する国家は存在しなかったことに触れる："Nous nous contenterons de dire qu'en France la chasse est un droit royal, qui réside essentiellement dans la personne du Roi comme propriétaire primitif de tous les fiefs et de toutes les justices, qui sont émanées directement de lui et comrne premier dominant de tous ceux à qui il en a accordé la possession héréditaire. C'est-là une maxime regardée comme certaine par tous les bons auteurs".

10 C. LE BRET, *Traité de la Souverainetédu Roy,* in *Les CEuvres de Messire* C. *Le Bret* ... Nouvelle Edition, A Paris M.DC.LXXXIX., liv. III, chap. IV, p. 104: «(. ..) Sur quoi [つまり、他人の土地での狩猟の禁止について] je dis premierement qu'il seroit impertinent de douter si le Roi peut chasser ailleurs que SUI' ses Terres; vù mème que les anciennes Ordonnances veulent que lorsqu'il va à la Chasse en personne en quelque part du Roiaume que se soit, les seigneurs sur les terres de qui il chasse, l'accompagnent par tout; car c'est un des Droits de la Souveraineté ... ". Al di fuori di questo caso, è vietato anche ai signori cacciare *in alieno*.

11 'permettons'とその類義語について述べた法的テキストの引用は、R.-J. POTHIER, *De lapropriété*,cit., p. 218 n. 32. この「流派」に加わるのが、J. HENRIQUEZ, *Dictionnaire raisonnédu Droit de Chasse, ou Nouveau Code des Chasses,* I, cit., p. 3. この時代に受け入れられた一般的見解 (M. PECQUET, *Loix Forestières de France ou Commentaire Historique et Raisonné sur t ordonnance de* 1669, *les Réglements antérieurs et ceux qui l'ont suivie* ... , cit., p. 98 s.) を論じている。レガリアの基礎については、J. DUMAS, *Essai historique sur la législation cynégétique depuis les temps les plus reculés jusqu'en* 1789, cit. も参照。このDumasの著作は、多くの興味深いがアイデアと多くの間違いのある博士論文。改訂版があるかは知らない。

12 J. DUMAs, *Essai historique sur la législation cynégétique depuis les temps les plus reculés jusqu'en* 1789, cit., p. 120 nt. 2, cita C. Le Bret, 封建制に関する文献データ多数。

13 人類は、その歴史の第二段階において、全員が享受していたすべての財の分割を行ったと論じる者がまだいる：Mais dans ce patrimoine de l'Univers, y ayant des choses qui ne pouvoient entrer en partage, soit pour ne pouvoir estre divisées, comme l'air, la mer, les fleuves, les forèts ... les montagnes; ... Ces choses sont demeurées dans leur premiere qualité qui est d'estre comrnunes; ... Neantmoins les choses qui sont ainsi demeurées communes, se sont trouvées sous la puissance et la Seigneurie de la Republique, ou du prince Souverain qui la represente; car c'est une verité connué de tout le monde, que la Souveraineté tient en sa main tout ce qui est commun, et tout ce qui est public, qu'elle en dispose selon qu'il luy plaist ... Donc les oiseaux du Ciel, et les bestes sauvages de la terre, estant de ces choses qui sont demeurées communes, et qui partant n'appartiennent à personne, il est clair qu'elles sont de la Seigneurie du Prince; d'OÙ il s'ensuit qu'il en peut permettre ou deffendre la prise come bon luy sernble ... ": F. DE LAUNAY, *Nouveau traité du droit de chasse,* à Paris M.DC.LXXXI, p. 19 ss.

14 D. 1,4,1 *pro* (Ulp. 1 inst.).

15 VULG., *ler.* 27,6.

16 VULG., *gen. 1,28.*

17 R.-J. POTHIER, *De la propriété,* cit., p. 217.

18 フランスでは、13 世紀(M. MERLIN, *Répertoire universelet raisonné de furisprudence,* sv. *Chasse,* Tome Quatrième, Bruxelles 1825, p. 129)、あるいは、14 世紀 (J. DUMAS, *Essai historique sur la législation cynégétique depuis les temps les plus reculés jusqu'en* 1789, cit., p. 47 ss.; p. 101 ss.) 頃にはまだ、貴族か否かにかかわらず、自由狩猟権が存在していた。ただし、徐々に場所 *(in primis*le foreste reali, naturalmente) 、時間、狩猟手段に関し制限が進んでいった。この説に根本から反対するは、J. HENR1QUEZ, *Dictionnaire raisonné du Droit de Chasse, ou Nouveau Codedes Chasses,* I, cit., p. 4 ss.彼は、第 1 世代と第 2 世代の王の下で起こったエピソードに言及している。そのひとつが、813 年のトゥールーズの公会議で定められた聖職者の狩猟禁止であり、そこから多くの狩猟禁止が現れた（トゥールーズの公会議で導入された禁止は、メルランにより反対の方法で解釈されている: Merlin, *loc. ult. cit.*)。短く、貴族の特権を打ち立てた複数の有名の法令（M. BAUDRILLART, *Traité Généraldes Eaux et Foréts, Chasse et Pécbes ...* , Prémiere Partie, Recueil Chronologique des Réglemens Forestiers, Tome Premier, Paris 1821, p. 1 ss.には完全な編年文献表がある）。1396 年 1 月シャルル 6 世の命令[ISAMBERT, *Recueil général des anciennes lois françaises ...* , t. VI, s.d. (posteriore al 1822), p. 772 ss.] は、貴族以外の狩猟を禁止する。ただし、自己の所有と所得で暮らすブルジョワジー、言い換えると、機械的職人や費自由な職業に就い

ていない者は除かれた：W«Que d' oresénavant aucune personne non noble de nostredit royaume, se il n'est à ce privilégié, ou se il n'a adveu ou expresse commission à ce de par personne qui la lui puist ou doie donner, ou s'il n'est personne d'église à qui toutesvoies par raison de lignage ou autrement deuement se doie competter, ou s'il n'est bourgois vivant de ses possesions et rentes, ne se enhardisse de chassier ne tendre à bestes grosses ou menues ne à oyseaux, en garenne ne dehors, ne de avoir et tenir pour ce faire chiens, fuirons, cordes, laz, fillès ne aut l'es hamois ... ».一方でのブルジョワジーと人民の反応、他方での王侯貴族の排除主義という背景のもと、その特権は、1413年5月24日のカボシェンヌ布告（ordonnance Cabochienne）で、シャルル6世により停止される [ISAMBERT, *Recueil généraldes anciennes lois françaises* ... , t. VII, Paris s.d., p. 283 ss.]。そして、1451年8月16日、シャルル7世により再承認される [ISAMBERT, *Recueil général des anciennes lois françaises* ... , t. IX, Paris s.d., p. 177 s.]。そして、再びルイ11世により禁止され、シャルル8世により再承認され、その後また廃止される。その後、徐々に狩猟権は王権に属することと、許可のある場合のみ狩猟できることが確認された。さらに、1515年3月のフランソワ1世の布告がある。1516年2月11日に登記された(ISAMBERT, *Recueil général des ancienneslois françaises,* t. XII, Paris 1828, p. 49 ss.)この布告は、非常に厳しい罰を加えつつ、狩猟の禁止を更新した。法律違反が記述される全文(«Nous deuement advertis et informez des pilleries, larrecins et abus qui se font aux eaues et forests de nostre royaume, au grand dégast et destruction d'icelles, tant par nos officiers qu'autres, et aussi que plusieurs n'ayans droit de chasse ni privilége de chasser prennent les bestes rousses et noires, comme lièvres, phaisans, perdrix et autre gibier, en commettant larrecin et en nous frustrant du déduit et passetemps que prenons à la chasse; et quoi faisant, aussi perdent leur temps qu'ils devroient employer à leurs labourages, arts mécaniques ou autres selon l'estat et vacation dont ils sont ... »)のほかに、第16条はこう規定する：《すべての非貴族で、かつ、狩猟権または狩猟特権を認められていない臣民が、犬、括り罠、網等を所持することを禁じる》。貴族的な暮らしをしているブルジョワジーは、特権を認められる者の中に明記されなくなったが、判例は特権を拡張している (R.-J. POTHIER, *loc. ult. cit.;* は同意見、C. LE BRET, *Traitéde laSouverainetédu Roy,* cit., liv. III, chap. IV, p. 103 は反対意見)。大きな野獣を狩猟したことへの罰(artt, principali, 4-6) は、最初の違反かどうかにより細分化されていおり、また、250リッブラまでの罰金を払うことができる者と、支払いができないためすぐに身体刑を受ける者とが区別される。2回目及び3回目の違反では、誰が対象でも身体刑はより重くなり、没収及び追放が伴う。さらに再犯を重ねた者は死刑に処す (art. 6) 。犬や聖職者の場合でも賠償を伴う。1533年8月6日、フランソワ1世は、一つの政令を発し(ISAMBERT, *Recueil général des anciennes loisfrançaises,* t. XII, cit., p. 380 ss.)、あらためて狩猟権をレガリアと認定し、領主の特権

や許可を受けている者の含め、平民たち(*roturiers*)に狩猟を禁止し、貴族たちが非貴族たちにまで特権を広げていたすべての特約の無効を宣言した。アンリ2世及びアンリ3世の政令(J.DUMAS, *Essaibistorique sur la législation cynégétique depuis les temps les plus reculés jusqu'en* 1789, cit., p. 134 ss.)には触れないが、後者は、武器からただの白イタチに至るまでのあらゆる狩猟器具の保持に関して絞首刑を規定したことで有名である。アンリ4世の法令は、1600年1月、1602年2月16日、1603年8月14日の宣言、1601年6月の勅令(ISAMBERT, *Recueil généraldes anciennes loisfrançaises,* t. XV, Parigi 1829, p. 247 ss.)の後、1607年7月の勅令で、野生動物の種類により異なる処罰組織を立ち上げ、いくらかの妥協(非貴族による狩猟道具の保有は罰金刑のみ)と、刑の軽減禁止も規定した。それに続く禁令では、貴族も免除されず、王の遊び場に近い場所での特定の動物の狩猟が禁止されたが、その後、狩猟において火器の使用を禁じた貴族に対してはその禁止が撤回された(この「マイナーな」法文については、我々が間違っていなければ、'Isambert'の中に見えない。J. HENRIQuEz, *Dictionnaire raisonné du Droit de Chasse, ou Nouveau Codedes Cbasses,* I e II,cit.; または M. BAUDRILLART, *Traité Général des Eaux et Foréts, Chasse et Pécbes ... ,* Prémiere Partie, Recueil Chronologique des Réglemens Forestiers, Tome Prernier, cit. 参照)。1669年の'ordonnance Colbert'の前の、最後の意味ある法令は、1629年1月の命令(ISMlBERT, *Recueil général des anciennes lois françaises,* t. XVI, Paris s.d., p. 223 ss.)。この法令で、ルイ13世は、非貴族への狩猟禁止を確認し、都市へ許した特権を撤回した。この法制の複雑なイデオロギー的「背景」については、PH. SALVADORI, *La chasse sous l'Ancien Régime,* cit., p. 18 ss.

19 A. FAIDER, *Histoire du droit de chasse et de la législation sur la chasse ...* , cit.; tra i contributi più recenti, per la Germania, H.W. ECKARDT, *Herrscbaftliscbe Jagd, bàuerlicbe Not und bùrgerlicheKritzk zur Geschichte derfùrstlicben und adeligen Jagdprivilegien uornebmlicb im sùduiestdeutschen Raum,* cit.; per l'Inghilterra, R.B. MANNING, *Hunters and Poachers. A socialand Cultural History 01 Unlaufiul Hunting in England,* 1485-1640, Oxford 1993; e per l'età successiva, E.P. THOMPSON, *Whigs and Hunters. The Origins 01the Black Act,* London 1975. その他の欧州諸国では、論文集*La chasse au Moyen Age,* 参照(後で引用)。

20 禁止的市民法の擁護(つまり、主権者の禁止)が続く。その方法は厳格にユスティニアヌス的であり、グロチウス風、そして、プーフェンドルフ風である。市民法は、狩猟を禁止することができたし、〔今も〕できる。なぜなら、市民法は自然法の秩序及び禁制に違反しておらず、単なる一つの許可であるからだ。つまり、彼らの利益及び公的利益のため、「他人に」狩猟を禁止するのは有益であった。なぜなら、狩猟は、農民や職人から彼らの作業への、商人から彼らの商売への気持ちをそいでしまうからだ(R.-J. POTHIER, *De la propriété,* cit., p. 217 n. 27).

21 J. BOUTEILLER, *Somme rural ou le grand coustumier general de practique civil et canon,* Paris 1603, p. 250 s.テキストは14世紀のものである。「自然のもの」という項は、実際、ローマの狩猟原理を現行のものと述べられている。しかし、次の「他人の土地にいる獲物の狩猟」という項では、「現在の慣習」の望むように、追跡された野獣に関する権利を認める。そして、自己の土地では、捕まえたあと逃亡した野獣についての権利の保存にさえ言及する。反対に、共有地では、野獣は、先占者の物となる（p. 251）。

22 R. CHOPPIN, *Commentaire sur la Coustume d'Anjou* ... , Paris 1635, p. 150 ss.

23 C. LE BIZET, *Traité de la Souueraineté du Roy,* cit., liv, III, chap. IV, p. 101: CC(...) Je dirai que c'est en cela que consiste un des Droits de La Souveraineté du Prince, de pouvoir rétreindre en telles choses la liberté de leurs sujets ... ".

24 C. LE BRET, *Traité de la Souveraineté du Roy,* cit., liv. III, chap. IV, p. 102: "(...) Maintenant il n'y a point d'Etats qui n'aient des Loix et des Ordonnances semblables, du moins à l'endroit de ceux qui ne sont pas nobles; car pour le regard des Gentils-hommes, elles leur permettent plus facilement, a fin de les rendre plus robustes et plus adroits à la guerre ... Mais c'est principalement aux Rois et aux Princes que l'exercice de la chasse est plus convenable ... ".悪習に堕落させる無気力を振り払うため、王国の運営が原因の苦悩や疲れからの高貴な気晴らしにするため、そして、主に、戦争においてより強く、そして、より勇気を持ているように。ここでも、共有点は多い。

25 C. LE BRET, *Traité de la Souveraineté du Roy,* cit., liv. III, chap. IV, p. 102: "(...) ディオドロスやソロンにおいて、我々は、アテネの全市民が狩猟に熱中していたこと、そして、機械的な職業が軽視されていたことが読み取れる。そのことは社会に非常に有害であったので、狩猟を禁止することは難しくなかった。そして、この著者は、この措置がのちに無視されるようになったことから、アテネの攻略と没落が生じると強調している」。皇帝フリードリッヒもまた、「...ユスティニアヌス法典にある、ライオン、熊及び狼だけ狩猟を許したことで、その他のすべての動物の狩猟を暗に禁止した皇帝ホノリウス及びアルカディウス及びテオドシウスの法律の例に基づき」帝国内において、禁令を導入したという。皇帝勅令は、完全に作法に変形してしまった。ディオドロスには、我々の知る限り、そのような情報はなにもない。このリシェリューの助言については、V.I. COMPARATO, *Cardin Le Bret /"Royaute" e "Ordre" nel pensiero di un consigliere del Seicento,* I, II, Milano 1969 参照。

26 有力な論者de Launayは、狩猟を禁止する法律は、服従者たちの主権者への同意より生ずるものであり、主権者と服従者たちとの間の一つの協定であり、国家の基本的法律のひとつとみなすべきである、と主張している。"(...) En effet que se droit soit acquis aux Souverains, il faut en demeurer d'accord; les Ordonnances de France, celles d'Allernagne, celles d'Espagne justifient pleinement la verité de ce fait, la possession où

sont les Souverains de jouir de ce droit ayant continué plusieurs siecles, estant appuyée sur le consentement de leurs sujets, doit estre considerée comme un traité fait entre le Prince et eux, qui équipole à une Loy fondamentale de l'Etat, comme une Coutume justement établie dans le Royaume, qui passe pour une verité ... Premierement le droit de gens n'est point offensé par cette prohibition: car le prince interdisant aux particuliers l' usage de la Chasse ne leut òte aucun bien qu'ils possedent. Les lieux dans lesquels il y a deffense de chasser sont au public ou aux paticuliers, s'ils sont au publique appartenant au Prince par droit de Souveraineté, et par droit de proprieté, personne n'a raison de se plaindre: car le Prince qui ne doit pas avoir moins de droit que les patriculiers, doit avoir le droit d'empescher qu'aucun n'entre dans son heritage pour y chasser [il *ius prohibendi*dei Romani]. Si les lieux sont aux particuliers, les bestes sauvages qui s'y peuvent rencontrer n'appartenans pas aux proprietaires des lieux où elles se trouvent, le Prince ne peut faire de tort ny aux proprietaires ny aux particuliers de leur òter la liberté de les prendre; car illeur deffend de prendre des bestes sur lesquelles ils n' ont aucun droit que celuy de l' occupation, c'est à dire, illeur òte seulement une esperance fort legere de prendre des bestes communes à tous les hommes; donc avant l' occupation ces bestes sauvages ne sont point aux proprietaires des heritages dans lesquels elles se trouvento Or l'esperance ne se met point au rang des biens existants ... ": F. DE LAUNAY, *Nouveau traité du droit de chasse*, cit., p. 26 ss.).野生動物を獲取できる可能性がかなり不確実なとき、皇帝は、簡単にそれを妨げることができる。その後で、万民法は不変であるというとき、それは、何かを加えたり、または、改めたりすることが不可能という意味ではない。万民法の不変性の擁護者であるGiason自身が、皇帝は、私人が民法により取得したものを奪うことをできないと断言した後、「もし公的な効用がそれを要求しないなら」と加えている(p. 29)。ローマ法そのものが、反対の慣習を認めることで、適用を除外している。また、私人の家に隣接した海岸についての排他的権利を同人に認める教皇レオ6世の法律の例は、皆に有効であるべきとする(p. 31)。他の論者たちは、動物は無主物であるゆえに誰にも属さない、したがって、誰かの権利を傷つけることなく、一方または他方に与えることができないため、それを君主に帰属させることが必要である、というふうに考える。M. SCHAEFFER, *Du droit de chassedans ses rapports aveclapropriété*, Nancy 1885, p. 161. V. anche]. DUMAS, *Essaihistorique sur la législation cynégétique-depuis les temps les plus reculésjusqu'en* 1789, cit., p. 124. 参照。

27 19世紀の終わりに、万民法と無主物ルールは一般的に過去の遺物である、との主張が、再び唱えられた。Cfr. *infra*.

28 PH. SALVADOIU, *La chasse sous l'Ancien Régime*, cit., p. 27 s.

29 私たちが参照したde Launayの狩猟論文の版（第2版かつ最終版）は、いわゆる、一片の大きな聖体を拝受する , M. Gamare, Lieutenent General des Chasses.実際、その本

は、この紳士が行った狩猟の起源に関する議論（*Discours de l'origine de la Chasse*）を巻頭に収録している（オリジナルはイタリア語で、ペッレグリーニ学院にある）。狩猟を貴族だけの「余暇*loisir*」とする支配的な認識について読むのは有意義である。より遠い過去から共有されている議論の濃縮物。狩猟は英雄を育成し、ギリシャ人は貴族だけに制限したのであるから、今、狩猟から非貴族を閉め出すのは正しい。狩猟とは、病気、虚弱、食欲不振、不眠を防ぐためのものである。狩猟は五感を満たしてくれる。里の美しさで視覚を、ホルンの音や犬の鳴き声で聴覚を満たしてくれる。狩猟は、聖ウベルトの例によれば、街の娯楽的犯罪を撲滅する。

30 F. DELAUNAY, *Nouveau traité du droit de chasse,* cit., p. 51 ss. とはいえ、特権時代は、地域ごとの違いが激しく、君主と服従民が同時に狩猟を行っていたような場所もあったことに言及しておくのは有益だろう。Cfr. M. GARAUD, *La révolution et la propriétéfoncière*, Paris 1959, p. 89.

31 *Ordonnance de Louis XN,* roi de France et de Navarre, sur le fait des eaux et des forèts, donnée a S. Germain-en-Laye au mais d'Aoùt 1669 (ISAMBERT, *Recueil général des anciennes lois françaises,* t. XVIIl, Paris 1829, p. 219 ss.). 非常によく知られた法文と注釈は、M. PECQUET, *Loix Forestières de France ou Commentaire Historiqueet Raisonné sur l'ordonnancede* 1669, *les Réglements antérieurs et ceux qui l'ont suivie ...* , cit. (il tit. XXX da p. 23). 狩猟権については、他にも、R.-J. POTHIER, *De la propriété,* cit., p. 218 n. 30, cfr. M.MERLIN, *Répertoire universel et raisonnéde Jurisprudence,* sv. *Chasse,* Tome Quatrième, cit., p. 130 ss. 歴史的批判の概観として、M. DEVÈZE, *La grande réformation des forèts royales sous Colbert* (1661-1683), Paris 1954, p. 209 ss.

32 Tit. XXX, art. 2: «Défendons à nos juges et à tous autres, de condamner au dernier supplice pour le fait de la chasse, de quelque qualité que soit la contravention, s'il n'y a d' autre crime mèlé qui puisse mériter cette peine, nonobstant l'article 14 de l'ordonnance de 1601, auquel nous dérogeons expressément à cet égard» (ISAMBERT, *Recueil généraldes anciennes loisfrançaises,* op. ult. cit., p. 295).

33 Tit. XXX, art. 14: «Permettons néanmoins à tous seigneurs, gentilshommes et nobles de chasser noblement à force de chiens et oiseaux dans leurs forèts, buissons, garennes et plaines, pourvu qu'ils soient éloignés d'une lieue de nos plaisirs, mèrne aux chevreuils et bètes noires dans la distance de trois lieues» (ISAMBERT, *Recueil généraldes anciennes lois[rançaises,* op. ult. cit., p. 297).

34 Tit. XXX, art. 28: «Faisons défenses aux marchands, artisans, bourgeois et habitants des villes, bourgs, paroisses, villages et hameaux, paysans et roturiers, de quelque état et qualité qu'ils soient, non possédant fiefs, seigneurie et haute justice, de chasser en quelque lieu, sorte et manière, et sur quelque gibier de poil ou de plume que se puisse ètre, à peine de 100 liv. d'amende pour la première fois, du double pou la seconde, et pour la troisième,

d' ètre attachés trois heures au carcan du lieu de leur résidence à jour de marche, et bannis durant trois années du ressort de la maitrise, sans que, pour quelque cause que ce soit, les juges puissent remettre ou modérer la peine, à peine d'interdiction» (IsAMBERT, *Recueil généraldes anciennes lois[rançaises,* op. uIt. cit., p. 299). Cfr. R.-J. POTHIER, *Delapropriété,* cit., p. 218 n. 30.禁止的規範の一般的緩和（密猟に対する死刑の消滅、nt. 28参照)、そして、平民領主にも狩猟権が認められたことで、貴族による狩猟の独占が崩壊する：PH. SALVADORI, *La chasse sous l'Ancien Régime,* cit., p. 21 s.

35 第20条は、すべての者に、その場所における火縄銃と犬による猟を禁じる。但し、特別な許可のある場合を除く（第13条)。また、犬及び鳥を使った貴族の狩猟、または、ノロ鹿もしくは猛獣の狩猟かどうかにより、1または3リーグ以内の距離での狩猟を禁じる（武器の使用が想定されるからか？)。

36 第28条は、「封土、領土及び上級裁判権をもたない平民（*roturiers non possédans fiefs, seigneuries et hautes-justices*)」だけに狩猟を禁じる：R.-J. POTHIER, *De la propriété,* cit., p. 219.

37 「平民」のための解釈の拡大の試みについては、M. MERLIN, *Répertoire universel et raisonné de Jurisprudence,* sv. *Cbasse,* Tome Quatrième, cit., p. 132 ss.参照。

38 R.-J. POTHIER, *De la propriété,* cit., p. 219. Al par. 36 *iloc. ult. cit.)* ポティエは、'censitaire'もまた貴族である場合を論じている。

39 "Le franc-aleu noble est, suivant la définition qu'en donne la Coutume de Paris, art.68, *celui auquel il y a justice, censiue, ou fief mouvant de lui,* c'est-à-dire, celui auquel est attaché un droit de justice, ou qui, sans avoir un droit de justice, a des vassaux, ou au moins des censitaires mouvans de lui": R.-J. POTHIER, *De la propriété,* cit., p. 220 n. 37.

40 R.-J. POTI-IIER, *De la propriété,* cit., p. 220. この解釈がどの程度自明なのかはわからない。

41 Per R.-J. POTHIER, *De la propriété,* cit., p. 220, この場合、平民たちは、狩猟権を有していない。

42 *Loc. ult.* cit.

43 R.-J. POTHIER, *De lapropriété,* cit., p. 221.

44 ひとつの領地に複数の裁判権：R.-J. POTHIER, *De lapropriété,* cit., p. 221 n. 40.がある場合、第27条の規定に従う。

45 R.-J. POTHIER, *De lapropriété,* cit., p. 220 s.

46 G. DE GISLAIN, *Etangs, Garennes et Colombiers dans l'ancient droit fra nçais,* thèse de doctorat, 4 volI., Paris 1977.

47 火縄銃及びピストルを使った狩猟の禁止は、アンリ4世が、1603年8月14日の宣言で導入した。これについては、ISAMBERT, *Recueil général des anciennes lois françaises ...* , t. XV, cit., p. 287 nt. 1.

48 R.-J. POTHIER, *De lapropriéte,* cit., p. 221 s.
49 R.-J. POTHIER, *De la propriété,* cit., p. 222.
50 R.-J. POTHIER, *De la propriété*, cit., p. 222.
51 VULG., *Ceno 1,28.*
52 R.-J. POTI--IIER, *De lapropriété,* cit., p. 215.
53 数世紀にわたって言い伝えられる運命の、先占を定義する有名な一節である。
54 R.-J. POTHIER, *De lapropriété,* cit., p. 215.
55 R.-J. POTI-IIER, *De la propriété*, cit., p. 222 s.
56 R.-J. POTHIER, *De lapropriété,* cit., p. 216.
57 R.-J. POTI-IIER, *De la propriété,* cit., p. 217.
58 E. PASQUIER, *L'interprétation des institutes de Justinian,* Paris 1847, réimpr., Genève 1970, p. 194. p. XCVIII nt. 1 からは、テキストは 1609 年 11 月 1 日から書き始められたようだ。
59 それが少なくとも出回っていた概念であることは、注 62 に記したル・ヴェリエの著作から解る。
60 R.-J. POTHIER, *De lapropriété,* cit., p. 216.
61 R.-J. POTI-IIER, *De la propriété,* cit., p. 220.
62 R.-J. POTHIER, *De la propriété*, cit., p. 222. アンシャン・レジームの展望では、"On appelle droit de suite le droit qu'a le noble chasseur de suivre en terre étrangère la bete qu'il a levée sur sa seigneurie. Ce droit, par conséquent, n'existe que pour les Seigneurs; parce qu'ils sont seuls propriétaires des bètes qu'ils attaquent dans l'étendue de leur mouvance: elles leur appartiennent en effet, tant que la suite qu'ils en font n'est point interrompue ... ".1778年にルーアンで出版されたル・ヴェリエ（Le Verrier de la Conterie）の愉快な著作 *L'Ecole de chasse aux chiens courants* 第 2 版の緒言である。A. SOREL *Du droit de suite et de la propriétédu gibier tué, blesséou poursuiui,* Paris 18782, p. 159 ss. による再版から引用する。実際には、'le droit de suite' は、議論の的であり、今後もそうだろう。賛成は、M. BOUHIER, *Coutume du Duché de Bourgogne,* chap. LXIII, in *Oeuvres de Jurisprudence* ... recueillies et mises en ordre ... par M. Joly de Bevy, il, Dijon 1788, p. 723, Bouteiller や Table de Marbre di Parigi の賛成意見など、多くの信用できる引用を含む。反対意見は、J. HENRIQUEZ, *Dictionnaire Raisonné du Droit de Cbasse, ou Nouveau Code des Cbasses,* I, cit., p. 393-94 ("En effet, c'est une maxime certaine, et universellement admise, qu'il n'est pas permis de chasser sur une terre, sans la permission de celui à qui appartient (...), par conséquence naturelle de cette maxime, la suite du gibier ne doit donc pas ètre permise"). 賛成意見は－なぜなら、野生動物は逃げた奴隷に等しいから－すでに、F. DE LAUNAY, *Nouveau traité du droit de cbasse,* cit., p. 50. Anche C. LE BRET, *Traité de la Souveraineté du Roy,* cit., liv. III, chap. IV, p. 104, が兎

に限定して示していた。他にも賛成は、M. PECQUET, *Loix Forestières de France ou Commentaire Historique et Raisonné sur t ordonnance de* 1669, *les Réglements antérieurset ceux qui l'ont suivie* ... , cit., p. 99. Cfr. *infra*.

63 Charles-Élie de Ferrières-Marsay, deputato della nobiltà agli Stati Generali del 1789. 貴重な資料は彼の論文だけではない(*Memoires du* MARQUIS DE FERRIÈRES, Deuxième Édition, 3 vol., Paris 1822) ma anche la corrispondenza (MARQUIS DE FERRIÈRE, *Correspondanceinédite 1789,1790,1791,* publiée et annotée par Henri Carré, Paris M.CM. XXXII).

64 "(. ..) L'Assemblée offre l'aspect d'une troupe de gens ivres, placés dans un magasin de meubles précieux, qui se trouve sous leurs mains ... " *(Memoires du Marquis de Ferrières,* 12, p. 186).*Correspondance*において、頻繁に使う用語が、'mémorable seance'である：" Nous avons eu une séance très mémorable, mardi 4 août, Rabreuil te comuniquera les détails et l'objet; je les lui mande. S'il en résulte quelques avantages pour le bien général, je me consolerai facilement de ce que je perds comme gentilhomme, et comme seigneur de fief. L'article de la chasse ne m'intéresse guère, mais il fàchera beaucoup M. de la Haye ... " *(lettera XXXI,* à Ma dame de Ferrière, Versailles, 7 août 1789, in *Correspondance,* cit., p. 109 s.),書簡 n. XXXII、Monsieur de Rabreuil宛てで、またこの'mémorable séance' を話題にする："(...) on décréta de chanter, dans l'etendue du royaume, un Te Deum en action de gràce de cet heureux événement ... " (p. 115 s).同じ書簡で、冷然とした参加を欠かない："Les témoignages les plus flatteurs de reconnaissance furent prodigués. Mais c'était le moment de l'ivresse potriotique (p. 114)".悲しみと、抗いがたい感覚；虚栄と人間事の虚無。書簡 n.XXXVI、フェッリエール夫人宛て、1789年8月14日、ヴェルサイユ (p. 131): "(...) Je n'ai jamais attaché beaucoup d'importance à la chasse; et je tiens moins que jarnais à mon chàteau ... " *iloc. ult. cit.).*

65 «Lapoule, député de Franche-Compté, parle de prétendues obligations imposées à des vassaux de nourrir les chiens de leurs seigneurs. Il osa dire qu'il existait ... un droit qui autorisait le seigneur à faire éventrer deux de ses vassaux au retour de la chasse, pour se délasser en mettant ses pieds dans leurs ventres sanglants ... ". しかし、貴族たちは、この註釈学派的設定に反対し、そのばかばかしくおぞましい権利の存在の証明を求めた。しかし、彼らの声は非難の声にかき消された*(Memoires du Marquis de Ferrières,*12, cit., p. 184).

66 "M. de Lubersac, évèque de Chartre, présentat le droit exclusif de la chasse comme un fléau pour les campagnes ruinées depuis plus d'un an par les éléments, demande l' abolition de ce droit, et il en fait l'abandon pour lui. Heureux, dir-il, de pouvoir donner aux autres propriétaires du royome cette leçon d'humanité et de justice. A ce mot, une multitude de voix s'élèvent; elles partent de MM. de la noblesse, et se réunissent pour

consommer cette renonciation à l'heure rnème, sous l'unique réserve de ne permettre l' usage de la chasse q' aux seuls propriétaires, avec des mesures de prudence, pour ne pas compromettre la sùreté publique. Tout le clergé se lève pour adhérer à la proposition; il se forme un tel ensemble d'applaudissements et d'expressions de bienveillance, que la délibération reste suspendue pendant quelque temps ... ": *Arehives Parlementaires* De 1787 A 1860/Recueil complet des Débats Législativs et Politiques des Chambres Françaises ... , Première Série (1789 à 1799), Tome VIII du 5 mai 1789 au 15 septembre 1789, Paris 1875, p. 346.p.359 に、数日前に表明されたミラボーの賛辞。Cfr. A. CHANTEUX, *Etude Comparative du Droit de la Chasse dans la Communauté Européenne,* I, Paris 2000, p. 80 (cit, completa alla nt. 143).

67 4, 6, 7,8 et Il aoùt.-Sanct.le 21 Sept., et prom.le 3 Nivf. 1789 (Proc. et Lett. Pat.l-Décret portant abolition du régime féodal, des justices seigneuriales, des ditnes, de la vénalité des offices, des priviléges, des annates, de la pluralité des bénéfices, etc .... , in *Colteetion complète des Lois, Déerets, Ordonnanees, Réglements et avis du Conseil-d'Etat,* par J.-B. DUVERGIER, Tome Premier, A Paris 1824, p. 39 ss.

68 «Le droit exclusif de la chasse et des garennes ouvertes est pareillement aboli; et tout propriétaire a le droit de détruire et faire détruire, seulement sur ses possessions, toute espèce de gibier, sauf à se conformer aux lois de police qui pourront ètre faites relativement à la sureté publique » *(loc. ult. cit.).*

69 « ... Le droit de la chasse repose SUl' des principes qui constituent une surenchère de la Déclaration des droits de l'Homme de 1789. C'est en cela que le droit de la chasse apparait comme une école de démagogie, et c'est pour quoi il faut souvent obstacle à la protection de la nature»: J. DE MALAFOSSE, *Droit de la chasse et protection de la nature,* Paris 1979, p. 18. さらに、P. OURLIAC, J. DE MALAFOSSE, *Histoire du droit privé Les Bien,* II, Paris 1969, p. 207 も。

70 ブルジョワジー : J. DE MALAFOSSE, *Un obstacle à la protection de la nature: le droit révolutionnaire,* in *Dix-Huitième Siècle* IX (1977), p. 91 ss. Cfr. anche ID.,*Nature et liberté Les acquis de la Révolution Française La liberté de cultiver et de détruire le gibier,* in *Revue du Code Rural169* (1989), p. 486 ss.

71 Bulletin de l'Assemblée Nationale, séance du mardi 20 april au soir.会議は、都市からの多くの 'adresses' も参加して開催され、教会財産の取得を含む様々なテーマについて討議された。V. *Réimpression de l'Ancien Moniteur, seule histoire authentique et inaltérée de la révolution française (Mai 1789-Novelnbre 1790),* Tome Quatrième-Assemblée Constituante, Paris 1860, p. 172 ss. *(Moniteur,* IV).

72 «Le privilège exclusif de la chasse a été supprimé par l'article III des décrets du 4 août, et le droit de détruire, sur ses possesions seulement, toute espéce de gibier a été rendu à

tous les propriétaires, à la charge cependant de se confirmer aux réglements qui seraient établies. Par un abus trés répréhénsible, la chasse est devenue une source de désordres qui, s'ils se prolongeaient, pourraient etre très funestes aux récoltes. Tel est le point d'où le comité est parti: il est bien loin de regarder comme parfait ce pIan qu'il vous propose; mais les bases sur cette matière ne sont pas encore determinées": *Moniteur,* IV, p. 173.

73 «M. de Robespierre: Je m'élève contre le principe qui restreint le droit de chasse aux propriétaires seulement. Je soutiens que la chasse n'est point une faculté qui dérive de la propriété. Aussitòt la dépouille de la superficie de la terre, la chasse doit ètre libre à tout citoyen indistincternent; dans tout cas, les bètes fauves appartiennent au premier occupant. Je réclame donc la liberté illimitée de la chasse, en prenant toutefois les mesures pour la conservation des récoltes et pour la sureté publique".テキストは*Moniteur,* IV, 173. に採録されたもの。*Oeuvres de Maximilien Robespierre,* Tome VI, Discours, l '<Partie 1789-1790 (a cura di M. Bouloiseau, G. Lefebvre, A. Soboul), Paris 1950, p. 324 s. も参照。多くの新しい情報がある。

74 反ロベスピエールに反対して、M. Mougins de Roquefortも参加する："Le privilège de la propriété doit s'étendre jusqu'à empecher sur son héritage l'exercise d'aucun droit sans une permission préalable": *Moniteur,* IV, p. 173.最後に誰かが、問題の重要性を考えて、審議を翌日に持ち越してはどうかと問うた。審議は10時に終わる。翌日再開され、様々なジャンルの問題が討議され、狩猟についても再度議論される。

75 "On a raison de dire que, par droit naturel, le gibier n'appartient à personne; mais s'en suit-il que tout le mond ait le droit de le poursuivre partout? Autant vaudrait dire qu'on a le droit de venir chercher chez vous les animaux malfaisants qui infestent vos maisons. Une aut re considération doit fixer vos regards; vous devez faire les lois, non pour l'homme de la nature, mais pour l'homme de la société. Deux principes sont reconnus par les lois romaines: 1° le gibier est la propriété de celui qui s'en empare; 2° chacun a le droit d' ernpècher un étranger d'eritrer sur sa propriété pour chasser le gibier. La loi qui n'aurait pas le droit d'autoriser un propriétaire à l'empècher qu' on ne vint sur son terrain n'avait pas davantage le droit d'assurer les propriétés ... Vous voulez faire fleurir l'agriculture; pensez-vous qu'elle feurira quand tous les vagabonds auront droit de chasse? Le séjour de la campagne sera-t-il agréable lorsqu'il ne sera pas sur? Mais je ne veux pas abuser de vos moments, et je vous rappelle la déclaration des droits, dans laquelle vous avez reconnu avec tant de justice tous les droits des hommes. Le comité féodal propose le projet de décret suivant.... il est défendu à toutes les personnes de chasser, mème dans les jacheres et dans les propriétés non closes, soit à pied, soit à cheval, avec ou sans chien, à compter du 1cr avril au 15 septembre, près de la fouille entière des fruits croissants ... ": *Moniteur,* IV, p. 174.議会の議論は終了する。ロベスピエールは意見を求め、複数の者から、修正案

の提出が必要との見解が示される。主張し、ついに、議場を後にする *(Moniteur,* IV, p. 175)。

76 主な条文のテキストとコメントは、cfr. CH.-B.-M. TOULLIER, *Le droit civil français suivant l'ordre du code,* II, 2, Paris 18196, p. 6 ss.その法学者と著作については、cfr. E. GAUDEMET, *L'interprétation du code civil en France depuis 1804,* Paris 2002, réimp. éd. 1934, p. 70 ss.第16条、及び、王国狩猟法の原理に関する問題については、M. MERLIN, *Répertoire universel et raisonné de [urisprudence,* sv. *Cbasse,* Tome Quatrième, cit., p. 144 ss.参照。

77 その後の規定では、共有及び市有の森においての狩猟も禁止される(CI-l,-B.M. TOULLIER, *Le droit ciuil français suivant l'ordre du code,* 116,2, cit., p. 16 s.).

78 農業に関連した必要性のための、狩猟の一般的禁止は、すでに、1669年の命令、及び、それ以前の法令の中に見られる。Cfr. *retro.*

79 「破棄院により、また、最近においてもしばしば確認される公理」: M. REDON, sv. *Chasse,* in *Enciclopedie Dalloz,* Civil, III, Paris 2003, p. 3.

80 A. DURANTON, *Coursde droitfrançais suivant le codecivil,*IV, Paris 18282, p. 235 s. Sul giurista e l'opera, E. GAUDEMET, *L'interprétation du codecivil en France depuis 1804,* cit., p. 81 ss.

81 Alsace-Moselle で効力を持っていた、そして、今ももっている特殊な狩猟法を除く (per tutti, M. PLANIOL, G. RIPERT, *Traité pratiquede droit civilfrançais*, III, Les biens, ave c le concours de M. PICARD, Paris 1926, p. 581 s. e per gli sviluppi, M. REDON, sv. *Chasse,* cit., p. Il ss.) 。おそらく、1791年9月28日-10月9日法で導入された、蜂蜜についての特別規定も思い出しておくべきだろう。数多くの法令と異なり、有害動物の駆除を行っている間の他人への土地にたまたま立ち入ることを例外としてみなしていない (J.-B.V. PROUDHON, *Traité du domaine de propriété ou de la Distinction des biens* ... , I, Dijon 1839, p. 418 s.; cfr. E. GAUDEMET, *L'interprétation du codecivil en France depuis 1804,* cit., p. 72 ss.)。追跡権に関する1844年5月3日法の第11条でも例外とみなしていない。

82 Verdeille法とその後のフランス狩猟法制の展開については、M. REDON, sv. *Chasse,* cit., p. 8 ss.参照。

83 この側面については、J-PH, LÉVY, A. CASTALDO, *Histoire di droit civil,* cit., p. 459.

84 J.-B.-V. GARAUT, *La révolution et la propriétéfoncière,* cit.; J.-PH. LÉVY, A. CASTALDO, *Histoire du droit civil,* cit., p. 532; A.]. ARNAUD, *Les origines doctrinales du codecivilfrançais*, cit., p. 179 ss.; A.DE VITA, *Laproprietà nell'esperienza giuridica contemporanea Analisi comparata del diritto francese,* Milano 1969.

85 J.-PH. LÉVY, A. CASTALDO, *Histoire du droit civil,* cit., p. 532.

86 «La loi civile ne reconnait point le droit de simple occupation. Les biens qui n' ont jamais

eu de maitre, et ceux qui sont vacans comme abandonnés par leurs propriétaires, appartiennent à la nation: nul ne peut les acquérir que par une possession suffisant pour opérer la préscription. La faculté de chasser ou de pècher est réglée par des lois de police qui lui sont paticulièreso il en est de mème des effets jétés à la mer, et de l'invention d'un trésor". Cfr. P.A. FENET, *Recueil complet des travaux préparatoires du Code civil,* II, Osnabriick 1968 (rist, ed. Paris 1827), p. 124.

87 同様にパリ地方裁判所 (P.A. FENET, *Recueil complet des travaux préparatoires du Code civil,* V, cit., p. 212: "Nous n'approuvons pas non plus qu'on dise dans l'article 2, d'une manière si crue et si générale, que la loi civile ne reconnait point le droit de simple occupation et que les biens qui n' ont jamais eu de maitre appartiennent à la nation. il y a des choses qui n'appartiennent à personne, et que les jurisconsultes appellent *res communes, res nullius*. Entend-on soustraire aux particuliers la faculté d'acquérir ces choses, pour les donner exclusivement à la nation? Est-ce qu'un particulier qui va puiser de l'eau à la rivière n'acquiert pas le domaine de l'eaux qu'il y a puisée, et dont il a ernpli sa cruche? Les pierres, les coquillages qu' on ramasse sur le bord de la mer n'appartiennent-ils pas à celui qui s'en saisit? On peut citer cent exemples pareils" .

88 V.J.-G. LocRÉ, *La Législation civile, commerciale et criminellede la France,* Tome VIII, Paris 1827, p. 47 ss.): A.]. ARNAUD, *Les origines doctrinales du codecivilfrançais,* cit., spec. p. 34 S., p. 43 S.

89 "Déjà vous avez érigé en loi, dans le cours de votre dernière session, la maxime que les biens qui n' ont pas de maitres appartiennent à la nation; conséquence nécessaire de l'abolition du droit du premier occupant, droit inadmissible dans une société organisée", in].-G. LOCRÉ, *La Législation civile,commerciale et criminelle de la France,* VIII, cit., p. 58 s.

90 1803 年 4 月 9 日のCorps-Législatif の審議での議論。Cfr. J.-G. LOCRÉ, *La Législation civile,commerciale et criminelle de la France,* X, cit., p. 271 ss.

91 "L'état social ne permet pas que la chasse, la pèche, les trésors, les effets que la mer rejette, les choses perdue, soient, comme dans l'état de nature, au premier occupant. L' usage des facultés naturelles, les faveurs du hasard et l'avantage de la primauté ne doivent pas ètre en contradiction avec une propriété préexistente et mieux fondée en droit", in J.-G. LOCRÉ, *La Législation civile,commerciale et criminellede la France,* X, cit., p. 278.

92 Art. 539: "Tous les biens vacants et sans maitre, et ceux des personnes qui décèdent sans héritiers, ou dont les successions sont abandonnées appartiennent au domaine public"; art. 713: "Les biens qui n' ont pas de maitre appartiennent à l'Etat".

93 引用元：K.S. ZACHARIAE VON LINGENTHAL, *Manuale del diritto civilefrancese,* trad. di L. Barassi, rimaneg. da C. Crome, I, Milano 1907, p. 526; F. LAURENT,

Principes de droit civil, VIII, Bruxelles, Paris 1873, p. 523. このベルギーの法学者については、cfr. E. GAUDE~IET, *L'interprétation du codecivil en France depuis 1804,* cit., p. 104 S.

94 J.-B.-V. PROUDHON, *Traitédu domainede propriétéou de la Distinction des biens ...* , cit., I, p. 397. Cfr. E. GAUDEMET, *L'interprétation du codecivil en France depuis 1804,* cit., p. 70 ss.

95 Zachariaeへの言及である。

96 CH. DEMOLOMBE, *Traité des successions,* I, Paris 18704, p. 20 (= IX, p. 461; XIII, p. 18). その法学者と著作については、E. GAUDEMET, *L'interprétation du code civil en France depuis 1804,* cit., p. 92 ss. 参照。

97 V. MARCADÉ, *Explication théorique et pratique du code Napoléon ...* , III, Paris 18525, p. 5. Cfr. E. GAUDEMET, *L'interprétation du code civil en France depuis 1804,* cit., p. 102 s.

98 J.-B.-V. PROUDHON, *Traité du domaine de propriété ou de la Distinction des biens ...* , cit., I, p. 398 s.

99 すべての考慮すべき法学者の貴重な模範的な立場として、F. LAURENT, *Principes de droit civil,* VIII, cit., p. 524 (Le code civil reconnait trois sortes d' occupation: la chasse (art. 715), la pèche (art. 716) et l'invention (art. 716 et 717). 良心から、戦利品の先占を認めることを拒否した。

100 最近の著作として、CORNU, *Droit civil Introduction Les personnes Les bien,* Paris 2005 12, p. 454 s.p. 695 s.; CH. LARROUMET, *Les Bien Droits réels principaux,* II, Paris 20044, p. 768;J. CARBONNIER, *Droit civil Les biens,* II, Paris 200019 (Ire édit, 'Quadrige'), p. 768; F. TERRÉ, PH. SUVILER, *Droit civil Les biens,* Paris 20026, p. 306 ss. PH. MALAURIE, L. AYNÈS, *Droit civil Les biens,* Paris 20052, p. 181 S. CI-I. ATIAS, *Droit civil Les biens,* Paris 20058, p. 197: 先占に触れた行はわずかであり、無主物という伝統的概念には言及なし。

101 J. BONNECASE, *LJÉcole de l'Exégèseen droit civil,* Paris 19242、及び、GAUDEMET, *L' interprétation du code civil en France depuis 1804*, cit. 仏註釈学派の学者及び作品に関する情報はについては、高名な後者の文献参照。

102 K.S. ZACHARIAE VON LINGENTHAL, *Handbuch des franzosiscben Civilrechts,* Heidelberg 1808,2 voll.. V. E. GAUDEMET, *L'interprétation du code civil en France depuis 1804,* cit., p. 67.

103 この分析の出所は、E. GAUDEMET, *L'interpretation du codecivil en France depuis 1804,* cit., p. 57 ss. 133 頁以降に版ごとの相違を対比した批判的文献一覧。我々は閲覧できた版を参照した。

104 PH. REMY, *Éloge de l'exégèse,* in *Droits* 1 (1985), p. 115 SS.

105 G. TARELLO, *La scuola dell'Esegesi e lasuadiffusione in Italia,* in *Scrittiper il XL della-morte di* E. *Besta,* Milano 1969.

106 A. DURANTON, *Coursde droitfrançais suivant le codecivil,* IV2, cit., p. 218.

107 CH. DEMOLOMBE, *Traité des successions,* 14 , cit., p. 22; a p. 28, con riguardo alla caccia, "l'appéhension corporelle, *fa ctum,* ou du moins que la chose soit incontestablement en la puissance de celui qui a la volonté de s'en emparer". 'Appréhension' anche in CH. AUBRY, CH. RAu, *Cours de Droit civil fra nçais d'après la métbode de Zachariae,* II, Paris 18975, p. 359; su questi giuristi, cfr. E. GAUDEMET, *L'interprétation du code civil en France depuis 1804,* cit., p. 92 ss. e p. 105 ss. 'S'ernparer' anche in A. DURANTON, *Cours de droit fra nçais suivant le code civil,* IV2, cit, p. 224.

108 CH.-B.-M. TOULLIER, *Le droit ciuil français suivant l'ordre du code,* 116,2, cit., p. 5.

109 J.-B.-V. PROUDHON, *Traité du domaine de proprietéou de la Distinction des biens ...* , I, cit., p.419.

110 CH.-B.-M. TOULLIER, *Le droit ciuil français suivant l'ordre du code,* 116,2, cit., p. 5.

111 J.-B.-V. PROUDI-ION, *Trai!é du domaine de propriétéou de la Distinction des biens ...* , I, cit.,

112].-B.-V. PROUDI-ION, *Traité du domaine de propriétéou de la Distinction des biens ...* , I, cit., p. 420 s.

113 CH.-B.-M. TOULLIER, *Le droit ciuil françaissuiuant l'ordre du code,* 116, 2, cit., p. 5.

114 F. LAURENT, *Principes de droit civil,* VIII, cit., p. 529.

115 Invece, un tema attraente è chi, oltre al proprietario, possa godere il diritto di caccia in ragione del suo rapporto con il fondo. Certo non l'usuario, invece sì l'usufruttuario, discutibile l'affittuario. Altro tema è se il diritto di caccia possa costituire oggetto di locazione e di servitù. Ancora un tema discusso è l'obbligo della licenza di portare armi da caccia introdotto con successivi decreti. Per tutti,].-B.-V. PROUDHON, *Traité du domaine de propriétéou de la Distinction des biens ...* , I, cit., p. 416 ss., p. 421 ss.; A. DURANTON, *Cours de droit françaissuivant le code civii,* IV2, cit., p. 236 ss.

116 J.-B.-V. PROUDHON, *Traité du domaine de proprietéou de la Distinction des biens ...* , I, cit., p.396.

117 CH.-B.-M. TOULLIER, *Le droit ciuil français suivant l'ordre du code,* 116, 2, cit., p. 5; "s' ernparer par force, par ruse, par adresse": M. DURANTON, *Cours de droit français suivant le code ciuil,* IV2, cit., p. 224.

118 J.-B.-V. PROUDI-ION, *Traité du domaine de propriétéou de la Distinction des biens ...* , I, cit., p.421.

119 . MARCARDÉ, *Explication Théorique et pratique du code civil ...* ,1115, cit., p. 5 (sull' art. 714).

120 A. DURANTON, *Cours de droit français suiuant le code civil,* IV2, cit., p. 226.

121 A. DURANTON, *Coursde droit français suiuant le code civil,* IV2, *loc. ult. cit.;* nt. 3では、アーゾ、アックルシウス、バルドたちの名前を出して、中世の議論に触れている。

122 A. DURANTON, *Coursde droitfrançais suivant le codecivil,* IV2, cit, p. 226.

123 F. LAURENT, *Principes de droit civil,* VIII, cit., p. 524.

124 F. LAURENT, *Principes de droit civil,* VIII, cit., p. 524 s.

125 F. LAURENT, *Principes de droit civil,* VIII, cit., p. 526 s.

126 1862年4月29日の棄却判決も同様: F. LAURENT, *Principes de droit civil,* VIII, cit., p. 529.

127 F. LAURENT, *Principes de droit civil,* VIII, cit., p. 527 s.

128 F. LAURENT, *Principes de droit civil,* VIII, cit., p. 529 s.

129 一つの詳細な註釈は、L. JULLEMIER, *Ves procès de cbasse,* Paris 1872, p. 9 ss.; 最近の註釈としてJ. GUILBAUD, F. COLAS-BELCOUR, *La chasse et le droit,* Paris 199915, p. 14 ss.

130 CH. DEMOLOMBE, *Traité des successions,* 14, cit., p. 25; CH. AUBRY, CH. RAU, *Cours de Droit civil français d'après la méthode de Zachariae,* 115, cit., p. 362.

131 CH. DEMOLOMBE, *Traité des successions,* 14, cit., p. 25.

132 CH. DEMOLOMBE, *Traité des successions,* 14, cit., p. 27,によれば「最善のアイデア」。味方として、ユスティニアヌス、ヴィンニウス、ポティエを呼び出す。

133 CH. AUBRY, CH.RAu, *Cours de droit civilfrançais d'après la méthode de Zachariae,* 115, cit., p. 362 s.

134 Cfr. *retro*.

135 CH. DEMOLOMBE, *Traité des successions,* 14, cit., p. 28 s.

136 CH. AUBRY, CH. RAu, *Cours de Droitciuilfrançais d'après la méthode de Zachariae,* 115 , cit., p. 362 s.

137 Villequez は、これらの狩猟者ではない法学者たち（p. 46, 128, 200 では非記名、p. 152 nt. 1では記名）を批判し、多くのページを使って、他人の犬の前で野生動物を捕獲することはできないこと、言い換えれば、「走る狩猟」という枠組みにおいて、追跡は、狩猟権をもたない土地にいる狩猟者も、所有者にすることを証明しようとする。この場合、上に引用した法学者及び破棄院を誤謬に導いた責任は、重い傷を負っていない動物の追跡が先占を構成することを排除しているローマ法に帰せられる。それにより、古代法、判例、慣習（coutumes）、狩猟法学者の意見を通じて、少なくとも走っている犬（chiens courants）に追われている野生動物は狩猟者に属し、誰もそれを攻撃できないという民族の伝統が忘れられた、と著者は主張する。この伝統的な貴族の原理は、民法典によって廃止されてはいないとする（cfr. F.-F. VILLEQUEZ, *Du*

droit du chasseur sur le gibier dans toutes les phases des chasses à *tir et* à *courre,* cit., p. 126 ss.).

138 CH. AUBRY, CH. RAu, *Cours de droit civilfrançais d'après la méthode de Zachariae,* 115, cit., p. 362 s.

139 我々が出会った唯一の学者は、ディジョンの法学部長のVillequezだけだが、彼は元狩狼隊長（lieutenent de louveterie）で、狩猟者のために書く熱心な狩猟者であること告白している。47 頁にはこうある："Je vais monter en chaire et y rester assez longtemps pour les chasseurs que je vais tàcher de bien éclairer sur leurs droits. Mes confrères en saint Hubert pardonneront au professeur qui commence ... ".

140 F.-F. VILLEQUEZ, *Du droit du chasseursur le gibier dans toutes les phases des chassesà tir et* à *courre,* cit., p. I; J, PASSAQUAY, *Du droit de suite du gibier,* thèse pour le doctorat en droit, Lyon 1927, p. 10.

141 Anche la legislazione rivoluzionaria, silenziosa nella lettera, pare escluderlo nel suo spirito là ove vieta di cacciare sul terreno d'altri senza il consenso del proprietario. Ma la giurisprudenza e le norme speciali sulla caccia degli animali nocivi tuttavia ammettono l' ingresso nel terreno altrui, senza armi, per raccogliere una fiera mortalmente ferita o per inseguire gli animali dannosi (p. 30).Quanto alla nuova legge sulla caccia approvata il3 maggio 1844, c'era la proposta di consentire lo sconfinamento dei cani in corsa e cacciatori per inseguire la selvaggina levata sul terreno proprio. Solo così non si sarebbe fatta morire la 'chasse à courre', che è anche propizia all'agricoltura, e si sarebbero favoriti i medi proprietari.La controffensiva poneva invece l'accento sul rischio che una simile norma avrebbe dato luogo a una forma di bracconaggio in grande. Quindi il compromesso dell' art. Il che autorizza i tribunali a non rubricare come illecito il passaggio dei cani da muta sul terreno altrui quando i cani siano all'inseguimento di una fiera lanciata sulla proprietà del loro padrone. Ma proprio in forza di questo articolo si può dire che la legge non ha riconosciuto il diritto di seguito (p. 41).Si può dire che, anche sotto l'impero di questa legge, la fiera uccisa o mortalemte ferita sul terreno proprio possa essere recuperata sul terreno altrui, perché raccogliere il corpo inerte della fiera non è atto di caccia ma semplice recupero di cosa di cui si è già diventati proprietari e a condizione che tale azione non si trasformi in atto di caccia. TI proprietario del suolo non ha nessun diritto sulla mia fiera come su qualsiasi altra cosa mia, ad esempio il mio cappello che fosse volato *in alieno* (p. 75).Più passionale la ricostruzione di F.-F. VILLEQUEZ, *Du droit du chasseursur le gibier dans toutes les phases des chassesà tir et* à *courre,* cit., p. 20 s., *passim;*in prospettiva storico-comparatistica, J. PASSAQUAY, *Du droit de suite du gibier,* cit, p. 15 ss.; la legislazione straniera è a p. 129 ss.

142 La casistica di F.-F.VILLEQUEZ, *Du droit du chasseur sur le gibier dans toutes les*

phases des chasses à *tir et* à *courre,* cit., p. 200 ss., è, a dir poco, minuziosa.Ci limitiamo ad un elenco di casi, senza riferire le soluzioni, raggruppati secondo tre diverse tipologie di caccia. I) La caccia 'aux chiens courants': 1) bestia lanciata e inseguita dai cani [i! cacciatore lancia e segue una bestia su un terreno dove ha i! diritto di caccia, che non ha invece colui che se ne appropria davanti ai suoi cani (n. 84); chi ha preso la bestia davanti ai cani altrui ha anche lui i! diritto di caccia sul terreno dove l'ha presa (n. 85); né l'uno né l'altro hanno i! diritto di caccia sul terreno dove la bestia è presa.La bestia è stata condotta dai cani (n. 86); i! proprietario, o il conduttore della caccia, uccide, sul terreno dove i! cacciatore non ha i! diritto di cacciare, la bestia seguita dai cani di quest'ultimo (n. 87)]; 2) a chi appartiene la bestia cacciata da cani appartenenti a padroni diversi; 3) qual è i! diritto del cacciatore sulla bestia ferita che egli abbandona con l'intenzione di riprenderla (n. 89 ss.): 4) i! diritto del cacciatore sulla bestia cacciata lungo i camminamenti che attraversano o costeggiano i! bosco o la piana di cui ha la caccia [seguono numerosi casi, se si tratta di un camminamento pubblico o privato, che attraversa o delimita ecc. (n. 92 ss.l]; 5) a chi appartiene la bestia uccisa in una caccia fatta per ordine dell'Amministrazione per la distruzione degli animali nocivi (n. 101 ss.); 6) e 7) i! diritto del cacciatore 'aux chiens courants' sulla bestia non 'lancée' ma semplicemente 'rapprochée' e 'detournée' (n. 104 s.): II)Caccia con cane da ferma: 1) qual è i! diritto del cacciatore con cane da ferma e in quale momento comincia (n. 101 s.); 2) se si può tirare o appropriarsi della selvaggina fermata da un cane di un altro (n. 108); 3) i! diritto del cacciatore con cane da ferma sulla selvaggina ferita o uccisa (n. 109); 4) i! diritto del cacciatore con cane da ferma sulla selvaggina levata da lui o dal suo cane (n. 110 ss.); III) Caccia senza cani (n. 113 ss.),

143 Ci limitiamo ai principali titolo dalla metà dell"800 e primi decenni del '900. La rassegna non è certamente completa. Molti testi sono ormai introvabili.J.-B. DUVERGIER, *Code de la cbasse ou commentaire de la loi du* 3 *mai* 1844 *sur la police de la cbasse* (法律全集のダイジェスト), Paris 1844; P.L. CHAMPIONNIÈRE, *Manuel du Chasseur ... ,* Paris 1845; A.POULLAIN, *Nouveau compendium des chasseurs,* Paris 1845; LOISEAU, VERGÉ, *Nouveau compendium des chasseurs,* Paris 1845; H. CIVAL, *Loi sur la police de la chasse,* annotée et suivie d'une analyse des lois ... , Paris 1852; P. PETIT, *Traité complet de droit de chasse,* 2 vol., Paris 1838-1844;].LA VALLÉE, L. BERTRAND, *Vade-Mecum du Chasseur,* Pais 18442;J.-L. GILLON, G. DEVILLEPIN, *Nouveau code des chasses ... ,* Paris 18513; E. DENEYREMAND, *Questions sur la chasse,* Colmar, Paris 1866; F. GISLAIN, *Des conflits entre cbasseurs.fermiers et propriétaires,* Namur 1865; AD. GIRAUDEAU, J.-M. LELIÈVRE, G. SOUDÉE, *Lois usuelles annotées. La chasse, souivie de la louveterie, le droit sur le gibier, la responsabilité des chasseurs* etc., Paris 1882 (dei soli due primi autori una ed. del 1868 年版の最初の二人の著者に

よる); L. JULLEMIER, *Des procèsde chasse,* cit.; P. LEBLoND, *Code de la chasseet de la louveterie,* Paris 1878,2 vol.; Cl-I. BOULEN, *Le droit de chasse et la propriété du gibier en France...* , Paris 1887; CH. CHENU, *Chasse et procès Etude pratique de la loi sur la chasse ...* , Paris 1890; M. SCHAEFFER, *Du droit de cbassedans ses rapports avec la proprieté,* cit.; H. BARTHÉLÉMY, *Du droit de chasse et du droit du chasseursur le gibier,*Thèse pour le doctorat en Droit, Nancy 1901; J. DuMAS, *Essai bistorique sur la législationcynégétiquedepuis les temps les plus reculésjusqu'en* 1789, cit.: J. PASSAQUAY, *Du droit de suite du gibierou du passage des chiens courantssur le terrain d'autrui,* cit.; P. COLIN, *La chasseet le droit,* Paris 19485; L. GABOLDE, *Le droit de chasse et le droit de la chasse,* Thèse, Toulouse 1948 (dact.): A. CI-IANTEUX, *Etude Comparative du Droit de la Cbasse dans la Communauté Européenne,* Paris 2000, I, II (annexesl. Thèsc pur le doctorat en droit, Université Panthéon-Assas (Paris II). Cfr. J. TI-IIÉBAUD, *Bibliograpbie des ouvrages français sur la chasse,* cit., ここには豊富な文献表が付いているがもちろんすべてではない。

144 A. SOREL, *Du droit de suite et de la propriété du gibier tué, blessé ou poursuiui,* cit.; F.-F. VILLEQUEZ, *Du droit du chasseur sur le gibier dans toutes les pbases des chasses* à *tir et* à *courre,* cit.

145 同様に A. SOREL, *Du droit de suite et de la propriété du gibier tué, blessé ou poursuivi,* cit., p. 81 ss.

146 F.-F. VILLEQUEZ, *Du droit du chasseursur le gibier dans toutes les phases des chasses* à *tir et* à *courre,* cit., p. 63.そして、必要になると、大きな声で、ローマ法、サリカ法典、法自然主義者(グロチウス、プーフェンドルフ及びバルベイラック)やポティエたち法学者の学説、慣習、新旧の判例の学説が、次の4つの命題が真であることを証明のために呼び出される(F.-F. VILLEQUEZ, *op. cit.,* p. 48)。(1) 自由状態の野生動物は誰にも属さない。したがって、それを自己のものにしようとする者の財産となる。他人の土地であっても、他人の犬がそれを追っていないときはそうである。(2) 土地所有者は、許可なく狩猟を行った者に対し、狩猟罪に基づいた訴え、そして、財産権の侵害及び狩猟のためではなく野生動物を捕るためだけに立ち入った者に対する損害についての訴えを起こす。(3) 所有者は、狩猟者が自己の土地に立ち入ることを妨げることができる。しかし、狩猟者が自己の土地で殺した、または、死にそうな、または、野生動物を自己の物にすることはできない:彼はそれを返却するか、対価を支払わなくてはならない。(4) 法律に違反する手段で獲取した野生動物の場合は異なる。それは、禁止された手段を設置した者に属するのではなく、最初の占有者に属する(F.-F. VILLEQUEZ, *op. cit.,* p. 48, p. 60 S. 追加的な要約と詳細補足はp. 62 s.).。

147 著者は、その要素が何か言わないが、他人の物であるという要素であることは明らか。

148 F.-F. VILLEQUEZ, *Du droit du chasseur sur le gibierdans toutes les phases des cbasses* à *tir et* à *courre,* cit., p. 50 キュジャスは、地主が〔狩猟を〕禁止する他人の土地で捕えた野生動物は、狩猟者の物ではないと断言するとき、漁撈も狩猟ももはや万人のものではない彼の時代、特に、権利のない狩猟者に過重な刑を科すフランソワ1世の命令に言及する。

149 F.-F. VILLEQUEZ, *Du droit du cbasseur sur le gibierdans toutes les pbases des cbasses* à *tir et* à *courre,* cit., p. 68 s.

150 1840年8月13日及び1862年4月28日判決。これについては、F.-F. VILLEQUEZ, *Du droit du cbasseur sur le gibier dans toutes les pbases des cbasses* à *tir et* à *courrer,* cit., p. 70 ss.

151 F.-F. VILLEQUEZ, *Du droit du chasseur sur le gibierdans toutes les phases des cbasses* à *tir et* à *courre,* cit., p. 85.

152 言及されたように、走り狩り（chasse à courre）のこと。したがって、走る犬のことなのだが、例えば、〔獲物を〕見て狩りをする、見えていないと立ち止まるグレートハウンドは含まない。

153 これはA. SOREL, *Du droit de suite et de la propriété du gibier tué, bles sé ou poursuiui,* cit., p. 93 ss.の分類法。もう一つの「分類法」は、犬のいない狩りと、立ち止まる犬による狩り、及び、走る犬による狩りをい区別する。また、犬によって押さえられた野生動物、槍傷を受けた、傷を負った、包囲されたなどの状態の野生動物の様々なケース。Cfr. H. BARTHÉLÉMY, *Du droit de ehasse et du droit du chasseur sur le gibier,* cit., p. 132 ss.

154 たとえ獲取しようとする者が所有者であっても、それを占有しない限り、先占者の物となる：AD. GIRAUDEAU, J.-M. LELIÈVRE, *Lois usuelles annotées*. *La chasse, souivie de la louveterie, le droit sur le gibier* ecc., Paris 1868, *passim;* H. BARTHÉLÉMY, *Du droit de chasse et du droit du chasseur sur le gibier,* cit., p. 131. 批判として、A. SOREL, *Du droit de suite et de la propriété du gibier tué, blessé ou poursuiui,* cit., p. 94 s.

155 A. SOREL, *Du droit de suite et de la propriété du gibier tué, blessé ou poursuiui,* cit., p. 99 ss.

156 A. SOREL, *Du droit de suite et de la propriété du gibiertué, blessé ou poursuiui,* cit., p. 101; F.-F. VILLEQUEZ, *Du droit du chasseur sur le gibier dans toutes les phases des ehasses* à *tir et* à *courre,* cit., p. 63.

157 A. SOREL, *Du droit de suite et de la propriété du gibier tué, blessé ou poursuiui,* cit., p. 101 s.

158 A. SOREL, *Du droit de suite et de la propriété du gibier tué, blessé ou poursuiui,* cit., p. 102 ss.

159 A. SOREL, *Du droit de suite et de la propriété du gibier tué, blessé ou poursuivi,* cit., p.

108 ss.に引用された判決参照。

160 法律は、暗に、走る犬が他人の土地を通過することを狩猟罪とみなしている。そして、第 11 条は、状況によりそうした通過を犯罪とみなさない可能性を、裁判官に認めているに過ぎない(F.-F. VILLEQUEZ, *Du droit du chasseursur le gibier dans toutes les phases des chasses* à *tir et* à *courre,* cit., p. 30 ss.)。

161 Cfr. A. SOREL, *Du droit de suite et de la propriété du gibier tué, blessé ou poursuiui,* cit., p. 111 ss. 破棄院判決はp. 116.この方向性とは反対、つまり、追跡を先占実現の一方法とみなす考えに賛成するのが、F.-F. VILLEQUEZ, *Du droit du chasseursur le gibier-danstoutes lespbases des cbasses* à *tir et* à *courre,* cit., p. 266, che cita anche Giraudeau e Lelièvre. A favore di tale opinione, A. SOREL, *Du droit de suite et de la propriété du gibier tué, blesséou poursuiui,* cit., p. 118 ss.しかし、近所の所有者が同意を与えた場合、または、狩猟者と射手の両者が中立地にいる場合には、認められるべきではないとする (p. 118)。

162 A. SOREL, *Du droit de suite et de la propriété du gibier tué, blessé ou poursuivi,* cit., p. 118 s. 占有意思（*animus occupandi*）はある、なぜなら、"la possession *corpore* n'est plus indispensable dans notre législation pour constituer la propriété, je pourrai, jusqu' à un certain point, me considérer déjà comme propriétaire de la bete que je poursuis" (p. 119).

163 F.-F. VILLEQUEZ, *Du droit du chasseursur le gibierdans toutes les phases des chasses* à *tir et* à *courre,* cit., p. 137: 獲物に対する狩猟者の権利は、犬による追跡の時点から" c' est un droit de possession qui lui confère mème un droit conditionnel de propriété tant qu' il est à sa suite" , meglio, "soumis à la condition de la prise de l'animal" (p. 143).

164 E questo anche in nome delle antiche consuetudini: A. SOREL, *Du droit de suite et de la* propriété du gibier tué, blessé ou poursuivi, cit., p. 120 ss.

165 A. SOREL, *Du droit de suite et de la propriété du gibier tué, blessé ou poursuivi,* cit., p. 122 s.; F.-F. VILLEQUEZ, *Du droit du chasseursur le gibier dans toutes les phases des chasses*à *tir et* à *courre,* cit., p. 257 ss.; H. BARTHÉLÉMY, *Du droit de chasseet du droit du chasseursur le gibier,* cit., p.139.

166 F.-F. VILLEQUEZ, *Du droit du chasseursur le gibier dans toutes les phases des chasses* à *tir et* à *courre,* cit., p. 25755.

167 E. DE NEYREMAND, *Questions sur la chasse,* cit., p. 115; H. BARTHÉLÉMY, *Du droit de chasse et du droit du chasseursur le gibier,* cit., p. 134 S.

168 A. SOREL, *Du droit de suite et de la propriété du gibier tué, blessé ou poursuivi,* cit., p. 124.

169 この判決の怒りを込めた要約は、F.-F. VILLEQUEZ, *Du droit du chasseursur le gibier dans toutes les phases des chasses* à *tir et* à *courre,* cit., pp. 70-74.

170 O.J. CHARDON, *Le droit de chasse français renfermant la loi nouvelle sur la police de la chasse ...* , Paris 1845, p. 17 ss. この著者によれば、無主物たる野生動物が、他人の所有地において一匹の動物を殺しても、その所有者とならない。その野生動物は、土地所有者のほとんど代理として狩猟権を行使することで、殺された動物の所有権を、彼〔土地所有者〕に取得させる。Critica in H. BARTHÉLÉMY, *Du droit de cbasse et du droit du chasseursur le gibier,* cit., p. 130.

171 Così L.JULLEMIER, *Desprocès de chasse,* cit., p. 12.

172 H. GAILLARD, in *La chasse illustrée,* 26 febbraio e 12 marzo 1870, citato in A. SOREL, *Du droit de suite et de la propriété du gibier tué, blessé ou poursuivi,* cit., p. 83 S., da dove abbiamo tratto il brano.

173 CH. BOULEN, *Le droit de chasse et la propriété du gibier en France ...* , cit.; J.-J. VERZIER, *La chasse, son organisation technique,juridique, économique et sociale,* Paris 1926. この議論については、J. PASSAQUAY, *Du droit de suite du gibier ou du passage des chiens courants sur le terrain d'autrui,* cit., p. 121 ss. 参照。現在の環境主義法学者の類似の立場については , cfr. infra.

174 野生動物は従物として土地の所有者に属するとする。批判は、J. PASSAQUAY, *Du droit de suite du gibier ou du passage des chiens courants sur le terrain d' autrui,* cit., p. 122 nt. 2. その他の批判は、A. SOREL, *Du droit de suite et de la propriété du gibier tué, blessé ou poursuivi,* cit., p. 85.

第７章第１節註

1 統一前及び統一後の法典編纂という関心が中断することのないテーマ、そして、ナポレオン法典が及ぼした影響そのテーマについては、いくつかの文献を挙げることしかできない。概説は、R. NICOLÒ, sv. *Codice civile,* in *EdD* VII (1960), p. 240 ss.; F. SANTORO PASSARELLI, *Dai codici preunitari al codice civile del* 1865, in *Studi in memoria di A. Torrente,* II, Milano 1968, p. 1031 ss.; G. ASTUTI, *Il "Code Napoléon" in Italia e la sua influenza nei codici degli stati italiani successori,* in ID., *Tradizione romanistica e civiltà giuridica europea,* II, Napoli 1984, p. 735 ss.; A. AQUARONE, *L' unificazione legislativa e i codici del* 1865, Milano 1960; P. UNGARI, *L'età del codice civile Lotta per la codificazione e scuole di giurisprudenza nel Risorgimento,* Napoli 1967; C. GI-IISALBERTI, *Unità nazionale e unificazione giuridica in Italia,* Roma-Bari 1979; ID., *La codificazione del diritto in Italia,* 1865-1942, Roma, Bari 1985; R. BONINI, *Disegno storico del diritto privato italiano (dal Codice civile del* 1865 *al Codice civile del* 1942), Bologna 19902 ; F. RANIERI, *Italien,* in *Handbuch der Quellen und Literatur der neueren europdiscben Privatrechtgeschichte,* III, I, hrsg. von H. Coing, Miinchen 1982; A. PADOA SCHIOPPA, *Dal Code Napoléon al codice civile del* 1942, in *Il codice*

civile} Atti del Convegno del cinquantennio, Acc. Naz: dei Lincei, Roma 1994, p. 47 e ss.; A. CAVANNA, *Mito e destini del Code Napoléonin Italia,* in *Europa e diritto privato* (2001), fase. I, p. 85 ss.; F. CAMMISA, *Unificazione italiana e formalismo giuridico,* Napoli 1996; A. GAMBARO, *Vicende della codificazione civilistica in Italia,* in A. PIZZORUSSO, S. FERRERI, *Le fonti del diritto italiano,* 1, *Le fonti scritte,* Torino 1998, p. 413; G. CAZZETTA, *Critiche sociali al codice e crisi del modello ottocentesco di unità del diritto,* in *Codici Una riflessione di fine millennio,* Firenze 26-28 ottobre 2000, Milano 2002, p. 316 ss.; P. CARONI, *La storia della codificazione e quella del codice,* in *Index* XXIX (2001), p. 71 ss.; ID., *Saggi sulla storia della codificazione,* Milano 1998; S. SOLIMANO, *Il letto di Procuste Diritto e politica nella formazione del codice civile unitario,* Milano 2003; ID., *L'edifica zione del diritto privato italiano: dalla Restaurazione all'Unità,* in *http://www.rewi.huberlin.de/online/fhi/debatte/Code%20Civil/0505solimano.htm.*

2 一部に過ぎないが、19 世紀から 20 世紀の間の法文化に関する最近の一般的著作として挙げる。: *Stato e Cultura giuridica in Italia dall'unità alla Repubblica* (a cura di A. Schiavone), Bari 1990; N.IRTI, *La cultura del diritto civile,* Torino 1990; R. BONINI, *Dal codice civile del* 1865 *al codice civile del* 1942, in *I cinquant'anni del codice civile, Atti del Convegno di Milano* 4-6 *giugno*1992, I, Milano 1993, p. 27 ss.; P. GROSSI, *Scienza giuridica italiana Un profilo storico 1860-1950,* Milano 2000; ID., *Assolutismo giuridico e diritto privato,* Milano 1998; ID., *Stile fiorentino Gli studi giuridici nella Firenze italiana 1859-1950,* Milano 1986; G. ALPA, *La cultura delle regole Storia del diritto civile italiano,* Bari-Roma 2000.

3 イタリアの欧州への「開国」及び伝統の関連した現象については、F. RANIERI, *Le traduzioni e le annotazioni di opere giuridiche straniere nel sec. XIX come mezzo di penetrazione e di influenza delle dottrine,* in *Atti del Convegno La formazione storica del diritto moderno in Europa,* III, Firenze 1977, p. 1487 ss.; M.T. NAPOLI, *La cultura giuridica europea in Italia Repertorio delle opere tradotte nel secolo XIX,* 3 voll., Napoli 1986-87; A.CAVANNA, *Influenze francesi e continuità di aperture europee nella cultura giuridica dell'Italia dell'Ottocento,* in *Studi di Storia del diritto,* III, Milano 2001, p. 719 ss. フランス文化とオーストリア・ハンガリー文化の伝統と影響については、G. ALPA, *La cultura delle regole Storia del diritto civile italiano,* cit., p. 126 ss. ナポレオン法典学派（scuola dell'Esegesi）の犬追い狩猟の学説については、cfr. *retro.* フランスの法学者の我が国民法学文化に及ぼした影響は、広く認められている。万人向けはG. ALPA, *La cultura delle regole Storia del diritto civile italiano,* cit., p. 132 ss.; G. CAZZETTA, *Civilistica e "assolutismo giuridico" nell'Italia post-unitaria: gli anni dell' Esegesi* (1865-1881), in *De la Ilustraci6nal Liberalismo Symposium en honoral profesor*

Paolo Grossi, Madrid 1995, pp. 399-418. 狩猟の問題に戻ると、フランスの影響に対しては、強い非難も向けられている。具体的には、1790 年 4 月 29 日及び 30 日法律並びに 1844 年 5 月 3 日の法律により、ピエモンテ法とその後の法典の試みを制限したとの非難だ。多くの側面から有害な制限だった主張されているが、中でも、狩猟権を財産権の下位においたことが一番に挙げられる : L. LANDUCCI, sv. *Caccia,* cit., partic. p. 489 ss.

4 統一法が待たれていたこの時代、統一前の、とはいえ、現行の狩猟法制、その他の適用可能な共通規範、歴史的前提、コメント及び提案を伴う統一法構想について、数多くの出版物が現れた。弁護士によって綿密に練られたテキストのことであるが、発見が難しい。すべてに目を通してはいないが引用する：SALVATORI, *Sull'esercizio della caccia,* Roma 1880; A. ALBIROSA, *La caccia,* Roma 1881; A. RABBENO, *La legge sulla pesca e sulla caccia,* Torino 1881; C. BORROMEO, *La caccia e le disposizioni che la riguardano,* Milano 1884; E. ERCOLANI, *Della caccia e della pesca secondo l' italica legislazione e giurisprudenza: brevi appunti,* Codogno 1887; C. GATTESCHI, *La legge toscana sulla caccia 3 luglio* 1856, Firenze 1887; A. MARTINELLI, *La legislazione italiana sulla caccia,* Torino 1890; F. BIANCHI, *I nuovi progetti sull'esercizio della caccia,* Genova 1893; L. SIMONI, *La nuova legge sulla caccia,* Bologna 1893; D. MA.rORANA, *La legislazione su la caccia,* Roma 1898; P. GORI, *Per il rispetto delle leggi sulla caccia,* Firenze 1912. Di Landucci si è detto.

5 *Atti Parlamentari* 1848-97, Roma 1898, sv. *Caccia,* p.349 s.の一般的な指標に従うと、統一後の法律の最初の提案は、1862 年 11 月 18 日、ペポリ農工商大臣により提案された。その後、サングイネッティ下院議員の法案が、1864 年 6 月 7 日に提案された、1864 年 6 月 11 日に読まれた。そのサングイネッティはサルヴァニョーリ下院議員とともに、1867 年 5 月 22 日、新しい法案を提出し、68 年、69 年と議論され、6 月 4 日にぎりぎりの多数で可決、法案審議を行った委員会の 2 つの報告書を付けて、14 日上院に送られた（提案者はサルヴァニョーリ）。それから、法案は、1879 年 6 月 7 日、マヨラーナ・カラタビアーノ大臣の署名付きで上院に提出され、多くの議論を呼び、まさしくミチェリ大臣が作成し、3 月 21 日に上院に再提出された 1880 年 1 月 30 日委員会の報告書（報告者はヴェッテイレスキ）を付けて、4 月 17 日に上院で可決承認（ヴェッテイレスキの 2 つ目の報告書）、それから 4 月 26 日に下院に送られ、立法期の最後、6 月 1 日、1882 年 3 月 24 日の委員会報告書（報告者：サングイネッティ）により、6 月 1 日、再提案された。そして、ベルティ大臣の提案は、同じく下院で、1884 年 2 月 29 日になされ、1885 年 6 月 9 日付けの委員会報告書（報告者ジェラルディ）が付けられた。1893 年 3 月 20 日のコンパンス下院議員提案は、4 月 27 日付けの委員会報告書（報告者キアラディア）が付けられ、同年 5 月 4 日に、ラカーヴァ大臣の提案と一つにされた。1894 年 12 月 6 日にはバラッツォリ大臣の提案があり、そ

れに続き1896年5月10日には、タッソ下院議員の提案。次の世紀に入ると、1904年6月8日提出のランドゥッチ下院議員の法案（我々はその議会文書には全く目を通さなかった。テキストはsv. *Caccia,* cit., p. 452 ssの内容と類似している）の後に、1904年6月27日にはラヴァ下院議員が提案する。そして、1911年2月19日に、ライネーリ大臣の提案が下院に出される。1912-1913年のニッティ法案、1921年のマウリ法案が続き、最後には、デ・カピターニ・ダゼーリオ農業大臣の法案が1923年6月24日法律第1420号として成立する。この情報はF. CIGOLINI, *Il diritto di caccia,* Milano 1943から（*Commento del nuovo testo unico dei decreti e delle leggi sulla caccia,* Livorno 1931の再版及び改訂）, p. 15 ss.

6　この叙事詩のもっとも熱烈な聖歌隊員は、言うまでもなく、L. LANDUCCI, sv. *Caccia,* cit., p. 383 ss. またA. MARTINELLI, *La legislazione italiana sulla caccia,* cit., p. 129 ss.

7　有名な考察は'Voti dei corpi morali'により行われた。1879年6月7日の審議で提出されたマヨラーナ・カラタビアーノ法案の添付C in *Atti Parlamentari,* Senato del Regno, Sessione del 1878-79 - Documenti - Progetti di Legge e Relazioni, n. 132. 同じく興味深いのは、マヨラーナ・カラタビアーノ/ミチェリ法案の1882年3月24日のサングイネッティ報告書の欄外に読める人民請願in *Atti Parlamentari,* Camera dei Deputati, Legislatura XIV, la Sessione 1880-81, Documenti, Disegni di legge e relazioni, n. 53-A, p. 37 ss. 官報で公表されている1923年6月2日の農業委員会から下院への報告書（報告者ガバッツィ）(doc. 2066 A) からもいくらかのことを知り得る。9 luglio 1923, nn. 159-160, p. 1149. Cfr. *infra*.

8　一つの重要な公式文書は、1882年3月24日の審議で、ミチェリ法案（もとのマヨラーナ・カラタビアーノ法案）を検討する委員会から下院に提出された報告書である *[Atti Parlamentari,* Camera Deputati, Legislatura XIV, 1a Sessione 1880-81, Documenti, Disegni di legge e Relazioni (n. 53 A), p. 1 ss.]. その文書は、狩猟権に対する所有権の優位（フランスの呪われた誘惑）を公式に認めている。2つの法律とその難解な報告書から広範な歴史的な再構築をすると以下が結論だ：「もし、先占が狩猟者に狩猟により獲得した獲物について絶対的な所有権を与えるなら、何故、所有権の源泉たる先占は、土地の所有権者に同じくらい広い権利を与えないのか。諸国の市民生活において、狩猟実行権より、土地所有権の実施の方が重要性と高貴性が低いのか。2つの権利が同等に高貴であるとすれば、同時に我々は、農業及び安定した所有権を基礎として持つ近代社会が、狩猟で生きる原始部族社会よりも比較できないほど遙かに進んでいることを認めなければならない 。」*(op. cit.,* p. 16). そして、土地への立入りを禁じる法令は正しく、自然法と完璧に調和しており、*summum ius*を構成している。しかし、上院により可決承認された第10条(禁止権*ius prohibendi*について ,cfr. *infra)* に反対する狩猟者たちもいる：「上記の規定は、我々によれば、自然法の原理に矛盾

し、旧教皇国国民にも、ナポリやシチリアの国民たちにも歓迎されていない。シチリアやナポリの国民は、法案の規定に反対し議会に不満をもっている。ローマでは、ある集会で立法府への請願が討議され投票で採用された。それには明晰なカミッロ・レ法学教授の鑑定書が添付されており、31人のローマの弁護士も同書に同意している。" *(loc. cit.)*. お互いに歩み寄る必要がある。新しい第10条案は決して投票に付されないだろう。耕作権（*ius colendi*）と狩猟権（*ius venandi*）との間の関係についてのこの法文は、穏健な内容であるものの、当時言われていたように、しばしば反狩猟のために利用されることになる。1884年2月29日、ベルティ大臣は、自己の法案を下院に提出する際にそう述べた。[Legislatura XV, Atti Parlamentari, Camera dei Deputati, la Sessione 1882-83-84, Documenti (n. 179)].

9 所有権と狩猟との間の議論に機会を捉えて直接に参加した著者を引用しないかわりに、もっとも高い理論的レベルにおける、1865年の民法が、狩猟と先占を強固にした第711条で、ローマの伝統的原理に回帰したことに触れる。すべてに関し、L. BORSARI, *Commentario del codice civileitaliano,* III, 1, Torino 1874, p. 13 ss.; A. RINALDI, *Dellaproprietà mobiliare secondo il codice civileitaliano,* TII, Potenza 1875, p. 24 ss.; F. RICCI, *Corso teorico-pratico di diritto civile,* V, Torino 18862 , p. 534 S. 市民法の名のもと、1844年5月3日のフランス法及び1846年2月26日のベルギー法というどちらも狩猟権は所有権に属するという原理を吹き込まれた特別法のマークを外そうとするフランス理論の強い影響について黙るわけにはいかない。(cfr. F. LAURENT, *Principes de doit civil,* VIII, cit., p. 524 ss.), 狩猟権を立法者により特定の条件の下で人に許された公的市民権、*facultas uenandi* とする一つの異なる観点については、I. SANTANGELO- SPOTO, *Caccia,* in V.E. ORLANDO (a cura di), *Diritto amministrativo italiano,* V, Milano 1930, p. 1098 ss.

10 所有者が狩猟者を禁じるときは、狩猟者は損害について義務を負う、または、狩猟罪を犯すことになるが、窃盗ではない。すべては既述のBorsari参照。そこでは、ポティエ以来のフランス理論において再確認されたローマ法の重みや、また、我が国の理論から非常に参考にされた時代において、市民法学の最も重要な発信者たちの間の共通点などが述べられている(cfr. *retro,* p. 180).

11 1865年民法第711条《他人の財産ではないがそうなりうる物は、先占により取得される。それらは、狩猟または漁撈の客体となる動物、財宝及び放棄された動産がそれに該当する》。

12 *Atti Parlamentari,* Senato del Regno, sessione del 1878-79 - Documenti - Progetti di legge e Relazioni (n. 132, Allegato A - Leggi italiane, p. 39 ss.) から引用する。1836年12月29日のピエモンテ勅許（Regie Patenti piemontesi del 29 dicembre 1836）とその後の修正から始める。その第2条には「狩猟を行うため一人でまたは種類をとわず犬を連れて、各所有者の禁止に反して他人の土地に立ち入ることは不法ではない。その

禁止は、種まきをした土地、及び、収穫が待たれる農地、並びに、壁、生け垣または何らかの柵により閉じている土地について想定されている。したがって、これらの土地で狩猟するために、所有者から受領した文書による許可を必要とする》。ロンバルディアにおいては、1805年9月21日ナポレオン指令（1804年2月13日法律の廃止）第8条において、《あらゆる免許から以下のものが排除される。5° 他人の閉じた土地、または、狩猟者及び犬の通過により被害を受けうる種まきされたまたは果実がある土地における狩猟》、第9条《狩猟に行く自由を実質的に排除している土地、周囲のすべてを垣根で囲い、野獣だけでなく人も通常は立ち入りさせないという所有者の明白な意思が示されている土地のみ、閉じた土地とみなされる」。パルマ諸県においては、1824年9月1日君主解答（Sovrana Risoluzione , 1828年4月23日及び6月18日に修正）第1条《以下の者の狩猟を禁ず。2. 土地の所有者、占有者または耕作者による許可をその時点で持たない者。その許可とは、閉じてない土地で行う狩猟に対し、所有者または占有者または耕作者またはその被用者が反対しないときに与えられると理解される》。第6条では《所有者または占有者または耕作者にのみ、適切な許可を備えることなく自己の閉じた土地で狩猟をし、また、狩猟させることが許される。また、閉じた土地とは、狩猟に行く自由を実質的に排除している土地、周囲のすべてを垣根で囲い、野獣だけでなく人も通常は立ち入りさせないという所有者の明白な意思が示されている土地のみ、閉じた土地とみなされる》。モデナでは、1815年2月6日法律第2項で、《何人も、自己の土地で、また、所有者及び管理者の書面による合意を得ているときは他人の土地でも、かすみ網、網及び括り罠を用いて自由に狩猟を行うことができる》。トスカーナでは、1856年7月3日命令第2条§1《所有者及びその正当な代理人の合意がない場合、放棄されかつ長い間未開墾でない限り、何人も他人の土地で狩猟及び捕鳥を行うことが禁止される。§2. 放棄されかつ長い間未開墾の土地であっても、以下の場合、土地所有者の合意のない狩猟及び捕鳥は禁止される。a) 壁、生け垣、柵または板囲いまたは全周囲が耕作地により囲まれた土地、及び、b) 捕鳥網、林などを設けるか、その使用のために何らかの道具を永久に設置することを望むとき》。教皇領においては、1839年8月14日のジュスティニアーニ枢機卿令によりわずかに修正された1826年7月10日のガッレッフィ枢機卿令が有効だった。その第9条には《所有者の合意なく、何人も、壁、生け垣または垣根を備えてあり、それらが、野獣だけでなく人間のあらゆる方法の立ち入りも現実に防いでいる形で設置されているとき、他人の土地での狩猟を行うことができない》。第10条：《何人も、例え、上記の垣根で囲まれていなくても、すでに耕作の準備がしてあるもしくは準備しているとき、または、種が植えてあるまたは果実がなっているときは尚更、狩猟のため、または、それを口実に、他人の土地に立ち入ることができない》。ナポリ及びシチリアでは、1819年10月18日森林法第151条はこう定める：「いかなる免許も以下の但し書きに従う 2. 建設された壁又は乾いた壁、生け垣、溝又は5パルモ〔約

1 m〕の高さの垣根により閉じた土地は、何人も、所有者の同意なく使用することができない》。第 178 条：《9 月 1 日より、収穫されていない限り、いかなる性質のぶどう園においても、たとえ閉じていなくても、所有者の合意なしで狩猟を行うことも禁止される》。このテキストについては、A. MARTINELLI, *La legislazione italiana sulla caccia,* cit., p. 81 ss., p. 329 ss.

13 疑いもなく、－単一法案報告書を読めば十分だろう－ローマ法は、他のすべてに比べ、現実において、狩猟者及びその支持者の砦であった。

14 狩猟に関するローマ法源のドグマチックな解釈は、周知のように、昔からの悪習である。ここ数年、狩猟問題の先鋭化と歩調を合わせてはびこっている。ローマ法は、関係者全員にとって一つの蓋のように引っ張り出されているが、狩猟者たちが一番恩恵を受けている。前述のように、それに関し単一法案の報告書はとくに意義深い。これは、学説においても起きている。しかし、多数派から距離を置き、古典的テキストへの批判的アプローチを維持した権威ある解釈者も何人かいた。意義深いのは、A. RINALDI, *Della proprietà mobiliare secondo il codice civile italiano,* III, cit., p. 24 ss. 著者は、Iust. *inst*. 2,1,12 .を引き出し、この法文は、驚くべきことに、狩猟権を自然権として基礎づけており、したがって、自分の土地でも他人の土地でも、野生動物は獲取することができる（したがって土地の果実とは理解しない）ことを認める。同時に、D. 47,10,13,7 とそこに規定される人格侵害訴権 *l'a. iniuriarum* を認める説を拒否する。それによれば、もし私が、その私有地で狩猟することが禁止されているのに構わず狩猟を行ったなら、「ローマ人たちが言っていたように」人格侵害訴訟を起こすことが可能だが、動物は私のもので私が持ち去ることができる。La prospettiva storica è presente anche in F. FILOMUSI GUELFI, *Diritti reali ad uso di lezioni: introduzione, teoria delle cose e dei beni, proprietà, modi di acquisto, possesso,* Roma 19102, p. 190 nt. 3 においても歴史的叙述がある(初版はおそらく 1902-1903 年に出版されたが、我々は見ていない).

15 近年、狩猟権と所有権との議論に参加した数多くの著作がある。これらのうち、いくつかはすでに入手不可能である。長大な文献一覧は *La Legge,* Repertorio generale del Monitore giudiziario e amministrativo, decennio 1887/1897, sv. *Caccia,* p. 158 e successivi aggiornamenti. Si vedano anche *Prima raccolta completa della giurisprudenza sul codice civile* (a cura di C. Fadda; E. A. Porro; A. Raimondi; A. Vedani), III, Milano 1913, p. 688 s.; *Dizionario giuridico del dirittoprivato,* diretto da V. Scialoja, I, Milano s.d., p. 608. 他にも、イタリアと外国（特にフランス）の長大な文献一覧は I. SANTANGELO-SPOTO, *Caccia,* cit., p. 1219 ss.; G. GUIDI,*Caccia-Pesca-Foreste-Miniere,* in *Enciclopedia del Diritto Penale Italiano* (a cura di E. Pessina) XII (1905), p. 1045 ss. 狩猟権に対する所有権の優越を主張するものとして , cfr. R. AMBROSINI, *Il diritto di caccia e il diritto di proprietà: appunti di legislazione e di giurisprudenza,*

Bologna 1879; P. CLEMENTINI, P. MARIOTTI, sv. *Caccia,* in *DI* VI,l (1888), p. 61 ss.: G. CUTRONA SIMONELLI, *Sul diritto di caccia bandita e sullepene applicabili ai trasgressori,* in *Monit. Pret.* 1878, p. 209 ss.; G. DELVITTO, *Commentarioteorico- pratico del codice civile,* In, Torino 1879, p. lO ss.; G. GARBURA, *Caccia neltaltruifondo,* in *Riv. Peno Suppl.*V, fasc. V (1897), p. 304; D. PERSIANI, *Intorno al diritto di caccia sui fondi chiusi,* in *Gazz. Proc.* XIII, p. 433 ss.; G. PITARI, *Del divieto di caccia nelfondo altrui,* in *Monit. Pret.* 1879, p. 65 ss.; F. VARCASIA, *Il dirittodi caccia in collisione coldiritto diproprietà deifondi ove quellosi esercita,* in *Gazz. Trib.,* Milano, 1879, p. 1025 e altrove. 最後のいくつかの文献は見つけることができなかった。

16 1865年の民法第712条:《狩猟及び漁撈の実行は特別法によって規定される。所有者の禁止に反した狩猟の実行のため、他人の土地に立ち入ることは合法ではない》。

17 少なくとも、自己防衛のために狩猟者たちに支持された1875年3月22日の国務院の有名な意見*(La Legge,* Monitore Giudiziario ed amministrativo del Regno d'Italia, Parte Seconda, XVI-1876, p. 289 s.), によるとそうだ。実際、この意見は、民法第711条の、所有者の許可ではなく、明示の禁止が求められるとし、同時に、《しかし、もし、イタリアの他の部分で有効な特別法が、宣言的な手続、または、土地所有者自己の土地での狩猟の禁止を知らせるための他の禁止の標識を規定しているなら、この民法第712条で肯定される特別規定は、遵守されなくてはならないことは当然である》。もちろん、反対に、第712条第1段は、事後法として、それに反する統一前の法律の規定を廃止したのであり、したがって、所有者は閉じていない土地についても進入禁止権を有していると主張する者もいた。例えば、P. CLEMENTINI, P. MARlOTTI, sv. *Caccia,* cit., p. 61; V.T. LOREY, L.]OLLY, *Caccia,* in *Raccolta delle più pregiate opere moderneitaliane e straniere di EconomiaPolitica* XII, Parte Seconda, Torino 1887, p. 1287; A. MARTINELLI, *La legislazione italiana sullacaccia,* cit., p. 331 con ampia trattazione. Ancora sull'art. 712 c.c., F. NOCCIOLINI, *Diritto di caccia nei terreniapertied incolti,*Roma 1881. 権威者のF. RICCI, *Corso teorico-pratico di diritto civile,*V2, cit., p. 534 s., は同条を以下のように解釈する:“この目的で所有者により直接作成された、または、肉声による宣言を求めることはできないと理解するのは容易である。なぜなら、この所有者は、常に自分が所有地の、すべての地点にいることはできないからだ。したがって、この禁止は、誰にでも視認可能な外部標識により発生し、現れることを認める必要がある。もし、例えば、所有者は、自己の土地を囲むことで、同地への立ち入りを防ぐごとを望んで、土地を壁、溝、柵または生け垣で囲んでいるなら、誰に対しても彼の禁止を知らせるのに十分である。なぜなら、誰もがその禁止を尊重する義務があるからである。もし、土地が開かれているものの、耕作がなされており、土地を横切る人たち通過により被害を受けるままにされるわけにはいかないときは、所有者が彼の財産が台無しにされるのを許可することができないのは明白だ。し

たがって、我々の考え方では、所有者の土地に入ることを禁止する所有者の意思の現れるには、耕作という事実だけで十分である。かかる禁止を周知させるには、外部標識を使うこともできる。例えば、土地の周囲に張り紙をする、そして、狩猟目的で同地に立ち入ることを禁止すると書いておくことである」。

18 Cfr. *retro*.

19 ザナデッリ法典（codice Zanadelli）第427条に定める犯罪において、サルデーニャ法典のこの違反行為の逸脱については、cfr. F. PUGLIA, *Dei delitti contro la proprietà*, in *Enciclopedia del diritto penale italiano* (a cura di E. Pessina) X (1908), p. 478 ss.

20 法案提出の報告書において、マヨラーラ・カラタビアーノ大臣は、狩猟法の（公安と財産権に関するもののほか）経済な理由を示している。「食料となっている特定の動物の保存のための可能な措置を義務づけないわけにはいかない。結果として産業の軽視すべきでない分野を形成しており、また、それらの過度の減少により動揺や損害が起こらぬよう、動物そのものの存在を保護する必要性がある…」*(Atti Parlamentari*, Senato del Regno, Sessione del 1878-79, Documenti, Progetti di Legge e Relazioni, N. 132, p. 2 s.).

21 A. RABBENO, *La legislazione della caccia davanti il parlamento italiano*, in *Il Filangieri*IX (1884), pp. 145-171; pp. 205-230; pp. 275-288, con allegati vari.

22 ラッベーノのペーシャの狩猟者たちに関する貢献の他、その他の狩猟教会をスポンサーにした提案や請願がある。例えば、*La Leggedella Caccia davanti il Parlamentoitaliano* a proposito della *Relazionedelle deliberazioni presedalCircolo dei Cacciatori di Brescia* pubblicata dal dotto L. PEDROTTI, in *Il FilangieriIX* (1884), p. 285 ss.; G. BOZZOLI, *Il progetto di legge sulla caccia, petizione presentata alla camera dei deputati dai socidel circolo dei cacciatori di Pisa*, Pisa 1882; *Petizione al Parlamento controgli artt*. 9 e 10 *del progetto di leggesu la caccia*, Ancona 1881; *Relazione* 11 *agosto 1880controil progettodi legge sull'esercizio della caccia e dell'uccellazione*, Roma 1880, presentata dai cacciatori romani; analogo documento è la *Relazione alle associazioni di cacciatori italiani sul disegno di legge su la caccia dell'associazione dei cacciatori di Lecce*, Lecce 1898. Altre citazioni in L SANTANGELO-SPOTO, *Caccia*, cit., p. 1219 ss.

23 A.RABBENO, *La legislazione della caccia davanti il parlamentoitaliano*, cit., p. 147 ss.

24 A. RABBENO, *La legislazione della caccia davanti il parlamentoitaliano*, cit., p. 150.

25 A.RABBENO, *La legislazione della caccia davanti il parlamentoitaliano*, cit., p. 151.

26 A. RABBENO, *La legislazione della caccia davanti il parlamento italiano*, cit., p. 153. この議論に関する最も冷静な観察で、その主役たちと作品、鳥－虫－農業の関係に関する鳥類学的思想の広範な引用などは、in A. MARTINELLI, *La legislazione italiana sulla caccia*, cit., p. 170 ss.

27 Cfr. *infra*.

28 ロッベーノ自身 *(op. ult. cit.,* 285)、ミラノの*La Caccia* di Milano とナポリの il *Filangieri* を引用している。狩猟教会の直接参加の陰で発展する理論的省察について再び: G. PIZZOLI, *Il progettodi legge sulla caccia, Petizione presentata alla camera dei deputati dai Soci del Circolo dei cacciatori di Pisa,* Pisa 1882; P. TRAPANI, *Brevi rifles-sioni sull'art.* 712 *Codice civile vigente,pel Circolo dei cacciatori di Palermo,* Palermo 1887.

29 A. RABBENO, *La legislazione dellacaccia davantiil parlamentoitaliano,* cit., p. 155

30 A.RABBENO, *La legislazione della caccia davanti il parlamentoitaliano,* cit., p. 156 s.

31 Relazione Sanguinetti del 24 marzo 1882 sul progetto Majorana-Calatabiano/Miceli, *inAtti Parlamentari,* Camera dei Deputati, Legislatura XIV, 1a Sessione 1880-81, Documenti, Disegni di legge e relazioni, n. 53-A, p. lO.

32 *Loc. ult. cit.,* nt. 2.

33 A. RABBENO, *La legislazionedella caccia davanti il parlamento italiano,* cit., p. 154. Sullo sviluppo sociale del progetto, p. 154 s. 1875年11月29日、ヴィスコンティ・ヴェノスタ大臣は、農業に有用な鳥の保護に関するイタリア・オーストリア・ハンガリー間の宣言書に署名した。

34 合意、つまり、許可（もちろん、推定禁止に基づいて作用していた）は、統一前の諸法では、土地が物理的に閉じている、または、収穫前である、または、土地が準備されているときに要求された。そうでなければ、禁止は明示的でなければならなかった（ピエモンテ法2条)、さもなければ、狩猟は文句なしに自由だった（トスカーナ法第1、2、3条、ナポリ法第151条、教皇領命令)。ピエモンテ法では、許可は常に必要とされたが、土地が閉じてないか、耕作の状態にない場合で、所有者の反対意見がないときは、許可が与えられていると推定された。ただ、モデナ法は、どんな場合でも合意書を必要とした。V. i testi di legge alla nt. 12.

35 A.RABBENO, *La legislazione della caccia davanti il parlamento italiano,* cit., p. 160.

36 判決の引用先：*La Legge,*Monitore Giudiziario e Amministrativo del Regno d'Italia, Parte Seconda, XVI-1876, p. 285 s. Cfr. A. RABBENO, *La legislazione dellacaccia da-vanti il par lamento italiano,* cit., p. 161. しかし、現実には、この判決は、閉じていない土地に、許可なく、または、禁止に反して立ち入った場合における罰を排除したに過ぎない。第712条の市民法学的特徴が残っている。

37 A.RABBENO, *La legislazione della caccia davanti il parlamentoitaliano,* cit., p. 162 s.

38 A. RABBENO, *La legislazione dellacaccia davantiil parlamento italiano,* cit., p. 278 ss. V. anche A. MARTINELLI, *La legislazione italiana sulla caccia,* cit., p. 153 s.で引用されたカミッロ・レ弁護士の書き残したものにそれが記され、批判されているのを見つけている。

39 C. RE, in A.RABBENo, *La legislazione della caccia davantiil parlamento italiano,* cit., p. 279 s.

40 C. RE, in A. RABBENO, *La legislazione della caccia davanti il parlamento italiano,* cit., p. 280.

41 引用元：*Atti Parlamentari,* Senato del regno, Sessione del 1878-79, Documenti, Progetti di Legge e relazioni, p. 78. V. anche *Atti Parlamentari,* Senato del regno, Sessione del 1861-62, Documenti, Progetti di Legge e Relazioni, n. 210.

42 Cfr. *retro* nt. 5.

43 V. *Atti Parlamentari,* Camera dei Deputati, Legislatura X, Sessione del 1867 -68, Documenti, Progetti di Legge e Relazioni, stampo 50 B e C.

44 *Atti Parlamentari,* Camera dei Deputati, Legislatura X, Sessione del 1867, Discussioni, vol. X, p. 10810 SS.

45 *Atti Parlamentari,* Camera dei Deputati, Legislatura X, Sessione del 1867, Discussioni, voI. X, p. 10821 SS.

46 L. LANDUCCI, SV. *Caccia,* cit., p. 392.

47 *Atti Parlamentari,* Camera dei Deputati, Legislatura X, Sessione del 1867, Discussioni, voI. X, p. 10857 ss.

48 彼が法案に添付したた 7 つの文書（ 統一前のイタリア法、外国法、有徳者団体の「評点」（県及び市の議会及び代表団、農業団体、農業学校、自然主義者会議、民間人の請願）、65 年から 78 年までの県議会が定めた狩猟期間に関する文書、地域ごとに異なる狩猟方法、70 年から 78 年までに発行された狩猟免許に関する統計、そして、国際狩猟学会）、提出報告書、委員会報告書、及び、廃案の法文（という文書群）は記念碑的。これら文書の出典はすべて *Atti Parlamentari,* Senato del Regno, Sessione del 1878-79, Documenti, Progetti di Legge e Relazioni, n. 132. 上記のように 380 ページの報告書に文書 n. 132 A（Vitelleschi の第二報告書）。

49 Cfr. *retro* nt. 5.

50 Iust. *inst*. 2,1,12 のこと。ユスティニアヌスには含まれず、par. 22 と表記される。（*loc. cit.,* p. 16 nt. 1). おそらく、記録作成時または印刷時の単純な誤りだろう。しかし、系譜学的関心がまるでない我々には、この時期において *Corpus Iuris Civilis*. のテキストが甘受した道具的な使用と思われる。続いて提案された狩猟法案の報告書と比較してみれば十分である。

51 *Loc. cit.,* p. 16 55.

52 *Loc. cit.,* p. 24 s.

53 上院に送られたテキスト全文を収録：A. RABBENO, *Lalegislazione della caccia davanti il parlamentoitaliano,* cit., pp. 222-229.

54 *Atti Parlamentari,* Camera dei Deputati, Legislatura XIIl, 3a Sessione del 1880,

Documenti, Progetti di Legge e Relazioni, n. 95.

55 *Atti Parlamentari,* Camera dei Deputati, Legislatura XIV, la Sessione del 1880, Documenti, Progetti di Legge e Relazioni, n. 95 n. 53.

56 A. RABBENO, *La legislazione della caccia davantiil parlamentoitaliano,* cit., p. 288, 合計27を数え、イタリア中に散らばる。広範で絵のようなのは、とくにin R. LAVORATTI, A. RABBENO, *La caccia nella sua legge ferenda,* Pescia 1903. 大きな関心はnt.4で引用したA. Sansonetti下院議員の報告書。

57 彼らの一人は、まさにカミッロ・レ弁護士。これについては後述。

58 *Atti Parlamentari,* Camera dei Deputati, Legislatura XIV, la Sessione 1880-81, Documenti, Disegni di Legge e Relazioni, n. 53-A.

59 *Loc. ult. cit.,* p. lO.

60 *Loc. ult. cit.,* p. 15.

61 *Loc. ult. cit.,* p. 16.

62 *Loc. ult. cit.,* p. 15.

63 *Loc. ult. cit.,* p. 16.

64 *Loc. ult. cit.,* p. 16.

65 *Loc. ult. cit.,* p. 16.

66 *Loc. ult. cit.,* p. 16. Giudizio inorridito di L. LANDUCCI, sv. *Caccia,* cit., p. 404.

67 C. RE, in A. RABBENO, *La legislazione dellacaccia davantiil parlamentoitaliano,* cit., p. 276.

68 C. RE, in A. RABBENO, *La legislazione della caccia davanti al parlamento italiano,* cit., p. 277. 耕されていない土地への立入りを防ぐためには実効的な物理的閉鎖が必要であるという考えに賛成するとても権威が高い学界の声は、E. BIANCHI, *Corso di legislazione agraria,* I, Milano 1886, p. 136 ss. 第10条及びサングイネッティ法案に関する詳細と所有者に有利な視点についてはL. LANDUCCI, sv. *Caccia,* cit., p. 385 ss.

69 C. RE, in A. RABBENO, *La legislazione dellacaccia davanti al parlamento italiano,* cit., p. 277. 著者は、所有者が*ratione dominii*で狩猟の主人であるなら、最後の段には内容がないと考察する。しかしながら、*ratione obiecti* での狩猟であるなら他人の土地でも実行しうることから、法律は「すでにローマ法及びそれに続く法が以前に言ったこと、つまり、狩猟の実行は土地が閉じているときは禁止されているとみなす」ということを明示的に述べている。(p. 278).

70 C. RE, in A. RABBENO, *La legislazione della caccia davanti al parlamento italiano,* cit., p. 279. 数年後のザナルデッリ法典の第427条：《溝、生け垣または垣根で囲まれた他人の土地に勝手に入る者は、告訴があった場合、50ユーロまでの科料をもって罰す。また、同じ犯罪を繰り返した場合は、1ヶ月の禁固とする》。

71 Iust. *inst. 2,1)2.*

72 C. RE,in A. RABBENO, *La legislazione della caccia davanti al parlamento italiano,* cit., p. 281 s. Di questa opinione era anche, tra gli altri, E. BIANCHI, *Corso di legislazione agraria,* I, cit., p. 136 ss. しかし、民法学は、第 712 条を別の方法でも解釈していた。すべて F. RICCI, *Corso teorico-pratico di diritto civile,* V2 , cit., p. 534 s. を参照。

73 *Atti Parlamentari,* Camera dei Deputati, Legislatura XV, la Sessione 1882-83-84, Documenti, Disegni di Legge e Relazioni, n. 179. その大臣は第 10 条の要点をこう説明する：「私の考えでは 2 つの理由で、一つにまとめた法案において私が再び置いた第 10 条を維持すべきである。一つめは、政治的理由である。第 10 条の廃止により、所有権に関する狩猟の実行権の *statu quo* は維持される。したがって、基本法第 29 条と矛盾する、所有権の状況における不平等状況は持続する。これでは、現行の狩猟特別法の多様性について不平がでるもの当然である。もう一つ、農業的な理由：第 10 条の規定は、集約的農業の必要性から出たものであり、したがって、立法府は、新しい需要に対処し、農業の進歩に追従するのが望ましい」。法案全体は：A. MARTINELLI, *La legislazione italiana sulla caccia,* cit., p. 159 ss. 要点は L. MAJNO, *Commento al Codice penale italiano,* III, 'Torino 19153, p. 159 nt. 5. にも。

74 Cfr. *retro.*

75 Per tutti, L. MAJNO, *Commento al codice penale italiano,* III, cit., p. 154 ss.; G. GIURIATI, *I delitti contro la proprietà,* in AA.VV., *Trattato di diritto penale,* XI, Milano 19132 , p. 490 ss.

76 1889 年刑法第 427 条：《溝、生け垣または垣根で囲まれた他人の土地に勝手に入る者は、告訴があった場合、50 ユーロまでの科料をもって罰す。また、同じ犯罪を繰り返した場合は、1 ヶ月の禁固とする》

77 トスカーナ刑法第 427 条：《所有者またはそれを代理する者の許可なく、何らかの方法で狩猟または漁撈を実行するため、未収穫及び未開墾の他人の土地に立ち入ること者は、150 リラまでの罰金を科する》。

78 この条文は多くの法案には存在しない。それを提案したのは監査委員会であり、大臣は、報告書にあるように(Relazione n. CXXV, p. 160 s.)、それを受け入れた。なぜなら、「民法第 712 条で認められた権利の刑法罰を定めている」から。そして、委員会調書から推論できるように(verbale XXXVII, p. 747)、主唱者はプッチョーニ下院議員で他数名に支持されていた。全体が、相手方の利益とのいくらの取りなしもない、所有者に有利な雰囲気で満たされている。

79 G. GIURIATI, *I delitti controla proprietà,* cit., p. 492 s.

80 Per tutti, L. MAJNO, *Commento al codice penaleitaliano,* III, cit., p. 156.

81 G. GIURIATI, *I delitti controla proprietà,* cit., p. 493 ss.

82 Così ne *Il Codice penaleper il regno d'Italiainterpretato da* G. CRIVELLARI e continuato da G. SUMAN, VIII, Torino 1898, p. 340.

83　土地を閉じることを認める民法第 442 条には全く触れていない。

84　M. DE MAURO, *Sull'articolo* 428, in *Supplemento della rivistapenale* I (1892-93), p. 359 ss., と F. SANTORO FAIELLA, *Intono agliarticoli*427 *e* 428, in *Supplemento della rivista penale*IV (1895-95), p. 100 ss. との議論参照。前者は、閉じた土地においても土地の貼り付けを主張する。後者は、第 428 条は開いた土地にのみを対象とするという。再び取り上げたのは、M. DE MAURO, *Ancora sull'articolo* 428, in *Supplementodella rivista penale*IV (1895-95), p. 205 ss.

85　同じく、破毀院も後のアッテッリ対コンヴェルソ他事件での 1908 年 3 月 30 日判決（Attelli contro Converso ed altri）in *Riv. peno* LXVIII (XVIII della IV Serie) (1908), p. 423.

86　1893 年 5 月 4 日の審議においてラカーヴァ大臣から下院へ提出された法案の第 10 条では、予想されていた禁止が消えており、標柱ばかりの規定になった。「刑法第 428 条に関する狩猟の禁止は、土地に沿って及び土地につながる道路上に、禁止を示す注意書が記載された標柱を設けること。耕作された土地において、それぞれの標柱は 200 m以上離れていてはならない。また、耕作されていない土地においては、その距離は 100 mを越えてはならない」。1893 年 3 月 25 日の数日前にコンパンス下院議員が出した法案では、第 9 条に数字と標識の色以外は従来通りの規定があった。「狩猟の実行のため、所有者の禁止に反して、他人の土地に立ち入ることは、何人にとっても合法とはならない。私有財産である池沼についても同じである。以下の場合、禁止が推定される。a）土地が刑法の意味で閉じているとき。b）土地に種まきされている。禁止は、土地に沿った標識によって周知される。標識は 50 mを超えない距離ごとに置き、また、土地につながる各道路に 4 m下回らない高さの、赤色に塗った、狩猟の禁止を示す注意書きの付いた標柱を置く」。2 つの法案を一つに統合（報告者キアラディア、諸狩猟クラブによる強い働きかけと保留地の法令に関する意見の相違の一時的な先送り）した委員会は、その条文（第 11 条）も長く書き直した。これら法案の比較と引用した報告書については、*Atti Parlamentari,* Camera dei Deputati, Legislatura XVIII, la Sessione del 1892-94, Documenti, Progetti di Legge e Relazioni, n. 168; 168-A; 187A, parto p. 13 ss. 王立狩猟法制改革委員会の報告書（報告者ロッセッリ）を付けて、1904 年 6 月 27 日の審議において下院に提出されたラーヴァ大臣の法案には、「保留地」という見出しを付けた、所有権と狩猟との関係に伝統的に捧げられてきた条文（ここでも第 9 条）がある。「狩猟を行うため、所有者の禁止に反し、他人の土地、私有財産の池及び沼に立ち入ることは合法ではない。以下の場合、禁止が推定される。a）土地が、刑法第 427 条の意味で、溝又は生け垣又は少なくとも 2 m以上の壁により、隙間なく閉じているとき。b）土地にブドウが植わっている及び何らかの樹木の苗場であるとき。c）種まきされている土地では収穫が終わるまで；d）樹木又は草を栽培している土地で収穫前である。狩猟の禁止は、さらに、規則により定められた

方法で公示され、かつ、以下の条件を遵守しているとき、表示されているとされ、かつ、禁猟区または保留地を構成することができる ...」。テキストではさらに、土地は、その周囲を、少なくとも3 mの高さの標柱で囲まれていなくてはならず、それぞれの距離は200 mを超えてはならず、遠くから見える注意書きが付いていなければならない、租税を支払う、と続く。Cfr. *Atti Parlamentari,* Camera dei Deputati, Legislatura XXI, Z"Sessione del 1902-904, Documenti, Disegni di Legge e Relazioni, n. 618.

87 *Prima raccolta completa della Giurisprudenza sul Codice Civile,* III, cit., p. 690 ss. 一つの広範囲なパノラマは、*La Legge,* Repertorio Generale del Monitore Giudiziario e Amministrativo, decenni 1875-1886 e 1887/1897, sv. *Caccia,* それぞれ p. 241 ss. 及び p. 158 ss.

88 どの時代でも起きうるようなこと。古典からのあらゆる引用が再び始まる。クセノファネス、プラトン、アリストテレス、オッピアノス、アリアヌスにおいては、特に、狩猟は、体育及び戦う美徳の発展のツール (XEN. *Cyn*. XII, XIll; CAES. *bell. gallo* 6,21), 夫婦間の甘言に耐えるための手段(ROR. *caro* 1,1,25 ss.) 、あるいは、愛の罪への救済手段(Ov, *remo amo* 199-212). として理解される。金銭目的でない活動としての狩猟という一つの概念も強化される (XEN. *Cyn*. XII, XIII xn.XIII)。狩猟が神々に好まれ名誉であった神話世界には触れない。よく引用されるのはニムロデ(VULG., *gene* 10,8-9)。そのきらびやかな詩節は聖ウベルトへの完全な献身によりくすんでいる。これらの年代(cfr. nt. 4)において光を見る狩猟についてのすべての論文が同じような古典の引用やexemplaで始まるのは偶然ではない (v., per tutti, A. MARTINELLI, *La legislazioneitaliana sulla caccia,* cit., p. 8 ss.; D. MAJORANA, *La caccia e le sua legislazione,* cit., p. 19; L. LANDUCCI, sv. *Caccia,* cit., p. 2 ss.).

89 1884年2月13日の下院での最初の審議における、カンツィ下院議員からベルティ大臣へ向けられたもの (A. MARTINELLI, *Leggisulla caccia,* cit., p. 132 nt. 2).

90 道徳的思索を伴う実践的助言の雑録ようなもの。我々が見つけたもっとも古い文献は B. CRIPPA, *Della caccia Trattato,* Milano 1828 e successive edizioni. おそらく、この分野にもフランスの文献の影響があったに違いない。例えば、J.P.R. CUISIN, *L'Ecole du chasseur, suivie d'un traité sur l'oisellerie, la pécbe, et les noueeaux fusils de chasseà piston, sans pierre, àfoudre fulminante; avec la manière de s'en servir, etc*. Paris 1822.90 Sono per lo più una mescolanza di consigli pratici con riflessioni morali. Il più risalente contributo in cui ci siamo imbattuti è B. CRIPPA, *Della caccia Trattato,* Milano 1828 e successive edizioni. Forte deve essere stata anche in questo campo l'influenza di testi francesi quali].P.R. CUISIN, *L'Ecole du chasseur, suivie d'un traité sur l'oisellerie, la pécbe, et les noueeaux fusils de chasseà piston, sans pierre, àfoudre fulminante; avec la manière de s'en servir, etc*. Paris 1822.

91 信じるために、ナポリオーニ弁護士の署名のついた「小片」を読まれよ。A.

NAPOLIONI, *La funzione educatrice della caccia,* in *Il Cacciatore Italiano* XXXII (1918) n. 18, p. 11 s.いくつか、とくに道徳教育の箇所を引用しよう。「しかし、その総体において、狩猟の感動は、他のすべての形式のスポーツよりも高い、驚くべき教育的効果をもっている。この狩猟の感動、そして、活動と思想全体がもつ特別な性格により、狩猟は他と区別される。... 他のジャンルのスポーツとは異なり、狩猟は、若者たちを、他の知性に劣る人たちとより危険な気晴らしから遠ざけてくれる。そして、彼らをさみしい田舎に差し向けることで、都会の堕落から遠ざける。肉体の疲れは性的衝動を和らげてくれる。真の狩猟者が着飾った中身のない男ドン・ジョバンニになることはない！これがまさに、とくに思春期における感性の教育が、この狩猟への情熱の中に一つの強力な同盟者を見いだす理由である。狩猟への情熱は、ほとんどいつも、他のいかなる情熱にも打ち勝つことができるほど激しいものなのだ。そして、同時に、狩猟者の大胆な勇気、危険を恐れない心、孤独と自然美が狩猟者の心に引き起こす関心から生まれる健康な理想主義という高潔な精神を愛する心、正しい素朴主義、荒っぽいが親しみのもてる礼儀作法、健康な精神、... 家族愛への信仰、これらが、狩猟への情熱が強化し豊かにする美徳である」。身体教育の箇所は引用しないでおく。

92 *Il Cacciatore italiano*XXVII (1913) n. 29, p. 10.の例は、難しい一例である。

93 *Diana,* a. XXVII, 31 dicembre 1932.

94 我々が参照した1913年から1922年までの *Il Cacciatore Italiano* に限ると、統一法案への支持は頻繁に現れる。例えば、1914年3月1日の第28年第9号は、ニッティ法案への全面的支持に捧げられており、狩猟派国会議員による質問が行われる3月2日の審議に出席するよう、すべての下院議員に呼びかけている。特に、ガスパロット、アッリゴーニ・デイ・オッディ、ジャコモ・フェッリそしてランドゥッチ下院議員。反対派と決めつけられたジョリッティ総理大臣も、躊躇なく名指しされた。なぜなら、彼は「当然ながら武器を備えている恐るべき組織、数百数千という数多くのライフル銃を備えた、誰もが知る強力な狩猟者階級を構成しているとも言える組織」のことを心配していると言われていたからだ [*Il Cacciatore Italianio*XXVIII (1914) n. 4 の最初のページから]。ローマ県狩猟協会に向けられた組織的な密猟に対する非難は、狩猟協会の内部分裂を示す勇気ある行為として特筆すべきだろう *(Il Cacciatore Italiano* XXX (1916) n. 41 それ以降の号でも論争は続く)。

95 Si veda la n. d.r., dal titolo *La legge sulla caccia,* in prima pagina del n. 1, a. XXVIII, Capodanno 1914.

96 A. RENAULT, L. SASSI, *I libri dei cacciatori,* Castelfiorentino 1923, 及び *Biblioteca del Cacciatore* in *Diana*XXVI (1931) n. 13 の狩猟文献一覧参照。

97 N. CAMUSSO, *La Beccaccia,* Milano 1920 (nuova edizione).

98 例として、A. R1NALDI, *Dellaproprietà mobiliare secondo il codice civile italiano,* III, cit., p. 36 s.参照。

99 M. RICCA BARBERIS, *Acquisto della proprietà con la caccia e la pesca*, in *Giurisprudenza italiana* XCVI (1944), IV, collo 20-24. 読んでみよう。「上で触れたアルバニアの慣習法では、《狩猟者の犬が行動の上を逃げている野獣を発見したなら、偶然居合わせた歩行者が、狙っている獲物を獲取し、殺しても、それを自分の物にすることができない》§402。《殺された野生動物は犬の主人に属する。一方、歩行者には、発砲した弾薬が与えられることになる》§403。《野生動物を負傷させた者が、村や禁猟区を横断してそれを追跡することは合法である》§413。《すでに傷ついた野生動物は、傷を負わせた者によって追跡されていないのであれば、それを殺した者に属する》§415」。

100 G. FRANCESCHI, *Manuale del cacciatore,* Milano 1893, p. 89.

101 G. FRANCESCI-II, *Manuale del cacciatore,* cit., p. 89 55.

102 G. FRANCESCHI, *Manualedel cacciatore,* cit., p. 91.

103 V. letteratura citata *retro,* p. 5 nt. 14.

104 P. FARINI, A. ASCARI, *Dizionario della linguaitaliana di caccia,* Milano 1941, sv. *Diritti,* p. 49 s.

105 R. CORSO, *Proverbigiuridici italiani,*cit., p. 584 s.

106 R. CORSO, *Proverbigiuridici italiani,* cit., p. 585.

107 R. CORSO, *Proverbi giuridici italiani,* cit., p. 584.

108 V. OSTERMANN, *Proverbi friulani raccoltidalla viva voce del popolo,* Udine 1876, p. 710, riferito da Corso, *loc.* cit.

109 R. CORSO, *Proverbi giuridici italiani,* cit., p. 585.

110 N. STOLFl, *Diritto civile,* II, 1, Torino 1926, p. 388 nt. 3.

111 これらの数年における狩猟協会の影響力の大きさについては、「狩猟法に関する王立委員会」（1903 年 10 月 9 日の勅令で設立）の報告書の文章から直接的に理解できる。同委員会が作成した法案は、ラーヴァ農業大臣により 1904 年 6 月 27 日の審議において提出された (*Atti Parlamentari,* Camera dei Deputati, Legisl. XXI - Z" sess. 1902-904 - Documenti - Disegni di legge - Relazioni, n. 618)。コンパンス下院議員法案の報告書でこう述べる。「他方、短い間に、つまり、1890 年、1892 年そして 1893 年に、パヴィーア、ジェノバ、ブレーシャで、狩猟学会が開かれた。そして、ほぼ完成された多くの法案や計画が現れた。例えば、ランドゥッチ下院議員案（1892 年 6 月）、ロンバルディア狩猟者連盟案（1902 年 2 月）、ジョバンニ・アリエート・ディ・ペーシャ氏案（1900 年 1 月）、ロッパ・ディ・コッサート氏案（1903 年 5 月）、ロッカジョヴィネ侯爵案（1904 年 1 月）、ヴァルドッビアデネ、サンピエトロ・ディ・パルボッツァ及びサグジーノ狩猟者連合案（1904 年 2 月）があった。市議会や、農業委員会、私的団体などから数多くの誓願も届いている」。

112 これらの情報の出典はA. RABBENO, R.LAVORATTI, *La caccia nella sua legge*

ferenda, cit., p. 72 s. 同書には、1902 年 12 月 20 日に提出されたロンバルディア狩猟者連盟の法案も引用されている。同案はその 17 条に類似の規定を置いている。Cfr. *infra*.

113 民法第 713 条。《ミツバチの群れの所有者は皆、他人の土地でそれを追跡する権利を有する。但し、土地所有者に発生した損害を賠償しなくてはならない。所有者が 2 日以内にそれを追跡しない場合、または、2 日間追跡をやめた場合、土地所有者は、それを獲取し、かつ、保持することができる。飼いならされた動物の所有者は、第 462 条の規定に抵触する場合を除き、同様の権利を有する。ただし、かかる動物は、20 日以内に要求されないとき、獲取し、かつ、保持する者のものとなる》。第 592 条のこじつけ的解釈に希望があるとは思えない。《どんな所有者も、壁などを建設または修築する目的で、必要性が認められるときは、自己の土地への立ち入り及び通過を認めなければならない》。1859 年刑法の第 687 条の軽犯罪に関し、第 2 号にこうある。《いかなる理由にせよ、壁、生け垣、溝その他の類似の障壁により閉じられた他人の土地に許可なく立ち入る者、または、野獣を通過させる者。公道が他人の土地を通過する者以外の者の責任により完全に通行可能であるときは、通過の場合、この軽犯罪にはあたらない》。同様に、1889 年刑法の第 427 条。《溝、生け垣、または、安定した障壁で囲まれた他人の土地に勝手に立ち入る者には、当事者の告訴により、50 リラまでの罰金を科す。また、同一の犯罪を繰り返す場合、1 ヶ月の禁固に処す》。

114 Art. 715.

115 Cfr. A. MARTINELLI, *La legislazione sulla caccia in Italia,* cit., p. 126 s. Rilievi in L. LANDUCCI, sv. *Caccia,* cit., p. 192.

116 Rispettivamente art. 628 e art. 564.

117 統一前の各地方で有効だった民法で、占有を定義していたのは、オーストリア民法だけだった。その第 381 条：《誰にも属さないものについて、その権原は、すべての者が生まれながらにもっている占有の自由に委ねられる。取得する方法は占有である。占有により、誰にも属していないものが、自己の物とする意思をもって、その支配下に置かれる》。G. DELVITTO (a cura di), *Commentario teorico-pratico del Codice Civile,* III, Torino 1879, p. 9 の王国民法第 711 条との比較を参照。

118 L. LANDUCCI, sv. *Caccia,* cit., p. 192 nt. 3.

119 P. CLEMENTINI, P. MARIOTTI, sv. *Caccia,* cit., p. 64 を読んでみよう。「狩猟者は、いつ狩猟した動物の所有者になるのか。これは、狩猟法には全く関係のないリサーチであり、その問いに答えられるのは民法だけである。一つの動物の所有権を主張する複数の個人間における、純粋な私権関係の問題である 。現在、民法では、先占が実際にあったか、つまり、先占可能なものの性質の他、それを自己の物としようとする意思を伴う獲取があったかの判断は、裁判官に委ねられている。このリサーチは、狩猟というテーマにおいて、特別な重要性を帯びている。なぜなら、一人の狩猟者が、巣

から追い出し、追跡したものの、獲取することができなかった動物が、他人のものになることはよくあるケースだからだ。それに傷を負わせたものの、それを捕獲できるほどの程度ではなかったときも。その問題は、ローマ法学者に始まり、論者の間で多いに論じられた。しかし、ローマ法では、*feram non aliter nostram essequam si eam ceperimus, quia multa accidere possunt ut eam non capiamus*. という意見が優勢であった。そして、この意見は正しくもある。野獣が逃亡する可能性がある状態で、どうしたら先占があったと主張することができるのか」。その後、反対意見が続く。

120 第711条《誰のものでもないが、誰かのものになり得るものは、先占をもって取得される。それは、狩猟または漁撈の客体となる動物、財宝、及び、放棄された動産である》。第712条：《狩猟及び漁撈の実行は、特別法により規制されている。しかしながら、所有者の禁止に反して、狩猟を行うために他人の土地に立ち入ることは違法である》。

121 Cfr. *retro*.

122 B. CAEPOLLAE, *De servitutibus rusticorum praediorum*, cit. Cfr. *retro*.

123 Per tutti, L. BORSARI, *Commentario del codice civile italiano*, III, 1, cit., p. 17 S.; A. RINALDI, *Della proprietà mobiliare secondo il codice italiano*, III, cit., p. 26 ss. 属地権を擁護する論者たちもいる。この意味で、意義深いのは、*Commentario teorico-pratico del Codice Civile)* a cura di G. Delvitto, ID, cit., p. 10. 第712条に言及してこう考察する。「狩猟も漁撈も、他人の権利の侵害をもたらさないという意味で制限されない。ときに、野生であっても、動物や魚は、所有権の従物とみなされることがある。つまり、先占の客体とはもはやならない。これが最初の制限である。その場合、不動産の所有者は、彼の財産の上で狩猟を自分自身に留保し、他人の狩猟行為を妨げることができる。動物は、たとえ野生であっても、彼の土地の上にいる限り、その土地の従物とみなされるからである。私有の池、湖、または、小川の魚の場合も、同様に、その財産の従物である」。他人の土地への立ち入りに関しては、民法典の規定、議論の多い統一前の各地の残存規定、そして、刑法、特にその第687条違反の規定という複数の法令が関連しており、その法原則の解釈には争いがあった。Cfr. P. CLEMENTINI, P. MARIOTTI, sv. *Caccia*, cit., p. 61 ss. Efficace sintesi in M. BATTISTA) sv. *Occupazione*, in *DI* XVIII (1904-1908)) p. 97 SS.

124 1889年2月18日、フィレンツェ破毀院判決への註釈, *Il Foro Italiano* XIV (1889), I, col. 740 ss.:「狩猟の対象となる動物たちは、土地の果実及び従物ではなく、その土地に自由に住み着いている無主物である。したがって、狩りに行く権利は、動物そのものの先占とは区別されるべきものである」(col. 748)。

125 L. LANDUCCI, *Il diritto di proprietà e il diritto di caccia presso i Romani*, cit., p. 306 ss.; ID., sv. *Caccia*, cit., p. 1 ss.

126 ここでは1909年1月19日のローマ破毀院判決に言及するにとどめる。*Il Foro*

Italiano XXXV (1910), II, col. 34 ss. Cfr. *infra*.

127 G. LOMONACO) *Istituzioni di Diritto civileitaliano)* IV) Napoli 18952) p. 15 S.

128 R. DE RUGGIERO, *Istituzioni di diritto civile,* I, Roma 19152, p. 482.

129 G. LOMoNAco, *Istituzioni di Diritto civileitaliano,* IV, cit., p. 12 s.

130 E. PACIFICI-MAZZONI, *Istituzioni di diritto civile italiano,* III, 1, Torino 19275, p. 416. La data della prima edizione è 1873 (Firenze).

131 そのガイウスの命題は、プロクルスの法文が法典に含まれていることが表す妥協を伴って、ユスティニアヌスに取り入れられたことは周知のことである。

132 Cfr. *infra*.

133 その著者は、p.14 の注 1 で、この原理がナポレオン法典に含まれていない（第 715 条では、狩猟及び漁撈の権能は、特別法により規定されるとしか述べていない）ことを指摘している。p.13 では、国家の財産を主人のない財産（第 539 条及び第 713 条）と宣言するナポレオン法典を批判する。一方、イタリア民法には、無主の動産の先占による取得の規定について、すでにサルデーニャ王国民法第 715 条という先例があった。

134 L. BORSARI, *Commentario del codice civile italiano,* III, 1, cit., p. 10 ss. 著者は続ける (p. 14)。「この世で繁殖しているすべての動物は、人間世界に役立つものである。そして、人間の必要を満たすために有害な動物、無用な動物、そして、有益な動物がある。有益な動物は、財産として望まれる対象となる」。そこでは、保護主義的な動機とはかけ離れた、ある種の現実主義的な冷めた態度で、動物を、家畜、ペット及び野生動物の 3 つのカテゴリーに分けている。この野生動物（p. 14）は、「したがって、自己の土地においてあらゆる手段でそれを捕らえようとする人間の迫害を逃れることができない。有害ならば殺し、経済的利益のために殺し、娯楽のために殺す。なぜなら、人間は動物を殺すのが好きだからだ。これが狩猟である。理由や目的よりも、迫害や道具こそが狩猟を表すものである」。統一前のその他の文献：L. LANDUCCI, sv. *Caccia,* cit., p. 1 ss.; P. CLEMENTINI, P. MARIOTTI, sv. *Caccia,* cit., p. 12 ss.; G. GUIDI, *Caccia-Pesca-Foreste-Miniere,* cit., p. 487; A. MARTINELLI, *La legislazione italiana sulla caccia,* cit.; S. SPOTO, *La legislazione sulla caccia,* in *Trattati di diritto amministrativo* (a cura di Orlando), V, cit., p. 1005; A.RABBENO, *La legislazione sulla caccia,* Torino 1881.

135 L. BORSARI, *Commentario del codice civile italiano,* III, 1, cit., p. 16. 著者は 1789 年 1 月 3 日法律と 1790 年 4 月 22 日法律を引用する。

136「その種の動物たちは、すべての者から日常的に先占の対象とされており、また、とくに誰にも属さない。土地の所有者にも属さない。彼の土地の上を動き回っている野兎や猪は、それを撃ち、獲取しない限り属さない。土地所有者は、彼の土地の上を飛んでいる鳥の排他的狩猟権をもたない。誰もがそれを殺し、所有者になることができ

る」。L. BORSARI, *Commentario del codice civile italiano,* III, 1, cit., p. 14 s.

137 L. BORSARI, *Commentario del codice civileitaliano,* III, 1, cit., p. 17 S.

138 L. BORSARI, *Commentario del codice civileitaliano,* III, 1, cit., p. 19.

139 L. BORSARI, *Commentario del codice civileitaliano,* III, 1, cit., p. 17.

140 ボルサーリは続ける（L. BORSARI, *Commentario del codice civile italiano,* 111,1, cit., p. 16 s.)。「バルベイラックは、狩猟者に追跡されている動物が傷を負っていないときも、それを否定する。プーフェンドルフはこの区別でそれを肯定する。動物が、ほとんど狩猟が捕まえたに近いほどに重い傷を負わされているときは、彼がそれを追跡している限り、もはや、他の狩猟者はそれを自己のものにすることが許されない。一方、傷が浅いときは、かのポティエも、この場合、ローマ法というより古代の慣習に従い、バルベイラックに同意する。ローマの法学者たちの間でも、ユスティニアヌスが『法学提要』§13 の *de rerum divisione et aquirend. rerum dominio* で決着させた問題が存在していた ...」。

141 L. BORSARI, *Commentario del codice civile italiano,* III, 1, cit., p. 16 s.

142 F. RICCI, *Corso teorico-pratico di diritto civile,* V2, cit., p. 535 ss.

143 F. FILOMUSI GUELFI, *Diritti reali,* cit., p. 198.

144 E. PACIFICI-MAzzONI, *Istituzioni di diritto civileitaliano,* III, 1, cit., p. 417 s.

145 A. RINALDI, *La proprietàmobile secondo il codice civileitaliano,*III, cit., p. 34 55.

146 A. R1NALDI, *Laproprietà mobilesecondo il codice civileitaliano,* III, cit., p. 36.

147 A. GRANITO, sv. *Occupazione,* in *Enciclopedia giuridica italiana* XII,2 (1915), p. 90 ss.

148 我々の理解が正しければ、フィロムージの意見は、本文にあるように、致命的な傷にはきっぱりと反対しているように思われる。

149 L. LANDUCCI, sv. *Caccia,* cit., p. 194：「獲物の所有権というテーマでは、法の規定及び類推を欠いていること、そして、地域の慣習が千とおりもあるほど不確定で、しかも、義務的でないことから、制度の歴史的展開から演繹される法の一般原理及び慣習法が何を教えているかを検討せざるを得ない」。ランドゥッチは、192 ページ以降で、唯一の基準となる規範は第 711 条であること、及び、同条の先占への言及を前提に、先占は、ローマ時代から現代まで、誰の財産でもないものの占有取得、及び、それを自分のものにしようとする意思により成立するという。そして、すべては、占有の要件を備えているかを検討することで決まると述べる。「言い換えると、狩猟者は、動物を、それを逃さないほどに自己の支配下に置いたとき、その所有権を取得する。そして、動物がその支配を逃れたとき、その獲物は本来の自由を再獲得する。そして、これは、最近の分析に基づく事実の調査であり、そこでわかった歴史的事実や土地の慣習法は、裁判官を強制するのではなく、導くことができる」(p. 193)。ユスティニアヌスのローマ法は、傷を負わせた者と先占した者のうち、獲物は常に先占者に属する、そして、括り罠、養殖地及び庭園は、先占の印であると教えている。その直後の

時代におけるローマ法からの遠ざかり（ゲルマン法）と狩猟をレガリアとした時代のあと、都市法から現在にいたるまで、学説に限らず、ローマ法から遠ざからないようにする努力がなされた（p. 193）。ランドゥッチは、野生動物の占有（または、同じことだが、先占の達成）が始まったとみなされるべき時点について、慣習法と地域の風習が存在すると述べる。立法者が沈黙しているため、慣習法及び地域の風習が、法秩序において持つ価値について問うのがよいだろう。著者によれば、法源の階級に従い、裁判官は、地域の風習ではなく、全国的に価値を持つにちがいない、法律の解釈及び類推、法の一般原理及び慣習法をとくに適用しなくてはならない。

150 Neyremand, Villequez及びGiraudeauのフランスの学説の介在は、引用の中で明らかにされている（L. LANDUCCI, sv. *Caccia*; cit., p. 194 nt. 6）これに関しては後述文献参照。

151 L. LANDUCCI, sv. *Caccia,* cit., p. 194.

152 L. LANDUCCI, sv. *Caccia,* cit., p. 194 s. 他人が狩猟を行っている場所から一定の距離以内の場所で狩猟を行うことを禁止する、さもなければ、罰金を科す特別法に関しても、これらの禁止をなおざりにする狩猟者は罰を受ける、または、損害賠償の義務を負う。但し、獲物があったときは、先占権により狩猟者のものとなる。

153 L. LANDUCCI, sv. *Caccia,* cit., p. 196.

154 A. RINALDI, *La proprietà mobile secondo il codice civile italiano,*Tll, cit., p. 36.

155 A. R1NALDI, *La proprietà mobile secondo il codice civile italiano,* III, cit., p. 36 s.:「こんにちでは、24時間という非常に短い時効ゆえに、われわれはもはや、上に述べた古い伝統（ロタリ法典）を手放せないかもしれない。なぜなら、傷を負わせた者がわからないとき、肉を腐るまま放置するのは正しくない。彼が姿を見せないとき、もしくは、獲物を放棄する意思が推定されるとき、または、必要性から、その肉を皆のものにしないほうがよい。さもなくば」。

156 Cfr. *retro*.

157 A. R1NALDI, *Della proprietà mobiliare secondo il codice civile italiano,* III, cit., p. 38 s.; L. LANDUCCI, sv. *Caccia,* cit., p. 196.

158 A. R1NALDI, *Della proprietà mobiliare secondo il codice civile italiano,*III, cit., p. 39.

159 L. LANDUCCI, sv. *Caccia,* cit., p. 196.ランドゥッチは、他人の犬に追跡された、または、他人のセッター犬により身動きが取れなくなっている野生動物を狙うことは言語道断というF.-F. VILLEQUEZ, *Du droit du chasseur sur le gibier,* cit., p. 270 ss.,の意見を退ける。しかし、この場合、犬が自分のものであっても同様である。しかしながら、そのフランスの著者によると、犬の行動は、その飼い主に、獲物についての条件付きの権利（un droit conditionnel）を発生させる。そして、占有を完成するために、犬を超えて発砲する権能は、犬の飼い主だけが有している。

160 A. RINALDJ, *Della proprietà mobiliare secondo il codice civile italiano,* III, cit., p. 39.

161 L. LANDUCCI, sv. *Caccia,* cit., p. 196.

162 D. 41,1,55.

163 L. LANDUCCI, sv. *Caccia,* cit., p. 196:「野生動物は、逃げられない程に罠に掛かったときから、その罠を仕掛けた者に属する。先占は完成しているため、その獲物を取ったものは、窃盗を犯す。土地の所有者が獲物を取ったときも、それが真実でなくなるとは考えない。所有者は狩猟者に立ち入りを禁止できるが、獲物を先占することはできない。土地に発生した損害を賠償させることや、彼の禁止を無視したことに対し法的手続をとることはできる。しかし、獲物は狩猟者に引き渡すか、または、その対価を支払わなくてはならない」。「括り罠に掛かった野兎を運んでいたら、逃げたので追跡した。野兎は疲れていたので、それを再び捕まえられることは間違いない。しかし、その野兎が、立入りが禁止されている他人の土地に入ってしまった。立入禁止であっても、その野兎が私のものである以上、私は、それを再び捕獲するまで、または、再捕獲が不可能でない限り、そこでも追跡をすることができるだろう。我々は、野生動物が他人の土地に入っただけでは、所有権は失われないと考える。結論を出そう。動物の他人の土地への立入りは、それだけでは、所有権の喪失を含意しない。しかし、土地所有者の禁止に反して、他人の土地で獲物を追跡する権利は有しない。そのため、実際には、所有権の喪失を招きうる。そこからどのような帰結及び義務が生じうるか、また、他人の動物が進入した土地の所有者には責任が生じるのか否かという問題は、また別のテーマである 」(p.196)。反対に、追跡権を認めるのは、A. RINALDI, *Della proprietà mobiliare secondo il codice civile italiano,* III, cit., p. 33. 彼によれば、すでに自分のものである動物を他人の土地において追跡することは、狩猟行為ではない。したがって、民法第 712 条は適用されず、蜜蜂を追跡するため他人の土地に立ち入ることを認める第 713 条が類推適用される。

164 A. RINALDI, *Della proprietà mobiliare secondo il codice civile italiano,* III, cit., p. 40.

165 B. BRUGI, *Della proprietà,* II, Napoli, Torino 19232, p. 493.

166 *Op. cit.,* p. 195.

167 *Op. cit.,* p. 497.

168 上に引用したN. STOLFTの返答参照。

169 L. LANDUCCI, sv. *Caccia,* cit., p. 192、「現行の狩猟に関する特別法を通読した者は、二次的な事柄とはいえ、獲物の所有権について、なんの規定も置かれていないことに驚く。我が国の司法は、それに取り組む機会すらもったことがないが、理屈のうえでは、そのテーマは、忘れ去られるべきものではない。たとえいくつもの小さな実践的必要性が、ひとつの大きな簡明さを求めているとはいえ」。

170 A cura di C. Fadda, E.A. Porro, A. Raimondi, A. Vedani, III, Articoli 616 a 804, Anni 1866-1910, Milano 1913, p. 690.

171 出典は *Raccolta:* のp.690。C. Firenze, 23 dicembre 1868, Puccetti 対 Barsanti, Ann., 1868, I, 290, Legge, 1869, I, 70.

172 出典は同じく *Raccolta:* のp. 690。A. Cagliari, 4 maggio 1900, TOMASI M., 1900, 640, *Giur. Sarda,* 1900, 280 e 342.

173 この意味で、B. BRUGI, *Della Proprietà,* 112 , cit., p. 493. の解釈に近い。

174 Da *Il Foro Italiano*XXXV (1910), II, col. 34 ss.

175 T. BERTOLLIの概要も同様。*Nota a sento* 19 *gennaio1909,* Corte di Cassazione di Roma, in *Il Foro italiano,* cit., col. 34.

176 Corte di Cassazione, in *loc. cit.,* col. 37 s.

177 Cfr. nt. 174.

178 T. BERTOLLI, *Nota,* cit., col. 38.

179 T. BERTOLLI, *Nota, loc. ult.* cit.

第７章第２節註

1 1918年4月21日委任立法令第584条 [Lex, IV, 1918 (gennaio-giugno) p. 561] は、公示から二ヶ月以内に、《... 土地の所有者または占有者で、民法第442条により認められた権利を用いることなく、狩猟を自らのみ、または、それを許した第三者のみに許可するために、所有地の全部または一部で狩猟行為を禁止した者は、土地のある場所を管轄する登記事務所で適切な届け出を行わなくてはならない》。第2条：《狩猟のために留保されている土地は、互いに100 m以上離れていないポール、4 mの高さのところに、よく見えるように「狩猟禁止 Divieto di caccia」という札をつけたポールで囲まなくてはならない。この規定が遵守されていない場合、刑法第428条にいう禁止を明白にするサインであるとはみなされない》。第3条：《民法第712条の効果により、(a) 種類を問わず養殖場が存在する土地、または、葡萄の木が植えられている土地である、(b) 耕作されている土地（種まき準備から収穫完了までの期間に限る）である場合、前条の規定は適用されない》。この法律は、1918年10月3日委任立法令第584号により修正された1918年6月9日統一法典第857号と統合された。その後、1923年1月25日委任立法令第164号に吸収された。

2 Art. 2.

3 Art. 3.

4 Art. 1. Per tutti, V. MANZINI, *Trattato di Diritto Penale Italiano,* VIII, Torino 19222, p. 573, p. 577 ss.

5 Cfr. Relazione della commissione agricoltura (rel, dep. Giavazzi) alla Camera dei Deputati, 2 giugno 1923 (doc. 2066 A), pubblicata anche in *Gazzetta Ufficiale* 9 luglio 1923, n. 160 *(Le Leggi,* 1923, p. 1149).

6 Così RADIUM, *Corriere della Sera,* 17 marzo 1935:「狩猟者たち。平和なとき、ブルジョワジーには、ライフル銃を正当な理由で持ち歩く方法が他にない。戦争のとき、狩猟者とは戦いたくない。急勾配の場所にいること、鳥の羽音で狙いが狂っても即座

に修正すること、道も山道もない場所で歩くこと、野兎や狐を目覚めさせることなく前進すること、茨の中や水の中で動かないでいること、場所の特徴を読み取ること、飢えや渇きに耐えること、何時間も会話しないでいること、そして特に、いつでもどこでも落ち着いていること、そして、危険なときや必要なときは、すべての素朴な男たちをひとつにまとめる連帯意識により、反感や摩擦を乗り越えることに慣れているこの男たちを、国は多いに頼りしてよい」。すでに数世紀前（あるいはおそらく1000年以上）から聞く話だ。

7 *Gazzetta Ufficiale* 9 luglio 1923, n. 160. Sull'avvicendamento dei progetti nei decenni precedenti, v. qualche informazione, *retro,* a p. 199 nt. 5.

8 Cfr. *Relazione della commissione agricoltura,* cit., p. 1150:「我々が[統一法]を得るには、すでに構築されている理論からの抽出を行うだけでなく、野生動物の保護、所有権及び農業からの要請、そして、市民の間でこれまで尊重されてきた狩猟の自由への権利という、3つの必要性を考慮しつつも、多くの異なる慣習及び利益がある中を、歩み寄りながら進んでいく必要がある。

9 F. LUZZATTO, *La nuova legge nella caccia e la proprietà fondiaria,* già nel *Giornale di Agricoltura* del 19 agosto 1923, quindi in *Rivista di diritto agrario* II (1923), p. 369.

10 Cfr. *Relazione della commissione agricoltura,* cit., p. 1149. Il regolamento è del 24 settembre 1923, n. 2448.

11 Cfr. *Relazione della commissione agricoltura, passim.*

12 「(...) このプロジェクトの議論の機会に、イタリア新法において、我々の民法典に伝わるローマ法の古い原則が維持されるべきか、という非常に大きな問題も解決されなくてはならない。その原則によれば、広い意味での野生動物は無主物であり、それゆえに、先占を通じて誰でも自分の物とすることができる。言い換えれば、今や、多かれ少なかれ他の欧州諸国において全体的に受けいられている、土地の所有権と、より整合的な野生動物の保護により好都合な、そして、土地所有権と結びついたより大規模な工業及び商業による国民経済により有利な〔従来とは異なる〕原則を受け入れることはできないのか。その原則によれば、所有者が土地の上に狩猟区を設置する意思がないとき、国は、狩猟行為を、外部者に請負で、直接または間接的に、また、地方自治体と協力して、許可することができる。国は、そこから直接の利益を上げ、また、全体の財産に戻った野生動物の増加のための条件を課す」。参照：*Relazione della commissione agricoltura,* cit., p. 1149 s.

13 Cfr. *Relazione della commissione agricoltura,* cit., p. 1150.

14 Artt. 34-37, titolo *Registro delle associazioni*.

15 それらには、第1条から第11条が言及してある。

16 第4.2条：《許可命令は、許可者が以下の義務に従わなかったとき、執行力をもたない。(a) 4 mの高さに、どちらにしても視認可能な方法で、「狩猟禁止」と書かれた標

識または掲示板、または、それと同等のものを掲げた互いが100 m以内の距離に設置した、境界目印の設置。ただし、それらの標識または掲示板は、木に取り付けることもできる。また、書かれた文字が土地に立ち入ろうとする者にとって十分に視認可能であるなら、ポールの高さは4 m低くてもよいし、また、ポール間の距離は100 mより長くてもよい。本条の規定が遵守されていない場合、刑法第428条に効果による禁止を明白にするサインとしての効力をもっているとはみなされない》。

17 第3.4条：《同様に、壁、門、鉄条網、生け垣その他の実効的な障壁により完全に囲まれている、いかなる面積の土地も、禁猟区の設置が認められる》。保護区に関しては、第8.3条：《保護区の設置に関して、本法の公布まで、立ち入りを妨げるの適切な障壁による、土地の実質的な囲い込みの禁止が有効である地方において、その禁止は、非耕作の土地において有効であり続ける》。第8.4条：《また、そのため、それらの土地に設置された保護区は、生け垣または茨の茂み、溝、鉄線その他の人及び動物の通過を妨げるのに有効なあらゆる障壁により囲まれていなければならず、また、それらの障壁には、禁止を示す掲示板を結んでいなければならない》。

18 その制限は、禁猟区の周囲の境界から50 mに関する第21条（第6.1条）の第5項に示されているもの、及び、第21条第2項により排除された場所（国家の防衛に係わる場所、国家的記念碑と宣言された場所、道路沿い、鉄道、住宅地から100 m以内の場所、公的な場所など）である。

19 ザナルデッリ刑法典第428条：《他人の土地におけるいかなる狩猟も、法律に定められた方法で、所有者が、禁止をしたとき、そして、その禁止を明白にするサインがあるときは、当事者の告訴により、50リラ以下の罰金を科す。同じ犯罪の累犯の場合、15日までの禁固に処す》。

20 A. POZZOLINI, *Ancora sulla caccia nei fondi non costituiti in riserva in rapporto al reato di ingresso arbitrario nel fondo altrui,* in *Rivista di diritto agrario*VII (1928), p. 526.

21 A. POZZOLINI, *Ancora sulla caccia nei fondi non costituiti in riserva in rapporto al reato di ingresso arbitrario nelfondo altrui,* cit., p. 524.

22 法第21条により狩猟権を行使する者に、適用ができないという類似の議論は、刑法第427条に関するもの：《溝、生け垣、または、その他の安定した障壁により囲まれた他人の土地に勝手に進入した者には、当事者の告訴により、50リラまでの罰金を科す。また、同じ犯罪の累犯の場合、1ヶ月までの禁固に処す》。この条文は、各人に認められた、自己の土地を囲い込む権利の刑事的保護を構成している。ただし、第三者に属す用益権（民法第442条）を除く。これらの規定は、所有権の保護のために置かれた規定の一部を成しており、また、同法が分離・区別している狩猟の実行に関しては、適用されない。

23 F. CIGOLINI, sv. *Giurisprudenza,* in *Venatoria* XLI (1933), p. 18 も参照。著者による自

己批判であるが、確認できなかった。

24 G. BARCHIELLI, *In tema di limiti tra diritto di proprietà e diritto di caccia,* in *Rivista di diritto agrario* VII (1928), p. 223. 同じ著者による *La nuova legge sulla caccia (esposizione e commento),* in *Rivista di diritto agrario* III (1924), p. 65 ss.; p. 195 ss.

25 G. BARCHIELLI, *In tema di limiti tra diritto di proprietà e diritto di caccia,* cit., p. 224.

26 G. BARCHIELLI, *In tema di limiti tra diritto di proprietà e diritto di caccia,* cit., p. 224.

27 狩猟行為を野生動物の実態及びびの保護に適合させるため、毎年のように実施される省令の他に、1923 年 9 月 24 日法律第 1420 号の後、少なくとも 5 つの措置が日の目を見た。すでに触れた 1923 年 9 月 24 日勅令第 2448 号により承認された規則、1924 年 5 月 4 日緊急勅令第 754 号及びその修正、1928 年 6 月 7 日第 1248 号雀の捕獲及び狩猟に関する法律、1928 年 8 月 3 日第 1997 号狩猟法制改革に関する緊急勅令（1928 年 12 月 6 日法律第 2915 号で法律化。第 13 条で、政府に《狩猟を有機的に法制化するための立法的性格の規範》を挿入する権限を政府に委任している）、そして、1929 年 11 月 18 日第 2016 号船上での狩猟に関する緊急勅令。

28 R.D. 15 gennaio 1931, n. 117, Approvazione del *T.V.* delle leggi e decreti per la protezione della selvaggina e per l'esercizio della caccia. La legge è pubblicata nella *Gazzetta Ufficiale* del 21 febbraio 1931, n. 43.

29 ReI. Acerbo, in *Le Leggi,* 1931, p. 162 s.

30 ReI. Acerbo, cit., p. 158.

31 ReI. Acerbo, cit., p. 158.

32 ReI. Acerbo, cit., p. 158.

33 ReI. Acerbo, cit., p. 159.

34 ReI. Acerbo, cit., p. 159.

35 ReI. Acerbo, cit., p. 158.

36 Cap. II Delle riserve, artt. 49-63; art. 55.

37 ReI. Acerbo, cit., p. 159.

38 Artt. 45 e 57.

39 第 28 条：《狩猟は、所有者またはその合意を得た者を除き、別荘、住宅、公園に付属する土地、及び、1.80 m を下回らない高さの壁、鉄条網もしくはその他の実効的障壁、または、深さ 1.50 m 以上、幅 3 m 以上の水流により完全に囲まれている土地を除き、認められる》。そして、新しい刑法第 637 条と明白に調和して、すでに当時考察されていたように、溝、生け垣またはその他の安定した障壁（刑法も同様の文言）により囲まれた他人の土地に狩猟のために立ち入る者は、狩猟に関する特別法に違反しない。なぜなら、これはより厳しい基準での囲い込みを求めているからだ。Cfr. C. VITTA, *Il Testo Unico* 15 *gennaio* 1931 *sulla caccia,* in *Rivista di diritto agrario* XI (1932), p. 20.

40 第29条：《第28条、第45条及び第57条にある禁止に加え、耕作されている他人の土地における歩き狩りは、狩猟により耕作物が損壊するおそれがあるとき、禁止される。占有者は、前項の条件を満たすとき、第44条に示した方法で境界サインを用いて、同じ条件にある複数区画を囲むことがつねにできる。掲示板には、「狩猟の一時禁止」の文言が記載されていなくてはならない》。省報告書にはこうある：「第29条は、「狩猟の一時禁止」を示す境界サインを用いて、耕作状態にある区画を囲い込む権限を、占有者に認めることで、及び、農夫による濫用の場合に、科すべき罰を規定することで、耕作された土地における狩猟の問題を、1923年の法律第1420号第21条よりもよい方法で、解決している。そして、その権限を土地所有者（proprietario）だけでなく、断片的な物権、または、何らかの個人的権利により、果実を所有する者、つまり、果実の生産に損害が及ぶことに防ぐ正当な利益を有するすべての者に認めるため、占有者（possessore）という用語を使用している。現実には、解釈者たちには、第29条により象徴される解釈問題と考えられている。Cfr. C. VITTA, *Il Testo Unico* 15 *gennaio* 1931 *sulla caccia,* cit., p. 21.

41 C. VITTA, *Il Testo Unico* 15 *gennaio* 1931 *sulla caccia,* cit., p. 21.

42 E. ARRIGONI DEGLI ODDI, *Testo esplicativo ed illustrativo delle disposizioni vigenti in materia venatoria,* Padova 1927; F. CIGOLINI, *Commento del nuovo Testo Unico dei decreti e delle leggi sulla caccia,* Livorno 1931; ID., *Lineamenti e principi informatori del nuovo Testo Unico delle leggi sulla pesca,* in *Rivista penale* LIX (IV n. s.) (1933), p. 312 ss.; ID., *Il divieto di caccia nei fondi chiusi,* in *Rivista penale* LX (V n. s.) (1934), p. 785 ss.; ID., *Il divieto di caccia vagante nei terreni altrui coltivati,* in *loc. ult. cit.,* p. 1147; G. URBANI, *Integrazioni e innovazioni della legge Acerbo sulla caccia,*Roma 1933; C. VALENTINI, *Il nuovo codice della cacciai Lo ius venandi. Cenni sull'evoluzione storico-giuridica del Diritto di caccia... Testo Unico sulla caccia,* 15 *gennaio* 1931, Milano 1931; G. BARCHIELLI, *Breviario alfabetico per la consultazione rapida della nuova legge sulla caccia,* Milano, Cremona 1934; P. CRACHI, *La riserva di cacciae i "uisti" ministeriali,* in *Giurisprudenza italiana* LXXXV (1933), II, col. 231 ss.; ID., *La selvaggina nella riserva ed altrove,* in *Giurisprudenza italiana* LXXXVI (1934), II, col. 279 ss.; ID., *Il fagiano, la giurisprudenza e la legge,* in *Giurisprudenza italiana* LXXXVII (1935), II, col. 147 ss.; C. VITTA, *Il Testo Unico* 15 *gennaio 1931 sulla caccia,* cit., p. 15. Ulteriori citazioni in L. LANDUCCI, E. EULA, sv. *Caccia,* in *NDI* II (1937), p. 588.

43 *Diana venatoria,* Firenze; *Il cacciatore italiano,* Milano; *La caccia e la pesca,* Torino; *Liguria venatoria,* Genova; *Venatoria,* ecc.

44 Per tutti, L. LANDUCCI, E. EULA, sv. *Caccia,* cit., p. 601. Il cacciatore di frodo fa sua la preda, "il qual principio vale anche per la caccia in riserva ed è conforme all'insegnamento romano" *iloc. cit.).* Più cauto, V. MANZINI, *Trattato di diritto penale italiano,*VIII2, cit.,

p. 33:「保護区の野生動物は、したがって、野生動物がいる土地が、その出入りを完全に防ぐ方法（例えば、壁、鉄条網、深い水流等の四本足動物が越えられないもの）で囲まれているとき、所有及び占有されていると考えなくてはならない。それらの場合、それらの動物は、自分たちの住む場所を拡大することができないため、本来の自由を明らかに失っている。

45 Per tutti, B. BRUGI, *Dellaproprietà,* II2, cit., p. 395 ss.

46 この方向で、A. MENCARELLI, *L'acquisto della proprietà della selvaggina e il reato di furto,* in *Il Nuovo Diritto* VIII (1931), p. 152 ss.; G. SOLIMENA, *La proprietà della preda,*in *Il Nuovo Diritto* VIII (1931), p. 420 ss. F. CIGOLINI, *Il diritto di caccia,* cit., p. 80.CIGOLINIは、先占概念の柔軟な解釈の必要性が次第に現れている、なぜなら、反対に、狩猟者が動物の所有者になるためには、その実物を手に入れなくてはならないという要求は、狩猟の実践的必要性及び慣習に矛盾するからである、と断言する。こう主張しつつ、その著者は、次に、フランスの多数派学説（我々がすでに言及した Demolombe, Aubrie, Rau, Baudry Lacantinerie, Laurent, Pacifici-Mazzoni, Rinaldi, Landucci, Brugi など）

47 例えば、禁猟区において「養殖されたまたは保護された」野生動物は、たとえ囲みの外であっても、距離が 50 m以内であれば、獲取または殺すことを禁止する第 6 条の規定（この規定に基づき、保護区の狩猟者に一種の物権が構成される可能性。U. FANTINELLI, *Natura del diritto del proprietario di riserve di caccia sulla selvaggina,* in *Il Nuovo Diritto* XIII (1936),414 ss.) が引用した C. VALENTINI, *Il nuovo codice della caccia,* cit., p. 76 ss. 参照。第 7 条の規定では、禁猟が取り消された場合、農業大臣は、《捕獲可能な定住している野生動物について、所有者への対価の支払いを前提とした、先買権を有する》。アチェルボ法では第 45 条がある：《野生動物の避難及び再繁殖のための禁猟区においては、非委託者を含む何人も、いかなる手段によっても、狩猟及び鳥撃ちを行うことができない。その禁止は、禁猟区の境界から 50 m以内のスペースにも拡大される。ただし、禁猟区が、公的に使用されているものも含め、禁猟区を横切る垂直の障壁により完全に囲まれている場合を除く。そして、第 46 条。23 年の法律の第 6 条第 2 項にすでにその一部が現れている：《禁猟区の外で撃たれた野生動物を、禁猟区の境界内で獲取することはできない。県知事は、県狩猟委員会の意見を聞いた上で、政令をもって、雉、及び、禁猟区に導入し繁殖させるその他のその土地のファウナに属さない定住性の高貴な野生動物に関し、禁猟区の内側に特別の保護区域を設けることを定めることができる。最後に、第 47 条は禁猟区の廃止の場合にこう規定する：《県狩猟協会は、捕獲可能な定住している野生動物について、所有者へ前もって対価を支払うことで、先買権を有する》。

48 Cass. 29 aprile 1925, in *Giurisprudenza italiana* LXXVII (1925), II, col. 148; altre decisioni: Cass. 4 giugno 1928, in *La giustizia penale*XXXIV(IV della 4a serie) (1928),

col. 1187; Cass. 17 maggio 1929, *La giustizia penale*XXXVI (VI della 4U serie) (1930), col. 36; Cass. 16 giugno 1930, in *Rivista di diritto turistico* IV (1930), III, p. 153. Parzialmente difforme Cass. 30 marzo 1933, in *La giustizia penale* XXXIX (IX della 4a serie) (1933), III, col. 699 ss.

49 Col. 148.

50 Col. 150.

51 D. 41,2,14,3.

52 ReI. Acerbo, cit., p. 159.

53 1931 年 11 月 21 日マチェラータ重罪裁判所判決*(La giustizia penale*XXXVII (1931), III, col. 477 ss.).

54 P. CRACHI, *La selvaggina nella riserva e altrove,* cit., col. 279 ss.; spec. col. 295 nt. 16; ID., *Il fagiano, la giurisprudenza e la legge,* cit., col. 147 ss. Ancora ID., *Riserve di Caccia e diritto sulla selvaggina, in ispecial modo suifagiani,* in *Il Nuovo Diritto* XIII (1936), p. 715.

55 Cass. 4 aprile 1934, in *Rivista italiana di diritto penale*VI (1934), p. 810.

56 Cass. 9 novembre 1934, in *Rivista italiana di diritto penale* VII (1935), p. 265 S. [= *Giurisprudenza italiana*LXXXVII (1935), II, col. 148 ss.].

57 破毀院, 1934 年 11 月 9 日 , p.266 :《狩猟関連法令の 1931 年 1 月 15 日統一テキストを王に提出するときの省報告書で、保護区の所有者さえも、その土地にいる野生動物の所有権を持たず、ただ、先占権をもつに過ぎない、そのため、保護区のなかを歩き回る野生動物は無主物であり、最初に占有した者の物となる、というローマ法の原理を尊重する意向が宣言された。管理者の合意なく保護区で狩猟を行うことを禁じる狩猟法は、上記野生動物の所有権を保護したり、または、保護区の狩猟者に帰属させようとはしておらず、ただ単に、保護区の狩猟者を、野生動物の先占権を行使できる状態に置こうとしているだけである。したがって、野生動物は無主物であり、先占者の物となるとき、窃盗の客体とはならない ...》。

58 Sent. 25 maggio !934, in *Giurisprudenza italiana* LXXXVI (1934), II, col. 280.

59 Sent. 25 maggio 1934, cit., col. 299.

60 野兎は保護区の権利者の財産であると、担当裁判官が考えている可能性は排除したいところである。第一審判決の以下の言葉は、(その可能性を認める) 意見を正当化しない :《実際、もし、動物を捕獲するのに十分な括り罠を仕掛けることが犯罪を構成するならば、罠に捕まっている状態の野生動物を、他の有責者の知らないうちに自ら捕獲して、それを保護区から持ち去ろうとする者の振る舞いに法的な罰がない状態であることは、受け入れられない》。《保護区からそれを持ち去る》とは、保護区での狩猟が認められている狩猟者が所有する野生動物を持ち去る、という意味ではなく、保護された場所からそれを持ち去るという意味である。P. CRACHI, *La selvaggina nella*

riserva ed altrove, cit., col. 281 s., の理解は異なるようだ。先ほど引用した判例はこの著書から引用した。

61 〔罠などを〕仕掛ける（tendere）ことは、手に入れる（prendere）こととも、つかみ取る（apprendere）ことも意味しない。P. CRACHI, *La selvaggina nella riserva ed altrove*, cit., col. 285 s. 反対意見として V. MANZINI, *Trattato di diritto penale italiano*, VIII2, cit., p. 31：「殺害による先占では、占有は、その道具を仕掛けた者の不在時に機械的に発生し、かつ、同者による即時かつ直接の行為により達成されるとされる。... したがって、罠に挟まれている野兎や括り罠に絡まっている鳥を取った者は、それらの狩猟装置が他人により設置されたものであるなら、泥棒である」。この著者の考えによれば、たとえ野兎が密猟者によって不法に先占されたものであったとしても、牧人を窃盗で告訴することは、同様に可能であったという。所有権を取得するには、先占が不法な事実によっては成立しないことが必要である、と著者は言う。不法な先占者はただ占有権を取得するだけであるが、それで、第三者による窃盗は、彼の損害となりうる(p.30)。当時の民法学は、ローマ法、及び、立入りを禁止しても狩猟は禁止しない禁止権（*ius prohibendi*）の高まりを受け、たとえ密猟者によるものであっても、野生動物の先占は成立すると考える傾向があった。それが、家畜や飼いならした動物でなく、無主物の野生動物であるならば。したがって、窃盗では決してなく、狩猟法違反に過ぎない。刑法学説は、別の道を進む。

62 Cass. 25 maggio 1934, cit., col. 299.

63 保護区の狩猟者に野生動物についての何かしらの物権を認めることに関しては、U. FANTINELLI, *Natura del diritto del proprietario di riserve di caccia sullaselvaggina*, cit., p. 414 ss. 判決を起草した裁判官 (P. CRACHI, *La selvaggina nella riserva e altrove*, cit., col. 279 ss.)。要点はおそらくこうである。保護区おいても、無主物である獲物は先占者のものとなるという原理は有効であることに変わりはないものの：「〔保護区内で狩猟を行う〕免許は、野生動物、土地及び被許可者との間の権利関係ゆえに、一つの異なる結果をもたらす。所有者とは異なり、被許可者には、－ 公的かつ実質的に認められていることだが－ 保護区内において*animus rem sibi habendi*（自己のためにもつ意思）が支配し、かつ、持続している。そして、－ これも公的かつ実質的に認められていることだが － 彼及び彼に近い者だけに、狩猟を留保する権力が、意思（*animus*）とともにある。では、他の狩猟者が歩くはずがない保護区に、殺された、または、捕獲された野生動物がいたとする。推定（民法第1349条）はこうだ：その状態にある野生動物は、被許可者、または、同者のために行う者以外によって殺されることはありえない。典型的には野生動物の自動誘導装置がそうであるように、法令に反し不法に使用された機械装置を使い、殺害又は捕獲された鳥は、もはや無主物ではないが、それは密猟者のものではなく、被許可者である狩猟者のものとなる（第11条）... 」(col. 294 s.)。一般的原理とはまったく調和しない、アクロバティックな考え

だ。

64　体制下で精緻化された所有権理論、ならびに、2つの重要な要素、つまり、1934年1月13日の文章で表現されたムッソリーニ自身の意見、及び、1939年5月27日にジェノバで開かれた会議で表された思想については以下を参照。G. ALPA, *Trattato di Diritto Civile,* I, *Storia, Fonti, Interpretazione,* Milano 2000, p. 163 ss. Testi classici, oltre a F. VASSALLI, *Il diritto di propriet*à, Tivoli 1932, relazione tenuta al Primo congresso giuridico italiano, nell'ottobre del decennale (= *Studi giuridici,* II, Milano 1960, p. 415 ss.), v. Relazione allibro '*Della propriet*à', del Ministro Guardasigilli Grandi, Roma 1941; L. BARASSI, *La propriet*à *nel nuovo codice civile,*Milano 19432 ; ID., *Propriet*à *e comproprietà,* cit., p. 157 ss.; S. PUGLIATTI, *La propriet*à *nel nuovo diritto,* Milano 1954.

65　*Gazzetta Ufficiale* 25 luglio 1939, n. 172 (*Le Leggi,* 1939, p. 812 ss.).

66　Cfr. *infra*.

67　1939年6月5日の審議。出典は*Le Leggi,* 1939, p. 812 ss.

68　1936年4月14日緊急勅令第836号（1927年1月18日法律第224号で法律化）による政府への委任。

69　ReI. del Ministro Rossoni, cit., p. 812.

70　ReI. del Ministro Rossoni, cit., p. 812.

71　Cfr. *retro*.

72　'31年のT. U. 74条に規定されていた。

73　Rel. del Ministro Rossoni, cit., p. 813.

74　F. CIGOLINI, *Il diritto di caccia,* cit., ed edizioni successive.

75　反対意見は、例えば、E. EULA, A. ARIENZO, sv. *Caccia,* cit., p. 637 nt. 1.; A. TABET, E. OTTOLENGHI, *La propriet*à, in *Giurisprudenza sistematica civile e commerciale,* diretta da W. Bigiavi, Torino 1968, p. 711.

76　F. CIGOLINI, *Il diritto di caccia,* cit., p. 36. 以下も本質的には変わらない。F. CIGOLINI, *Commento della nuova legge sulla caccia 2 agosto 1967, n. 799 modificatrice del T.U. n. 1016 del 1939,* Milano 1967, p. 5 s.:「... これらの短い考察に基づき、以下のように結論づけることができる。狩猟権は、土地所有権及び野生動物がいる土地の所有者の所有者の合意とは独立した、狩猟が自由な土地のあらゆる部分において、野生動物を、法律の範囲内で、殺害または捕獲することを、狩猟免許を有しているすべての市民に認められた権能のなかで具象化される」(p.6)。同意見は他にも、*Diritto di caccia e diritto di propriet*à *fondiaria,* in *Scritti A. Giuffr*è, II, Milano 1967, p. 181 ss.

77　*Loc. ult.* cit.

78　Di diverso avviso, L. BARASSI, *Propriet*à *e compropriet*à, Milano 1951, p. 218.

79　F. CIGOLINI, *Il diritto di caccia,* cit., p. 7. この解釈は、周知のように、広く共有されている。新しい統一テキストについての主な註釈：I. GUERRIERO, *T.U. delle norme per*

la protezione della selvaggina e per l'esercizio della caccia, Roma 1939; G. URBANI, *La nuova legge sulla caccia*, Firenze 1939; A.RONeI,*Commento pratico al T.U. delle norme per la protezione della selvaggina e per t esercizio della caccia*, Roma 1940; S. D' ARRIGO, *La nuova legge sulla caccia*, Viterbo 1941. Ulteriore bibliografia in E. EULA, A. AMENZO, sv. *Caccia*, cit., 636 S.

80 その意見は一般的に追従されていると言える。Cfr. per tutti, F. CIGOLINI, *Il diritto di caccia*, cit., p. 75 ss.; A. TABET, E. OTTOLENGHI, *La proprietà*, in *Giurisprudenza sistematica civile e commerciale*, diretta da W. Bigiavi, Torino 1968, p. 710.

81 F. CIGOLINI, *Il diritto di caccia*, cit., p. 76 *passim;* A. TABET, E. OTTOLENGI-II, *La proprietà*, in *Giurisprudenza sistematica civile e commerciale*, cit., p. 710.保留支持者に野生動物についてなんらかの物権を認める反対意見については、すでに触れた。その概要は、C. VALENTINI, *Il nuovo codice della caccia*, cit., p. 76 ss.; U. FANTINELLI, *Natura del diritto del proprietario di riserve di caccia sulla selvaggina*, cit., p. 414 ss.参照。

82 第28条：《公的に使用される庭園、別荘及び公園、並びに、スポーツ施設に使用される土地における狩猟行為は常に禁止される。また、国の防衛施設のある場所、または、軍の確定的な判断により禁止が要請される場所、及び、国の記念碑が置かれている場所においても、同様に、狩猟行為は何人に対しても禁止される ...》。第32条：《いかなる場合も、住居、または、鉄道もしくは車道に向けて、そこから100 m以内の場所から発砲することを禁止する》。

83 第30条：《実際に耕作されている土地における、徒歩による狩猟及び鳥撃ちは、それが耕作に実際に被害を及ぼしうるときは、何人に対しても禁止される》。

84 第43条第2項及び第3項：《禁猟区（bandita）及び鳥獣保護区（zona di ripopolamento e cattura）とは、法律が定める場合を除いて、いかなる道具による狩猟及び鳥撃ちも、被許可者も含め、何人に対しても禁止される地区をいう。保護区（riserva）とは、狩猟及び鳥撃ちが、狩猟期間内において、被許可者及びその家族、並びに、彼らの同伴者、または、被許可者が書面で狩猟を許可した者に限り許される地区のことをいう》。

85 第31条：《狩猟及び鳥撃ちは、谷、沼、及び、漁業が行われているいかなる湖水においても、禁止される ... 》。

86 第29条：《狩猟は、住宅に含まれる土地においては禁止される。ただし、所有者またはその許可を受けた者についてはその限りではない。また、所有者またはその許可を受けた者を除き、公園及び私有の庭園、並びに、1.80 m以上の高さの壁、鉄条網その他の実効性のある障壁、または、深さ1.50 m以上、幅3 m以上の水流または堀により周囲を完全に囲まれている土地においても禁止される》。第18条：《土地、湖または池の所有者または占有者の同意なく、狩猟または鳥撃ちのための待ち伏せ小屋を設置

することは禁止される》。第 19 条は、権利者の許可なく、待ち伏せ小屋から一定距離離れた場所での狩猟の禁止 (F. CIGOLINI, *Il diritto di caccia,* cit., p. 38)。

87 F. CIGOLINI, *Il diritto di caccia,* cit., p. 43.

88 F. CIGOLINI, *Il diritto di caccia,* cit., p. 39,「狩猟に関する特別法による包括的規定により黙示的に廃止されたと考える」。

89 L. BARASSI, *Proprietà e comproprietà,* cit., p. 219：「法典は、関係する統一テキストの精神に従い、所有者と狩猟者との間の古い紛争をそのように解決した」。より広範囲では、C. SALVI, *Proprietà,* Tomo primo, in *Trattato di Diritto Privato* (a cura di P. Rescigno), Torino 1982, p. 377 ss., partic. p. 381 ss.; ID., *Il contenuto del diritto di proprietà,* Milano 1994.

90 立法者の *mens* を再現して理解するためには、省の報告書を読むのがよいだろう。第 2 条のコメントにこうある：「第 2 項において、当該条文は、狩猟または捕獲された動物の帰属問題を解決している。同項が、自由地のみについて述べていることを指摘しておく必要があるだろう。このことから、禁猟地、保護区など自由な狩猟が認められていない場所において、野生動物は、狩猟または捕獲されたとき、被免許者、または、第三者の自由な狩猟行為を排除することの受益者に帰属する。禁猟地または保護区においては、被許可者が定める規則が有効であり、客はその是非を議論する立場にない...」。第一に、我々は、被許可者（土地の所有者または他の権利者）が、野生動物が「狩猟または捕獲されたとき」、それを取得する、つまり、彼にとっても、先占が必要であると推定する。その原則は、被許可者が、先占実現の方法を客に指定することができる、という事実により危険にさらされることはないと我々には思われる。その報告書のこれらの言葉は、被許可者へ、野生動物についての物権を認めることして解釈できる、と心配しながら主張したのは、F. CIGOLINI, in una nota a margine di A. PIRODDI, *Il diritto di occupazione della selvaggina secondo l'art.* 113 *del nuovo cod. civ., e l'articolo* 2 *della nuova legge sulla caccia,* in *Il Nuovo Diritto* XVIII (1941), p. 387. 自由ではない土地における先占を通じた取得に関する一般論として、F. CIGOLINI, *Il diritto di caccia,* cit., p. 86, *passim;* ID., *L'acquisto della proprietà della selvaggina con l'occupazione ai fini civili e penali,* in *Rivista di diritto sportivo* XVII,3 (1965), p. 203.

91 しかしながら、密猟者は、獲物の占有権を取得するという (F. CIGOLINI, *Il diritto di caccia,* cit., p. 87)。密猟者の占有権は、その獲物を奪う者に窃盗罪を適用することで保護される (V.MANZINI, *Trattato di dirittopenaleitalianosecondo il Codice del 1930,* IX, 1, Torino 1938, p. 49 nt. 1).

92 Per tutti, F. CIGOLINI, *Il diritto di caccia,* cit., p. 86 s.:「 野生動物の先占は、それが不法な狩猟行為と結びついているときでも、必ずその所有権を先占者に取得させるほどの構成要素ではない」(p.87)。その刑法学の第一人者は、いくらか迷いながら（おそらく我々の思想の理解が足りないのだろう）、ローマ的な概念に「門戸を開いて」

いるようようだ。同じく、V.MANZINI, *Trattatodi Diritto PenaleItalianosecondo il Codice del 1930*,IX, 1, cit., p. 47：「他人の狩猟または漁撈に関する優先権または排他的権利を侵害する、不法な狩猟者または漁撈者は、特別法の定める違法行為について償う。... 場合によっては、民法第637条に定める他人の土地への違法な立入りと客体の競合がある。しかし、まだ誰によっても先占されていない上記動物及び魚を我がものとする者に、窃盗罪の罪を問うことはできない。保護区については異なる：「保護区における野生動物は、その土地が、その出入りを完全に妨げる方法で囲まれているときに限り、人の所有物または占有物とみなすべきである ...」(*op. cit.,* p. 50)。（狩猟が違法であるうえに）野生動物の捕獲は窃盗である。

93 U. FANTINELLI, *Natura del diritto del proprietario di riserve di caccia sulla selvaggina,* cit., p. 416.

94 中でも、L. LANDUCCI, E. EULA, sv. *Caccia,* cit., p. 601; B. BRUGI, *DellaProprietà,* 112, cit., p. 474 (dell'ed. del 1918); G. BAUDRY LACANTINERIE, A. WAHL, *Trattato delle Successioni,* trad. it., Milano 1908, p. 19 ss. Cigolini indica anche N. STOLFI, *Diritto civile,* II, *Diritti Reali,* 1, *Il possesso e la proprietà,* Torino 1926, p. 386 s., しかし、同意はできない。

95 F. CIGOLINI, *L'acquisto della proprietà della selvaggina con l'occupazione ai fini civili e penali,* cit., p. 205. 1939年の統一テキスト第2条第2項と、民法第923条の規定との対比から、「狩猟法の規定が、狩猟の客体である動物の先占による取得を、適切かつ排他的に規定している一つの特別な規範であるのに対し、民法の規定は、狩猟の客体である動物を含む、先占による動産の所有権取得に一般的に関係しているといえる。その考察から、狩猟法よりも後に施行された民法第923条は、特別法である狩猟法第2条第2項の規定を廃止したとする説は、受け入れられない。なぜなら、これら2つの規定の間に矛盾はなく、両者は相互に補完し合っているからである」。F. CIGOLINI, *L'acquisto della proprietà della selvaggina con l'occupazione ai fini civili e penali,* cit., p. 201.

96 チゴリーニの前では、例えば、A. PIRODDI, *Il diritto di occupazione della seluagggina secondo l'art.* 113 *del nuovo cod. civ. e l'art.* 2 *della nuova legge sulla caccia,* cit., p. 38; チゴリーニ後は、E. EULA, A. AMENZO, sv. *Caccia,* cit., p. 618 nt. 5; A. TABET, E. OTTOLENGHI, *Laproprietà,* in *Giurisprudenza sistematica civile e commerciale,* cit., p. 712. V. pure di F. CIGOLINI, *L'acquisto della proprietà della selvaggina con t occupazione ai fini civili e penali,* cit., p. 202.

97 F. CIGOLINI, *L'acquisto della proprietà della selvaggina con l'occupazione ai fini civili e penali,* cit., p. 201.

98 F. CIGOLINI, *Il diritto di caccia,* cit., p. 80, 仏伊の賛成派文献多数。

99 F. CIGOLINI, *L'acquisto della proprietà della selvaggina con l'occupazione ai fini civili e*

penali, cit., p. 202, p. 205.

100 F. CIGOLINI, *Il diritto di caccia,* cit., p. 82 s.

101 F. CIGOLINI, *L'acquisto della proprietà della selvaggina con l'occupazione ai fini civili e penali,* cit., p. 205, 狩猟による先占に関連して、プロクルスとプロクルス派に言及する。

102 F. CIGOLINI, *Il diritto di caccia,* cit., p. 88 s.

103 F. CIGOLINI, *Il diritto di caccia,* cit., p. 83; F. CIGOLINI, *L'acquisto della proprietà della selvaggina con l'occupazione aifini civili e penali,* cit., p. 205 s.

104 F. CIGOLINI, *Il diritto di caccia,* cit., p. 82. 周知のように、D. 41,1,55.のことである。Il passo è dall' a. completamente deproblematizzato. Cfr. *retro,* p. 25 ss.

105 F. CIGOLINI, *Il diritto di caccia,* cit., p. 82 S.; F. CIGOLINI, *L'acquisto della proprietà della selvaggina con l'occupazione ai fini civili e penali,* cit., p. 205 s. 自分の土地に他人が仕掛けた括り罠に掛かった動物を奪い取った土地所有者は、窃盗を犯したことになるのか。チゴリーニ（F. CIGOLINI, *Il diritto di caccia,* cit., p. 82 s.）が厳格に肯定するのに対し、マンツィーニ（V. MANZINI, *Trattato di Diritto Penale Italiano secondo il Codice del 1930,* IX, l, cit., p. 48 s. nt. 1.）は否定する。マンツィーニによれば、所有者は、狩猟者が野生動物を我がものにすることを妨げる権力を持たない。しかし、「閉じた土地の所有者（または猟区会員）は、捕獲した野生動物を他人から得るときは、窃盗を犯さない。それは、他人のものを奪わなかったからではなく、警察当局の補助者として振る舞うことで、密猟者が犯罪の客体を持ち去るのを防いだからである。

106 括り罠、トラバサミその他の機械的装置は、罠を仕掛けた者に占有権及び所有権を帰属させない、なぜなら、仕掛けた者が持っているのは*animus*のみであるから、と考える者は、窃盗の仮説を否定する。同意見は、P. CRACHI, *La selvaggina nella riserva o altrove,* cit., p. 249. Cfr. *retro*.

107 F. CIGOLINI, *Il diritto di caccia,* cit., p. 83 s.

108 F. CIGOLINI, *Il diritto di caccia,* cit., p. 83 s.; F. CIGOLINI, *L'acquisto della proprietà della selvaggina con l'occupazione ai fini civili e penali,* cit., p. 207.

109 F. CIGOLINI, *L'acquisto della proprietà della selvaggina con l'occupazione ai fini civili e penali,* cit., p. 207.

110 F. CIGOLINI, *L'acquisto della proprietà della selvaggina con l'occupazione aifini civili e penali,* cit., p. 207.

111 F. CIGOLINI, *Il diritto di caccia,* cit., p. 88.

112 F. CIGOLINI, *L'acquisto della proprietà della selvaggina con l'occupazione ai fini civili e penali,* cit., p. 207.

113 F. CIGOLINI, *Il diritto di caccia,* cit., p. 84 S.; F. CIGOLINI, *L'acquisto della proprietà della selvaggina con l'occupazione ai fini civili e penali,* cit., p. 208 s.第一に、チゴリー

ニは、1931年統一狩猟法の見直しのため、狩猟連盟の内部で組織された委員会で彼が提案した法案について言及する：「野生動物の所有権は、殺害もしくは捕獲、または、それに重傷を負わせることで取得される。野生動物が狩猟者によって、いかなる方法であっても、追跡または罠にかけられている間は、他の者による先占の客体とはなりえない」。もう一つの異なる推論がA. PIRODDI, *Il diritto di occupazione della selvaggina secondo l'art.* 113 *del nuovo cod. civ.* .. ., cit., p. 388. いわゆる記憶のいたずら。

114 F. CIGOLINI, *L'acquisto della proprietà della selvaggina con l'occupazione ai fini civili e penali,* cit., p. 208.

115 F. CIGOLINI, *L'acquisto della proprietà della selvaggina con l'occupazione ai fini civili e penali,* cit., p. 209.

116 F. CIGOLINI, *L'acquisto della proprietà della selvaggina con l'occupazione ai fini civili e penali,* cit., p. 209.

117 L. BARASSI, *La proprietà e la comproprietà,* cit., p. 223.

118 D. BARBERO, *Sistema istituzionale del diritto privato italiano,* I, Torino 19492, p. 682.

119 D. BARBERO, *Sistema istituzionale del diritto privato italiano,* I, cit., p. 683 s.

120 F. DEMARTINO, *Della Proprietà, Art. 810-956, Commentario del codice civile,*a cura di A. Scialoja e G. Branca, Bologna 19764, p. 464.

121 F. DEMARTINO, *Della Proprietà,* cit., p. 470.

122 R. ALBANO (G. PESCATORE, F. GRECO), *Della Proprietà, Commentario del Codice Civile,*Libro III, t. I, Torino 1958, p. 414.

123 R. ALBANO (G. PESCATORE, F. GRECO), *Della Proprietà,* cit., p. 418.

124 R. ALBANO (G. PESCATORE, F. GRECO), *Della Proprietà,* cit., p. 418.

125 A. TABET, E. OTTOLENGHI, *La proprietà,* in *Giurisprudenza sistematica civile e commerciale,* diretta da W. Bigiavi, Torino 1968, p. 711.

126 A. TABET, E. OTTOLENGHI, *La proprietà,* in *Giurisprudenza sistematica civile e commerciale,* cit., p. 712.

127 F. CIGOLINI, *L'acquisto della proprietà della selvaggina con l'occupazione ai fini civili e penali,* cit., p. 202.

128 F. CIGOLINI, *L'acquisto della proprietà della selvaggina con l'occupazione ai fini civili e penali,* cit., p. 200 s.

129 1928年11月23日に発生し、ポルトトッレスの下級裁判官が裁いたかなり類似したケースが一つある。ここでも一匹の猪、狩猟者グループ、猟犬、そして、割り込んでその猪を殺した単独の狩猟者が登場する。V. A. MENCARELLI, *L'acquiso della proprietà della selvaggina e il reato di furto,* cit., p. 152 ss.

130 *Temi Genovese* LXXVI (1963), col. 130 s. 所有権取得のタイミングについて、判決は、ある学説の主張をしつこく引用しているため (col. 129 s.) 、揺れているようにみ

える：《上記特別法（統一狩猟法）第2条第2項は、野生動物が、巣から追い出したあと、追跡をやめずに続けている狩猟者に属することを定めている。何人かの法学者は、その規定は、狩猟者が、その場合、先占、つまり、実効的な占有の達成のための優先権を有しているという意味で解釈しなくてはならず、手中にする前に彼がすでにその野生動物の所有者であると意味で理解すべきではないという。また、法律は、野生動物は、明白な傷を負わせた者に帰属すると規定する。その場合も、取得の優先権を有していると考えるべきである。反対に、狩猟者が獲物を見失ったときも、まだ彼に帰属しつづけていると考えるのはばかげている》。

131 *Temi Genovese,* cit., col. 133 s.

132 *Loc. ult. cit.,* col. 135.

133 *Loc. ult. cit.,* col. 136.

134 ページの端に、最初の判決の肯定的な注記を引用しておく［V.P., *Brevi appunti sull' acquisto della proprietà della selvaggina nell'esercizio della caccia,* in *Temi Genovese* LXXVI, cit., col. 121 s.］:「野生動物の所有権の取得に関する《巣出し・追跡》及び《負傷させること》の概念の内容に関して、上記判決は、疑いもなく、法解釈のための一つの大きな貢献をもたらしている。所有権は巣出しにより成立し、追跡の中止まで続く。狩猟者が、自らの意思で、動物の探索をあきらめるとき、または、動物とのあらゆる繋がりを失ったとき、その野生動物は、自己の自由を取り戻し、再び無主物に戻る。狩猟者が、巣出しの後、それを捕獲するために行動を起こし、それを追跡し、間接的に、あるいは、補助者を通じて、その動きと移動を予想することで行動を監視下に置いているとき、その野生動物は追跡されている。野生動物の所有権は《（狩猟者が）追跡をやめない限り》存在すると法律を解釈しても、追跡の終了は、追跡者の意思に排他的に依存しており、《巣出しされた》野生動物が、狩猟者の行動と監視がほとんど不可能な場所にいるときでさえ、追跡に執着する狩猟者に属し続けることもほぼ認めなくてはならない、と考える必要はない。より正確には、追跡者が自己の意思で、巣出しした野生動物の追跡を放棄するとき、または、狩猟者の意思とは関わりなく、事実として、逃走する動物と狩猟者が、直接、または、それを追跡する補助者を通じても、接触または関係をやめることで、その追跡の論理的な前提が失われるとき、追跡は放棄されたと理解されるべきである。同様に、上記判決は、負わせた者による野生動物傷の取得に関して《明らかな負傷》の概念を、十分に説得的に説明している。野生動物が《明白に》負傷していると考えるには、負傷したことにより身体の本来の生命力が目に見えて低下していることが必要である。しかし、致命傷である必要はない。ローマ法にあるように、傷を負ったことが、野生動物の身体能力が明らかに、目に見えて、大きく低下し、防御と逃亡の本来の可能性が減少したことの原因となっていれば十分である。

135 23 novembre 1964, in *Temi Genovese* LXXVII (1964), col. 352 ss.

136 *Rivista di diritto sportivo* XVII,3 (1965), p. 232.

137 *Temi Genovese,* ult. cit., col. 355.

138 *Temi Genovese,* ult. cit., col. 356.

139 *Temi Genovese,* ult. cit., col. 356.

140 *Temi Genovese,* ult, cit., col. 357.

141 *Temi Genovese,* ult. cit., col. 358.

142 *Temi Genovese,* ult. cit., col. 359.

143 逆に、g.g.t.というイニシャルを残しているサヴォーナ地方裁判所判決文注記の起草者 *[Temi Genovese* LXXVII, cit., col. 353 s.] は、1939 年法律第 1016 号第 2 条第 2 項の規定を、傷を負わせた場合に限定し、巣出しの場合を無視することで、言い換えると、巣出しについての規定も負傷を前提にしていると考えることで、野生動物の所有権の取得に関する問題を全体的に縮小している。ここで、問題の解決策として三つの可能性がある。(1) 傷を負った動物は、即座に傷を負わせた狩猟者のものとなる、(2) それを追跡し、かつ、追跡している限り彼のものとなる、(3) 物理的に捕獲されたときに限り彼のものとなる。同判決が (2) に優位を与えたことは、誤っており、理解不能である。《明白な傷》のもう一つの特徴は、後からでも《確認可能な傷》であることであり、《見える傷》であることではない。

144 D.P.R. 24 luglio 1977, n. 616, attuativo dell'art. 117 Cost. BIGA database により選択された広範囲な文献報告。

145 15 年後、新法を再び作るまでの出来事、前法と似ていないわけではない基本ポイントについて、V. L. CONTI, *Discorso sulla caccia,* Roma 1992.

146 L. CONTI, *Discorso sulla caccia,* cit., p. 78.

147 A. CLARIZIA, sv. *Caccia,* in *NNDI, Appendice* I (1980), p.929. Molti contributi nell' Archivio Biga, Bibliografia giuridica, *http://www.ittig.cnr.it/BancheDatiGuide/biga/lndex.htm*.

148 合法性の観点から F. MODUGNO, *Richiesta di referendum abrogativo di leggi cornice,* in *Diritto e societ*à I (1980), nuova serie, p. 189 ss.

149 A. CHANTEUX, *Etude Comparative du Droit de la Chasse dans la Communauté Européenne,* I, II, cit.

150 A. CI-IANTEUX, *Etude Comparative du Droit de la Chasse dans la Communauté Européenne,* I, cit., p. 35 ss,

151 長い年月が過ぎる間、フランス革命が直面する「国家」の概念のもっと前 (cfr. *retro*) に、その学説は、集合主義的概念、または、国庫または君主への帰属という概念を精緻化した。上では、例えば、*Polycraticus*. Già F. ZAULI, *La condizione giuridica della selvaggina mobile,* in *Foro della Lombardia,* X, 1939, col. 57; P.L. VIGNA, G. BELLAGAMBA, *La nuova legge statale sulla caccia: commento articolo per articolo*

alla Legge27 dicembre 1977, n. 968, Milano 1978, p. 6 s.

152 G. MAZZOTTI, *La legge cornice sulla caccia* Firenze 19782, p. 27 ss.; P.L. VIGNA, G. BELLAGAMBA, *La nuova legge statale sulla caccia,* cit., p. 2; P. CENDON, *Commento,* in *Nuove leggi civili commentate* TI, 1, 1079, p. 448 s.; G. DI GASPARE, sv. *Caccia,* in *Enciclopedia giuridica* V (1988), p. 2; F. COSENTINO, *La nuova legge sulla caccia. Dal diritto naturale di occupazione di res nullius alla concessione di esercizio, in numero limitato,* in *Rivista di diritto sportivo*XLIV (1992), p. 482.

153 A. CLARIZIA, sv. *Caccia,* cit., p. 925; F. COSENTINO, *La nuova legge sulla caccia,* cit., p. 483.

154 自由利用できない国家財産を構成する財を列記する民法第 826 条は、「イタリアの野生ファウナ」という表現で補完されている。例えば、A. CLARIZIA, sv. *Caccia,* cit., p. 929.

155 P. CENDON, *Commento,* cit., p. 450,で、野生動物は、「歴史、美術及び考古学的価値のある事物とともに、国の文化財のなかに最終的に加えられるべきである」と強調している。

156 賛成は、P. CENDON, *Commento,* cit., p. 456 s. いくらか迷いがあるが、A. CLARIZIA, sv. *Caccia,* cit., p. 931.

157 いわゆる狩猟窃盗は、1992 年法律第 157 号第 30 条第 3 項により、明示的に排除された。しかし、1977 年法律第 968 号の施行以降、最高裁によるものも含め、それと矛盾する諸判決、そして、終わりのない学説論争が発生した。それについての広範囲の文献表を含むものとして、F. COSENTINO, *La nuova legge sulla caccia,* cit., p. 483 nt.46.

158 他人に殺された、または、故意によらず殺された野生動物を拾った場合については、G. MAzZOTTI, *La legge cornice sulla caccia,* cit., p. 74. Assai efficace anche l'analisi di P. CENDON, *Commento,* cit., p. 451 ss. を参照。

159 A. M. SANDULLI, *Manuale di diritto amministrativo,* Napoli 197812, p. 739.

160 P. CENDON, *Commento,* cit., p. 448：「第 1 条でさえ、過去との決別を最小限にとどめようとする起草者の意図を、何らかの形でバランスをとるか隠すためだけに、環境主義的観点から、開かれかつ進歩的な用語で作られたひとつの規定の印象を、しばしば正当化しつつ、このルールから完全には逃れていない」。そして、C. CONSIGLIO, *No alla caccia,* Savelli 1978, pp. 52-53. を引用する。

161 F. COSENTINO, *La nuova legge sulla caccia,* cit., p. 483, che cita D. LUECK, *The Economie Nature of Wild life Law,* in *The Journal of Legal Studies* XVIII, 2 (1989), p. 291 ss.

162 F. COSENTINO, *La nuova legge sulla caccia,* cit., p. 473 ss.外国法（最近のものも含む）とは異なり、イタリアの立法は、狩猟権を定義したことがない。基本的には学説の添え物程度か、いくつかの判例で触れたに過ぎない。R. ALESSI, sv. *Caccia,* in *EdD* V

(1959), p. 750 s.

163 Cfr. *retro*.

164 Cass. 21 gennaio 1976, n. 181, in *Il Foro italiano* IC (1976), I, col. 1582 :《... しかし、狩猟行為の実践は、自由権の現れとして、すべての市民が有する、ひとつの真の権利である。先占を通じ野生動物の所有権を取得する点で、狩猟はいまだに人間の自然権のひとつとして認められている。公共の安全に関する法律に基づいて発行された免許を有する者だけが狩猟を行うことができる事実は、狩猟が市民の一般的権利の一つであるという原則を傷つけない。実際、免許はひとつの権利を作り出す認可を構成するのはなく、すでに存在している権利の行使のために障害を取り去るにすぎない。武器の使用に関する公共の安全、及び、ファウナ遺産の保護という観点から、狩猟を無制限に認めることができないため、免許により解除可能な主体の制限を行っている ...》しかっりした判例解説として、C. SALVI, *La proprietà fondiaria,* in *Trattato di Diritto privato* (diretto da P. Rescigno), cit., p. 382 nt. 27 e 28.

165 A.CHANTEUX, *Etude Comparative du Droit de la Chasse dans la Communauté Européenne*, l, cit., pp. 56, 67.

166 些細なミスは、M. TAMPONI, *Profili privatistici della nuova legge sulla caccia,* in *Legislazione economica,* 1977/78, p. 309.においても指摘されている。

167 狩猟行為について、G. MAZZOTTI, *La legge cornice sulla caccia,* cit., p. 66 ss.

168 クラリツィア（A. CLARIZIA, sv. *Caccia,* cit., p. 930）は、確信を持って、「野生ファウナ」財が自由に使用できないことは、その財の処分が不可能であることを意味しない、そして、民法第 828 条第 2 項で、「狩猟行為を通じた動物の取得は、ほかでもなく、法律により定められた、財産をその用途から解放するための一方法を構成しており、また、それは、ひとりの第三者の特定の行動により定まる」。

169 同意見は、中でも、P.L. VIGNA, G. BELLAGAMBA, *La nuova leggestatale sulla caccia,* cit., p. 10; G. MAZZOTTI, *La legge cornicesulla caccia, cit., passim,* では、「野生動物の所有権の、国家のかけがえの財産から私有への移転」について論じている（例 p. 72）。

170 G. DI GASPARE, sv. *Caccia,* cit., p. 2 ss.

171 全般的に、A. CLARIZIA, sv. *Caccia,* cit., p. 929 :「公共の財産制度は、第一に、民法にいくつかの修正をもたらす。第 923 条は、先占の概念、第 1 項、及び、「狩猟の対象となる動物」の文言、第 2 項に限り廃止される。また、自由な使用が許されない国家財産を列挙する第 826 条に、イタリアの野生ファウナを加えられると考えられる」。文献の広範囲な概観として、*Commentario al Codice* (diretto da P. Cendon), III, Torino 1991, art. 923, p. 223.

172 おそらく、狩猟者の取得を、派生的権原での取得として構成することの客観的困難さゆえであろう。チェンドン（P. CENDON, *Commento,* cit., p. 467 ss.）は、国家の権利

及び関連する権力と、狩猟者の獲物への権利との間にある内容違いは、特別な権原での相続を不合理にする。狩猟者が獲物を自由のまま放置するとき、国家がそれを派生的な権原で取得する、と考えるものはいないはずである、と述べる。

173 P. CENDON, *Commento,* cit., p. 468. 同様に A. CLARIZIA, sv. *Caccia,* cit., p. 930：「しかし、先占制度についてのさらに論じるのがよさそうだ。実際、取得が物理的な獲取を通じて達成されうこと、そして、異なる取得方法を形成するつもりがないということを強調するために、法律の文言を前法とまったく同じにしてあることは、疑いがない。さらに、従前より、学説においては、有主物（*res alicuius*）の先占の可能性も認められている ...」。

174 P. CENDON, *Commento,* cit., p. 468：「結論を言えば、野生動物の取得方法として、先占を拠り所とし続ける可能性は、民法第 923 条が、制度の適用範囲を、「誰のものでもない動産」に限定しているという事実においても、障害をみつけることはない。この法律、この規範の内側で、1977 年の枠組法が、「狩猟の客体となる動物」に言及する部分を、第 2 項から第 1 項へ移動させることを決めたことは、もしかしたら、指摘しておく必要があるかもしれない。もう一つの議論は、先占という一般的なラベルの裏側に、無主物（*res nullius*）または有主物（*res alicuius*）のそれぞれに実現する取得の様々な場合を、2 つの明確なサブグループに分けることは有益なのか否かについてのものである ...」。

175 G. DI GASPARE, sv. *Caccia,* p. 2 ss.実際、野生ファウナ（譲渡不可及び時効取得不可の環境財産）と、1977 年法律第 968 号第 18 条により狩猟可能とされている野生動物、つまり、公法による種の特定により無主物とされ、狩猟活動を行う市民のために国が発行する許可の対象ともなり得る動物とは、区別する必要があるのかもしれない。

176 B. CARPINO, *Considerazioni sull'acquisto della proprietà delle specie cacciabili,* in *Legislazione economica,* 1979, p. 313, citato adesivamente da F. SALARIS, *Trattato di diritto privato,* diretto da P. Rescigno, *Proprietà,* I, Torino 1981, p. 634.

177 第 29 条。狩猟は、住宅に含まれる土地においては禁止される。ただし、所有者またはその許可を受けた者についてはその限りではない。また、所有者またはその許可を受けた者を除き、公園及び私有の庭園、並びに、1.80 m 以上の高さの壁、鉄条網その他の実効性のある障壁、または、深さ 1.50 m 以上、幅 3 m 以上の水流または堀により周囲を完全に囲まれている土地においても禁止される。

178 G. MAZZOTTI, *La legge cornice sulla caccia,* cit., p. 75 s.; P. CENDON, *Commento,* cit., p. 469; A. CLARIZIA, sv. Caccia, cit., p. 930; P.L. VIGNA, G. BELLAGAMBA, La nuova leggestatale sulla caccia, cit., pp. 50-51; G. DI GASPARE, sv. Caccia, cit., p. 7.
他人が追い立て、傷を負わせ、追跡している動物を、殺害または捕獲する者は、彼もまた、それを殺す前に、長い時間、その動物の狩りをしていたとは言えないのだろうか。それに、動物とそれを殺す者とが鉢合わせたとき、自分が追跡されている最中だ

とか、いくらか傷を負っているとか、動物の顔に書いてあるわけでもない。

179 法学的に欠点がないわけではないが、より情熱的な解釈の一例として、マッツォッティ（G. MAZZOTTI, *La legge cornice sulla caccia,* cit., p. 75 s.）の言葉を省略せずに引用しよう。1939年の統一狩猟法を引用したあとにこう言う：「しかし、我々の意見では、上記の原則は概念的に廃止されたわけではない。ただ、その文言の中で、不正確とはいえ、その規範を要約しようとしたにすぎない。確かに、《殺害》という概念と、それを狩ったという概念を比較するとき、野生動物はそれを合法的に殺害しただけの者ではなく、《狩った》者に属するという意味で、狩猟統一法によりすでに表明されている結論に至る。つまり、同じ原則を少ない言葉で要約しているにすぎず（統一法ではこのテーマに2つも項を費やしている。統一法第2条参照）、原則そのものは不可侵のまま存続していると思われる。そうではなく、立法者は、合法的な単純な殺害が、国から私人に所有権を移転させる唯一の手段であることから、別の表現を使ったのだと言われるかもしれない。しかし、立法者は、特定の野生動物への狩猟と、その殺害という2つの概念を使っている。2つは同時に存在しうる概念ではあるが、その行為者は別である可能性がある。行為者が同じならば、何の問題も生じない。しかし、2人の異なる人間であったなら、つまり、一人は野生動物を《狩り》、もう一人が、それを《殺害した》なら、この野生動物についての権利は、前者に帰属する。したがって、継続される追跡、及び、探索の継続を伴う明白な負傷の原則は、元のままであるように思われる。ところで、上で暗に示した概念では、巣から追いだした者に認められた権利は、狩猟をやめたことで失われるのだが、負傷した野生動物の探索が続けられているか否かは、実践において明白であるのに対し、追跡がまだ続いているのか、または、終了したのかを見極めるのはより難しい。野生動物の所有者となるための2つの要素、狩ったことと、同時に、殺したことは、必然的に共存するが、この2つの行為が2人の異なる人間により実行されたときは、この野生動物はそれを狩った者に属するという黙示の説明を伴う、明確に表現されている原則は、もっとも根本的な狩猟倫理に属する一原則であるゆえに、州にとっても不可侵の原則と思われる。

180 Osserva F. COSENTINO, *La nuova legge sulla caccia,* cit., p. 489 nt. 64：「第12条第6項は、野生ファウナを《狩った》者の所有権を、非常に謎めいた方法で定めるに留めることで、獲物そのものに対する狩猟者間の対立を制御することを放棄している。1939年の統一狩猟法は、獲物を巣から追い出した狩猟者に、追跡を放棄するまで優先権を定め、同様に、明白に傷を負った動物を《傷を負わせた者に》帰属させる。おそらく、判例も、これまでの通説の効力の下ですでに確認された原則を繰り返すことであろう」。

181 P. CENDON, *Commento,* cit., p. 469.

182 よく見れば、例えば、ヴェネト州法律1993年12月9日第50号、ロンバルディア

州法律1993年8月16日第26号、フリウリ州法律1993年5月18日第29号、バジリカータ州法律1995年1月9日第2号では、何も言っていない。ピエモンテ州法律1996年9月4日第70号第35上第7項では、枠組規範を述べるに留めている。

183 《... 傷をつけた動物を取り戻すため、訓練された追跡犬を使用することが許されている。犬一匹のみを使用して行う捜索なら、規定の狩猟時間外及び休猟日であっても、A.T.C.及びC.A.に通知することで行うことができる。保護された地区及び狩猟会社においては、捜索は、権限をもつ県、または、狩猟会社の代表者の許可を受けて行うことができる。取り戻した動物の遺体は、それに傷を負わせた狩猟者の所有物である》。

第8章註

1 1973年11月22日の理事会で採択された行動計画。

2 「Ucelli」と呼ばれる理事会の有名な指令は、1979年4月の(79/409/CEE)のもの。1992年5月21日の自然ハビタット、ファウナ及びフローラの保護に関する指令(92/43/CEE)も覚えておくべき。

3 我々の知る限り、現時点でもっとも徹底的な比較研究は、シャントー(A. CIANTEUX)の博士論文。著者は、14の欧州諸国のうち、ドイツ、ベルギー、デンマーク、スペイン、フィンランド、フランス、ギリシャ、ルクセンブルグを示す。*la Communauté Européenne, I,* cit.; lo., *Le droit de chasse dans L'Europe des Quinze,* in *Bulletin Mensuel de l'Cffice National de la Chasse* 239 (1998), p. 27 ss. Molto istruttivo *La Chasse en Droit Compare,* Actes du Colloque, Strasbourg, 9-10 novembre 1995, Paris 1999.

4 BGBl. 12849.

5 § l, BjagdG.

6 全般について F. BAUR, *Sachenrecht* (fortgefiirt von].F. Baur, R. Stiirner), Miìnchen 1999 17, p. 321 s. 概説としてA. HEIDER, *Der Jagdschutz unter besonderer Berücksichtigung der Polizei und ordungsrechtlichen Befugnisse der Jagdschutzberechtigten,* Köln 1987; W.E. BURHENNE, *Le droit de la chasse en Allemagne et en Autriche,* in *La Cbasse en Droit Compare,* cit., p. 185 ss.

7 K.-H. GURSKY, in J. VON STAUDINGERS, *Kommentar zum Bùrgerlicben Gesetzbuch mit Einfùbrungsgesetz und Nebengesetzen,* Neubearbeitung, Berlin 2004, § 958 n. Il.

8 貸すことができるとしても(§ Il ss., BjagdG)、制限された物権として構成されることはない(§ 3, primo comma, BjagdG),。

9 保有する狩猟区を越えている傷ついた野獣または病んだ野獣の場合に言及するBjagdG, § 22 a, 第2項の規定による意味では、他人の地(in alieno)での追跡権は、関係する狩猟区の所有者と書面による合意を締結したときのみ認められる。本来の自由の再獲得による野獣の所有権の喪失は、法典§ 960,2.で規定されている。

10 H.J. WIELING, *Sachenrecht,* Band I, *Sachen, Besitz und Rechte an beweglichen Sachen,* Berlin, Heidelberg, ecc. 1990, p. 475. Anche K.-H. GURSKY, in]. VON STAUDINGERS, *Kommentar zum Biirgerlichen Gesetzbuch mit Einfiibrungsgesetz und Nebengesetzen,* cit., § 960 n. 4, a propositio del momento in cui finisce la libertà naturale dell'animale, si dice che esso è „wenn der Mensch das Tier in seine Gewalt bekommt",

11 H.]. WIELING, *Sachenrecht,* Band I, *Sachen, Besitz und Rechte an beweglichen Sachen,* cit., p.475.

12 全般的に、K.-H. GURSKY, in]. VON STAUDINGERS, *Kommentar zum Biirgerlichen Gesetzbuch mit Einfùbrungsgesetz und Nebengesetzen,* cit., § 958 n. 11, 彼は先占による所有権の取得は、彼の狩猟区において「許可された狩猟者」の権利のような排他的権利が侵害されたときには完成しないという事実を強調する。

13 V. K.H. SCHWAB, *Sachenrecht (fortgefùrt von* H. *Prùtting),* Miinchen 199425, p. 213 (ult. ed. 2003 3 1 , non vista). この主題については、O. PALANDT, *Biirgerliches Gesetzbuch,* Mìnchen 200463 , § 358 n. 4. も。

14 H.J. WIELING, *Sachenrecht,* Band I, *Sachen, Besitz und Rechte an beweglichen Sachen,* cit., p. 475. Nulla su questi temi si dice in ID.,*Sachenrecht,* Vierte, überarbeitete Auflage, Berlin, Heidelberg 2001, p. 152 s.

15 K.-H. GURSKY, in J. VON STAUDINGERS, *Kommentar zum Bürgerlichen Gesetzbuch mit Einführungsgesetz und Nebengesetzen,* cit., § 958 n. 11.

16 J.L. LACRUZ BERDEJO, in J. L. LACRUZ BERDEJO, A. LUNA SERRANO, J. DELGADO ECHEVERRIA, V. MENDOZA OLIVAN, *Elemenosde Derecho Civil,* III, *Derechos Reales,* I, *Posesion y Propiedad,* Barcelona 19913, p. 131 ss. V. ほかにも、A. ORTEGA YCARRILLO DE ALBORNOZ, *Las ferae bestiae en el derecho romano, en el Código civily en la ley de la caza de 1970,* cit., p. 483 ss.

17 すでに*Partidas* (3,28,17.21) の中に見られるスペインの一傾向と思われる。そして、現行法の前法である1902年5月19日の狩猟法にもよく現れている。(cfr. F. PUIG PENA, *Compendio de Derecho Civil Espaiiol,* II, *Derechos reales,* Barcelona 1966, p. 197 ss. 新しい枠組法を受け改訂された1976年マドリード版)。一般的な情報は、J. BERNARD DANZBERGER, *Hunting Law in Spain,* in *La Chasse en Droit Compare,* cit., p. 193 ss.

18 Art. 4 Leg. e art. 4 Reg., 網羅的な一覧表を作っていないため不確実さがある [L. DIEZ-PICAZO, A. GULLON, *Sistemade Derecho Civil,* III, Madrid 19944 (esiste una edizione del 2005), p. 195 s.].

19 Art. 3 公安法（Leg. Limiti di pubblica sicurezza）第3条の武器等の種類に関する箇所。

20 Art. 18 Leg. e 20 Reg.

21 狩猟の地域ごとの複雑な組織については、L. DIEZ-PICAZO, A. GULLON, *Sistema de*

Derecho Civil, III, cit., 196 ss.参照。

22 Art. 16, quinto e sesto comma, Leg.

23 生きている、または死んでいる狩猟の（*de la caza viva o muerta*）押収について、法第5条第1項で明示されている。

24 *Partidas,* 3,28,21, も実体の獲取という基準に従った。同様に、J.L. LACRUZ BERDEJO, in I.L. Lxcnuz BERD~TO, A. LUNA SERRANO,]. DELGADO ECHEVERRIA, V. MENDOZA OLIVAN, *Elemenos de Derecho Ciuil,* III, *Derechos Reales,*I, *Posesion y Propiedad,* cit., p. 135: "Este criterio parece demasiado exigente, pues el acto de aprehensi6n no es el unico social y juridicamente significativo a efectos de la adquisici6n, si bien resultan igualmente rechazables, en el extremo opuesto, los criterios que confieren la propiedad de la pieza al cazador por el mero hecho de verla el primero, perseguirla o causarle heridas que no sean decisivas", V. anche A. ORTEGA y CARRILLO DE ALBORNOZ, *Las[eraebestiaeen el derecho romano, en el C6digocivil y en la ley de la caza de 1970,* cit., p. 487 con nt. 9.

25 Art. 22, quarto e quinto comma, Leg

26 大狩猟と小狩猟との区別は、1902年5月16日の狩猟法にすでにあり、大きい動物が狩り出され、一人の狩猟者により追跡され、もう一人の別の狩猟者により仕留められた場合を規定している (F. PUIG PENA, *Compendio de Derecho Civil Espaiiol,* II, cit., p. 200. 新しい枠組法を受け改訂されたMadrid 1976年マドリード版).

27 A dire il vero, qualcosa del genere aveva fatto anche la legge 21 della Partida 3,28.

28 J.J. DE Los Mozos, *Precedentes hist6ricos y aspectos civilesdel Derecho de caza,* in *Revista del Derecho Privado* LVI (1972), p. 285 ss.; J.L. MOREU BALLONGA, *Ocupaciàn, ballazgo y tesoro,* Barcelona 1980.

29 J.L. LACRUZ BERDEJO, in J.L. LACRUZ BERDEJO, A. LUNA SERRANO, J. DELGADO ECHEVERRIA, V. MENDOZA OLIVAN, *Elemenosde Derecho Civil,* III, *Derechos Reales,*I, *Posesion y Propiedad,* cit., p. 136 nt. 6.

30 Art. 26, sesto comma, Reg.

31 L. DIEZ-PICAZO, A. GULLON, *Sistema de Derecho Civil,* III, cit., p. 198: "El herir a una pieza de caza da derecho a cobrarla, aunque estuviese en propiedad ajena. Si estuviese cerrada o sometida a un régimen cinegético special, se necessitata cl permiso del duefio de la finca, titular del aprovechamiento o de la persona che los represente, aunque si se denegare, recae sobre éstos la obligaci6n de entrega de la pieza, 'sempre che fuere hallada y pudiera ser aprehendida' (art. 22.2 Ley)".

32 環境主義的な意味で、重要な原則的な肯定意見もある。その中には、ファウナ遺産やそのハビタットの管理という一般的利益や、環境、社会文化及び経済的性格の活動としての狩猟の定義に関するもの。M. REDON, sv. *Chasse,* cit., p. 8 ss. Adde M.

BOUCHÉ, sv. *Chasse,* in *Enciclopédie Dalloz;* Civil, I, Paris 1970, p. 1 ss., in particolare p. 18 S. 参照

33 L. n. 64-696 del 10 luglio 1964 e il decreto applicativo n. 66-747 del 6 ottobre 1966.

34 V. M. REDON, sv. *Chasse,* cit., p. 8 ss.

35 M. REDON, *loc. ult. cit.,* con ampia letteratura.

36 人権としても構成可能な財産権。

37 この権利の本質については、議論が尽きない。

38 M. REDON, sv. *Cbasse,* cit., p. 3 s. 実践により精緻化された様々な合意、許可（いわゆる'chasses banales'にある黙示のものも）、承認、狩猟招待など 、*op. ult. cit.,* p. 7 s.参照。

39 Cfr. *retro.*

40 Cfr. *infra.*

41 *res nullius* のことではない。CH. ATIAS, *Droit civil Les biens,* cit., p. 197 で参照され引用された民法論文では、先占にはわずかな行数しか触れられておらず、*res nullius* にはまったく言及されていない。

42 'gibier'の定義について , M. REDON, sv. *Chasse,* cit., p. 2 s. 'gibier d'élevage' といつもの雉については、cfr. loc. cit.

43 Art. L. 247-8 e L. 427-9 Code de l'envir.

44 Cfr. *infra.*

45 Art. L. 424-3 Code de l'envir.

46 Cfr. *infra.*

47 野獣はつねに *res nullius* とは限らない。民法第 524 条により、養兎場の兎や養鳩場の鳩は、それ用の不動産の所有者に帰属している。

48 狩猟権者は、逆に、野獣を引き留めるために土地を囲い込んだり、動物を所有地に引き留める目的で音の出る装置や小旗を設けたりすることができる。但し、判例で認められた他人の静謐権や狩猟権の限度内で：J. GUILBAUD, F. COLAS-BELCOUR, *La chasse et le droit,* cit., p. 50.

49 M. REDON, sv. *Chasse,* cit., p. 3.

50 Crim. 17 nov. 1993, *Biwand:Bull. crim.* n. 344; D. *1994.IR.53* [commento all'art. L. 428-9 Code dell'envir, (Paris 20058, Dalloz, p. 532)].

51 少なくとももう一つの判例は言及されるべき。Casso Crim. 22 giugno 1972, *Boyer, Reboud: BON* 1974, n. 1, 298, グルノーブルの控訴審での判決で、狩猟権者に羚羊のトロフィーを返却するよう命じた。引用元は Citiamo da J. GUILBAUD, F. COLAS-BELCOUR, *La chasse et le droit,* cit., p. 50 nt. 66.

52 Così il commento all'art. L. 428-9 Code dell'envir. (Paris 20058, Dalloz, p. 532), in materia di pene accessorie e di confisca.

53 D. 1922,1,214.

54 Per tutti, F. TERRÉ, PH. SIMLER, *Droit civil Les biens,* cit., p. 310 nt. 1.

55 J. GUILBAUD, F. COLAS-BELCOUR, *La chasse et le droit,* cit., p. 51 nt. 71.

56 J. GUILBAUD, F. COLAS-BELCOUR, *La chasse et le droit,* cit., p. 51.

57 J. GUILBAUD) F. COLAs-BELcoUR) *La chasse et le droit,* cit., p. 51.

58 Da M. REDON, sv. *Chasse,* cit., 3: "(. ..) Citons seulernent, du point de vue du droit civil: 1 ° le gibier mortellement blessé peut etre ramassé sur le terrain d)autrui où il est venu expirer, car son occupation a déjà été réalisée par le chasseur qui l'a tiré; 2° à l'inverse) le chasseur n'a aucun droit sur ce gibier s'il n'a fait que fuir ou s'il est légèrement blessé (Cass. 2e civ. 30 oct. 1958) Bull. civ. II, n. 674); 3° l'hypothèse où deux chasseurs tirent en mème temps ou successivement le meme animal: il devient la propriété de celui qui l' a tué, quand bien mème Ì'autre l'aurait levé le premier, et non par moitié entre eux (Cass. crim. 17 déc. 1879) S. 1880. 1. 169; T. civ. Rochefort-surMer. 6 juill. 1892) Gaz. Pal., 1892.2.382); 4° le gibier recherché en vain et abandonné par le chasseur devient res derelictae, dont quiconque peut s'emparer (TGI Mézières, 22 oct. 1965) Rec. dr. pén. 1969) sommo 384; T. corro Orange, 9 févr. 1893) Gaz. Pal., 1893. 1. 450); 5° la seule lévée par les chiens ou la poursuite du gibier ne réalise pas son occupation",

59 J. GUILBAUD) F. COLAs-BELcouR) *La chasse et le droit,* cit., p. 52.

60 Cfr. *infra*.

61 Sir WILLIAM BLAcKsToNE, *Commentaries on the Laws 01 England,* IV, Philadelphia, DCCLXXII, cap. 33, p. 408 s.: "(. ..) From a similar principle to which, though the forest laws are now mitigated, and by degrees grown intirely obsolete, yet from this root has sprung a bastard slip, known by the name of the game law, now arrived to and wantoning in it' s highest vigour: both founded upon the same unreasonable notions of permanent property in wild creatures; and both productive of the same tyranny to the commons: but with this difference; that the forest laws established only one rnighty hunter throughout the land, the game laws have raifed a little Nimrod in every manor".

62 A. FAIDER, *Histoire du droit de ehasse et de la législation sur la ehasse ...* , cit., p. 327 ss. Molto allineati, gli studi di L. MOYAT, *Étude historique, eritique et comparéesur le droit de ehasser en général,* Thèse, Paris 1900, p. 37 ss.; e di A. CHANTEUX, *Etude Comparative du Droit de la Chasse dans la Communauté Européenne,* I, cit., p. 38 ss.

63 平行する土地の封土化と封建制度下における所有権にについては、A.W.B. SIMPSON, *A History 01the Land Law,* Oxford, 19862 ; A. CHANTEUX, *Etude Comparative du Droit de la Chasse dans la Communauté Européenne,* I, cit., p. 42 ss.

64 A. CHANTEUX, *Etude Comparative du Droit de la Chasse dans la Communauté Européenne,* I, cit., p. 49, con l'ormai tradizionale avvicinamento al decreto del 4 agosto

1789 (A. FAIDER, *Histoire du droit de ehasse et de la législation sur la ehasse ...* , cit., p. 366; L. MOYAT, *Étude historique, eritique et comparée sur le droit de ehasser en général,* cit., p. 42).

65 A. FAIDER, *Histoire du droit de ehasse et de la législation sur la ehasse ...* , cit., p. 367.

66 *Halsbury's Laws ofEngland,* II, London 19914 (Fourth Edition Reissue), p. 111 (par. 260): "In all places the exercise of the right is confined to the occupier and to persons dulyau-thorised by him in writing ... ". Alla p. 108 (par. 253): "The right to killand carry away game is not a me re licence, but a profit à prendre ... ". 所有者ではなく'profit à prendre in gross'としての狩猟権の概念化については、A. CHANTEUX, *Etude Comparative du Droit de la Chasse dans la Communauté Européenne,*I, cit., p. 51 ss.

67 C. SHINE, *National Report of Hunting Law: United Kingdom,* in *La Chasse en Droit Comparé,* Actes du Colloque, Strasbourg, 9-10 novembre 1995, Paris 1999, p. 320: "The relationship between land ownership and the right to hunt is total", Anche in A.W.]O\X' ITT, C. WALSH, *[oioitt's Dictionary01English Law,* London 1959, sv. *Game:* "Under the game laws the right to kill game upon any land is vested in the occupier thereof, unless he holds it under a lease or agreement by which the right is reserved to the landlord". 'owner' と 'tenant' との間の関係における狩猟権については, *Halsbury'sLaws ofEngland,* II4, cit., p. 105 ss. (par. 248 ss.).

68 C. SI-IINE, *National Report ofHunting Law: United Kingdom,* cit., p. 321: "Hunting rights are vested in the landowner, who may be a private individual, a company, a public body, local authority or Government agency. It is a trespass under civillaw to hunt and/ or shoot on any land without first obtaining the perrnission of the landowner and, where appropriate, the farmer. lt is a criminal offence ('armed trespass') to enter another person' s land without permission or reasonable excuse when carrying a firearm, shotgun or air weapon, whether loaded or not, even if the holder of the gun does not carry any ammuni-tion (...). Landowners may freely sell, lease or lend their hunting rights to others, subject to whatever conditions they choose. The holder of the hunting rights is deemed to be a lawful occupier of the land for the purposes of hunting legislation ... ". 狩猟法の原理及び法律に関する更新された良質な概要。我々は以下のものは目を通すことができなかった：C. PARKES,]. THORNLEY, *Fair Game The Law of Country Sports and the Protection of Wildlife,* London 1994.

69 "Under the law of property, live wild animals belong to no-one unless reduced into pos-session by being tamed or kept in captivity ... ": C. SHINE, *National Report ofHunting Law: United Kingdom,* cit., p. 324. Cfr. Theft Act 1968, section 5 (4).

70 A.W.]OWITT, C. WALSH, *[oioitt's Dictionary 01English Law,* cit., sv. *Occupancy:* "As regards the property or ownership in game, the common law rules on this subject are

founded on the principle of occupancy ... ".

71 *Halsbury's Laws 01England,* 114, cit., p. 85 s. (par. 208).

72 A.W.JO\'V'ITT, C. *WALSH,Jowitts Dictionary of English Law,* cit., sv. *Animals ferae naturae*.

73 R.E. MEGARRY, H.W.R. WADE, *The Law 01Real Property,* London 19754, p. 71 (改訂版はチェックしていない).

74 *Halsbury's Laws of England,* 114, cit., p. 85 s. (par. 208).

75 *Halsbury's Laws of England,* 114, cit., p. 86 (par. 209).

76 *Halsbury's Laws of England,* 114, cit., p. 86 (par. 210).

77 *HalsburyJs Laws of England,* 114, cit., p. 86 s. (par. 210).

78 A.W. JOWITT, C. WALSH, *[oioitt's Dictionary01English Law,* cit., sv. *Game*.

79 *Sutton v Moody* (1697) 1 Ld. Raym. 250: così A.W. JOWITT, C. WALSH, *[oioitt's Dictionary 01English Law,* cit., sv. *Game:* "(. ..) this rule, however, has been so far modified by the Game Act, 1831, s. 36". Anche *Halsbury's Laws ofEngland,* 114, cit., p. 86 (par. 210): "(. ..) This view of the law has been adversely criticised, but it has been received for so long that it is not now likely to be altered by judicial decision"; また、争われたケースで注 5 をe riportiamo alla lettera la nt. 5 con casi disputati: *Blades v Higgs* (1865) Il HL Cas 621 at 640 per Lord Chelmsford; and of *Grundy v Feltham* (1786) 1 Term Rep 334; *Paul v Summerhayes* (1878) 4 QBD 9, DC (foxhunting),

80 A.W. JOWITT, C. WALSH ,*Jowiitt's Dictionary of English Law,* cit., sv. *Game,* richiama *Blades v Higgs* (1848) Il H.L.C. 621. 我々が知る限り、すべての「リーディング・ケース」がニューヨーク最高裁 [3 Caines 175 (N.Y. Sup. Ct.) 1805 (=7 Am. Dee. 264 (1886)]. が 1805 年の決定した *Pierson* v *Post* 事件と同じ意見ではない。

Lodowick Postは、相手方を、彼が自分の犬で追跡していた狐を殺し、持ち去ったことで、裁判所に呼び出した。裁判所は、物理的に獲取していない限り、狩猟された動物についてなんら権利は存在しないとのユスティニアヌス的概念に基づき、請求を棄却した。その判決は判例となった。Cfr. A.J. CASNER, W.B. LEAcH, *Cases and Text on Property,* 5th. ed., New York 2004, p. 34. Sull'argomento, in prospettiva storica, CH. DONAHUE, *Noodt, Titius and the Natural Law School: the Occupation ofWild Animals and the Intersection ofProperty and Tort,* in *Satura Roberto Feenstra Oblata,* Fribourg 1985, p. 609 ss.; ID., *Animalia ferae naturae: Rome) Bologna) Leyden, Oxford and Queen's Country) N.Y.,* cit., p. 39 ss.; R. KNOTEL, *Arbres errants, iles flottantes, animaux fugitifs et trésors enfouis,* cit., p. 201 ss.

81 *Halsbury's Laws of England,* 114, cit., p. 116 ss. (par. 272 ss.),

82 Theft Act 1968 ss. 15,34 (1), su cui *Halsbury's Laws ofEngland,* 114, cit., p. 96 (par. 230).

83 C. SHINE, *National Report of Hunting Law: United Kingdom,* cit., p. 332, はそのBadger

(Control Areas) Order 1977.を引用している。

結語註

1 A. CHANTEUX, *Etude comparative du droit de la chasse dans la Communauté Européenne,* I, cit., p. 210 s. 著者は14ヶ国の欧州として、以下の国を挙げる：ドイツ、ベルギー、デンマーク、スペイン、フィンランド、フランス、ギリシャ、ルクセンブルグ、オランダ、ポルトガル、イギリス、スウェーデン。

2 低温野生ファウナの保護に関する1992年2月11日法律第157号の第1条は、「野生ファウナは国のかけがえのない財産に属する」と明言している。同様の概念で、より明確なものは、ポルトガルにもあるようだ：A. CHANTEUX, *Etude comparative du droit de la chasse dans la Communauté Européenne,* I, cit., p. 209.

3 Per il tardo Ottocento, cfr. *retro*.

4 J. DE MALAFOSSE, *Droit de la chasse et protection de la nature,* cit., p. 26 s.

5 J. DE MALAFOSSE, *Droit de la chasse et protection de la nature,* cit., p. 27.

6 J. DE MALAFOSSE, *Droit de la chasse et protection de la nature,* cit., p. 206 s.

7 A. CHANTEUX, *Etude Comparative du Droit de la Chasse dans la Communauté Européenne,* I, cit., p. 213. 著者は、狩猟に関するドイツ連邦法のようなわずかな例外を強調する。その第1条で、狩猟権から動物保存の義務を引き出している。著者は、また、M. REMOND-GUILLOUD, *Ressources naturelles et choses sans maitre,* in *D.*, 1985, 7èmc Cahier, Chronique VI, p. 27 ss., も引用しているが、我々はこちらを参照していない。

8 A. CHANTEUX, *Etude Comparative du Droit de la Chasse dans la Communauté Européenne,* I, cit., p. 204.

9 フランス法のパースペクティブにおいて、養兎場の兎は、不動産の性質から私有財（*res propria*）と考えられているが、無主物（*res nullius*）と考えられている「ゆるい」養殖の雉よりも遙かに野性的である（J. DE MALAFOSSE, *Droit de la chasse et protection de la nature,* cit., p. 208). また、無主物概念の私有財への概念のゆっくりした移行は、「なんびとも私有の土地からやってきた野生動物により引き起こされた損害について賠償を求めることはできない」と明言した法令テキストの中にも現れている（1968年12月27日法律第14条の4、採集物に起きた損害について）*(op. cit.,* p. 211). "La *res nullius-propria* est donc le digne pendant de *l'animal nuisible-protégé*. li faut reconnaitre qu'un concept qui prend les apparences d'un 'caméléon juridique' est peu satisfaisant pour l'esprit» *(op. cit.,* p. 211).

10 J. DE MALAFOSSE, *Droit de la chasse et protection de la nature,* cit., p. 200 ss.

11 H. BALÉDENT, *Chasse et'tourisme en France,* Thèse, Lion 1973, p. 672.

12 J. DE MALAFOSSE, *Droit de la chasse et protection de la nature,* cit., p. 27, p. 212.

13 J. DE MALArOSSE, *Droit de la cbasse et protection de la nature,* cit., p. 212.

14 A. CHANTEUX, *Etude Comparative du Droit de la Cbasse dans la Communauté Européenne,* I, cit., p. 210.

15 J. DE MALAFOSSE, *Droit de la chasse et protection de la nature,* cit., p. 212.

1977年12月27日法律第968号（『官報』1978年1月4日003号掲載）

動物相の保護と狩猟規制に関する一般原則および諸規定（仮訳）

前文

共和国の下院および上院は賛成可決した。

よって共和国大統領は以下の法律を公布する。

第1章 総 則

第1条 野生鳥獣保護

野生鳥獣は、我が国の欠くべからざる財産であり、国家の利益において保護される。

第2条 保護の対象

本法の保護の対象となる野生鳥獣は、我国領土内において自然な状態で恒常的にまたは一定期間継続して生息が確認できる哺乳類または鳥類の種である。特に以下に記す種を、必要に応じて罰則を設けて保護する：

ワシ、タカ、フクロウ、コウノトリ、ツル、フラミンゴ、ハクチョウ、オオカミ、クマ、モンクアザラシ、アルプスアイベックス、コルシカアカシカおよび第12条に基づき州が殺傷を禁止するその他の有蹄類。モグラ、ラット、イエネズミおよびミズハタネズミは保護の対象としない。

第3条 鳥猟の禁止

第1条および第2条の規定に従い、我国領内におけるあらゆる形式の鳥猟は、禁ずる。

また、本法の後の条項に規定されるものと異なる方法および目的による鳥類の捕獲も禁ずる。

第4条 国立専門委員会

農林省において、国家狩猟専門委員会を組織する。構成するのは、農林省から2名、国立野生動物生物学研究所長、国立調査センターから1名、認証されている全国的な狩猟者団体から各1名、全国的な農業企業家および労働者団体から1名、代表的な自然保護団体から各1名、野生動物の狩猟と保存のための国際会議イタリア代表から1名、イタリア動物学連合から1名である。

委員会は、諸機関および諸協会の設置および廃止の状況に基づき、内閣総理大臣令により招集する。農林大臣またはその代理人が議長職を執り行う。

委員会は、以下の研究およびリサーチを行う。

我国領内における定住性または移動性の鳥獣の内容評価
野生鳥獣の保護
農作物の保全
野生動物に危害を及ぼし、かつ、自然環境を変化させうる化学物質の農業への使用の規制
自然環境評価
本法に規定する事項についての意見の作成

また、委員会は、同質の国際的地域における狩猟活動およびその期間を調整し、かつ、自然ならびに野生動物の保護および狩猟行為に関する共同体法令ならびに国際条約に我国の法令を整合させるため、政府に提案を行う。

本法の施行後6ヶ月以内に委員会を招集し、5年ごとに改選する。委員の再選は1回までとする。

第2章 行政事務 — アルプス地方の鳥獣区の構造

第5条 行政機能

州は、狩猟に関する行政事務を、通常は県、山岳共同体、市、個人または団体に委任して行う。

州および委任を受けた機関は、本法に関する立法および行政事務を遂行するために、国立野生動物生物学研究所の意見、認証された全国規模の狩猟協会、全国規模の自然保護団体、自然科学（動物学および環境学）の専門家、ならびに、農業企業家および従業者の団体および組合の参加および協力を受けることができる。

特別州およびトレントならびにボルツァーノ自治県は、自己の基本法の許す範囲で排他的権限に基づいて執り行う。

第6条 州事業計画

狩猟産業に関する政策を行うため、州は、県または狩猟区ごとの、単年度または複数年度の事業計画を策定する。当該計画は以下の事柄を定める。

a）野生鳥獣の避難、繁殖および休息のための保護オアシス

b）野生鳥獣の繁殖、境界を定めた地域への放鳥獣およびその捕獲に使用する、放鳥獣捕獲地区

c）自然状態でのものを含めた野生鳥獣の繁殖のための公営施設

d）狩猟行為が禁止されている会社形態の、州によって厳格に管理されている、自然状態でのものを含めた野生鳥獣の繁殖のための私営施設

e）野生鳥獣も利用する犬の調教、訓練および試合を行う地域。当該地域の管理は、狩猟協会または愛犬家協会に委託することができる。

f）環境の回復および保護ならびに野生鳥獣の繁殖に従事している、個人または組合の所有者または管理者への報奨金に関する規定

g）a号およびb号の目的で利用している地区における、野生鳥獣による生産物への被害を清算するための、土地管理者への補償金支払い基準を定める規定

a、bおよびcの各号の地区は、可能な限り自然境界を利用して区分し、州または地方自治体が、自己のまたは委任された権限により作成した無税の表示板を用いて境界を明示する。当該地区の面積は、各県の農林用地面積の合計の8分の1以上4分の1以下とする。d号の地区は、州が定める規定に従い、周囲を表示板によって明示しなくてはならない。また、州は第24条に規定する税金の合計額を定める。

土地所有者または管理者たる国および地方公共団体は、a、bおよびcの各号の地区の設置のため、州に当該土地の使用を認めることができる。

a、bおよびcの各号に示すように、制限地域の外周を定める決定は、土地の所有者または管理者に通知され、かつ、一般的な形式で告示される。

関係する所有者または管理者は、その通知を受けてから60日以内に、印紙不要の普通紙を使用して、州に対し当該決定に関する異議を申し出ることができる。

上記の期間が経過した場合において、設置した土地の面積の少なくとも3分の2の所有者または管理者の合意があるときは、州は、保護オアシスおよび放鳥獣捕獲地区の設置に関して法令を定めた上で、当該法令をもって、必要な場合は狩猟監視員または警備員を用いて、当該地区の有効な監視を確実に行うための手段を定める。

正式の異議の申出がない場合においても、有効な合意があったこととする。

州は、動物保護の観点から特に必要があるときは、保護オアシスおよび放鳥獣捕獲地区を強制的に設置することができる。

第7条 アルプス地区

本法の効果により、アルプスの典型種である植物および鳥獣が定住しているアルプス地方は、それ自体を鳥獣地区とみなす。

関係する州は、本法の基本原則を尊重した上で、特徴的鳥獣を保護するための特別の法令を定め、かつ、地域の慣習および伝統を考慮した上で狩猟を規制する。

州域にアルプス地方を含んでいる州は、特別州ならびにトレントおよびボルツァーノの各自治県と合意の上で、無税の表示板を掲示してアルプス地方の鳥獣地区の境界を明示する。

第３章　狩猟行為

第８条　狩猟行為

狩猟行為は、野生鳥獣の保護という要請と矛盾することなく、かつ、農業生産に実質的損害をもたらさない場合に限り許可される。

次の第９条に定める猟具および狩猟用の動物を利用した野生鳥獣の殺害または捕獲は、狩猟行為を構成する。

猟具を携帯した、あるいは、殺害または捕獲する目的で野生鳥獣を探索または待ち伏せをするため、歩渉または停止することも狩猟行為とみなす。

その他のあらゆる方法による殺傷または捕獲は、禁じる。ただし、偶発的な場合およびやむを得ない場合を除く。

本法の規定を遵守の上で殺害した野生鳥獣は、それを狩猟した者に帰属する。

狩猟活動は、満18歳以上で、かつ、許可証および第三者への民事責任を一件当たりの補償総額が８千万リラ以上、人的損害の被害者一人当たりの補償額が２千万リラ以上、動物および物的損害が５百万リラ以上の保険証書を携行している者が行うことができる。

事故が発生した場合、損害を被った者は、当該事故について責任のある狩猟者が保険契約を交わしている保険会社に対し、直接に手続きを行うことができる。

狩猟許可を受けることにより、本法および州の法令を遵守の上、全国で狩猟活動を行うことができる。

さらに、狩猟行為のためには、住民登録のある州が無料で発行した、全国で有効の許可証を携帯していなくてはならない。許可証には、本法および州法が定める狩猟行為に関する条件が記載されていなくてはならない。

第９条　猟具

狩猟には小銃を用いる。滑腔式小銃の場合は、２弾までのポンプ式半自動で、口径が12 mm以下のものを、３弾以上を使用しない適切かつ専門的な判断力をもって使用する。旋条式小銃の場合は、手動単発式または半自動式で、口径が5.6 mm以上、空の薬莢の長さが40 mm以上のものを用いて行う。

２つまたは３つの銃身を有する小銃で、１つまたは２つの銃身が口径12 mm以下の滑腔式、残りの１つまたは２つの銃身が口径5.6 mm以上の旋条式であるものも使用できる。

また、ハヤブサおよび弓を用いた狩猟も許される。

第７条のアルプス地方の鳥獣地区においては、ポンプ式または半自動式の小銃の使用を禁止する。ただし、散弾を２弾まで装填可能に改造したものはその限りでない。

空気銃その他の圧縮ガスを使用したすべての武器の使用は禁ずる。

狩猟免許者は、狩猟行為の間、銃器および猟犬の他、槍状およびナイフ状の道具を携帯することができる。

第10条 管理された狩猟

我国領土においては、管理された狩猟を無料で行うことができる。

管理された狩猟とは、第11条に示す時間、場所および種ごとの狩猟頭数に関する制限に従って行う狩猟行為のことをいう。

第4章 狩猟可能な種 — 動物相の管理と狩猟期間

第11条 狩猟可能な種のリストと狩猟期間

本法の目的により、イタリアの野生動物相に属する哺乳類および鳥類のあらゆる種の個体を殺害、捕獲、所持または売買することを禁ずる。

以下の種の狩猟を、以下に特定する期間において許可する。

1）8月31日から12月31日まで狩猟可能な種：

ウズラ（coturnix coturnix）；

キジバト（streptopelia turtur）；

タヒバリ（anthus campestris）；

ヨーロッパビンズイ（anthus trivialis）；

クロウタドリ（turdus merula）；

2）8月18日から2月末日まで狩猟可能な種：

マガモ（anas platyrhynchos）；

オオバン（fulica atra）；

バン（gallinula chloropus）；

8月18日から3月31日まで狩猟可能な種：

イタリアスズメ（passer italiae）；

スズメ（passer montanus）；

イエスズメ（passer domesticus）；

ホシムクドリ（sturnus vulgaris）；

クイナ（rallus aquaticus）；

コガモ（anas crecca）；

オカヨシガモ（anas strepera）；

ヒドリガモ（anas penelope）；

オナガガモ（anas acuta）；

シマアジ（anas querquedula）；

ハシビロガモ（anas clypeata）；

ホシハジロ（aythya ferina）；

キンクロハジロ（aythya fuligula）；

タシギ（capella gallinago）；

モリバト（columba palumbus）；
コシギ（lymocryptes minimus）；
ダイシャクシギ（numenius arquata）；
オオソリハシシギ（limosa lapponica）；
アカアシシギ（tringa totanus）；
イタチ（mustela nivalis）；
キツネ（vulpes vulpes）；
チドリ（charadrius apricarius）；
エリマキシギ（philomahus pugnax）；
4）9月の第3日曜日から12月31日まで狩猟可能な種：
哺乳類：
アナウサギ（oryctolagus cuniculus）；
ヤブノウサギ（lepus europaeus）；
ケープノウサギ（lepus capensis）；
ユキウサギ（lepus timidus）；
シャモア（rupicapra rupicapra rupicapra）；
ノロジカ（capreolus capreolus）；
シカ（cervus elaphus hippelaphus）；
ダマジカ（dama dama）；
ムフロン（ovis musimon），サルデーニャ島に生息するものを除く；
鳥類：
ライチョウ（lagopus mutus）；
クロライチョウ（lyrurus tetrix）；
ヨーロッパオオライチョウ（tetrao urogallus）；
ハイイロイワシャコ（alectoris graeca）；
チャエリイワシャコ（alectoris barbara）；
アカアシイワシャコ（alectoris rufa）；
ヤマウズラ（perdix perdix）；
キジ（phasianus colchicus）；
ズアオアトリ（fringilla coelebs）；
マキバタヒバリ（anthus pratensis）；
アトリ（fringilla montifringilla）；
シメ（coccothraustes coccothraustes）；
ハタホオジロ（emberiza calandra）；
コリンウズラ；
アオカワラヒワ（chloris chloris）；

ムネアカヒワ（carduelis cannabina）；
タヒバリ（anthus spinoletta）；
5）9月の第3日曜日から2月末日まで狩猟可能な種：
ヤマシギ（scolopax rusticola）；
6）9月の第3日曜日から3月31日まで狩猟可能な種：
カンムリヒバリ（galerida cristata）；
モリヒバリ（lullula arborea）；
ヒバリ（alauda arvensis）；
ノハラツグミ（turdus pilaris）；
ウタツグミ（turdus philomelos）；
ワキアカツグミ（turdus iliacus）；
コクマルガラス（coloeus monedula）；
ミヤマガラス（corvus frugilegus）；
ハシボソガラス（corvus corone）；
タゲリ（vanellus vanellus）；
7）11月1日から1月31日まで狩猟可能な種：イノシシ

狩猟可能な種の一覧表は、国立野生動物生物学研究所および第4条の委員会の意見を聴いた上で、内閣総理大臣令により改正することができる。

第12条　動物相の監視

州は、動物相の実情に基づく重要かつ明確な理由があるとき、または、環境、季節もしくは気候上の突発した問題があるとき、または、疫病その他の災害等があるときは、第11条の野生鳥獣のうち特定の種について一定期間、狩猟禁止または狩猟頭数の削減を行うことができる。

また、州は、第11条の種が過度に繁殖することにより自然環境バランスが乱れ、第17条にある囲まれた土地その他の場所で、農作物、家畜および養殖魚への深刻な被害が発生したときは、頭数の調整を行う。

当該調整は、国立野生動物生物学研究所の意見を聴いた上で、指定の猟法を用いて行わなくてはならない。

第13条　外国からの野生鳥獣の導入

外国からの生きた野生鳥獣の導入は、在来種に該当する場合であっても、繁殖および純血化の目的でのみ行うことができる。

在来の動物相になじまない野生動物を我国領内に導入することを禁じる。ただし、動物園、騎兵サーカスおよび巡業興行または装飾や趣味の目的で伝統的に飼育および売買されているものはその限りでない。

第1項の活動、前項但書に該当する場合、または特に科学的かつ実験的目的による場合の許可は、国立野生動物生物学研究所の意見に基づいて、農林大臣が行う。

第14条　州の狩猟日程表

州は、6月15日までに、狩猟可能期間および第11条に規定されている種についての狩猟日ごとの殺害可能頭数を明記した州の年間狩猟日程表、ならびに、規則を設けた場合はその規則を公示する。

一週間における狩猟可能日の数は、3日を超えてはならない。州は、狩猟者に対して、いかなる場合も休猟日とする火曜日および金曜日以外の日を自由に選んで狩猟を行うことを許可することができる。

火曜日および金曜日を休猟日として維持したまま、州は、国立野生動物生物学研究所の意見を聴き、かつ、地域の慣習を考慮した上で、10月1日から11月30日までの期間、および、2月15日から3月31日までの期間における移動性の野生鳥獣の狩猟について、前項の規定と異なる規定を設けることができる。

狩猟は、日の出の1時間前から日の入りまで行うことができる。州は、狩猟日程表を施行する際に、狩猟開始時間を定める。待機所を使用したヤマシギの待ち伏せ狩猟は禁止する。

また、タシギのあらゆる形での待ち伏せ狩猟も禁止する。

第5章　狩猟区の管理 — 禁止

第15条　狩猟区の団体管理

州および本法第5条の規定により州の委任を受けた団体は、第6条の州事業計画の範囲で、諸団体の代表者、および、第5条にいう専門家により構成された協会組織を、野生鳥獣のよりよい保護のため、狩猟区を合理的に使用する狩猟活動の集団的管理のために活用することができる。

州は、鳥獣狩猟の計画化において、管理された狩猟のための狩猟区の管理を、狩猟協会、または、州に住所のある狩猟者ならびに狩猟区に含まれる土地の所有者および管理人が所属する団体に委託することができる。なお、狩猟区は、可能な限り1つの市の域内または2つの市にまたがる区域とし、とくに、渓谷、湿地帯、山岳地帯および自然農業地域を含む。

州は、州内の農林地面積のうち前項の地区に使用する土地面積の割合を、百分の30を超えない範囲で指定し、また、その管理方法および狩猟者（他州に住所のある狩猟者を含む）の利用方法を定める。

州は、管理団体に対し、入場を許された狩猟者全員から参加費を徴収することを許可することができる。

第16条 固定および臨時の待機所

州は、山の稜線から1,000 m以上離れた場所に、固定または臨時の待機所を設置かつ規制することができる。待機所設置のため地所の改変および占有を行う場合は、私有の土地、湖または沼地の所有者および管理者の同意を必要とする。

第17条 囲まれた土地 — 現に耕作している場所

1 m 80 cm以上の高さの壁、鉄条網その他の実効性のある障壁、または、川底の深さが1 m 50 cm以上幅が3 m以上の水路もしくは長い堀で囲まれた土地においては、何人も狩猟行為を行うことができない。

囲まれた土地および囲む予定の土地があるときは、州の担当部署に届け出なくてはならない。

前項の土地の所有者または管理者は、自己の負担で無税の表示板を適切に掲示する。

現に耕作している場所での歩渉による狩猟行為は、特定の農作物につきその特定と賠償の方法を定めた州の法令により禁止される。

本条に示す土地の所有者または管理者の申請があるときは、州の法令に従って、当該土地における農作物の保護のため、野生動物捕獲を許可することができる。

第18条 科学的または趣味的目的による動物の捕獲および利用

州は、国立野生動物生物学研究所の意見を聴いた上で、理由を明記した申請に基づき、科学機関もしくは研究所、動物園および自然公園の有資格職員が、学術目的で、特定種の哺乳類および鳥類の個体を捕獲および利用すること、ならびに、卵、巣およびヒナを採取することを、許可することができる。

州は、国立野生動物生物学研究所の意見を聴いた上で、11条に記載されている特定の渡り鳥を生き餌として利用するため、また、伝統的な行事および市場で趣味的に利用するため、場合によっては第11条にある期間以外を超えて捕獲および保管するための施設の運営を、直接行うか、または、詳細な規則を設けて委託することができる。当該種の捕獲は、各種ごとに定めた制限数の範囲内で行うことができる。

また、州は、国立野生動物生物学研究所の意見を聴いた上で、公立または認証された科学調査機関または研究所により適切に任命された者が、科学的調査を目的として足輪付け活動を行うことを、一回ごとに許可することができる。

州は、国立野生動物生物学研究所の意見を聴いた上で、氏名を届け出た者が、狩猟行為に使用する目的で、あらかじめ定められた数のハヤブサおよびフクロウを捕獲および譲渡することを、許可することができる。

足輪付けされた鳥を殺害、捕獲または発見した者は、国立野生動物生物学研究所または事実が発生した地区の市役所に届け出る義務を負う。届けを受けた当該市役所は、前記研究所に通知する。

第19条 食用または趣味を目的とした飼育

州は以下のことを規制および許可する：

a）食用または繁殖を目的とした、有蹄類、野生ウサギ、野ウサギ、キジ類およびガンガモの飼育

b）装飾的および趣味的な目的での、土着および外来品種に属する哺乳類および鳥類の飼育。

前項の許可証には、発行者の氏名を明記する。

第20条 その他の禁止事項

いかなる者も下記のことを行うことができない。

a）庭園、公立および私立の公園、スポーツ活動用地における狩猟行為。

b）国立公園、州立自然公園ならびに自然公園、自然保護地区；保護オアシスおよび放鳥獣捕獲地区（設立を目的とするものを除く）；国有林（州の規定により、野生動物の繁殖、避難および飼育に不向きであるとされたものを除く）：第6条に基づいて設立された野生鳥獣繁殖のための公立および私立の施設内での狩猟行為。

c)）国防施設のある場所、および、国防上の理由から禁止する必要がある場所ならびに国家的記念碑が存在する場所であって、無税の表示板により禁止が明示された区域における狩猟行為。

d）田園地帯にある麦打ち場ならびに田園の作業場およびその従物のある場所、住居または仕事場として使用されている不動産、作業場、建物、から100 m以内の場所、鉄道および車両が通行可能な農道以外の道路から50 m以内の場所における狩猟行為。

e）住居もしくは仕事に使用している不動産、工場および建物；鉄道および車両が通行可能な農道以外の道路；ロープウェー、トロリーバスその他のつり下げ式移動手段；囲い、柵、垣根、ならびに、第17条第4項にいう区域、および、農林畜産業が行われる季節において家畜を収容し餌を与えるための区域がある方向にむけて、滑腔式猟銃を150 m以下の距離から発砲すること、または、他の猟具を最大射程距離の2倍半よりも短い距離から使用すること。

f）銃弾の入った猟銃を、居住地区内で、または、各種自動車に積載して携帯すること（安全装置がある場合を含む）。本法および州法が定める狩猟期間以外の時期に、銃弾の入った狩猟を携帯すること。

g）3人以上でかこいわな猟を行うこと、および、狩猟目的で、湖沼または水路において、潜水服もしくは潜水用の防水スーツを利用すること。

h）自動車、または、走行中の動力船、または、飛行機から発砲しての狩猟。

i）表面の全部もしくは大部分が雪で覆われている場所における狩猟。ただし、州がこれと異なる法令を定めるときはその限りでない。

l）野生の哺乳類および鳥類の卵、巣およびヒナを採取および保持すること。ただし、

第18条に規定する目的によるもの、または、放鳥獣狩猟区内、野生鳥獣繁殖施設内、および、保護オアシス内において、確実に破損もしくは死亡しているものを取り除く場合はその限りでない。なお、後者の場合においては、実行後24時間以内に最寄りの狩猟団体に届け出なくてはならない。

m）本法および第12条に従って施行された州法が許可しない方法で捕獲された哺乳類および鳥類の個体を所持または販売すること

n）第18条第2項の定める時期および種類を逸脱して野生鳥獣を生き餌として使用すること。ただし、州法の許す範囲で、ヒバリ猟のためフクロウ（athene noctua）を囮として利用する場合はその限りではない。

o）目隠しをした鳥を餌に使用すること、ならびに、音の増幅を伴うまたは伴わない機械的、電磁的または電子的に制御された音響装置をおびき寄せに使用すること。

p）漁業または水産養殖業を行っている水域で狩猟を行うこと。また、魚釣りに使用する流域においても、占有者が無税の表示板をもって禁猟を明示したときは同様である。

q）空中射撃の練習、大会および催し物において、飼育したもの以外の鳥類を使用すること。

r）料理の祭りおよび催し物において、飼育によらない死んだ野生動物を使用すること。

s）有蹄類の狩猟において散弾銃を使用すること。毒入りの餌または丸薬を使用すること。サイレンサー付きまたは獲物に反応して発砲する仕掛けの火器を使用すること。

t）包装したヤマシギ、および、ツグミより小さい大きさの死んだ鳥を売買すること。ただし、狩猟期間中のムクドリ、スズメ、ヒバリはその限りでない。

u）第6条他の本法の規定および州法に基づいて適法に掲示された表示板を、撤去、破損等により使用不可能な状態にすること。なお刑法635条の適用は維持される。

狩猟区を管轄する当局は、旅行者が急増した狩猟区における狩猟を、一時的に禁止することができる。

第6章　狩猟免許 — 試験

第21条　猟銃所持許可

試験委員会

猟銃所持許可証は、公の秩序に関する諸法律を遵守して発行する。

前記許可証の発行は、州が各県庁所在地に設ける、次条に列挙する科目の専門家で構成される委員会が実行する試験に合格し、狩猟訓練を修了したのち公布を受けることができる。当該専門家の参加がない場合は、試験を有効に行うことができない。

受験には、健康診断証明書を要する。

第22条　試験

州は、特に以下の科目の諸概念に関わる試験を行うための方式を定める。

a）狩猟法

b）狩猟に応用される動物学

c）狩猟に使用される武器および弾薬とその使用法

d）自然保護および農作物保全のための諸原則

初めて許可証の交付を受けたとき、および、許可取消し後に再取得したときは、狩猟行為研修に参加する必要がある。

猟銃所持許可証の有効期限は6年とし、本人の申請により更新可能である。なお、許可証の更新申請は、作成日から2ヶ月を経過していない健康診断証明書を添付して行う。

狩猟者は、最初の許可証の発行日から12ヶ月以内においては、狩猟免許取得後少なくとも3年が経過している狩猟者が同伴するときのみ狩猟行為を行うことができる。

第7章　租　税

第23条　猟銃所持許可に関する政府許認可税

政府許認可税の基本原則に関する1972年10月26日大統領令第641号およびその改正の付表26番1号は、以下のように置き換える。

整理番号

26

租税の対象となる行為の表示

1）猟銃所持許可

注記

猟銃所持許可は、個人に付与するものであり、公の秩序に関する諸法律に準じて発行する。

課税対象の表示

発行または更新

a）単式小銃、ハヤブサおよび弓を用いるもの

税額

10,000

支払い方法

通常

租税対象の表示

発行または更新

b）二弾式小銃を使用するもの

税額

14,000

支払い方法
通常
注記
年間を通じて免許を利用しなかった者の納税は免除する。
租税対象の表示
発行または更新
c）三弾式以上の小銃を使用するもの
税額
18,000
支払い方法
通常
注記
どのような装置であっても小銃が3弾以上続けて発砲できるものであれば、支払額は18,000である。
租税対象の表示
年間税
税の総額
同上

注記

ハヤブサおよび弓のみを用いて狩猟を行う者は、猟銃による狩猟許可を受けていなくてはならない。そのため、納税は、前記第1項a号に従う。

1972年10月26日大統領令第641号およびその改正の付表にある税額のうち、第26番3号および第27番1号は廃止する。

第24条 州の許可税 — 固定待機所、鳥獣取扱会社および保護地区についての州税

州は、本法および関連する州法に規定する目的を実現するのに必要な資金を得るため、1970年5月16日法律第281号第3条にしたがって、第21条第2項にある狩猟行為の資格授与について、州許認可税を設けることができる。上記租税は、1年ごとに課税される。また、前条にある国税の100分の90以上110以下の範囲で税額を定める。納税は、州を名義人とした郵便貯金口座に、通常の方法で振り込む形で行う。

狩猟に使用する武器の所持許可の申請者は、申請した州の許可税の支払いを行ったことを立証しなくてはならない。

許可拒絶の場合は、州税は返金されなくてはならない。年間を通じて狩猟を行わなかった者には、更新料を課さない。

固定待機所、鳥獣管理会社、野生動物飼育施設および保護地区は、第36条に規定する制限の範囲内で、州税の対象となる。

第25条　狩猟に使用する武器の所持許可税の税収分配

財務省予算内で、第23条の租税収入の百分の13に相当する金額を総額として、各年度3月までに、農林大臣の同意を得た上で、財務大臣令により、以下の方法で分配する：

a）100分の57を、認証済みの全国的規模の狩猟者団体にその会員数に応じて分配する。ただし、前年度において当該団体の各々が実行した計画が、第4条の委員会の意見に基づいて、第30条に示す職務に対応している場合に限る。

b）100分の43を、1967年8月2日法律第799号第34条の定める職務を果たすため、国立野生動物生物学研究所に分配する。

第26条　農業生産保護のための基金の設置

州は、野生鳥獣および狩猟活動により、農業生産に他の方法では補償されない損害が発生した場合に備えて、本法第24条の税収の一部も利用して、州立基金を創設する。

州は、規定を設けて前項の基金が機能するよう取りはからう。また、全国規模の代表的な農業職業団体の代表者、および、代表的な全国的規模の認証されている狩猟者団体の代表者で構成される委員会の運営に関する規則も定める。

第8章　狩猟監視とその職務

第27条　狩猟監視

狩猟法の適用に関する監視は、州が委託する団体の職員である狩猟監視員、ならびに、狩猟者団体および環境保護団体のボランティア警備員に委託する。当該警備員には、公安法の定めるところにより、宣誓警備員の資格を認める。

また、上記監視業務は、国家森林警備隊の上級職員、下級職員および警備隊員、国立および州立公園の警備員、司法警察職員および警官、市、森林および農地の宣誓警備員、ならびに、公安法の定めるところにより認証される民間警備員にも委託することができる。

狩猟監視員は、原則として、自己が狩猟活動を行う狩猟区において監視業務を行う。

第5条にいう委任団体の職員である狩猟監視員は、本法の目的の範囲において、司法警察官の職務を行う。

委任団体の職員である狩猟監視員が、職務中に狩猟区において狩猟を行うことを禁ずる。ただし、特段の事情により所属する団体があらかじめそれを許可するときはその限りでない。

第28条　狩猟監視員の権限と職務

狩猟監視活動において、監視員は、猟銃その他の猟具を携帯し、狩猟を行っているまたは行おうとしている者を見つけたときは、猟銃使用許可証、狩猟者身分証、狩猟許可証、保険証書、および、猟の獲物の提示を求めることができる。

第31条に規定される行政違反行為のひとつが認められたときは、司法警察の職務を行う監視員は、次の第31条a, b, c, d, eおよびf号のいずれかに該当する場合は、犬および生き餌を除く武器および猟具を、また、同31条の規定するすべての場合において、野生鳥獣を差押える。監視員は調書を作成し、その写しを違反者に、可能な場合は即時に、そうでない場合は30日以内に通知する。

差し押さえた物の中に生きたまたは死んだ野生鳥獣があるときは、監視員は、狩猟関連法規により地域ごとに指定された公共機関にそれを引き渡す。鳥獣が生きている場合は、適切な場所において解放し、死んでいる場合は販売するよう取りはからう。販売代金は、違法行為がなかったとされた場合、被疑者に返還できるよう保管する。反対に、違反が確定したときは、当該代金は、州の銀行口座に振り込まれなければならない。国庫に納められた金銭は、動物相の保護と繁殖の目的に使用する。

生きた野生鳥獣を山林で差し押さえたときは、監視員はその場でそれを解放する。

司法警察官の職務を行っていない狩猟監視員が、告訴のあった場合を含めて狩猟法違反を確認したときは、事実と違反者の様態を記載した調書を作成し、所属する団体および現行法により権限を有する官公署に伝達する。

また、現行法により違法とされる行為があったとの情報または根拠ある疑いがあるときは、権限を持つ地元の官公署に、情報を素早く送致しなくてはならない。

第9章 狩猟協会

第29条 認証と登録

狩猟協会は自由に設立できる。

公正証書により設立する狩猟協会は、以下の要件を満たす場合、本法の効果による認証を申請することができる。

a）余暇、学習および狩猟技術訓練の目的を有すること

b）民主的に運営される、地方組織を備えた全国的な組織であること

c）認証申請を提出する年の前年12月31日の時点での会員数が、国家統計局の統計による狩猟者数の総数の15分の1を超えていること

第2項の協会は、第4条の委員会の意見を聴き、内務大臣の合意を得た上で、農林大臣令により認証する。

1967年8月2日法律第799号第35条に基づいてすでに認証され、かつ、活動中であるイタリア狩猟連盟および全国的な狩猟協会は、本法の効果により、認証済みとみなす。

認証された全国的な狩猟協会は、農林大臣の監督を受ける。

認証のための必要条件を欠くときは、農林大臣は、第4条の委員会の意見を聴いた上で、認証の取り消しを命ずる。

2つ以上の狩猟者協会への登録は、禁ずる。

第 30 条　認証された狩猟協会の職務

認証された狩猟協会は、本法および州法により委任される職務の他、以下の職務を負う。

a）狩猟者を組織し、かつ、狩猟者の利益を保護する

b）狩猟者間に、適切な運動や政策を用いてでも、動物および自然環境を保護する必要があるとの認識を促進かつ普及させる。

c）狩猟の専門的-組織的分野において、国および州の部署ならびに第 5 条に基づいて州から委任された団体と協力する。

d）専門的見地から会員を援助する。

e）狩猟者間にとくに、武器の使用および狩猟区内での行動規制に関する狩猟法の規定を周知させる。

f）ボランティア狩猟監視員の認証を、公安当局に提案する。

g）ボランティア狩猟監視員が最新の専門知識を備えるよう手配する。

第 10 章　罰　則

第 31 条　罰則

本法および狩猟に関する州法の規定に違反した者には、以下の罰則を適用する。ただし、武器に関する法令に違反による刑罰が適用される場合はこの限りでない。

a）狩猟免許を取得することなく狩猟を行った者は、50,000 リラ以上 500,000 リラの罰金に処し、3 年を超えない期間、免許を受けることができない。2 度目の違反の場合、100,000 以上 1,000,000 リラ以下の行政罰、および、免許付与につき永久排除に処する。

b）第 8 条第 6 項にある保険契約を行うことなく狩猟を行った者は、50,000 リラ以上 500,000 リラの行政罰金に処し、かつ、3 年を超えない期間、狩猟行為を禁止する。2 度目の違反の場合、100,000 以上 1,000,000 リラ以下の行政罰金に処し、かつ、狩猟免許を取り消す。

c）狩猟が許可されていない期間または狩猟が禁止されている地区において狩猟を行った者は、50,000 リラ以上 500,000 リラの行政罰金に処し、かつ、1 年を超えない期間、狩猟行為を禁止する。2 度目の違反の場合、100,000 以上 1,000,000 リラ以下の行政罰金を科し、3 年を超えない期間、狩猟免許を停止する。3 度目の違反の場合、200,000 リラ以上 2,000,000 リラ以下の行政罰金に処し、かつ狩猟免許を取り消す。

d）前記第 2 条により特に保護される鳥類または哺乳類に対し狩猟を行った者は、500,000 リラ以上 3,000,000 リラ以下の行政罰金に処し、かつ、狩猟免許を取り消す。

e）禁止猟具または狩猟が許されていない種の哺乳類および鳥類に対し狩猟を行った者は、50,000 リラ以上 500,000 リラ以下の行政罰金に処する。2 度目の違反の場合、100,000 以上 1,000,000 リラ以下の行政罰金に処し、かつ、1 年を超えない期間、狩

猟免許を停止する。3 度目の違反の場合、200,000 リラ以上 2,000,000 リラ以下の罰金に処し、かつ狩猟免許を取り消す。

f）第 3 条および第 18 条に違反して、鳥猟またはあらゆる形式での鳥の捕獲を行った者は、20,000 リラ以上 2,000,000 リラ以下の行政罰金、および、免許取消しまたは免許付与につき永久排除に処する。ただし、再犯ではない未成年はその限りでない。

g）住所のある州が定める州免許証を携帯することなく狩猟を行った者は、30,000 リラ以上 300,000 リラ以下の行政罰金に処する。

h）州免許証に記入事項を記入しない者は、5,000 リラ以上 500,000 リラ以下の行政罰金に処する。

i）猟銃使用許可証または保険証書または州免許証を、携帯の有無にかかわらず、提示しなかった者は、5,000 リラ以上 500,000 リラ以下の行政罰金に処する。違反者が当該文書を 8 日以内に提示した場合は、最低額を適用する。

l）前記第 18 条最終項の規定に違反した者は、5,000 リラ以上 500,000 リラ以下の行政罰金に処する。

m）前記第 13 条第 1 項および第 2 項に示すものと異なる目的で外国から野生鳥獣を導入する者、または、同第 13 条の許可を受けることなく土着の動物相になじまない野生鳥獣を外国から導入する者、または、第 19 条に基づいて定められた規定に違反した者は、5,000 リラ以上 500,000 リラ以下の行政罰金に処する。

n）本条に挙げられていない本法の規定に違反した者は、5,000 リラ以上 500,000 リラ以下の行政罰金に処する。

州は、前記 17 条第 4 項にいう耕作が実際に行われている場所を示す表示板を、土地の所有者または管理者が濫用した場合の罰則を定める。

第 32 条　反則金と行政処分

本法前条および州法が規定する行政違反行為には、矛盾しない範囲で、1975 年 12 月 24 日法律第 706 号の規定を適用する。

第 33 条　狩猟に使用する武器の所持許可の効力停止、排除および取消し

前記第 31 条の d 号および f 号に該当する場合は、狩猟免許永久取消しとする。b、c および e の各号のひとつに該当する場合は、免許取消し後 10 年を経過した後、再免許を受けることができる。

狩猟免許の取消しおよび永久排除の提案書は、1975 年 12 月 24 日法律第 706 号第 7 条に基づき、州評議会議長が作成し、違反者の住所地の警察本部長に伝達する。当該警察本部長は、当該停止または取消しまたは永久排除の処分を行う。

行政罰免除のための反則金支払いがあった場合で、免許の取消しまたは永久排除の提案がないときは、第 28 条に基づき押収された武器は、行政罰の消滅が明示されたのち、本来

の所有者に返還する。

第 11 章　実施規定および経過措置

第 34 条　法の適用開始時期

州は、本法の施行日から 1 年以内に関連法令を発布する。

第 23 条は、本法施行日の翌年 1 月 1 日から適用する。ただし、当該期日に州が税の創設に関連する州法令を施行していない場合は、当該法令の施行日の翌月から適用する。

第 25 条および第 26 条は、本法の施行日の翌々年から適用する。1977 年税収分は、現行法規に従って分配する。

第 17 条第 4 項について州の施行規則が施行されるまで、1939 年 6 月 5 日勅令第 1016 号およびその改正第 30 条の規定は、罰則を除いて有効である。

1939 年 6 月 5 日勅令第 1016 号第 3 章の規定、および、同じ事項を規制する州法の規定、とくに、保護オアシス、避難地、放鳥獣区その他の保護地域に関する規定は、本法との矛盾がない限り、第 1 条に定める期限まで有効である。

州法の施行をもって、1939 年 6 月 5 日勅令第 1016 号およびその改正、ならびに、本法が明示的に有効性を規定していないその他の法律および規則は、廃止する。当該期日まで、本法と矛盾しない上記法令は、効力を有する。

第 35 条　国立野生動物生物学研究所

本法の施行後、ボローニャに本部を置く狩猟動物学研究所は、国立野生動物生物学研究所と名称を改める。

ボローニャに本部を置く国立野生動物生物学研究所には、1967 年 8 月 2 日法律第 799 号第 34 条の規定を引き続き適用する。

前記研究所が原告または被告となる司法裁判、仲裁審判、行政訴訟および特別訴訟においては、国事弁護院が代理し弁護にあたる。

第 36 条　禁猟区についての経過規定

鳥獣狩猟会社

有効な禁猟区の設置許可は、その期限まで有効であり、一回のみ更新できる。ただし、本法の施行日から 3 年を超えない期間とする。

共和国大統領が代表を務める禁猟区はその限りでない。

前項の 3 年間が終了したとき、州は、国立野生動物生物学研究所の意見を聴いた上で、自然および動物、特に、アルプス地方の典型種（アルプスアイベックス、モヘア、クロライチョウ、オオライチョウ、ライチョウ、ユキウサギ、エゾライチョウおよびハイイロイワシャコ）、ヨーロッパの大型野生動物（シカ、ノロジカ、ダマジカ、ムフロン）、ならび

に、湿地帯および渓谷の水棲動物の保護に関して、明らかに有益である禁猟区が、鳥獣狩猟会社を設立し組織変更することを、許可することができる。ただし、適切な構造および環境を維持するため、数および総面積を制限する。

鳥獣狩猟会社は、野生鳥獣の増加のためにも、自然環境の維持、整備および改善につとめる。

州は、自然および動物の保護という目的に矛盾しない形で、野生鳥獣の放鳥獣および殺害についての年間計画を整備および承認する。また、鳥獣狩猟会社の運営基準を示す。

第 37 条 県狩猟委員会および野生動物生産団体の役員

1976 年 12 月 31 日の時点で県狩猟委員会の職員である者は、法的かつ経済的に完全な形で、県職員となる。

野生鳥獣生産団体が解散または活動を停止した場合は、1974 年 12 月 31 日の時点で当該団体の本部職員である者は、農林大臣令により、1975 年 3 月 20 日法律第 70 号第 7 条最終項に含まれる規定を遵守の上で、同法第 1 条最終項に規定される公的団体の職員となる。当該職員は、同 1975 年 3 月 20 日法律第 70 号第 43 条に基づいて受け入れ側団体が確保したポストに配置されなくてはならない。

国璽の押印後、本法は、共和国公式法典集に収録される。国民は同法を国法として遵守し、また、遵守させる義務を負う。

1977 年 12 月 27 日、ローマ
(署名)
アンドレオッティ
マルコーラ
パンドルフィ
スタンマーティ

確認：法務大臣ボニファーチョ

1992年2月11日法律第157号（『官報』1992年2月25日046号増刊掲載）

定温野生鳥獣の保護および狩猟に関する法律（仮訳）

前文

共和国の下院および上院は賛成可決した。

よって共和国大統領は以下の法律を公布する。

第1条 （野生鳥獣保護）

1. 野生鳥獣は、自由な処分が許されない国家の財産であり、国家および国際共同体の利益において保護される。

2. 狩猟活動行為は、野生鳥獣の保護の要請と矛盾することなく、かつ、農業生産に実質的損害をもたらさない場合に限り許可される。

3. 普通州は、現行法、国際条約および共同体命令に合致して、すべての野生動物の管理および保護に関する法令を定める。特別州および自治県は、個々の基本法の定める権限の範囲に基づいて定める。〔普通の〕県は、1990年6月8日法律第142号第14条第1項f号に従い、州の法令を実施する。

4. 野鳥保護に関する1979年4月2日欧州理事会による欧州経済共同体命令第85/411号および1991年3月6日欧州委員会による欧州経済共同体命令第91/224号とその付帯文書は、本法の定める方法と目的で受容されかつ実施される。本法はまた、1978年11月24日法律第812号により発効した1950年10月18日パリ条約および1981年8月5日法律503号により発効した1979年ベルヌ条約の実施も行う。

5. 上記欧州経済共同体命令第79/409号、85/411号および91/244号の実行に置いて、州および自治県は、本法発効後4ヶ月以内に、第7条のいう国立野生動物研究所が提示した野鳥の移動ルートに沿って保護地域を設け、生態上の必要性に応じて、保護地域の域内および近隣の生息地の維持および整備を行う。また、破壊されたビオトープを修復し、かつ、その創造を図る。それら活動は、上記指令第79/409号に掲載され第85/411号および第91/244号で差し替えられた付表に記載された種について、特に優先的に行う。国立野生動物研究所による提示後一年を越えても州および自治県が対応しない場合は、農林省および環境省が、合意のもとに代位して行う。

6. 州と自治県は、毎年、本条第5項に従い採用した方策およびそれに係わる効果について報告書を作成し、農林省および環境省に提出する。

7. 1989年3月9日法律第89号第2条に基づいて、欧州共同体政策調整大臣は、農林大臣および環境大臣と一致して、州および自治県の協力を得て、第8条の国家野生動物狩猟専門委員会および国立野生動物研究所の意見を聞いて、本法ならびに関連する州および県の法律が、野生鳥獣の保護のため欧州共同体の諸機関が発布した法令と整合しているか否か

を検査する。

第２条 （保護の対象）

1. 本法の保護の対象となる自然鳥獣は、我国領土内において自然な状態で恒常的にまたは一定期間継続して生息が確認できる哺乳類または鳥類の種である。具体的には、以下に記す種を、場合により罰則を設けて保護する。

a）哺乳類：オオカミ（canis lupus）、ジャッカル（canis aureus）、クマ（ursus arctos）、テン（martes martes）、ケナガイタチ（mustela putorius）、カワウソ（lutra lutra）、ヤマネコ（felis sylvestris）、オオヤマネコ（lynx lynx）、モンクアザラシ（monachus monachus）、クジラの全種（cetacea）、コルシカアカシカ（cervus elaphus corsicanus）、イタリアシャモア（rupicapra pyrenaica）

b）鳥類：コビトウ（phalacrocorax pigmeus）、ヨーロッパヒメウ（phalacrocorax aristotelis）、ペリカンの全種（pelecanidae）、サンカノゴイ（botaurus stellaris）、コウノトリの全種（ciconiidae）、ヘラサギ（platalea leucorodia）、ブロンズトキ（plegadis falcinellus）、フラミンゴ（phoenicopterus ruber）、コブハクチョウ（cygnus olor）、オオハクチョウ（cygnus cygnus）、ツクシガモ（tadorna tadorna）、アカハシハジロ（netta rufina）、カオジロオモテガモ（oxyura leucocephala）、昼行性猛禽類の全種（accipitriformesとfalconiformes）、セイケイ（porphyrio porphyrio）、ノガン（otis tarda）、ヒメノガン（tetrax tetrax）、ツル（grus grus）、コバシチドリ（eudromias mornellus）、ソリハシセイタカシギ（recurvirostra avosetta）、セイタカシギ（himantopus himantopus）、イソチドリ（burhinus oedicnemus）、ニシツバメチドリ（glareola pratincola）、アカハシカモメ（larus audouinii）、ニシズグロカモメ（larus melanocephalus）、ハシボソカモメ（larus genei）、ハシブトアジサシ（gelochelidon nilotica）、オニアジサシ（sterna caspia）、夜行性猛禽類の全種（strigiformes）、ニシブッポウソウ（coracias garrulus）、キツツキ全種（picidae）、ベニハシガラス（pyrrhocorax pyrrhocorax）

c）欧州共同体指令または国際条約あるいはそれらに沿った内閣総理大臣令により、絶滅危惧種に指定された全ての種

2. 本法の規定は、モグラ、ラット、いわゆる一般のネズミ、ミズハタネズミには適用しない。

3. 空の安全のため、空港における鳥の生息レベルの調査は、運輸大臣に委任される。

第３条 （鳥猟の禁止）

1. 我国領内における、卵、巣およびヒナの採取を含めた、あらゆる形態の鳥猟ならびに鳥類および野生哺乳類の捕獲は、これを禁ずる。

第4条 （一時捕獲と足輪付け）

1. 国立野生動物研究所の意見に基づいて、州は、大学および国家調査委員会の研究機関ならびに自然歴史博物館が、卵、巣およびヒナの採取を含め、哺乳類および鳥類の捕獲および利用を行うことを許可することができる。

2. 科学的調査の目的で鳥に足輪を付けるため、鳥を一時的に捕獲する活動は、全国土に渡って国立野生動物研究所によって計画および調整される。当該活動は、欧州足輪付け連合（Euring）が設定した枠組み内で我国について定めた部分に相当する。足輪付け活動は、国立野生動物研究所の意見に基づいて州が発する特別の許可を受けた者のみが行うことができる。当該意見は、国立野生動物研究所に設置する特別の養成課程に参加し、かつ、修了試験に合格したときに提出される。

3. 足輪付けおよび餌として譲渡するための捕獲活動は、県が許可し、かつ、国立野生動物研究所により能力を認められた者によって運営されている施設においてのみ行うことができる。当該施設の運営は、国立野生動物研究所の意見に基づいて、州が許可する。さらに、同研究所は、同施設が行う活動の検査および証明を行い、かつ、作業期間を定める。

4. 餌として譲渡するための捕獲活動は、以下の典型種に限る：ヒバリ、ノハラツグミ、ワキアカツグミ、ウタツグミ、ムクドリ、クロウタドリ、イタリアスズメ、スズメ、タゲリおよびモリバト。他の典型種を捕獲したときは、足輪を付けることなく、即時に放鳥しなくてはならない。

5. 足輪を付けることが許されていない鳥を殺害、捕獲または再発見した者は、国立野生動物研究所または行為地の市に届け出る義務を負う。市は前記研究所に通知する。

6. 州は困っている野生鳥獣の一時的な保護と解放に関する法令を発布する。

第5条 （固定待機所および生き餌による狩猟行為）

1. 州は、国立野生動物研究所の意見に基づいて、狩猟可能な種に属する鳥の飼育、販売および保有ならびに餌としての使用を規制する法令を発布する。

2. 州はまた、第4条第4項に列記した種に属する生き餌資産の形成および管理に関する法令を発布し、第12条第5項b号の狩猟活動に従事する猟師一人あたりに一種当たり最大で10羽、合計で40羽までの保有を認める。生き餌を利用して臨時待機所で狩猟活動を行う狩猟者については、上記の保有上限を合計で10羽とする。

3. 州は、固定待機所の設置許可に関して、1989/1990年度における県の許可件数を超える件数の許可を禁ずる内容の法令を定める。

4. 1989～1990狩猟年度において狩猟許可を受けた者は、第3項の許可申請を行うことができる。定数に余剰がある場合は、60歳以上の者の許可申請を認め、州法の定める優先順位により決定する。

5. 有蹄類およびモリバトの狩猟のための待機所および第14条第12項の待機所は固定待機所とみなさない。

6. 生き餌を使用した固定待機所に備えた武器の使用は、第12条第5項b号の狩猟形態を選択した者のみに許される。被許可者のほかに、被許可者により許された者も固定待機所に出入りすることができる。
7. 関連手続きを定める州の法令の規定に従って番号が記載されている取り外し不可の足輪での特定が不可能な餌を使用してはならない。
8. 餌の交換は、交換前の死んだ餌に関して管轄の機関に届け出たのちでなければ、行うことができない。
9. 狩猟用生き餌として利用可能な捕獲した鳥を販売してはならない。

第6条 (剥製)
1. 州は、適切な法令に基づいて、剥製化および防腐加工の作業、および、剥製および狩猟記念物(訳注:角や皮など)の所持および所有を規制する。
2. 認可された剥製業者は、保護種もしくは少なくとも狩猟不可種の鳥獣の死体または狩猟可能種であるものの狩猟許可期間以外の時期に出た鳥獣の死体に対し、剥製化または防腐加工を施す注文を受けたときは、権限を持つ行政機関にそのことを報告しなくてはならない。
3. 第2項の規定に反したときは、剥製業の営業許可を取り消す。また、保護された種の標本を不法に所持する者、または、狩猟可能な典型種を狩猟許可期間以外の時期に捕獲した者について罰則を定める。
4. 州は、本法の発効日から1年以内に、第1項の剥製化と防腐加工の業務を規制する法令を定めるよう取りはからう。

第7条 (国立野生動物研究所)
1. 1977年12月27日法律第968号第35条のいう国立野生動物生物学研究所は、国立野生動物研究所(INFS)と改称し、国、州および県のために、調査および専門的助言を行う化学的かつ専門的な機関として活動する。
2. 国立野生動物研究所は、本部をオッツァーノ・デッレミリア市(ボローニャ県)に置き、内閣総理大臣が監督する。内閣総理大臣は、州と合意の上で、州が州規模の計画を作成することを支援する。国立野生動物研究所実施規則により、専門的な諮問機関の設置を定める。
3. 国立野生動物研究所の職務は、野生動物により形成された環境遺産を調査すること、その状態、変化および他の環境要素との関係を研究すること、我国領内に生息する動物群の再生を目的とした再建または改善のための政策プランを作成すること、イタリア領内において科学調査の目的で足輪付け活動を実行および調整すること、外国とくに欧州経済共同体加盟国において同様の職務を担う機関と協力すること、大学その他の研究機関と協力すること、州および自治県で実行されている対鳥獣政策を監視および評価すること、ならび

に、国、州および自治県の要請に応じて専門的化学的意見を表明することである。
4. 国立野生動物研究所は、大学卒業生を対象とした野生鳥獣の生態と保存に関する専門学校、および、修了生を対象にした野生鳥獣の管理に関する専門修養課程を設置する。本法の発効日より3ヶ月以内に内閣総理大臣令により、農林大臣の代理人、保健大臣の代理人および本法施行時に任命される国立野生動物研究所長で構成される委員会を組織する。当該委員会は、定款および本条が規定する新しい職務に対応した研究所の組織編成を行い、内閣総理大臣に提出する。内閣総理大臣は命令をもってそれを承認する。
5. 国立野生動物研究所は、設立の目的を達成するため、第4条にある活動を直接に行う。
6. 国立野生動物研究所が原告または被告となる司法裁判、仲裁審判、行政訴訟および特別訴訟においては、国事弁護院が代理し弁護にあたる。

第8条 (国家鳥獣狩猟専門委員会)

1. 農林省において、国家鳥獣狩猟専門委員会を組織する。構成するのは、農林大臣の指名を受けた者3名、環境大臣の指名を受けた者3名、国州自治県(トレンティーノおよびボルツァーノ)間関係調整常設会議から3名、イタリア全国県庁連合会の指名を受けた者、国立野生動物研究所長、認証されている全国的な狩猟者団体から各一名、全国的に広く認知されている主要な農業関係者団体から合計で3名、国家環境協議会に参加している環境保護団体の代表者のうち4名、イタリア動物学連合から1名、野生動物の狩猟と保存のための国際会議から1名、全国動物保護協会から1名、イタリア山岳会から1名である。
2. 本法施行日から1年以内に、第1項の研究所および部署編成の計画に基づいた総理大臣令により、国家鳥獣狩猟専門委員会を組織し、農林大臣またはその代理人が議長になる。
3. 委員会は、本法の適用に関する事項全般に関する専門的諮問機関としての職務を担う。
4. 全国鳥獣狩猟専門委員会は、5年ごとに改選される。

第9条 (行政事務)

1. 州は、第10条の鳥獣狩猟計画の作成のため、具体化および調整に関する行政事務を行う。また、方針策定、監視職務ならびに本法および州基本法に規定されている委任事務を行う。県は、本法を尊重の上、1990年6月8日法律第142号の規定に従い、狩猟および動物保護に関する行政事務を行う権限を有する。
2. 特別州および自治県は、自らの基本法に定める範囲で、狩猟に関する行政事務を、排他的権限を持って行う。

第10条 (鳥獣狩猟計画)

1. 全国の農林畜産用地のうち、食肉類、実効的な繁殖能力の保存、および他の種の自然な抑制に関係しているもの、ならびに、環境資源の再生および狩猟の規制を通じた最適な生息密度の達成を保持に関わるものについては、すべて動物狩猟計画の対象となる。

2. 州および県は、土地の使用目的に応じて、第1項のいう計画を、第7項および第10項にある方法により作成する。
3. 各州の農林畜産用地は、その百分の20から30を野生鳥獣の保護の対象とする。ただし、各州のそれ自体で鳥獣保護地区を形成するアルプス地方については、例外として、百分の10から12を保護の対象とする。前記百分率には、他の法令により狩猟活動が禁止されている地域も含む。
4. 第3項の保護区には、第8項のa、bおよびc号にいう区域も含める。「保護」とは、鳥獣の滞留、繁殖、子育てを容易たらしめるための措置を伴った、狩猟を目的とした殺傷および捕獲の禁止措置をいう。
5. 州の農林畜産用地は、合計で最大100分の15まで、第16条第1項のいう私営狩猟区および自然な状態での野生鳥獣の繁殖のための私営施設とすることができる。
6. 残りの農林畜産用地について、州は、第14条に定める方法に従って、狩猟の計画的な運営を促進する。
7. 農林畜産用地の全体的な計画化のために、県は、同種の事業地域ごとに区分して、鳥獣狩猟計画を作成する。県はさらに、野生鳥獣の自然繁殖を促すための環境改善計画、ならびに、国立および州立の自然公園その他の自然環境において殖えすぎた野生鳥獣を捕獲する方法も含めた野生鳥獣移入計画を作成する。ただし、国立野生動物研究所によって種の両立が確認されたときはその限りでなく、また、国家動物狩猟専門委員会に席を有する農業者団体の意見を聞かなくてはならない。
8. 第7項のいう鳥獣狩猟計画は以下の事項を含む。

a) 野生鳥獣の避難、繁殖および休息のための保護オアシス

b) 効果的な時期および条件で放鳥獣を行うことで各地区にとって最適な生息密度が復元および維持される、野生鳥獣の自然状態での繁殖および捕獲に利用される、放鳥獣捕獲地区

c) 在来種生息数復元を目的とした、自然状態での野生鳥獣の繁殖のための公的施設

d) 狩猟行為が禁止されているものの、農業企業体の代表者、従業員および特に氏名を届け出た者による狩猟可能な種の飼育された動物の捕殺が許されている区域における、個人、共同または組合形態による農業会社が運営する、自然状態での野生鳥獣の繁殖のための私営施設

e) 狩猟協会、愛犬家協会または個人もしくは組合の農家が運営する、野生鳥獣を利用した犬の調教、訓練および試合を行う地区および時期

f) a、bおよびcの各号の目的のため制約を受けている地区において、野生鳥獣により被った農作物および農具等についての補償金額の決定基準

g) a号およびb号の地区において、自然生息地の保護および修復ならびに野生鳥獣の増加事業に従事している山林所有者および個人または組合の代表者への報奨金の支払い基準

h）固定待機所を設置可能な地区の特定

9. 各地区の管理を行う団体、協会または私人は、州法の規定に従って、各地区の外周を無税の表示板を用いて表示しなくてはならない。

10. 州は、国立野生動物研究所が第11項の規定にある同一性と妥当性を保証するための基準に従って、第7項にある県計画の調整を通じて、計画的な鳥獣狩猟を実現する。また、本法の施行日より12ヶ月を経過してなお県が履行しないときは、代位して権限を行使する。

11. 本法の施行日から4ヶ月以内に、国立野生動物研究所は、農林大臣および環境大臣に、鳥獣狩猟計画の方向性を示す同一性と妥当性の基準について、最初の方針書を提出する。当該大臣は共同で、自己の所見を付して、計画化の基準を州へ伝達する。当該計画の作成は、資源および同一の調査方法により調査した鳥獣の実態を認識した上で行う。

12. 州の鳥獣狩猟計画には、鳥獣狩猟会社、アグロツーリズム狩猟会社および自然状態での野生鳥獣の繁殖のための私営施設を設立する際に割り当てられる地区の決定基準を記載する。

13. 第8項a、bおよびc号に示すように、規制を受ける地区の境界についての決定は、関係する土地が含まれる市の掲示板に掲示することで、関係する土地の所有者または管理者に通知されなくてはならない。

14. 掲示の日から60日以内に、規制しようとする地区の40％以上の土地の所有者または管理者から異議申し立て（印紙無料の普通紙による）があったときは、当該地区は設置されない。

15. 正式な異議申し立てが提出がない場合、有効な合意があったとみなす。

16. 州は、環境改善計画を実施するのみならず、例外的に環境上の理由により特別な必要があると認められるときは、保護オアシスならびに放鳥獣捕獲地区を設置することができる。

17. 関係する土地の所有者または管理者によって異議申し立てがなされたため規制を受けていない領域においても、狩猟活動を行うことができない。州は当該領域を、鳥獣狩猟計画において、他の用途にあてることができる。

第11条 （アルプス地方の鳥獣地区）

1. 本法の効果により、典型種の植物および鳥獣が確実に生息しているアルプス地方は、それ自体が鳥獣地区とみなされる。

2. 関係する州は、第1項の区域を対象に、本法および国際条約の基本原則を尊重した上で、鳥獣を保護し、かつ、狩猟活動を規制するための法令を、地方の慣習および伝統を考慮した上で定める。

3. アルプス地方の典型種である鳥獣が排他的に生息する領域において、鳥獣のビオトープの完全性を修復するため、国立野生動物研究所の賛意を得た上で、在来種の移入が許可される。

4. 州域にアルプス地方を含む州は、特別州ならびにトレントおよびボルツァーノの各自治県と合意の上で、アルプス鳥獣地区の境界を画定し、無税の表示板を用いて表示する。

第12条 (狩猟活動行為)

1. 狩猟活動は、許可申請を行いかつ本法の定める要件を満たしている者のみが行うことができる。
2. 第13条にある猟具を利用した野生鳥獣の殺傷または捕獲は、狩猟行為を構成する。
3. 猟具を携帯した、あるいは、野生鳥獣を殺傷するためその探索または待ち伏せを目的とした、逍遥または停止行為も狩猟行為とみなす。
4. その他のすべての殺傷方法は禁止される。ただし、偶発的な場合およびやむを得ない場合を除く。
5. 弓またはハヤブサを使用した狩猟行為を除いて、狩猟行為は、以下の形式でのみ行うことができる。
   a) 山岳地帯の歩渉
   b) 固定待機所の使用
   c) 狩猟活動に使用される残りの地区においては、その他の本法により許されている他の狩猟方法との併用
6. 本法の規定を遵守の上で狩猟行為中に殺害した野生鳥獣は、それを狩猟した者に帰属する。
7. 第10条第8項d号にある農業会社による野生鳥獣のサンプリングは、狩猟行為を構成しない。
8. 狩猟活動は、満18歳以上で、かつ、猟銃所持許可証、狩猟活動行為に伴う自損事故で死亡および終身障害が生じたとき1億リラまで補償する保険証書、ならびに、狩猟活動中の猟具使用により発生した第三者へのあらゆる民事責任を補償する保険証書を携行している者が行うことができる。なお、一件当たりの補償の最高額は10億リラ、そのうち、人的損害の補償額は一人当たり最高7億5千万リラ、動物および物的損害は最高2億5千万リラとする。
9. 農林大臣は、国家動物狩猟専門委員会の意見を聴いた上で、4年ごとに、上記最高額を改訂するための命令を発する。
10. 事故が発生した場合、損害を被った者は、損害を引き起こした者が保険契約を交わしている保険会社に対し、直接に手続きを行うことができる。
11. 猟銃所持許可を受けた者は、本法および州法令を遵守の上、全国で狩猟行為を行うことができる。
12. さらに、狩猟活動行為のためには、住民登録のある州が発行した適正な狩猟者身分証を携帯していなくてはならない。許可証には、州が定める狩猟期間のほか、第5項の狩猟方法および狩猟活動が許される狩猟区が記載される。住民登録のある州とは異なる州で狩

猟を行うためには、後者の州により、前記身分証上に上述の表示を記載される必要がある。

第 13 条　(狩猟活動行為に用いる猟具)

1. 狩猟活動には、2 弾までのポンプ式半自動で、2 までの弾薬を装填できる弾倉を備えた、口径が 12 mm 以下の滑腔式小銃、または、、手動単発式もしくはポンプ式半自動の、口径が 5.6 mm 以上の、空の薬莢の長さが 40 mm 以上の旋条式小銃を用いることができる。

2. 2 つまたは 3 つの銃身を有する小銃で、1 つまたは 2 つの銃身が口径 12 mm 以下の滑腔式で、かつ、残りの 1 つまたは 2 つの銃身が口径 5.6 mm 以下の旋条式であるものも使用できる。また、弓およびハヤブサも使用することできる。

3. 弾丸の薬莢は、狩猟者が回収し狩猟場所に残してはならない。

4. アルプス地方の鳥獣地区での、滑腔式半自動小銃の使用を禁ずる。ただし、弾倉に一弾のみ装填できるよう改造されたものはその限りでない。

5. 本条において明示的に許されていないすべての武器および猟具は、その使用を禁ずる。

6. 猟銃の所持許可を受けた者は、狩猟行為のため、許可された武器のほか、狩猟の必要に応じて槍状およびナイフ状の道具を使用することができる。

第 14 条（狩猟の計画的管理）

1. 州は、全国的規模の代表的な農業団体および関係する県の意見を聴いた上で、第 10 条第 6 項にいう計画的狩猟を行う農林畜産用地を、県ごとに、自然境界で区切られた相当程度の同質性が認められる領域を狩猟区に分割する。

2. 隣接する州は、必要に応じて、2 つまたはそれ以上の隣接する県が関係する狩猟区を、画定することができる。

3. 農林大臣は、4 年ごとに、調査データに基づき、各狩猟区の最低狩猟密度指数を設定する。この指数は、狩猟者の数（固定待機所において狩猟行為を行う者を含む）と全国の農林畜産用地との関係により決まる。

4. 農林大臣は、さらに、地域の慣習と伝統により村にわかれているアルプス地方鳥獣地区に含まれるもの含め、狩猟区ごとに狩猟密度指数を設定する。この指数は、狩猟者の数（固定待機所において狩猟行為を行う者を含む）と第 11 条第 4 項の意味で山岳地帯鳥獣地区に含まれる領域との関係により決まる。

5. 州法に基づき、各狩猟者は、予め権限を持つ官庁に申請することにより、住民登録のある州に含まれるいずれかの狩猟区または山岳地区に入山する権利を有する。また、その他の州に含まれる狩猟区または山岳地区にも、当該地区を管理する団体の合意があれば、入山することができる。

6. 狩猟者は、第 12 条に従って、1993 年 11 月 30 日以内に、住民登録のある県へ自己の選択結果を連絡する。県は、1993 年 12 月 31 日以内に、農林省へ関連する記録を伝達する。

7. 農林省は、第 6 項の期限日から 60 日以内に、州および県へ、第 3 および 4 項にある最

少密度指数を通知する。それに続く90日の間に、州は鳥獣狩猟計画および実施規則を承認し発布する。なお、当該計画において農林省が定めた狩猟密度を下回る指数を定めることができない。鳥獣狩猟計画の施行規則においては、狩猟区および山岳地区の管理団体を最初に設立する方法の他、最初の選出方法およびその後の改選に関する規定も定めなくてはならない。州は、鳥獣狩猟計画および実施規則について、5年ごとに必要に応じて改正または改訂を行う。

8. 狩猟区管理団体およびアルプス地方の村は、鳥獣の頭数が改善されたことが調査等を通じて確認され、かつ、州法により本項のいう許可についての優先基準が定められているときは、理由を明記した決定をもって、施行規則が定める数を超える狩猟者の数を定める以下のことを行う権限を有する。

9. 州は、狩猟者が、狩猟区および山岳地区が含まれる区域の鳥獣狩猟に関する管理に参加する方式を法律をもって定める。州はまた、関係する機関の意見を聴いた上で、許可しうる州外狩猟者の人数を定め、かつ、その入山に関する規則を定める。

10. 狩猟区の管理団体の構成員のうち合計の100分の60にあたる人数は、狩猟区内で組織的に活動している全国規模の代表的農業団体および全国的に認知されている狩猟協会の地方組織を代表する者でなければならない。構成員の100分の20は、国家環境評議会に参加している環境保護団体を代表する者、100分の20は、地方公共団体を代表する者で構成する。

11. 狩猟区において、管理団体は、環境資源と動物の生息状況について把握するための活動を促進しかつ組織する。生息地の改善のための対策を講ずる。自然地帯を管理する者に以下の条件で報奨金を与える。

a）地区の最適な動物生息状況の再構築。特に1988年4月25日の欧州理事会による欧州経済共同体規則第1094/88号に基づく、とくに廃耕地における哺乳類および鳥類の自然生存のための整備。湖沼および河川地域の再生。耕作物の区別。営巣に適した生け垣、草むら、林の育成。

b）野生鳥獣の親、巣およびヒナの保護

c）表示板による境界明示、耕作物、損壊の予防、冬に困っている動物への餌まき、野生鳥獣が環境順応維持等の作業上の協力。

12. 県は、生き餌を使わない固定待機所の設置および維持を許可する。ただし、当該待機所が、鳥獣狩猟計画の実現を阻害することがあってはならない。土地の改変および恒常的な占有が必要な待機所の設置については、土地または湖沼の私有者または管理者の同意が必要である。本法の施行日に設置された固定待機所には、州法に定める一定期間の間、第10条第8項h項の規定は適用しない。

13. 臨時待機所は、歩渉による狩猟と見なし、狩猟場所の改変を行わないという条件で許可される。

14. 狩猟区の管理団体は、さらに、野生鳥獣および狩猟活動行為が原因の農作物への損害

を賠償するために、金銭を支給する。また、同様の損害の予防のため、予め合意の上で行う対策についても、金銭を支給する。
15. 州が本条の規定を履行しないときは、農林大臣は、環境大臣の同意を得た上で、州に90日間の猶予期間を与える。履行することなく当該期間が経過した場合、内閣総理大臣は、環境大臣の合意を得た農林大臣による提案に基づいた閣議決定により、代替策を用意する。
16. 1995-1996狩猟年度から、県の狩猟年度計画には、計画的狩猟活動が許可される地区、私的な狩猟運営に委ねられる地区、および、狩猟行為が認められない地区を明記する。
17. 特別州ならびにトレントおよびボルツァーノの特別県は、自己の排他的権限に基づき、自己の基本法の定める制限内において、また、1989年3月9日法律第86号第9条および本法の基本原則を遵守した上で、鳥獣狩猟計画、地区画定、狩猟密度の決定、および、権限を有する地区における狩猟行為の規制を準備策定する。

第15条 (狩猟の計画的運営を目的とした土地の利用)

1. 狩猟の計画的運営を目的とした州の鳥獣狩猟計画に含まれる土地の利用する所有者または管理者は、土地の広さ、農地への影響、環境の保護と評価のための直接の手段等を考慮して州行政府が定める協力を行う義務を負う。
2. 第1項のにある協力の履行に対する謝礼金は、第23条に定める州による許認可税導入による収入から拠出する。
3. 自己の土地での狩猟活動行為を禁止したい土地所有者または管理者は、鳥獣狩猟計画の公示の日から30日以内に、1990年8月7日法律第241号第2条に基づき、理由を明記した申請書を、州執行部に提出しなくてはならない。
4. 当該申請は、第10条の鳥獣狩猟の計画化の実現を妨げないときは受け入れられる。また、狩猟活動が特定の農作物の保全、実験的な方法による農業生産または科学的研究等の要求と相容れないとき、もしくは、経済的、社会的または環境上の明確な利益を伴う活動に対し、被害または迷惑を与えるときも受け入れられる。
5. 当該禁止は、土地所有者または管理者が作成した、禁止領域の外周を明確かつ視覚的に示す無税の表示板を掲示して周知させる。
6. 狩猟の計画的運営から免除される土地においては、土地所有者または管理者を含む何人も、禁止事由が消滅しない限り、狩猟活動を行うことができない。
7. 耕作が実際に行われている場所での歩渉による狩猟行為は、禁止する。耕作が実際に行われている土地とは、種から草を育てている土地、特定種の果樹園、収穫を終えるまでの特定種のブドウ畑およびオリーブ畑、大豆畑および稲田、収穫を終えるまでの種子生産用トウモロコシ畑のことをいう。さらに、歩渉による狩猟は、その他の特定のまたは特殊な農作物の保護の必要性に関して、全国規模の代表的な農業職業団体の意見を地方組織経由で聴いた上で、州により特定された土地において禁止される。
8. 1 m 20 cm以上の高さの壁、鉄条網その他の実効性のある障壁、または、川底の深さが

1 m 50 cm以上幅が3 m以上の水路もしくは長い堀で囲まれた土地においては、何人も狩猟行為を行うことができない。本法の施行日に囲まれた土地があるか、または、今後囲う予定の土地があるときは、州の担当部署に届出なくてはならない。本項にいう土地の所有者または管理者は、自己の負担で無税の表示版を掲示する。

9. 第8項のいう土地の面積は、第10条第3項の農林畜産用地の百分の20から30までの割合を占める。

10. 州は、家畜を野生または野生に近い状態で飼っている土地での狩猟行為について規則を定め、かつ、当該行為を禁止する条件および土地の境界線を定める方法を定める。

11. 本法の1994-1995狩猟年度からの完全実施を実現するため、第36条第5および6項において定めた期限が経過したときは、農林大臣は、第14条第15項にある方法に従って、代わりの期間を定める。いずれの場合も、1994-1995狩猟年度から、民法第842条第1項の規定は、第10条から14条に基づいて狩猟の計画的運営制度の対象となる土地に限り適用される。

第16条 (鳥獣狩猟会社および農業観光狩猟会社)

1. 州は、本人による申請があるときは、国立野生動物研究所の意見を聴いた上で、農林畜産用地の100分の15を上限として、以下のことを行うことができる。

a) 特にアルプスおよびアペニン山脈に典型的な鳥獣、ヨーロッパに多数生息する鳥獣、および、水棲の鳥獣を対象とした自然と動物に重点を置いた、州許認可税の対象となる、非営利の鳥獣狩猟会社の設立を許可しかつ法令により規制する。上記許可には、活動の対象となる自然と鳥獣を確保するための、環境保全と回復のための計画が附属していなくてはならない。当該会社において、狩猟は、環境評価および捕殺計画に基づいて作成される狩猟日程表に示された日数で許可される。いかなる場合も、鳥獣狩猟会社において、8月31日よりあとに野生鳥獣を移入または放鳥獣することは許されない。

b) 州の許認可税の対象であり、狩猟期間の全期間において飼育した野生鳥獣の移入および捕殺を行うことができる、農業事業経営を目的とした農業観光狩猟会社の設立を許可しかつ法令により規制する。

2. 農業観光狩猟会社は、

a) 動物相的に重要性の低い地域に設立されることが望ましい。

b) 農業生産に不向きな地域、または、既述EEC規則第1094/88号に基づく措置により廃耕地となっている1つまたは2つ以上の農業会社の土地を使用することが望ましい。

3. 水辺および干潟の地域においては、国際条約を遵守した上で、人口のため池および飼育した水辺の鳥獣を含むものでなければ、農業観光狩猟会社の設立は許可されない。

4. 第1項の会社における狩猟活動行為は、第12条第5項の制限を除いた本法の規定を遵守した上で許可される。

第 17 条 （飼育）

1. 州は、食用、繁殖、装飾および趣味を目的とした、野生鳥獣の飼育を法令をもって規制し、それを許可することができる。

2. 州は、イタリア愛犬家協会の権限を維持しつつ、猟犬の飼育に関する法令を作成する。

3. 第 1 項の飼育が農業事業の事業主により行われる場合は、当該事業主は、州法を遵守の上、県の担当部署へ簡単な届出を行う。

4. 州は、個人、協業または組合による農業会社の形態で行う、繁殖を目的とした飼育行為に関して、会社名義人に対し、本法を遵守の上、第 13 条の猟具を用いて捕獲した哺乳類または鳥類の取得を許可することができる。

第 18 条 （狩猟可能種と狩猟活動期間）

1. 狩猟行為による捕殺は、以下の種に属する野生鳥獣について以下に記す期間許可される。

a）9 月の第 3 日曜日から 12 月 31 日まで狩猟可能な種：
ウズラ（*Coturnix coturnix*）；キジバト（*Streptopeia turtur*）；クロウタドリ（*Turdus merula*）；［イタリアスズメ（*Passer italiae*）］（1997 年に除外）；［スズメ（*Passer montanus*）］（1997 年に除外）；［イエスズメ（*Passer domesticus*）］（1997 年に除外）；ヒバリ（*Alauda arvensis*）；［コリンウズラ（*Colinus virginianus*）］（1997 年に除外）；ヨーロッパヤマウズラ（*Perdix perdix*）；pernice rossa（*Alectoris rufa*）；チャエリイワシャコ（*Alectoris barbara*）；ヤブノウサギ（*Lepus europaeus*）；ケープノウサギ（*Lepus capensis*）；アナウサギ（*Oryctolagus cuniculus*）；コノウサギ（*Silvilagus floridamus*）；

b）9 月の第 3 日曜日から 1 月 31 日まで狩猟可能な種：［ホシムクドリ（*Sturnus vulgaris*）］（1997 年に除外）；ノハラツグミ（*Turdus pilaris*）；ウタツグミ（*Turdus philomelos*）；ワキアカツグミ（*Turdus iliacus*）；コウライキジ（*Phasianus colchicus* ）；マガモ（*Anas platyrhynchos*）；オオバン（*Fulica atra*）；バン（*Gallinula chloropus*）；コガモ（*Anas crecca*）；オカヨシガモ（*Anas strepera*）；クイナ（*Rallus aquaticus*）；ヒドリガモ（*Anas penelope*）；オナガガモ（*Anas acuta*）；シマアジ（*Anas querquedula*）；ハシビロガモ（*Anas clypeata*）；ホシハジロ（*Aythya ferina*）；キンクロハジロ（*Aythya fuligula*）；タシギ（*Gallinago gallinago*）；モリバト（*Columba palumbus*）；コシギ（*Lymnocryptes minimus*）；［ズアオアトリ（*Fringilla coelebs*）］（1993 年に除外）；［アトリ（*Fringilla montifringilla*）］（1993 年に除外）；エリマキシギ（*Philomachus pugnax*）；ヤマシギ（*Scolopax rusticola*）；［ニシコクマルガラス（*Corvus monedula*）］（1997 年に除外）；［ミヤマガラス（*Corvus frugilegus*）］（1997 年に除外）；ハシボソガラス（*Corvus corone*）；タゲリ（*Vanellus vanellus*）；［オグロシギ（*Limosa limosa*）］（1997 年に除外）；ハイイロガラス（*Corvus corone cornix*）；カケス（*Garrulus glandarius*）；カササギ（*Pica pica*）；キツネ（*Vulpes vulpes*）；

c) 10 月 1 日から 11 月 30 日まで狩猟可能な種：ライチョウ（Lagopus mutus）；クロライチョウ（Tetrao tetrix）；［エゾライチョウ（*Bonasa bonasia*）］（絶滅種）（1997 年に除外）；ハイイロイワシャコ（Alectoris graeca）；シャモア（Rupicapra rupicapra）；ノロジカ（Capreolus capreolus）；シカ（Cervus elaphus）；ダマジカ（Dama dama）；ムフロン（Ovis musimon），サルデーニャ島に生息するものを除く；ユキウサギ（Lepus timidus）；

d) 10 月 1 日から 12 月 31 日または 11 月 1 日から 1 月 30 日まで狩猟可能な種：イノシシ（Sus scrofa）.

2. 第 1 項の期間は、地区ごとに異なる環境の状態に考慮した上で、特定の種ごとに変更することができる。州は、あらかじめ国立野生動物研究所の意見を聴いた上で、変更を許可する。いずれの場合も、当該期間は、第 1 項に示した期間を最長期間とした上で、狩猟年度の 9 月 1 日から 1 月 31 日までの間でなくてはならない。

州の許可は、あらかじめ作成された適正な鳥獣狩猟計画の制約を受ける。同様に、有蹄類の選別狩猟も、州が承認した選別捕殺計画に基づいて行う。有蹄類の選別狩猟は、第 1 項の期間を遵守した上で、8 月 1 月以降に行うことを許可することができる。

内閣総理大臣は、第 1 項の一覧表に新しい種を加えるときは、欧州共同体での決議または国際条約の発効の日から 60 日以内に、農林大臣の発議に基づき、環境大臣の合意を得た上で、命令により発布する。

内閣総理大臣は、欧州共同体の有効な命令および署名した国際条約に準拠して狩猟可能な種のリストに変更を加えるときは、農林大臣の発議に基づき、環境大臣の合意を得た上で、国立野生動物研究所の意見を聴いたのち、地区の個々の種の生存状態を考慮した上で、命令による発布する。

4. 州は、国立野生動物研究所の意見を聴いた上で、6 月 15 日までに、第 1，2 および 3 項に定める事項を遵守の上で、狩猟年度全期間に関する州の日程表および規則を発布し、狩猟可能日ごとに捕殺できる最大頭数を明示する。

5. 狩猟期間は 3 週間を超えてはならない。火曜日および金曜日はいかなる場合も狩猟活動を停止する。州は、その二つの曜日を除いた日から狩猟者が自由に選んだ日で狩猟を許可することができる。

6. 火曜日および金曜日の狩猟停止を維持しつつ、州は、国立野生動物研究所の意見を聴いた上で、また、地域の慣習を考慮した上で、10 月 1 日から 11 月 30 日までの間の一期間において、移動性野生動物の待ち伏せによる狩猟行為に関して、第 5 項の例外となる規則を定めることができる。

7. 狩猟は、日の出時間の 1 時間前から日没まで許される。有蹄類の選別狩猟は、日没から 1 時間後まで許される。

8. ヤマシギの待機所を使用した待ち伏せ狩猟、および、タシギのあらゆる形での待ち伏せ狩猟は許されない。

第19条 (野生鳥獣の調整)

1. 州は、動物の生息に関わる重要かつ明確な理由、または、環境、季節または気候に関する異常な状態の発生もしくは病気災害等の理由により、あらかじめ定めた期間について、第18条にある特定の種の野生鳥獣の狩猟禁止または狩猟頭数削減を行うことができる。

2. 州は、家畜のよりよい管理、土壌の保全、衛生上の理由、生物学的選択、歴史文化遺産の保護、農林畜産業および漁業の保護等の目的で、狩猟が禁止されている地区においても、野生鳥獣種の調整を行う。当該調整は、国立野生動物研究所の意見に基づき、生態学的手法を用いて選択的に行う。国立野生動物研究所が上記手法では不十分であることを確認したときは、州は、捕殺計画を許可することができる。当該計画は、県庁職員である狩猟監視員が実行する。県庁は、他にも、同計画を実行する土地の所有者または管理者のうち狩猟免許を有する者、さらには、狩猟免許を有する森林監視員および市の監視員にも行わせることができる。

3. トレントおよびボルツァーノの自治県は、第2項の計画を、狩猟免許を有する上記以外の者に行わせることもできる。

(参考改正条文)

第19条の2 (2002年10月3日法律第221号により加えられる)

(EEC指令第79/409号第9条に規定する例外条項の実行)

1. 州は、1979年4月2日の欧州理事会議決によるEEC指令第79/409号が規定する例外条項を適用するための実施規則を、同指令第9条の規定ならびに第1条および第2条の基本原則、ならびに、本法の規定に則り定める。

2. 他に満足できる解決方法がないとき、当該例外条項は、EEC指令第79/409号第1章第9条によって明示された目的に該当する場合に限り適用できる。そして、目的となる種、許可された捕獲のための猟具、装置および方法、危険状況、捕獲の時間および場所、一日の捕獲頭数、期間中の合計捕獲頭数、捕獲の検査と監視方法、ならびに、捕獲を行う機関を明記しなくてはならならない。その場合でも、第27条第2項の規定は有効である。当該例外条項による捕獲を行う主体は、狩猟区およびアルプス村区の合意を得た上で、州が決定する。

3. 第1項の例外条項は、国立野生動物研究所の意見を聴いた上で適用される。ただし、生息数が激減している種は、いかなる場合も捕獲の対象とすることができない。

4. 内閣総理大臣は、州関係大臣の提案に基づき、国土環境大臣と合意の上、あらかじめ閣議決定を行い、関係する州に予告したあと、同州により本法およびEEC指令第79/409号の規定に反して発せられた措置を取り消すことができる。

5. 各年の6月30日までに、各州は、内閣総理大臣または任命された州関係大臣、国土環境大臣、農林大臣、共同体政策大臣および国立野生動物研究所へ、本条の例外条項の実行に関する報告書を提出する。当該報告書は、さらに、関係する国会の委員会にも送付される。国土環境大臣は、年に一度、EEC指令第79/409号第3章第9条の報告書を、欧州委員

会へ提出する。

第 20 条（外国からの野生鳥獣の導入）

1. 外国からの生きた野生鳥獣の導入は、在来種に属している場合であっても、繁殖および遺伝学上の改善の目的でのみ行うことができる。

2. 輸入は、検疫および保健衛生上の検査等の検査を適正に行うことができるよう、各野生種ごとに相応の施設および装置を備えている会社に対してのみ許可されうる。

3. 第 1 項の活動の承認は、国際条約を遵守した上で、国立野生動物研究所の意見を意見に基づき、農林大臣が行う。

第 21 条 （禁止）（96 年改正）

1. 以下の行為はいずれの者に対しても禁止される。

a）庭園、公立および私立の公園、歴史および考古学公園、ならびに、スポーツ活動用地における狩猟行為。

b）国立公園、州立自然公園ならびに自然公園および自然保護に関する国家法に準拠した保護地区における狩猟行為。1991 年 12 月 6 日法律第 394 号の施行日以前に設立された州立自然公園においては、州は、1997 年 1 月 31 日までに、同法第 22 条第 6 項の規定に対応した立法を行う。また、必要に応じて同法第 32 条第 3 項の適用のために州立自然公園の境界を変更する。

c）州の法令に従い、国立野生動物研究所の意見を聴いた上で、野生動物の繁殖と休息にとって望ましい状態にないと判断された箇所を除く保護オアシス、放鳥獣狩猟区、野生鳥獣繁殖施設、国有林における狩猟行為。

d）国防施設のある場所、および、国防上の理由から禁止する必要がある場所、ならびに、史跡であって、無税の表示板により禁止が明示された区域における狩猟行為。

e）田園地帯にある麦打ち場ならびに田園の作業場およびその従物のある場所、住居または仕事場として使用されている不動産、作業場、建物、から 100 m以内の場所、鉄道および車両が通行可能な農道以外の道路から 50 m以内の場所における狩猟行為。

f）住居もしくは仕事に使用している不動産、工場および建物、または、鉄道および車両が通行可能な農道以外の道路、ロープウェー、トロリーバスその他のつり下げ式移動手段、ならびに、囲い、柵、垣根および農林畜産業が行われる季節において家畜を収容し餌を与えるための区域がある方向にむけて、滑腔式猟銃を 150 m以下の距離から発砲すること、または、他の猟具を最大射程距離の 2 倍半よりも短い距離から使用すること。

g）居住地区内および狩猟活動が禁止されている他の狩猟区またはいかなる種類の自動車内において、また、本法および州法が定める狩猟期間以外の時期に、銃弾を取り除いて保管箱に入れていない狩猟用火器を持ち歩くこと。

h）3人以上でかこいわな猟を行うこと、または、狩猟目的で、湖沼または水路において、潜水服もしくは潜水用の防水スーツを利用すること。

i）自動車、船または飛行機から発砲しての狩猟。

l）作動中の農業用耕作機から100 m以下の距離での狩猟

m）全体または大部分に積雪がある地区における狩猟。ただし、アルプス鳥獣区のうち関係する州が法令により許可するものはその限りでない。

n）表面の全部もしくは大部分が凍結している湖沼および人造湖における狩猟、または、河川氾濫により浸水している場所における狩猟。

o）野生動物相に属する哺乳類および鳥類の卵、巣およびヒナを採取および保持すること。ただし、第4条第1項の規定する場合にあたる場合、または、放鳥獣狩猟区内、野生鳥獣繁殖施設内、および、保護オアシス内において、確実に破損もしくは死亡しているものを取り除く場合はその限りでない。なお、後者の場合においては、実行後24時間以内に担当の県窓口に届け出なくてはならない。

p）第5条の規定にあたらないときに生き餌を使用すること。

q）水鳥の狩猟において、養殖によるもの以外の生き餌を使用すること。

r）目隠しをした、体を切断した、または、羽根を結んだ生きた鳥を餌に使用すること、ならびに、音の増幅を伴うまたは伴わない機械的、電磁的または電子的に制御された音響装置をおびき寄せに使用すること。

s）漁業または水産養殖業を行っている水域で狩猟を行うこと。また、魚釣りに使用する流域においても、占有者が無税の表示板をもって禁猟を明示したときは同様である。

t）料理の祭典や行事において、飼育されたものでない死んだ野生鳥獣を売買すること

u）有蹄類の狩猟において散弾銃を使用すること。毒入りの餌または丸薬、とりもち等の粘着物質、わな、網、落としわな、くくりわな、弓矢を使うわなまたはそれに類似する装置を使用すること、フクロウを使用すること、サイレンサー付きまたは獲物に反応して発砲する仕掛けの火器を使用すること、石弓を使用すること。

v）鳥の狩猟用の網を私人に販売することおよびそれを所持すること

z）野生鳥獣を捕獲するためのわなを生産、販売および所持すること

aa）1994年1月1日より、鳥に対してあらゆる形状の弓矢を使用すること。ただし、第10条第8項e号にある場合を除く。

bb）以下の種：マガモ（anas platyrhynchos）；アカアシイワシャコ（alectoris rufa）；チャエリイワシャコ（alectoris barbara）；ヤマウズラ（perdix perdix）；キジ（phasianus colchicus）；モリバト（columba palumbus）に属さない野生鳥獣である、生きたまたは死んだ鳥、または、その部分もしくは加工品であることが容易に判別可能なものを販売、販売のために所持、購入すること。

cc）飼育によらない我国の野生鳥類種の生きたものを売買すること。

dd）本法および個々の地区に関する州の法令に基づいて適法に掲示された表示板を、

撤去、破損等により使用不可能な状態にすること。なお刑法 635 条の適用は維持される。

ee）本法が規定する方法を遵守して生き餌として利用されている頭数および適法に殺害された野生鳥獣の頭数を超過して、野生鳥獣を所持、購入および販売すること。なお、所持については、州の剥製に関する法令によっても規制される。

2. 州が第 1 条第 5 項に規定する期間までに渡り鳥の経路に沿った保護地域を定めなかったときは、農林大臣は、それを定めるため州に 90 日間の猶予を与える。この期間に行わなれなかったときは、大陸および 2 つの大きな島の海岸線から 500 m 以内の地域における狩猟は禁止される。州は、無税の適切な表示板で当該地域の境界線を明示する。

3. 渡り鳥の経路となる山地の稜線から 1000 m 以内における狩猟を禁止する。

第 22 条 （猟銃所持許可と狩猟行為の研修）

1. 猟銃所持許可は、公の秩序に関する諸法律を遵守して発行する。

2. 最初の許可は、州が各県庁所在地に設ける適切な委員会が実行する、公的な試験に合格し狩猟研修を修了たあとに行う。

3. 第 2 項の委員会は、第 4 項に示す各科目の専門家で構成され、低温脊椎動物に詳しい生物学または理学の大学卒業学位をもつ者を少なくとも 1 名含める。

4. 州は、特に以下の科目の諸概念に関わる試験を行うための方式を定める。

a）狩猟法

b）狩猟可能な種を識別する実技能力を含む狩猟に応用される動物学

c）狩猟に使用される武器および弾薬とその関連法令

d）自然保護および農作物保全のための諸原則

e）救急医療に関する法令

5. 第 4 項に挙げた 5 項目すべてについて合格点を得た者に資格を与える。

6. 本法の施行日より 1 年以内に、州は、同法が含む革新的な部分を理解するための講習会を開催する。

7. 狩猟研修は、初めて狩猟免許を取得するときのみならず、免許取消し後の再取得の際も必要である。

8. 受験者は、受験の際、健康診断証明書を用意しなくてはならない。

9. 猟銃所持許可の期間は 6 年とし、本人の申請により更新可能である。なお、許可の更新申請は、作成日から 3 ヶ月を経過していない健康診断証明書を添付して行う。

10. 狩猟者は、最初の許可日から 12 ヶ月以内においては、狩猟許可取得後少なくとも 3 年が経過し、かつ、第 32 条の規定する免許停止または取消しの処分に相当する本法規定の違反行為を行っていない狩猟者が同伴するときのみ狩猟行為を行うことができる。

11. 本法の規定は、弓矢および鷹を使用する狩猟行為にも適用される。

第23条 (州の許可税)

1. 州は、本法および関連する州法に規定する目的を実現するのに必要な資金を得るため、1970年5月16日法律第281号第3条およびその改正にしたがって、第22条にある狩猟行為の資格授与について、州許認可税を設けることができる。

2. 第1項の税は毎年更新するものとする。また、1972年10月26日大統領令第641号およびその改正の付表26番1号にある国税の100分の50以上100以下とする。当該税は、狩猟者が外国においてのみ狩猟行為を行った年には課されない。

3. 猟銃所持許可を拒絶したときは、州税を返金する。州の許可税は、狩猟区の割当てを辞退した狩猟者に対しても行う。年間を通じて狩猟を行わなかった者には、更新税を課さない。

4. 第1項の税による収入は、州の計画において、野生鳥獣の飼育および秋の繁殖期のための施設の設置、野生鳥獣の環境適応を維持する活動、無農薬農業運動への参加、環境に有害でない革新的農法および技術の利用、自然に親しみかつ生息する動物の科学的および文化的知識を深めるための農業観光用順路の評価、火災防止の意味もある森林の維持と清掃等の行為を行うよう定められている土地のの各所有者または管理者によって提出された地域評価計画およびその入札のための資金として利用することもできる。

第24条 (財務省財源)

1. 1992年より、財務省は、1972年10月26日大統領令第641号およびその改正の付表26番1号にある国税に10.000リラの付加税を加えることで一財源を設ける。

2. 当該財源の利用方法は、毎年3月31日までに、金融大臣および農林大臣と合意の上、財務省令により以下のように定める。

  a) 国家鳥獣狩猟専門委員会の運営および職務遂行のために百分の4

  b) 我国が野生動物の狩猟と保存ための国際会議に参加するための分担金に百分の1

  c) 認証済みの全国規模の狩猟協会に百分の95。文書で示された個々の協会の内実に比例して分配する。

3. 本条の付加税は、第23条第2項に規定する税には加算されない。

4. 認証された全国規模の狩猟協会への本条に規定された資金の付与により、同協会が1958年3月21日法律第259号に規定する検査の対象となることはない。

第25条 (狩猟被害者に対する補償のための基金)

1. 全国規模の狩猟協会においては、以下に列記する場合において、狩猟活動行為により引き起こされた第三者に対する損害を賠償するための、狩猟被害者に対する補償のための基金を創設する。

  a) 被害を与えた狩猟行為の実行責任者が特定できない場合

  b) 被害を与えた狩猟行為の実行責任者が加入する第12条第8項に規定する第三者の

民事被害のための保険の補償対象に含まれていない場合

2. 第1項a号に該当する補償は、補償は死亡または百分の20を超える恒常性障害が生じた場合に限る。また、第12条第8項に規定される被害者ごとの金額を限度とする。第1項b号に該当する補償は、第12条第8項の規定する金額を上限に人的損害に対して行うのみならず、100万リラを超える物的損害にたいしても、同じく第12条第8項の規定する金額を上限に行う。恒常的障害の百分率、扶養家族の有無および扶養家族を考慮して計算した被害者の所得の百分率は、1965年6月30日大統領令第1124号「労働災害および職業病のための強制加入保険に関する統一法典」の規定に基づいて決定する。

3. 狩猟被害者救済保険公社の運営方法は、通商産業手工芸大臣令により定める。

4. 第12条第8項の民事責任のための強制加入保険を扱う会社は、受け取った保険掛け金を一定の割合で狩猟被害者補償基金を自主運用する保険公社に納金する。納金分の割合は、通商産業手工芸大臣令により1年ごとに定める。ただし、上記保険掛け金の100分の5を上限とする。同命令により、納金方法も定める。本法施行の初年度においては、上記保険掛け金は、直近の年度において一般的な民事責任補償保険掛け金の100分の0.5とし、次年度からは、第12条第8項の保険掛け金に適用される、通商産業手工芸大臣令が定める割合に基づいて調整する。

5. 狩猟被害者補償基金を自主運営する保険公社は、第1項に規定する場合において示談その他の方法で補償金を支払ったときは、支払った補償金および諸費用について被害の責任者に償還を請求する権利を有する。

第26条 (野生鳥獣および狩猟活動により生じた損害の賠償)

1. 特に保護された野生鳥獣および狩猟活動によって収穫物ならびに耕作地および牧場にある作物が被害を受け、かつ、他の方法では補償されない場合に備えて、州は、予防と補償のために使用するため、第23条の税収の一部を利用して基金を創設する。

2. 州は、規定を設けて第1項の基金が機能するよう取りはからう。また、全国規模の代表的な農業職業団体の県支部代表者、および、代表的な全国的規模の認証されている狩猟者団体の代表者で構成される委員会の運営に関する規則も定める。

3. 土地の所有者または管理者は、第2項の委員会にすみやかに被害を届けでなくてはならない。当該委員会は、届出より30日以内に必要に応じて現場検証等の調査を行って内容を点検し、180日以内に補償金を支払う。

4. 損害予防措置の請求から着手までの期間は、州の法令をもって直接に規定する。

第27条 (狩猟の監視)

1. 本法および州法の適用に関する監視は、以下の者に委任する。

a) 州が委託する地方団体の職員。現行法に基づき、当該職員には司法警察官および公安委員の資格が付与される。なお、前記職員は、団体の職務遂行のため役務中に第13

条の猟具および麻酔銃を携行することができる。

b）国家動物狩猟専門委員会に参加している全国規模の狩猟、農業および環境保護の各団体のボランティア監視員、ならびに、環境大臣により認証された環境保護団体の監視員。これらの監視員には、1931年6月18日勅令第773号により承認された公安統一法典に従い、宣誓警備員の資格が付与される。

2. 第1項の監視は、国家森林警備隊の上官、下官および警備員、司法警察職員および警官、市、森林および農地の宣誓警備員、ならびに、公安統一法典に従い認証される民間警備員にも委託することができる。

3. 監視員は、原則として権限を有する地区内において自己の職務を行う。

4. ボランティア警備員の資格は、公安統一法典の規定に従い、あらかじめ行う試験に合格し、州によりその適性を認められた者に付与することができる。州は当該試験を実行する委員会の設置規則を定める。なお、狩猟、農業および環境保護の各団体から参加する委員の数は同数とする。

5. 監視を委託された第1項および第2項の監視員が、職務中の狩猟区において狩猟を行うことを禁ずる。ボランティアの狩猟監視員が、監視活動中に狩猟を行うことを禁ずる。

6. 第1項b号の団体も、州の監督の下で、狩猟行為、環境および鳥獣の保護ならびに農作物の保全のために監視を行う監視員の準備研修および再研修のための講座を設けることができる。

7. 県は、農業、狩猟および環境保護の各団体によるボランティア監視員の活動を調整する。

8. 農林大臣は、環境大臣と合意の上で、ボランティア監視員の準備研修、再研修および利用を行おうとする第1項b号の協会の活動に関する調整に責任を負う。

9. 本法の施行日において、公安統一法典の規定するボランティア狩猟監視員の資格を持つ市民は、第4項にある適性検査を受ける必要がない。

第28条 （狩猟監視員の権限と職務）

1. 第27条にある狩猟監視員に選ばれた主体は、猟銃その他の猟具を携帯し、狩猟を行っているまたは行おうとしている者を見つけたときは、猟銃所持許可証、第12条第12項の狩猟者身分証、保険証書、および、捕獲殺傷した野生鳥獣の提示を求めることができる。

2. 第30条に規定される場合においては、司法警察の職務を行う職員および監視員は、犬および許可された生き餌を除く猟具および野生鳥獣を差押える。第30条第1項a, b, c, dおよびe号のいずれかの事由により有罪となったときは、当該猟具はいかなる場合でも押収される。

3. 生きたまたは死んだ野生鳥獣を差し押さえたときは、公務員または監視員は、狩猟活動に関する法令により地域ごとに指定された公共機関にそれを引き渡す。鳥獣が生きている場合は、適切な場所において解放するよう取りはからう。放鳥獣が不可能な場合は、鳥獣

の回復するまでの世話およびその後の自然環境に戻す作業を行うことができる機関に引き渡す。山林で差押えた生きた鳥獣が、解放可能な状態であるあるときは、確認した監視員がそれを解放する。鳥獣が死亡している場合は、公共機関はその販売を行い、被疑者に違法性がないことが証明された場合はその売上金は被疑者に帰する。反対に、違法性が認められたときは、売上金は州の銀行口座に振り込まれる。

4. 第3項の引渡しまたは解放を行う際は、公務員または監視員は適切な調書を作成し、差押えた物品の種類および状態ならびにその他違法行為に関わりのある事項を記す。

5. 司法警察の職務を行なわない監視団は、告訴を受けてのものも含め狩猟活動に関する法令に違反する行為を確認し、法令に準じてすべての事実関係および違反者の様態についての調書を作成し、所属する団体および現行法により権限を有する官公署に提出する。

6. 1972年12月15日法律772号およびその改正法に基づいて、代理役務を提供した地域団体に所属する狩猟監視員は、同法第9条の禁止を除いて、公安委員の職務を行うことができない。

第29条 （地域団体の職員の監視員）

1. 1986年3月7日法律第65号のその他の規定を維持しつつ、法律の規定により、狩猟監視活動を行うにおいて司法警察および公安委員の職務を付与された監視員は、所属する団体の狩猟区および役務提供を行うよう命令を受けた場所において、当該職務を行う。なお、前記場所内および当該場所までの往復において武器を輸送するとき、所持許可を必要としない。

2. 同監視員は、本法に規定する違反行為および行政不法行為、ならびに、時間外活動を含めた第28条に示されたその他の行為について、それを否認するための調書を作成することができる。

第30条 （罰則）

1. 本法および州法の規定に違反した者には、以下の罰則を適用する。

a）第18条に規定する最終日から解禁日までの狩猟禁止期間において狩猟を行った者は、3ヶ月以上1年以下の禁固または1,800,000リラ以上5,000,000リラの罰金に処す。

b）第2条に列記される哺乳類または鳥類を殺傷、捕獲または保持した者は、2ヶ月以上8ヶ月以下の禁固または1,500,000リラ以上4,000,000リラ以下の罰金に処す。

c）クマ、アルプスアイベックス、イタリアシャモア、ムフロンを殺傷、捕獲または保持した者は、3ヶ月以上1年以下の禁固および2,000,000リラ以上12,000,000リラ以下の罰金に処す。

d）国立公園、州立自然公園、自然保護地域、保護オアシス、放鳥獣捕獲地区、都市公園および庭園、スポーツ施設において狩猟を行った者は、6ヶ月以下の禁固および1,

500,000 リラ以上 4,000,000 リラ以下の罰金に処す。

e）鳥猟を行った者は、1 年以下の禁固または 1,500,000 リラ以上 4,000,000 リラ以下の罰金に処する。

f）休猟日に狩猟を行った者は、3 ヶ月以下の禁固または 1,000,000 リラ以下の罰金に処する。

g）b 号に含まれない殺傷が禁止されているアルプス特有の鳥獣を、殺傷、捕獲または保持した者は、6,000,000 リラ以下の罰金に処する。

h）狩猟が許されていない哺乳類または鳥類または 5 羽を超えるアトリを殺傷、捕獲もしくは保持した者、または、禁止されている猟具を使用して狩猟を行った者は、3,000,000 リラの罰金に処する。第 21 条第 1 項r号で禁止する餌を利用して狩猟を行った者も同様に罰する。当該違反があった場合、餌の押収も行う。

i）自動車、船または飛行機から発砲して狩猟を行った者は、3 ヶ月以下の禁固または 4,000,000 リラ以下の罰金に処する。

l）本法に違反して野生鳥獣を売買または売買目的で保持した者は、2 ヶ月以上 6 ヶ月以下の禁固または 1,000,000 リラ以上 4,000,000 リラ以下の罰金に処する。b、c および g の各号の鳥獣に該当するときは、2 倍の罰とする。

2. 剥製に関して本法の規定に違反した者は、剥製にされた動物の殺傷に関する規定を適用する。州は、剥製業免許の停止および取消しの処分を行う場合と方法を規定することができる。

3. 第 1 項に規定する行為には、刑法 624, 625 および 626 条は適用しない。本法に明示的に規定されている場合を除き、武器に関する法律および規則の規定の適用を継続する。

4. 1972 年 8 月 31 日大統領令第 670 号により承認されたトレンティーノ＝アルト・アディジェに関する憲法的法律統一法典第 23 条に基づき、本条に定める罰則を県法の規定とみなして、該当する場合に適用する。

第 31 条 （行政罰）

1. 本法および州法の規定に違反した場合、刑法上の犯罪行為にあたる場合を除き、以下の行政罰を適用する。

a）第 12 条第 5 項に従ってあらかじめ選んだ形式と異なるもので狩猟を行った者は、400,000 リラ以上 2,4000,000 リラ以下の行政罰金に処する。

b）保険に加入することなく狩猟を行った者は、200,000 リラ以上 1,200,000 リラ以下の行政罰金に処する。再度違反した者の罰金は、400,000 リラ以上 2,400,000 リラ以下の罰金とする。

c）国または州に許可税を納めることなく狩猟を行った者は、300,000 リラ以上 1,800,000 リラ以下の罰金に処する。再度違反した者の罰金は、500,000 リラ以上 3,000,000 以下とする。

d）鳥獣狩猟会社内部、公立または私立の繁殖施設内および計画的狩猟を行う狩猟区ならびに事業地域において、許可なく狩猟を行った者は、300,000リラ以上1,800,000リラ以下の行政罰金に処する。再度違反した者の罰金は、500,000リラ以上3,000,000リラ以下とする。3度目以上の違反者の罰金は、700,000リラ以上4,200,000リラ以下とする。ただし、許可された事業地域または狩猟区の境界を超えたために起きた違反行為については、罰金を上記の3分の1とする。

e）特別な処罰規定のない禁止地域において狩猟を行った者は、200,000リラ以上1,200,000リラ以下の行政罰金に処する。再度違反した場合は、罰金を500,000リラ以上3,000,000以下とする。

f）閉じた場所で狩猟を行った者、または、農作業の保護に関して州もしくはトレントおよびボルツァーノの各自治県において施行されている法令に違反した者は、200,000リラ以上1,200,000リラ以下の行政罰金に処する。再度違反した場合は、罰金を500,000リラ以上3,000,000リラ以下とする。

g）許可されている時間以外に狩猟を行った者、または、5匹を超えた数量のアトリを殺傷、捕獲もしくは所持した者は、200,000リラ以上1,200,000リラ以下の行政罰金に処する。再度違反した場合は、罰金を400,000リラ以下2,400,00,000リラ以下とする。

h）許可されていない餌を利用した者、または、第5条第1項に従って州が施行した法令に違反した者は、300,000リラ以上1,800,000リラ以下の行政罰金に処する。再度違反した場合は、罰金を500,000リラ以上3,000,000リラ以下とする。

i）州の許可証に規定された事項を記入しなかった者は、150,000リラ以上900,000リラ以下の行政罰金に処する。

l）第20条第2項の許可を受けることなく野生鳥獣を移入した者は、一頭（匹）に付き150,000リラ以上900,000リラ以下の行政罰金に処する。第20条に基づく他の鳥獣の移入に関する許可を受けていたときは、当該違反行為により、その許可を取り消す。

m）許可証、保険証または州の許可証の提示を適法に求められたとき、その携帯の有無にかかわらず、提示をしなかった者は、50,000リラ以上300,000リラ以下の行政罰金に処する。当事者が5日に以内に書類を提示したときは、最低額の罰金を適用する。

2. 州は、地区地図の悪用および不適切な使用に関する罰則を法律により定める。

3. 州は、狩猟行為に関する州の法令に違反した者に対し、第12条12項の許可証の停止する処分を規定する。

4. 武器、会計および通関に関する法律および規則はそのまま適用される。

5. 本条の規定する行為には、刑法624,625および626条を適用しない。

6. 本法に規定されていない事項については、1981年11月24日法律第689号とその後の改正法の規定を適用する。

第32条 (猟銃所持許可の効力停止、取消しおよび再許可の禁止。営業廃止および停止)

1. 第30条第1項の一つを実行したことについて実刑判決または有罪命令を受けた者について、同条に規定する罰則のほかに、行政府は以下のことを定める：

a) 第30条第1項a, b, dおよびi号に該当する場合、1年以上3年以下の期間、猟銃所持許可の効力を停止する。また、同項f、gおよびh号に該当する場合であって、刑法第99条第2項1号にある常習性が認められるときに限り同様に罰する。

b) 第30条第1項cおよびe号に該当する場合、猟銃所持許可を取り消し、かつ、10年間再許可を禁ずる。また、同項dおよびi号に該当する場合であって、刑法第99条第2項1号にある常習性が認められるときに限り同様に罰する。

c) 第30条第1項のa、b、cおよびe号に該当し、かつ、刑法第99条第2項1号にある常習性が認められるときは、将来にわたって猟銃所持を許可しない。

d) 第30条第1項l号に該当する場合は、一ヶ月間の営業停止または関連する許可の効力停止に処する。ただし、刑法第99条第2項1号にある常習性が認められるときは、停止期間を2ヶ月以上4ヶ月以下とする。

2. 第1項に示す処分は、反則金（訳注：訴追前に支払うことで訴追免除を受ける。罰金最高額の3分の1または2分の1）支払いがあったとき、または、有罪の処分が確定したときは、管轄の司法当局へ通知したのち、違反者の住民登録のある県の警察本部長が執行する。

3. 反則金の支払いが認められないとき、または、事実の確認から30日以内に支払いが行われなかったときは、事実確認を行った団体は、a、b、c、d、eおよびiの各号のひとつに該当する事件が生じたことを県警本部長に通知する。通知を受けた県警本部長は、公安法に従って許可の予防的停止および一時的な没収を行う。

4. 第31条第1項a号に該当する者、および、b、d、fおよびg号の再犯者は、同第31条に規定する行政処分の他に1年間の猟銃所持許可停止に処する。a号の再犯者は、3年間の許可効力停止に処する。

5. 第4項の猟銃所持許可停止の処分は、管轄の行政府から減額分を差し引いた反則金の支払いがあった、または、支払い命令に対する異議の申出がなかった、または、刑罰が決定した旨の通知を受けた後に、違反者の住民登録のある県の警察本部長が執行する。

6. 事実を確認した団体は、第4項に従い、発生した事件を県警本部長に通知する。通知を受けた県警本部長は、公安法に従い許可証の効力停止および一時的没収を行うべく事実を評価することができる。

第33条 (監視活動に関する報告書)

1. 第9条の行政機能の行使において、州は、1993年以降の各年の5月までに、監視活動の実態、事実確認を行った不法行為の数、および、行政罰実施状況に関する報告書を、県から提出される詳細な報告書に基づいて作成し、農林大臣に提出する。この目的のため、県警本部長は、各年の4月までに、前年に用いた補助的手段に関する数量データを州政府

にすみやかに報告する。
2. 第1項の報告書は、10月までに議会に送致する。

第34条 (狩猟協会)

1. 狩猟協会は自由に設立できる。
2. 公正証書により設立する狩猟協会は、以下の要件を満たす場合、本法の効果による認証を申請することができる。
  a) 余暇、学習および狩猟技術訓練の目的を有すること
  b) 民主的に運営される、地方組織を備えた全国的な組織であること
  c) 認証申請を提出する年の前年12月31日の時点での会員数が、国家統計局の統計による狩猟者数の総数の15分の1を超えていること
3. 第2項の協会は、国家鳥獣狩猟専門委員会の意見を聴き、内務大臣の合意を得た上で、農林大臣令により認証する。
4. 認証のための必要条件を欠くときは、農林大臣は、認証の取り消しを命ずる。
5. 1939年6月5日勅令第1016号「野生鳥獣保護および狩猟行為に関する統一法典」第86条(1967年8月2日法律第799号第35条となる)に基づいてすでに認証され、かつ、活動中であるイタリア狩猟連盟および全国的な狩猟協会(ARCI-Caccia, 狩猟釣魚射撃全国連合、野生鳥獣生産協会、イタリア狩猟協会Italcaccia)は、本法の効果により、認証済みとみなす。
6. 認証された全国的な狩猟協会は、農林大臣の監督を受ける。

第35条 (法律実施状況の報告)

1. 1994-95年度の終了後、州は、農林大臣および環境大臣に、本法の実施状況を報告する。
2. 第1項の報告に基づいて、農林大臣は、国家、州ならびにトレントおよびボルツァーノ自治県関係調整委員会の意見を聴いた上で、環境大臣と一致して、本法の実施状況の全体報告書を議会に提出する。

第36条 経過措置(1996年12月23日法律第649号に転換された1996年10月23日委任立法令第542号第11条の2第1項c号により改正)

1. 1977年12月27日法律第968号に従って州により認可された鳥獣狩猟会社は、認可の期限日まで当該認可に基づいて運営される。
2. 認可申請の基づいて、州は、第1項の鳥獣狩猟会社を農業観光狩猟会社に改組することができる。
3. 本法の施行日において、許可されていない種の生き餌、または、許可されている数量を超えた生き餌を所持している者は、管轄の役所に届け出なくてはならない。
4. 実施初年度に、農林省は、第14条第3項および第4項の最少狩猟密度指数を、本法の

施行日から4ヶ月以内に定める。

5. 1994-1995狩猟年度から本法を完全に実施できるよう、本法の施行日から2ヶ月以内に、農林大臣令をもって、本法による計画化事業に参加する各主体が権限を行使する期間を決定する。

6. 州は、1997年7月31日までに、自己の法令を本法に定める基本原則および諸規定に準じたものに改める。

7. 特別州および自治県は、第6項と同じ期日で、憲法および各基本法が許す範囲で、自己の法令を本法に定める基本原則および諸規定に準じたものに改める。

第37条 (附則)

1. 1977年12月27日法律第968号および本法と矛盾するその他すべての法令は、廃止する。

2. 1975年4月18日法律第110号第10条第6項(1986年3月25日法律85号第1条および1990年2月21日法律36号第4条により改正)の猟銃所持制限は、廃止する。

3. 全国動物保護協会の活動に関する法令の効力を維持し、当該協会のにおいて役務を行うボランティア動物愛護警備員は、第27条第1項b号に基づき、本法および狩猟に関する州法の実施状況を監視する。

国印が捺印された本法原本は、イタリア共和国法典集に加えられる。いかなる者も国家法として本法を遵守しかつ遵守させる義務を負う。

1992年2月11日、ローマ

大統領:コッシーガ
内閣総理大臣:アンドレオッティ
法務大臣:マルテッリ

世界の狩猟と自由狩猟の終わり

二〇一七年三月三〇日　初版第一刷発行

■著　者――アリーゴ・D・マンフレディーニ
■編　訳――バード法律事務所
　編　集――小柳泰治
　翻　訳――梶山伸久
■発行者――佐藤　守
■発行所――株式会社大学教育出版
　〒七〇〇－〇九五三　岡山市南区西市八五五－四
　電　話（〇八六）二四四－一二六八㈹
　FAX（〇八六）二四六－〇二九四
■印刷製本――モリモト印刷㈱
■装　幀――原　美穂
■DTP――林　雅子

ISBN978－4－86429－441－6